Appretur der Textilien

Appretur der Textilien

Mechanische und Chemische Technologie der Ausrüstung

Von

Textil-Ing. Walter Bernard

Zweite neubearbeitete Auflage

Mit 403 Abbildungen

Springer-Verlag
Berlin / Heidelberg / New York
1967

ISBN-13: 978-3-642-92934-2 e-ISBN-13: 978-3-642-92933-5
DOI: 10.1007/978-3-642-92933-5

Alle Rechte, insbesondere das der Übersetzung in fremde Sprachen, vorbehalten
Ohne ausdrückliche Genehmigung des Verlages ist es auch nicht gestattet,
dieses Buch oder Teile daraus auf photomechanischem Wege
(Photokopie, Mikrokopie) oder auf andere Art zu vervielfältigen
© by Springer-Verlag, Berlin/Heidelberg 1960 and 1967
Softcover reprint of the hardcover 2nd edition 1967
Library of Congress Catalog Card Number: 67—21077

Titelnummer 0051
Die Wiedergabe von Gebrauchsnamen, Handelsnamen, Warenbezeichnungen usw.
in diesem Buche berechtigt auch ohne besondere Kennzeichnung nicht zu der Annahme, daß solche Namen im Sinne der Warenzeichen- und Markenschutz-Gesetzgebung als frei zu betrachten wären und daher von jedermann benutzt werden dürften

Vorwort zur ersten Auflage

Mit der Herausgabe dieses Buches soll eine Lücke in der Fachliteratur geschlossen werden, die seit längerer Zeit besteht. Die rasch fortschreitende Entwicklung hat auch in der Textilveredlung ihren Niederschlag gefunden. Vor allem gilt dies für eine Reihe von Arbeiten, welche auf Grund der Einführung der synthetischen Fasern in der Textilindustrie neu sind und sowohl in der Färberei als auch in der Ausrüstung vorgenommen werden.

Es war nicht möglich, ein Buch zu verfassen, welches sowohl dem Maschinenbauer als auch dem Appreteur im gleichen Maße nützlich sein kann. Es wurde hier mehr Wert auf die Beschreibung der einzelnen Ausrüstungsverfahren gelegt, und die Konstruktionen der für die einzelnen Verfahren notwendigen Maschinen wurden nur insoweit berücksichtigt, wie es für den normalen Ablauf der Bearbeitung der Textilien notwendig erscheint. Trotzdem hoffe ich, auch dem Maschinenbauer wertvolle Anregungen gegeben zu haben, um bei Neukonstruktionen rationellere Arbeitsweisen einführen zu können. Ich bin mir klar, daß vor allem der III. Teil des Buches keineswegs alle Ausrüstungsverfahren beinhalten kann, die für die angeführten Textilien möglich sind, und es wäre abwegig, aus den angeführten Ausrüstungsgängen eine Verbindlichkeit oder Ausschließlichkeit abzuleiten.

Ich danke an dieser Stelle allen Fachkollegen für die wertvollen Hinweise, die sie mir gegeben haben. Vor allem gilt dieser Dank den Herren der Staatl. Textilfach- und -Ingenieurschule Münchberg und an deren Spitze Herrn Dir. Dr.-Ing. M. MATTHES. Ferner danke ich den Firmen der Chemischen und Textilmaschinen-Industrie, die durch großzügige Unterstützung die Herausgabe des Buches erst ermöglichten. Nicht zuletzt sei auch dem Springer-Verlag für die gute Ausstattung des Buches gedankt.

Das Buch möge allen Textilveredlern den fachlichen Nutzen bringen, den ich als Verfasser meinen Fachkollegen zu vermitteln hoffe.

Münchberg, im Dezember 1959
Staatl. Textilfach- und -Ingenieurschule **Walter Bernard**

Vorwort zur zweiten Auflage

Die erste Auflage der „*Appretur der Textilien*" hat ihre Interessenten in knapp fünf Jahren gefunden. Das mag beweisen, daß eine zusammenfassende Darstellung aller Arbeitsverfahren auf dem Ausrüstungsgebiet in Buchform bisher fehlte, zum überwiegenden Teil ist jedoch der Grund in der stürmischen Entwicklung gerade auf diesem Sektor der Textilherstellung zu suchen. Letztere Tatsache war auch für die 2. Auflage richtungweisend. Ein unveränderter Neudruck schied von vornherein aus, da sich in der Zwischenzeit eine Vielzahl von Neuerungen ergaben, die unbedingt berücksichtigt werden mußten. Es war deshalb eine Überarbeitung des gesamten Stoffes notwendig. Das gilt für die „mechanischen Appreturarbeiten". Bei den „chemischen Appreturarbeiten" war eine vollkommen neue Fassung wegen der inzwischen in der Praxis eingeführten Verfahren notwendig. Die Ausweitung des Umfanges des I. und II. Teils zwang aus Raumgründen zum Weglassen des III. Teils „Ausrüstungsgang der Textilien", der in ergänzter und erweiterter Form als Buch unter dem Titel die „*Veredlung von Textilien*" erscheinen wird. Vom gleichen Autor wird als Buch auch der „*Druck von Textilien*" herausgegeben werden. Da sich das „Beschichten und Kaschieren" inzwischen zu einem selbständigen Industriezweig entwickelt hat, konnte auch dieses Kapitel eliminiert werden, da es nicht mehr gerechtfertigt erschien, diese speziellen Verfahren der Appretur zuzuschlagen. Im „Schrifttum" wurde wegen der Vielzahl anzuführender Literaturhinweise auf diese verzichtet und die globalen Angaben beibehalten bzw. zusammengefaßt.

Wiederum habe ich die angenehme Pflicht meinen Dank allen Fachkollegen, der Chemischen Industrie und den Maschinenherstellern des In- und Auslandes auszusprechen, die mir mit ausführlichen Informationen bei der Neufassung halfen. Für die traditionsmäßig vorbildliche Ausstattung des Buches möchte ich dem Springer-Verlag besonders danken.

Auch mit der zweiten Auflage der „*Appretur*" möchte ich allen Interessenten einen fachlichen Nutzen bringen.

Münchberg, im Frühjahr 1967
Staatl. Textilfach- und -Ingenieurschule **Walter Bernard**

Inhaltsverzeichnis

	Seite
Einleitung	1
I. Die mechanischen Appreturarbeiten	3
1. Schauen	3
2. Putzen, Noppen, Entknoten und Ausnähen	7
3. Hilfseinrichtungen	11
Warenbahnführer	11
Wickelmaschinen	22
Strangausbreiter	25
4. Sengen	29
5. Entschlichten	33
6. Waschen	36
Verunreinigungen	38
Waschvorgang	40
Waschmittel	42
Anionaktive Waschmittel	42
Nichtionogene Waschmittel	47
Waschmaschinen	50
7. Krabben	77
8. Karbonisieren	80
9. Walken	86
10. Trocknen	96
Vortrocknen oder Entwässern	97
Trocknen mit erwärmter Luft	104
Trocknen mit überhitztem Dampf	129
Trocknen mit erhitzten Zylindern oder Platten	130
Infrarottrocknung	135
Hochfrequenztrocknung	136
11. Rauhen	139
Rauhmaschinen	142
12. Mechanische Oberflächenveredlung	161
13. Scheren	164
Schermaschinen	167
14. Pressen	177
15. Mangeln	181
16. Kalandern	184
17. Dekatieren	201
18. Krumpfung von Geweben und Gewirken	212
19. Befeuchten	227
20. Appreturbrechen	230
21. Ratinieren	232
22. Fixieren von Stückwaren aus synthetischen Fasern und deren Mischungen	235
23. Plissieren	243
Plissier-Einrichtungen	246
24. Aufmachungsarbeiten	250

	Seite
II. Die chemischen Appreturarbeiten	257
1. Applikation von Appreturmitteln	257
2. Steifungsappreturen	269
Stärke	270
Eiweiß	274
Pflanzliche Gummi	274
Alginate	274
Zellulosederivate	274
Kunststoffe	275
Kautschuk und Latex	277
Silikone	277
3. Beschwerungs- und Füllappreturen	279
4. Weichmacher	281
5. Antistatische Ausrüstung	288
6. Hilfsmittel für die Schaumverhütung (Antischaummittel)	293
7. Schiebefestappreturen	293
8. Mattierungsmittel	294
9. Bläumittel und optische Aufheller	296
10. Parfümierung von Textilien	296
11. Ausrüstungen zur Vermeidung von Insektenschäden	298
12. Chemische Veredlung von Wolltextilien	301
Verfahren zur Verhinderung der Relaxations-(Entspannungs-) Schrumpfung	301
Filzfreiausrüstung	305
13. Schutzmittel gegen Mikroorganismen	314
14. Flammhemmende Ausrüstung	322
15. Hydrophobieren	326
16. Öl- und schmutzabweisende Ausrüstung	338
17. Hydrophile Ausrüstung	339
18. Hochveredlung	340
Harzhaltige Hochveredlung	347
Harzarme Hochveredlung	352
Harzfreie Hochveredlung	355
Mechanische Einrichtungen für die Hochveredlung	361
Permanent-Preß-Ausrüstung	365
Oberflächenausrüstung hochveredelter Textilien	368
19. Merzerisieren	370
20. Appreturverluste	378
Schrifttum	380
Lieferanten von Appreturmaschinen	381
Lieferanten von Textilhilfsmitteln	384
Appreturmittel und Spezialverfahren (Markennamen)	386
Sachverzeichnis	393

Einleitung

Die Appretur der Textilien umfaßt einen Teil der Arbeiten, die unter dem Sammelbegriff „Textilveredlung" verstanden werden. Der Zweck der Textilveredlung ist es, Textilien in loser Flocke, als Garn oder Stückware so zu verändern, daß deren Aussehen, Griff und allgemeine Eigenschaften den modischen Ansprüchen gerecht werden, ihre Gebrauchstüchtigkeit zu erhalten bzw. zu steigern. In der Färberei, Bleicherei und Druckerei wird meist allein die Farbigkeit der Textilie bestimmt, wogegen in der Appretur hauptsächlich die anderen Eigenschaften verändert werden. Es läßt sich daher keine eindeutige Grenze zwischen den Teilgebieten der Textilveredlung ziehen, obwohl diese räumlich voneinander getrennt sind. Auch die Textilherstellung hat einen überwiegenden Einfluß auf die oben angegebenen Eigenschaften der Textilwaren, so daß ein Optimum an Warengüte nur durch enge Zusammenarbeit des Veredlers mit der Spinnerei, Weberei und bei der Auswahl der einzusetzenden Rohstoffe angestrebt werden sollte.

Es läßt sich in der Textilherstellung der Textilveredlung nicht immer der genaue Platz einräumen, wie es z. B. bei der Spinnerei der Fall ist, die immer vor der Weberei bzw. Wirkerei steht. Die Bleicherei und Färberei kann sowohl vor der Spinnerei und Weberei als auch zwischen bzw. nach diesen eingeschaltet werden. Die Appretur wird allerdings immer als Schlußarbeit stehen, da sie hauptsächlich für Stückwaren üblich ist und der Textilie den endgültigen Charakter geben soll, den die Konfektion, der handwerkliche Weiterverarbeiter bzw. der Verbraucher von ihr verlangt. Vor allem in der Wollwarenausrüstung wird man die Appreturarbeiten teilen und die Vorappretur vor der Färberei und die Finish- oder Endappretur nach dieser vornehmen. Das Endstadium einer Textilware wird allgemein als „nadelfertig" bezeichnet. Darunter versteht man eine Vielzahl von Eigenschaften, auf die an dieser Stelle nicht eingegangen werden kann und die dem Verbraucher meist selbstverständlich erscheinen.

Bei der Beschreibung der einzelnen Verfahren werden die zu erzielenden Effekte zuerst genannt, die im Endeffekt zur nadelfertigen Ware führen. Die Ware soll neben einer reibungslosen Konfektion ein Maximum an *Gebrauchstüchtigkeit* zeigen, wobei darunter nicht nur die Reiß- und Scheuerfestigkeit, Beständigkeit der Paßform, Griff, sondern auch viele andere Eigenschaften verstanden werden. Zur Gebrauchstüchtigkeit gehört ferner die weitgehende *Krumpfarmut*, die sich beim fertigen Kleidungsstück in der Stabilität der Maße auch nach einer Naß- bzw. Trockenwäsche (chem. Reinigung) und vor allem im Gebrauch zeigt und gemeinhin mit „nicht einlaufend" oder „nicht eingehend" bezeichnet wird.

Um alle diese speziellen Eigenschaften der Fertigware bestimmen zu können, wurden eine Reihe von Prüfmethoden und -geräte entwickelt, welche dem Gebrauch mehr oder weniger nahe Meßzahlen liefern und untereinander vergleichbar sind. Trotz vieler Prüfmethoden ist doch immer der Trageversuch das Maß für die Gebrauchstüchtigkeit einer Textilie geblieben. Zum Zweck des Vergleiches gleichartiger, jedoch verschieden ausgerüsteter Gewebe wird man auf die einzelnen Prüfmethoden, trotz ihrer eingeschränkten Aussagemöglichkeiten, die man allerdings zahlenmäßig ausdrücken kann, nicht verzichten können. Leider ist es bisher nicht gelungen, alle Appretureffekte so zu klassifizieren, daß man nationale oder internationale Zahlenwerte anwenden kann, wie es durch die Echtheitskommissionen in der Beurteilung der Echtheiten von Färbungen und Drucken bereits möglich ist. Die meist manuelle Beurteilung des Griffes der Glätte, des Glanzes usw. bleibt weiterhin das Maß dieser Effekte.

Glücklicherweise hat sich auch in der Ausrüstung der Qualitätsbegriff eingeführt, und die Ausrüstung allein *für den Ladentisch* und das Auge des Käufers wird immer seltener. Man bemüht sich überall, der Ausrüstung eine gewisse *Permanenz* zu geben und hat auf den meisten Gebieten bereits wasserfeste, wenn nicht waschfeste Appreturen erreicht. Durch verschiedene Prädikate, die man permanent ausgerüsteten Waren gibt, ist dem Verbraucher die Gewähr für die Güte der Ausrüstung und eine gewisse Garantie gegeben, daß die so ausgerüsteten Waren den normalen Ansprüchen im Gebrauch weitgehend entsprechen. In diesem Zusammenhang müssen auch die Bemühungen der Textilhersteller erwähnt werden, welche auf eine *Normierung der Waschvorschriften* abzielen und in Form von Waschanleitungen der Textilie angeheftet werden.

Das Wort „Appretur" leitet sich vom lateinischen „apparare" ab, was zurichten und ausrüsten bedeutet, so daß man unter Ausrüstung von Textilien die gesamten Appreturarbeiten versteht.

Das Gebiet der Appretur wurde in diesem Buch in 2 Abschnitte aufgeteilt:
I. Die mechanischen Appreturarbeiten,
II. Die chemischen Appreturarbeiten.

Diese Aufteilung hat gewisse Mängel, da verschiedene Arbeiten nur durch das Zusammenspiel sowohl der mechanischen als auch der chemischen Arbeitsweisen zum verlangten Erfolg führen. Die angeführte Einteilung hat jedoch den Vorzug, daß Wiederholungen von Arbeitsweisen, wie sie bei der Aufteilung der Ausrüstung nach verwendeten Faserrohstoffen notwendig sind, kaum auftreten. Auch die Einteilung in Trocken- und Naßappretur erwies sich als umständlicher und hätte ebenfalls zu Überschneidungen geführt.

Die im Buch angegebenen Markenbezeichnungen sind den gleichzeitig genannten Handelsfirmen oder Herstellern geschützt. Die Aufzählung der Produkte, Textilmaschinen und Firmen im Verzeichnis Appreturmittel und Spezialverfahren auf Seite 386 erfolgt alphabetisch, erhebt keinesfalls den Anspruch auf Vollständigkeit und sagt nichts über die Qualität der Erzeugnisse aus.

I. Die mechanischen Appreturarbeiten

Bei diesen Arbeiten erzielt man hauptsächlich auf *mechanisch-physikalischem* Wege unter Einsatz besonderer Maschinen die geforderten Ausrüstungseffekte. Viele dieser Arbeiten setzen jedoch eine chemische Behandlung voraus.

Die meisten dieser mechanischen Verfahren gehören in das Gebiet der Trokkenappretur, wogegen die mechanischen Vorbehandlungen oder Nacharbeiten der Naßappretur zugeordnet werden müssen.

1. Schauen

Bevor die Stückwaren, seien es Web- oder Wirkwaren, zur eigentlichen Appretur kommen, ist zumindest eine flüchtige *Durchsicht auf Fehler* notwendig, um spätere Reklamationen zu vermeiden. Viele Fehler stammen aus den vorangehenden Arbeitsgängen, wie Spinnerei, Weberei, Färberei, Bleicherei und Druckerei, und kommen, wenn sie nicht vorher festgestellt wurden, auf das Konto der Appretur und führen unweigerlich zu Reklamationen, die in Form von Preis- oder Metrageabschlägen vom Konfektionär oder Verbraucher namhaft gemacht werden. Zu den Fehlern, die aus der Spinnerei stammen, gehören ungleiche Garn- oder Zwirndrehung, noppiges Garn, sog. Andreher, die sich als örtliche Verschmutzungen bis ins Innere des Garnkörpers bemerkbar machen und andere bereits im Rohstück sichtbare Fehler. Daneben stammen auch Fehler aus der Spinnerei, die meist erst nach der Appretur sichtbar werden und z. B. im Anflug fremden Fasermaterials, geschädigten Fasern, toter oder unreifer Baumwolle usw. bestehen. Als sichtbare Fehler aus der Weberei können Spannschüsse, schlaffe Kettfäden, beschädigte Leisten, Löcher in der Ware, aufgeraubte Garne in Schuß und Kette, Stuhlölflecke und alle Bindungsfehler genannt werden. In Wirkwaren sind es hauptsächlich Laufmaschen, Schmierölflecke, Maschenverwerfungen und aufgeraubte Fäden, die bereits in der Rohware sichtbar sind.

Ein Teil dieser Fehler wird sich durch die Veredlung und damit auch durch die Appretur verbessern lassen, wogegen verdeckte Fehler, deren Ursache ebenfalls aus der Herstellung stammt, erst nach der Veredlung sichtbar werden. Zu letzteren gehören vor allem Fremdfasern, geschädigte Fasermaterialien, streifige Kett- und Schußanteile, die sich durch unterschiedliche Anfärbung oder Dehnung erst nach der Veredlung erkennen lassen, und andere Mängel.

Von der Weberei oder dem Rohwarenlager erhalten die Einzelstücke eine *Laufkarte* (Stückkarte), welche neben der Stücknummer die Roh- und Endbreite sowie beide Längen, die Nummer der verwendeten Garne, das Roh- und Fertiggewicht und vor allem die in der Rohware festgestellten Fehler enthält. Auch die Angabe des Web- oder Wirkstuhles, des Webers oder Wirkers sollen nicht fehlen. Für die Eintragung von nachträglich festgestellten oder durch die Veredlung entstandenen Fehler sollte ebenfalls genügend Platz vorhanden sein. Bei Stückwaren, deren Ausrüstungsgang bereits bekannt ist, muß auch dieser angegeben werden und vom jeweiligen Arbeiter oder Meister, mit den notwendigen Bemerkungen versehen, als durchgeführt abgezeichnet werden. Oft, vor allem in Lohnausrüstungen, wird auch das Auslieferungsdatum angegeben werden. — Die Intensität des Schauens wird sich immer nach der Art der Ware richten, wobei billige Waren nur kurz *überzogen* werden und dabei die gröbsten Fehler auf der Stückkarte vermerkt werden. Bei teuren Geweben vor allem aus Wolle wird man auf eine genaue Warenschau besonderen Wert legen müssen, da hier Preisabschläge wegen fehlerhafter Ware besonders kostspielig sind. Auch die Durchsicht von Fremd- oder Lohnware muß gründlich durchgeführt werden.

Die Durchsicht wird entweder durch Überziehen über eine **Schaustange** oder auf der **Schaumaschine** (Abb. 1, 2) vorgenommen. Bei der Schaustange handelt es sich um eine vor einem Fenster möglichst hoch angebrachte lose Leitwalze, über die die Ware in voller Breite, meist von Hand aus gezogen und in der Auf- und Durchsicht geprüft wird. Die einfachen *Schautische* bestehen aus breiten Tischen, deren Platten in einem Winkel bis zu 60° hochgestellt, zum Überziehen der Stücke dienen. Die Schaumaschinen sind den Schautischen nachgebildet. Die Ware wird durch Führungswalzen bewegt, die je nach Gründlichkeit der Schau die Ware schneller oder langsamer über den Tisch ziehen. Um auch die Durchsicht zu prüfen, ist die Tischplatte verglast und indirekt beleuchtet. Oft wird die Ware beim Schauen auf der Maschine gleichzeitig gemessen. Die Ware wird der Schaumaschine entweder „im Stoß" (Stapel, aufgetafelt, verzogen) oder auf einer Kaule (Rolle, Docke) zugeführt und wiederum abgelegt oder gewickelt der Ausrüstung weitergegeben.

Bei teuren Wollwaren wird man das Schauen und Markieren von Fehlern mit dem Noppen oder Ausnähen verbinden und erst dann die Fehler markieren,

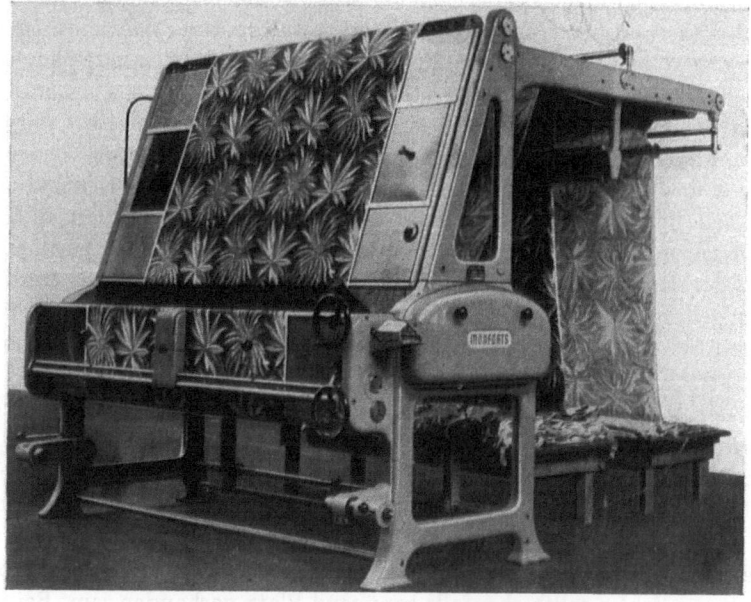

Abb. 1. Warenschau- und Meßmaschine MBH (*Monforts*)

1. Schauen

Abb. 2. Arbeiten an Schaumaschinen

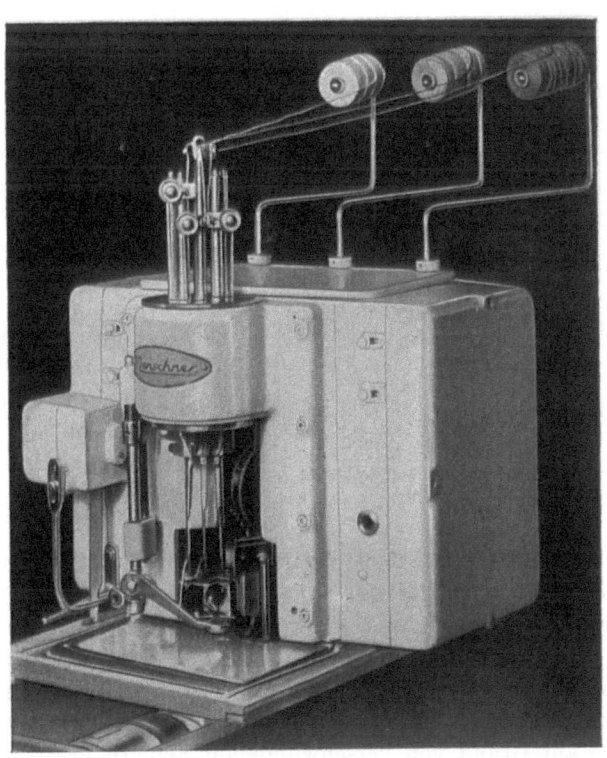

Abb. 3. Fehler-Markier-Apparat FM 2 (*Menschner*)

wenn diese durch das Ausnähen nicht entfernbar sind. Bei billigen Geweben aus Zellulosefasern oder Fasermischungen, bei denen ein gründliches Ausnähen preislich untragbar ist, wird man sich mit der Fehlermarkierung begnügen. Es werden dabei je nach Art der festgestellten Fehler verschiedenfarbige, farb- und bleichechte Zwirne in die Stückleiste geknüpft. Um auch diese Arbeiten soweit als möglich zu mechanisieren, wurden von *Menschner Fehlermarkier- und Registrierapparate* (Abb. 3, 4) konstruiert, mit denen auf Schaumaschinen die Fehler durch entsprechende Fäden markiert und gleichzeitig auf einer Lochkarte Fehler, je nach Art, in einer besonderen Rubrik durch Lochung im entsprechenden Meterbereich der Lochkarte vermerkt werden.

Abb. 4. Fehler-Registrier-Apparat (*Menschner*)

Von der gleichen Firma wird als *Fehlermarkierzange Mark-fix 3* ein Gerät geliefert, mit dem es möglich ist, auch ohne umständliche Handarbeit, Markierungsfäden einzuknüpfen. Durch Vereinigung zweier Zangen, die mittels eines Elektromotors betätigt werden, ist es möglich zwei Farben nebeneinander zu verwenden (Abb. 5). Als *Markomat Typ M 14* wird ein Fehlermarkiergerät geliefert, welches außer einer mechanischen Fadeneinknüpfung eine lichtelektronische Kantensteuerungsautomatik besitzt, mit der es möglich ist, ohne Kantenberührung den Markierapparat, auf einem Schlitten beweglich, der evtl. hin- und herlaufenden Gewebekante nachzufolgen, ohne dabei die Kante mechanisch abzutasten. Abgesehen von der Markierzange sind alle Geräte mit einem Fehlerregistriergerät zu koppeln.

Abb. 5. Fehler-Markier- und Fadeneinknüpf-Apparat „mark-fix 4" (*Menschner*)

Bei Wollgeweben wird sich ein mehrmaliges Schauen während der Ausrüstung, vor allem aber am Anfang und Ende der Ausrüstung, lohnen. Es werden dadurch zuerst nicht repassierbare Fehler als verschwunden festgestellt werden können, die an der Leiste befindlichen Markierungsfäden entfernt und dadurch Preisabschläge auf Grund von verschwundenen Fehlern herabgesetzt werden können.

Warenschaumaschinen mit entsprechenden Hilfseinrichtungen werden u. a. von den Firmen gebaut:

Alltex	*Durrant*	*Maag*	*Raxhon*
Arbach	*ELITEX*	*Meccanotessile*	*Van-Vlaanderen*
Birch	*Foxwell*	*Menschner*	*Vollenweider*
Curtis	*Gmöhling*	*Monforts*	*West-Point*
Drabert	*Invest*	*Pegg*	

2. Putzen, Noppen, Entknoten und Ausnähen

Das Schauen und Putzen gehört zu den Vorarbeiten der Ausrüstung und wird oft als *Vorappretur* bezeichnet. Es ist dabei gleichgültig, ob diese Arbeiten vor der Appretur oder anderen Veredlungsarbeiten vorgenommen werden. Auch das Sengen und Entschlichten gehört zu diesen Vorbereitungsarbeiten. Die aus dem Rohlager oder der Weberei kommenden Stücke werden je nach ihrer Qualität mehr oder weniger intensiv von den ihnen anhaftenden Fehlern befreit. Unter Ausnähen (Abb. 6) versteht man meist das Verbessern von Fehlern in Wollwaren, und man wird dabei mit großer Sorgfalt vorgehen, um möglichst wenig Fehler in die Fertigware zu bringen. Das Schauen und Ausnähen wird dabei gemeinsam vorgenommen und die Stücke über den Schautisch gezogen und gleichzeitig von Hand aus von den repassierbaren Fehlern befreit. Man wird vor allem sämtliche Knoten entfernen,

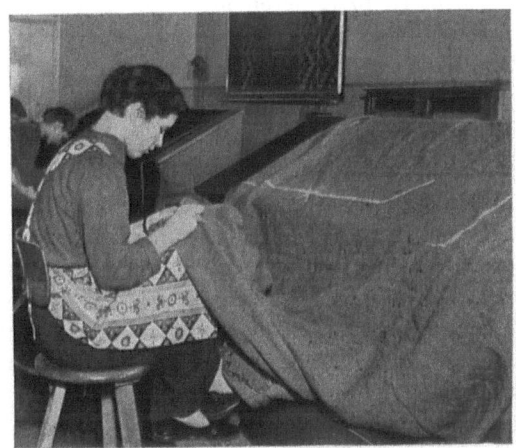

Abb. 6. Ausnähen von Stückwaren

Spannfäden in beiden Geweberichtungen zerschneiden und evtl. in die entstehenden Lücken Fäden einziehen, Gewebelücken entweder verkratzen oder Bindungsfehler durch *Einziehen von Fäden* ausbessern. Auch das *Ausnehmen von Fäden* zur Verbesserung von Bindungsfehlern ist üblich. Man bemüht sich, möglichst alle Fehler auszubessern, da es sich bei gründlich auszunähenden Waren um teurer Stücke handelt. Neben der Schere und Nähnadel, mit der die einzelnen Fäden bindungsgerecht eingezogen werden, verwendet man das *Noppeisen*, eine Pinzette größeren Ausmaßes, welche zum Verkratzen von Fehlern und zum Lösen oder Abreißen von Knoten von der Ausnäherin (Nopperin) verwendet wird. Es werden nur dort Fehlerfäden in die Gewebeleiste eingeknüpft, wo Fehler nicht zu beseitigen sind.

Oft ist es notwendig, vor allem in Woll- und Halbwollgeweben, farbliche Fehler, wenn sie kein größeres Ausmaß haben in der Fertigware zu verbessern. Von der Fa. *Flockenhaus* werden für diese Zwecke als Retuschiermittel *Noppstifte* und *Nopptinkturen* angeboten. Die Noppstifte werden hauptsächlich zum Verbessern für Streichgarne verwendet. Es handelt sich dabei um farbige Fettstifte, welche beim anschließenden Dämpfen oder Bügeln in der Konfektion die Fasern anfärben. Für Kammgarngewebe werden flüssige Nopptinkturen verwendet, die ebenfalls bei nachfolgenden Heißprozessen in gewissen Echtheiten fixiert werden. Für größere Fehler stellt die Firma auch *Noppplatten* zur Verfügung, die wie Noppstifte verwendet werden. Da Wollgewebe im Gebrauch meist nur chemisch gereinigt werden, sind die mit den Retuschiermitteln erreichten Echtheiten der Anfärbung ausreichend, erreichen jedoch nicht die Echtheiten der Originalfärbung.

Zur *Markierung der Stücke* ist es notwendig entweder in der Ausnäherei oder bereits im Rohwarenlager die Stücknummer, Qualität, die Nummer des Webstuhls und evtl. den Besitzer — wenn es sich um Lohngewebe handelt — in den Stückenden anzubringen. In Wollgeweben wird dafür meist eine Spezialnähmaschine (S. 27) verwendet, mit der die Angaben nach dem andersfarbig eingeschossenen Stückende eingenäht werden. Gewebe aus Zellulose- oder Synthesefasern bzw. deren Mischungen werden besser mit bleichechten Markierfarben beschriftet, die u. a. von den Firmen *W. M. Schön, Stuttgart-Zuffenhausen, W. Wunschel, Reutlingen*, als Pigmente in Form vergrößerter Kugelschreiber geliefert werden.

Für billige Halbwollgewebe oder solche aus Zellulosefasern ist ein Ausnähen, wie es für teure Wollgewebe üblich ist, nicht tragbar und, abgesehen von Einzelfällen, auch nicht notwendig. Die Waren werden entweder vor oder nach dem Schauen auf einer *Bürst- und Schmirgelmaschine*, der eine *Schermaschine* angeschlossen bzw. in der Anlage vorgesehen ist, geputzt. Letztere Einrichtungen nennt man **Gewebeputz- und Schermaschinen**. Die Ware wird dabei von einer Docke (Kaule) oder vom Stapel der Maschine zugeführt und passiert zuerst mehrere Rundbürstenwalzen, welche Staub und lose anhaftende Fasern, Fäden und andere Verunreinigungen von der Ware beidseitig entfernen. Anschließend werden mittels Schmirgelwalzen, ebenfalls beidseitig, Knoten aus der Ware abgerissen und nochmals beidseitig gebürstet. Die von der Ware entfernten Faserteile und Verunreinigungen werden aus dem Kasten, in dem die Putzwerkzeuge arbeiten, mittels Saugluft in eine Staubkammer abgesaugt.

Oft genügt eine derartige Reinigung nicht, um auch Fäden, die aus Kett- oder Schußfadenbrüchen stammen und an der Oberfläche der Ware liegen, zu entfernen. Man schließt dann eine Scheranlage mit zwei oder mehr Scherzeugen an. Das Arbeitsprinzip dieser Scherwerkzeuge gleicht dem bei der Tuchschermaschine (S. 164) verwendeten und wird dort ausführlich beschrieben. Die Ware wird dabei links- und rechtsseitig geschoren. Neben den für das Scheren üblichen Ober- und Untermessern arbeitet man bei der Putz- und Schermaschine ausschließlich mit einem Doppeltisch (Hohltisch), um Knoten, die an der den Schneidzeugen abgewendeten Gewebeseite einlaufen, kein Heben der Gewebebahn zu gestatten, was zum Durchschneiden führen würde, wie es bei der Verwendung eines Spitztisches eintreten würde. Sämtliche Schneidzeuge sind mit Schutzvorrichtungen versehen, und die Scherhaare werden entweder von jedem Schneidzeug separat oder gemeinsam aus dem Kasten, in dem sich die gesamten Scherwerkzeuge befinden, abgesaugt. Die Ware läuft in gespanntem, faltenfreiem Zustand zu den Schneidzeugen und wird zwischen diesen durch

2. Putzen, Noppen, Entknoten und Ausnähen

Rundbürstenwalzen gereinigt bzw. die abzuscherenden Fasern oder Fäden aufgebürstet.

Die neueren Konstruktionen der Putz- und Schermaschinen sind so gebaut, daß die Waren senkrecht von oben nach unten die einzelnen Paare von Bürst- und Schmirgelwalzen passieren und dann von unten nach oben an die Schneidzeuge geführt werden (*Monforts*). Auch eine Konstruktion, bei der die Putz- und Schmirgelwalzen unter den Schneidzeugen angebracht sind, hat sich bewährt (*Menschner*). Ältere Konstruktionen arbeiten mit waagrecht angeordneten Schneidzeugen und Absaugung bei jedem Scherzeug. Durch *Gewebetastleisten* an jedem Schneidzeug ist es möglich, ein Durchschneiden der Gewebebahn beim Durchlauf von Nähten durch Heben der Schermesser und Arbeiten im Kriechgang (2,5 m/min) zu vermeiden. Die Putz- und Schermaschinen gestatten eine Warengeschwindigkeit bis zu 100 m/min.

Alle Putzwalzen und Schermesser lassen sich durch eine zentrale Einstellung gemeinsam auf die verlangte Putz- oder Schnitthöhe einstellen. Die Schneidzeuge sind einzeln ausschwenkbar und ermöglichen eine leichte Reinigung. Die Anlagen eignen sich auch für das gleichzeitige Putzen und Scheren von zwei schmalen Gewebebahnen nebeneinander mit entsprechenden Warenführungen und bedür-

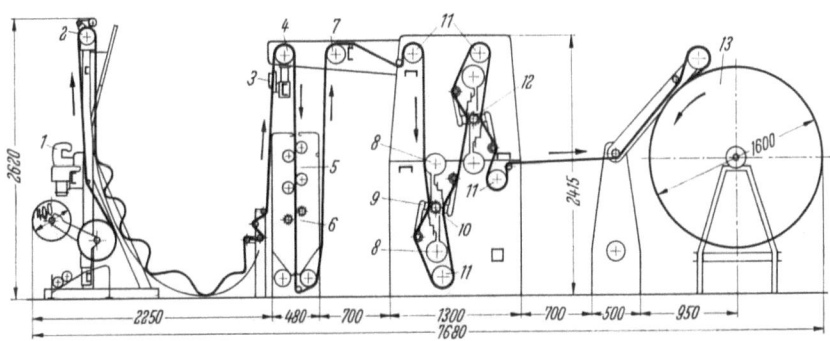

Abb. 7. Gewebeputz- und Schermaschine „Super-Duplo" (*Vollenweider*)
1 Nähvorrichtung, darunter Gewebeabrollung mit automatischer Auswurfvorrichtung für leere Warenbäume; *2* Abzugwalze zum Warendepot; *3* Gewebebahnführer; *4/7* Breithalterwalzen; *5* Schmirgel-; *6* Bürstenwalzen; *8* Absaugrohre; *9* verstellbare Schertische; *10/12* Doppelschneidzeuge; *11* Zugwalzen; *13* Großdocken-Peripheriewickler

fen meist nur eine Arbeitskraft als Bedienung.

Als „Super-Duplo" wird von *Vollenweider* eine Gewebeputz- und Schermaschine (Abb. 7 und 8) gebaut, welche eine Reihe von Neuerungen enthält. So ist es möglich, ohne die Maschine stillzusetzen, mit einer speziellen Nähmaschine, die Stückenden mit Überwendlichnähten zu verbinden. Der

Abb. 8. Gewebeputz- und Schermaschine „Super-Duplo" (*Vollenweider*)

angeschlossene Warenkondensator (Warenmulde) nimmt soviel Gewebe als Reserve auf, daß die Anfertigung der Naht ohne Stillstand möglich ist. Erstmalig werden die Scherzylinder nicht nur für einen „Schnitt", sondern beidseitig für zwei „Schnitte" eingesetzt, so daß mit zwei Scherzeugen die Arbeit der sonst üblichen vier Schneidzeuge erreicht wird. Bei Nahtdurchgang ist ein Herunterschalten der Maschine auf Kriechgang nicht mehr notwendig, da mittels einer Photozelle die Naht berührungsfrei abgetastet, der Scherzylinder stillgesetzt und nach der Passage sofort wieder auf volle Touren gebracht wird. Die Schneidzeuge können beim Wechsel direkt aus der Maschine ausgerollt werden. Nach Beendigung der Schur kann die Ware abgetafelt oder auch auf Großkaulen mittels Peripheriewickler mit gleichbleibender Spannung aufgerollt werden. Die Maschine wird für Arbeitsbreiten von 1200 bis 2700 mm und zweibahnigen Betrieb geliefert werden. Zur Entfernung von Wechselfäden bei karierten oder Streifengeweben wird zusätzlich ein Schlingenöffner geliefert. Die aufgeschnittenen Schlingenfäden werden von Doppelschneidzeugen erfaßt und ebenfalls abgeschoren (S. 256).

Im *Gewebe-Putz- und Scherautomat „SSA Scher-o-mat"* (*Menschner*) wurde durch eine besondere Ausbildung der Schneidzeuge ein Stillstand auch der Scherzylinder vermieden. Da der Scherzylinder in das Absaugrohr verlegt wurde, werden zusätzlich die abstehenden Fadenenden angesaugt und dadurch besser vom Obermesser erfaßt. Die Naht wird mittels eines Nahtschutzrechens vor dem Durchschneiden geschützt (Abb. 9). Die Konstruktion wird mit spezieller Nähmaschine und Vorratsmulde geliefert und enthält die Schmirgel- und Bürstenwalzen unterhalb der vier Schneidzeuge, die um 180° geschwenkt auch für die einseitige Schur eingesetzt werden können. Bei der „Nonstop"-Gewebe-Scher- und Reinigungsmaschine (*Monforts*) wird beim Durchgang der Naht eine Abdeckplatte zwischen das Obermesser und die Ware geschoben. Dadurch kann der Scherzylinder in voller Tourenzahl weiterlaufen und auch die Ware muß nicht auf erniedrigte Durchlaufgeschwindigkeit geschaltet werden. Die zuletzt beschriebenen Konstruktionen werden auch mit Wechselfädenöffnern geliefert. Die „Nonstop"-Maschine wird für Arbeitsbreiten von 1000—3800 mm Arbeitsbreite gebaut und kann auch zweibahnig verwendet werden.

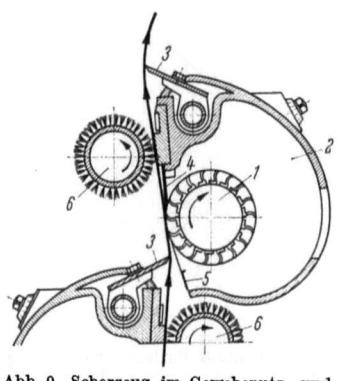

Abb. 9. Scherzeug im Gewebeputz- und Scherautomat SSA (*Menschner*)
1 Scherzylinder; *2* Absaugrohr; *3* oberer und unterer Schenkel des Hohltisches; *4* Untermesser; *5* Nahtschutzrechen; *6* Bürstenwalzen

Obwohl die oben beschriebenen Maschinen eine weitgehende Säuberung der Stücke ermöglichen, kann ihr Effekt nicht mit dem manuellen Ausnähen verglichen werden, und auch der Schereffekt reicht nicht an die durch Sengen erzielbare, kahle Gewebeoberfläche heran. Ein Putzen und Scheren von billigeren Geweben wird man nur als Vorappretur einsetzen und durch Schauen am Ende der Veredlung nur die noch vorhandenen Fehler markieren.

Putz- und Schermaschinen werden u. a. von nachstehenden Firmen gebaut:

Crosta	*Maag*	*Fr. Müller*	*Sellers*
Curtis	*Menschner*	*Riggs*	*Steinemann*
Drabert	*Monforts*	*Riley*	*Vollenweider*
INVEST			

3. Hilfseinrichtungen

Die ständig steigenden Produktionszahlen in der gesamten Textilveredlung haben eine große Zahl von Firmen veranlaßt Hilfseinrichtungen zu konstruieren, die entweder für sich oder meist an Veredlungsmaschinen angebaut, den unterschiedlichsten Zwecken der *Warenführung* und *-speicherung* zwischen verschiedenen Maschinenaggregaten und als *Strangausbreiter, Wickelmaschinen, Spezialnähmaschinen, Feuchtigkeitsmeßgeräte* usw. dienen.

Diese Einrichtungen sind nicht allein auf die Textilveredlung beschränkt, sondern werden in allen Industrien eingesetzt, welche die Regulierung laufender Bahnen notwendig machen. Dabei muß berücksichtigt werden, daß eine manuelle Regulierung wegen der hohen Durchlaufgeschwindigkeiten der Warenbahnen ausgeschlossen ist und faltige Waren zu meist unangenehmen Falten, Brüchen usw. führt, die entweder irreparabel oder nur durch langwierige Nacharbeiten in der Fertigware zu entfernen sind.

Warenbahnführer

Für das *faltenfreie Führen von Warenbahnen* sind sowohl feststehende als auch rotierende Breithalter im Gebrauch. Als **feststehende Breithalter** kommen zylindrische, gerade oder geschnittene, gerade bzw. auch gebogene Streichstangen bzw. -holme in Betracht. Daneben werden auch einseitig bombierte Streichstangen verwendet. Bei den *zylindrisch, geraden und feststehenden Streichholmen*

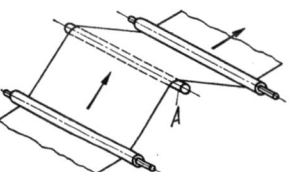

Abb. 10. Feststehender, zylindrischer Streichstab (*A*)

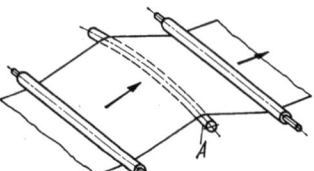

Abb. 11. Feststehender, gebogener Streichstab (*A*)

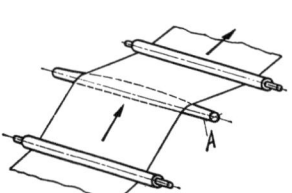

Abb. 12. Einseitig bombierter, feststehender Streichstab (*A* Fischbauch)

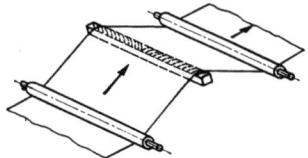

Abb. 13. Feststehender, mit Schrägnuten versehener Streichstab (*A*)

(Abb. 10) wird die Warenbahn durch den Holm abgebremst, ein ausreichender Ausgleich von Falten tritt jedoch nicht ein, die Warenbahn erhält außerdem oft eine starke Längsspannung. *Feststehende, gebogene* (Abb. 11) oder *einseitig bombierte Streichstäbe* (Abb. 12) zeigen teilweise die Eigenschaften der vorerwähnten

Holme, es ist jedoch weit besser möglich, Längsfalten und schlaffe Warenmitten auszuspannen. Dabei geht diese Arbeit immer auf Kosten zunehmender Warenspannung. Ähnlich wirken auch *feststehende, mit Schrägnuten geschnittene Streichstäbe* (Abb. 13), bei denen die Faltenausbreitung noch intensiver ist.

Bei **rotierenden Breithaltern** handelt es sich um Walzen, die meist in Laufrichtung der Warenbahn angetrieben, jedoch auch gegen diese laufen können. Als *Spiralwalze* (Abb. 14) ist eine gegen die Ware laufende Walze bekannt, die mit spiralförmigen Wülsten, von der Walzenmitte ausgehend den Ausbreiteffekt besorgen. Die Wülste üben bei empfindlichen Waren eine gewisse Scheuerung aus, die u. U. durch Antrieb in Warenrichtung abgebremst und damit gemildert wird.

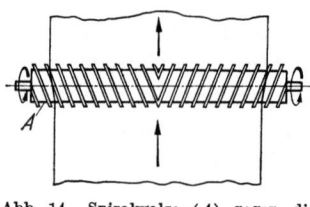

Abb. 14. Spiralwalze (*A*) gegen die Warenbahn angetrieben

Ähnlich wirken *bombierte Leitwalzen* (Abb. 15), die jedoch weniger in der Textilindustrie verwendet werden, da sie wegen der meist unterschiedlichen Spannung bei Textilbahnen oft zu verstärkter Faltenbildung führen und damit unangenehmer Schußverzug eintritt. *Lattenbreithalterwalzen* (Abb. 16) werden

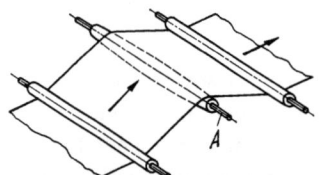
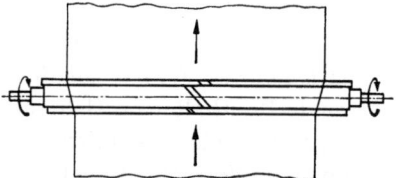

Abb. 15. Bombierte Leitwalze (*A*)   Abb. 16. Lattenbreithalterwalze (*A*)

meist nur für trockene Ware verwendet. Die Leistenpaare werden bei dieser Walze nach außen geführt und kehren an der der Ware abgekehrten Seite wieder in ihre Ausgangslage zurück. Die Breithalterwalzen sind nur für niedrige Durchlaufgeschwindigkeit verwendbar. Eine Weiterentwicklung sind die *Expanderwalzen* (Abb. 17), die an Stelle der Latten, mit Gummi- oder Kunststoffbändern auf dem Walzenkörper arbeiten und beid- oder einseitig die Ware breitstrecken können. Diese Walzen sind auch für den Naßbetrieb brauchbar und

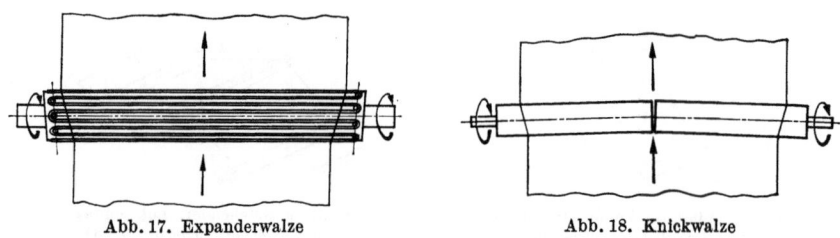

Abb. 17. Expanderwalze   Abb. 18. Knickwalze

können für Warengeschwindigkeiten bis 150 m/min eingesetzt werden. Als *Knickwalze* (Abb. 18) wird eine Breithalterwalze verwendet, die jedoch den Spalt meist auf der Ware markiert und deshalb nur für geringe Warenspannungen verwendbar ist

Die Fa. *Wittler* hat sich dem Bau von *speziellen Breithalterwalzen* gewidmet. Sie stellt Walzen mit starrer Achse und unveränderlicher Durchbiegung (Abb. 19) und Walzen mit flexibler Achse und damit verstellbarer Bogenhöhe her. Die Walzen haben einen Gummiüberzug, sind kugelgelagert und die Lager abgekapselt. Neben der Verstellung der Bogenhöhe (Abb. 20) werden auch Walzenkombinationen für Breitstreckwerke geliefert, die zweibahnigen Betrieb erlauben und vertikale und horizontale Walzenverstellung zulassen. Mit diesen Spezialanfertigungen ist eine sehr schonende Ausbreitung der Ware möglich. Daneben ist

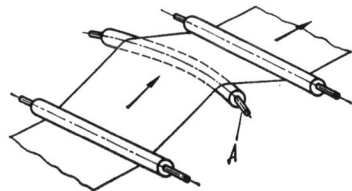

Abb. 19. Gleichmäßig gebogene Breitstreckwalze (*Wittler*)

es möglich, schlaffe Warenmitten und schlaffe Kanten ohne größeren Längszug auszugleichen. Auch besteht durch einseitige Walzenverstellung die Möglichkeit einseitig schlaffe Warenkanten so zu straffen, daß eine faltenfreie Ware resultiert. Die Breitstreckwalzen werden z. B. an Foulards, Kalandern, Trocknern, Breitwaschmaschinen, Merzerisiermaschinen usw. eingesetzt und auch nachträglich eingebaut. Sie werden für Arbeitsbreiten von 1100—4250 mm, mit Walzendurchmessern von 70—150 mm und für Warengeschwindigkeiten bis 200 m/min geliefert.

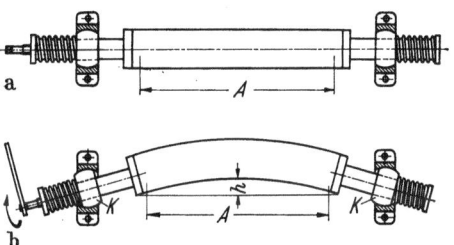

Abb. 20 a u. b. Bogenverstellbare *Wittler*-Breitstreckwalzen
a zylindrische, ungebogene Walze; b Bogenwalze
A Arbeitsbreite; *H* Bogenhöhe, die durch Druckbolzen variabel ist; *K* Kugeln zur axialen Verschiebung der Tragbolzen

Breitstreckwalzen werden u. a. von

Böttcher	*Foxwell*	*Meccanotessile*	*Tattersall*
Briem	*Jawetex*	*Mount-Hope*	*Van-Vlaanderen*
Durrant	*Marshall*	*Franz Müller*	*Wittler*

und den meisten Herstellern von Breitbehandlungsmaschinen für die Textilveredlung gebaut.

Zur Warenbahnführung ist es auch notwendig, daß neben der faltenfreien Behandlung auch die Bahnen in möglichst gleicher Lage laufen. Eine manuelle Überwachung ist auch hier wegen der hohen Durchlaufgeschwindigkeiten und dem Mangel an Arbeitskräften oft ausgeschlossen, und es haben sich eine Reihe von Firmen der Konstruktion von speziellen **Warenbahnführern** zugewandt, die ihre Führungsaufgaben von den Warenkanten her besorgen. Die einfachsten Geräte arbeiten mit je einer Rolle an jeder Warenkante. Die Rollen sind nicht angetrieben und erfahren ihre Drehung durch die laufende Warenbahn. Beim Zulauf der Ware sorgen entsprechende Tasterrollen (Abb. 21) für die Verstellung der pendelnd angebrachten Einrichtungen auf beiden Warenseiten. Die Warenbahn kann auch durch Kontaktscheiben gesteuert werden (Abb. 22). Die Wirkungsweise derartiger Warenbahnführer zeigt die Abb. 23. Für empfindliche, meist sehr leichte Gewebe oder Gewirke werden die Führungsrollen, die mehr oder weniger stark auf der Gleitplatte aufliegen, auch mittels Luftdruck auf die Unterplatte gepreßt und nach Bedarf auch angetrieben. Zur Kantenabtastung können Fühler, lichtelektronische oder elektrische Organe verwendet werden, die dann auch auf auslaufende Bahnkanten reagieren und die Warenbahnführer der Ware nachführen. Obwohl Warenbahnführer zuerst hauptsäch-

Abb. 21. Warenbahnführer KF-4 *Erhardt*) ohne Rollenantrieb mit Kantenabtastung über eine Steuerrolle

Abb. 22. Warenbahnführer KF-4/ES (*Erhardt*) mit Kontaktscheibensteuerung für die Warenleiste

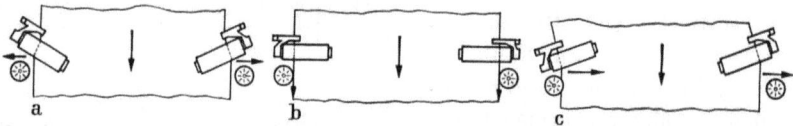

Abb. 23a bis c. Wirkungsweise von beidseitigen Warenbahnführern ohne Antrieb (*Mount-Hope*)
a Warenbahn läuft mit normaler Spannung, wird nur ausgebreitet, da die Führungsrollen nicht berührt werden;
b Ware läuft normal breit; c Ware läuft zu schlaff, die linke Kante berührt die linke Warenkante, die Bahn wird nach rechts geführt

lich an Spannrahmentrocknern verwendet wurden, haben sie heute bei allen Veredlungsmaschinen Anwendung gefunden und werden auch in der Papier-, Folien- u. a. Industrien eingesetzt.

Dasselbe gilt auch für **Kanten-Entroller** (Kantenöffner), die für das Ausbreiten der Warenbahn und Entrollen von Gewebekanten bzw. auch für an den Kanten rollende Gewirke eingesetzt werden. Als einfachste Einrichtungen sind konische, mit Gewinden versehene Rollen üblich, die an beiden Kanten der Gewebebahn laufen und zwischen denen die Kanten aufgerollt werden. Durch die pendelnde Aufhängung wird auch, wie bei den bereits beschriebenen Warenbahnführern, eine Führung der laufenden Bahn erreicht (Abb. 24). Die Gewindespindeln können auch zusätzlich mit oder gegen den Warenlauf angetrieben

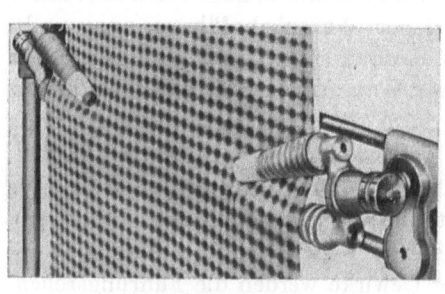 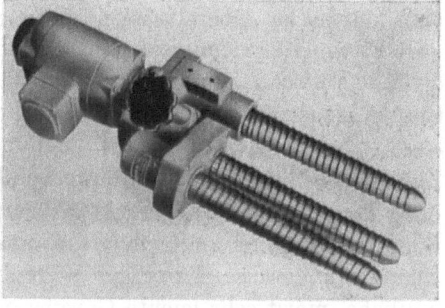

Abb. 24. Nichtangetriebene Kantenentroller (*Mount-Hope*)

Abb. 25. 3-Spindel-Leistenaufroller Typ La/M 5/3 (*Erhardt*) motorgetrieben

3. Hilfseinrichtungen

werden (Abb. 25). Oft sind die Einrichtungen mit entsprechenden Leistentastern kombiniert und folgen der Warenkante, wenn diese waagrecht aus der Bahn läuft, nach. Als Sonderkonstruktion werden von *Mount-Hope* zur Kantenaufrollung rotierende Fingerwalzen verwendet, die durch die laufende Ware angetrieben werden und mehr oder weniger stark an die Kanten anstreifen (Abb. 26). Für stark rollende Wirkwarenleisten werden auch angetriebene Wulstbänder verwendet, welche die Warenkanten ausrollen (Abb. 27). Warenbahnführer und Kantenentroller werden meist von den Firmen gebaut, die auch Breithalter und andere Hilfseinrichtungen bauen.

Abb. 26. Kantenentroller Typ R (*Mount-Hope*) mit nichtangetriebenen, rotierenden Fingerwalzen

Die Fa. *Mount-Hope* hat seit längerer Zeit die von ihr gebauten Einrichtungen der Warenführung usw. auch in Europa eingeführt. Es soll an dieser Stelle die druckluftgesteuerte *Schwingscheibenbremse* (Abb. 28) erwähnt werden, mit der es möglich ist, ein gleichförmiges Bremsen ablaufender Bahnen, auch bei stoßweiser

Abb. 27. Schlauchöffnungsmaschine TSM 1 mit Breitstreckeinrichtung BRS 1 mit angetriebenen Rundwulstgummibändern für Rundtrikotagen (*Erhardt*)

Abb. 28. Automatische Schwungscheibenbremse (*Mount-Hope*) für spannungsloses Abrollen von Warenbäumen

Abb. 29. Automatischer Spannungsregler R VI (*Mount-Hope*)

16 I. Die mechanischen Appreturarbeiten

Beanspruchung zu erreichen, wie es nach Stillständen einzelner Maschinen auftritt und dabei oft zu Gewebeschädigungen führt. Von der gleichen Firma wurde ein *automatischer Spannungsregler R-VI* (Abb. 29) konstruiert, mit dem die Warenbahn mit einer vorgewählten Spannung der jeweiligen Produktionsmaschine zugeführt wird. In Abb. 30 wird ein *Stoffzuführungssystem* der Fa. *Mount-Hope* gezeigt, welches am Eingang von Produktionsmaschinen eingesetzt, mehrere Funktionen ausübt. Die Ware wird von einem Zentrumswickler abgewickelt und die Zuführung photoelektrisch gestoppt, wenn die Ware ausgelaufen ist. Es kann dann ohne Stillstand der folgenden Maschine die nächste Warenbahn angenäht werden, da ausreichende Warenmengen im Speicher des

Abb. 30. Stoffzuführungseinrichtung (*Mount-Hope*)

Abb. 31. Strangführungsrolle (*Menzel*)

Abb. 32. Strangableger (*Perkins*)

3. Hilfseinrichtungen

Gerätes vorhanden sind. Die photoelektrische Einrichtung kontrolliert auch die im Warenspeicher enthaltene Warenmenge und hält sie konstant. Daneben wird durch Breitstreckwerke und Warenbahnführer eine faltenfreier Warenlauf mit gleicher Spannung erreicht. Das Gerät ist für sehr leichte, schwere, trockene und auch nasse Ware geeignet.

Wenn in der Appretur Stückwaren haupstächlich in breiter Form behandelt werden, werden Weißwaren überwiegend in Strangform gebleicht und auch in dieser Form transportiert, abgelegt oder gestapelt. Die Abb. 31 zeigt eine *Strangführungsrolle* mit Porzellanauge, die Abb. 32 einen *Strangableger*, mit dem hauptsächlich mit Entschlichtungsmitteln imprägnierte Stückwaren in Bottichen oder Transportwagen abgelegt werden. Die Einrichtungen werden meist von den Firmen hergestellt, die auch die entsprechenden Strangbehandlungsanlagen bauen.

Die Fa. *Mahlo* hat sich besonders der Steuerung und Regelung von Gewebebahnen angenommen und eine Reihe von Geräten auf dem Markt gebracht. Dazu gehört ein **Gewebebreitenmesser** (Abb. 33), der sich vor allem zum Einbau an Spannrahmentrocknern und Merzerisiermaschinen eignet. Die Warenkanten

Abb. 33. Gewebebreitenmeß- und Regelgerät BMG (*Mahlo*) am Auslauf eines Egalisierrahmens

werden dabei beidseitig durch zwei elektro-mechanische Fühler mit geringster Kantenbelastung abgetastet und der Meßwert über ein Anzeigegerät angegeben. Zur Kontrolle kann auch ein Linien- bzw. Punktschreiber angeschlossen werden. Bei der automatischen Ausführung des BMG Breitenmeß- und Regelgerätes regelt das Gerät die Zuführorgane der Produktionsmaschine so lange, bis die vorgewählte Sollbreite erreicht ist. Der auf der Warenmitte laufende Fühler stellt die Einrichtung dann ab, wenn die Warenbahn ausgelaufen ist. Das einfache Anzeigegerät kann mit einer optischen Fernanzeige versehen werden, die über ein Leuchtschild und besondere Lichtsignale normale, überbreite und zu schmale Gewebebreiten anzeigt.

Als **DMG Dehnungs- und Krumpfungsmeßgerät** wird von *Mahlo* eine Regelanlage angeboten, mit der es unabhängig von der Produktionsgeschwindigkeit der Produktionsmaschine möglich ist, Dehnung und Krumpfung der Warenbahn zu messen. Die Warenbahn wird an zwei Punkten photoelektrisch mittels zweier Geber (Abb. 34) abgetastet und die Verhältnisse bei der Normalausführung zwischen 10% Dehnung und 10% Krumpfung angezeigt bzw. beim automatischen Meß- und Regelgerät sofort die Zuführorgane so gesteuert, daß der Sollwert umgehend wieder eingestellt wird. Die Geber arbeiten ohne Schlupf und einer Meßgenauigkeit von $2^0/_{00}$. Das Gerät kann zum Messen an allen Warenbahnen eingesetzt werden, hat sich jedoch für Spannrahmen und Merzerisiermaschinen besonders bewährt. Der leichte Aus- und Einbau ermöglicht jeweils die Meßstrecke beliebig auszuwählen.

Abb. 34. Geber des Dehnungs- und Krumpfungsmeßgerätes Typ DMG (*Mahlo*) am Auslauf eines Spannrahmens

Besondere Schwierigkeiten machen immer verzogene Schußfäden in laufenden Gewebebahnen, die beim Zuschnitt besonders unangenehm sind. Für das Richten dieser Fehler werden *Schußfadenrichter* (S. 117) unterschiedlichster Konstruktion an Spannrahmentrocknern und auch anderen Produktionsmaschinen verwendet. Zur Anzeige des verzogenen Schusses bzw. auch deren Ausschaltung über die Richtautomaten wird von *Mahlo* die **Schußfaden-Kontrollanlage „Orthomat"** gebaut. Das Gerät ist von der Durchlaufgeschwindigkeit unabhängig und regelt auch bei Durchlaufgeschwindigkeiten von mehr als 50 m/min, bei der eine manuelle Regelung ausgeschlossen ist, die verzogenen Gewebebahnen einwandfrei. Die einlaufende Gewebebahn wird mit drei oder mehr lichtelektronischen Lagenwächtern (Abb. 35) berührungsfrei abgetastet und die Schußfadenlage auf drei Zeigerinstrumente übertragen (Abb. 36) und kann dort abgelesen werden. Dabei ist

Abb. 35. „Orthomat'-Schußfaden-Kontrollanlage (*Mahlo*) bei doppelbahnigem Betrieb mit je 3 lichtelektronischen Lagenwächtern

an den Instrumenten der jeweilige Verzug (Bogen-, Diagonal- oder überlagerter Verzug) einwandfrei ablesbar (Abb. 37). Die festgestellten Verzüge werden über Stellmotoren der Schußfadenrichter (S. 117) sofort auf die Ware übertragen und damit zum Richten der verzogenen Warenbahn ausgewertet. Verzüge, die über den Richtautomat nicht zu korrigieren sind, werden vom „Orthomat" optisch oder

Abb. 36. „Orthomat"-Schußfaden-Kontrollanlage (*Mahlo*) am Foulardeingang bei doppelbahnigem Betrieb und zwei Verzugsanzeigegeräten

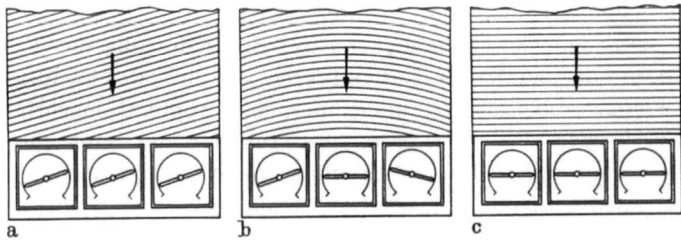

Abb. 37a bis c. Anzeige des Schußfadenverzugs in der „Orthomat"-Schußfaden-Kontrollanlage (*Mahlo*)
a Diagonal; *b* Bogenverzug; *c* nichtverzogene Ware

akustisch über ein Warnsignal angezeigt. Das gilt auch dann, wenn die Toleranzgrenze des Automaten überschritten wird. Der Orthomat ist auch in der Lage durch die *Vorlaufregelung* einen gewissen Verzug, der u. U. notwendig ist, über den Richtautomaten einzustellen. Die Intensität der Lichtstärke der Scheinwerfer der Lagenwächter kann stufenlos verstärkt und ermäßigt werden, so daß es möglich ist, nicht nur gefärbte, sondern auch ungefärbte Waren auf ihren Schußfadenverzug abzutasten und zu regulieren.

Besondere Schwierigkeiten bereitet oft die Temperaturüberwachung von laufenden Warenbahnen in Spannrahmentrocknern, Fixier- und Kondensiermaschinen, da von der Temperatur der Ware der Effekt der Trocknung, der Fixierung synthetischer Fasern und damit auch ihre Farbstoffaufnahmsfähigkeit und deren Restkrumpfwert bzw. beim Kondensieren von hochveredelten Geweben der Grad der Fixierung der Appretur und damit deren Knitterneigung usw. abhängt. Von *Mahlo* werden für diese Zwecke **Gewebetemperatur-Meßgeräte** und **Anlagen** (Abb. 38) gebaut. Die Geräte sind für die labormäßige Überwachung von Produktionsmaschinen transportabel und die stationären Anlagen für die dauernde Überwachung und Regelung eingerichtet. Die Temperatur wird dabei von einem *Strahlungspyrometer* berührungslos gemessen, bei einem Meßbereich von 20—250°C auf ein Anzeigegerät übertragen, wo die Temperatur abgelesen und auch über einen Linien- oder Punktschreiber festgehalten werden kann. Bei den Anlagen ist auch eine automatische Regelung über die Durchlaufgeschwindigkeit der Produktionsmaschine möglich. Der Typ OMSR vereinigt die beschriebenen Möglichkeiten mit der Feuchtigkeitsmessung der „Textometer"-Feuchtigkeitsmeß- und Regelanlage.

Abb. 38. Gewebetemperatur-Meßgerät Typ OMT (*Mahlo*) am Eingang eines Fixierrahmens

Die bei laufenden Gewebebahnen notwendige Kontrolle der Feuchtigkeit nach Trocknern oder bei Naß-in-Naßverfahren vor und/oder nach dem Imprägnieren auf Foulards oder anderen kontinuierlichen Applikationsverfahren stellt besondere Probleme, die durch eine manuelle Beurteilung nicht zu lösen sind. Für diese Zwecke werden von einer Reihe von Firmen **Feuchtemeß- und Regelgeräte** gebaut, die von manueller Prüfung unabhängig, für das Messen der Restfeuchtigkeit am Ausgang von z. B. Trocknern angebracht werden können. Im Prinzip wird die elektrische Leitfähigkeit der laufenden Gewebebahn mit besonderen Elektroden (Abb. 39) bestimmt, die jeweils von der Feuchtigkeit der Ware abhängig ist. Die festgestellten Werte werden an ein Anzeigegerät weitergeleitet, das wiederum bei automatischer Regelung die Durchlaufgeschwindigkeit der Warenbahn z. B. in Trocknern so verändert, daß der Sollwert der Restfeuchte erreicht wird. Beim „Textometer" (*Mahlo*) wird über die Leitfähigkeitsmessung die Warenbahn zwischen

Abb. 39. Spezialmeßelektroden für die Feuchtigkeitsmessung mittels des „Textometers" (*Mahlo*) an einem *Fleissner*-Saugtrommeltrockner

3,5—20% bei Baumwolle,   6—43% bei Leinen,
7 —40% bei regenerierten Zellulosefasern,   10—40% bei Wolle

abgetastet und geregelt. Bei der Anzeige sind die Sollwerte einstellbar. Daneben ist es durch optische oder auch akustische Signale der Bedienung möglich, den augenblicklichen Zustand der auslaufenden Warenbahn abzulesen bzw. festzustellen (Abb. 40). Ein Linien- oder Punktschreiber dient, wie bei allen Geräten von *Mahlo*, zur laufenden Kontrolle der angezeigten Werte (Abb. 41). Geräte für die

Abb. 40. Schaltkasten des Feuchtemeß- und Regelgeräts „Textometer" (*Mahlo*)

Abb. 41. Diagrammschreiber für das Feuchtigkeitsmeß- und Regelgerät „Textometer" (*Mahlo*)

Kontrolle der Restfeuchtigkeit werden u. a. von folgenden Firmen gebaut, die auch Regeleinrichtungen an ihre Geräte angeschlossen haben:

Baur, Phys.-techn. Werkstätten, Sulz-Vorarlberg/Österreich,
Consolidated Electrodynamics Corp., 6 Frankfurt/Main,
Drytester GmbH., Lungern/Schweiz,
Electrogesellschaft mbH., Dornbirn-Vorarlberg/Österreich,
Electronova SA., Genf/Schweiz,
Elop-Meß- und Regelgeräte, Zürich/Schweiz,
Dr.-Ing. Heinz Mahlo, elektromech. Werkstätten, 8424 Saal/Donau.

Von *Mahlo* wird für die **Hochfeuchtemessung** eine Typenanzahl von Geräten für stationären und transportablen Einsatz gebaut. Es können mit diesen Geräten sowohl die Eingangsfeuchten von Gewebebahnen z. B. bei Foulards gemessen werden, wie es vor allem beim Arbeiten nach der Naß-in-Naßmethode notwendig ist. Die Geräte werden jedoch auch zur Messung der Hochfeuchte beim Austritt aus Foulards eingesetzt, um die Gleichmäßigkeit des Auftrags von Farbstoffen und Appreturmitteln zu kontrollieren (Abb. 42). Der Meßkopf des Gerätes strahlt

Abb. 42. Transportables Hochfeuchtemeßgerät (*Mahlo*) an einem Foulard

Mikrowellen aus, die je nach Feuchtigkeit der Ware verschieden stark reflektieren. Dabei liegt der Meßbereich zwischen 20—300 g/m² Wasser. Die Anlagen enthalten, wie sämtliche *Mahlo-Geräte*, entsprechende Anzeigegeräte mit optischen Signalen und der Möglichkeit von Hand die verlangten Meßwerte einzustellen und bei der automatischen Regelung z. B. über den Quetschdruck der Foulards oder anderer Quetschwerke die Abquetscheffekte zu steuern.

Wickelmaschinen

Die immer größer werdenden Warenmengen der Bleicherei, Färberei, Druckerei und Appretur machten oft große Investitionen von Transportgeräten notwendig. Dabei wurde außerdem die Anforderung des absolut faltenfreien Gewebetransportes gestellt und damit eine Verwendung von Transportwagen ausgeschlossen. Für derartige Fälle haben eine Reihe von Firmen **Großkaulen-(Großdocken-)Wickler** konstruiert, mit denen große Stückwarenmenge auf einmal in verhältnismäßig einfachen Transportgeräten (Dockenwagen) befördert werden können. Diese Wickelmaschinen können außerdem für das Bewickeln von Färbebäumen, wie sie für Stückbaum-Autoklaven und auf Jiggern üblich, vor allem aber am Ein- und Auslauf von kontinuierlichen Produktionsmaschinen notwendig sind. Dabei mußte unbedingt die Forderung der absolut faltenfreien Wicklung unter gleicher Gewebespannung erfüllt werden. Die Wickelantriebe mußten auch unter gleichen Bedingungen in der Lage sein, die Gewebe unter den angegebenen Forderungen zum Abwickeln einsetzen zu können. Die faltenfreie Behandlung bzw. auch die Kantensteuerung wird durch die bereits beschriebenen Streichstäbe, Breitstreckwalzen usw. erzielt. Für die spannungsgleiche Wicklung konnten normal angetriebene Wickelwalzen nicht verwendet werden, da sich die Gewebespannung bei steigendem Kaulendurchmesser verstärkt. Im Prinzip werden zum Spannungsausgleich entweder Peripheriewickler oder Zentrumsantriebe eingesetzt, deren Antriebskräfte auf die steigenden Umfänge der Wickelkaulen abstimmt bzw. sich selbsttätig einstellen.

Als *Peripheriewickler* arbeitet z. B. der „Sochorwickler" (Abb. 43), bei dem als Wickelantrieb die am äußeren Dockenumfang angetriebene Preßwalze dient. Als „Rolltex-Wickelmaschine" (Abb. 44)

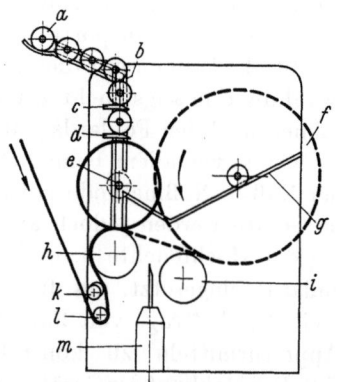

Abb. 44. „Rolltex"-Wickelmaschine (*Zöllig*) *a* Wickelwellen; *b* Wickelwellen-Magazin; *c, d* Verriegelung; *e* steigende Docke; *f* Docke kurz vor der Trennung; *g* Führungsschacht; *h* 1. Wickelwalze; *i* 2. Wickelwalze; *k* Breitstreckwalze; *l* Leitwalze; *m* pneumatisches Trennmesser

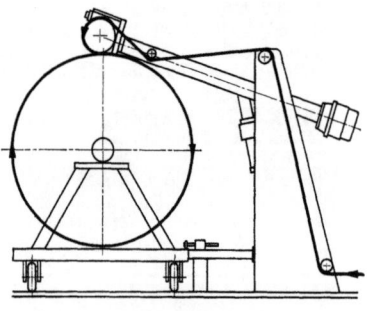

Abb. 43. Peripherie-(Sochor-)Wickler (*Gmöhling*)

3. Hilfseinrichtungen

wird von *Zöllig* ein Peripheriewickler gebaut, mit dem es möglich ist nach Erreichen eines gewissen Wickeldurchmessers die Bahn durch ein pneumatisch geführtes Messer zu trennen und nach Ausheben oder Auswerfen der vollen Kaule eine neue Wickelwelle einzuführen. Als ,,Doppelgroßkaulenaufdockvorrichtung" wird von *Menzel* (Abb. 45) ein Peripheriewickler gebaut, bei dem es möglich ist, abwechselnd den Wickelvorgang an beiden Maschinenseiten vorzunehmen und lediglich der Breithalterarm umgeschwenkt werden muß. Die Abb. 46 zeigt einen Peripheriewickler der Fa. *Mortensen*, bei dem die Peripheriewalze mittels eines ölhydraulischen Motors angetrieben wird. Derartige Ölmotoren, die

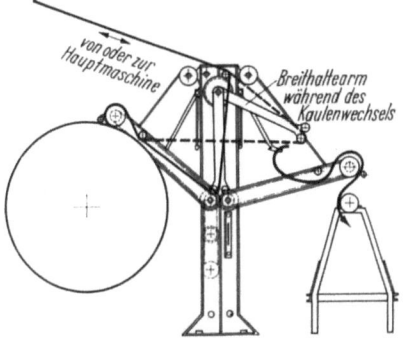

Abb. 45. Doppelgroßkaulen-Aufdockvorrichtung (*Menzel*)

Abb. 46. Peripheriewickler mit ölhydraulischem Antrieb (*Mortensen*)

nach dem Prinzip einer Turbine arbeiten, haben den Vorteil, daß sie sehr klein sind und durch Einstellung der geförderten Ölmenge immer die gleiche Gewebespannung erhalten bleibt. Ölmotoren werden von *Mortensen* u. a. auch für *Zentrumswickler* verwendet und auch transportabel an allen Maschinen eingesetzt, wo Wickel mit gleicher Spannung erzeugt werden müssen. Von *Stahlkontor* werden eine Reihe von verschiedenen Zentrumswicklern hergestellt und z. B. im ,,Allquist"-Wickler zum Antrieb ein drehmomentabhängiger, schleifringloser Schlupfläufer-Induktionsmotor verwendet. Im allgemeinen werden Peripheriewickler hauptsächlich für das Aufwickeln von trockener Ware empfohlen und die Ware ohne Antrieb abgezogen. Zentrumswickler eignen sich sowohl für das Auf- und Abwickeln von trockener und nasser Ware. Die meisten Wickler lassen Wickelgeschwindigkeiten bis 150 m/min und Wickeldurchmesser bis 2000 mm zu. Die Konstruktionen werden auch in der Folien- und Papierindustrie verwendet. Neben den unten angegebenen Firmen werden von den meisten Firmen Wickler geliefert, die auch Produktionsmaschinen bauen, die Warenwickel verwenden. Meist liefern die Firmen Wickler nach verschiedenen Prinzipien als Einzelaggregate oder bereits mit den entsprechenden Maschinen kombiniert, und ihr Betrieb wird mit diesen synchronisiert.

Comet	*Jawetex*	*Mount-Hope*
Erhardt	*Menzel*	*Stahlkontor*
Foxwell	*Mortensen*	*Zöllig*
Gmöhling		

Als Untertafler ,,System Kauschka" wird von *Trockentechnik* ein Warenspeicher gebaut, bei dem die Stückware ähnlich der Legemaschine in Falten gelegt wird, die jedoch mittels eines besonderen Faltwagens hergestellt und nach oben wieder abgezogen werden kann. Die Arbeitsbreite kann für 900 bzw. 2000 mm gewählt und damit 360 oder 600 kg Ware gestapelt werden. Die Einrichtung hat sich vor allem zwischen einzelnen Produktionsmaschinen gleichen Typs, z. B. Rauhmaschinen im Verbund, oder auch unterschiedlichen Typs (Spannrahmen und Kalander) bzw. in der Druckerei für das Stapeln des Mitläufers bewährt.

Zur möglichst rationellen Lagerung von aufgebäumten Stückwaren werden von *Timmer* besondere Lagerständer gebaut, welche eine platzsparende Lagerung von Stückwaren, aufgebäumten Kettgarnen usw. erlauben (Abb. 47).

Abb. 47. Lagerständer für Stückwarenbäume (*Timmer*)

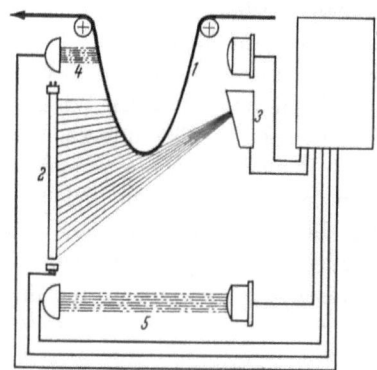

Abb. 48. Prinzip des Gleichlaufreglers Typ GMR (*Mahlo*) für spannungslose Gewebebahnzuführung
1 Warenschleife; *2* Lichtquelle zur Kontrolle der Schleifenlänge; *3* Meßzelle; *4* Begrenzungslichtschranke für die kürzeste Warenschleife; *5* Begrenzungslichtschranke für zu lange Warenschleifen; *6* Schaltschrank

Viele Produktionsmaschinen benötigen eine spannungslose Zuführung von Stückwaren, wobei mit einer möglichst gleichlangen Warenschleife gearbeitet werden soll. Beim *Gleichlaufregler Typ GMR* (*Mahlo*) werden diese Forderungen erfüllt, die Warenbahn wird in der Schlaufe berührungslos durch lichtempfindliche Meßzellen kontrolliert und über Tachodynamos automatisch geregelt (Abb. 48). Dadurch ist eine gleichmäßig lange Warenschleife zwischen kontinuierlich laufenden Maschinen bzw. vor einer solchen Maschine, z. B. von Großdockenwicklern, möglich.

Zum *Schneiden von Gewebebahnen* können entweder besondere **Schneidwickler** verwendet werden, dabei werden die Gewebebahnen in Wicklern durch Rundmesser auf die vorgewählten Längen geteilt (Abb. 49). Als *Rotosplit* wird von *Mahlo* eine Einrichtung geliefert, die an Produktionsmaschinen angebracht die auslaufenden Bahnen in der Breite schneiden. Als Schneideinrichtungen dienen entweder Kreismesser (Abb. 50), es können jedoch auch Schweißtrenngeräte verwendet werden. Die Warenbahn wird über einen optischen Fühler abgetastet und die Schneidvorrichtung automatisch der Gewebebahn nachgeführt. Es ist außerdem möglich, mehrere Trennvorrichtungen nebeneinander zu betreiben.

Abb. 49. Schneidwickler (*Monforts*) zum Trennen von Stückwarenbahnen

Strangausbreiter

Obzwar die Behandlung von Textilbahnen in breiter Form immer mehr angewendet wird, hat sich die Strangform wegen ihrer Rentabilität weiter behauptet und wird beim Entschlichten, Bleichen

Abb. 50. „Rotosplit"-Schneidemaschine für das Trennen von laufenden Gewebebahnen (*Mahlo*)

und Waschen häufig eingesetzt. Beim Wechsel von Naß- zur Trockenausrüstung ist jedoch ein Ausbreiten unumgänglich, das oft mit entsprechenden Entwässerungsmaschinen (Wasserkalander) usw. gekoppelt wird. Als **Strangausbreiter** kommen im Prinzip zwei Konstruktionen zum Einsatz, die jedoch im Regelfall sowohl für nasse als auch trockene Ware geeignet sind und die Strangware nach senkrechter, waagrechter und schräger Zuführung ausbreiten. Die Einrichtungen unterscheiden sich dadurch, daß einmal ohne und das andere Mal mit einer oder zwei Schlägerwalzen gearbeitet wird. Für die schlägerwalzenlose Konstruktion werden die Gewebebahnen mittels bereits beschriebener Warenbahnführer ausgebreitet (Abb. 51). Dabei ist es notwendig, den Warenstrang mit etwa 10 m Länge vor dem Ausbreiter frei zu führen, um bereits dadurch ein Ausbreiten vorzubereiten. Oft ist jedoch eine derartige Warenführung unmöglich und es müssen Geräte eingeschaltet werden, welche den Strang spannen und Verdrehungen auflösen. Von *Mount-Hope* (Abb. 52) wird dafür die Kombination einer automatisch gesteuerten Drehscheibe verwendet, auf der der

Strangwarenbehälter gedreht und dadurch der Warenstrang bereits aufgedreht wird. An Stelle der Drehscheibe kann auch ein spezielles Aufdrehgerät verwendet werden. Über eine Überlaufscheibe wird der Warenstrang den Warenbahnführern zugeführt. Dabei arbeitet außerhalb der Führungsscheibe nochmals ein Dehnungsabtaster, der noch verdrehtes Gewebe abtastet und die Drehung durch Rotieren der Überlaufscheibe ausgleicht.

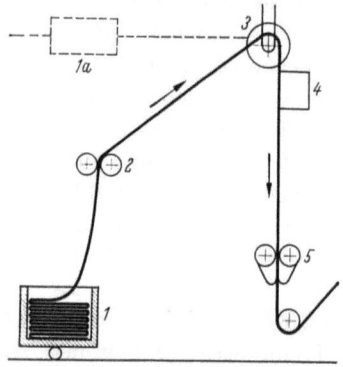

Abb. 51. Strangausbreiter ohne Schlägerwalzen (*Dungler/Amdés*) für senkrechte Warenzuführung

Abb. 52. Strangausbreitersystem (*Mount-Hope*)
1 automatisch gesteuerte Drehscheibe; *1a* Aufdrehgerät für feststehende Warenbehälter; *2* Quetschwerk; *3* Überlaufscheibe mit Nut; *4* Drehungsabtaster; *5* Strangausbreiter

Bei *Strangausbreitern mit Schlägerwalzen* wird der Warenstrang senkrecht, waagrecht oder schräg dem Ausbreiter zugeführt. Die Warenbahnzuführung von nasser und trockener Ware ist möglich und eine lange, freie Zuführung von möglichst 10 m ist notwendig. Nun passiert die Ware eine Schlägerwalze mit vier Schlägern (Abb. 53) oder zwei Schlägerwalzen mit einem Schläger (Abb. 54), die sich gegen die Warenlaufrichtung drehen und die Ware aufschlagen. Anschließend wird mittels einer oder zwei ebenfalls gegen die Ware laufenden, mit Spiralnuten versehenen Breitstreckwalzen weiter ausgearbeitet. Um ein seitliches Auslaufen der Gewebebahn zu vermeiden, werden Regulatoren verwendet,

Abb. 53. Strangausbreiter mit einer Schlägerwalze mit 4 Schlägerrollen (*Menschner*)

die von der Mitte aus schwenkbar, die Warenbahn immer wieder in die Maschinenmitte zwingen. Die Ware wird nun abgetafelt, aufgerollt oder direkt der nächsten Maschine zugeführt. Neben einer Vielzahl von Herstellern von Produktionsmaschinen werden Strangausbreiter von den bereits genannten Firmen, die Hilfsgeräte aller Art herstellen, gebaut.

Als Hilfsgeräte kommen noch eine große Zahl von Einrichtungen in Betracht, die jedoch in der Regel nur an bestimmten Maschinen eingesetzt werden, wie z. B. Schußfadenrichter an Spannrahmentrocknern (S. 117), Eisenmeldegeräte (S. 178) bei Muldenpressen usw., die jeweils bei den entsprechenden Beschreibungen der Einrichtungen angegeben sind.

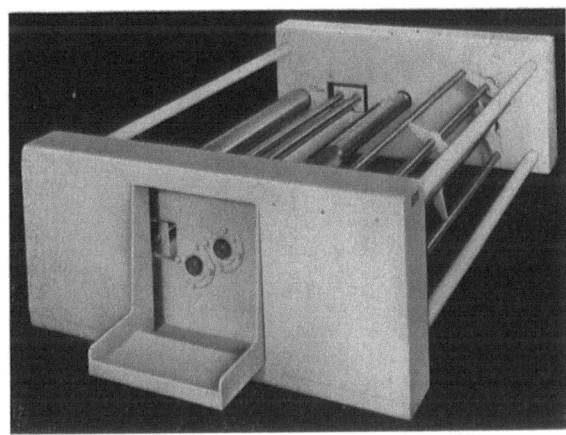

Abb. 54. Strangausbreiter mit 2 Schlägerwalzen (*Butterworth*) für waagrechte Warenzuführung

Die heute zu bewältigenden großen Stückwarenmengen auf oft sehr empfindlich reagierenden Produktionsmaschinen verlangen besondere Nähte zwischen den einzelnen Stücken, die von Hand aus nicht in der Festigkeit und Präzision hergestellt werden können. Die Fa. *Dohle* hat sich besonders dem Bau von *Industrienähmaschinen für die Textilveredlung* zugewandt und eine Vielzahl von Typen auf dem Markt, die allen Anforderungen bezüglich der Nähgeschwindigkeit und auch der Möglichkeit sehr unterschiedliche Nähte (Abb. 55) herstellen zu können, gerecht werden. Die Abb. 56 zeigt eine fahrbare Kettenstich-Nähmaschine für Fuß- und Motortrieb, auch Nähmaschi-

Abb. 55. Sticharten, die in der Textilappretur üblich sind und mit *Dohle*-Spezialnähmaschinen hergestellt werden können
1–4 Kettenstichnähte; *5–15, 17, 18, 19* Überwendlichstiche; *16* Überwendlichstich zum Einfassen von Teppichen; *20* Doppelkettenstich; *21* gekurbelter Stich für das Beschriften von Stückwaren; *22* Steppstich

nen, die fahrbar, jedoch auf einem Laufwagen arbeiten (Abb. 57), werden geliefert, die auch stationär an Produktionsmaschinen angebracht werden können. Die Fa. *Dohle* liefert daneben auch Nähmaschinen, die ein gleichzeitiges Dublieren und Vernähen der Warenleisten für das Arbeiten „im Sack oder Schlauch" ermöglichen.

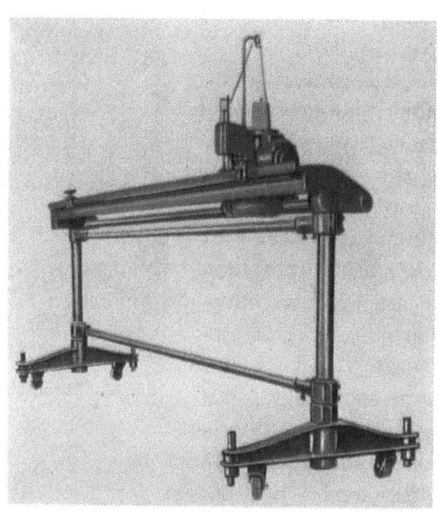

Abb. 56. Fahrbare Kettenstichnähmaschine für Fuß- und Motorantrieb und 750 Stiche/min (*Dohle*)

Abb. 57. Fahrbare Laufwagen-Kettenstichnähmaschine für 800 Stiche/min (*Dohle*)

Die Qualität und Gleichmäßigkeit von Textilien ist weitgehend vom Flächengewicht abhängig. Das Gewicht des laufenden Meters (lfd/m) oder das Gewicht des Quadratmeters (m²/Gew.) kann durch direktes Auswiegen ausgeschnittener oder ausgestanzter Textilteile bestimmt werden. Das Verfahren ist langwierig und mit Verlusten verbunden und gestattet keine kontinuierliche Gewichtsüberwachung an laufenden Bahnen. Zur **kontinuierlichen Gewichtsmessung** wurden von *Frieseke* Strahlungsmeßgeräte entwickelt, die zur berührungslosen Messung des Gewichtes und auch der Dicke der laufenden Textilbahnen geeignet sind. Als *Meß- und Regelanlage FH 46* ist eine Gerätekombination im Gebrauch, die für die Gewichtsmessung an allen Veredlungsmaschinen wie Spannrahmen, Kalandern, Pressen, Aufmachungsmaschinen usw. geeignet ist und die Gewichts-

Abb. 58. Querverstellbarer Strahler und Meßkammer der Meß- und Regelanlage FH 46 (*Frieseke*)

messung im *Durchstrahl-* und auch *Rückstrahlverfahren* gestattet. Bei ersterer Methode läuft die Warenbahn zwischen Strahler und Meßkammer hindurch (Abb. 58) und die Werte werden an das Zentralgerät (Abb. 59) weitergegeben in dem der Sollwert eingestellt wurde und Abweichungen angezeigt und über einen Schreiber festgehalten werden.

Das Zentralgerät kann auch mit einer direkten Istwertanzeige ausgestattet werden. Strahler und Meßkammer können stationär und auch quer verschiebbar angebracht werden, wodurch jede Stelle der laufenden Bahn erreichbar ist. Beim Rückstrahlverfahren befindet sich der Strahler mit der Meßkammer vor der Warenbahn. Im Prinzip wird die durch radioaktive Isotopen erzeugte Strahlung teilweise von der laufenden Bahn absorbiert und der nicht absorbierte Teil in der Meßkammer durch Differenzmessung festgestellt. Je nach Wahl der radioaktiven Isotopen lassen sich Gewichtsmessungen bis maximal

Abb. 59. Flächengewichts-Meßanlage FH 46 (*Frieseke*) an einem Spannrahmentrockner

5000 g/m² vornehmen. Die Strahler haben je nach verwendeten Isotopen eine Lebensdauer von 3—20 Jahren. Das Strahlungsmaterial ist eingeschlossen gebaut und gegen mechanische Beschädigung abgeschirmt. In der Textilindustrie werden nur Beta-Strahlen verwendet, die einen besonderen Strahlungsschutz entbehrlich machen, da die Strahler meist an Stellen der Maschinen angebracht sind, die von der Bedienung kaum oder überhaupt nicht erreicht werden.

Von der gleichen Firma werden auch *Dickenmeßgeräte* hergestellt, die nach dem gleichen Prinzip arbeiten und vor allem beim Beschichten von Textilbahnen eingesetzt werden. Dabei wird meist mit mehr Meßstellen gearbeitet, um die Beschichtungsdicke exakt zu messen. Über eine Regelanlage kann die Schichtdicke des Auftrages geregelt werden. Die Firma baut auch Feuchtigkeitsmeßgeräte für die Textilindustrie.

4. Sengen

Um den Geweben eine glatte Oberfläche zu geben, bedient man sich in der Ausrüstung verschiedener Verfahren. Durch Mangeln, Kalandern, Pressen und Dekatieren werden die abstehenden Fasern an die Gewebeoberfläche angedrückt und dadurch das Gewebe geglättet. Durch Scheren dagegen werden diese Fasern bei der Kahlappretur möglichst dicht an der Gewebeoberfläche abgeschoren und man erhält ein Gewebe, welches zwar glatt, aber nicht wie bei den vorher erwähnten Ausrüstungen auch erhöhten Glanz aufweist. Das Scheren wird meist nur bei Woll- und Wollmischgeweben verwendet, da es nur durch mehrere Passagen möglich ist, die Ware so weit kahl zu scheren, daß nur ganz kurze Fasern nicht erfaßt werden, außerdem ist der Prozeß teuer. Bei Geweben mit unebener (profilierter) Gewebeoberfläche kann man durch die bisher geschilderten Arbeiten keine glatte Oberfläche erhalten, da durch Druck die Oberfläche ungünstig beeinflußt oder durch das Scheren, die in den Gewebevertiefungen stehenden Fasern, nicht erreicht werden. In derartigen Fällen wird man die abstehenden Fasern durch Flammen oder andere, erhitzte Körper absengen.

Das Sengen kommt hauptsächlich für Gewebe bzw. Garne aus Zellulosefasern oder Synthetiks in Betracht, da Wolle dabei einen unangenehmen Gelbstich erhält. Da das Sengen als Vorappretur ausgeführt wird, ist der geringe Gelbstich bei Zellulosefasern durch nachträgliches Bleichen oder Färben restlos entfernbar, und auch bei Wolle kann man diesen durch die geschilderten, folgenden Veredlungsarbeiten entfernen. Trotzdem wird man Wollgewebe nur dann sengen, wenn es die profilierte Oberfläche verlangt und durch Scheren nicht der gewünschte Effekt erreicht wird. Bei Geweben aus synthetischen Faserstoffen und auch Wolle gilt es, auch die verbliebenen Aschereste, die als Klümpchen auf der Ware sitzen, durch die anschließenden Veredlungsprozesse (Scheren) zu entfernen.

Um auch bei Garnen die abstehenden Faserenden zu entfernen, bedient man sich besonderer *Garnsengmaschinen*, die wenn Gas verwendet wird, auch als *Gasiermaschinen* bezeichnet werden. Der Zweck des Garnsengens ist der gleiche wie bei Geweben, den Faden zu glätten, und wenn es sich um Nähfäden handelt, eine verbesserte Vernähbarkeit zu erreichen bzw. die aus gasierten Garnen gefertigten Gewebe oder Gewirke in ihrer Glätte und ihrem Aussehen zu verbessern. Gasiert werden Garne und Zwirne aus allen Fasern, wobei als Brennmaterial Leucht- oder Erdgas, vergastes Benzin usw. verwendet wird. Für das Sengen von Garnen aus synthetischen Fasern wird allgemein die elektrische Senge empfohlen, wenn auch deren Einsatz vom Strompreis abhängig ist. Da das Sengen von Garnen hauptsächlich Aufgabe der Spinnerei und Zwirnerei ist, kann die Beschreibung der dafür verwendeten Maschinen hier unberücksichtigt bleiben. Als Hersteller von Gasiermaschinen kommen die Mehrzahl der Firmen in Betracht, die auch Gewebesengmaschinen bauen.

Die **Gewebesengmaschinen** werden hauptsächlich als Gassengmaschinen gebaut und mit Leucht-, Propan-, Butan-, Erdgas und vergasten, flüssigen Brennstoffen (Benzin, Heizöl usw.) betrieben. In der Hauptsache werden Gewebe aus Zellulosefasern gesengt, wobei die abstehenden Faserenden „abgeflammt" werden. Dabei ist es vorteilhaft vor der Veredlung zu sengen, um evtl. aufgetretenen Gelbstich durch eine Wäsche oder Bleiche zu entfernen. Wenn profilierte Wollgewebe gesengt werden müssen, ist es vorteilhaft nach dem Färben zu sengen, wenn dadurch der Farbton nicht verändert wird, ansonsten muß vor der Veredlung gesengt werden, um den Gelbstich in der nachfolgenden Veredlung noch zu entfernen. Da jedoch Wolle meist nicht verbrennt, sondern Schmelzklümpchen verbleiben, müssen diese durch ein nachheriges Scheren entfernt werden. Ähnliches gilt auch für Gewebe aus Synthesefasern und deren Mischungen mit anderen Fasern. Neben der Glättung der Gewebeoberfläche aus optischen Gründen werden Gewebe gesengt, die bedruckt werden, um eine ausreichende *Konturenschärfe* zu erzielen, da aus dem „Decker" herausragende Faserenden die

4. Sengen

Kontur des Druckes verwischen. Es ist deshalb bei Druckwaren ein mindestens einseitiges Sengen notwendig.

Bei den *Gassengen* werden die Gewebe meist vor der Entschlichtung und den anderen Naßveredlungsgängen in voller Breite, durch Spannriegel gespannt, einem oder mehreren *Schlitzbrennern* zugeführt und mittels des entzündeten Gas-Luft-Gemisches gesengt. Je nach Warenführung über die Brennerschlitze kann man ein- oder beidseitig, und wenn mehr als 2 Brenner vorhanden sind, abwechselnd oder einseitig stärker sengen. Die Brenner sind kippbar montiert und kippen sofort von der Warenbahn, wenn diese zum Stillstand kommt. Dabei wird die Gaszufuhr auf eine an der Seite der Brenner verbleibende Sparflamme gedrosselt. Dadurch ist ein Verbrennen der Gewebe ausgeschlossen. Die Flammen streichen an der Gewebebahn entlang und sengen dadurch die abstehenden Fasern ab. Mittels Führungswalzen oder -stäbe kann das Gewebe näher oder weiter an die Brenner gebracht werden.

Um nicht gelöschte Funken sofort erkennen zu können, sind die Sengen vorteilhaft in dunklen Räumen, von der Ausrüstung getrennt, unterzubringen. Die Gewebe müssen gleichmäßig trocken zum Sengen kommen, um unterschiedliche Effekte zu vermeiden. Verschiedentlich läuft deshalb die Ware vor dem Sengen noch über einige Trockenzylinder. Um auf dem Gewebe haftende Funken zu beseitigen, verwendet man sog. *Funkentöter*. Diese bestehen in der einfachsten Form aus einem Walzenpaar, welches die Funken ausdrückt. Eine absolut sichere Art der Funkenbeseitigung wird durch Einführung der Warenbahn in einen *Dämpfkasten* oder eine *Rollenkufe* erreicht. Bei der zuletzt angegebenen Arbeitsweise kann ein Netzen mit Entschlichtungsflotte oder Waschmittellösung verbunden werden.

Beim Sengen von *Cord-* oder *Velvetgeweben* werden diese nicht zur Glättung der Gewebeoberfläche behandelt, sondern um die durch das Aufschneiden der flottierenden Fäden ungleichmäßig hohen Florfäden zu egalisieren.

Die Abb. 60 zeigt die *Gewebe-Sengmaschine* von *Mettler*, die mit allen gasförmigen bzw. vergasten, flüssigen Brennstoffen betrieben werden kann. Die Stückwaren können je nach Warenführung ein- oder beidseitig an die vier Schlitzbrenner geführt werden. Die Konstruktion ist für Gewebebreiten von 1000—3000 mm eingerichtet und erlaubt Geschwindigkeiten bis 180 m/min und wird mit mechanischer oder elektrischer Warenbahnführung, Staub- und Rauchabsaugung und spe-

Abb. 60. Gewebesengmaschine mit 4 Gasbrennern (*Mettler*)

ziellem Benzinvergaser geliefert. Nach der Maschinenpassage können die Gewebe abgetafelt oder auf Docken gewickelt werden.

Als „Carbomatic"-System wurde von *Julien* ein Brennersystem eingeführt, welches als Brennkörper Keramikrampen (Abb. 61) verwendet, die mit allen Gasen bzw. auch vergasten Brennstoffen — insbesondere Heizöl — betrieben werden können. Die Besonderheit dieser Brenner besteht darin, daß je nach Brennerstellung Temperaturen von 100—1400°C zu erreichen sind und dadurch Warendurchlaufgeschwindigkeiten bis zu 350 m/min möglich werden. Das System wird auch zum Vortrocknen und beim Härten von Kunstharzen in der Hochveredlung eingesetzt. Die hohen Sengtemperaturen werden durch die glühende Keramikrampe als Infrarotzone, die Flamm- und die Nachverbrennungszone erreicht und dadurch die extrem große Warendurchlaufgeschwindigkeit möglich. Nach ähnlichem Prinzip arbeiten auch die Gewebesengen von *Osthoff*.

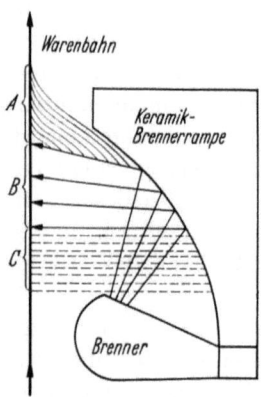

Abb. 61. Schema des „Carbomatic"-Systems beim Gewebesengen (*Julien*)
A Nachverbrennung; *B* Flammzone; *C* Infrarotzone

Durch die spezielle Warenführung in der „Parex"-Gewebesenge (Abb. 62) der Fa. *Turner* wird ein besonderer Sengeffekt erreicht, da die Flammen auch entstehende Sengkügelchen von der Ware abblasen und dadurch ein nachträgliches Scheren bei Geweben aus synthetischen Fasern, Wolle oder deren Mischungen erspart wird. Der so erzielte Effekt wird oft als „Rasierwirkung" bezeichnet.

Der Einsatz von *elektrischen Gewebesengen* scheitert oft an den hohen Fremdstrompreisen. Ist jedoch Eigenstrom vorhanden, arbeiten diese Konstruktionen durchaus wirtschaftlich. Die Abb. 63 zeigt eine Elektrosenge von *Smith*, bei der

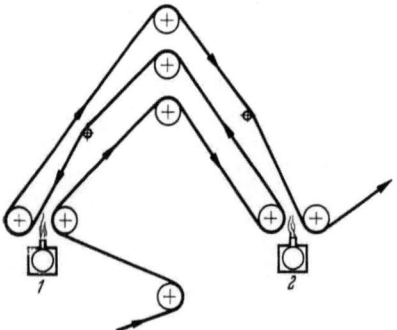

Abb. 62. Warenlaufschema der „Parex"-Gewebesengmaschine (*Turner*)
1, 2 Brenner

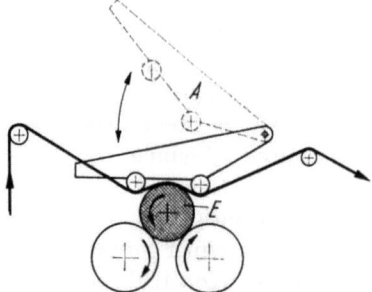

Abb. 63. Elektrogewebesenge (*Smith*)
A hochklappbarer Warenführer; *E* elektrisch beheizte Sengwalze

die Stückware mittels zweier Leitwalzen tangential gegen eine elektrisch beheizte Walze geführt wird. Bei Warenstillstand klappt der Warenführer hoch und entfernt die Ware von der Sengwalze. Als Heizwerte werden für eine Gewebebreite von 1064 mm 26 kW und für 1520 mm 35 kW angegeben. Die Konstruktion wird in der Regel mit zwei Heizstellen geliefert.

Gewebesengmaschinen werden u. a. von nachstehenden Firmen gebaut:

Birch	*Hechtenberg*	*Meccanotessile*	*Riggs*
Butterworth	*Hunt*	*Metalmeccanica*	*Sellers*
Comerio-Ercole	*Industrial-Heat*	*Mettler*	*Sistig*
Curtis	*INVEST*	*Morrison*	*Turner*
Farmer-Norton	*Julien*	*Osthoff*	

5. Entschlichten

Beim Verweben werden vor allen die Kettfäden durch die Webwerkzeuge mechanisch beansprucht. Zu diesen zählt das Riet, Kettfadenwächter und Webschützen, welche das Kettgarn, wenn es nicht durch einen Schlichtefilm geschützt ist, mehr oder weniger stark aufreiben und aufrauhen. Diese Beanspruchung führt bei ungeschlichteten oder ungenügend geschlichteten Garnen zu Kettfadenbrüchen und damit zu Stillständen des Webstuhles und zu Webfehlern. Vor allem bei Einfachgarnen wird der Schutz durch eine Schlichteauflage notwendig sein, wogegen Zwirne nur selten geschlichtet werden.

Zum Schlichten von Woll-, Reyon- und Garnen aus endlosen, synthetischen Fasern verwendet man heute hauptsächlich wasserlösliche Produkte wie Leim oder andere kombinierte Eiweißprodukte bzw. wasserlösliche Zellulosen oder Kunststoffe. Diese benötigen keine besondere Entschlichtung, da sie beim folgenden Naßprozeß ausgewaschen werden. Für Baumwoll- und Zellwollgarne verwendet man zum überwiegenden Teil verschiedene Stärken, welche wasserunlöslich sind und als schützender Film die Garne umhüllen und dadurch einen Durchlauf der Kettfäden durch die Webwerkzeuge ohne größere Aufrauhung ermöglichen. Im Gebrauch sind Kartoffel-, Mais-, Sago-, seltener Reisstärke. Diese Produkte versteifen die Garne und machen sie, vor allem in größeren Mengen angewendet, spröde. Man setzt daher den Schlichteflotten Weichmacher zu, um den Kettfäden eine gewisse Elastizität und Geschmeidigkeit zu erhalten. Auch Zusätze an Antiseptika (Konservierungsmittel) auf anorganischer oder organischer Grundlage sind üblich, um ein Schimmeln der Schlichtelösung und der geschlichteten Kette zu vermeiden (S. 315).

Stärkeschlichten lassen sich durch einen normalen Waschprozeß nicht aus dem Gewebe entfernen und stören die ordnungsgemäße Ausrüstung, wenn sie in der Ware verbleiben. Die Stärke muß daher auf chemischem Weg abgebaut werden. Die früher übliche Entschlichtung mittels Säuren, Alkalien, oxydierenden oder reduzierenden Chemikalien ist langwierig und mit einer mehr oder weniger starken Faserschädigung verbunden. Man verwendet heute zum Abbau der Stärke hauptsächlich *enzymatische Produkte* verschiedenen Ursprungs, welche auf Grund des Abbaues der Stärke mittels Alpha- oder Betaamylasen zum wasserlöslichen Dextrin bzw. Zucker führen.

Auf Grund ihrer Herkunft teilt man die zur Entschlichtung brauchbaren Fermente in

    a) Malzdiastasen aus keimender Gerste,
    b) Pankreasdiastasen aus tierischen Bauchspeicheldrüsen,
    c) Bakterien- und Pilzamylasen, die durch Extraktion aus Bakterien- oder Schimmelpilzkulturen gewonnen werden,

ein. Die einzelnen Handelsprodukte enthalten außer den angegebenen Enzymen noch *Stabilisatoren* und *Aktivatoren*, durch welche die Wirksamkeit der einzelnen Hilfsmittel erhalten bzw. gesteigert wird. Auch *Netzmittelzusätze* sind üblich. Die Entschlichtungsmittel werden auch zum „Malzen" nach dem Druck mit Stärkeverdickungen verwendet.

a) Malzdiastasen sind temperaturempfindlich und haben ihr Wirksamkeitsoptimum bei 55—65°C. Die Behandlungsbäder sollen keineswegs alkalisch sein und einen pH-Wert von 5—7 aufweisen. Als ausgesprochene *Enzymgifte* gelten Blei-, Kupfer- und Zinksalze, die unter allen Umständen weder in der Ware noch in den Entschlichtungsbädern vorhanden sein dürfen. Verschiedentlich wird als Antiseptikum Zinkchlorid den Schlichteflotten zugesetzt, welches die Wirkung der Malzdiastasen stark herabsetzt. Auch die als Schlichtefette verwendeten Weichmacher können die Wirkung behindern, das gilt vor allem für Seife, die alkalisch reagiert und dadurch bereits entschlichtungshemmend wirkt. Oft werden die Kettfäden mit Paraffin (Kettenglätte) bestrichen und dadurch eine ausreichende Benetzung der Kettfäden beim Entschlichten verhindert. Einige Netzmittel bremsen ebenfalls den Entschlichtungsablauf.

Die Produkte sind billig, man benötigt jedoch Mengen von 3—12 g/l und Entschlichtungszeiten von 3—12 Std., um die Stärke abzubauen. Ferner ist die Temperaturempfindlichkeit ein weiteres Hindernis der allgemeinen Anwendung, da ein gründliches Benetzen der Rohwaren in kurzer Zeit erst über der optimalen Arbeitstemperatur möglich ist.

Diastafor, spezial, 1600 *Diamalt*   Terhyd MA   *Pfersee* u. a.

b) Pankreasprodukte sind bereits in Mengen von 1—3 g/l verwendbar, jedoch über 50°C unwirksam, obwohl Entschlichtungszeiten von 1—3 Std. zum Stärkeabbau ausreichen. Der Bereich der optimalen Wirksamkeit dieser Enzyme reicht von pH 6—8. Durch Zusatz von Kochsalz in Mengen bis 5 g/l läßt sich die Wirksamkeit der Malz- und auch Pankreasdiastasen wesentlich steigern. Als Enzymgifte gelten die bereits unter den Malzdiastasen angegebenen Produkte.

Degomma DK, T	*Röhm*	Terhyd EHK	*Pfersee*
Diaferman A, WS	*Diamalt*	Viveral-Marken	*Hoechst* u. a.
Novo Fermasol-Marken	*Ferment*		

c) Bakterienamylasen erfreuen sich wegen ihrer Temperaturunempfindlichkeit und des großen pH-Bereiches (4—8) einer allgemeinen Verwendung. Auch die Anwendungsmengen sind verhältnismäßig gering und können mit 0,5—1 g/l angegeben werden. Sie entfalten ihre größte Wirksamkeit bei Temperaturen von 80—100°C und können auch kurzfristig bei 110°C ohne stärkere Beeinträchtigung ihrer Wirkung eingesetzt werden. Als Enzymgifte gelten auch hier die bereits als solche angeführten Produkte. Durch Kochsalzzusätze ist ebenfalls eine Steigerung der Wirksamkeit möglich.

Actigelase	*Rapidase*	Enzylase-Marken	*Diamalt*
Bactolase-Marken	*Ferment, Schill*	Rapidase	*Rapidase*
Biolase-Marken	*Hoechst*	Terhyd BFL	*Pfersee* u. a.
Degomma HB-Marken	*Röhm*		

5. Entschlichten

Für die *diskontinuierliche Entschlichtung* werden Stückwaren entweder in entsprechenden Einrichtungen, wie sie in der Färberei[1] benutzt werden, gründlich, jedoch unter Einhaltung der Maximaltemperatur, genetzt und in Holz-, Zement- oder anderen Bottichen nach dem Abquetschen abgelegt. Zum Netzen werden Foulards, Haspelkufen, Strang- oder Breitwaschmaschinen verwendet. Bei dieser Art der Entschlichtung wird die Ware meist über Nacht bzw. mehrere Stunden abgelegt und die Warenstapel durch Tücher abgedeckt, um ein örtliches Antrocknen zu verhindern. Es können jedoch auch die in der Bleicherei und Färberei[1] üblichen Maschinen, wie Jigger, Haspelkufen direkt zur Entschlichtung und zum Spülen eingesetzt werden. Es sind dann jedoch höhere Einsatzmengen an Entschlichtungsmittel notwendig, um die Behandlungszeit abzukürzen. Die *halbkontinuierliche Entschlichtung* gewinnt jedoch immer mehr an Bedeutung. Dabei wird die Ware in breitem Zustand auf Imprägniermaschinen (Foulards mit großem Chassis) genetzt, auf Kaulen gewickelt in Wärmekästen, in möglichst feuchter Dampfatmosphäre verweilt, oder nach dem Pad-Roll-Verfahren[1] in Thermoverweilkammern entschlichtet. Diese *Schnellentschlichtung* ist jedoch nur mit Bakterienprodukten möglich, da die anderen Produkte temperaturempfindlich sind. Für die *kontinuierliche Entschlichtung*, die ebenfalls nur als Schnellentschlichtung möglich ist, werden alle in der Bleicherei[1] verwendeten Maschinen, wie Bleichstiefel (J-Box), Breitbleichanlagen bzw. auch Kontinuedämpfer eingesetzt und dadurch die Reaktionszeit weiter herabgesetzt. In Dämpfern ist meist eine Passage von 30—60 sec. zum Stärkeabbau ausreichend.

Nach der Entschlichtung werden die Gewebe auf den bereits zum Netzen angeführten Maschinen gespült und der weiteren Veredlung zugeführt. Nur eingeschränkt wird man die in der Ware enthaltene Schlichte als gleichzeitiges Appreturmittel im Gewebe belassen können. Es wird nur dann möglich sein, wenn keine weiteren Naßveredlungsgänge zur Fertigstellung der Ware nachgeschaltet werden müssen, wie z. B. bei Buntgeweben, die nur kalandert oder gerauht und aufgemacht werden müssen. Die Entschlichtung mit Bakterienprodukten kann auch gleichzeitig mit dem Färben vorgenommen werden, wenn die Farbbäder keine dem vorgeschriebenem pH-Wert abweichende Alkalität aufweisen, wie es z. B. beim Färben mit substantiven Farbstoffen möglich ist. Auch ein Entschlichten mit chlorabspaltenden Hilfsmitteln (z. B. Aktivin/*Heyden*) in der Beuche ist möglich.

Der Abbau der Stärke muß beim Entschlichten keineswegs bis zum Zucker erfolgen, da sich bereits das Dextrin im heißen Spülwasser löst. Zur Prüfung des Fortganges der Entschlichtung verwendet man eine *Lösung von Jod in Jodkali*. Man löst zuerst 1,5 g Jodkali in 100 ml Wasser und setzt 0,1 g Jod zu. Durch Auftropfen dieser Lösung in der Kälte läßt sich durch intensive Blaufärbung die Stärke, durch Rotviolettfärbung der Abbau zum Dextrin und durch Gelbfärbung der Zuckernachweis führen. Die Reaktion versagt allerdings in der Hitze. Es genügt allenfalls, den Stärkeabbau bis zum Dextrin zu treiben, um alle durch Schlichtereste auftretende Störungen im weiteren Veredlungsgang

---

[1] BERNARD: Praxis des Bleichens und Färbens von Textilien. Berlin/Heidelberg/New York: Springer 1966.

zu vermeiden. Ein ausreichendes, möglichst heißes und kaltes Spülen nach der Entschlichtung muß jedoch unter allen Umständen der Entschlichtung folgen, wozu sich sowohl Strang- (S. 51) als auch Breitwaschmaschinen eignen (S. 56).

In den letzten Jahren hat wegen der kurzen und einfachen Arbeitsweise die *Entschlichtung mit Natriumbromit* reges Interesse gefunden. Das als gelbliche Lösung mit 180 g/l Aktivbrom von der *SECPIA, Argenteuil*/Frankreich gelieferte Natriumbromit (NaBrO$_2$) baut die Stärke im alkalischen Bereich von pH 10 oxydativ ab und es können die Abbauprodukte durch eine anschließende, heiße Alkalibehandlung restlos abgelöst werden. Praktisch werden die Rohgewebe mit einer Bromitlösung, welche 1 g/l Aktivbrom enthält, mit einem Abquetscheffekt von 100% kalt foulardiert. Zur Einstellung des günstigsten pH-Wertes wird mit Natronlauge auf pH 10 eingestellt und die Lösungen mit Borax, Dinatriumphosphat oder Soda abgepuffert. Die Gewebe werden anschließend während 15 min bis 2 Std. abgetafelt, aufgerollt oder in der J-Box kalt behandelt. Eine Erwärmung bringt keine Verbesserung des Effektes. Durch Säure wird das Bromit zersetzt. Zur verbesserten Benetzung ist es vorteilhaft den Klotzbädern bromitbeständige Kaltnetzer zuzusetzen. Nach der kurzen Reaktionszeit, die für den Einsatz von 1 g/kg Aktivbrom gilt und sich bei geringeren Einsatzmengen entsprechend verlängert, wird die Ware in breitem Zustand während 20—30 sec. kochend mit 5 g/l Ätznatron behandelt und gründlich nachgespült. Die Alkalibehandlung kann auch als Brühbehandlung in der J-Box bzw. durch eine Merzerisation vorgenommen werden, wobei die Heißentlaugung nach der Merzerisation die Alkalibehandlung ersetzt. Neuerdings wird als *Entschlichtungsmittel* von *Degussa* eine Mischung von Natriumbromit mit Natriumpersulfat auf den Markt gebracht.

6. Waschen

Alle Verunreinigungen, welche die Textilfasern während ihres Wachstums, ihrer Verarbeitung und während ihrer Herstellung angenommen haben, wie z. B. bei regenerierten Zellulosen oder synthetischen Fasern die Präparation, müssen vor oder während der Veredlungsgänge entfernt werden, um deren Ablauf nicht zu stören, bzw. den verlangten Effekt nicht zu beeinträchtigen. Alle diese Fremdstoffe, die nicht immer als unangenehme Verunreinigungen bezeichnet werden können und oft zur reibungslosen Verarbeitung in der Spinnerei und Weberei nötig sind, bedürfen einer Reinigung in der Veredlung. Es kann keineswegs von einer Wollschmelze gesagt werden, daß sie in der Spinnerei unnötig ist, allerdings wird sie in der Veredlung als Verunreinigung bezeichnet und muß durch eine Wäsche entfernt werden. Dasselbe gilt von der Kettschlichte, deren Entfernung bereits behandelt wurde, der Präparation von regenerierten Zellulose- und synthetischen Fasern, ohne die ein Verspinnen, Verweben oder Verwirken unmöglich wäre. Bevor daher auf den Waschvorgang und den dazu nötigen maschinellen Einrichtungen eingegangen werden kann, sollen die Verunreinigungen der einzelnen Fasern behandelt werden.

Als Verunreinigungen aus der Herstellung der Gespinste, Web- und Wirkwaren, die in allen Textilien vorkommen, können *Schmierölflecke* genannt werden. Es sind eine Reihe von mineralischen Schmierölen (Webstuhlöle) auf dem

Markt, welche das Prädikat *leicht auswaschbar* tragen. Trotzdem ist damit keineswegs dem Ausrüster die Garantie gegeben, daß diese Schmieröle durch eine Wäsche mit heißem oder kaltem Wasser allein entfernbar sind, wie allgemein behauptet wird. Diese Öle enthalten meist einen gewissen Anteil an Emulgatoren, der in geringen Mengen von Waschwasser ein Ablösen gestatten. Allerdings werden in den meisten Waschvorgängen weit höhere Mengen an Wasch- oder Spülwasser verwendet, so daß der Anteil an Emulgator meist nicht in der Lage ist, dieses Öl als Emulsion im Waschwasser zu halten. Darüber hinaus werden durch die Schmieröle gewisse Mengen an Metallabreibsel aus den Lagern auf die Ware kommen, die unter keinen Umständen vom zugesetzten Emulgator allein von der Ware abgelöst werden können. Auch Waschmittelzusätze, die meist eine gute Emulgierkraft haben, versagen oft, da diese Metallabreibsel — oft als *Graphit* bezeichnet — fest in oder auf der Faser sitzen und auch nicht entfernt wurden, wenn bereits das gesamte Öl von der Ware abgelöst wurde. Alle verwendeten Schmieröle sind unverseifbar und wasserunlöslich, auch wenn sie diese Prädikate tragen, und können nur als Emulsion in die wäßrige Waschlösung übergehen.

Um diese, mit Metall vermischten Schmierölflecke aus der Ware zu entfernen, ist es vorteilhaft, während der Warenschau oder dem Ausnähen mit Fleckputzmitteln zu arbeiten und die Flecken aus der Ware zu *detachieren*. Zu diesem Zweck sind eine Reihe von Fettlösern, meist unter bestimmten, meist geschützten Warennamen auf dem Markt, die alle auf Basis *wasserunlöslicher Fettlöser* aufgebaut sind. Diese Produkte werden auch in der chemischen Reinigung (Trockenreinigung) verwendet. Obzwar das Waschbenzin feuergefährlich ist, hat es beim Detachieren doch den Vorteil, Echtfärbungen kaum zu beeinflussen. Allerdings zieht man heute wegen ihrer Nichtbrennbarkeit die *chlorierten Kohlenwasserstoffe* dem Benzin vor. Alle diese Fettlöser sind wasserunlöslich und müssen, wenn sie nicht bereits wegen ihres niedrigen Siedepunktes verdampft sind, in der Wäsche aus der Ware durch das Waschmittel emulgiert und damit entfernt werden. Der niedrige Siedepunkt und der oft betäubende Geruch macht ihre Verwendung riskant, da, in größeren Mengen verwendet, Rauschzustände bzw. Gesundheitsschäden bei ihrer Verwendung auftreten.

Es kommen als Fleckputzmittel hauptsächlich *Trichloräthylen* (Tri), *Tetrachlorkohlenstoff* (Tetra) oder *Perchloräthylen* (Peravin, Per) zur Anwendung. Alle diese Detachiermittel sind nicht brennbar, haben jedoch einen ätherischen Geruch. Tri und Tetra neigen außerdem bei Einwirkung von direktem Sonnenlicht zur Abspaltung von Salzsäure und damit Faserschädigung in Form von Hydrozellulose bei Waren aus Zellulosefasern wie Baumwolle und regenerierten Zellulosen. Um den Geruch zu verdecken, werden die Fettlöser durch Parfümierungsmittel getarnt. Als *Trockendetachierungsmittel* werden sie mittels eines leicht getränkten Baumwollbausches auf die verschmutzten Stellen gerieben und dadurch das Öl oder Fett aus der Ware gelöst. Ein An- oder Übergießen ist unbedingt zu vermeiden, da sonst das Öl durch die Kapillarwirkung der Faser in die Außenschichten gesogen wird und dann nur schwer aus den entstehenden „Monden" gelöst werden kann. Bei größeren Flecken, die man durch diese Mittel aus der trockenen Ware entfernen will, ist es vorteilhaft, ein saugfähiges Gewebe oder Filterpapier unter die Ware zu legen, um überschüssige Fettlöser mit herausgelöstem Schmieröl aus der Ware abzusaugen und die Mondbildung zu vermeiden. Auch Sprühpistolen werden für die Detachur eingesetzt.

Detapol S	*Tübingen*	Setaform ZS 1440	*Zschimmer*
Drapin FD	*Aachen*	Solana DWU	*Fettchemie*
Effektol WU	*Böhme*	Tetralix TR, TRU	*Stockhausen* u. a.
Quecosol F, FH	*Quehl*		

Da sich durch Verwendung von Fettlösern allein nicht die Metallabreibsel und auch andere unlösliche Verunreinigungen mit den Schmierölflecken ablösen lassen, wurden von der chemischen Industrie *Naßdetachiermittel* entwickelt, welche als Hauptanteil wiederum einen Fettlöser, daneben aber Emulgatoren enthalten, welche das Öl, den Fettlöser und die Verunreinigungen als Emulsion von der Ware entfernen. Man verwendet diese Hilfsmittel unverdünnt und reibt die Schmierölflecken damit ein oder verwendet Verdünnungen von 1:1 bis 1:10 mit Wasser als gebrauchsfertige Detachiermittel. Auch hier können die Schmierölflecken aus der Ware gerieben werden oder man kann die Hilfsmittel in die Flecken reiben und anschließend die Ware dem normalen Waschvorgang zuführen. Bei stark verschmutzter Ware ist auch ein Tränken der ganzen Stücke in Stammemulsionen von 1:10 bis 1:20 möglich. Nach mehreren Stunden der Einwirkung müssen die so behandelten Stücke gründlich, unter den sonst üblichen Waschbedingungen, gewaschen werden.

Astol A	*ICI*	Omnosol LC	*Geigy*
Cyclanon-Marken	*BASF*	Peralfan-Marken	*Düren*
Depicol 54	*Zschimmer*	Quecotex 4 X, 12 X	*Quehl*
Diadavin-Marken	*Bayer*	Quesynthol IM	*Quehl*
Drapin K, KS, L, OG, WG	*Aachen*	Protepon S	*Protex*
Effektol DO, H	*Böhme*	Radopal-Marken	*Baur*
Felosan-Marken	*Tübingen*	Rucogen DFL, HL	*Rudolf*
Geipal 999	*Geissler*	Setaform LU, U, ZS	*Zschimmer*
Hostapal HL, DL	*Hoechst*	Silvatol I, SO	*CIBA*
Imerol-Marken	*Sandoz*	Solana DLAN	*Fettchemie*
Jokalin LT	*Baur*	Terpuril-Marken	*Pfersee*
Laventin KB, WR	*BASF*	Tetralix HWN, LL, NN	*Stockhausen*

Eine weitere Möglichkeit, hartnäckige Schmierölflecke aus der Ware zu entfernen, besteht darin, die verschmutzten Stellen mit unverdünntem, verseifbarem Öl (Olein) einzureiben und im nachfolgenden, stark alkalischen Waschgang die sich bildende Seife als Emulgator zur Ablösung des Schmieröls und der anderen Verunreinigungen zu benutzen.

Verunreinigungen

Verunreinigungen in Baumwollwaren. Baumwollwaren werden, bevor sie in die Appretur kommen, meist gebeucht, gebleicht oder gefärbt und bei diesen Prozessen die Verunreinigungen entfernt. Die Entschlichtung (S. 33) wurde bereits behandelt. Bei der Wäsche von Baumwollwaren wird es sich hauptsächlich darum handeln, Reste von Beuch-, Bleich- und Chemikalien aus der Färberei gründlich aus der Ware zu spülen.

Verunreinigungen in Zellwollwaren. Abgesehen von der Schlichte, werden auch hier nur selten andere als die Chemikalien der Bleicherei oder Färberei

6. Waschen

auszuspülen sein. Eine Beuche kommt für Zellwolle nicht in Betracht. Zur besseren Verspinnbarkeit enthalten Zellwollen und Reyon *Präparationen*, die aus Mineralöl bestehen, welches durch sulfonierte Öle emulgiert, bei der Faserherstellung auf die Faser gebracht wurde. Im Normalfall werden die Präparationen durch geringe Waschmittelzusätze bereits in der Bleicherei und Färberei abgelöst. Eine Ausnahme bildet lediglich Cuprozellwolle, welche zur besseren Verspinnbarkeit oft kationaktive Präparationen enthält, die nur mit nichtionogenem Waschmittel entfernbar ist. Bei der Wäsche von Zellwollwaren muß unter allen Umständen die starke Faserquellung in alkalischen Bädern berücksichtigt werden, welche bei starker mechanischer Beanspruchung beim Waschen zur Faserschädigung führt. Auch hier werden in der Ausrüstung nur einfache Spülprozesse wie bei der Baumwolle in Betracht kommen, da Verunreinigungen und Präparationen bereits in der Färberei und Bleicherei abgelöst wurden. Abgesehen von der Entschlichtung, läßt sich bei der Wäsche von **Reyonwaren** das gleiche wie für Zellwolle sagen. Auch bei **Geweben aus synthetischen Fasern** sind kaum Unterschiede gegenüber der Reyonwaren bemerkenswert. Allerdings enthalten diese fast durchwegs Präparationen kationischen Charakters, die nur durch eine Wäsche mit nichtionogenen Waschmitteln entfernt werden können.

Bei synthetischen Fasern lassen sich Metallabreibsel, die man in Wirkwaren als *Nadel-* oder *Platinenstreifen* bezeichnet, auch durch eine Behandlung mit hohen Mengen von Emulgatoren oder Waschmitteln nicht entfernen. Man ist gezwungen, die Metalle aus der Ware zu lösen. Man wäscht die Gewebe oder Gewirke mit nichtionogenen Waschmitteln und 2—5 g/l Oxalsäure bei 65°C während 30—60 min, spült gründlich und neutralisiert im letzten Spülbad mit Soda, besser jedoch mit Ammoniak. Die Metalle gehen als ungefärbte, wasserlösliche Oxalate in das Waschbad. Allerdings ist es nicht in allen Fällen möglich, diese Verunreinigungen restlos von der Faser zu lösen. Eine Steigerung der Temperatur der Waschlösung führt dann ebenfalls nicht zum Erfolg und schädigt außerdem die Fasern.

Auch die Entfernung von *Rostflecken* ist nur durch Verwendung von Oxalsäure (Zuckersäure) oder ihren wasserlöslichen Alkalisalzen (Oxalaten) möglich. Entweder werden die Rostflecke örtlich mit entsprechenden Säure- oder Salzlösungen eingerieben und anschließend die Ware gründlich gespült oder es werden die Stücke im Vollbad mit entsprechenden Lösungen bei 40—60°C behandelt und gründlich gespült. Auch die Anwendung spezieller Komplexbildner ist möglich.

Verunreinigungen in Woll- und Wollmischgeweben. Während bei allen vorher genannten Stückwaren in der Ausrüstung meist nur ein einfacher Spülprozeß notwendig ist, müssen Woll- und Halbwollgewebe immer gewaschen werden, um vor allem die Schmelze und andere Verunreinigungen aus der Ware zu entfernen.

Die Schurwolle enthält in ungewaschenem Zustand etwa 50% Verunreinigungen, die in der Rohwollwäsche bis auf einen Restfettgehalt von 0,75—2,5% Wollfett entfernt wurden. Abgesehen von vegetabilischen Beimischungen, wie Kletten, Holz und Strohteilen, die durch Entkletten bzw. Karbonisieren entfernbar sind, gelangt die Wolle in diesem Zustand nicht zur Ausrüstung. Um eine möglichst gute Elastizität und Geschmeidigkeit während des Verspinnens und damit Erhaltung des Fasergutes zu erreichen, werden alle Wollen vor dem Verspinnen geschmelzt. Diese *Schmelzen* bestehen aus verseifbaren Fetten und Ölen, wie z. B. *Olein*, seltener aus sog. Neutralölen (Erdnußöl, Olivenöl u. a.), die in Form ihrer *wäßrigen Emulsionen* auf die Faser gebracht werden und je nach Material einer Gesamtfettauflage von 2—10% entsprechen. Bei Streichgarnen, Reißwollen verwendet man oft Emulsionen aus unverseifbarem *Mineralöl* bzw. *Verbundschmelzen*, welche sowohl verseifbare als auch unverseifbare Anteile enthalten. Die Schmelzen sind beim Walken als „Gleit- und Schmiermittel" verwendbar, da sie durch Alkalizugaben aus den verseifbaren Anteilen zu Seife umgesetzt werden und dadurch wirksam werden. Auch in der folgenden Wäsche bleiben die in der alkalischen Walke gebildeten Seifen waschwirksam. Unverseifbare Schmelzen können durch Zugabe von Walkmitteln emulgiert und dadurch ebenfalls als Gleitmittel eingesetzt, müssen jedoch in der Wäsche durch besondere Waschmittelzusätze entfernt werden. Neben Schmelzen enthalten Wollstücke natürlich auch noch Staub, Schmierölflecke usw., die entfernt werden müssen.

Waschvorgang

Der **Waschvorgang** ist in seinem Ablauf sehr kompliziert, da die Verschmutzungen eine Reihe von verschiedenen Eigenschaften aufweisen und ein einfaches Herauslösen nicht immer möglich ist. Im allgemeinen enthalten Verschmutzungen je nach Art der Textilie, der verwendeten Faserrohstoffe und den Bedingungen des Gebrauches mehr oder weniger große Anteile an wasserlöslichen, wasserunlöslichen, verseifbaren und unverseifbaren Anteilen, die von der Faser abgelöst werden müssen und auf die sie nicht mehr aufziehen dürfen. Waschmittel müssen daher mindestens die folgenden Bedingungen erfüllen.

Netzwirkung. Um überhaupt eine Waschwirkung zu erzielen, ist es notwendig, daß das Fasermaterial, wenn es sich um eine Wäsche mit Wasser handelt, von diesem benetzt wird. Erst dann wird es möglich sein, den Schmutz aus dem Faserverband und von der Faser abzulösen. Die meisten Waschmittel besitzen eine gewisse Netzkraft, ohne selbst ausgesprochene Netzmittel zu sein. Reicht die Netzkraft nicht aus, ist ein Zusatz eines Netzmittels, welches meist nur geringe Waschkraft hat, zu empfehlen.

Emulgierwirkung. Wasserunlösliche, unverseifbare Verschmutzungen von fettigem oder öligem Charakter können nur in Form ihrer *Emulsionen* von der Faser abgelöst werden. Auch die wasserunlöslichen, verseifbaren Fette oder Öle können in einer neutralen Wäsche nur in der obengenannten Form feinverteilt in das Waschwasser gebracht werden. Durch Zugabe von Alkali werden sie verseift und damit wasserlöslich und als entsprechende Seife außerdem noch waschwirksam. Die vom Waschmittel verlangte Emulgierkraft muß auch dann noch wirksam sein, wenn durch nachträgliches Spülen eine starke Verdünnung eingetreten ist.

Dispergier- und Peptisierwirkung. Neben den bisher genannten Verunreinigungen enthalten Textilien auch noch wasserunlösliche, jedoch quellbare Stoffe, welche in Wasser zu einem *Gel* werden und mit Hilfe des Waschmittels im Waschwasser als *Dispersion* gehalten werden müssen. Mit Hilfe des Waschmittels soll das Gel dabei in die stabile Hydrosolform übergehen. Es wird die Wirkung der

Waschmittel als *Schutzkolloid* wirksam, und Zusammenballungen der abgelösten, gequollenen Verunreinigungen verhindert. Diese Fähigkeit bezeichnet man als Peptisierwirkung.

Schmutztragevermögen. Der abgelöste Schmutz, sei es als Emulsion oder Dispersion bzw. wäßrige Lösung, muß durch das Waschmittel am Wiederaufziehen auf das Waschgut gehindert werden, was man als Schmutztragevermögen bezeichnet. Diese Eigenschaft muß auch beim Spülen mit großen Wassermengen erhalten bleiben.

Schaumkraft. Normalerweise betrachtet der Textilveredler und auch die Hausfrau das Schäumen eines Waschbades als Zeichen dafür, daß das verwendete Waschmittel in genügender Menge und mit ausreichender Waschwirkung vorhanden ist. Dies ist jedoch nur bedingt richtig, denn auch nichtwaschende Substanzen zeigen u. U. einen starken Schaum und keine der bisher angegebenen Waschwirkungen. Auch nicht, oder wenig schäumende Waschmittel können eine sehr gute Waschkraft besitzen. Bei Einsatz von schäumenden Waschmitteln wird jedoch die Abnahme der Schaumkraft bzw. ihr Verschwinden, vor allem bei bewegter Waschflotte, das Nachlassen oder die Beendigung der Waschwirkung bedeuten. Das Schmutztragevermögen schäumender Waschmittel ist durch Bildung von Schaumlamellen jedoch größer als bei nicht schäumenden Reinigungsmitteln.

Einen Hauptanteil an der Waschwirkung hat die gleichzeitig mit dem Waschmitteleinsatz verwendete *mechanische Bearbeitung des Waschgutes*, welche die angegebenen Einzelkomponenten des Waschvermögens unterstützen und oft erst auslösen.

Aus dem bisher Gesagten kann leicht geschlossen werden, daß es Universalwaschmittel, die allen nur möglichen Anforderungen entsprechen, kaum geben kann. Die chemische Industrie bringt eine Vielzahl — es wird oft gesagt eine Überzahl — an Waschmittel mit den verschiedensten Eigenschaften auf den Markt. Es ist für den Praktiker meist nicht möglich, ohne einen praxisnahen Versuch das für ihn günstigste und beste Waschmittel zu finden.

Wenn in den folgenden Zeilen die einzelnen Waschmittelgruppen besprochen werden, darf diese Einteilung keineswegs als allgemeines Werturteil der einzelnen Produkte bzw. deren Hersteller angesehen werden. Es hat nicht an Versuchen gefehlt, eine Klassifizierung zu erstellen. So wurde z. B. der Gehalt an *Waschaktiver Substanz* (WAS) herangezogen, und damit zwar die Konzentration der einzelnen Waschprodukte an wirklichen Waschmitteln festgestellt, aber keineswegs die wirkliche Waschkraft der chemischen Verbindung, die in den einzelnen Produkten unterschiedlich und damit auch in der Wirksamkeit von einander abweichend ist, ausgedrückt. Es ist bekannt, daß durch *Zusatz von Elektrolyten* (Neutralsalzen wie Koch- und Glaubersalze usw.) die Waschwirkung fast aller Waschmittel gesteigert wird, ohne daß man diese Zusätze im Waschmittel oder beim nachträglichen Waschprozeß als „waschaktive Substanzen" bezeichnen kann. Ähnlich liegen die Verhältnisse bei der Angabe des im Produkt verarbeiteten Anteiles des natürlichen oder synthetisch hergestellten Fettes oder Öles. Es sind deshalb sog. fettarme oder fettfreie den fettreichen Produkten in der Waschkraft keineswegs unterlegen. Schließlich wird auch der *Einstandspreis* der im Waschbad verwendeten Waschmittel, gemessen am erzielten Wascheffekt, für das eine oder andere Produkt günstiger oder ungünstiger ausfallen. Auch wird bei der Beurteilung, in welchem pH-Bereich, bei welcher Temperatur und unter Verwendung welchen Waschwassers und in welcher Zeit die Waschwirkung erzielt werden soll, in das Werturteil einbezogen werden müssen.

Es wurde eine Reihe von *Prüfungsmethoden* entwickelt, um Waschmittel zu beurteilen, die zwar, wie eingangs erwähnt, optisch an dem erzielten Weißgrad reproduzierbare Werte ergeben und damit Vergleichsmöglichkeiten eröffnen, aber erst der Praxisversuch wird dabei endgültige Klarheit schaffen können, da meist die mechanische Arbeit auf der Maschine nicht in den Versuch einbezogen werden kann. Dasselbe gilt für Waschversuche, bei denen der *Restfettgehalt* der Textilie bestimmt wird. Trotzdem werden derartige Waschversuche mit *standardangeschmutzten Testgeweben* einen annähernden Vergleich unter den zu prüfenden Waschmitteln ermöglichen und deshalb heute sehr häufig angewendet. Diese Prüfmethoden reichen von der einfachen Schüttelflasche bis zum komplizierten Waschapparat und werden auch zur Prüfung der *Auswaschbarkeit von Schmelzen* eingesetzt.

Waschmittel

Als Waschmittel sind *grenzflächenaktive, wasserlösliche Produkte* mit einem *unsymmetrischen Molekularaufbau* üblich. Sie bestehen aus einer *langgestreckten, hydrophoben* (wasserabstoßenden) *Kohlenwasserstoffkette* und enthalten eine oder mehrere *wasserlöslichmachende Gruppen*. Durch ihre *orientierte Adsorption* setzen sie die Grenzflächenspannung zwischen zwei verschiedenen Phasen herab. Zu den grenzflächenaktiven Produkten gehören neben den Waschmitteln auch die meisten *Textilhilfsmittel*, die man mit diesen hauptsächlich in

anionaktive (anionische),
kationaktive (kationische) und
nichtionogene (nichtionische) Produkte

einteilt. Dabei ist die *Ionogenität der wasserlöslichmachenden Molekülgruppen* ausschlaggebend für diese Einteilung. Abgesehen von der Seife, die in die Gruppe der anionischen Produkte gehört, bezeichnet man alle diese Hilfsmittel als *synthetische* Produkte, obwohl sie natürliche oder synthetische Grundlage haben können.

Kationaktive Produkte haben kaum Waschwirkung und werden in der Textilindustrie als Emulgatoren, Weichmacher (Avivagen) und zu anderen Zwecken eingesetzt und deshalb an anderer Stelle besprochen. Dabei muß erwähnt werden, daß neben den kationaktiven Produkten auch die anderen Produkte zu den eben genannten Verwendungszwecken, außer als Waschmittel, üblich sind.

Anionaktive Waschmittel

Zu dieser Gruppe gehört die seit dem Altertum als Waschmittel bekannte **Seife**. Es handelt sich dabei um Natrium-, Kalium-, Ammonium- oder Salze des Triäthäthanolamins höherer Fettsäuren, wie der Laurin-, Myristin-, Palmitin-, Stearin- und Ölsäure. Seltener sind Salze verseifter Harzsäuren anzutreffen. Die Herstellung der Seifen ist einfach und die Produkte billig.

Trotz des Einsatzes anderer Waschmittel, konnte die Seife als Textilwaschmittel, vor allem in der Wollausrüstung, ihren Platz behaupten, wenn auch die Mitverwendung „synthetischer" Produkte in der Walke und Wäsche stärker geworden ist. In der Veredlung von Zellulosefasern und Synthetikas ist die alleinige Verwendung von Seifen nicht üblich. Die Seife erfüllt die meisten der bereits angegebenen Bedingungen bezüglich der Waschkraft, ist jedoch in sauren Bädern und bei Verwendung von harten Waschwässern unbrauchbar, da sie durch Säuren in die wasserunlöslichen Fettsäuren aufgespalten wird und mit den Härtebildnern des Wassers und auch anderen Schwermetallen wasserunlösliche Salze bildet, ausfällt und sich u. U. auf die Textilie absetzt. Vor allem gilt das für die *wasserunlöslichen Kalk- und Magnesiumseifen*, die sich als klebrige Ausfällung örtlich auf der Ware absetzen oder durch fein verteilte Ablagerung das Warenbild verschleiern. Um die Bildung von Kalk- und anderen wasserunlöslichen, fettsauren Salzen zu verhindern, kann man entweder weiches Wasser verwenden oder die Schwermetalle bzw. härtebildenden Metallionen durch geeignete Chemikalien so binden, daß sie zu keinen Ausfällungen neigen, wie z. B. durch kondensierte Phosphate oder organische Komplexbildner auf die noch einzugehen, Gelegenheit sein wird.

Als Hauptgrund für die Herstellung von „synthetischen Waschmitteln" gilt vor allem die Härte- und Säureempfindlichkeit der Seife. Trotz der Vielzahl an beständigen Textilhilfsmitteln wird man Betriebe der Textilveredlung vorteilhaft dort aufbauen, wo weiches Wasser in ausreichenden Mengen zur Verfügung steht, da auch eine große Zahl von Farbstoffen härteempfindlich ist.

Modifizierte Seifen enthalten in der hydrophoben Kohlenwasserstoffkette meist Stickstoff und eine Seitenkette. Als typischer Vertreter gilt das Medialan A (*Hoechst*), welches das Natriumsalz des Ölsäuresarkosids ist. Das Produkt hat eine mäßige Härte- und Säurebeständigkeit und wird hauptsächlich in der Walke verwendet, da die Wolle durch dieses Produkt stark quillt und dadurch schneller walkt. Über 20° d. H. bildet es Dispersionen, zeigt jedoch keine Abscheidungen.

Sulfatierte Fettsäuren sind hauptsächlich als Sulfate der Rizinolsäure unter dem Namen *Türkischrotöle* bekannt. Ihre Waschwirkung ist gering, und auch die Säure- und Härtebeständigkeit entspricht nicht den heute an gut beständige Produkte gestellten Anforderungen. Sie werden als billige Appretur- und Färbeöle verwendet. Durch veränderte Sulfonierungsbedingungen (Sulfatierung) lassen sich Produkte von bedeutend höheren Beständigkeiten herstellen. Sie werden als Weichmacher (S. 283) in der Appretur verwendet. Eine besondere Waschkraft besitzen sie jedoch nicht.

Oft sind es auch *hochsulfatierte* oder *hochsulfonierte Öle*. In die gleiche Gruppe gehören auch die *sulfatierten Neutralöle*, welche ebenfalls nur weichmachende Eigenschaften, bei geringen bis mittleren Beständigkeiten, aufweisen und für die die „Monopolseife" (*Stockhausen*) als typischer Vertreter genannt werden kann.

Als ausgesprochene *Kalt- und Heißnetzer* (*Universalnetzer*) kann man die ebenfalls in diese Gruppe gehörenden *Ester- und Amidöle* zählen. Man maskiert die für die Härteempfindlichkeit maßgebliche Karboxylgruppe durch Alkylreste in einer vorher sulfatierten Fettsäure bzw. verwendet entsprechende Anilide als

Grundstoffe. Sie können auch in die Gruppe der Fettsäurekondensationsprodukte eingereiht werden.

Avirol DAH	*Fettchemie*	Ruconetzer-Marken	*Rudolf*
Bura-Netzer A	*Baur*	Sultafon RN	*Stockhausen*
Erkantol RN	*Bayer*	Tensactol A	*BASF*
Humectol-Marken	*Cassella*	Tinopolöl NE	*Geigy* u. a.
Protesol-Marken	*Protex*		

Auch **Alkylnaphthalinsulfonate** die als „seifenähnliche Stoffe" bereits im ersten Weltkrieg verwendet wurden, zeigen eine sehr gute Schaumkraft, auch ihre Netzwirkung ist hervorragend, jedoch entspricht die Waschwirkung keineswegs den üblichen Anforderungen an Waschmittel. Die Beständigkeiten sind vor allem gegen Säuren hervorragend, beständig sind sie auch gegen die Härtebildner des Wassers und Alkalien. Man verwendet sie als Netzmittel für alle textilen Zwecke. Als Netzmittel sind die folgenden Produkte im Handel:

Coptal BN, BNA	*Francolor*	Perminal BX, PP, WA	*ICI*
Erkantol BX	*Bayer*	Pernilac P	*Vondelingenplaat*
Invadin AR, BL	*CIBA*	Resolin B, C, NF	*Sandoz*
Leonil DB	*Hoechst*	Silastan DA	*Schill*
Nekal BX-Marken	*BASF*	Tinovetin B	*Geigy* u. a.

Die letzten Produkte können auch zu den Alkylarylsulfonaten gezählt werden, zu denen auch die, noch zu behandelnden, Alkylbenzolsulfonate gehören.

Als ausgesprochene Waschmittel können die **Alkylsulfate** auch primäre Alkylsulfate bzw. heute noch unter der Bezeichnung *Fettalkoholsulfonate* bekannten Produkte angegeben werden. Sie werden aus natürlichen oder synthetischen Fetten durch Hydrierung, Sulfatierung und Neutralisation gewonnen. Sie entsprechen den Alkoholen der bereits unter der Seife genannten höheren Fettsäuren. Sie kamen als die ersten „synthetischen" Waschmittel 1928, von der Fa. Böhme-Fettchemie GmbH. hergestellt, unter den Namen „Gardinole" bzw. „Fewa" als Feinwaschmittel auf den Markt und zeigen neben gutem Waschvermögen ausreichende Beständigkeiten und eine neutrale Reaktion. Die Produkte mit höherer Kohlenstoffanzahl haben eine bessere Avivage,- die mit niederer, eine bessere Waschwirkung. Die Faser wird mit diesen Waschmitteln nicht ausgelaugt, sondern kann u. U. sogar bis zu 2% an Fett als Waschmittel aufnehmen. Die beste Waschkraft entwickeln sie in alkalischen Bädern bei einem pH-Wert zwischen 8—10 unter Zusatz von Soda oder Ammoniak und einer Temperatur von 40—60°C.

Bei hoher Wasserhärte trüben sich die mit Alkylsulfaten bestellten Waschbäder, und die Waschwirkung läßt nach. Bei gemeinsamer Verwendung von Seife und Alkylsulfaten wird die sich bildende Kalkseife vom „synthetischen" Waschmittel dispergiert. Durch hohe Zusätze von Mineralsäuren werden die Produkte vor allem in der Hitze aufgespalten. Die Netzwirkung ist nur mittelmäßig, genügt jedoch meist zum Benetzen des Fasermaterials in der Wäsche. In neutralen Waschbädern wirken sie vor allem avivierend, wogegen in alkalischen und sauren Flotten die Waschwirkung stärker ist.

Adipon HD	*Fettchemie*	Prosabit WW	*Aachen*
Alvapuron-Marken	*Düren*	Primatex LM, TA	*Francolor*
Cyclanon LA, O, WN	*BASF*	Quecopol F	*Quehl*
Dupanol-Marken	*Dupont*	Ribanat supra	*R. Baumheier*
Gardinol DL	*Fettchemie*	Rucopol-Marken	*Rudolf*
Gelosan	*Geissler*	Sandopan FL, KD, N	*Sandoz*
Jokalin	*Baur*	Sapidan-Marken	*Böhme*
Omnipon OC, E 50	*Zschimmer*	Sincal F	*Zschimmer*
Produkt CFD 1931	*Zschimmer*	Sulfetal W	*Zschimmer* u. a.

Sekundäre Alkylsulfonate haben als Waschrohstoffe eine sehr große Bedeutung. Durch Sulfochlorierung und anschließende Verseifung ist es möglich, billige Erdölfraktionen direkt in brauchbare Waschmittel zu verwandeln. Die Reaktion läßt sich jedoch nicht so steuern, daß die SO_2Cl-Gruppe nur am Ende der Kohlenwasserstoffkette eintritt, sondern auch über die ganze Kette verteilt wird, was zu Produkten mit geringerer Waschwirkung führt.

Die Produkte wurden in großen Mengen während des zweiten Weltkrieges als Waschrohstoffe unter dem Namen *Mersolate* eingesetzt und aus den in Leuna hergestellten Fischer-Tropsch-Kohlenwasserstoffen hergestellt.

Wegen ihrer Billigkeit werden sie auch heute noch, oft in Mischungen mit anderen Waschmitteln, verwendet. Ihre Beständigkeiten sind gut, ihre Waschkraft schwankend.

Diseron DO	*Rudolf*	Pentavital	*R. Baumheier* u. a.
Lavenium MSA	*Pfersee*		

Eiweiß-Kondensationsprodukte wurden zuerst von der *Chem. Fabrik Grünau*, jetzt Illertissen (Bayern), auf den Markt gebracht.

Durch Umsetzung von Eiweißabbauprodukten (Lederabfälle, Leim) in Gegenwart von Alkali mit Fettsäurechloriden werden die Waschmittel gewonnen. Sie haben mittlere Beständigkeiten und eine etwas geringere Waschwirkung als die Alkylsulfate. Sie zeichnen sich jedoch durch eine ausgesprochen hohe *Schutzkolloidwirkung* aus. Man verwendet sie daher vorteilhaft in der Veredlung von Proteinfasern wie Wolle und Seide. In der Anwendung gleichen sie den Alkylsulfaten.

Arlypon	*Grünau*	Vondapon A	*Vondelingenplaat*
Lamepon-Marken	*Grünau*	Zetesan KS, KT	*Zschimmer* u. a.
Merpinol WO	*Kempen*		

Fettsäure-Kondensationsprodukte werden durch Kondensation von Fettsäurechloriden mit Oxy- oder Aminoalkansulfonsäuren hergestellt und anschließend neutralisiert. Zu den ersteren Produkten gehört das von der ehem. *IG Farbenindustrie* hergestellte „Igepon A", welches aus Ölsäurechlorid und Oxyäthansulfosäure hergestellt wurde. Der zweite Typ, das „Igepon T" wird aus Ölsäurechlorid und Methyltaurin gewonnen. Die Produkte auf Basis Igepon A zeigen eine geringe Alkalibeständigkeit und wurden durch das Igepon T, welches eine sehr gute Waschkraft und unbeschränkte Alkali-, Säure- und Härtebeständigkeit besitzt, verdrängt. Die Waschkraft wird durch Alkalizusätze nicht verbessert, bleibt jedoch auch bei Temperaturen über 60°C voll erhalten. Vor allem haben Mineralsäuren keinen Einfluß auf die Waschkraft. Zusätze an

Elektrolyten steigern die Waschkraft mehr als Alkalizusätze. Die weichmachende Wirkung ist gegenüber Alkylsulfaten gering.

Eriopon AT, H, W	*Geigy*	Lusynton T-Marken	*Bayer*
Geipal WF	*Geissler*	Rucosal AB, MD	*Rudolf*
Hostapon A-Marken	*Hoechst*	Sandopan N, TFL, WP	*Sandoz*
Hostapon T-Marken	*Hoechst*	Sapophan 64	*Böhme*
Lavotan LB, NN	*Tübingen*	Ultravon AN	*CIBA* u. a.

Alkylbenzolsulfonate bilden heute mengenmäßig die wichtigste Gruppe der Waschrohstoffe. Sie wurden zuerst unter dem Namen „Igepal" von der ehem. *IG Farbenindustrie* auf den Markt gebracht. Auch die *National Anilin*, New-York, hat wesentlichen Anteil an der Entwicklung dieser Produkte. Sie werden durch Kondensation eines chlorierten Kohlenwasserstoffes oder Olefins mit Benzol unter Einsatz verschiedener Katalysatoren hergestellt, sulfoniert und neutralisiert. Sie werden oft mit den Alkylnaphthalinsulfonaten in der großen Gruppe der *Alkylarylsulfonate* (Aralkylsulfonat) zusammengefaßt. Auch die Bezeichnung „Liparylsulfonate" wurde vorgeschlagen. Produkte mit Alkylresten von 10 und mehr Kohlenstoffatomen sind hervorragende Waschmittel mit hoher Schaumkraft, wogegen kurzkettige und mit verzweigten Arylketten als gute Emulgatoren, Dispergatoren mit hoher Netzkraft gelten. Die Härtebeständigkeit ist mittel.

Alkanol-Marken	*Dupont*	Merpilan-Marken	*Kempen*
ACW S 406	*Aachen*	Miltopan-Marken	*Fettchemie*
Ateban B	*Böhme*	Leonil ART	*Hoechst*
Basopal NA	*BASF*	Pentavital	*R. Baumheier*
Diseron OF	*Rudolf*	Quecopan 3 W, AS	*Quehl*
Dissopyrin W, G	*H. Baumheier*	Quecopol F, FS	*Quehl*
Geipal 25	*Geissler*	Ribanat BB	*R. Baumheier*
Genopur FAS	*Hoechst*	Stokopol NB	*Stockhausen*
Hostapal BV-Marken	*Hoechst*	Supralan-Marken	*Zschimmer* u. a.
Lavenium EKA	*Pfersee*		

Bei den *Benzimidazolen* handelt es sich um anionaktive Produkte, welche von der *CIBA* herausgebracht wurden und besser als **Alkyl-Benzimidazol-Sulfonate** bezeichnet werden. Man gewinnt diese Produkte durch Kondensation von Fettsäuren mit zyklischen Diaminen, anschließender Sulfonierung und Neutralisation. Die Waschmittel kommen als Ultravon CO, W (*CIBA*) in den Handel, haben eine sehr gute Waschkraft und auch die anderen Beständigkeiten sind sehr gut. Die Produkte sind wegen der kostspieligen Herstellungsweise allerdings teuer.

Neben den bisher behandelten anionaktiven Produkten sind noch einige andere Produkte von geringerer Bedeutung, vor allem auf dem außereuropäischen Markt, im Handel. Bei der Aufzählung der Handelsprodukte muß berücksichtigt werden, daß die Produkte öfter, meist aus anwendungstechnischen Gründen, umgestellt werden und dadurch eine andere Gruppenzugehörigkeit eintreten kann. Auf Konzentrationsbezeichnungen wurde bewußt verzichtet, um die Anzahl der angeführten Produkte nicht zu zahlreich zu machen. Diese Bemerkungen gelten auch für die nun zu behandelnden nichtionogenen Waschmittel und Waschmittelmischungen.

Nichtionogene Waschmittel

Die Produkte werden auf Grund ihrer Zusammensetzung auch als *Polyäthylenäther*, *Äthylenoxid-Kondensationsprodukte* und *Oxäthylierungsprodukte* bezeichnet. Man gewinnt sie durch Anlagerung von mehr oder weniger großen Molekülmengen Äthylenoxid (ÄO) an organische Produkte, die eine OH-, SH-, COOH- oder NH_2-Gruppe enthalten. Dabei können sowohl aliphatische als auch zyklische Verbindungen als Reaktionspartner auftreten.

Durch nachträgliche Sulfatierung erhält man Produkte, die neben einer hervorragenden Waschkraft, sehr guter Beständigkeit gegen Schwermetallsalze, Härtebildner des Wassers, Säuren und Alkalien auch eine hohe Schaumkraft aufweisen, die jedoch nicht immer erwünscht ist. Die Produkte kommen je nach ihrer Zusammensetzung als Emulgatoren, Weichmacher, farbstoffaffine Egalisiermittel und Waschmittel in den Handel.

Die Produkte, in hohen Mengen verwendet, laugen die Fasern wegen ihrer hohen Waschkraft stark aus, was besonders in der Wollwäsche nachteilig sein kann. Mit diesen Produkten können kationische Präparationen von regenerierten Zellulosen oder synthetischen Fasern entfernt werden. Verschiedene Produkte trüben sich bei höheren Temperaturen und büßen dann an Waschkraft ein, wogegen andere erst dann ihre volle Waschkraft erreichen. Zugaben von Koch- oder Glaubersalz zum Waschbad steigern auch hier die Waschwirkung der Produkte.

Acegen-Marken	*Aachen*	Merpinol W	*Kempen*
Arbyl	*Grünau*	Nekanil-Marken	*BASF*
Arbylen	*Grünau*	Nonapal NI	*Baur*
Dispersol A	*ICI*	Novopernim-Marken	*Kempen*
Dissopyrin 89, CHL	*H. Baumheier*	Protepon-Marken	*Protex*
Fluidol-Marken	*Fettchemie*	Quesynthol NJ-Marken	*Quehl*
Foryl AD, D, F, S	*Fettchemie*	Rucogen-Marken	*Rudolf*
Geipal-Marken	*Geissler*	Sandozin NI	*Sandoz*
Genopur W, M, CR	*Hoechst*	Solpon-Marken	*Böhme*
Gisapal NO 59	*Rotta*	Stokolan NS 9	*Stockhausen*
Hostapal CV-, W-Marken	*Hoechst*	Stokopol WW	*Stockhausen*
Hostapur CX	*Hoechst*	Sunaptol-Marken	*Francolor*
Imperiazon-Marken	*R. Baumheier*	Synthapal	*Böhme*
Jokopal-Marken	*Baur*	Synthamin	*Böhme*
Kyolox-Marken	*Düren*	Synthapon	*Böhme*
Lanamerpin P	*Kempen*	Tinovetin NR	*Geigy*
Lavenium F	*Pfersee*	Tissocyl-Marken	*Zschimmer*
Lavotan AST	*Tübingen*	Ultravon JF, JU	*CIBA*
Leonil-Marken	*Hoechst*	Vondapon NI	*Vondelingenplaat*
Levapon 100, 150	*Bayer*		u. a.
Lissapol GLN, N, NC, NDB	*ICI*		

Die Hersteller von Textilhilfsmitteln, die außer Waschmittel auch Netzer usw. herstellen, haben eine Vielzahl von Produkten auf dem Markt, die mit Fettlösern gemischt sind. Daneben werden aus technologischen und auch preislichen Gründen die verschiedenen Waschprodukte untereinander, u. U. auch zusätzlich mit Fettlösern gemischt. Die Zusätze können dabei aus speziellen Netzmitteln, Faserschutzmitteln, Weichmachern, oxydativen oder reduktiven Chemikalien zur gleichzeitigen Aufhellung des Waschgutes und Waschmitteln aus anderen

Gruppen bestehen. Die angegebenen Zusätze können zwar auch vom Verbraucher gemacht werden, doch sollte immer berücksichtigt werden, daß eine absolut homogene Mischung zu erstreben ist und es einer großen Kenntnis der Mischungskomponenten bedarf, um nicht eine wesentliche Herabsetzung der Waschkraft des Mischungsproduktes in Kauf nehmen zu müssen. Dabei ist die Steigerung der Waschkraft nicht allein von den Mischungskomponenten allein, sondern auch von der Menge der Anteile abhängig. Bei Produkten, die organische Fettlöser enthalten, handelt es sich in der Regel um Waschmittel, die auch als Naßdetachiermittel (S. 38) eingesetzt werden können. Abgesehen von Sonderfällen (z. B. Blankit IANW, IIANW der *BASF*, Lorinol 555 der *Fettchemie* u. a.) enthalten Waschmittel für die Textilveredlung keine optischen Aufheller. Bei den angegebenen Produkten handelt es sich um reduktive bzw. oxydative Bleichmittel, die durch den Zusatz von Waschmittel eine gesteigerte oder überhaupt erst eine gewisse Waschwirkung erhalten sollen.

Es kann nicht Aufgabe dieses Buches sein alle auf dem Markt befindlichen Textilhilfsmittel aufzuzählen, deren Zahl auf etwa 15000 geschätzt wird. Diese Feststellung gilt auch für alle anderen Produkte der chemischen Industrie, die in anderen Kapiteln aufgeführt sind und deren Zahl im ständigen Steigen begriffen ist. Häufig werden von den Herstellern die Produkte in ihrer Konstitution und Konzentration geändert bzw. aus dem Markt gezogen, ohne daß dem Verbraucher über die Fachliteratur Mitteilung gemacht wird. Es kann deshalb bei der Aufzählung und Zusammensetzung der Produkte keinesfalls eine Verbindlichkeit hergeleitet werden.

Als *Fettlöserzusätze* können sowohl niedrig- als auch hochsiedende, wasserunlösliche Produkte eingearbeitet werden, die vom Waschmittel in Emulsion gehalten werden müssen. Man setzt fast ausschließlich nichtbrennbare Fettlöser bereits beim Hersteller zu. Die früher üblichen Benzinseifen haben in der Ausrüstung keine Bedeutung.

Als *niedrigsiedende Fettlöser* kommen in Betracht:

Tri   = Trichloräthylen ($CHCl=CCl_2$)   Siedepunkt 77 °C
Tetra = Tetrachlorkohlenstoff (CCl_4)   Siedepunkt 87 °C
Per   = Perchloräthylen ($CCl_2=CCl_2$)   Siedepunkt 121 °C.

Wegen des niedrigen Siedepunktes sollte man diese Mischprodukte nicht in kochenden oder heißen Waschflotten verwenden, da die Fettlöser dann weit stärker verdunsten, als dies bei Temperaturen bis 50°C der Fall ist. Der Vorteil der Produkte besteht darin, daß der Fettlöser hohe Mengen fettiger oder öliger Verschmutzungen von der Faser löst und durch das Waschmittel mit dem Fettlöser gemeinsam als Emulsion im Waschbad gehalten werden.

Weit vorteilhafter sind gegenüber den niedrigsiedenden Fettlösern als Zusätze zu Waschmitteln die *hochsiedenden, geruchschwächeren*, aber teuren Produkte, wie

Hexahydrophenol (Cyclohexanol, Hexalin)   Siedepunkt 155—178°C
Methyl-Hexahydrophenol (Heptalin)   Siedepunkt 160—195°C
Tetrahydronaphthalin (Tetralin)   Siedepunkt 200—209°C
Dekahydronaphthalin (Dekalin)   Siedepunkt 190°C.

6. Waschen

Wie bereits mehrfach erwähnt, läßt sich die Waschwirkung durch besondere Zusätze im Waschbad steigern. Dazu gehören zuerst Elektrolyte, wie Koch- und Glaubersalz, die in Mengen von 5—10 g/l eingesetzt werden. Da jedoch die meisten „synthetischen" Waschmittel aus ihrer Herstellung einen gewissen Anteil dieser Salze enthalten, ist ein weiterer Zusatz oft nur wenig wirksam, wird sich aber vor allem bei niederen Waschmittelkonzentrationen bemerkbar machen. Die Elektrolyte verstärken dabei die Grenzflächenaktivität der Waschmittel.

Zusätze von Alkalien in den Waschbädern, wie Soda oder Ammoniak, steigern die Effekte bei fast allen Waschmitteln. Nur selten enthalten Waschmittel größere Mengen Alkali. In hartem Wasser kann ein Sodazusatz zur Herabsetzung der Waschkraft führen, da die entstehenden Erdalkalikarbonate durch das Waschmittel in Dispersion gehalten werden müssen und dieser Anteil dadurch keine Waschkraft mehr zeigt.

Eine besondere Bedeutung haben Zusätze von *anorganischen* und *organischen Komplexbildnern* in den Waschbädern gefunden und dadurch die Verwendung von Seife in hartem Wasser ermöglicht. Optische Aufhellungsmittel, wie sie in Haushaltwaschmitteln enthalten sind, werden zu Waschmitteln, die in der Textilveredlung angewendet werden, nicht zugesetzt.

Neben den eigentlichen Waschmitteln und den Waschmaschinen ist die Beschaffenheit des **Betriebswassers** von ausschlaggebender Bedeutung in der Naßausrüstung und damit vor allem der Wäscherei und Walke. Trotz der großen Anzahl an härtebeständigen Waschmitteln wird man trotzdem bemüht sein, nur möglichst weiches Wasser für die Ausrüstung zu verwenden. Auch härtebeständige Waschmittel büßen in hartem Wasser einen Teil ihrer Waschkraft ein, ohne dabei zu Ausfällungen zu führen, wie es bei der Verwendung von Seifen üblich ist. Ohne jede Wasseraufbereitung wird man in der Ausrüstung mit Wasserhärtegraden bis zu 10° d. H. bei Verwendung von härtebeständigen Waschmitteln in Verbindung mit Seife ohne weiteres arbeiten können. Verwendet man nur Seife, sind Betriebswässer über 6° d. H. bedenklich. Neben den Härtebildnern des Wassers sollen vor allem Schwebstoffe, aggressive Chemikalien, wie sie bei Verwendung von Abwässern aus anderen Industrien auftreten können, und Schwermetallsalze (z. B. Fe) nicht vorhanden sein. Eisenmengen über 0,1 mg/l sollten auch im Betriebswasser für die Appretur nicht auftreten. Für die Bleichereien liegt die oberste Grenze bei 0,05 mg/l. Obwohl die Appretur nicht der größte Wasserverbraucher in der Textilveredlung ist, soll doch an dieser Stelle kurz auf die Möglichkeiten, das Wasser zu enthärten, eingegangen werden.

Beim *Kalk-Soda-Verfahren* werden sowohl die Salze der vorübergehenden als auch der bleibenden Härte in Form ihrer Karbonate ausgefällt und die im Wasser gelöste Kohlensäure als Kalziumkarbonat gebunden. Die Ausfällungen setzen sich ab bzw. müssen abfiltriert werden, und das so bis auf 3° d. H. verbesserte Wasser kann der Veredlung zugeführt werden. Das Verfahren ist zwar billig, benötigt aber sehr große Reaktionsbehälter und lange Fällungszeiten, so daß man in der Textilindustrie die anderen Verfahren bevorzugt.

Bei der *Enthärtung mittels Ionenaustauscher* werden die Erdalkali- und Schwermetallionen gegen die Natriumionen des Basenaustauschers ausgetauscht und damit unschädlich gemacht. Das Wasser läuft durch einen einfachen Filter, der zwischen den beiden Kiesfilterschichten den Ionenaustauscher enthält. Man kann mit dieser Methode bis auf 0° d. H. enthärten. Nach einer gewissen Betriebszeit ist der Basenaustauscher erschöpft und muß durch Salzlösungen regeneriert werden. Als Basenaustauscher sind die Produkte *Permutit, Wofatit, Lewatit, Invertit* u. a. im Handel. Zu beachten ist bei diesem Verfahren, daß das Betriebswasser meist alkalisch in die Ausrüstung kommt und zu verschiedenen Appreturverfahren durch Essig- oder Ameisensäure korrigiert werden muß. Verschiedene Basenaustauscher sind auch in der Lage, Eisen zu binden.

Bei der *Wasserenthärtung durch Komplexbildung* verwendet man entweder anorganische oder organische Komplexbildner (Sequestriermittel). Bei den *anorganischen Komplexbildnern* werden die Härtebildner durch kondensierte Phosphate so gebunden, daß sie als solche nicht mehr in Erscheinung treten und dann ohne Schwierigkeiten mit Seife in derart aufbereitetem Wasser gewaschen werden kann. Es genügt dabei der alleinige Zusatz derartiger Produkte in die Behandlungsbäder zur Enthärtung. Die Produkte sind schwach alkalisch und haben eine hervorragende Dispergierwirkung, so daß sie ausgesprochen waschfördernd wirken. Zur Erhaltung und Steigerung der Waschkraft von synthetischen Waschmitteln tragen sie ebenfalls, vor allem in harten Gebrauchswässern, bei. Nach neuesten Erkenntnissen sind kondensierte Phosphate als Ionenaustauscher anzusprechen. Dazu gehören u. a.

Calgon-Marken	*Benckiser*	Phosphac-Marken	*Protex*
Hexatren-Marken	*Giulini*	Polyron-Marken	*Albert* u. a.

Durch *organische Komplexbildner*, welche auf Basis des nitrilo-tri-essigsauren Natriums oder des äthylendiamin-tetra-essigsauren Natriums aufgebaut sind, werden ähnlich wie bei den anorganischen Produkten die Ausfällungen von wasserunlöslichen Kalk- und Magnesiumseifen verhindert und damit die Waschkraft der Waschmittel weitgehend erhalten. Beide Arten der Komplexbildner sind außerdem in der Lage, Eisenionen zu binden.

Aquamollin BCS flüssig	*Cassella*	Plexophor HB	*Sandoz*
Irgalon BT, AA, NA 3	*Geigy*	Trilon A, B, AO, BR, BV, BVT	*BASF* u. a.
Masquol-Marken	*Protex*		

Waschmaschinen

Wie bereits mehrmals erwähnt, haben die maschinellen Einrichtungen einen wesentlichen Anteil am Wascheffekt. In der Ausrüstung kommen hauptsächlich gewebte oder gewirkte Stückwaren zur Wäsche. Dabei müssen auf Grund der bereits geschilderten Verschmutzungen Unterschiede in der Waschmethode zwischen Textilien aus Zellulose- und synthetischen Fasern und solchen aus Wolle oder deren Mischungen gemacht werden. Bei allen Faserarten wird man immer zwischen 2 Waschmaschinentypen zu wählen haben, den Strang- oder Breitwaschmaschinen.

Strangwaschmaschinen sind in ihrer Produktion den Breitwaschmaschinen überlegen. Die Ware läuft als Strang durch die Waschwerkzeuge und wird dadurch geknittert, so daß nur Waren gewaschen werden können, deren Knitterempfindlichkeit nicht groß ist. Die *Breitwaschmaschinen* beanspruchen die Ware weniger, da sie beim Waschen nicht geknittert wird. Um die Waschwirkung der

6. Waschen

robusten Strangwaschmaschinen zu erreichen, müssen entweder die Waschzeiten in der Breitwäsche verlängert oder die Maschinen größer dimensioniert werden. Auch die Möglichkeit, durch Zusatzgeräte die mechanische Bearbeitung der Ware bei Breitwaschmaschinen zu erhöhen, wurde genutzt.

Das Waschen von Geweben aus *nativer oder regenerierter Zellulose* wird meist bereits nach der Beuche und Bleiche als selbständige oder vorbereitende Behandlung für die Färberei durchgeführt. Die in der Ausrüstung durchgeführte Reinigung besteht meist nur in einem gründlichen Spülen, um Chemikalienreste, welche aus der Bleicherei, Färberei und der Entschlichtung stammen, zu entfernen. Oft kommen auch gebleichte oder gefärbte Stücke vollkommen gesäubert und gespült in die Ausrüstung. Nur bedruckte Ware wird man durch Auswaschen der Verdickung in der Appretur gründlicher behandeln. Wenn mit stärkehaltigen Verdickungen gedruckt wurde, wird man die Stärke, wie beim Entschlichten üblich, abbauen (Malzen). Die meisten Baumwoll- oder Zellwollwaren werden eine Strangwäsche ohne Schwierigkeiten aushalten, wogegen solche aus Reyon oder synthetischen Fasern besser auf der Breitwaschmaschine behandelt werden sollten.

Strangwaschmaschinen für Gewebe aus Zellulosefasern

Im Prinzip sollen diese Konstruktionen, bei einmaligem Durchgang der Stückware im Strang (endlos, Stück an Stück genäht) durch die Maschinen unter Einwirkung von Quetschwalzen und ständigem Wasserwechsel ein gründliches Spülen der Waren ermöglichen. Um dieses Spülen kontinuierlich ausführen zu können, werden oft mehrere Maschinen hinter- oder nebeneinanderlaufen. Dadurch ist es möglich, die Waschbedingungen in den einzelnen Maschinen zu variieren. Man kann z. B. in der ersten Maschine warm oder heiß unter Zusatz von Waschmitteln vorbehandeln und in den folgenden Aggregaten heiß und kalt nachspülen.

Das Clapot (Abb. 64, 65), oft einfach nur als *Strangwaschmaschine* bezeichnet, ist die älteste dieser Konstruktionen und besteht aus einem Quetschwalzenpaar, durch das die Ware, je nach Breite der Maschine, öfter gezogen wird. Unter den Quetschwalzen befindet sich der eigentliche Waschbottich, in dem die Ware, durch einen Rechen geführt, herabfällt und mit Wasch- oder Spülwasser getränkt wird. Verschiedentlich werden auch die Warenstränge nach Passieren der Quetschwalzen durch Lattenwalzen

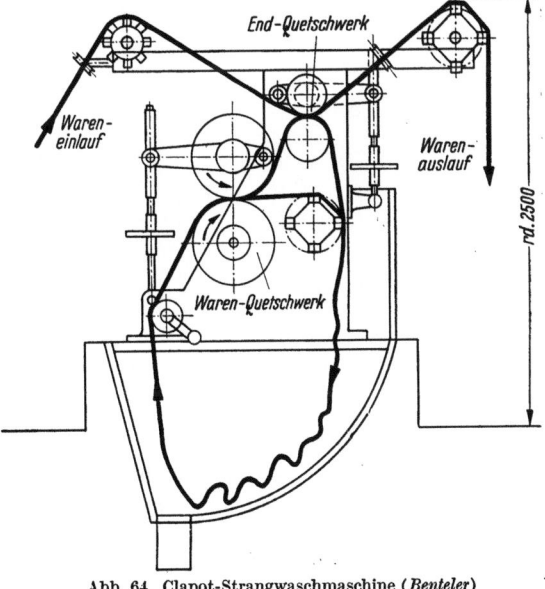

Abb. 64. Clapot-Strangwaschmaschine (*Benteler*)

abgezogen und dadurch besser in den Waschbottich gebracht. Bei druckempfindlichen Waren wird an Stelle des Quetschwalzenpaares nur eine Leitwalze eingesetzt. Die Wasserzufuhr wird mittels Spritzrohre vorgenommen, um den Wasserdruck zusätzlich als mechanische Waschhilfe auszunützen. Werden die

Abb. 65. Clapot-Strangwaschmaschine (*Benteler*)

Waren nur gespült, muß für eine dauernde Wassererneuerung gesorgt werden. Das verbrauchte Wasser wird dabei entweder an beiden oder an einem Maschinenende dauernd ablaufen. Je nach Maschinenbreite passieren die Warenstränge 6—12mal die Quetschwalzen und den Waschbottich. Die Walzenbreite beträgt 2000—5000 mm, als Produktion sind 40—150 m/min, je nach Größe der Maschine, üblich. Um bei heißem Spülen an Dampf zu sparen, werden Clapots auch gedeckt gebaut. Die Konstruktionen sind auch als Imprägniermaschinen zum Netzen mit Bleich-, Entchlorungs- und anderen Chemikalien brauchbar.

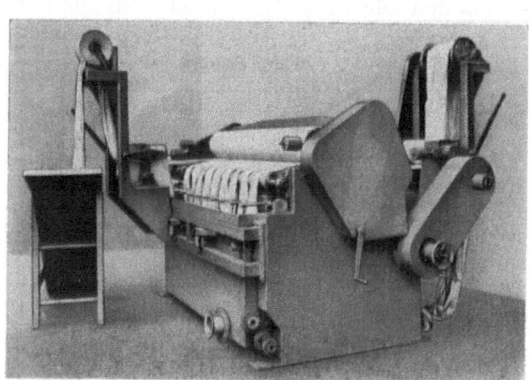

Abb. 66. „Trikotex"-Strangwaschmaschine für rundgewirkte Trikotwaren (*Bieger*)

Da auch rundgewirkte Trikotagen heute immer häufiger kontinuierlich gewaschen werden, wurden auch Strangwaschmaschinen (Abb. 66) für diese Waren entwickelt, die sich durch absolut spannungslosen Warenlauf auszeichnen und meist mit entsprechenden kontinuierlichen Strangbleicheinrichtungen (Bleichstiefel)[1] gekoppelt werden. *Rodney*

---

[1] BERNARD: Praxis des Bleichens und Färbens von Textilien. Berlin/Heidelberg/New York: Springer 1966.

hat die Oberwalze in „Tensitrol-Washer" (Abb. 67) in Teilstücke geteilt. Die Unterwalze wird beschleunigt angetrieben und damit eine spannungslose Warenführung erreicht.

Es hat nicht an konstruktiven Versuchen gefehlt, auch bei den Strangwaschmaschinen durch Intensivierung des mechanischen Waschprozesses höhere Produktion bei geringerem Waschflotteneinsatz zu erreichen. Daneben wurde versucht auch den Warenstrang möglichst spannungslos zu halten, um bereits in der Strangwäsche die in der Fertigware auftretenden Restkrumpfwerte zu ermäßigen bzw. weitgehend aufzuheben. Von *Kleinewefers* wurde mit der *Multiflex 2* (Abb. 68, 69) ein besonderes Prinzip verwirklicht, welches den vorstehend beschriebenen Bedingungen in vieler Hinsicht gerecht wird. Der Waschflotten-

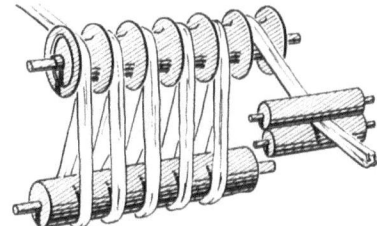

Abb. 67. Warenführung im „Tensitrol-Washer" (*Rodney*)

Abb. 68. „Multiflex 2"-Strangwaschmaschine (*Kleinewefers*)

raum wurde bei dieser Konstruktion in sechs Waschstiefel aufgeteilt, in welche die Warenstränge eingetafelt werden. Dabei wird das Spül- oder Waschwasser unterhalb des Quetschwerkes mittels zweier Düsen an die Ware gesprüht und im Unterteil des Stiefels wieder abgeführt. Dadurch ist es möglich, den im Stiefel befindlichen Warenanteil individuell zu „verweilen" und damit für einen intensiven Stoffaustausch zwischen Ware und Waschwasser zu sorgen. Zur mechanischen Bearbeitung des Warenstranges

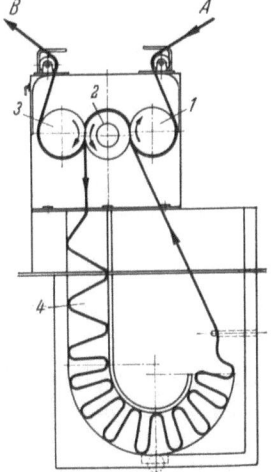

Abb. 69. Warenführung in der „Multiflex 2"-Strangwaschmaschine (*Kleinewefers*)
A Wareneinlauf; *B* Warenauslauf; *1* „Aeroflex"-Einlauf- und Waschquetschwalzen; *2* durchgehende Mittelwalze; *3* Austrittsquetschwalze; *4* Waschstiefel

verwendet die Firma als ,,Aeroflex" eine pneumatisch mit Luft füllbare obere Quetschwalze, die mit max. 7 atü aufgepumpt werden kann. Dadurch wird die Ware stark, aber trotzdem weich abgequetscht. Es wird beim Durchgang von Knoten und mitgeschleppten Fremdkörpern nicht die Ware, sondern der Balg der Quetschwalze deformiert (Abb. 70). Es entstehen keine Warenplatzer, wie es bei Vollgummiwalzen oft der Fall ist. Die Bälge können auf die Felgen der Quetschwalze wie ein Autoreifen aufgezogen werden. Die Standardausführung wird mit sechs Waschstiefeln geliefert, in denen je 30 kg Ware während 5—6 Min. verweilen. Bei einer Warengeschwindigkeit von 200 m/min beträgt die Verweilzeit 1 Min. je Stiefel.

Abb. 70. ,,Aeroflex-", pneumatische Quetschwalze beim Warenaustritt aus der Quetschfuge der ,,Multiflex 2"-Strangwaschmaschine (*Kleinewefers*)

Die *Niagara-Strangwaschmaschine* der Fa. *Mezzera* (Abb. 71, 72) ist eine Weiterentwicklung der Haspelkufe. Die Ware bewegt sich wie beim Clapot spiralförmig durch mehrere Waschaggregate und wird dabei jedoch nicht abgequetscht. Durch die hohe Durchlaufgeschwindigkeit wird das durch Spritzrohre zugeführte Spülwasser aus dem unter dem Haspel befindlichen Waschbottich hochgerissen, und man erzielt dadurch eine intensive Spülwirkung. Die Konstruktion eignet sich vor allem zum Waschen von bedruckten Geweben, die möglichst nicht abgequetscht werden sollen, um ein Abflecken der aufgedruckten Farbstoffe auf den unbedrucktem Fond zu vermeiden, was bei Verwendung

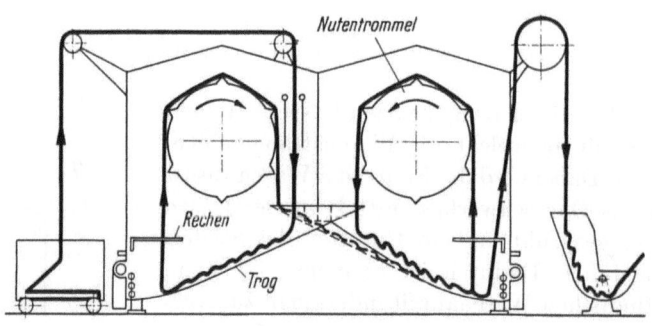

Abb. 71. ,,Niagara"-Strangwaschmaschine (*Mezzera*)

von Quetschwerken eintreten kann. Aus dem gleichen Grund werden auch druckempfindliche Reyongewebe gerne auf dieser Maschine gewaschen. Die Warengeschwindigkeit beträgt maximal 180 m/min bei einem Wasserverbrauch von 1:5, gerechnet auf das Trockengewicht der Ware.

Ebenfalls aus der Haspelkufe wurde die *Rope-o-Matic-Strangwaschmaschine* (*Stork*) entwickelt (Abb. 73), die gleichfalls zum Nachwaschen von bedruckten

Geweben, jedoch auch für alle anderen Waschprozesse geeignet ist. Die Ware durchläuft die Waschkufen nicht kontinuierlich, sondern im „Pilgerschritt". Das heißt, es kann die Anlage neben dem kontinuierlichen Durchlauf mit Warenmengen von max. 120 m/min auch der Warenstrang im Wechsel vor- und rück-

Abb. 72. „Niagara"-Strangwaschmaschine (*Mezzera*)

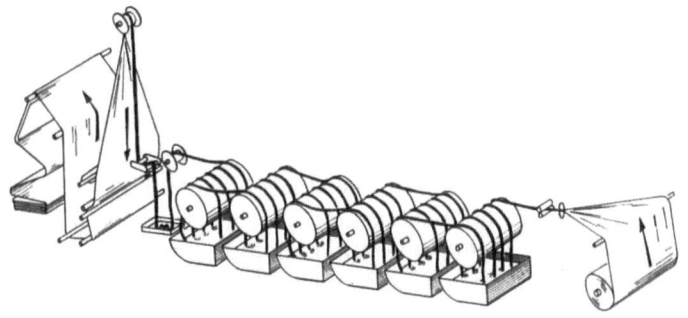

Abb. 73. Warenlaufschema in der „Rope-o-matic"-Strangwaschmaschine (*Stork*)

wärts bewegt werden und bei einer Auslaufgeschwindigkeit von 75 m/min immer wieder aus der Waschflotte gezogen und in diese gesenkt werden. Die einzelnen Kufen fassen bei 700 l Flotteninhalt 30—40 m Ware, ferner sind die Waschkufen mit einem Kochraum ausgestattet, der mit einer speziellen Chemikaliendosierung und Überlaufvorrichtung ausgestattet ist, die das Waschen auch im „Gegenstromprinzip" zuläßt. Die Waschkufen können dadurch im „Verbund" oder auch jede für sich verwendet werden. Der Pilgerschritt kann zwischen 20—50 Schlägen/min gewählt und dadurch eine intensive Waschwirkung erzielt werden. Die Anlage wird geschlossen geliefert, um ein Verspritzen der Flotte zu vermeiden.

Von *Menzel* wird als Strangwaschmaschine „System Cilander" ein neuartiges Waschprinzip verwirklicht (Abb. 74). Der Warenstrang wird durch waagrechte Rohre gezogen und dabei von der, im Gegenstrom zugeführten, Flotte intensiv umströmt. In den einzelnen Rohren sind Dampfdüsen untergebracht, welche eine Heißwäsche zulassen.

Strangwaschmaschinen haben in allen Fällen gegenüber den Breitwaschmaschinen den Nachteil, daß die Stückwaren immer Knitterfalten aufweisen und zur Wäsche empfindlicher Gewebe nicht verwendbar sind. Ihre Produktion ist jedoch sehr hoch und man verwendet sie deshalb zum Waschen und Spülen nach der Entschlichtung und Bleiche, wogegen sich die Breitwaschmaschinen hauptsächlich zur Entfernung von Verunreinigungen, Farbstoffresten usw. nach dem Färben und Drucken bzw. zum Waschen von Geweben aus Zellulosefasern und deren Mischungen mit Synthesefasern bzw. Geweben aus letzteren alleine, eignen. Da die meisten Firmen, die Breitwaschmaschinen konstruieren, auch Konstruktionen für die Strangbehandlung bauen, sind die Hersteller dort aufgeführt (S. 66).

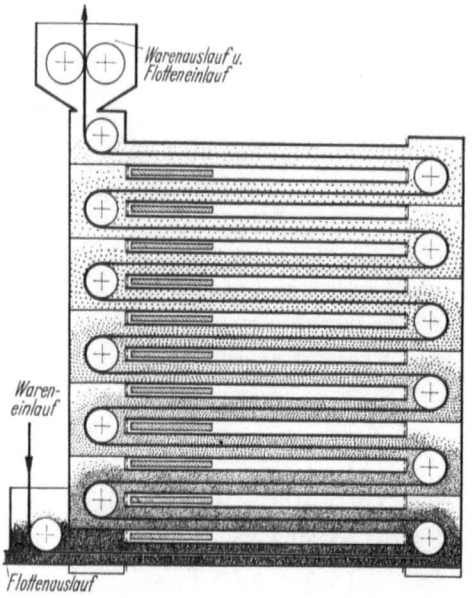

Abb. 74. Warenlaufschema in der Strangwaschmaschine „System Cilander" (*Menzel*)

Breitwaschmaschinen für Gewebe aus Zellulose und synthetischen Fasern

Die Konstruktionen gestatten es, auch knitterempfindliche Waren mehr oder weniger spannungsarm in breitem Zustand kontinuierlich durch die Waschflotte zu bewegen. Auch hier kommt meist nur ein Spülen nach der Entschlichtung, Bleiche, Färberei und Druckerei in Betracht. Da die Ware in breitem Zustand durch die Behandlungsbäder geführt wird, sind die Maschinen wesentlich größer als die Strangwaschmaschinen und, trotz meist geringerer Produktion, teurer.

Die **Rollenkufe** (Abb. 75) besteht in der Hauptsache aus mehreren Kufen, durch welche die Stückware in breitem Zustand gezogen wird. Zwischen den Bottichen wird sie durch Quetschwerke abgequetscht und damit auch bewegt. Für den Spannungsausgleich werden nach den Quetschwalzen Tänzerwalzen zwischengeschaltet. Oberhalb der Kufen und in den Kufen befinden sich nichtangetriebene Leitwalzen, über die die Ware gezogen wird. Die Rollenkufe kann auch zum Färben und Imprägnieren mit Appretur- und Chemikalienlösungen, Oxydieren, Spülen und Seifen nach dem Färben und Drucken verwendet werden.

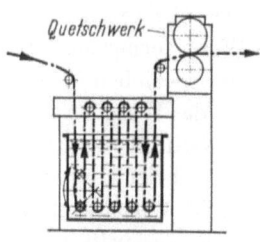

Abb. 75. Rollenkufe mit Auslaufquetschwerk (*Gerber*)

6. Waschen

Der Hauptgrund der kleineren Produktion der Breitwaschmaschinen ist die, gegenüber den Strangwaschmaschinen, geringere mechanische Bearbeitung und der dadurch verlängerte Waschweg. Um die mechanische Bearbeitung zu verstärken, wird auf den Rollenkufen die Ware in besondere Waschaufsätze hochgezogen und evtl. mittels einer Spritzeinrichtung bearbeitet. Auch kann vor dem Eingang zu den Quetschwerken ein weiteres Spritzrohr angebracht werden. Bei derartigen Konstruktionen tritt eine starke Schrumpfung im verlängerten Warenlauf auf, und es ist vorteilhaft, die hochgezogenen, im Waschaufsatz befindlichen Oberwalzen friktioniert mit stufenlos regelbaren Getrieben anzutreiben. Eine weitere Möglichkeit, durch verstärkte Flottenbewegung die Waschwirkung zu verstärken, besteht in der besonderen Warenführung durch die einzelnen Kufen. Bei der *Turbulenzwasch-*

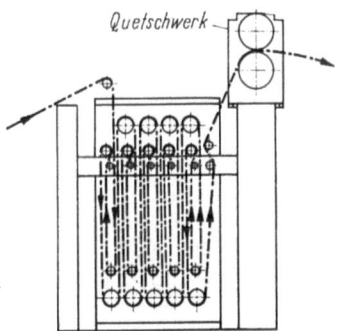

Abb. 76. Warenlauf in der „Turbulenz"-Breitwaschmaschine (*Gerber*)

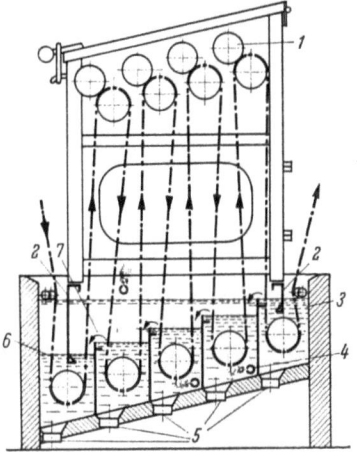

Abb. 77. Gegenstrom-Breitwaschmaschine (*Artos*)
1 Auflagepreßwalzen; 2 Dampfblenden; 3 Flottenspiegel bei stehendem Bad; 4 Spritzdüsen; 5 Bodenventile; 6 Flottenspiegel bei Flottengegenstrom; 7 Flottenüberlauf

Abb. 78. Gegenstrom-Breitwaschmaschine mit 4 Wasch- und einem Durchlauf-Seifabteil (*Artos*)

maschine der Fa. *Gerber* (Abb. 76) und der *Kontinue-Breitwaschmaschine LCL* der Fa. *Mezzera* werden die Gewebebahnen in der Kufe durch eine besondere Anordnung der Leitwalzen gegeneinander geführt und damit eine verstärkte Flottenbewegung in den Kufen erreicht, die zur Verbesserung der Waschwirkung dient, ohne die Warenoberfläche selbst mechanisch zu beanspruchen. Durch diese Flottenbewegung kann der gleiche Wascheffekt mit weniger Waschkufen erreicht werden, als es bei der einfachen Rollenkufe der Fall ist, insbesondere dann, wenn die Waschmaschine hochgezogen gebaut und dadurch der Warenlauf verlängert wurde. Die Flottenverhältnisse sind niedrig und können normal mit 1:15 angegeben werden. In einer derartigen Waschkufe können je nach Größe bis 90 m Ware behandelt werden.

Die meisten Breitwaschmaschinen werden mit niederen und hohen Waschabteilen geliefert und oft auch von der gegenläufigen Warenführung Gebrauch gemacht. Bei der **Gegenstrom-Breitwaschmaschine** von *Artos* (Abb. 77, 78) wird in den Waschabteilen entweder in „voller Flotte" oder auch in Flottenrinnen im Gegenstrom gearbeitet. Die Konstruktion ist außerdem mit Spritzdüsen ausgestattet und die Ware wird im hochgezogenen Waschabteil zusätzlich durch Auflagepreßwalzen bearbeitet. Das Gegenstromprinzip wird auch in anderen Waschmaschinen verwendet und die Wasch- oder Spülflotte gegen die Warenlaufrichtung von einer Waschkufe zur anderen umgepumpt.

Durch direkte Bearbeitung der Warenbahnen mit mechanischen Hilfsmitteln läßt sich die Waschwirkung ebenfalls steigern, doch muß die dabei mögliche Veränderung der Gewebeoberfläche berücksichtigt werden. Durch Schlägerwalzen wird bei der *Turbotex*- der Fa. *Benteler* (Abb. 79) und *Pulsotex*-Breitwaschmaschine (*Gerber*) (Abb. 80) die Ware beidseitig bearbeitet, zusätzlich durch Spritzrohre abgespritzt und mit Hilfe eines Waschaufsatzes die Warenaufnahme der einzelnen Waschkufen erhöht.

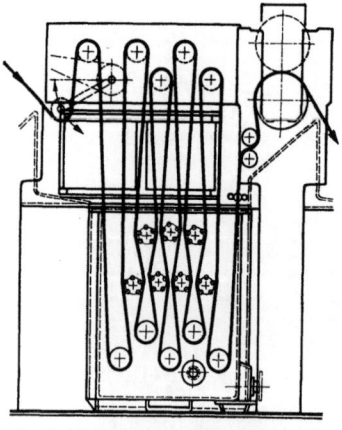

Abb. 79. Hochgezogenes Waschabteil mit 2 Reihen Schlägerwalzen der „Turbotex"-Breitwaschmaschine (*Benteler*)

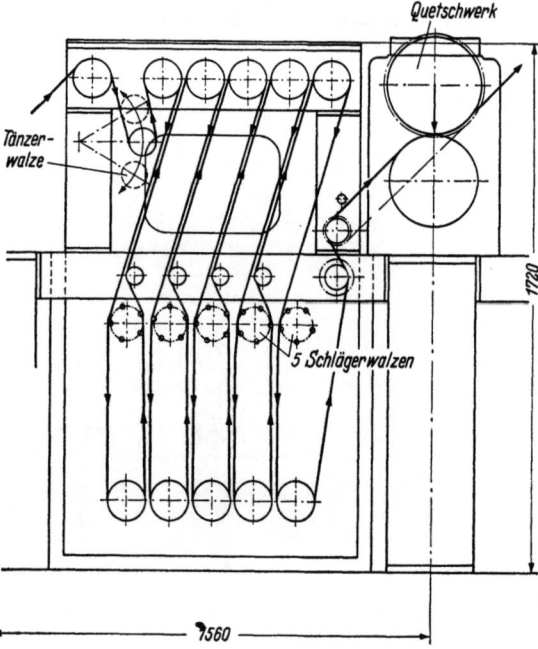

Abb. 80. „Pulsotex"-Breitwaschmaschine (*Gerber*)

In der „Intensiva"-Breitwaschmaschine (Abb. 81) wird die Stückware beim Eingang in die Waschkufe mittels einer Mehrkantwalze bestrichen, die beiden Warenbahnen durch Spritzdüsen besprüht und unter der Flotte mit einem Drillingsquetschwerk bearbeitet. *Kleinewefers* lehnt das Gegenstromprinzip ab und führt bei seinen Breit- und Strangwaschmaschinen immer wieder Frischwasser in die einzelnen Waschabteile zu und ab. Nach dem Prinzip der „Multiflex 2" (S. 53) arbeitet die Breitwaschmaschine „Cascade", bei der die Ware in einem Waschstiefel in breitem Zustand behandelt wird (Abb. 82).

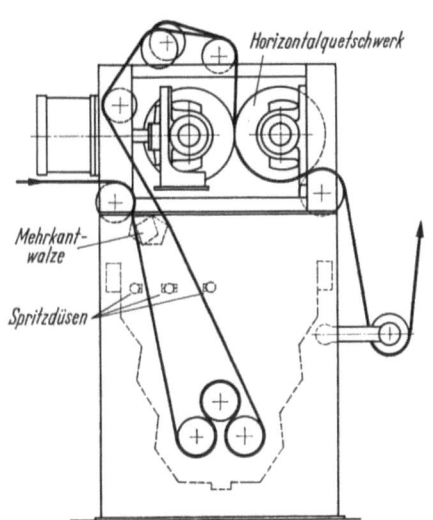

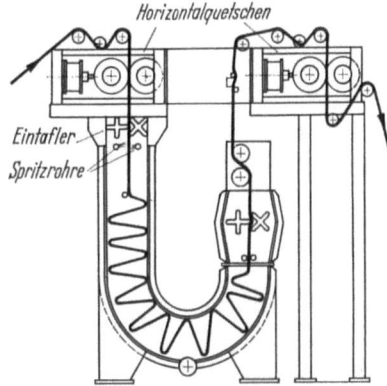

Abb. 82. Warenlaufschema in der „Cascade"-Breitwaschmaschine (*Kleinewefers*)

Abb. 81. Warenlaufschema in der „Intensiva"-Breitwaschmaschine (*Kleinewefers*)

Abb. 83. „Pulsator"-Vibrationskörper (*Gerber*)

Von *Gerber* wird in der *Pulsoroll-Breitwaschmaschine* ein besonderer Vibrationskörper (Abb. 83) verwendet, der bei extrem geringem Flotteninhalt der Waschabteile das Waschwasser stark bewegt, ohne die Warenbahn stärker zu beeinflussen. Die „Pulsatoren" arbeiten zwischen den Warenbahnen knapp unter dem Flottenspiegel und sind mit dem Warenlauf synchron geschaltet, so daß sich bei steigendem Warendurchlauf auch die Umdrehungstouren der Vibrationskörper erhöhen.

Versuche, Ultraschall für die Intensivierung der Wäsche einzusetzen, haben bisher, gemessen am zum Betrieb notwendigen Strom, keine besonderen Vorteile gezeigt. Dagegen verwenden eine Reihe von Firmen *oszillierende Körper* der verschiedensten Form. *Benninger* baut auf Wunsch den *Turbinator* (Abb. 84) zwischen einzelne Warenbahnen seiner *Breitwaschmaschine Modell LAA* (Abb. 85, 86). Der Turbinator besteht aus dem rohrförmigen Mittelkörper, an dem vier Flügel angeschweißt sind und

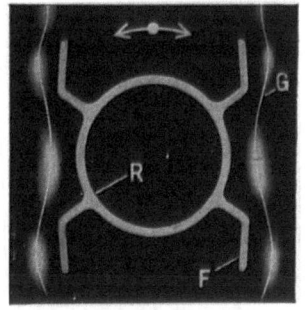

Abb. 84. „Turbinator", oszillierender Körper (*Benninger*)
R Flügel; F oszillierende Flügel; G Gewebebahn

der sich mit max. 3000 Schwingungen in der Minute bewegt und die Flotte in Schwingungen versetzt, die sich auch auf die Warenbahn übertragen, ohne daß der Turbinator die Ware selbst berührt. Damit die Schwingungen nicht verpuffen, werden hinter der Warenbahn Prallwände eingebaut, die ebenfalls zur Erhöhung der Waren- und Flotten-

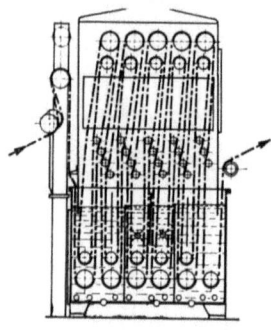

Abb. 85. Waschabteil, hohe Bauart der Breitwaschmaschine Modell LAA (*Benninger*), mit gegenläufiger Warenführung und 2 Turbinatoren und 2 Prallwänden

Abb. 86. Waschbatterie mit 3 niederen und 3 hohen Waschabteilen der Breitwaschmaschine Modell LAA (*Benninger*)

schwingung beitragen. Von *Stork* werden besondere Vibrationskörper in der *Vibromatic-Breitwaschmaschine* verwendet, welche mit max. 3000 Bewegungen/min zwischen den Warenbahnen auf- und abbewegt werden (Abb. 87). In gleicher Weise verwendet *Mather-Platt* geriffelte Vibrierkeile. Von *Zöllig* wird ein

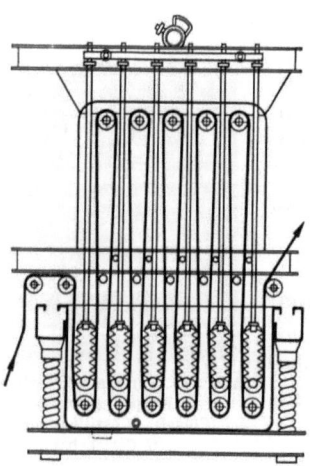

Abb. 87. ,,Vibromatic"-Breitwaschmaschine (*Stork*) mit hochgezogenem Waschabteil und senkrecht beweglichen Vibrierkörpern

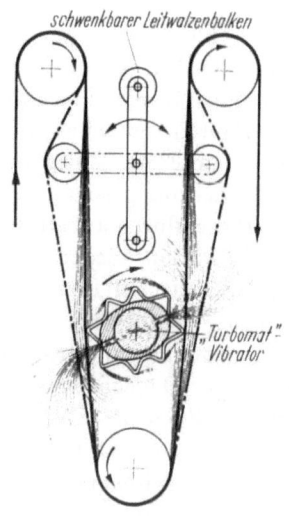

Abb. 88. Arbeitsschema des octagonalen Vibrators der ,,Rapitex"-Breitwaschmaschine (*Zöllig*)

drehbarer *Vibrator* verwendet, der mit 1000 U/min gegen die Warenbahnen rotiert und die durch die Hohlachse zugeführte Flotte gegen die Warenbahnen spritzt (Abb. 88). Mittels eines schwenkbaren Leitwalzenbalkens kann die Ware näher oder weiter an den Vibrator geführt werden. Als *Rotor-Breitwaschmaschine* (Abb. 89) wird von *Smith* eine Waschmaschine gebaut, bei der sich der Rotor meist gegen den Warenlauf dreht und

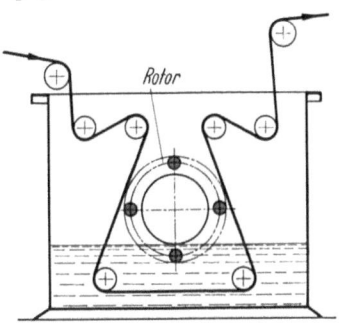

Abb. 89. ,,Rotor"-Breitwaschmaschine (*Smith*)

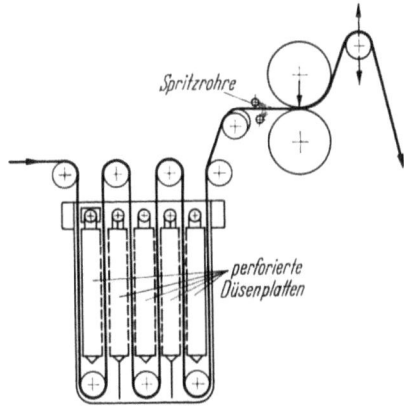

Abb. 90. Breitwaschmaschine mit Düsenplatten für die Flottenumwälzung und Luftwäsche (*Menzel*)

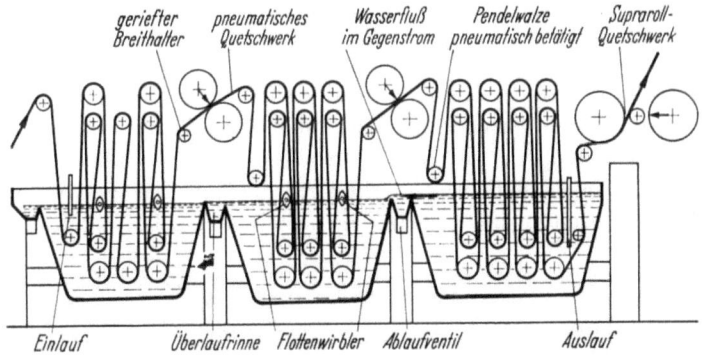

Abb. 91. Warenlaufschema in der Breitwaschmaschine Type WE I (*Goller*), hochgezogenen Waschabteilen, gegenläufiger Warenführung und Flottenwirbler

die Ware an den nicht angetriebenen Leitwalzen rollt und dadurch die Warenbahn mechanisch leicht bearbeitet und die Behandlungsflotte in Bewegung gehalten wird. Bei empfindlichen Geweben kann der Rotor mit der Ware gedreht werden oder auch stillstehen. Von *Isotex* wird eine Breitwaschmaschine nach ähnlichem Prinzip gebaut.

Zur Intensivierung der Flottenbewegung werden von *Menzel* perforierte Düsenplatten (Abb. 90) zwischen die Warenbahnen eingesetzt,

Abb. 92. Flottenbewegung durch Flottenwirbler in der Breitwaschmaschine Type WE I (*Goller*)

welche mittels Preßluft die Flotte in turbulente Bewegung versetzen. Durch besondere Flottenwirbler wird von *Goller* der gleiche Zweck erreicht (Abb. 91, 92).

Neue Wege ist die Fa. *Küsters* bei der Konstruktion der *Vibrotex-Breitwaschmaschine* gegangen. Die Ware wird an perforierte, exzentrisch gelagerte Vibrationskörper geführt, welche die Warenbahn in eine oszillie-

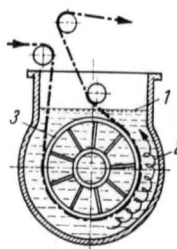

Abb. 93. Warenbewegung in der „Vibrotex"-Breitwaschmaschine (*Küsters*)
1 Flottenspiegel; *2* Warenbewegung; *3* oszillierende Vibrationswalze

Abb. 94. „Vibrotex"-Breitwaschmaschine mit aufgesetztem „Aquaroll"-Quetschwerk (*Küsters*)

rende Bewegung versetzen. Die Waschflotte wird dadurch unter dauernd wechselnden, hydraulischen Drücken gehalten und dadurch die Waschwirkung verbessert (Abb. 93, 94). Als „*Econom*"-*Breitwaschmaschine* wird von *Peter* eine Breitwaschmaschine gebaut, welche, wie auch die Konstruktion von *Küsters*, für das Waschen von breitgewirkten Trikotagen geeignet ist. Die Stückwaren werden

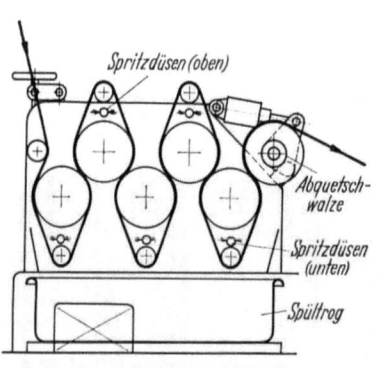

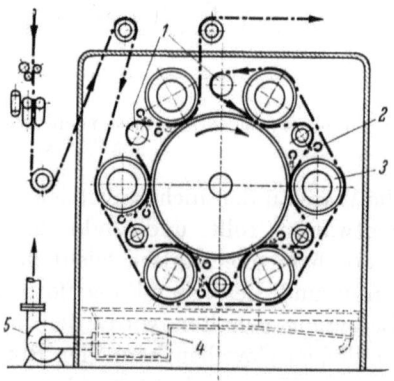

Abb. 95. Waschabteil der Breitwaschmaschine „Econom" (*Peter*)

Abb. 96. Waschkasten der „rotomat"-Breitwaschmaschine für Wirkwaren (*Gerber*)
1 Breithalter; *2* Spritzdüsen; *3* Quetschwalzen; *4* Wanne; *5* Umwälzpumpe

zwischen Quetschwalzen gepreßt und nach den einzelnen Quetschfugen über eine besondere Leitwalze hochgezogen. Zwischen den beiden Warenbahnen, außerhalb der Quetschwalzen, wird dabei die Ware immer wieder mit der Waschflotte besprüht (Abb. 95).

Durch die ausgedehnte Verwendung von Webtrikot aus Polyamidfäden wurde es notwendig, auch für flachgewirkte Trikotagen besondere Breitwaschmaschinen zu konstruieren. Neben den bereits vorstehend beschriebenen Einrichtungen wurde als *rotomat-Breitwaschmaschine* eine spezielle Einrichtung geschaffen, bei

Abb. 97. Verbund von 2 „rotomat"-Breitwaschmaschinen *(Gerber)* vor einer Spannrahmentrockenmaschine

der die Ware in voller Breite über ein System von Quetschwalzen geführt wird, welche die Ware an die Mittelwalze pressen. Die Behandlungsflotte wird zwischen die Quetschfugen gesprüht und die Ware über eine größere Zahl von Breithaltern geführt (Abb. 96, 97).

Um auch Warendocken ohne Abrollen der Ware zu waschen, wurde von *Heberlein* und *Kleinewefers* die *Rotowa-Breitwaschmaschine* (Abb. 98) entwickelt. Dabei wird die Warenkaule in einer geschlossenen Kammer mit bis zu 400 U/min gedreht und dadurch das durch die Hohlachse zugeführte Wasch- oder Spülwasser zusätzlich durch die Warenlagen gepreßt. Die Einrichtung kann auch zum Entwässern als Zentrifuge verwendet werden. Von *Farmer-Norton* wird im „Washmaster" das gleiche Prinzip eingesetzt, jedoch wird die Waschflotte hauptsächlich mittels einer Pumpe durch die Hohlachse der langsam rotierenden Warenkaule gepumpt. Letztere Konstruktion wird

Abb. 98. „Rotowa"-Breitwaschmaschine mit geöffneter Waschkammer *(Kleinewefers)*

hauptsächlich für das Waschen von Zellulosegeweben, die nach Verweilverfahren gebleicht oder gefärbt wurden, empfohlen.

Zu den Breitwaschmaschinen gehören auch Konstruktionen, bei denen die Ware ohne stärkere Eigenbewegung durch die Wasch- oder andere Behandlungsflotten getragen wird. Abgesehen vom geringen Zug, der in den Warenschleifen auftritt, kann das so behandelte Gewebe vollkommen *frei ausschrumpfen*. Bei diesen Maschinen handelt es sich um Einrichtungen, welche hauptsächlich beim

64 I. Die mechanischen Appreturarbeiten

Krepponieren verwendet werden. Normalerweise werden **Kreppgewebe** in vollkommen spannungslosem Zustand entweder in die Flotte eingehängt oder auf einem Drahtgewebe durch diese bewegt. Bei der *Kontinuierlichen Breitwaschmaschine VB* der Fa. *Mezzera* (Abb. 99, 100) werden die Gewebe in breitem Zustand durch einen Vornetzbottich geführt und mittels einer besonderen Zu-

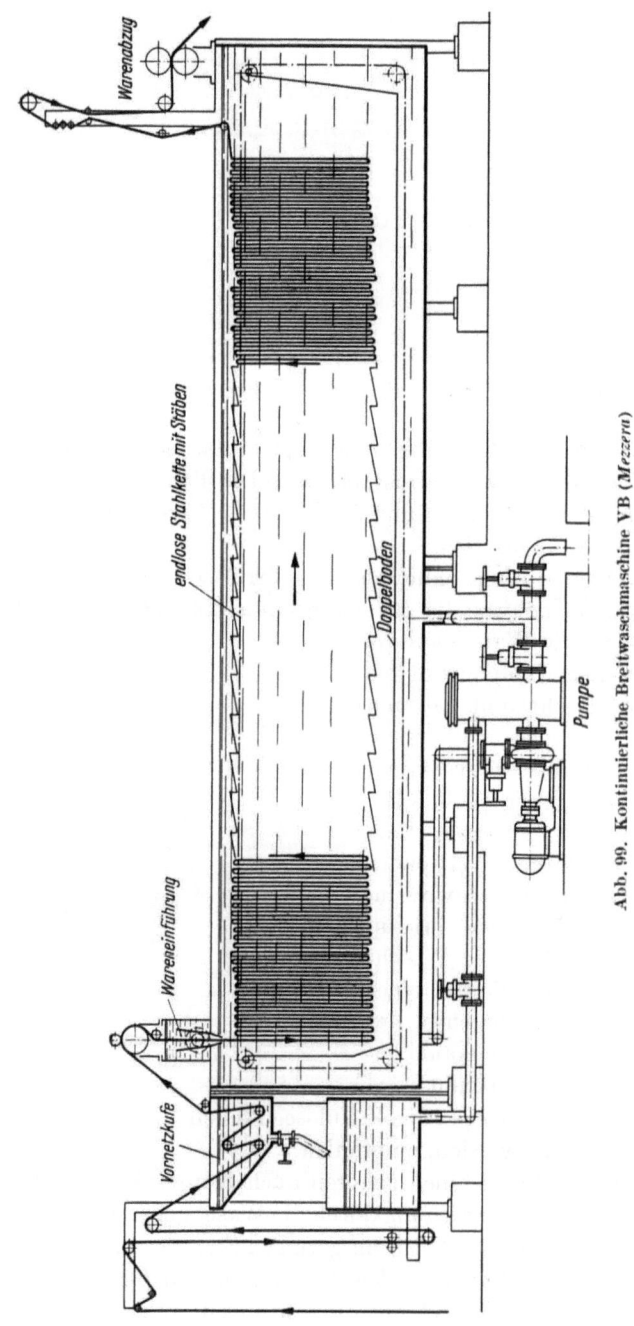

Abb. 99. Kontinuierliche Breitwaschmaschine VB (*Mezzera*)

6. Waschen

führeinrichtung, durch welche das Gewebe mit Waschflotte umspült wird, auf Stäbe aufgelegt, die sich auf einer endlosen Kette befinden und die einzelnen Warenschleifen unter dem Flottenspiegel durch das Behandlungsbad bewegen.

Abb. 100. Abkoch- und Krepponieranlage mit kontinuierlichen Breitwaschmaschinen VB (*Mezzera*)

Um eine zusätzliche Warenbewegung zu erreichen, läuft die Stabkette über eine Zahnstange, durch welche die Stäbe langsam angehoben werden und anschließend wieder zurückfallen. Um die Behandlungsflotte zu bewegen, wird sie von der Mitte der Maschine abgesogen und mittels einer Pumpe der Zuführeinrichtung zugepumpt. Beim Krepponieren wird das Gewebe mit 25% Voreilung aufgelegt, um das Schrumpfen während der Behandlung zu kompensieren. Am Ausgang der Maschine wird abgequetscht und die Ware anschließend auf einer bereits beschriebenen Breitwaschmaschine gespült.

Abb. 101. Warenlauf in einer Breitwaschmaschine (*Rodney*)

5 Bernard, Appretur, 2. Aufl.

Bei Kreppgeweben wird eine möglichst spannungsarme Konstruktion auch für das Spülen gewählt. Die Durchlaufgeschwindigkeit richtet sich nach der verlangten Behandlungsart und kann durch die variable Kettenbewegung eingestellt werden.

Die vorstehend beschriebenen Wascheinrichtungen werden meist im Baukastensystem (Abb. 101) hintereinander geschaltet und evtl. mehrerer Waschprinzipien nacheinander verwendet und auch Seifdämpfer usw. eingefügt. Die nachstehend angegebenen Firmen bauen meist Strang- und Breitwaschmaschinen mehrerer Prinzipien:

Amdés	*Cook*	*INVEST*	*Mortensen*
Artos	*Dornier*	*Isotex*	*Omez*
Béné	*ELITEX*	*Kleinewefers*	*Parks*
Benninger	*Farmer-Norton*	*Mather-Platt*	*Peter*
Benteler	*Gerber*	*Meccanotessile*	*Rodney*
Bieger	*Goller*	*Menzel*	*Smith*
Brinkord	*Haas*	*Metalmeccanica*	*Stork*
Butterworth	*Hunter*	*Mezzera*	*West-Point* u. a.
Comerio-Ercole			

Waschen von Geweben aus Wolle und deren Mischungen

Im Gegensatz zu den bisher geschilderten Wasch- und Spülvorgängen von Geweben aus Zellulosefasern ist zur Reinigung von Geweben und Gewirken aus Wolle und Wollgemischen immer ein besonderer Waschprozeß notwendig. Die in diesen Geweben vorhandenen Verunreinigungen lassen sich durch einen Spülprozeß allein nicht entfernen. Wann die Wäsche notwendig sein wird, entscheidet allein die Qualität der Stückwaren bzw. der dadurch vorgeschriebene Veredlungsgang. Stückfarbige Waren wird man meist walken und waschen und anschließend erst färben. Buntgewebe aus Material, welches in der Flocke oder im Garn vorgefärbt und anschließend verwebt wurde, wird man im Fett (Schmutz) walken und erst anschließend waschen. Der Hauptgrund für die vorzunehmende Wäsche ist in allen Fällen die auf der Wolle befindliche *Schmelze* zu entfernen, die verseift oder aus der Ware emulgiert werden muß. Dieser Waschvorgang benötigt eine gewisse Zeit, doch ist vor allem das Ausspülen des *gehobenen Schmutzes* wichtig für die Sauberkeit der Waren. Im Prinzip unterscheidet sich der Waschvorgang von derartigen Geweben bei der Strang- oder Breitwaschmaschine nur wenig.

Die Entfernung der *Kettschlichte* macht beim Waschen von Wollgeweben keine Schwierigkeit, da zum Schlichten nur wasserlösliche Produkte Verwendung finden. Auch die vom Ausnähen bereits zum Ablösen von Schmierölflecken aufgebrachten Detachiermittel bedeuten keine Schwierigkeit, wenn nicht mit verseifbaren Ölen allein gearbeitet wurde, die durch eine längere Behandlung mit Alkalien oder emulgierkräftigen Waschmitteln mit dem mineralischen Schmieröl und dem Metallabreibsel entfernt werden müssen, wie es auch beim Auswaschen von unverseifbaren Schmelzen üblich ist.

Wäscht man die stuhlrohe, oft als „Loden" bezeichnete Ware nach der Walke, kann man das Walkmittel gleichzeitig als Waschmittel verwenden und wird dann meist nur mit Soda- oder Ammoniaklösung waschen und erst nach dem ersten Schmutzheben mit eigentlichen Waschmitteln nachwaschen. Genau wie beim Walken kann man alkalisch, neutral und auch sauer waschen.

In allen Fällen ist darauf zu achten, daß durch die Wäsche der Restfettgehalt der Wolle nicht unter 0,5% absinkt und dadurch die Wolle in ihrer Gebrauchstüchtigkeit beeinträchtigt wird, was sich vor allem im harten Griff zeigt.

Die **alkalische Wäsche** verleiht der Ware einen weichen und fülligen Griff, da die Wolle quillt. Meist wird auch dann Alkali zugesetzt, wenn verseifbares Olein nicht verseift bzw. neutralisiert werden muß. Als Alkali wird hauptsächlich Soda kalz. verwendet, die man meist als 10%ige Stammlösung an die laufende Ware gießt. Da jedoch unter den milden Temperaturbedingungen (max. 45°C) ein reguläres Verseifen des Oleins nicht möglich ist, werden für 1 kg Olein der Schmelze 440 g Soda kalz. benötigt. Bei Verwendung von Hartwasser müssen Sequestriermittel zugesetzt werden, um Kalkseifenablagerungen auf der Ware zu vermeiden. Wegen ihrer zusätzlichen Dispergierwirkung haben sich kondensierte Phosphate besonders bewährt, von denen man z. B. 0,125 g/l Calgon T (*Benckiser*) und 1° d. H. einsetzt. Heute verwendet man als Schmelze vielfach Emulsionsolein, dessen Emulgator kalkseifendispergierend wirkt und dadurch auch Wasser mit Härten bis 10° d. H. ohne Gefahr, auch ohne Sequestriermittel, verwendet werden kann. Durch Verwendung von Ammoniak als milderes Alkali können auch Buntgewebe alkalisch gewaschen und das Ausbluten gefärbter Faseranteile herabgesetzt werden. In der Regel werden 330 ml Ammoniak 25%ig in Lösung zur Neutralisation von 1 kg Olein eingesetzt. Bei der Berechnung der Alkalizusätze kann in der Regel mit einer Oleinauflage bei Streichgarnen von 5—6% und bei Kammgarnen von 2—3% ausgegangen werden. Beim Waschen von Geweben aus Halbwolle bzw. Mischgeweben mit anderen Fasern muß der Alkalizusatz auf den Wollanteil berechnet werden. Auch die reine Seifenwäsche zählt, wegen der alkalischen Hydrolyse der Seife, zur alkalischen Wäsche. Der pH-Wert sollte bei keiner alkalischen Wäsche über 10 ansteigen, vor allem dann nicht, wenn die Temperatur bis 50 oder 55°C gesteigert wird. Oft wird nur mit Alkali vorgegerbert und anschließend nach kurzem Entgerbern erst mit dem eigentlichen Waschmittel der Schmutz restlos gehoben. Für die alkalische Wäsche können neben der Seife anionische Fettalkoholsulfate, Fettsäurekondensations-, Fettsäureeiweißkondensations-Produkte. Alkylsulfonate, Alkylarylsulfonate und nichtionogene Produkte (Äthylenoxydaddukte) eingesetzt werden. Dabei werden die Produkte meist als Stammlösungen verwendet und je nach Verschmutzung mit 1—3% eingesetzt. Bei nichtionogenen Produkten ist zu berücksichtigen, daß sie stark entfettend wirken und damit die Ware verspröden können, da auch ihre Dispergier- und Emulgierwirkung meist hervorragend ist.

Bei der **neutralen Wäsche** können, abgesehen von der Seife, die gleichen Waschmittel wie bei der alkalischen Wäsche eingesetzt und u. U. die Temperatur bis 55°C erhöht werden. Dadurch kann ein Ausbluten nicht alkaliechter Färbungen eingeschränkt werden. Der volle Warengriff der alkalischen Wäsche wird jedoch meist nicht erreicht. Müssen stark geschmelzte Waren neutral gewaschen werden, ist der Einsatz von fettlöserhaltigen Waschmitteln vorteilhaft, die auch in Sonderfällen bei der alkalischen und der sauren Wäsche eingesetzt werden können.

Die **saure Wäsche** wird unter Zusatz von 0,5—1% Essigsäure 50%ig oder der halben Menge Ameisensäure 85%ig und den oben angegebenen Waschmitteln (außer Seife) bei einem pH-Wert von etwa 5 wie üblich vorgenommen. Buntgewebe zeigen in der sauren Wäsche zwar das geringste Ausbluten, die Wolle wird am meisten geschont, die Ware erhält allerdings einen etwas harten Griff, der nicht immer erwünscht ist. Außerdem neigen Eisenarmaturen der Waschmaschinen zu verstärktem Rosten.

Bei der **kombinierten Wäsche** wird zuerst alkalisch vorgewaschen, und wenn synthetische Waschmittel verwendet wurden, durch Säurezusatz das Alkali neutralisiert und sauer fertiggewaschen. Es muß jedoch berücksichtigt werden, daß nur Waschmittel verwendet werden, welche nach dem Säurezusatz die evtl. aus der Oleinseife ausgeschiedene Fettsäure ausreichend emulgieren. Ist das nicht der Fall bzw. wurde mit Seife vorgewaschen, muß gründlich zwischengespült werden. Im Effekt liegt diese Wäsche zwischen der alkalischen und sauren Behandlung.

Wie bereits erwähnt, ist der eigentliche **Waschvorgang** in der Strang- und Breitwäsche ziemlich gleich. Die Ware wird mit der aus einer Stammlösung eines Waschmittels und Zusatz von Sodalösung von 3—5° Bé in kleinem Flottenverhältnis von 1:2 bis 1:5, oder es wird an Stelle von Soda in der sauren Wäsche verdünnte Säure und Waschmittellösung an die Ware gegossen und der *Schmutz gehoben* oder *gegerbert*. Es bildet sich dabei vor den Quetschwalzen der Waschmaschinen ein dicker, sahniger Schaum (*Gerber*), durch den der Schmutz mit Hilfe des Quetschwalzendruckes aus dem Gewebeinneren herausgeholt wird. Nach 20—40 min wird der *Gerber abgestoßen* (Abb. 102) und der stark verschmutzte Schaum durch Zusprühen von wenig warmem Wasser durch den Schmutztrog abgeleitet. Bei stark verschmutzten Waren wird ein mehrmaliges Gerbern zum restlosen „Heben des Schmutzes" notwendig sein. Nun erst

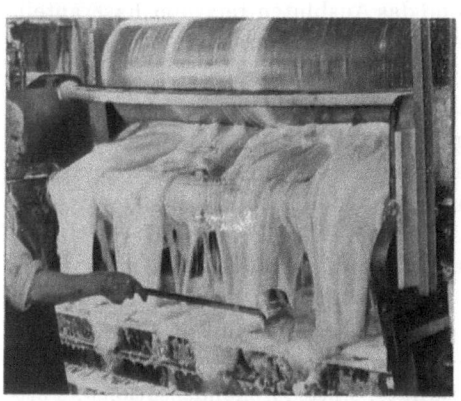

Abb. 102. Abstoßen des Gerbers in der Strangwaschmaschine für Wollstückwaren

beginnt der meist langwierige Spülprozeß. Durch Zusatz von geringen Mengen warmen Wassers wird der gehobene Schmutz aus der Ware gespült und weiter durch den Schmutztrog seitlich aus der Waschmaschine geleitet. Erst nach längerer Zeit wird das Seitenventil des Schmutztroges geschlossen, die Wasserzufuhr verstärkt und durch das Bodenventil auf die in der Waschmaschine immer wieder abgelegte Ware abgelassen. Erst am Ende des Spülvorganges wird unter Zufuhr von Kaltwasser in „vollem Wasser" gespült, und wenn die Ware genügend sauber ist, das Wasser durch das Bodenventil oder kippbare Ablaufrohr der Waschmaschine abgelassen und die durch die Quetschwalzen abgequetschte und damit teilweise entwässerte Ware aus der Maschine genommen. Neben der Verwendung ausreichender Waschmittelmengen und damit verbundenem gründlichem Heben des Schmutzes während des Gerberns, ist das langsam beginnende und ausreichend lange Spülen für eine saubere und geruchfreie Ware wichtig. Durch plötzliche Kaltwasserzufuhr wird der gelöste Schmutz „in die Ware geschlagen", erstarrt dort und gibt unsaubere, schmierige Ware mit schlechtem Geruch. Außerdem läßt sich dann der Farbstoff mit dem noch an der Oberfläche sitzenden Schmutz abreiben. Auch bei stückfarbigen Waren ist die gründliche Vorwäsche und damit Entfernung des fettigen Schmutzes sowie der Schmelze zur Erzielung gut reibechter Färbung äußerst wichtig.

Zur *Prüfung des Restfettgehaltes* der Ware kann man diese mit Äther oder einem Gemisch aus Petroläther–Alkohol extrahieren und das abgelöste Fett durch Wägung bestimmen. Seltener wird durch Anfärbung mit fettlöslichen Farbstoffen (Sudan- oder Ceresfarbstoffe) der Fettgehalt auf ungefärbter Ware optisch festgestellt.

Strangwaschmaschine für Wollwaren

Die Stücke werden in einzelnen Strängen „endlos genäht" durch ein Quetschwalzenpaar geführt und durch eine Leitwalze in die Waschmaschine abgelegt. Aus dem eigentlichen Waschraum werden die Stränge durch einen Rechen wiederum über eine Leitwalze an die Quetschwalzen geführt (Abb. 103). Die Quetschwalzen bestehen entweder aus Hartholz oder mit Hart- bzw. Weich-/Hartgummi überzogenen, eisernen Hohlwalzen. Die Oberwalze wird mittels Gewichthebelübertragung, durch Spiral- oder Blattfedern, pneumatisch oder hydraulisch an die Unterwalze gedrückt. Unterhalb der Quetschwalzen befindet sich der *Schmutztrog* zur Aufnahme des von den Quetschwalzen abgequetschten Gerbers oder Spülwassers, welches entweder durch ein Seitenventil aus der Maschine geleitet oder durch mehrere Bodenventile auf die darunterliegende Ware abgelassen wird. Je nach Maschinenbreite können bis zu 10 Stücke nebeneinander gleichzeitig gewaschen werden. Die Warengeschwindigkeit beträgt je nach Konstruktion bis zu 120 m/min und ist meist stufenlos regelbar. Die Wasserzufuhr wird durch Spritzrohre vor den Quetschwalzen geregelt, und man stellt durch Mischen von Heiß- und Kaltwasser die jeweilig notwendige Temperatur ein. Am Boden der Waschmaschine befindet sich ebenfalls ein Ablaßventil, welches mit einem kippbaren Steigrohr ausgerüstet ist, um beim Zulauf von Kaltwasser den Abfluß dann zu ermöglichen, wenn die Wasserhöhe zu hoch steigt. Durch Abkippen des Steigrohres kann man die Spülflotte restlos entfernen.

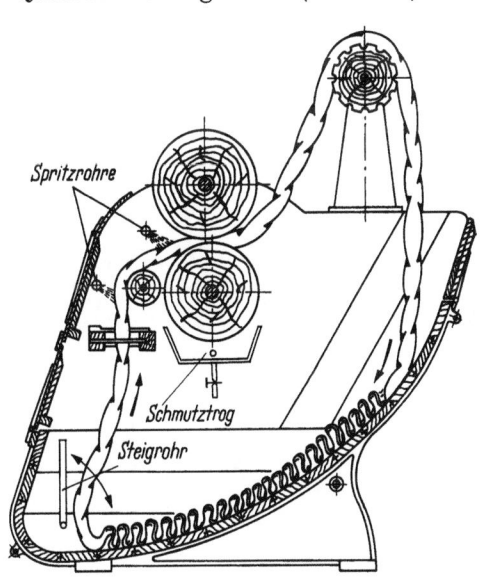

Abb. 103. Strangwaschmaschine (*Hemmer*)

70 I. Die mechanischen Appreturarbeiten

Trotz der hohen Leistung der Strangwaschmaschinen wurden von der Fa. *Hemmer* weitere Konstruktionen auf den Markt gebracht, die eine höhere Produktion bzw. eine leichte Walke gleichzeitig mit der Wäsche ermöglichen. Beim *Schnellwäscher* (Abb. 104, 105) der genannten Firma werden die Warenstränge

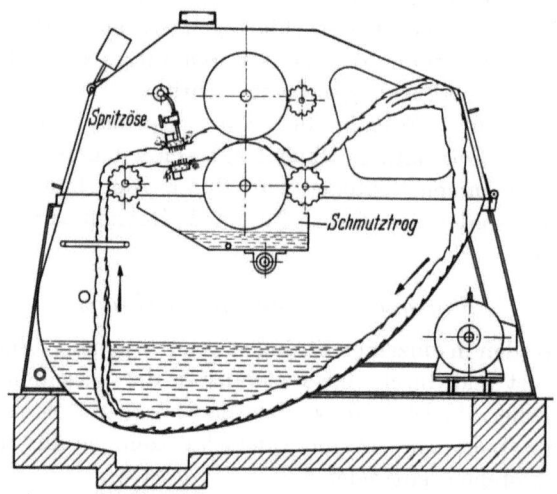

Abb. 104. Schnellwäscher (*Hemmer*)

Abb. 105. Großraum-Düsen-Schnellwäscher SLD-N 300 (*Hemmer*)

durch ein Düsenaggregat, welches vor den Quetschwalzen angebracht, das Gewebe intensiv durch eine Runddüse bearbeiten und dabei sowohl Waschmittellösung als auch Spülwasser in die Ware drücken. Es kann mit dieser Maschine die Wasch- und vor allem Spülzeit verkürzt werden, die Waschwirkung gleicht der durch normale Konstruktionen erreichbaren Effekte. Die *Schnellauf-Strangwaschmaschine* (Abb. 106) gleicht in der Konstruktion der sonst üblichen Strangwaschmaschine. Durch Steigerung der Warendurchlaufgeschwindigkeit auf max. 150 m/min wird der Warenstrang an die Rückwand der Waschmaschine geworfen und erfährt dadurch eine Stauchung und damit eine gewisse

Walke. Ebenfalls von *Hemmer* stammt die *Strangwaschmaschine mit Hammerstauche* (Abb. 107). Bei dieser Maschine wird der Warenstrang nach Passieren der Quetschwalzen in einem der Walke nachgebildeten Stauchkanal geführt, und

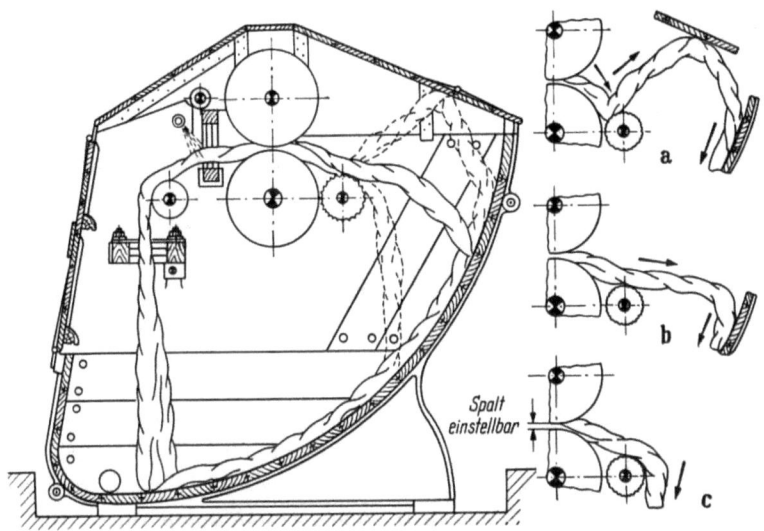

Abb. 106a bis c. Schnellauf-Strangwaschmaschine (*Hemmer*)
a) Anstoßen der Ware bei hoher Geschwindigkeit; b) Anstoßen bei mittlerer Geschwindigkeit; c) Waschgeschwindigkeit

es kann eine kurze Walke, die meist als Anstoßen bezeichnet wird, auf dieser Maschine vor oder nach der Wäsche durchgeführt werden. Die obere Lippe des Stauchkanals wird mittels Exzenter bewegt und drückt die bereits gestauchte Ware in Kettrichtung zusammen. Man erhält dabei eine ähnliche Warenbearbeitung wie in der Hammerwalke. Die bewegliche Oberlippe des Stauchkanals ist über die gesamte Maschinenbreite in Abschnitte für die Bearbeitung je eines Warenstranges unterteilt. Nach Beendigung des Waschprozesses kann durch Anstellung des oberen Teiles des Stauchkanals

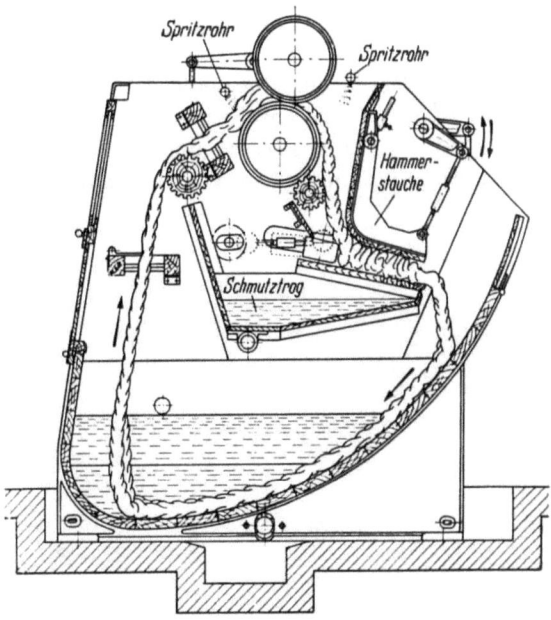

Abb. 107. Strangwaschmaschine mit Hammerstauche (*Hemmer*)

bzw. auch vor oder gleichzeitig mit der Wäsche leicht gewalkt werden. Die Konstruktionen eignen sich vor allem für die Wäsche und Walke von Kammgarnen oder Wolljersey, wobei in vielen Fällen eine gesonderte Walke erspart wird.

Der Vorteil der Strangwäsche besteht in der intensiven mechanischen Bearbeitung der Ware. Auch ohne besondere Zusatzeinrichtungen erhält die Ware einen gewissen „Schluß", d. h. eine geringe Walke. Die Produktion ist gemessen an der Größe der Maschine gegenüber der Breitwaschmaschine viel höher. Besonders knitterempfindliche Waren neigen jedoch zur Bildung von *Waschfalten* oder *Waschschwielen*, die durch längeres Laufen in der gleichen Faltenlage hervorgerufen werden. Durch öfteres *Ausrecken* während des Spülens kann man die Falten aus der Ware entfernen. Auch das *Waschen im Sack oder Schlauch* hilft derartige Falten, genau wie beim Walken, vermeiden. Das Schlauchnähen ist auch dort zu empfehlen, wo die Gewebekanten zum „Kleben" bzw. Anwalken neigen. Dabei werden die Gewebeleisten mit losen Stichen aneinander genäht. Die Stiche dürfen jedoch nicht zu dicht sein, um beim Durchlaufen durch die Waschmaschine „Platzer" zu vermeiden, die sich durch zu starkes Aufblähen des Schlauches einstellen können. Wird zum Nähen eine Maschine verwendet, werden nach gewissen Abständen einige Stiche ausgelassen, um überschüssige Luft während des Waschens entweichen lassen zu können. Waschschwielen lassen sich durch nachträgliches Einbrennen (Krabben), Dämpfen, Pressen und Dekatieren meist wieder aus der Ware entfernen, wenn man nicht von vornherein auf der Breitwaschmaschine wäscht.

Abb. 108. Strangauszieher (*Hemmer*)

Um das Austafeln der gewaschenen Stücke zu erleichtern verwendet man fahrbare *Strangauszieher* (Abb. 108), die an die Waschmaschinen gefahren, die Ware in davorgestellte Wagen oder auf Böcke befördern bzw. ablegen.

Breitwaschmaschinen für Wollwaren

Die Arbeitsweise während des Waschvorganges gleicht der auf der Strangwaschmaschine. Lediglich wird die Ware in voller

Abb. 109.
Abstoßen des Gerbers auf der Breitwaschmaschine für Wollgewebe

6. Waschen

Breite geführt (Abb. 109). Die Normalausführung ist der Strangwaschmaschine ähnlich. An Stelle der größeren Quetschwalzen aus Holz oder gummibelegter Eisenwalzen verwendet man öfter Walzen kleineren Durchmessers und drei derartige Walzen übereinander, um die Ware mindestens zweimal zu quetschen. Zur weiteren Intensivierung der mechanischen Bearbeitung kann man die Stücke durch ein Riffelwalzenpaar, welches sich im Schmutztrog befindet und das wie Zahnräder ineinandergreift, führen. Auch die Warenführung durch den Schmutztrog allein über eine Leitwalze verstärkt die Waschwirkung.

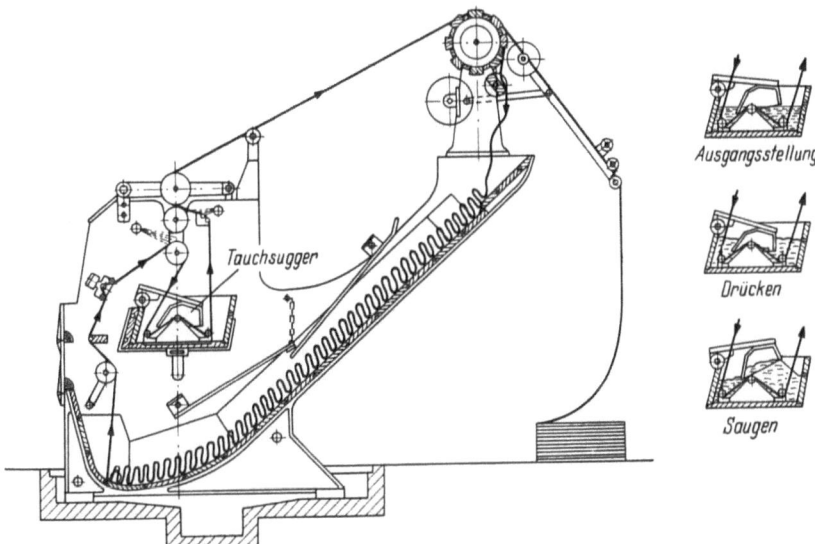

Abb. 110. Breitwaschmaschine mit Tauchsugger (*Hemmer*)

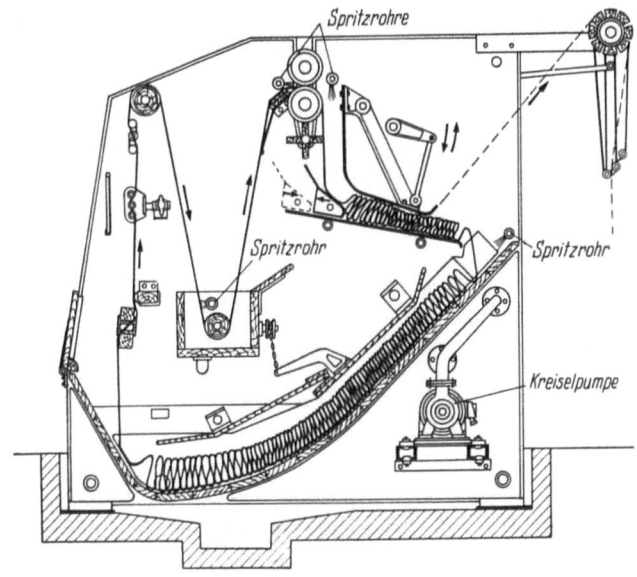

Abb. 111. Breitwaschmaschine mit Hammerstauche (*Hemmer*)

Durch einen besonderen Waschapparat im Schmutztrog, der von *Hemmer* als „Tauchsugger" bezeichnet wird, kann man die Ware abwechselnd durch einen durch Exzenter bewegten Schwimmer, der auf der Ware liegt, ansaugen und abstoßen (Abb. 110). Eine ähnliche Konstruktion wird auch von *Peter* als Breitwaschmaschine PBE in verschiedenen Breiten gebaut. Alle Breitwaschmaschinen sind mit Breithalterwalzen und Leistenaufrollern (S. 13, 14) ausgerüstet, um einen faltenfreien Lauf zu ermöglichen. Oft wird auch die Ware nach den Quetschwalzen über eine Lattenwalze hoch abgezogen. Die bei der Strangwaschmaschine übliche *Hammerstauche* (Abb. 111) wird von *Hemmer* auch für die Breitwaschmaschine gebaut. Alle diese Einrichtungen bezwecken die Verstärkung der mechanischen Wascharbeit und damit eine Verkürzung der Waschzeit und somit höhere Produktion. Die weiteren Maschinenteile, wie Spritzrohre, Schmutztrog usw. gleichen denen für Strangwaschmaschinen üblichen Einrichtungen. Bei der Konstruktion der *Stranglos-Waschanlage* (Abb. 112) ist die Fa. *Hennecke* einen neuen Weg gegangen. Die Stückware kann auf dieser Anlage kontinuierlich gewaschen werden. Die Konstruktion eignet sich zur Wäsche von Woll-, Halbwoll-, Zellwollwaren und zum Entsäuern karbonisierter Wollstückwaren. Im Prinzip werden die Stückwaren nach dem Netzen in einer Waschmittellösung durch Stampfer, wie sie in ähnlicher Form öfter im Haushalt verwendet werden, gestampft. Die Anlage besteht aus 3 Stampfwaschbottichen und den nötigen Zusatzeinrichtungen. Die Ware wird zuerst in einem Netzbottich mit der Waschmittellösung getränkt, abgequetscht und im ersten Waschbottich gestampft. Nun wird in einem schmalen Kasten die Ware über Spritzrohre besprüht, wobei es vorteilhaft ist, zuerst mit warmem Wasser zu arbeiten. Anschließend wird im zweiten Waschbottich nochmals gestampft und wiederum mit lauwarmem Wasser vor- und anschließend kalt gespült und nochmals gestampft, abgequetscht und abgelegt. Die Überlegungen, die zu dieser Konstruktion führten, waren die, daß in der Strang- und auch Breitwaschmaschine die eigentliche Wascharbeit hauptsächlich von den Quetschwalzen geleistet wird und die Ware in der Zwischenzeit ohne jede Bearbeitung bleibt. Bei der geschilderten Anlage konnte die mechanische Wascharbeit zusammengedrängt und dadurch eine kontinuierliche Arbeitsweise erzielt werden. Der Verbleib der Ware in den Stampfkufen kann von 5—15 min variiert werden.

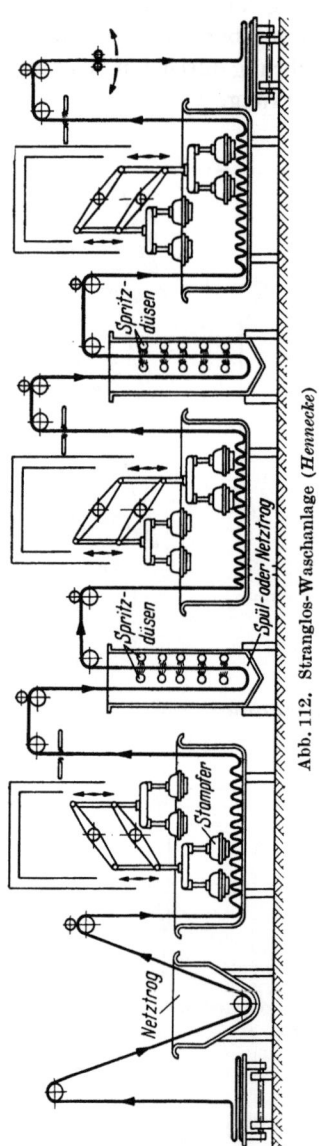

Abb. 112. Stranglos-Waschanlage (Hennecke)

Als *Expreß-Breitwaschmaschine* wird von *Smith* eine Breitwaschmaschine gebaut, die ähnlich wie Breitwaschmaschinen für Zellulosegewebe mit mehreren Bottichen hintereinander arbeitet, die Gewebebahn jedoch einer genauen Spannungskontrolle unterliegt und die Behandlungsflüssigkeit mittels Spritzdüsen an die Ware gesprüht und diese durch Quetschwerke mechanisch bearbeitet wird.

Neuerdings haben die Breitwaschmaschinen dadurch größere Bedeutung erlangt, daß Gewebe aus Mischungen von Wolle mit Synthesefasern fast ausschließlich auf Breitwaschmaschinen gewaschen werden müssen, um unangenehme Knitterfalten zu vermeiden. Dabei verlangt die Stückwäsche dieser Gewebe eine sehr intensive mechanische Bearbeitung, um oberflächlich sitzenden Farbstoff zu entfernen. Die Verwendung von waschintensivierenden Vorrichtungen in den Wollwaschmaschinen hat, genau wie auch bei den Anlagen für Stückwaren anderer Faserstoffe, dort eine Grenze, wo die Faseroberfläche durch die Geräte ungünstig beeinflußt wird. Bei diesen Waren kann nur durch Verlängerung der Waschzeiten, Erhöhung der Waschmittelzusätze bzw. der bereits erwähnten, unterstützenden Waschzusätze eine Verbesserung der Waschwirkung erreicht werden.

Waschmaschinen für Wollgewebe werden u. a. von folgenden Firmen gebaut:

Béné	*Hemmer*	*Peter*	*Schiffers*
Comerio-Ercole	*Hennecke*	*Pozzi*	*Sellers*
Crosta	*INVEST*	*Raxhon*	*Smith*
Dalglish	*Libbrecht*	*Riggs*	*Welker*
Hechtenberg	*Parks*	*Rodney*	*Zanon*

Bei der Breitwaschmaschine *Largocord* der Fa. *Zanon* (Abb. 113) wird die Ware durch Verwendung von perforierten Waschwalzen, durch welche die Wasch- oder Spülflüssigkeit angesaugt wird, die Ware intensiv behandelt. Die Waschlauge wird außerdem an mehreren Stellen gegen die Warenbahn gesprüht und diese zusätzlich mittels einer über Exzenter bewegten Stauchwand mechanisch bearbeitet. Die Konstruktion erreicht in der Leistung, nach Aussage der Hersteller, die Leistung von Strangwaschmaschinen. Die Konstruktion ist mit Programmschaltung für die Wasch- und Spülvorgänge ausgestattet und damit gleiche Waschleistungen bei gleicher Ware gesichert.

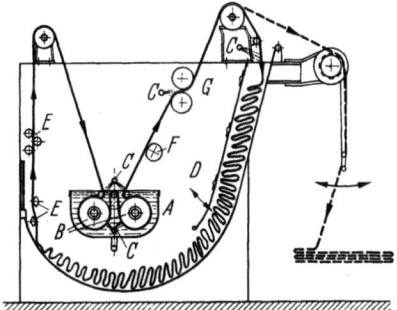

Abb. 113. Warenlaufschema der ,,Largocord''-Breitwaschmaschine (*Zanon*)
A Waschtrog; *B* perforierte Waschwalzen; *C* Sprühdüsen; *D* Stauchwand; *E* Breithalter; *F* Absaugung; *G* Preßwalzen

Als *Kontilana HPQ* (Abb. 114, 115) wird von *Hemmer* eine Kontinue-Breitwaschmaschine gebaut, die sowohl als Einzelaggregat zum diskontinuierlichen, als auch im Baukastenprinzip mit mehreren Maschinen, zu einer Kontinue-Waschstraße vereinigt werden kann. Im Prinzip verwendet *Hemmer* die mechanischen Waschhilfen, die von dieser Firma seit Jahren eingeführt sind. Wird die Maschine als diskontinuierliche Einrichtung verwendet, wird nach den üblichen Prinzipien gewaschen. Arbeitet man kontinuierlich, wird eine oder mehrere Maschinen zum Waschen und die folgenden zum Spülen verwendet. Die Warenbahn läuft in breitem Zustand zuerst durch den Tauchsugger, wird dort gründlich mechanisch bearbeitet, passiert zwei gummierte Quetschwalzen und wird mittels eines Kolbens in die Hammer-

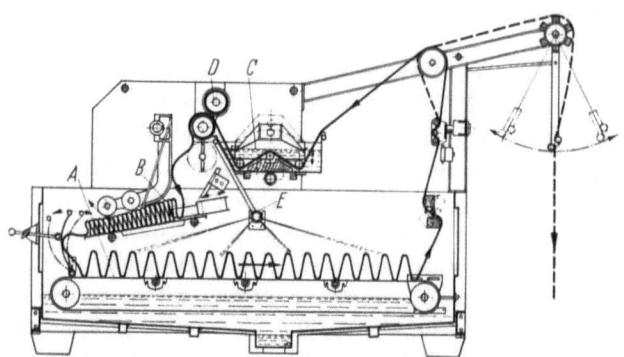

Abb. 114. Kontinue-Breitwaschmaschine „Kontilana HPQ 200" (*Hemmer*)
A Transport-Gitterband; *B* Hammerstauche; *C* Tauchsauger; *D* gummierte Quetschwalzen; *E* Fächerspritzdüsen

Abb. 115. Kontinuierliche Breitwaschmaschine „Kontilana HPQ 200" (*Hemmer*)

stauche eingetafelt, oberflächlich wiederum mit zwei Gummiwalzen milde bearbeitet und auf ein endloses Transportgitterband aufgetafelt. Auf diesem Transportband werden die Warenschleifen zum Eingang der Maschine gebracht und dabei mittels Fächerspritzdüsen mit der Waschflotte besprüht. Dabei wird die Waschflotte über eine Pumpe unter dem Transportband abgesaugt und den Düsen immer wieder zugeführt. Nach Beendigung der Wäsche bzw. des Spülens kann die Ware entweder abgetafelt oder der zweiten Waschmaschine, in der entweder nochmals gewaschen (Kontinuebetrieb) oder gespült wird, zugeführt werden. Die Maschine hat den Vorteil, daß sie sowohl als Einzelmaschine als auch mit weiteren kombiniert werden kann. Die Durchlaufgeschwindigkeit beträgt 4—50 m/min und kann stufenlos geregelt werden. Die Einrichtung ist im gesamten Arbeitsablauf steuerbar und kann als Kontinueanlage auch mit vollautomatischer Lochkartensteuerung geliefert werden.

Als *Kontinue-Breitwaschmaschine Type CB 180* (Abb. 116) wird von *Schiffers* eine Konstruktion auf den Markt gebracht, die ebenfalls durch Einsatz von mechanischen Hilfsmitteln die Waschintensität der konventionellen Maschinen verstärkt und dadurch zur kontinuierlichen Breitwäsche von Woll- und Wollmischgeweben dient. Die Warenbahn wird dabei in einem Netz- bzw. Einseiftrog mit der konzentrierten Waschlösung getränkt. Nach Breithalten und gründlichem Abquetschen wird die Warenbahn breit in einen Trichter abgetafelt und dort von der Vorderwand des Trichters, die über Exzenter bis zu 160 Schlägen/min gegen die Ware bewegt wird, bearbeitet. Beide Trichterwände sind perforierte Hohlkästen, die über eine Pumpe mit Wasch- oder Spülflotte gespeist, die Ware zusätzlich bearbeiten. Die Konstruktion wird je nach Wunsch mit Einseif-, einem oder zwei Wasch- und 2—4 Spülabteilen geliefert. Das letzte Spülabteil enthält zwei Quetschwerke, um eine gute Entwässerung der Ware, die abgetafelt oder aufgedockt wird, zu erreichen.

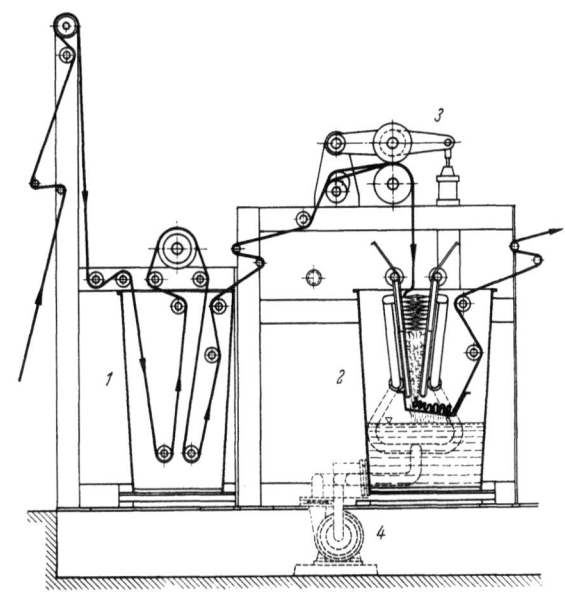

Abb. 116. Wareneinlauf und 1. Waschabteil der Kontinue-Breitwaschmaschine Typ CB 180 (*Schiffers*)
1 Einseiftrog; *2* Waschabteil mit Knetflügeln und Sprühdüsen; *3* Quetschwerk; *4* Umwälzpumpe

7. Krabben

Unter dieser Behandlung, die auch *Einbrennen, Brennen, Fixieren* oder *Kochen* genannt wird, versteht man eine Naßbehandlung, die Woll- und Wollmischgeweben durch wechselnde Temperaturen in breitem Zustand eine gewisse Krumpfechtheit, den einzelnen Fadensystemen die Möglichkeit zur Entspannung gibt und durch die evtl. aufgetretene Wasch- und Walkfalten entfernt werden können. Aus der Aufzählung der möglichen Effekte kann geschlossen werden, daß das Krabben an verschiedenen Stellen des Ausrüstungsganges vorgenommen wird. Zu den bereits aufgezählten Effekten kommt noch, daß ,,gebrannte" Waren in der Färberei weniger zur Kochfaltenbildung neigen und durch nachträgliches Krabben evtl. entstandene Kochfalten wieder entfernt werden können. Neben der Glättung ist auch eine gewisse Glanzerhöhung der gekrabbten Gewebe festzustellen. Die Wolle wird durch das Einbrennen zum Quellen gebracht und in diesem Zustand fixiert, so daß durch nachträgliche Naßprozesse an der so erzielten Glätte, Faltenfreiheit und Dimensionen der Wollstücke unter normalen Bedingungen wenig oder gar keine Veränderungen eintreten sollten.

Der *Brennbock*, die *Koch- und Fixiermaschine* (Abb. 117, 118) besteht aus einem Trog, durch den die Gewebe in faltenfreiem Zustand durch mehr oder weniger heißes Wasser gezogen und auf die hölzerne oder gummierte Unterwalze aufgerollt werden. Diese mit der Ware beschickte Walze taucht zur Hälfte in die Krabbflotte und wird durch eine Oberwalze beschwert, um eine feste Wicklung zu erreichen. In die Brennflotte können je nach dem Zeitpunkt im Ausrüstungsgang z. B. Waschmittel, bei noch nicht appretierten Waren organische Säuren nach alkalischer Vorbehandlung oder Hydrophobierungsmittel zugesetzt werden, wenn, wie in letzterem Falle, das Krabben als letzter Naßausrüstungsgang gewählt wird. Die Temperatur der Krabbflotte richtet sich nach der Art der Ware. Buntgewebte Stücke wird man bei Temperaturen von 40—80°C einbrennen, um ein Ausbluten von Farbstoff auf hellere Warenanteile zu vermeiden. Letzteres wird vor allem bei Halbwollwaren zu beachten sein, wo die meisten Färbungen auf Zellulosefasern bei Temperaturen über 60°C zum Bluten neigen. Durch geringe Zusätze an Essig- oder Ameisensäure kann man das Ausbluten herabsetzen. Stückwaren, die nachher gefärbt werden, wird man möglichst hoch — maximal bis zur Kochtemperatur — einbrennen, um sie für den kochenden Färbevorgang zu fixieren. Zur Beseitigung von Wasch- und Walkfalten müssen die Brenntemperaturen gleichfalls möglichst hoch gewählt werden, um die oft hartnäckigen Falten durch ein- oder mehrmaliges Krabben zu glätten.

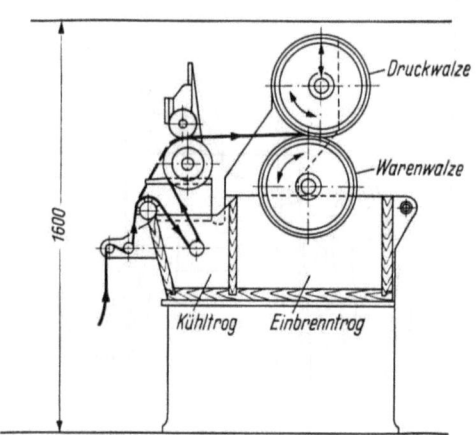

Abb. 117. Brennbock (*Schiffers*)

Abb. 118. Koch- und Fixiermaschine Modell FKF (Brennbock) von *Hemmer*

Durch das Einbrennen wird das Filzvermögen der Wolle vermindert, so daß man normalerweise erst nach dem Walken einbrennen wird und dadurch auch eine gewisse Krumpffreiheit erreicht. So werden Stückfärber nach der Wäsche und Walke, Buntweben nach der Walke und Wäsche gekrabbt, wenn nicht ein nochmaliges Krabben zwischen den Arbeiten der Trockenausrüstung zur Verminderung weiteren Krumpfens und evtl. Beseitigung von Falten ratsam erscheint.

Glatte Gewebe wird man möglichst hart und mit Druck der Oberwalze auf die Unterwalze der Brennböcke aufrollen, wogegen Gewebe mit Struktur nur lose mit geringer Belastung der Oberwalze oder ganz ohne diese auf die Fixierwalze gewickelt werden. Bei stark profilierter Webbindung wird man auch auf das Einbrennen ganz verzichten müssen, um den Warencharakter nicht zu zerstören. Bei Ripsen ist ein Krabben nicht angebracht, da sich durch das Aufwickeln ein unangenehmer Moiré-Effekt einstellt, der nur schwer — evtl. durch nochmaliges Krabben bei höherer Temperatur — entfernbar ist.

Auf dem Brennbock lassen sich nur Einzelstücke aufrollen, da die Nähte beim Einbrennen von mehreren Stücken auf den anliegenden Warenlagen sichtbar werden, das gilt auch für Stückenden, wenn die Stücke hintereinander, ungenäht aufgewickelt wurden. Die Produktion der Kochmaschine ist dadurch klein, und man versucht durch Verwendung von *Doppelbrennböcken* einen höheren Ausstoß zu erhalten. Dabei wird die Ware im gleichen Brennbocktrog abwechselnd von einer auf die andere Warenkaule umgerollt (umgedockt). Wenn zwei Tröge nebeneinander verwendet werden, kann auch die Temperatur abgestuft werden. Vor allem sollen gute Wollwaren durch Rotieren in der erkaltenden Brennflüssigkeit fixiert werden, so daß die Kochmaschine oft auf Stunden belegt werden muß. Ein ziemlich gleichwertiger Fixiereffekt, aber härterer Warengriff, läßt sich auch durch heißes Einbrennen und nachträgliches *Abziehen der Ware durch kaltes Wasser*, welches man im Brennbottich oder in einem vor diesen angebrachten Trog vornimmt, erreichen. Um der Ware trotzdem die Möglichkeit zu geben, im gespannten Zustand zu verbleiben, rollt man sie nach dem Abziehen auf Holzkaulen und läßt sie bis 12 Stunden „aufgedockt" stehen. Um das in den Warendocken nach unten sinkende Wasser wieder zu verteilen, müssen die Kaulen öfters „gestürzt", d. h. umgedreht werden.

Beim Färben von Wollgeweben nach dem Brennen kann es vorkommen, daß bei einmaligem Krabben durch den höheren Druck, der auf die inneren Lagen des Warenwickels ausgeübt wird, die Ware gewisse Farbtonunterschiede an den Enden aufweist. Das kann auch dann eintreten, wenn die Temperatur beim Einbrennen der Stücke im Anfang höher und gegen das Ende des gewickelten Stückes absinkt. Um derartige Ungleichheit der Stückenden zu vermeiden, kann man die Stücke zweimal brennen und dabei ins Innere des Warenwickels abwechselnd das eine und das andere Stückende rollen. Auch die Verwendung eines Doppelbrennbockes, auf dem man nach der geschilderten Methode arbeitet, ist brauchbar. Um die Stückwaren zu entwässern, werden sie am Ausgang des Brennbockes leicht abgequetscht.

Neben der gleichmäßigen Fixiertemperatur bzw. beim Abziehen der Ware durch kaltes Wasser auch dort die gleichen Bedingungen einzuhalten, muß die Stückware gleichmäßig und unter allen Umständen faltenfrei aufgewickelt oder aufgedockt werden, da Fixierfalten kaum mehr aus der Ware entfernbar sind. Die Fixiermaschine kann in gewissen Fällen das nachträgliche Dekatieren ersparen, jedoch auch durch Zusatz von Waschmitteln keineswegs eine Wäsche ersetzen. Als *Halbdekatur* wird oft das Fixieren der Stücke und nachträgliches Durchdämpfen der Ware auf einer perforierten Kaule bezeichnet.

Obwohl es sich beim Brennbock um eine einfache und damit billige Einrichtung handelt, ist die Behandlung sehr lohnintensiv, da die Bedienung nur während des Auf- und Abwickelns beschäftigt ist. Außerdem faßt die Warenkaule nur ein Stück. Es ist deshalb das Einbrennen immer ein Engpaß in der Wollausrüstung. Durch die verstärkte Verwendung von Wollmischgeweben mit Synthesefasern, welche ein gründliches Einbrennen vor der Ausrüstung erfordern, war es notwendig, den Brennprozeß zu rationalisieren. Als *Konticrab F 180* wird von *Hemmer* (Abb. 119) eine kontinuierliche Krabbmaschine gebaut, in welcher das Prinzip des Filzkalanders eingesetzt wurde. Die Ware läuft endlos genäht in breitem Zustand zuerst durch den Heißwassertrog und wird anschließend durch ein endloses Gummituch gehalten, fast um den Gesamtumfang einer dampfbeheizten Trommel (⌀ 2600 mm), geführt. Nach dem Auslauf passiert sie den Kühltrog und wird abschließend abgequetscht, aufgedockt oder abgetafelt bzw. direkt dem Spannrahmen zugeführt. Auch *Monforts* baut eine ähnliche Maschine.

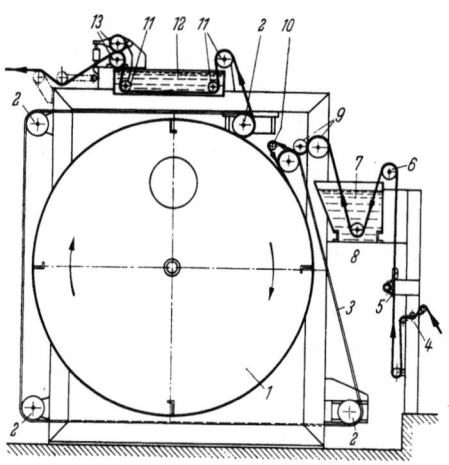

Abb. 119. Kontinuierliche Krabbmaschine ,,Konticrab F 180'' (*Hemmer*)

1 dampfbeheizte Trommel; *2/8/11* Umleit- und Führungswalzen; *3* endloses Gummituch; *4/10* Warenbreithalter; *5* automatischer Warenbahnführer; *6* Zugwalze; *7* Heißwassertrog; *9/13* Quetschwalzenpaare; *12* Kühltrog

Von *Pesch* wird als *Kontinuekoch- und Fixiermaschine* (Abb. 120) eine Einrichtung geliefert, bei der die Ware — ähnlich wie im Chaising-Kalander — durch den Behandlungsraum geführt wird. Dabei läuft die Ware im unterem Teil der Maschine immer wieder durch die temperierte Behandlungsflotte und wird durch gummierte Quetschwalzen abgepreßt. Die Quetschwalzen lassen sich in Schlitzen verschieben und dadurch der jeweiligen Warendicke anpassen. Die zuletzt beschriebenen Konstruktionen erlauben ein kontinuierliches Arbeiten und zeigen bei profilierten Geweben keine Moiré-Bildung wie sie auf einfachen Brennböcken oft auftritt.

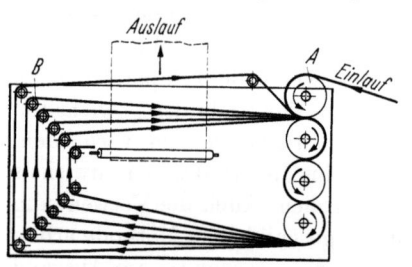

Abb. 120. Kontinuierliche Koch- und Fixiermaschine (*Pesch*)
A Quetschwalzen; *B* Führungswalzen

Krabbmaschinen werden u. a. von nachstehenden Firmen gebaut:

Birch	*INVEST*	*Raxhon*	*Schiffers*
Crosta	*Monforts*	*Riggs*	*Sellers*
Hemmer	*Pesch*	*Rodney*	*Welker*
Hunter	*Peter*		

8. Karbonisieren

In der Rohwollwäsche werden zwar die Hauptverunreinigungen, wie Wollfett, Kot und Sand in der Flocke entfernt. Kletten, Stroh und Holzteile können sich

8. Karbonisieren

jedoch hartnäckig bis in die Ausrüstung durchschleppen und vor allem in stückfärbiger Ware, da diese Verunreinigungen ungefärbt bleiben, das Warenbild ungünstig beeinflussen. Durch Karbonisieren der Wollflocke (Entkletten)[1] lassen sich zwar diese Verunreinigungen entfernen, doch ist es nicht üblich, sämtliche Rohwollen zu *entkletten*, da verschiedene Artikel, vor allem Buntgewebe, diese Verunreinigungen meist nicht erkennen lassen. Aus Rauhwaren werden Kletten durch das Rauhen entfernt. Neben der Entfernung der Ringelkletten lassen sich auch Zellulosefasern, die aus Reißwollen stammen, durch Karbonisieren der Lumpen oder der Reißwolle bzw. der daraus gefertigten Stückware entfernen. Zur Entfernung von Synthesefasern sind bisher keine wirtschaftlich vertretbaren „Karbonisierverfahren" bekannt geworden.

Beim Karbonisieren macht man sich die Fähigkeit konzentrierter Mineralsäuren zunutze, der Zellulose Wasser zu entziehen und damit diese zu *Hydrozellulose* abzubauen. Die Hydrozellulose läßt sich dann durch einfache mechanische Nachbehandlungen aus der Ware entfernen. Da durch das Karbonisieren auch die Wolle selbst Veränderungen erfährt, die sich vor allem in der unterschiedlichen Anfärbbarkeit zeigt, ist man bemüht, das Karbonisieren möglichst erst nach dem Anfärben der Stückware, der Flocke oder des Garnes vorzunehmen. Arbeitet man nach dieser Methode, müssen die verwendeten Farbstoffe unbedingt karbonisierecht sein. Weiterhin ist das Karbonisieren nach der Färbung dem umgekehrten Weg vorzuziehen, da evtl. auftretende Karbonisierflecke durch nachträgliches Färben nicht verstärkt werden oder überhaupt nicht auftreten.

In der Ausrüstung kommt ausschließlich das Karbonisieren von Stückwaren in Betracht, die man mit Schwefelsäure oder Chloriden netzt, trocknet und dann bei Temperaturen um bzw. über 100°C *brennt*. Die auf die Ware gebrachten Lösungen werden beim Trocknen bereits konzentriert und bauen, in der Brennkammer hochprozentig geworden, mit Unterstützung der hohen Temperatur die Zellulose ab. Obwohl das Karbonisieren mit *Salzsäuregas* die Färbungen nur wenig angreift, wird diese Art der Karbonisation in der Ausrüstung nur selten verwendet, da die Salzsäuredämpfe nur sehr schwer und mit Hilfe teurer Einrichtungen vom umliegenden Raum isoliert werden können. Man verwendet diese Art der Karbonisation hauptsächlich zum Karbonisieren von Lumpen und loser Wolle.

Heute wird hauptsächlich mit *Schwefelsäure* karbonisiert, da dabei Geruchsbelästigung wie bei Verwendung von Salzsäuregas nicht auftritt. Die Ware wird in Lösungen von 3—6° Bé (4—6%) Schwefelsäure 66° Bé (96%ig) gut genetzt, getrocknet und gebrannt. Verwendet man *Aluminiumchlorid*, netzt man in Lösungen von 6—8° Bé $AlCl_3 \cdot 6H_2O$ (6—8%). Beim Brennen der mit Aluminiumchlorid genetzten Ware wird Salzsäure frei, welche hydrolysierend auf die Zellulose wirkt. Das in der Faser verbleibende Aluminiumoxyd wird durch eine nachträgliche Behandlung mit verdünnter Mineralsäure aus der Ware gelöst. Bei der zuletztgenannten Methode werden die Färbungen wie bei der direkten Salzsäurekarbonisation mehr geschont, als es durch Schwefelsäure der Fall ist.

---

[1] BERNARD: Praxis des Bleichens und Färbens von Textilien. Berlin/Heidelberg/New York: Springer 1966.

Außerdem werden eingewebte Effektfäden aus Sekundärazetat- und synthetischen Fasern nicht so stark angegriffen als beim Arbeiten mit Schwefelsäure. Die entstehenden Salzsäuregase können leichter aus der Brennkammer abgezogen werden und treten nicht in so starkem Maße in Erscheinung wie beim Karbonisieren mit Salzsäuregas.

Das Hauptaugenmerk beim Karbonisieren ist vor allem auf eine *gute Durchnetzung* des gesamten Fasermaterials, vor allem aber der Zelluloseanteile, zu legen. Wie bereits erwähnt, wird auch die Wolle durch die Karbonisation verändert und muß, um eine gleichmäßige Anfärbung nach der Karbonisation zu erfahren, ebenfalls gründlich genetzt werden. Die zu zerstörende Zellulose wird nur dann zu entfernen sein, wenn gleichmäßig genetzt und gebrannt wurde. Die Stückware muß für die Karbonisation unbedingt sauber und möglichst fettfrei sein. Stuhlölflecke, Reste von Waschmitteln, Kalkseifenablagerungen, Schlichtereste oder sonstige Verunreinigungen, welche ein Durchnetzen der Ware mit Säure- oder Aluminiumchloridlösung behindern, müssen vor der Karbonisation durch eine gründliche Wäsche entfernt werden. Ist eine derartige Wäsche nicht erfolgt, zeigen die Stücke die gefürchteten Karbonisierflecken, die sich durch hellere Anfärbung bemerkbar machen und meist nicht mehr verbessert werden können. Auch Tropfflecke in der Ware, die durch Kondenswasser beim Trocknen oder Brennen verursacht werden, zeigen beim nachträglichen Färben durch unterschiedliche Farbaufnahme eine andere Nuance. Auch wenn die Ware sauber und keine der oben angegebenen Verunreinigungen enthält, ist die Verwendung eines säurebeständigen Netzmittels beim *Säuern* für eine einwandfreie Karbonisation von Vorteil. Man verwendet eines der folgend angegebenen Netzmittel in Mengen von 1—4 g/l; die meisten dieser Produkte sind Naphthalinsulfonate, seltener hochsulfonierte Öle bzw. nichtionogene Produkte.

Carbacet	*Böhme*	Oleonat NE	*Pfersee*
Carbolan	*Zschimmer*	Pentavit	*R. Baumheier*
Erkantol BX	*Bayer*	Perminal BX	*ICI*
Invadin BL, JFC	*CIBA*	Praestabitöl V	*Stockhausen*
Hostapal W	*Hoechst*	Resolin B	*Sandoz*
Leonil DB	*Hoechst*	Ruconetzer S	*Rudolf*
Nekal BX	*BASF*	Stokolan NS 9	*Stockhausen* u. a.

(Nicht alle vorstehend angeführten Netzmittel eignen sich jedoch für die Karbonisation mit Aluminiumchlorid.) Die gesäuerte Stückware soll möglichst sofort getrocknet und gebrannt werden, da längere Einwirkung von direktem Sonnenlicht und evtl. örtliches Antrocknen zu ungleichmäßiger Karbonisation führt.

In der **Strangsäureeinrichtung** werden die Stücke in einer Haspelkufe über längere Zeit entweder als endloser Strang genäht oder nach Art der Strangwaschmaschine (Clapot) durch die Flotte geführt und über ein Quetschwerk in eine Zentrifuge gebracht und dort geschleudert. Diese Arbeitsweise hat gegenüber der Breitsäureeinrichtung den Vorteil, daß die Stücke eine beliebig lange Zeit in der Säure genetzt werden können. In der Schleuder wird man die Ware zuerst gründlich abschleudern und anschließend umpacken und nochmals schleudern, um eine unbedingt *gleichmäßige Entwässerung* zu erreichen, die gleichfalls für den einwandfreien Karbonisiereffekt maßgeblich ist. Die Einrichtung arbeitet

8. Karbonisieren

nicht kontinuierlich, so daß die Produktion gegenüber der Breitsäureeinrichtung geringer ist.

In der **Breitsäureeinrichtung** (Abb. 121, 122) werden die Stücke in breitem Zustand durch eine oder mehrere, der Rollenkufe ähnliche Netzbottiche geführt und dazwischen mehrmals abgequetscht. Anschließend passiert die Ware eine *Tuchquetsche*, die einen Walzendruck bis zu 20 t hat und die Möglichkeit bietet,

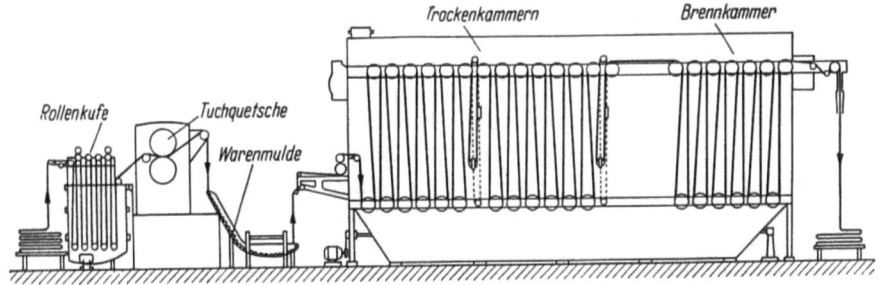

Abb. 121. Breitsäure- und Karbonisieranlage (*Krantz*)

Abb. 122. Breitsäure-Karbonisieranlage mit Tuchquetsche (*Krantz*)

die abgequetschte Säurelösung wieder in die Netzbottiche zurückzuleiten. An Stelle der Tuchquetsche kann auch eine *Absaugmaschine* verwendet werden. Da der Tauchweg der Ware in seiner Länge nicht verändert werden kann und gegenüber der Strangsäuerung die Netzzeit kürzer ist, baut man zwischen den Netzkufen und der Tuchquetsche oder nach dieser noch *Vorratsmulden* ein, in welchen die Ware eine gewisse Zeit abgelegt wird und dabei Gelegenheit hat, gründlich durchzunetzen. Auch die Verwendung von Tuchquetsche und anschließender Absaugmaschine ist üblich. Nur selten kommen die Stücke in getrocknetem Zustand zur Karbonisation, so daß man vorteilhaft die Ware entweder im gut entwässertem Zustand netzt bzw. vor dem Einsäuern nochmals abquetscht. Diese Entwässerung wird vor allem bei der Breitsäureeinrichtung nötig sein, da die nasse Ware wegen der kurzen Netzzeit nicht ausreichend Gelegenheit hat, den Säureaustausch mit der bereits enthaltenen Feuchtigkeit vorzunehmen, wie das in der Strangsäureeinrichtung, vor allem durch eine längere Laufzeit auf der vorgeschalteten Netzhaspelkufe möglich ist.

Karbonisierofen (Karbonisiermaschine). Die nach den beschriebenen Verfahren vorgenetzte und entwässerte Ware kommt nun in breitem Zustand zur Karbonisiermaschine. Stranggesäuerte Ware muß vorher aufgetafelt werden. Der Ofen besteht aus einer oder mehreren *Trockenkammern* und der *Brennkammer*, die von den Trockenkammern durch eine Zwischenwand abgetrennt ist. Die Ware wird vor dem Einlauf in die Trockenkammer breit gehalten und mittels Walzen, die sich unten und oben in den Kammern befinden, durch die einzelnen Kammern bewegt. Die Lager der Haspelwalzen sollen möglichst außerhalb der Maschine liegen, um Korrosion durch Säuredämpfe zu vermeiden. Die Trockenkammern arbeiten entweder mit Gleich- oder Gegenstrombelüftung. Die Brennkammer hat eine gesonderte Luftführung. Um *Kondenswasserflecken* zu vermeiden, sind die Wände isoliert und an der Decke des Trockners zusätzlich eine Zwischendeckenheizung eingebaut. Sowohl der Trockenofen als auch die Brennkammer sollen von außen gut zugänglich sein, um evtl. durch Abreißen von Stücken auftretende Störungen rasch beheben zu können. Je nach Schwere der Ware richtet sich, neben der Dauer der Säuerung, auch die Durchlaufgeschwindigkeit durch Trocken- und Brennkammer. Im Normalfall wird man mit einem Aufenthalt in der Brennkammer von 2—10 min auskommen. Die Brenntemperatur liegt meist bei 100—110°C. (Bei Verwendung von Aluminiumchlorid bis 120°C.) Nach der Brennkammer wird die Ware abgelegt. Ein längeres Liegen der Ware nach dem Karbonisieren soll vermieden werden, und wenn nicht sofort sauer gefärbt wird, ist ein *Neutralisieren* unumgänglich notwendig. Werden die Stücke mit Farbstoffen gefärbt, die einen Zusatz von Schwefelsäure benötigen, kann die Ware sofort ohne Säure auf der Haspelkufe gefärbt werden, da die in der Ware befindliche Säure einen derartigen Zusatz erspart. Meist ist jedoch eine teilweise Neutralisation notwendig, da die Karbonisationssäure über der Säuremenge liegt, die zum Färben mit sauren Wollfarbstoffen benötigt wird. Hat man mit Aluminiumchlorid karbonisiert, muß man durch eine Behandlung mit 0,5—1 °Bé Salzsäure das Aluminiumoxyd lösen, was auf der Haspelkufe oder einer Waschmaschine erfolgen kann. Ein gründliches Spülen ist meist zur Entfernung der überschüssigen Salzsäure ausreichend. Wird die Ware nach einer Karbonisation mit Schwefelsäure neutralisiert, arbeitet man zweckmäßig mit 2° Bé Sodalösung (1,4% Soda kalz.). Um anschließend auch die letzten Sodareste aus der Ware zu entfernen, wird nach gründlichem Spülen mit geringen Mengen Essig- oder Ameisensäure neutralisiert. Sowohl Schwefelsäure- als auch Sodareste schädigen beim Trocknen und Lagern die Wolle.

Um die durch das Karbonisieren mürbe gewordene Zellulose zu entfernen, kann man sog. *Rumpelwalken* (Klopfwalken, Rumpeln) verwenden. Es handelt sich dabei um eine der Zylinderwalke ähnliche Maschine, auf der die Stückware trocken durch den Druck der Zylinder behandelt und damit die mürbe Hydrozellulose aus der Ware gedrückt wird.

Um *Stückleisten aus Zellulosefasern* vor der Zerstörung durch die Karbonisiersäure zu bewahren, werden diese mittels einer *Leisten-Neutralisier-Vorrichtung*

8. Karbonisieren

(Abb. 123) mit Dextrin/Soda- oder verdickter Wasserglaslösung bestrichen und dadurch die Säure nach dem Säuern neutralisiert. Diese Vorrichtung arbeitet mit einer Übertragungswalze, welche in die Alkaliverdickung taucht und diese auf die Auftragsrolle bringt, die wiederum vor der Einführung in den Karbonisierofen die Warenleisten bestreicht. Die Gesamteinrichtung arbeitet wie die Einführvorrichtung bei Spannrahmentrockenmaschinen mit Leistentaster und wandert, durch elektrische Schützen gesteuert, der Warenleiste nach.

Durch die Säurebehandlung bei hohen Temperaturen wird die Wolle zur Bindung der Schwefelsäure veranlaßt und wird dort weniger Farbstoff aufnehmen, wenn vorher keine ausreichende Neutralisation vorgenommen wurde. Treten diese Säureschäden durch unterschiedliche Benetzung örtlich auf, kann ein helleres Anfärben auch durch eine Neutralisation nicht vermieden werden. Dunklere Karbonisierflecke sind bei nicht ausgewaschenen, örtlichen Stuhlölflecken,

Abb. 123. Leistenneutralisier-Apparat im Einlauf des Karbonisierofens (*Krantz*)

Kalkseifenrückständen, Schmelzeflecken usw. möglich, da die ringsherum liegende Ware auf Grund der Säureeinwirkung beim nachträglichen Färben heller bleibt. Hellere Flecken können auch durch Tropfflecken während des Trocknens und Brennens bei nachheriger Färbung auftreten. Obwohl durch die Karbonisation nach dem Färben die vorstehend beschriebenen Fehler weitgehend ausgeschaltet werden können, müssen zum Vorfärben karbonisierechte Farbstoffe eingesetzt und unbedingt darauf geachtet werden, daß die Ware die Trockenkammer mit möglichst wenig Feuchtigkeit verläßt, die Ware beim Brennen nicht zum „Kochen" kommt. Es hat sich gezeigt, daß dadurch auch karbonisierechte Farbstoffe sehr stark verändert werden und andere Farbtöne zeigen, und wenn das „Kochen" örtlich auftritt, wiederum Karbonisierflecken sichtbar werden. Das Karbonisieren bedeutet immer einen gewissen Wollangriff, der sich zumindestens durch härteren Griff und schlechtere Walkfähigkeit des Materials bemerkbar macht. Karbonisierflecke sind in den meisten Fällen nicht mehr zu beseitigen, das gilt auch dann, wenn die Ware anschließend in tiefe Farbtöne umgefärbt wird. Wenn auch das Vorfärben gewisse Vorteile ergibt, ist das *Entkletten* in der Flocke der Stückkarbonisation immer vorzuziehen. Eine Brenndauer von mehr als 25 min führt in allen Fällen zu einer starken Wollschädigung, die durch Liegenlassen der karbonisierten Ware und unzureichender Neutralisation noch verstärkt wird.

Stückkarbonisieranlagen werden u. a. von folgenden Firmen gebaut:

Andrew	*Hunter*	*Raxhon*
Drabert	*INVEST*	*Riggs*
Famatex	*Krantz*	*Sellers*
Fleissner		

9. Walken

Um Wollgewebe oder wollhaltige Mischgewebe zu verdichten, nutzt man die *Filzfähigkeit der Wolle* in der Walke. Trotz eingehender Studien des Filzvorganges ist es bisher nicht gelungen, eine allgemeingültige Erklärung des Filzvorganges zu finden. Es wurde festgestellt, daß durch Druck, Wärme und Feuchtigkeit die Wollfasern zum *Verkleben, Ineinanderhaken der Schuppen* der Wollfaser und zur *Wanderung der Einzelfasern zur Haarwurzel* und zum *Verschlingen der Fasern* untereinander neigen. Abgesehen von den bereits angeführten Voraussetzungen ist die Kräuselung der Wolle und ihre Feinheit, vor allem die möglichst unverletzte Schuppenschicht, besonders wichtig für die Walkfähigkeit der Wolle, so daß z. B. chlorierte Wolle, bei der die Schuppenschicht entfernt wurde, kaum mehr walkt. Kammgarne walken auf Grund ihrer Schlichtheit, d. h. geringen Kräuselung, schlechter als stark gekräuselte Streichgarne. Da nur Wolle die Fähigkeit zum Walken hat, sollen in Tab. 1 einige Zahlen angegeben werden, welche als Richtwerte für das Einwalken von Geweben aus verschiedenen Wolleanteilen und anderen Fasern in der alkalischen Walke gefunden wurden. Es kann sich dabei nur um annähernde Werte handeln, da auch noch andere Bedingungen für die Abnahme der Abmessungen der gewalkten Stücke maßgeblich sind.

Tabelle 1. *Walkeinsprung von Stückwaren verschiedener Faserzusammensetzung*

Materialzusammensetzung	Walkeinsprung nach	
	60 Min. Walke	120 Min. Walke
100% Wolle	20 %	32 %
60% Wolle + 40% Nylongespinst	7,5%	21 %
60% Wolle + 40% Viskosezellwolle	14 %	27 %
60% Wolle + 40% Azetatzellwolle	8,6%	12 %
40% Wolle + 60% Nylongespinst	2 %	17,5%
40% Wolle + 60% Viskosezellwolle	12 %	24 %
40% Wolle + 60% Azetatzellwolle	3 %	5 %
20% Wolle + 80% Nylongespinst	1 %	13 %
20% Wolle + 80% Viskosezellwolle	10 %	20 %
20% Wolle + 80% Azetatzellwolle	1 %	3 %

Aus diesen Zahlen kann man entnehmen, daß bei Fasermischungen auch die Benetzbarkeit der Beimischung und vor allem deren Quellbarkeit von Einfluß auf das Einwalken ist. Synthetische Faserstoffe, die hydrophob sind, erschweren das Einwalken mehr als regenerierte Zellulosen (Viskose- und Cuprozellulose). Die Azetatzellwolle nimmt eine Mittelstellung zwischen den beiden Gruppen ein.

Durch das Walken wird neben der Verdichtung der Stückware auch ein voller, kerniger Griff und eine Verringerung der Stückabmessungen (*Walkeinsprung*) eintreten. Durch entsprechende Dauer der Walke ist es möglich, die Gewebeoberfläche so weit zu verändern, daß von der ursprünglichen Webbindung nichts mehr zu sehen ist. Letzter Effekt wird sich vor allem dann einstellen, wenn die Ware vorher gerauht wurde. Die Walkeffekte sind nach Art der Walke verschieden. Bei Kammgarnen wird man durch eine kurze Walke, dem sog. *Anstoßen*, meist nur einen kernigen, weichen und fülligen Griff erzielen wollen und die aus der Weberei stammenden *Spannungen im Gewebe lösen*, wogegen Manteltuche durch eine lange Walke stark einspringen und meist die Gewebebindung nicht mehr erkennen lassen.

Die Walke ist immer mit einem Wareneinsprung in Kett- und Schußrichtung verbunden. Als Maximalwerte des Einsprungs können 40% in Schußrichtung und 20% in Kettrichtung angegeben werden, was keineswegs besagen soll, daß diese Werte bei allen Geweben erreicht werden, auch wenn eine genügende Walkzeit vorausgesetzt wird. Meist wird dem Walker ein Endmaß der gewalkten Stücke oder das Gewicht des laufenden Meters bzw. das Quadratmetergewicht vorgeschrieben. Es kann der Walker jedoch unter keinen Umständen durch die Walke allein aus allen ihm vorgelegten Stücken alle verlangten Endmaße einwalken, wenn diese über die absolut erzielbaren Effekte hinausgehen und vor allem das zu walkende Gewebe in der Materialzusammensetzung, Qualität der Wolle, deren Kräuselung usw. nicht den geforderten Ansprüchen gerecht wird. Es wird sich in derartigen Fällen immer vorteilhaft erweisen ein Probestück zu walken, bevor eine bindende Zusage gemacht wird.

Das Walken beruht hauptsächlich auf Erfahrungswerten; rechnerische Überlegungen scheitern meist an einem der bereits aufgezählten Vorbedingungen. Da neben der Verwendung von Schurwolle auch die von Reißwolle üblich ist, wird auch deren geringere Walkfähigkeit berücksichtigt werden müssen. Trotz langer Walkzeiten, bis zu 8 Std. sind üblich, wird die Ware einmal nicht weiter einwalken und auch durch Intensivierung der Walkbedingungen „stehenbleiben" und u.U. sogar wieder zum Längen in Kettrichtung bzw. Breiterwerden in Schußrichtung neigen.

Der Hauptteil aller Wollgewebe und Wollgewirke, wie z. B. Jersey, wird als Oberbekleidung verwendet. Man wird diese Gewebe mehr oder weniger stark walken, um zumindestens die Spannungen der Fäden aus der Ware zu nehmen. Nicht gewalkt werden in der Regel wollene Möbelstoffe und Unterwäsche. Auf besonderen Walkmaschinen werden neuerdings in steigendem Maße auch wollene Strickstücke bzw. Fertiggewirke wie Pullover usw. gewalkt (S. 95). Abgesehen von Stückfärbern, die man zweckmäßig erst nach dem Walken färbt, wird man Bunt- oder vorgefärbte Gewebe nur dann walken können, wenn die verwendeten Farbstoffe eine genügende Walkechtheit aufweisen, was nicht nur für den Wollanteil, sondern auch für die nichtwollenen, gefärbten Faserbeimischungen gilt. Durch Verwendung der neutralen oder sauren Walke können zwar weniger walkechte Färbungen am „Ausbluten" und damit vor Änderung des Farbtones geschützt werden, doch ist auch in diesem Fall ein Anschmutzen der oft helleren, anderen Faseranteile, vor allem bei längeren Walkzeiten, abgesehen von der Farbtonänderung des Materials, nicht zu vermeiden.

Die walkechtesten Färbungen erhält man mit Chromierungs- und 1:2-Metallkomplex-Farbstoffen, die auch einer längeren, alkalischen Walke widerstehen. Gleiches gilt auch für Küpenfärbungen, die hauptsächlich auf losem Material ausgeführt werden. Daneben sind auch wegen ihrer Brillanz ausgesuchte, saure Wollfarbstoffe verwendbar, die jedoch zweckmäßig nur einer neutralen oder sauren Walke unterworfen werden sollen. Für besonders brillante Farbtöne mit ausreichender Walkechtheit werden auch ausgesuchte Reaktivfarbstoffe verwendet[1].

Ob die Waren stuhlroh oder bereits vorgewaschen gewalkt werden, hängt von der Art der Walke ab und hat seine Ursache in der Färbung, da stark gewalkte Waren beim nachherigen Färben schlechter durchfärben und buntgewebte oder vorgefärbte Waren durch eine intensive Walke meist einer stärkeren Nuancebeeinflussung ausgesetzt sind, die sich auch durch Anwendung der neutralen oder sauren Walke nicht immer ganz vermeiden läßt. Unter welchen pH-Bedingungen gewalkt wird, hängt hauptsächlich von der Art der Vorfärbung und daneben von der Art des gewünschten Walkeffektes ab.

Die **Schmutzwalke**, auch *Fettwalke* genannt, ist die häufigste Walke in der Streichgarnfertigung, da sie billig ist und die in der Ware enthaltenen verseifbaren oder unverseifbaren Schmelzen als „Schmiermittel" und damit als faserschonendes Walkmittel dienen und das zugesetzte Alkali und/oder Walkmittel in der nachfolgenden Wäsche reinigend wirkt. Es muß jedoch berücksichtigt werden, daß durch das Alkali viel Farbstoff abgelöst werden kann, der sich auf weiße Effekte absetzt und dadurch in der nachfolgenden Wäsche eine ausreichende Reinigung erschwert wird. In letzterem Fall wird eine Vorwäsche der Ware vorzuziehen sein. Ähnliche Verhältnisse sind auch bei Kammgarnen zu berücksichtigen, obwohl hier nur eine leichtere, meist neutrale oder saure Walke üblich ist. Für Stückfärber ist eine Vorwäsche günstiger, wenn eine gut durchgefärbte, saubere Ware resultieren soll. Dabei werden die Stücke vorgewaschen, gefärbt und anschließend gewalkt, wenn durch eine intensive Walke vor dem Färben eine zu starke Verdichtung der Walke eintreten könnte. Es sind für diese Arbeitsweise allerdings nur walkechte Farbstoffe verwendbar. Wird nur eine leichte Walke eingesetzt, ist die Färbung auch nach dieser möglich und es können dann auch weniger walkechte Farbstoffe verwendet werden. Bei stark verschmutzten Waren wird sich vor allem dann eine Vorwäsche notwendig machen, wenn durch die Warenverdichtung eine restlose Entfernung des Schmutzes in der Wäsche nach der Walke nicht gewährleistet ist. Die Schmutzwalke kann als alkalische, neutrale oder auch saure Walke vorgenommen werden, wenn auch der alkalischen Arbeitsweise der Vorzug gegeben wird. Auf besonders konstruierten Waschmaschinen (Schnellwäscher S. 70) läßt sich die Stückware walken und waschen, doch ist auch die umgekehrte Arbeitsweise möglich.

Wie bereits erwähnt, kann alkalisch, neutral oder sauer gewalkt werden, was vor allem von der Echtheit der vorgefärbten Ware und z. T. auch vom verlangtem Walkeffekt abhängt. Bei der **alkalischen Walke** werden entweder nur Soda oder seltener Ammoniak mit Walkmitteln bzw. Seife, die alkalisch hydrolisiert, verwendet. Bereits bei der Schmutz- oder Walke im Fett wurde erwähnt, daß durch Zusatz von Alkali die verseifbaren Schmelzen als *Gleit- und Schmiermittel* wirksam werden und dadurch zusätzliches Walkmittel erspart wird. Darüber hinaus quillt die Wolle im alkalischen Medium weit stärker als bei einer neutralen oder sauren Behandlung und wird dadurch schneller auf die mechanische Arbeit der Walkwerkzeuge reagieren. Die beiden Ursachen sind auch der

---

[1] BERNARD: Praxis des Bleichens und Färbens von Textilien. Berlin/Heidelberg/New York: Springer 1966.

Grund dafür, daß die alkalische Walke mehr verwendet wird als die noch zu beschreibende neutrale oder saure Walke.

Die günstigsten Effekte erreicht man in der alkalischen Walke bei einem pH-Wert von 10. Um diesen Wert zu erreichen, werden meist Stammlösungen von 2—4° Bé Soda (1,3—2,75 g/l Soda kalz.) direkt an die Ware angegossen. Bei genügender Menge an verseifbarer, meist Oleinschmelze, wird man durch die sich bildende Seife auch ohne weitere Verwendung besonderer Walkmittel ausreichende Walkeffekte erreichen. Eine Menge von 1/5 an Soda kalz., gerechnet auf Olein in der Schmelze, ist ausreichend, um das auf der Faser sitzende Olein zu verseifen. Bei zu hohen Alkalimengen wird neben der Schmelze auch das natürliche Wollfett verseift und die Ware in der folgenden Wäsche auf einen Restfettgehalt unter 0,5% gebracht und dadurch hart und spröde. Zusätze besonderer Walkmittel, die in der folgenden Wäsche ihren Dienst als Waschmittel erfüllen, werden sich neben dem Sodazusatz vor allem bei guten Waren immer empfehlen. Durch die Hydrolyse der Seife wird immer eine gewisse Alkalität auftreten, so daß eine neutrale oder saure Walke mit Seife nicht möglich ist. Die pH-Werte einer reinen Seifenwalke bewegen sich zwischen pH 8—9. Die Seife wird meist als Stammlösung von 1:10 in Mengen von 6—12% berechnet als Seife an die Ware gebracht. Bei allen Walken arbeitet man mit einem Verhältnis von Walkspeise als Lösung zum Trockenwarengewicht von etwa 1:1. Verwendet man Soda und Seife, wird der Sodazusatz als 3° Bé-Sodalösung ebenfalls direkt an die Ware gegossen. Anionische Walkmittel werden in Mengen von 2—5% meist als 5%ige Stammlösungen mit oder ohne Soda an die laufende Ware angegossen.

Die alkalische Walke eignet sich für mittlere bis schwere Walkeffekte, weniger für ein „Anstoßen" von leichten Waren, wie Kammgarn oder Jersey. Die Stellung der Walkwerkzeuge hängt vom verlangten *Kern-* oder *Oberflächenfilz* ab und wird sich auch in der Dauer der Walke nach den verlangten Effekten richten müssen. Nur selten wird man in der alkalischen Walke unter 60 min bleiben, wogegen eine Walkdauer von 2—6 Std. durchaus üblich ist.

Die **neutrale Walke** eignet sich vor allem für kurze Walkzeiten, dem sog. *Anstoßen* mit anionischen Walkmitteln. Das Gewebe erhält einen *Bindungsschluß*, d. h., es wird im Griff fülliger, zeigt jedoch keinen ausgesprochenen Walkeffekt. Einen Kern- oder ausgiebigen Oberflächenfilz kann man durch die neutrale Walke kaum erreichen. Zum Walken setzt man nur anionaktive Wasch- bzw. Walkmittel in Mengen von 1—3%, berechnet auf das Trockenwarengewicht, ein. Das Walkmittel muß, wenn die Neutralwalke im Fett durchgeführt wird, eine gute Emulgierkraft besitzen, um die auf der Ware sitzende Schmelze zu emulgieren. Nach der Neutralwalke kann man neutral, alkalisch und auch sauer nachwaschen. Abgesehen vom geringeren Walkeffekt, der meist erwünscht ist, besteht der Vorteil bei dieser Methode im schwächeren Ausbluten weniger echt gefärbter Wolle oder anderer Faserbeimischungen.

Die **saure Walke.** Durch Behandlung der Wolle im *isoionischen Bereich* bei einem pH-Wert von 4—6 ist der geringste Faserangriff festzustellen. Das gilt auch für die Walke. Man walkt unter Zusätzen von 1—4% Essig-, Ameisen-, seltener Schwefelsäure und einem säurebeständigen Walkmittel, welches in diesem pH-Bereich seine Emulgierwirkung für die auf der Faser befindlichen

Ölschmelzen behält. Die weiteren Walkbedingungen gleichen denen der neutralen bzw. alkalischen Walke. Durch die saure Walke erhält man vor allem einen hervorragenden Kern-, weniger einen Oberflächenfilz bei äußerster Schonung des Materials und kurzen Walkzeiten. Der Gebrauchswert der Wolle wird besser erhalten als bei den vorher geschilderten Verfahren. Das Ausbluten der Färbungen ist von allen Methoden am wenigsten ausgeprägt.

Trotz der geschilderten Vorteile wird die saure Walke nur wenig eingesetzt, da die Ware einen etwas harten und strohigen Griff erhält und die Eisenteile der Walke durch Korrosion einem schnellen Verschleiß unterliegen. Neben den erwähnten organischen Säuren ist auch der Einsatz von Milchsäure üblich. Verschiedentlich wurde auch Schwefelsäure verwendet, doch wird diese nur beim Walken von Labratzen und Hutstumpen generell verwendet. Die anschließende Wäsche kann ebenfalls sauer oder alkalisch vorgenommen werden, wobei im letzteren Fall der Warengriff durch die Alkaliquellung verbessert wird.

Bei der **Kombinationswalke** macht man sich die Vorzüge der sauren und alkalischen Walke nutzbar. Zur Durchführung empfiehlt sich die Verwendung spezieller Wasch- und Walkmittel, wie z. B. Lanigan W oder R (*Hoechst*). Man walkt zuerst sauer unter Zusatz von 2—4% der Walkmittel und 4% Ameisensäure 85%ig und einer Gesamtmenge von 100—120% Feuchtigkeit als Gesamtwalkspeise gerechnet. Der pH-Wert liegt dabei zwischen 4—6. Nach Erreichung von $^2/_3$ des verlangten Walkeinsprunges, setzt man so viel 2° Bé-Sodalösung zu, bis das Walkgut einen pH-Wert von 9—10 aufweist und walkt so zu Ende. Anschließend wird wie üblich auf den vorgesehenen Waschmaschinen gewaschen. Der Vorteil dieser Walkmethode besteht in der schonenden Behandlung der Wolle im isoionischem Bereich während der sauren Walke und der vorteilhaften Griffbeeinflussung in der anschließenden, alkalischen Walke. Eine Korrosion der Maschinenteile tritt nicht auf.

Wie bereits erwähnt, verwendet man als **Walkmittel**, abgesehen von Spezialprodukten, wie die modifizierten Seifen (Medialanmarken/*Hoechst*) oder Lanigane (*Hoechst*), anionaktive, seltener nichtionogene bzw. fettlöserhaltige Waschmittel und vor allem Kali- oder Natronseifen. Es soll für die Walke mit Seife und anderen härteunbeständigen Produkten unbedingt weiches Wasser verwendet werden, um Abscheidungen von Metallseifen zu vermeiden bzw. die Waschkraft der Produkte zu erhalten. Ist man gezwungen, mit hartem Wasser zu walken, hat sich der Zusatz von *kondensierten Phosphaten* (z. B. Calgon/*Benckiser*) bewährt, da diese durch ihre leichte Alkalität auch zum schnelleren Verseifen von Olein aus der Schmelze beitragen, Abscheidungen verhindern und durch ihre Waschwirkung die der Walkmittel verbessern. Die emulgierende und dispergierende Wirkung dieser Phosphate tut ein weiteres, um beim folgenden Auswaschen den Schmutz oder die Schmelzen von der Faser zu lösen. Es werden Mengen von 0,5—1,5%, berechnet auf das Trockengewicht, eingesetzt. Auch in der organisch-sauren Walke wird sich ein Zusatz von Calgon T lohnen, wogegen bei stark sauren Walken Calgon 188 oder 322 zu empfehlen ist. Auch diese Produkte können aus ihren Stammlösungen zugesetzt werden. Die anderen, für das komplexe Binden von Härtebildnern üblichen organischen Produkte, haben keine Wasch-, Emulgier- und Dispergierwirkung und bleiben daher in ihrer Wirkung beim Walken gegenüber den erwähnten Phosphaten zurück.

Man arbeitet auf der Walke mit einem Zusatz von 100—120% Feuchtigkeit als Walkspeise, in der die benötigten Zusätze gelöst wurden. Durch zu geringe Feuchtigkeitsmengen wird die Ware zu trocken laufen und dadurch der *Walkflockenverlust* ansteigen. Durch zu feuchtes Walken rutscht die Ware ohne die nötige mechanische Bearbeitung durch die Walkwerkzeuge und wird nur langsam oder überhaupt nicht walken. Die günstigste Walktemperatur liegt zwischen 45—55°C, die man teils durch Angießen der erwärmten *Walkspeise* bzw. durch entsprechend lange Laufzeit und den Druck der Walkwerkzeuge auf die Ware erhält. Ein Erwärmen der Ware über die angegebene Temperatur ist zu vermeiden und führt zur Faserschädigung. Durch Öffnen der Türen an den Walkmaschinen läßt sich zu warmes Walken vermeiden. Zur Prüfung des Feuchtigkeitsgehaltes der Ware wird meist die *Daumenprobe* verwendet, bei der durch Eindrücken des Daumennagels dieser zwar feucht, aber keineswegs Tropfen zeigen soll. Durch Berühren der laufenden Ware mit der Hand wird ein erfahrener Walker zwar auch die Feuchtigkeit abschätzen können, jedoch führt das oft zu Unfällen, da durch die Warenfalten die Hand schnell zwischen die Walkwerkzeuge gezogen wird. Sobald die Ware zu trocken läuft, muß Walkspeise oder Wasser nachgegeben werden. Man sollte jedoch niemals an die bereits erwärmte Ware Kaltwasser angießen, da die Gefahr der Walkschwielenbildung besteht.

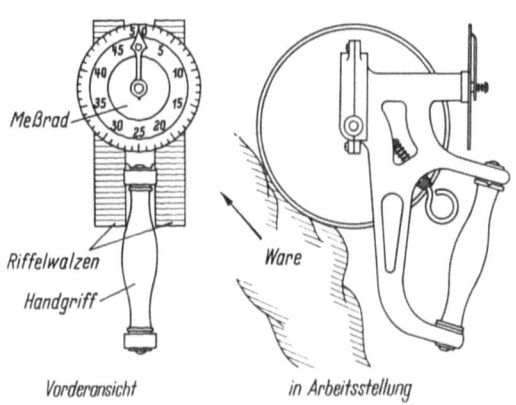

Abb. 124. Handlängen-Meßapparat „Walkometer" (*Hemmer*)

Auch ein erfahrener Walker ist nicht in der Lage, den Wareneinsprung ohne Messen der Ware festzustellen. Die einfachste und zuverlässigste Methode, um die Länge und Breite der Stücke zu messen, ist das Abmessen mit einem Stabmaßstab von 0,5—1 m Länge. Dabei muß die Ware aus der Walke ausgetafelt werden. Um die ungefähre Warenlänge an der Zylinderwalke festzustellen, kann man auch den Handlängen-Meßapparat *Walkometer* (*Hemmer*, Abb. 124) verwenden. Dieser besteht aus zwei gerillten Rädern und einer Zahnradübersetzung auf die eigentliche Meßscheibe, auf der die abgelaufene Warenlänge angezeigt wird. Das Walkometer wird vor den

Abb. 125. Hammer- oder Kurbelwalke (*Hemmer*)

Walkwerkzeugen an die laufende Ware gedrückt und dadurch die endlos genähten Waren von Naht zu Naht gemessen.

Die **Hammer-, Kurbel** oder **Lochwalke** (Abb. 125, 126) besteht aus einem mit Hartholz ausgelegten Trog, in dem die Ware entweder bereits mit der Walkspeise benetzt oder durch Angießen während des Walkens befeuchtet wird.

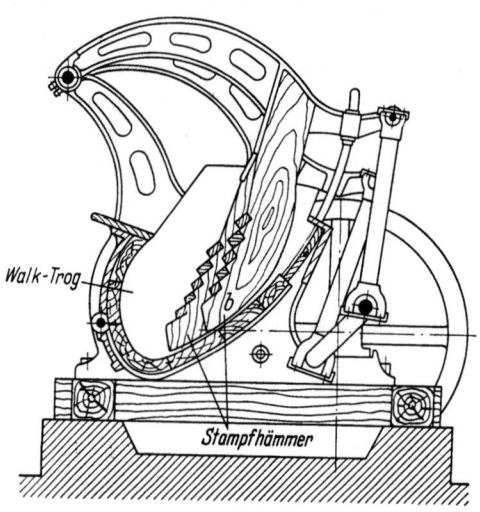

Abb. 126. Hammer- oder Lochwalke

Mittels Exzenter (Kurbeln) bewegten Holzhämmern wird die Ware gestoßen und in drehende Bewegung versetzt und dadurch gewalkt. Zum Walken von Tuchen wird man Hammerwalken selten, dagegen für abgepaßte Stücke, wie grobe Decken usw., immer verwenden. Die Bearbeitung der Ware durch die Hämmer ist ziemlich grob und führt normalerweise zum Aufrauhen der Gewebeoberfläche.

Bei der heute fast ausschließlich verwendeten **Zylinderwalke** (Abb. 127) wird mittels der Zylinder (*Tambour und Roulette*) die Ware gedrückt und im anschließenden *Stauchkanal* in Längsrichtung zusammengestaucht. Vor den beiden Walkzylindern kann durch den Einführapparat der Walkeffekt ebenfalls beeinflußt werden. Je nach Länge der einzelnen Stücke werden ein oder auch mehrere Stücke gleichzeitig gewalkt. Unter allen Umständen wird man jedoch mindestens *zweisträngig* (Abb. 128) arbeiten, d. h., daß die Stücke so in der Walke laufen, daß gleichzeitig 2 Warenstränge nebeneinander die Walkwerkzeuge passieren.

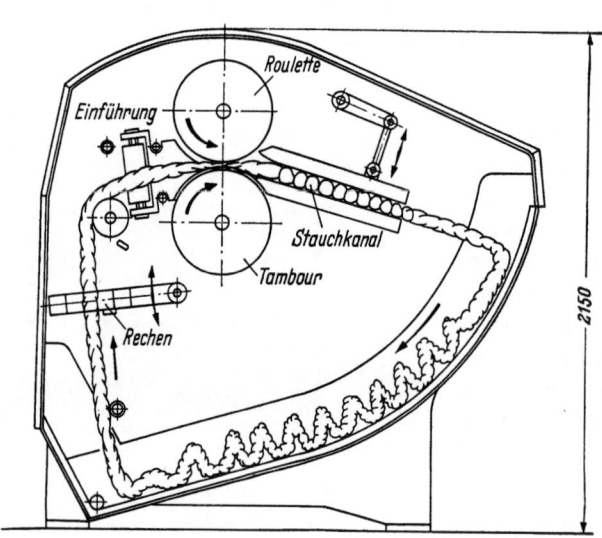

Abb. 127. Zylinderwalke (*Schiffers*)

Die Warenstränge der endlos genähten Ware passieren zuerst den *Einlaufapparat*, bei dem mittels zweier, senkrecht stehender Metall-, Hartholz- oder Glaswalzen die Warenstränge je nach Einstellung mehr oder weniger stark aneinandergedrückt werden. Man hat bereits hier eine Möglichkeit, die Ware in der Breitenrichtung zu beeinflussen. Nun kommen die Warenstränge an die angetriebenen beiden Zylinder, wobei die Ware durch den Oberzylinder mittels Spiral- oder Blattfederdruck, seltener durch Gewichtshebel an den Unterzylinder (Tambour) gedrückt wird. Durch Verstärken des Druckes wird der Walkeffekt hauptsächlich in Warenquerrichtung beeinflußt. Selbstverständlich wird dabei ein gewisser Einfluß auch auf den Walkeffekt in Längsrichtung wirksam werden. Je nach verlangtem Walkeffekt wird der Druck des Oberzylinders verstärkt und durch sofortigen, hohen Druck der *Oberflächen*- und langsame Druckerhöhung der *Kernfilz* erreicht.

Abb. 128. Zweisträngiger Wareneinzug in der Zylinderwalke

Nun erst passiert die Ware den Stauchkanal, der aus einer Ober- und unteren Zunge und den Seitenwänden besteht. Die Warenstränge werden durch die Zylinder in Windungen zwischen die Zungen des Stauchkanals eingepreßt und damit in der Länge zusammengestaucht. Je nach Stellung der Oberzunge des Stauchkanals, dessen Ausgang sich durch Federdruck mehr oder weniger stark verkleinern läßt, wird sich die Stauchung der Ware auswirken. Durch das Nachschieben der Ware fällt das Walkgut in den Walktrog und wird über einen Rechen und Leitwalzen zur Stirnseite der Walke und den Einführapparat gezogen. Der Rechen ist so eingerichtet, daß die Warenstränge geteilt werden, und wenn sich ein Knoten gebildet hat, die Walke durch Heben des Rechens automatisch abgestellt wird. Die Walkzylinder bestehen aus Eisenkernen, die mit Hartholz belegt sind oder auch eine Hartgummiauflage erhalten. Dasselbe gilt vom Stauchkanal. Die Durchlaufgeschwindigkeit der Ware ist je nach Art der Walke zwischen 100—200 m/min meist stufenlos regulierbar.

Abb. 129. Radikalwalke Modell GRV (*Hemmer*)

Die neueren Konstruktionen (Abb. 129) enthalten viele Teile aus nichtrostendem Stahl, um eine Korrosion, wie sie bei der sauren Walke auftritt, zu verhindern. Die Walkzylinder sind mit speziellem Kunststoff beschichtet, der einen „griffigen" Warenlauf ermöglicht. Die Einlauflippen in den Stauchkanal sind wiederum aus rostfreiem Stahl, wogegen für den Stauchkanal Spezialhartholz verwendet wird. Der Antrieb von Ober- und Unterzylinder ist getrennt, der Druck wird pneumatisch erzeugt und auch die Oberlippe des Stauchkanals pneumatisch verstellt. Bei Knotenbildung wird außerdem der Oberzylinder automatisch abgehoben. Der Walkvorgang wird zentral von einem Schaltpult gesteuert, welches auch eine Zeituhr enthält, welche nach vorgegebener Zeit die Walke abstellt.

Neben der geschilderten Ausführung der Zweizylinderwalke werden auch sog. *Tandemwalken* verwendet. Dabei läuft die Ware durch 2 Paare von Walkzylindern, die durch einen Stauchkanal verbunden sind. Es läßt sich damit zwar ein schnelleres Walken erreichen, doch sind die Konstruktionen in der Tuchindustrie selten, da der Angriff der Walkwerkzeuge für Tuche zu stark und ein Kernfilz kaum zu erzielen ist. Dasselbe gilt von der *La-Croix-Walke*, bei der mehrere Oberzylinder auf einen Tambour wirken. Zum Walken von endlosen Webfilzen, wie sie in der Papier- und Zigarettenindustrie verwendet werden, sind besonders große Walken üblich, bei denen man die endlos gewebten Stücke nach Entfernung der Seitenwand zwischen die Walkwerkzeuge einführt und die Seitenwand vor Beginn des Walkens wieder einsetzt. Beim Walken derartiger Stücke ist besondere Sorgfalt nötig, da die Walkmaße sehr genau eingehalten werden müssen und die Waren sehr teuer sind. Ähnlich arbeitet man auch beim Walken von Filzen für Sanforisiermaschinen und Filzkalander. Wollfilze für das Beziehen von Walzen für den Trikotkalander oder Schlichtmaschinen (*Manchons*) werden entweder auf der Hammerwalke oder besonderen Konstruktionen gewalkt, wie sie auch in der Hutindustrie üblich sind.

Neben zu hohem Verlust durch Walkflocken, können in der Walke vor allem *Walkschwielen* als Fehler auftreten. Beim Durchlaufen der Warenstränge durch die Walkwerkzeuge in immer gleicher Faltenlage werden die Falten in die Ware fixiert und können nur durch Krabben, Dekatieren oder oft überhaupt nicht mehr entfernt werden. Bei besonders faltenempfindlicher Ware empfiehlt sich die *Walke im Sack* oder *Schlauch*. Dabei werden die Warenkanten zusammengenäht, so daß sich die Ware vor Eintritt zwischen die Walkzylinder aufbläht und dadurch immer wieder in anderer Faltenlage gewalkt wird. Um ein Aufplatzen der Stücke zu vermeiden, müssen beim Zusammennähen nach gewissen Abständen Löcher in der Naht belassen werden, um einen teilweisen Luftaustritt zu ermöglichen. Es können dadurch keine *Walkplatzer* auftreten. Oft werden aus Ersparungsgründen in der Warenleiste als Kettfäden Baumwoll- oder Zellwollgarne verwendet, die nicht einwalken. Die Leisten werden dann wellig, legen sich an die Ware und werden dort angewalkt. Um auch diesen Übelstand zu umgehen, werden derartige Stücke ebenfalls im Schlauch gewalkt.

Durch plötzliche Abkühlung der erwärmten Walkware durch Angießen von kalter Walkspeise oder Wasser treten ebenfalls Walkschwielen auf. Auch durch Austafeln aus der Walke auf Steinboden, vor allem in der kalten Jahreszeit, können bei empfindlichen Geweben Walkschwielen entstehen. Durch *Ausrecken* der zu Schwielen neigenden Ware während des Walkens lassen sich oft Walkfalten beheben, wobei die Ware von Hand aus in der Breite gezogen werden muß.

9. Walken

Beim Anstoßen von Kammgarnen oder kurzen Walkzeiten ist es oft nicht möglich, die laufende Ware mit der sonst üblichen Gießkanne anzugießen, da die Walkzeiten für eine gleichmäßige Verteilung der Walkspeise nicht ausreichen. Man netzt derartige Waren mit Walkspeise entweder auf der Waschmaschine oder anderen Einrichtungen vor dem Walken. Wurde die Ware vorgewaschen, kann die Walkspeise nach dem Spülen direkt an die abgequetschte Ware gegossen werden und wird sich nach wenigen Minuten verteilen. Bei Verwendung von *Einseifmaschinen* wird die Ware in einem Trog mit einem Überschuß an Walkspeise getränkt und zwischen 2 Quetschwalzen abgequetscht. Auch das Einweichen in einer Kufe und anschließendes Abschleudern (Zentrifugieren) führt zum gleichmäßigen Verteilen der Walkspeise in der Ware. Die aus der Schleuder ablaufende Walkspeise kann in den Einweichbottich zurückgeführt werden.

Walken werden u. a. von folgenden Firmen gebaut:

Bellini	*INVEST*	*Sellers*
Crosta	*Peter*	*Schiffers*
Hemmer	*Raxhon*	*Zanon*
Hunter	*Riggs*	

Die stärkere Verwendung von gewirkter Oberbekleidung aus Wolle oder deren Mischungen, wie z. B. Pullover haben dazu geführt, daß diese Kleidungsstücke als Fertigstücke gewirkt und auch als solche gewalkt und gewaschen werden. Zum Walken und Waschen können, wie auch evtl. zum Färben entsprechende Paddel- oder Trommelfärbemaschinen[1] eingesetzt werden, bei denen die Ware im großen Flottenverhältnis und damit mit hohen Walkchemikalienmengen behandelt werden. Als *Wasch- und Walkmaschine Type K* wird von *Pegg* ein Rundbottich hergestellt, in dem die Flotte durch den perforiertem Boden in ständiger Zirkulation gehalten wird und damit die Fertigteile, Socken und andere wollene Kleintextilien gewalkt und gewaschen werden.

Von *Böwe* wurde die *Reinigungsmaschinen BÖWE R 15, R 25* und *R 50* so ausgestattet, daß ein Walken, Waschen und evtl. eine Nachbehandlung (Avivage, Appretur) bzw. auch chemische Reinigung nacheinander möglich ist. Dabei werden je nach Typ etwa 11, 18 bzw. 38 kg Fertigtrikotagen eingelegt und Perchloräthylen mit 7—8 g/l eines handelsüblichen Reinigungsverstärkers (spezielles Naßwaschmittel, welches mit sehr wenig Wasser seine Reinigungskraft entfaltet) eingedüst. Nun wird die Behandlungstrommel in Bewegung gesetzt, welche die Ware mit 28—34 U/min dreht und durch die Mitnehmerrippen immer wieder hebt und in den Fond der Trommel einfallen läßt. Nun werden über einen Trichter etwa 10—15% Wasser nachgegossen, welches innerhalb von etwa 5 min auf die Ware zieht. Nun wird die überschüssige Walkflotte abgepumpt und die Ware in der Behandlungstrommel abgeschleudert (420—480 U/min). Durch Einschalten des Waschganges wird die Ware während 5—15 min gewalkt, und da es sich um ein Walken „ohne Feuchtigkeit" handelt, ist eine Nachwaschen nicht notwendig. Der Walkeffekt wird weniger durch die Variation der Walkzeit als vielmehr durch den unterschiedlichen Wassernachsatz beeinflußt.

---

[1] BERNARD: Praxis des Bleichens und Färbens von Textilien. Berlin/Heidelberg/New York: Springer 1966.

Die Maschine ist programmgesteuert, so daß der Walkeffekt von Fehlern der Bedienung unabhängig ist. Durch Einblasen von Heißluft wird das Material nach Art eines „Tumblers" getrocknet, wodurch sich eine weitere Verdichtung und Griffverbesserung ergibt.

10. Trocknen

Ein Hauptteil der Veredlungsverfahren findet im wäßrigen Medium statt. Um die Behandlungsflüssigkeit bzw. die Feuchtigkeit aus den Textilien zu entfernen, bedient man sich der mannigfachsten Maschinen und Trockenmethoden. Bevor die einzelnen Methoden besprochen werden ist es notwendig, sich über die Art und Menge der Feuchtigkeit, die von den Fasern bzw. Geweben festgehalten werden, klarzuwerden. Auf Grund der verschiedenen Arten, mit der die Feuchtigkeit auf oder in der Textilie haftet, richtet sich auch die Trocknungsmethode.

Die im **Tropfwasser** enthaltene Feuchtigkeit hat keinerlei Bindung zur Faser und kann vollständig durch einfache, mechanische Mittel entfernt werden. Infolge des Eigengewichtes läuft das Tropfwasser von der Faser bzw. sinkt in die unteren Lagen des Textilgutes.

Das **Netzwasser** oder die **adhärierende Feuchtigkeit** haftet infolge der Adhäsionskräfte der Wassermoleküle an der Faseroberfläche, und es sind zur Entfernung bereits stärkere mechanische Kräfte nötig. Durch das Entwässern oder Vortrocknen wird die Hauptmenge auch dieser Feuchtigkeit zu entfernen sein.

Die **Quellungs-** oder **kapillare Feuchtigkeit** sitzt in den intermizellaren Zwischenräumen der Fasermoleküle und bewirkt die Quellung der Faser in feuchtem Zustand. Die Entfernung ist ohne eine Zerstörung der Faser durch einfache mechanische Mittel nicht mehr möglich. Man benützt dafür die unterschiedliche Feuchtigkeitsspannung der Umgebungsatmosphäre usw.

Das **Kristallwasser** oder die **hygroskopische Feuchtigkeit** soll durch keinen Veredlungsprozeß entfernt werden, wenn ungünstige Beeinflussung der Fasereigenschaften, des Farbtones, des Warengriffes und der Gebrauchseigenschaften der Faserstoffe vermieden werden soll.

Um die Textilfasern zu schonen und den Trockenvorgang so wirtschaftlich wie möglich zu gestalten, wird man möglichst vor dem Trocknen mit Wärme

Tabelle 2. *Quellwert und Restfeuchtigkeit nach gründlichem Schleudern einiger Faserstoffe*

	Querschnittsvergrößerung durch Quellen in %	Restfeuchtigkeit nach Schleudern in %
Baumwolle	etwa 28%	34%
Wolle	etwa 24%	28%
Kupferreyon oder -zellwolle	41—61%	64%
Viskosereyon oder -zellwolle	35—95%	71%
Naturseide	28%	30%
Azetatreyon oder -zellwolle	6%	16%
Triazetatfaser	3%	5%
Synthetische Fasern	0,5—1%	1—10%

die Waren vortrocknen oder entwässern. In diesem Zusammenhang sind die Restfeuchtigkeitswerte interessant, die durch Schleudern (Zentrifugieren) mit einer in der Veredlung nicht üblichen Zentrifuge mit 2000 U/min erreicht wurden. Gleichzeitig werden die Quellwerte der einzelnen Fasern angegeben (Tab. 2). Es wird allerdings in der Veredlung mit den dort üblichen Methoden der Entwässerung nicht möglich sein, diese Restfeuchtigkeitswerte zu erhalten. Die Schleuderwerte der Praxis liegen um 50—100% über diesen Versuchswerten.

In diesem Zusammenhang soll auch das Verhältnis der Trocken- zur Naßreißfestigkeit angegeben werden (Tab. 3), das bei allen Naßveredlungsverfahren berücksichtigt werden muß, um bei Verwendung von mechanischen Mitteln eine Faserschädigung zu vermeiden.

Tabelle 3. *Naßreißfestigkeit einiger Faserstoffe*

	Naßreißfestigkeit in % der Trockenreißfestigkeit
Baumwolle	99—113%
Wolle	78— 95%
Flachs	105%
Ramie	117%
Naturseide	86— 95%
Viskosereyon oder -zellwolle	42— 65%
Kupferreyon oder -zellwolle	58— 72%
Azetatreyon oder -zellwolle	58— 70%
Synthetische Fasern	90—100%

Vortrocknen oder Entwässern

Das Entwässern kommt für Textilien in Betracht, welche in der Veredlung im Vollbad, wie sie in der Färberei, Bleicherei, Wäscherei usw. üblich sind, behandelt wurden. Die Waren enthalten vor dem Entwässern 150—300% Gesamtfeuchtigkeit, berechnet auf das Trockengewicht. Es wäre unwirtschaftlich und meist mit einer Faserschädigung verbunden, diese Feuchtigkeit allein durch Warmluft oder andere Wärmespender zu entfernen. Man verwendet beim Entwässern entweder den *Quetschdruck* von Walzen, die *Zentrifugalkraft* oder *Saugluft* zur Entfernung des Tropf- und teilweisen Entfernung des Netzwassers. Dabei unterscheiden sich die verbleibenden Restfeuchtigkeitsmengen durch die Art der Entwässerung, die Struktur und Art des verwendeten Faserstoffes und der Intensität der einzelnen Maschinen.

Durch **Strangquetschen** (Abb. 130, 131) werden Baumwoll- und Leinenwaren, seltener Gewebe aus Zellwolle, mittels des Quetschdruckes einer gummierten Oberwalze auf einer ebenfalls gummierten oder bombierten Unterwalze entwässert. Da die

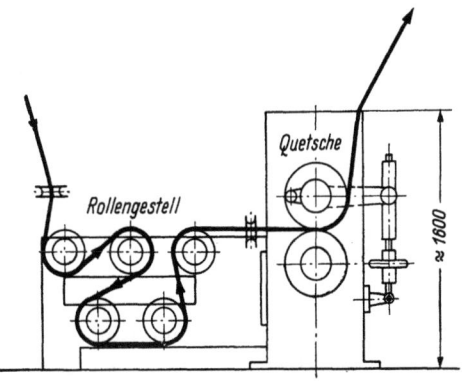

Abb. 130. Strangquetsche mit Rollengestell (*Benteler*)

Ware im Strang durch die Quetschfuge läuft, wird sie nur ungleichmäßig entwässert und darf nicht knitterempfindlich sein. Der Quetschdruck beträgt höchstens 2 t, und die Ware läuft ein- oder zweisträngig durch die Quetschwalzen.

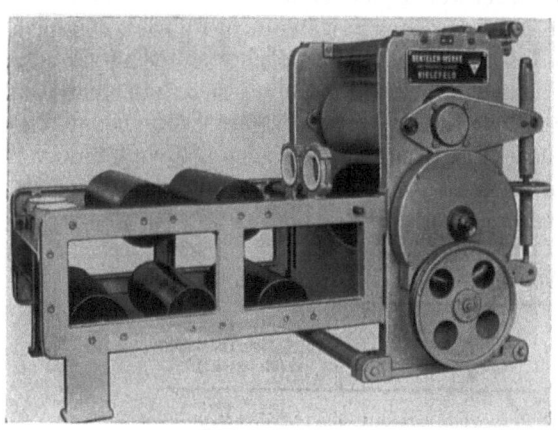

Abb. 131. Strangquetsche mit Rollengestell (*Benteler*)

Um die Warenstränge zu führen, verwendet man Porzellanführungsringe (Führungsaugen) bzw. läßt die Ware vorher durch ein Gestell mit nicht angetriebenen Rundwalzen laufen, um Verknotungen zu vermeiden. Es lassen sich Warengeschwindigkeiten bis zu 130 m/min erreichen. Zum Entwässern von Woll-, empfindlichen Reyon-, Zellwoll- und Synthesegeweben ist die Strangquetsche unbrauchbar, da entweder schwer entfernbare Knitter zurückbleiben oder die Fasern zerquetscht werden. Das ist auch der Grund dafür, daß Strangquetschen heute nicht zu den üblichen Vertrocknern gehören.

Strangquetschen werden u. a. von folgenden Firmen gebaut:

Benteler	*Butterworth*	*Kleinewefers*
Bieger	*INVEST*	*Proctor-Schwartz*

Gegenüber der Strangquetsche hat der **Wasserkalander** (Abb. 132, 133), der ebenfalls durch den Quetschdruck von zwei oder mehr Walzen die Stückware entwässert, den Vorteil, daß die Waren nicht geknittert werden und ein weit höherer und gleichmäßiger Entwässerungseffekt erzielt wird. Die durch eine vorhergehende Strangbehandlung entstandenen Falten werden außerdem geglättet. Die Stückware läuft in ausgebreitetem Zustand durch Quetschfugen, die aus Stahl- und elastischen Baumwoll-, Jute, neuerdings auch mit Kunststoff belegten Eisenwalzen bestehen und einen Axialdruck bis zu 30 t erlauben. Die Quetschwalzen arbeiten entweder über- oder nebeneinander. Der Quetschdruck wird durch Hebel oder Hydraulik erzeugt. Es werden Wasserkalander mit 2, 3 und

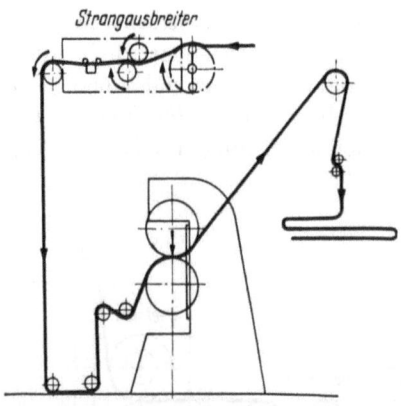

Abb. 132. 2-Walzen-Wasserkalander mit Strangausbreiter (*Kleinewefers*)

5 Walzen gebaut. Vor dem Eintritt in die Quetschfugen wird die Ware durch Breithalterwalzen und auch über Leistenaufroller geführt, um einen faltenfreien Einlauf auch der Gewebleisten zu ermöglichen. Die Warengeschwindigkeit be-

trägt 40—100 m/min. Die elastischen Walzen haben meist den doppelten Durchmesser der Stahlwalzen. Letztere kann man auch durch die Achse mit Dampf beheizen. Vor oder unter dem Wasserkalander kann die Ware einen Trog passieren, in dem ein nochmaliges Spülen vorgenommen, oder auch Appreturlösung

Abb. 133. 3-Walzen-Wasserkalander (*Ramisch*)

auf die Ware gebracht wird. Das abgequetschte Wasser wird unter dem Wasserkalander in einem Trog aufgefangen und abgeleitet bzw., wenn es sich um Appreturlösung handelt, wieder verwendet.

Um den Quetschdruck über die ganze Breite der Fuge gleichmäßig auf die Ware einwirken zu lassen, sind die Walzen meist *ballig*, d. h. in der Walzenmitte etwas dicker als an den beiden Seiten, wo der Druck einwirkt. Obwohl ballige Walzen einen gewissen Druckausgleich über die gesamte Quetschfuge ermöglichen, ist dieser an gewisse Minimal- und Maximaldrücke gebunden, wenn nicht, wie bei nichtballigen Walzen, ungleicher Entwässerungseffekt auftreten soll.

Die Fa. *Küsters* hat sich u. a. mit der Entwässerung von Warenbahnen befaßt, die beim Bau von Kalandern, Foulards usw. zu grundlegenden Neukonstruktionen führte und sich durch absolut gleichmäßigen Entwässerungseffekt bei allen Druckverhältnissen auszeichnen. Als *Schwimmende Walze* (S-Walze) wurde im Foulard- und Kalanderbau erstmalig dieses Ziel erreicht. Eine Fortentwicklung stellt das *Aquaroll-System* (Abb. 134) dar, welches hauptsächlich in Quetschwerken und Wasserkalandern verwendet wird. Die Warenbahn durchläuft dabei eine Quetschfuge, die aus einer nichtangetriebenen, mit Perlon bombierten Walze und einer angetriebenen und belasteten Stahlwalze besteht. Die Perlonwalze läuft in einem Wasserbad, welches den Druckausgleich besorgt und außerdem über ein Luftpolster so elastisch ausgelegt ist, daß trotz einer Walzenhärte von 95° Shore keine Nahtabdrücke entstehen und **auch empfindlichste Gewebe** mit sehr hohen Abquetscheffekt — z. B. Zellulosefasern bis zu 40% Restfeuchtigkeit — entwässert werden können.

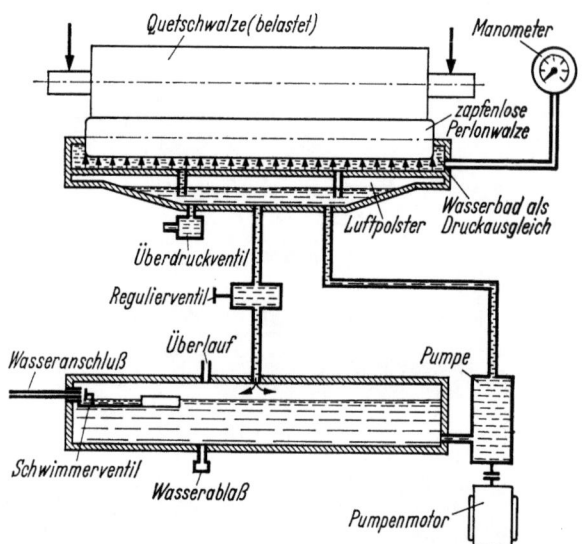

Abb. 134. Schema der Druckerzeugung nach dem „Aquaroll"-System (*Küsters*)

Wasserkalander werden für sich allein und auch als Zwischenquetschwerke in Kontinuestraßen der Bleicherei, Färberei und Appretur eingesetzt. Alle Firmen, die Kalander bauen, stellen Wasserkalander her (S. 199).

Zum Entwässern von Wollgeweben kommt der Wasserkalander wegen des hohen Druckes nicht in Betracht. Man hat für diese Fälle die **2-Walzen-** oder **Tuchquetsche** gebaut. Die Ware wird, ähnlich wie beim Wasserkalander, allerdings zwischen 2 Gummiwalzen, mit einem Druck bis zu 20 t abgequetscht. Unter den Quetschwalzen befindet sich ein Trog, der zum Auffangen des Quetschwassers oder zum Appretieren der Stückware vor Passieren der Quetschfuge verwendet werden kann. Obwohl diese Entwässerungsmaschine für die Behandlung von Wolle und Zellwollgewebe geeignet ist, können Gewebe mit profilierter Oberfläche damit nicht abgequetscht werden. Die Tuchquetsche ist ein Bestandteil der Breitsäureeinrichtung in der Karbonisation, wo sie als Zwischen- oder auch Endentwässerung eingesetzt wird.

Tuchquetschen werden u. a. von folgenden Firmen gebaut:

| *Drabert* | *Fleissner* | *Kleinewefers* |
| *Famatex* | *INVEST* | |

An Stelle von Tuchquetschen werden heute in steigendem Umfang auch Foulards (S. 260) mit Weichgummiwalzen und geringerem Druck für das Entwässern von Wollgeweben verwendet.

Zentrifugen (*Schleudern*) haben seit ihrer Einführung in der Textilindustrie eine weite Verbreitung gefunden. Das beim Vortrocknen entfernbare Wasser wird dabei mittels der Zentrifugalkraft aus der Ware geschleudert. Zentrifugen sind zum Entwässern fast aller Textilien geeignet.

10. Trocknen

Die Ware wird in einem *perforierten Rundkessel* eingepackt. Durch die Drehung der Innentrommel wird das Wasser aus der Ware geschleudert, durch einen feststehenden Außenmantel aufgefangen und über einen Ablaufstutzen abgeleitet. Die Innentrommel besteht aus gelochtem Kupfer- oder Edelstahlblech. Bei neuen Konstruktionen ist der Antriebsmotor direkt an die Welle unterhalb der Schleudertrommel angebracht, seltener wird die Zentrifuge vom Motor über Keil- oder Flachriemen angetrieben. Die heute hauptsächlich verwendeten Schleudern sind *Pendelzentrifugen* (Abb. 135, 136), d. h., die gesamte Konstruktion ist in 3 Säulen pendelnd aufgehängt,

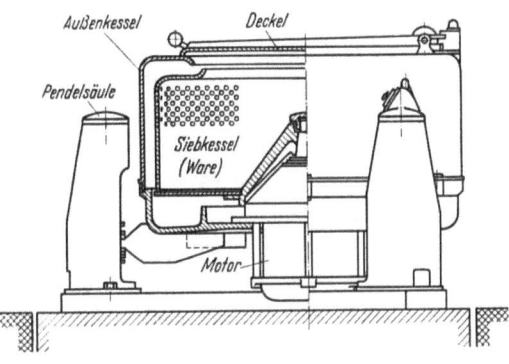

Abb. 135. Elektro-Pendel-Zentrifuge

um bei ungleichmäßiger Beladung ein gewisses Ausschwingen zu ermöglichen. Trotzdem ist eine gleichmäßige Packung der Innentrommel wichtig für den schlagfreien Lauf der Zentrifuge. Eine der Fa. *Krantz* geschützte Konstruktion ermöglicht auch bei ungleichmäßigerer Packung den einwandfreien Lauf mittels *Gleitschwinger*, wodurch die störenden Pendelsäulen wegfallen. Gewerbepolizeiliche Anordnungen verlangen, daß Zentrifugen mit einem Deckel versehen sind, der nur bei Stillstand der Maschine geöffnet werden kann bzw. die Schleuder erst anläuft, wenn dieser Deckel geschlossen wurde.

Das Fassungsvermögen der Innentrommel beträgt je nach Größe der Zentrifuge in der Textilveredlung 10—600 kg, berechnet auf das

Abb. 136. Elektro-Pendel-Zentrifuge (*Ellerwerke*)

Trockengewicht der Ware. Die Umdrehungszahlen können je nach Größe der Schleuder mit 500 bis 1500 U/min angegeben werden. Die Abbremsung der Trommel wird entweder von Hand aus mittels Bremsbändern auf eine auf der Achse sitzenden Trommel oder elektrisch über den Motor vorgenommen. Moderne Konstruktionen sind mit einer Automatik versehen, auf der die Schleuderzeit eingestellt werden kann und die Bremsung nach Ablauf dieser Zeit zwangsläufig durch den Motor erfolgt.

In der Schleuder lassen sich alle Textilien entwässern, wie loses Material, Garne und Stückwaren. In der Appretur können alle Stücke geschleudert werden, wenn sie nicht besonders knitterempfindlich sind. Für letztere Waren empfiehlt sich die Verwendung der Tuchquetsche oder besser noch der Absaugmaschine. Die Stückwaren werden zum Schleudern entweder direkt in die Innentrommel gepackt oder zuerst in Lagen gelegt — *vertafelt* —, jeweils die halbe Warenmenge auf einer, die andere auf die andere Trommelseite gelegt. Meist wird man jedoch 2 Stücke gleichzeitig schleudern, um eine möglichst gleichmäßige Gewichtsverteilung zu erreichen. Um evtl. aufgetretene Schleuderfalten wieder zu glätten, ist es vorteilhaft, die Stücke nach dem Zentrifugieren wiederum breit zu vertafeln.

Vereinzelt werden zum Schleudern von Stückwaren in breitem Zustand auch *Breitschleudern* in liegender oder stehender Bauart verwendet. Es treten dabei zwar keine Schleuderfalten auf, doch müssen die Stückbäume sehr gut gegen Abwickeln der Außenlagen während des Schleuderns geschützt werden, um ein Zerreißen zu vermeiden. Eine Abwandlung dieser Art des Zentrifugierens wird in der ,,Rotowa"-Breitwaschmaschine (S. 63) angewendet, wo die Warendocken nach dem Waschen durch 400 U/min, ohne Wasserzufuhr durch die Hohlachse, entwässert werden. In der Färberei von Stückwaren auf HT-Stückbaumautoklaven besteht außerdem die Möglichkeit, den Warenbaum durch eine Vakuumpumpe abzusaugen.

Der Entwässerungseffekt beim Zentrifugieren richtet sich nach Art der Ware, der Tourenzahl der Schleudertrommel und der Schleuderzeit. Bei Baumwolle und synthetischen Fasern kann man eine Entwässerung bis zu 60% erreichen, wogegen die Werte bei Wolle und Zellwolle bei 80—100% liegen.

Zentrifugen werden u. a. von folgenden Firmen hergestellt:

Amdés	*ELITEX*	*Minnetti*	*Raxhon*
Broadbent	*ILMA*	*Morrison*	*Scholl*
Drabert	*INVEST*	*Obermaier*	*Then*
Ellerwerke	*Krantz*	*Pegg*	*Turbo*

Zum Entwässern knitterempfindlicher Stückwaren und solchen, welche auf Grund der Webbindung druckempfindlich sind, sind, abgesehen von Breitschleudern alle bisher beschriebenen Maschinen nicht zu verwenden. Man verwendet dafür **Absaugmaschinen** (Abb. 137, 138). Die Stückware wird in breitem Zustand über einen oder mehrere Saugschlitze geführt, durch die mittels einer

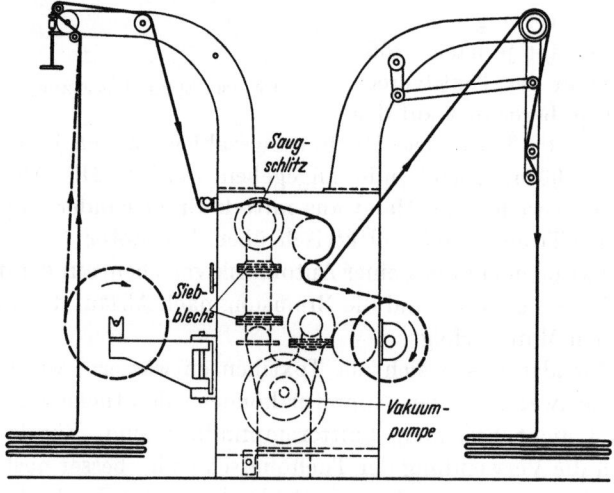

Abb. 137. Absaugmaschine (*Krantz*)

Vakuum-Pumpe bis zu 5,4 m³/min Luft und damit auch die durch Entwässern entfernbare Feuchtigkeit abgesaugt. In die Saugleitung sind ein oder mehrere Siebbleche zwischengeschaltet, um die mitabgesaugten Fasern von der Pumpe fernzuhalten. Die Siebbleche können schnell gereinigt und dadurch eine Verminderung der Saugleistung vermieden werden.

Abb. 138. Absaugmaschine (*Krantz*)

Die Vakuumpumpe der Absaugmaschine erfordert unter den Entwässerungsmaschinen die größte Antriebskraft (bis 15 kW). Besonders wichtig ist die ausreichende Abdeckung des nicht mit der Ware abgedeckten Saugschlitzes, um Energie zu sparen. Liegt die Ware aufgerollt vor, genügt eine Abdeckung mittels eines *Gummituches*, welches den Saugschlitz bis zur Warenkante abdeckt. Sobald jedoch die Ware vom Stapel in die Maschine läuft, kann es vorkommen, daß der so abgedeckte Saugschlitz einseitig unbedeckt bleibt und die Saugleistung auf die Ware geringer wird. In derartigen Fällen kann man den Schlitz mittels eines Gummituches abdecken, welches von einer über dem Saugschlitz angebrachten, Walze gehalten wird. Sobald die Ware läuft, wird die Pumpe angestellt, die Ware schiebt das Weichgummituch vom Saugschlitz und wird entwässert. Auf dem freien Teil des Saugschlitzes wird das Gummituch angesaugt und dadurch Druckverluste vermieden. Die Fa. *Monforts* hat für die Abdeckung *Plexiglasringe* über dem Saugschlitz auf eine Welle lose aufgehängt (Abb. 139). Sobald die

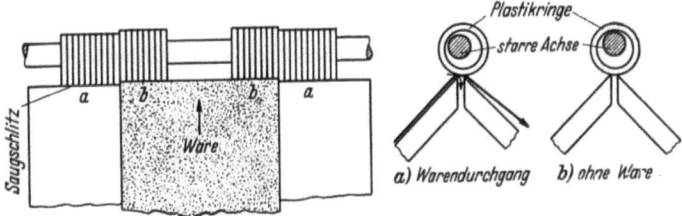

Abb. 139. Saugschlitzabdeckung (*Monforts*)

Ware läuft, werden die Ringe abgehoben und der Saugschlitz wird für die Entwässerung frei. An den nicht durch die Ware bedeckten Seiten werden diese Ringe vom Saugschlitz angesaugt.

Absaugmaschinen werden u. a. von folgenden Firmen gebaut:

Artos	*Famatex*	*INVEST*	*Menzel*	*Raxhon*
Birch	*Farmer-Norton*	*ILMA*	*Minnetti*	*Riggs*
Burlington	*Gessner*	*Isotex*	*Monforts*	*Sellers*
Comerio-Ercole	*Hunt*	*Krantz*	*Morrison*	*Sistig*
Crosta	*Hunter*	*Mather-Platt*	*Pozzi*	*Zanon*
Drabert				

Wie bereits erwähnt, sind Strangquetschen nur für Baumwoll- und Leinenwaren brauchbar, wogegen Zellwollstücke geschleudert oder abgesaugt werden. Für Wollstücke eignet sich die Zentrifuge oder Tuchquetsche und die Absaugmaschine. Letztere Konstruktion wird auch für Gewebe aus synthetischen Fasern verwendet, wenn ein Schleudern nicht ratsam ist. Wasserkalander sind für glatte Baumwollgewebe und auch solche aus Zellwolle brauchbar. Ein Entwässern wird unter allen Umständen vor der eigentlichen Trocknung notwendig sein, um möglichst viel Feuchtigkeit auf die billige, mechanische Art aus der Ware zu entfernen. Abgesehen von der Verteuerung des Trockenprozesses von nassen, nicht vorgetrockneten Geweben, die sehr lange Trockenzeiten und hohe Temperaturen benötigen, können die Waren durch zu starke Eigenerwärmung übertrocknet bzw. werden nur unvollkommen getrocknet. Der Ausrüster wird möglichst alle Naßarbeiten vor dem Trocknen durchführen, wenn es der Ausrüstungsgang nur irgendwie erlaubt, um die hohen Kosten der eigentlichen Trocknung zu sparen. Unter Umständen wird man auch versuchen, nur entwässerte Waren weiter zu behandeln (*Naß-in-Naß-Verfahren*)

Um die durch mechanische Mittel nicht mehr entfernbare Feuchtigkeit zu beseitigen, bedient man sich der Wärme. Bei der *Konvektionstrocknung* nutzt man die unterschiedliche Feuchtigkeitsspannung der Umgebungsatmosphäre. Beim Trocknen zwischen erhitzten Platten oder auf Zylindern, der *Kontakttrocknung*, wird die Feuchtigkeit durch Verdampfen entfernt. Daneben kennt man noch die Trocknung mit *Infrarotstrahlern* und die *Hochfrequenztrocknung* bzw. Kombinationen der angeführten Verfahren.

Trocknen mit erwärmter Luft

In der Ausrüstung werden ausschließlich Gewebe oder Gewirke getrocknet, wogegen loses Material, Stranggarne, Wickelkörper und Kardenband in der Bleicherei oder Färberei getrocknet werden, sie können daher an dieser Stelle unberücksichtigt bleiben[1].

Der Wollausrüster vertritt auch heute noch die berechtigte Ansicht, daß die schonendste Trocknung von Wolltextilien mit nichterwärmter Luft durchzuführen ist. Diese Tatsache kann nicht bestritten werden, wenn der direkte Zutritt von Sonnenlicht vermieden wird. Das Verfahren ist jedoch wegen seiner

---

[1] BERNARD: Praxis des Bleichens und Färbens von Textilien. Berlin/Heidelberg/New York: Springer 1966.

10. Trocknen

Unrentabilität kaum anwendbar, und man ist zu den in diesen Abschnitten zu schildernden Trocknungsverfahren übergegangen. Eine Beschleunigung der Trocknung ist nur durch Wärme möglich, birgt aber viele Gefahrenquellen in sich. Durch *Übertrocknen* entzieht man der Faser teilweise oder ganz die hygroskopische Feuchtigkeit und schädigt bzw. verändert die Faser ungünstig.

Vor allem benötigen die natürlichen Faserstoffe zur Erhaltung des ihnen eigenen Fasercharakters eine gewisse Mindestfeuchtigkeit, die durch Vereinbarungen (z. B. Deutscher Garnkontrakt, DIN 53821) festgelegt wurde und ungefähr dem Feuchtigkeitsgehalt entspricht, den Fasern im Normklima bei 20°C und 65% relativer Luftfeuchtigkeit aufnehmen und der als *handelsüblicher Feuchtigkeits-* oder *Konditionierzuschlag* bezeichnet wird. Die Feuchtigkeitszuschläge betragen:

- 8,5% Baumwolle,
- 12% Flachs, Hanf, Ramie, Sisal,
- 18% Wolle,
- 11% Viskose-, Kupferreyon und Zellwolle, Naturseide,
- 6% Ayetatreyon und Zellwolle,
- 4% Polyamidfasern,
- 2% Polyacrylnitrilfasern,
- 0% Polyesterfasern.

Aus diesen Werten ist ersichtlich, daß die meisten Fasern mehr oder weniger hydrophil sind. Dabei können Faserstoffe oft weit höhere Feuchtigkeitsmengen, als oben angegeben aufnehmen, ohne sich feucht oder naß anzufühlen. Die Feuchtigkeitsmenge bei Mischfasertextilien errechnet sich aus den Konditionierzuschlägen der an der Mischung beteiligten Faserstoffe. Durch Verminderung der hygroskopischen Feuchtigkeit werden alle Faserstoffe spröde im Griff, verlieren an Reiß- und Scheuerfestigkeit, die Bruchdehnung wird kleiner, was teilweise mit der Abnahme der Elastizität zusammenhängt. Oft ändert sich die Farbstoffaufnahmefähigkeit, und auch die Eigenfarbe kann verändert werden. Da die synthetischen, hydrophoben Faserstoffe nur geringe hygroskopische Feuchtigkeit haben, treffen für diese die angeführten Änderungen nur eingeschränkt zu. Es gilt vor allem für natürliche und regenerierte Fasern der Grundsatz, daß die natürlichen Fasereigenschaften nur durch Erhaltung der hygroskopischen Feuchtigkeit erhalten bleiben, wobei eine einmal übertrocknete Faser nicht immer in der Lage ist, diese Feuchtigkeit wieder aufzunehmen.

Trotz der Gefahr des Übertrocknens und der dadurch möglichen Faserbeeinflussung wählt man heute ausschließlich die „künstliche" Trocknung, muß dann allerdings die noch zu schildernden Vorsichtsmaßregeln einhalten, um eine Faserveränderung usw. zu vermeiden.

Die Luft kann gewisse Mengen an Wasser (Feuchtigkeit) aufnehmen, ohne daß diese Feuchtigkeit in Form von Nebel oder Tropfen spürbar ist. Die unter den geschilderten Umständen gehaltene Feuchtigkeit ist in ihrer Menge von der Temperatur der Luft abhängig. Durch sinkende Temperaturen nimmt diese Aufnahmefähigkeit ab und führt im *Taupunkt* zur Abscheidung des überschüssigen Wassers in Form von Tropfen oder Nebel. Das Wasser *kondensiert*. Dasselbe gilt für Luft, die durch Aufnahme von Feuchtigkeit über die Taupunktmenge gebracht wird.

Die Tab. 4 und Abb. 140 lassen erkennen, daß die Aufnahmefähigkeit von Luft bei steigender Temperatur verhältnismäßig steil ansteigt. Es handelt sich dabei um die *absolute* oder *maximale Feuchtigkeit*, die knapp unterhalb des Taupunktes liegt. Man wird daher zum Trocknen mit Luft zuerst möglichst trockene Luft erwärmen, um deren Aufnahmsfähigkeit für Feuchtigkeit soweit wie möglich zu vergrößern. Da man jedoch zum Trocknen keine absolut trockene Luft zur Verfügung hat, muß die bereits aus der Atmosphäre aufgenommene Feuchtigkeit, die man in Prozenten der maximalen Feuchtigkeit angibt und die als *relative Feuchtigkeit* bezeichnet wird, berücksichtigt werden. Die zum Betrieb der Trockner in Europa zur Verfügung stehende Luft wird mit 20°C und 75% relativer Luftfeuchtigkeit angenommen.

Tabelle 4. *Wassergehalt der Luft bei absoluter und relativer Feuchtigkeitsaufnahme*

Lufttemperatur in °C	Wassergehalt bei absoluter Feuchtigkeit in g/m³	Wassergehalt bei 75% relativer Feuchtigkeit in g/m³	Differenz zwischen absoluter und 75% relativer Feuchtigkeit in g/m³
0	4,9	3,7	1,2
10	9,3	7,0	2,3
20	17,2	12,9	4,3
30	30,1	22,8	7,9
40	50,7	38,0	12,7
50	83,9	63,0	20,9
60	129,3	96,9	32,4
70	196,8	147,6	49,2
80	290,8	217,3	73,5
90	418,7	314,7	104,0
100	589,3	442,0	147,3

Unter Zugrundelegung der Daten der Abb. 140 und Tab. 4 wird daher eine mit 20°C angesaugte und auf 100°C erwärmte Luft bei einer relativen Anfangsfeuchte von 75% noch 576,4 g in 1 m³ aufnehmen können, um die absolute Feuchtigkeit zu erreichen. Es wird selbstverständlich nicht möglich sein, die Trocknungsluft bis zum Taupunkt zu sättigen. Außerdem müssen gewisse ungenützte Wärmemengen in Abzug gebracht werden, die zur Erwärmung der Trockenmaschine verlorengehen. Als Höchstwerte der Erwärmung wurden 100°C angenommen, was keineswegs bedeutet, daß nur bei dieser Temperatur als Höchstwert getrocknet werden kann. Für den Wollausrüster wird diese Temperatur jedoch insofern als höchste Trocknungstemperatur gelten können, wenn er eine vermehrte Gefahr

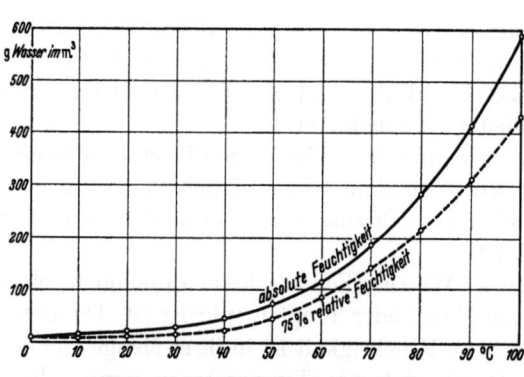

Abb. 140. Feuchtigkeitsgehalt der Luft

der Übertrocknung nicht auf sich nehmen will. Die Verhältnisse bei Zellulosefasern sind weniger kritisch, da die Zahlen der hygroskopischen Feuchtigkeit dieser Fasern niedriger liegen und eine Faserschwächung dadurch weniger schnell eintreten kann.

Beim Trocknen mit erwärmter Luft, wobei auch Temperaturen über 100°C eingeschlossen sind, sind folgende Faktoren maßgeblich zu berücksichtigen:

die Temperatur der Trockenluft,
die Luftgeschwindigkeit im Trockner,
die Strömungsrichtung der Luft,
die Endtemperatur der getrockneten Textilie,
der Feuchtigkeitsgehalt der zu trocknenden Ware,
die Gewebedicke,
die zu erzielende Restfeuchte.

Als Anhaltspunkte für die Trocknung verschiedener Gewebe sind nachfolgend einige Diagramme (Abb. 141 bis 144) der Trocknungszeiten angegeben (aus BERGMANN — Handbuch der Appretur). Die Trockenzeiten sind in Minuten angegeben. Die Trocknung wurde über die den einzelnen Fasern eigene Restfeuchte bis auf 0% fortgesetzt, um zu zeigen, welche zusätzlichen Trockenzeiten und damit Energie für diese Übertrocknung nötig ist. Es wurde von einer Feuchtigkeit von 100% (bzw. 75%) ausgegangen, die als durchschnittliche Menge nach dem Entwässern für fast alle Textilien ange-

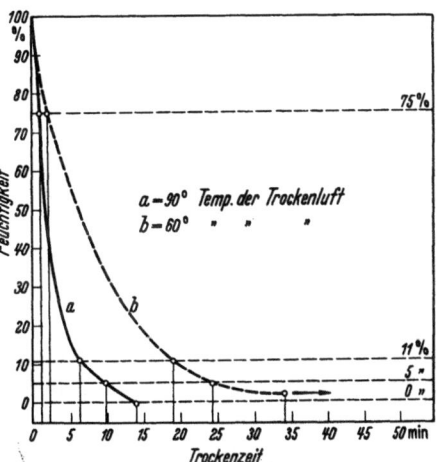

Abb. 141. Trockenzeiten eines Wollkammgarns mit 300 g/m²

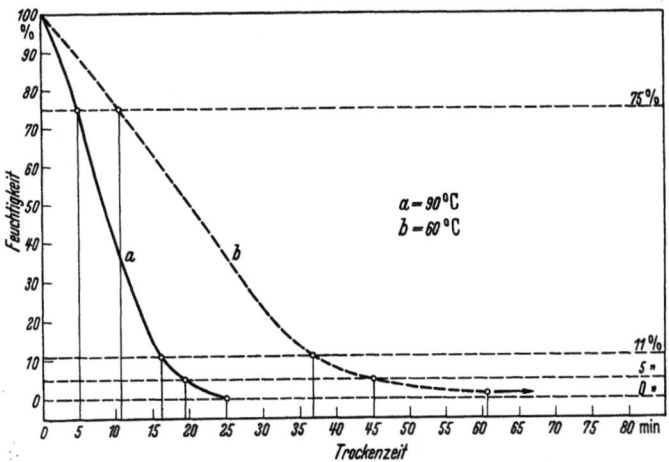

Abb. 142. Trockenzeiten eines Wollkammgarns mit 542 g/m²

nommen werden kann. Daneben sind die Trocknungszeiten mit Luft von 60 und 90°C angegeben. Auf der Ordinate wurden auch die Punkte verzeichnet, welche die einzelnen Textilien ohne ausgesprochene Übertrocknung noch haben können. Bei Wolle liegt dieser Wert bei 11%, bei Baumwolle bei 5% Restfeuchtigkeit. Die Angaben können selbstverständlich nicht als absolute Werte gelten,

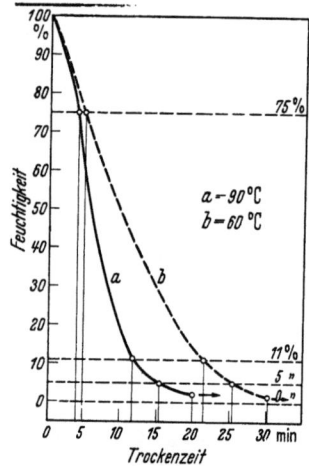

Abb. 143. Trockenzeiten eines Baumwollflanells mit 140 g/m²

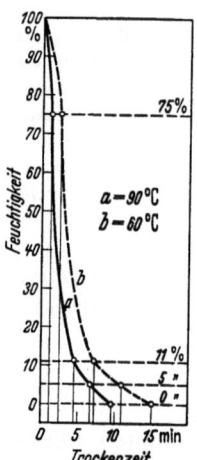

Abb. 144. Trockenzeiten eines merzerisierten Baumwollpopelines mit 150 g/m²

da die anderen bereits angegebenen Faktoren bei der Trocknung eine wesentliche Rolle spielen. Die Prüfung der Leistung von Trockenmaschinen wird am Ende dieses Abschnittes ausführlich behandelt (S. 137).

Neben der Temperatur der Trockenluft ist auch deren **Strömungsgeschwindigkeit** wichtig für die Rentabilität des Trockenvorganges. Praxisversuche haben gezeigt, daß eine Steigerung über 10 m/s keine Verbesserung der Trockenleistung bringt, auch wenn man bei extrem hohen Temperaturen trocknet. Die bewegte Luft hat bei zu hohen Geschwindigkeiten nicht die Möglichkeit, sich so weit zu sättigen, daß eine volle Nutzung eintreten kann. Außerdem kann die Ware aus den Halterungen geblasen, an verölte Wellen oder sonstige, meist unsaubere Maschinenteile geschlagen, verschmutzt und u. U. zerrissen werden.

Die Art der **Strömungsrichtung** der Trockenluft zur Laufrichtung der zu trocknenden Ware ist maßgeblich an der Nutzung der Trocknungsenergie der Luft und der sachgemäßen Behandlung der Stückware im Trockner beteiligt. Beim Trockenprozeß wird zuerst die Oberflächenfeuchtigkeit verdunsten und dann durch die Kapillarwirkung die im Inneren der Ware sitzende Feuchtigkeit an die Oberfläche gesogen und dort ebenfalls verdunsten. Auch die im Trockner erwärmte Ware nimmt am Feuchtigkeitstransport an die Warenoberfläche teil. Dabei soll die Ware keineswegs zum *Kochen* kommen, d. h., Temperaturen über 100°C müssen vermieden werden, wenn auch die Trockenluft selbst höhere Temperaturen aufweisen kann. Hat die Ware aus natürlichen oder regenerierten Fasern im Trockner höhere Temperaturen als 100°C erreicht, wird u. U. ein Übertrocknen erst nach Verlassen des Trockners eintreten, die Ware dampft.

Der *laminar* über die Ware streichende Luftstrom ist, da er ohne Wirbelbildung geleitet wird, nur eingeschränkt in der Lage, die gesamte Trockenleistung an die Ware abzugeben. Es bildet sich an der Warenoberfläche ein Dampffilm, der den Austritt weiterer Feuchtigkeit aus dem Inneren der Ware behindert. Diese Behinderung ist bei den älteren Konstruktionen, die nach dem einfachen *Gleich-* oder *Gegenstromprinzip* arbeiten, maßgeblich an der geringeren Trockenleistung beteiligt. Durch Einbau von Schienen oder Prallblechen kann jedoch eine gewisse Verbesserung erzielt werden. Beim Gleichstromtrockner wird der Luftstrom mit der Ware in den Trockner eintreten, beim Gegenstromtrockner gegen die Warenlaufrichtung geführt. Beim Gleichstromtrockner wird die heißeste und trockenste Luft mit der feuchtesten Ware zuerst in Berührung kommen und dadurch ein Übertrocknen weniger oft vorkommen, wogegen beim Gegenstromtrockner die energiereichste Trockenluft mit der trockensten Ware zusammentrifft und dadurch die Möglichkeit der Übertrocknung vergrößert. Damit kann aber keineswegs gesagt werden, daß bei letzteren Trocknern ein Übertrocknen immer, und bei ersteren kein Übertrocknen eintreten muß. Es wird immer auf die anderen, bereits angegebenen Faktoren, hauptsächlich aber auf die Warengeschwindigkeit Rücksicht genommen werden müssen.

Bei den **Um-** oder **Querlufttrocknern** wird der Luftstrom quer zur Warenlaufrichtung geblasen und strömt dabei unter und über die Ware. Es werden dabei von vornherein Luftwirbel erzeugt, die durch Schienen im eigentlichen Trockenraum noch verstärkt werden. Die Trockenluft wird durch Ventilatoren eingeblasen und nach Passieren der Warenbahn über Heizregister geleitet und wiederum gegen die Ware gedrückt. Der Vorteil der Querlufttrockner (Querlüfter) besteht vor allem in der *wirbeligen Luftführung*. Die Luft wird bei diesen Konstruktionen jeweils an den Seiten der Trockner über Heizkörper geleitet, dort aufgeheizt und damit zur weiteren Feuchtigkeitsaufnahme veranlaßt. Der Luftstrom bewegt sich spiralförmig um die Warenbahn und wird immer wieder aufgeheizt. Die Trockenluft wird weit stärker ausgenützt als bei den vorher beschriebenen, einfachen Trocknersystemen. Ferner besteht bei Querlüftern die Möglichkeit, an den Ventilatoren (Lüftern) zusätzlich Frischluft vor dem Passieren der Heizkörper (Kaloriferen) zuzusetzen, abgesehen von der ständigen Kontrolle der Temperatur der Trockenluft beim Passieren der einzelnen Lüfter in den entsprechenden Trockenfeldern.

Trotz der Vorteile der Umlufttrockner wurden diese in den letzten Jahren fast restlos von **Düsentrocknern** abgelöst. Dabei wird Warmluft bzw. neuerdings auch Abgase aus der Verbrennung von gasförmigen oder flüssigen Brennstoffen oder Dampf mittels Düsen gegen die laufende Warenbahn geblasen. Man verwendet für das Trocknen in der Regel Loch- bzw. beim Thermofixieren Schlitzdüsen, die von einer Seite mit dem Heizmedium gespeist werden (Abb. 145). Die Düsen wer-

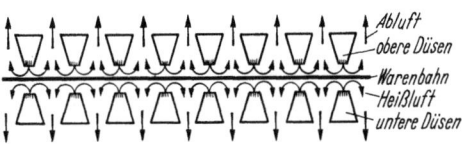

Abb. 145. Prinzip der Warenbelüftung durch Heißluftdüsen

den senkrecht gegen den Warenlauf gerichtet, und um ein Ausheben der Ware zu vermeiden, die Ware gleichzeitig von unten und oben beblasen. Um den Trockeneffekt über die gesamte Warenbreite gleichmäßig zu halten, verjüngen sich die Düsenkästen von der Luftzuführung ausgehend. Der Belüftung wurde in den letzten Jahren große Aufmerksamkeit geschenkt, so werden die Düsenküsten asymmetrisch unter und über der Warenbahn (Abb. 146) angeordnet,

Abb. 146. Geöffneter Düsenkasten im Schwebedüsen-Trockner (*Amdés/Dungler*)

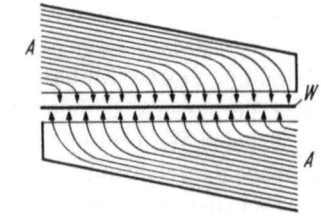

Abb. 147. Prinzip der Luftführung beim Düsen-Spannrahmentrockner TMSL (*Monforts*)
A Heißluft; *W* Warenbahn

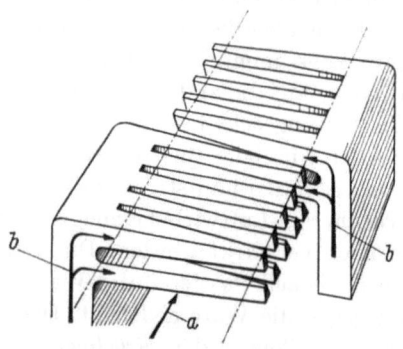

Abb. 148. Düsenanordnung in einem Trockenfeld eines Planrahmens (*Trockentechnik*)
a Warenbahn; *b* Heißluftführung

um eine absolut gleichmäßige Erwärmung der Ware zu erreichen. Dem gleichen Zweck dient auch die asymmetrischversetzte Anordnung der Düsenkästen in einem Trockenfeld. Es wird damit das Trockenmedium einmal von links und dann von rechts den Düsen zugeführt (Abb. 147, 148). Auch die beidseitige Beblasung ist üblich (Abb. 149). Eine Steigerung der Trockenleistung wird bei Verwendung von Lochdüsen erreicht, wenn durch Versetzung der Ausblaslöcher eine unbedingt senkrechte Beblasung der Warenbahn notwendig ist (Abb. 150). Beim Trocknen mit senkrechter Düsenbeblasung von Stückwaren mit Strichausrüstung kann es zur Zerstörung des Faserstriches kommen. Für diese Fälle wurden von *Drabert* schwenkbare Düsen konstruiert, die eine tangentiale Luftführung erlauben und dadurch den Flor nicht verwirren (Abb. 151).

Das Trockenmedium wird über Filter abgesaugt und über Heizkörper aufgeheizt, den Düsen wieder durch Ventilatoren (Lüfter) zugeführt. Dabei besteht die Möglichkeit kontrollierbar Frischluft zuzusetzen. Durch die Düsen ist die Ausbildung von laminaren Feuchtigkeitsfilmen auf der Ware ausgeschlossen und die Heißluft direkt an die Ware geblasen. Dadurch wird das Trockenmedium am besten genutzt. Deshalb haben Düsentrockner den besten Wirkungsgrad und weiteste Verbreitung gefunden.

Zur Erwärmung des Trockenmediums werden heute unterschiedliche **Heizanlagen** verwendet. Obwohl auch heute noch die *Heizung mit Dampf* vorherrscht, hat sie doch durch andere Heizungen Einbußen erlitten. Die Verwendung von

Dampf ist an eine kostspielige Kesselanlage gebunden, die allein für den Betrieb der Trockner verwendet, auch bei Einsatz einfacher Konstruktionen, unrentabel ist. Gute Anlagen erlauben einen Wirkungsgrad von 70—80% und

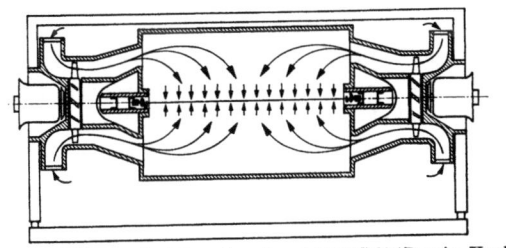

Abb. 149. Luftführung im Düsenplanrahmen Type S 60 (*Dornier-Haubold*)

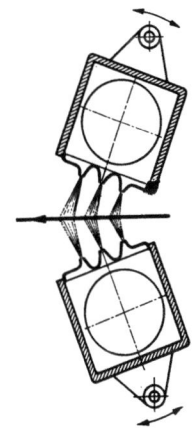

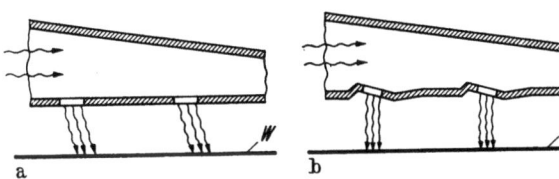

Abb. 150a u. b. Luftführung in Düsenrahmen
a konventionelle Luftführung in Lochdüsen; b Luftführung im „Aeronat"-Düsenrahmen (*Krantz*)

Abb. 151. Schwenkbare Belüftungsdüsen in der Etagen-Trockenmaschine „Passat" (*Drabert*)

sind, da Dampf in der Veredlung vielfach verwendet wird, durchaus rentabel, wenn u. U. die Anlage auch zur Erzeugung von elektrischen Strom verwendet wird. Für eine ausreichende Trocknerleistung sind jedoch Dampfdrücke von mindestens 10 atü notwendig. Unter Normalumständen ist dieser Dampf allein zur Erzeugung von Temperaturen von max. 220 °C des Trockenmediums, wie sie beim Thermofixieren von synthetischen Fasern notwendig sind, nicht ausreichend. Eine *Heizung mit Heißwasser* ähnelt der mit Dampf, doch verteuern die Installationen für die Wasserumwälzung die Anlage nicht unwesentlich. Die *elektrische Heizung* ist in Mitteleuropa die kostspieligste und wird deshalb allein zur Heißlufterzeugung nicht verwendet. Sie wird jedoch als Zusatzheizung beim Arbeiten mit Dampfheizung, vor allem beim Thermofixieren von Synthesefasern in besonderen Fixierfeldern der Trockenmaschinen eingesetzt. Die vorstehend beschriebenen Heizungssysteme arbeiten indirekt, d. h. es werden die Heizmaterialien (Kohle, Öl usw.) nicht direkt, sondern deren Energie zur Erwärmung der Trockenluft, die selbst zur Trocknung verwendet wird, eingesetzt. Dadurch ergeben sich durch die Wärmeüberträger, Zu- und Ableitungen immer gewisse Verluste, die unter ungünstigen Umständen bis 50% betragen können. Zu den vorgenannten Heizsystemen gehören auch die Ölumlauf- und Heißluftheizung.

Bei der *indirekten Gas- oder Ölheizung* werden die Verbrennungsgase von Leicht- oder Schweröl, Stadt- oder Erdgas bzw. anderer, vergaster Brennstoffe über Wärmeaustauscher zur Lufterhitzung eingesetzt. Da die Abgase ihre Wärme nicht restlos abgeben, muß auch hier mit gewissen Verlusten gerechnet werden. Bei der *direkten Ölheizung* werden die Verbrennungsgase mit der Umluft im Trockner gemischt und damit zu 100% genutzt. Durch Verwendung von speziellen Ölbrennern nach dem Preßluftzerstäubungssystem (*Trockentechnik*) tritt keine verstärkte Verunreinigung der Trockner ein und eine größere Korrosion konnte auch nach jahrelangem Betrieb nicht festgestellt werden. Die direkte Ölheizung wurde so weit vervollkommnet, daß der CO_2-Gehalt der Umluft unter 1,5% bleibt. Der SO_2-Gehalt ist so gering, daß ein Geruch überhaupt nicht feststellbar ist. Die meisten Hersteller liefern heute Gewebetrockner mit direkter Öl- oder Gasheizung neben den konventionellen Beheizungssystemen und bauen auch ältere Trocknerkonstruktionen um. Als weitere Vorteile der direkten Heizung müssen erwähnt werden, daß alle Rohrleitungen vom Kesselhaus entfallen und ein Kamin für Abgase nicht notwendig ist. Außerdem werden zur Wartung der Brenner keine zusätzliche Arbeitskraft benötigt und die Brenner nur dann betrieben, wenn der Trockner läuft. Von *Trockentechnik* wurde festgestellt, daß zum Betrieb eines 3-Felder-Fixierrahmens in 7 Std. gegenüber einer ebenfalls sehr günstigen Ölumlaufheizung bei direkter Ölheizung eine um 25% geringere Ölmenge benötigt wurde. Durch entsprechende Thermostaten wird auch bei Fixiertemperaturen bis 220°C eine Temperaturtoleranz von $\pm 1,5°C$ erreicht. Die Wahl des günstigsten Heizungssystems hängt von sehr vielen Faktoren ab und kann nur unter Berücksichtigung aller örtlichen Bedingungen erfolgen.

Die **Spannrahmen-Trockenmaschine** wurde aus dem *Handrahmen* entwickelt. Bei diesen wurde die Stückware auf verstellbare Holz- oder Metallrahmen aufgenadelt und in Trockenkammern mit erwärmter Luft oder auf Trockenböden der durchstreichenden Luft ausgesetzt. Diese Handrahmen werden heute nur mehr zum Spannen von konfektionierten Gardinen aus Zellulosefasern, Handarbeitsdecken und zum Spannen von Spitzenplains, die wegen ihrer großen Breite oft maschinell nicht gespannt werden können, verwendet.

In Spannrahmen-Trockenmaschinen ist es notwendig, die Warenbahnen in faltenfreien und kontrolliert-gespanntem Zustand in den Trockenfeldern, in welche die Maschine aufgeteilt ist, zu führen. Um diese Bedingungen zu erfüllen ist es notwendig, besondere **Warenführungseinrichtungen** vor, während und nach dem Trockner einzusetzen. Für den Warentransport werden Transportketten verwendet, die entweder waag- oder senkrecht zum Einlauffeld des Trockners zurückkehren. Der Kettenlauf muß automatisch so gesteuert werden können, daß die meist schmäler vorliegende Ware im Einlauffeld auf größere oder die Endbreite gestreckt werden kann. Auch ein Überstrecken im 1. Trockenfeld ist möglich. Ferner müssen die Kettenseiten auf die gewünschte Gewebebreite eingestellt werden können. Als Normalausführung kann die Breite von 600—2200 mm in Spannrahmen-Trockenmaschinen gewählt werden, es sind jedoch auch Konstruktionen für weit breitere Warenbahnen erhältlich. Für die Breitenstreckung sind die Transportketten im Einlauffeld horizontal schwenkbar und können dadurch der Warenbahn, wenn diese nicht in der Mitte läuft, nachfolgen. Damit wird auch ein trapezförmiger Wareneinlauf möglich, mit dem die Breitenstreckung erreicht wird. Die Einstellung der Spannbreite kann bei Stillstand und auch während der Produktion verändert werden und wird meist am Eingang des 1. Trockenfeldes angezeigt.

Als Glieder (Kluppen) der Transportkette werden

        Nadel-,   kombinierte und
        Röllchentaster-,   Kluppen mit Federzuhaltung

verwendet. Die *Nadelkluppe* besteht aus dem Kettenglied, auf dem die Nadelplättchen — meist aus nichtrostendem Stahl — aufgeschraubt werden. Die Nadeln sitzen ein- oder zweireihig auf dem Plättchen (Abb. 152). Sie sind schräg nach hinten geneigt, um ein Herausrutschen der aufgenadelten Ware durch das Beblasungssystem zu vermeiden. Als Spezialausführung werden auch Hackennadeln verwendet, die ein stärkeres Berühren der Gewebeleiste auf dem meist kälteren Grundplättchen vermeiden. Diese Nadelkluppen (Abb. 153) werden dann verwendet, wenn Waren thermofixiert werden, die nachträglich gefärbt,

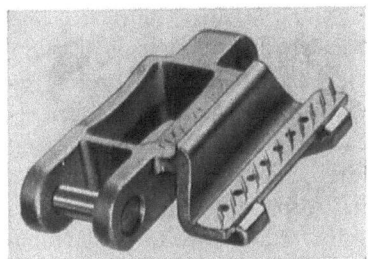

Abb. 152. Nadelkluppe (*Kolb*)

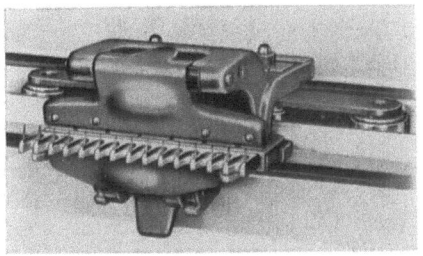

Abb. 153. Kombinierte Kluppe in Arbeitsstellung als Nadelkluppe mit Spezialnadeln (*Monforts*)

durch Temperaturunterschiede stark in ihrer Farbstoffaufnahmsfähigkeit verändert werden (Polyesterfasern) bzw. die Metalle katalytisch wirken (Naphtholgrundierungen). Nadelkluppen werden dort verwendet, wo die Ware stärker in die Breite gespannt werden soll (flachgewirkte Maschenwaren, Gewebe aus synthetischen Fasern und deren Mischungen) und Gewebe oder Gewirke, die eine gerauhte Oberfläche haben, die durch Tasterkluppen zusammengedrückt würden. Nadelkluppen sind jedoch nur dort verwendbar, wo Einstichlöcher in der Fertigware nicht stören. Bei der *Röllchentasterkluppe* (Abb. 155) wird die Ware zwischen die beiden Halteplättchen durch den Einführapparat eingeschoben. Die Oberplatte besteht aus einem vorderen Haltesteg und dem Röllchen dahinter. Die Warenleiste rollt unter dem Röllchen so weit ab, bis sie vom lose aufliegenden Oberteil mittels des Steges erfaßt und eingeklemmt wird. Dadurch wird ein „Einkluppen" außerhalb der Leisten (zu weit in der Ware) vermieden. Diese Kluppe ist jedoch nur für horizontalen Kettenlauf verwendbar, da sie z. B. in Etagenrahmen bei der Rückführung durch Zurückfallen der Oberkluppe die Ware freigibt.

Die *Spannkluppe mit Federzuhaltung* (Abb. 154) besteht, wie auch die Röllchentasterkluppe aus der Unterplatte und dem Taster der allerdings mit einer Spiralfeder an die Warenkante, die auf der Unterplatte aufliegt, angepreßt wird. Durch eine Nase an

Abb. 154. Spannkluppe mit Federzuhaltung (*Kolb*)

der Obertaste wird diese eingerastet und kann nur durch Abheben dieser Nase wieder gelöst werden. Auch hier bestehen die mit der Ware in Berührung kommenden Kluppenteile aus Edelstahl.

Bei der *kombinierten Kluppe* verwendet man wechselweise entweder Federzuhaltung oder Röllchentaster bzw. Nadelplättchen (Abb. 155). Die Nadelplättchen können, da sie vor der anderen Kluppe angebracht sind, im Falle man die andere Festhaltung benötigt, abgeklappt werden und im Bedarfsfall durch eine Federzuhaltung wieder hochgestellt werden. Dabei liegt die Grundplatte mit den Nadeln in der Höhe der Tasterkluppe. Kombinierte Ketten erlauben ein schnelles Umstellen von einer zur anderen Warenbefestigung, sie sind aber teurer als einfache Kluppen- oder Nadelketten.

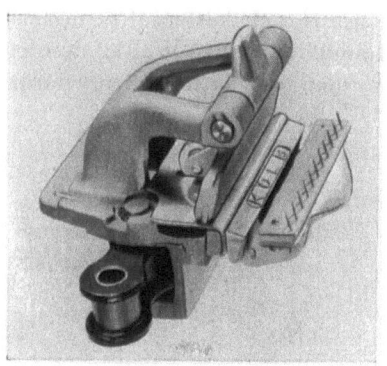

Abb. 155. Kombinierte Kluppe mit Röllchentasterkluppe und aufgeklappter Nadelleiste (*Kolb*)

Die *Kette* besteht aus den bereits geschilderten Kluppengliedern, die durch Gelenkbolzen zu einer Kette verbunden sind. Bei Beschädigung einzelner Glieder können diese durch Entfernung der Gelenkbolzen ausgewechselt werden. Die Nadelplättchen werden dabei aus ihren Verschraubungen gelöst und durch neue Plättchen ersetzt.

Da die Kette mit der Ware durch die Trockenfelder läuft, bedarf es besonderer Schmieröle, die nicht verharzen, bzw. arbeiten neuere Konstruktionen auch ohne Kettenschmierung. Die Kettenglieder bestehen aus Stahl-Temperguß oder Leichtmetall. Die Kette wird durch die Maschine auf Gleitschienen geführt. Der Antrieb befindet sich meist am Maschinenauslauf und ist stufenlos regelbar.

Bei der Warenzuführung in Spanntrockenmaschinen werden am Eingang des Einlauffeldes zur faltenfreien Zuführung *Breitstreckwalzen* und *Warenbahnführer* verwendet, wie sie bereits bei den Hilfseinrichtungen (S. 11) beschrieben wurden. Für Gewebe werden meist Warenführer mit Nuten verwendet (Abb. 158).

Abb. 156. Linksseitige Wareneinführung für flachgewirkte Trikotagen mit Wulstgummiband-Leistenaufroller, Leistentaster (*Erhardt*), Voreilung über Rundbürstenwalzen und Rundbürste für die Aufnadelung an einem Planrahmen (*Dornier-Haubold*)

Für Gewirke, die keine ausgesprochen stabile Leiste haben und sehr stark zum Einrollen neigen, verwendet man meist angetriebene Wulstbänder (Abb. 156). Beide Abbildungen zeigen in Laufrichtung der Ware den *Leistentaster*, der die Gewebekante oder Gewirkeleiste abtastet und elektrisch gesteuert beim waagrechten Auslaufen der Ware die Kettenarme der Ware nachführren. Über diese Einrichtung ist es durch Variation des Druckes möglich, die Empfindlichkeit zu regulieren bzw. auch die Breite der Ware, die festgehalten werden soll, zu bestimmen. Bei stark auslaufender Ware ist es jedoch oft notwendig, durch Handsteuerung der Warenbahn nachzufolgen, wenn diese über die Toleranz des Regelgerätes hinausgeht. Um auch den geringen Anpreßdruck des Leistentasters auszuschalten, werden heute dazu auch pneumatische und lichtelektrische Einrichtungen (*Erhardt*, *Mount-Hope* u. a.) verwendet.

Wie bereits erwähnt, werden Gewebe und Gewirke in fast allen Fällen schmäler der Trockenmaschine vorgelegt, da sie in der Weberei und der Naßveredlung einem ständigen Längszug ausgesetzt sind. Auf Spannrahmentrocknern bietet sich dabei erstmalig die Gelegenheit, diesen Längszug, zumindestens teilweise, auszugleichen. Dazu ist es notwendig, die Ware „mit Voreilung" auf die Kette zu bringen. Als *Voreilung* (Abb. 157) werden dabei zwei Transportwalzen bezeichnet, welche eine höhere Liefergeschwindigkeit haben als es der laufenden Kette entspricht. Die Ware liegt daher am Anfang des Einlauffeldes faltig in den Kluppen, wird aber durch die Breitverstreckung vor dem Einlauf in das erste Trockenfeld wieder faltenfrei, breiter und damit kürzer. Die Voreilung erlaubt meist eine Regulierung von −5 bis +40%, es muß jedoch davor gewarnt werden, von dieser

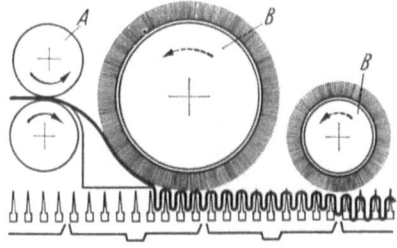

Abb. 157. Prinzip der Voreilungsaufnadelung am Spannrahmen TMSL (*Monforts*)
A Lieferwalzen für die Voreilung;
B Bürstenwalzen für die Aufnadelung

Einrichtung die restlose Entfernung größerer Restkrumpfung zu erwarten. Die Trägheit der Ware läßt dies in den meisten Fällen nicht zu und es muß damit gerechnet werden, daß auch bei Einstellung einer gewissen Voreilung und Breitenspannung, diese bei der auslaufenden Ware nicht ganz erreicht wird. Zur Einschränkung und Beseitigung von hohen Restkrumpfwerten der Ware ist von vornherein eine möglichst spannungsarme Warenführung in der Gesamtveredlung notwendig, bzw. müssen spezielle Krumpfmaschinen (S. 213) eingesetzt werden, wenn auch Spannrahmentrockner einen wesentlichen Anteil an der Regulierung der Restkrumpfung haben.

Für die Aufnadelung werden in der Wareneinführung meist Rundbürsten verwendet (Abb. 156, 157, 158). Werden Tasterkluppen verwendet, führen die Voreilungswalzen die Warenbahn zwischen die Taster der Kluppen ein. Trotz

Abb. 158. Rechtsseitiger Wareneinlauf in den Spannrahmen (*Monforts*) mit Leistenaufroller, Leistentaster, Voreilungsoberwalze, Bürstenwalze für das Einnadeln und Leistenwächter als aufliegende Rundbürste

dieser komplizierten und weitgehend automatisch gesteuerten Warenführung kommt es doch öfter vor, daß die Ware nicht auf oder in die Kluppen kommt und dann unangenehme Bögen (Arkaden) durch schmalere Warenbreiten zeigt.

Am Ende des Wareneinführapparates, der an beiden Seiten arbeitet, werden deshalb *Leistenwächter* verwendet, welche dann die Warenzuführung stoppen, wenn die Ware nicht in den Kluppen sitzt. Es werden dazu entweder kleine Rundbürsten oder Schleifplättchen verwendet, die durchfallen und dann sofort die Maschine stillsetzen. Beim Trocknen von flachgewirkten Waren, wie z. B. Charmeuse aus Reyon oder synthetischen Fasern (Polyamidfäden), läßt sich auch bei bester Wareneinführung ein gewisses Einrollen der Gewirkeleisten nicht vermeiden. Diese leicht eingerollten Kanten stören jedoch beim maschinellen Zuschnitt in der Konfektion. Die Kanten können mittels *Kantenversteifern*

Abb. 159. Sprüheinrichtung zur Kantenversteifung am Eingang zum ersten Trockenfeld eines Planrahmens (*Dornier-Haubold*)

(Abb. 159) stabilisiert werden. Dabei wird die Kante mit Kunststofflösung kurz vor dem Einlauf in das 1. Trockenfeld besprüht und die Kunststoffe in den Trockenfeldern gehärtet.

Hochleistungs-Spannrahmentrockner können mit Geschwindigkeiten bis zu 200 m/min betrieben werden, wenn die Anzahl der Trocken- bzw. Fixierfelder eine entsprechend hohe Trockenleistung haben bzw. die Ware so hohe Geschwindigkeiten zuläßt. Neben den bereits beschriebenen Einrichtungen muß die Bedienung des Rahmens an einem Schaltpult oft durch Handsteuerung den Warenlauf zusätzlich regulieren. Vielfach sind auch die Temperaturen in den Trockenfeldern zu überwachen, die Laufgeschwindigkeit der Lüfter zu kontrollieren und zu verändern, wenn diese auch meist über *Thermostaten* gesteuert werden. Alle Maschinen sind mit Tachometern eingerichtet, welche die jeweilige Durchlaufgeschwindigkeit anzeigen bzw. auch für die Messung der Gewebelänge von Einzelstücken eingerichtet sind. Vielfach werden auch Feuchtigkeitsmeßgeräte (S. 20) verwendet, die

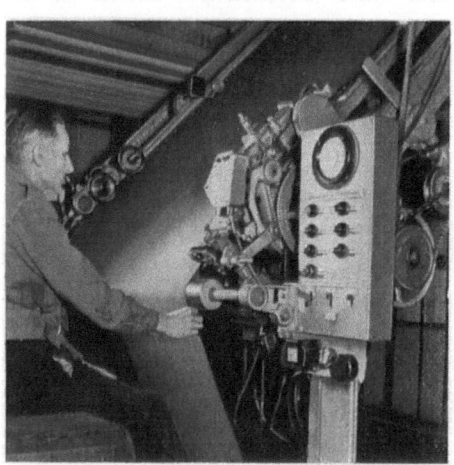

Abb. 160. Wareneinlauf in einen Etagenrahmen

den Trocknungsgrad anzeigen, und mit dem Maschinenantrieb synchron gekoppelt, die Geschwindigkeit verlangsamen, wenn die Ware zu feucht, und beschleunigen, wenn diese zu trocken die Trockner verläßt. Die einzelnen Regel- und Steuerorgane sind entweder an beiden Seiten der Maschinenständer (Abb. 160)

10. Trocknen

oder auch auf einer Traverse vor dem Wareneinlauf (Abb. 161) untergebracht. Für die Bedienung sollten deshalb gutausgebildete Kräfte eingesetzt werden, um Verluste zu vermeiden. Bei Störungen in den elektrischen Anlagen ist meist

Abb. 161. Steuertraverse und Leuchttransparent am Eingang zum ersten Trockenfeld an einem Planrahmen (*Dornier-Haubold*)

ohne einen versierten Elektriker nicht auszukommen, wenn man berücksichtigt, daß je nach Größe der Maschine bis 10 km Kabel verlegt werden und eine Vielzahl von Schalteinrichtungen zur Steuerung aller Rahmenfunktionen notwendig sind.

Spannrahmentrockner werden als selbständige Einheit, jedoch auch im Verbundbetrieb mit z. B. vorgeschalteten Foulards verwendet, wenn die Durchlaufgeschwindigkeit beider Aggregate synchronisiert bzw. ausreichende *Warenspeicher* (Depots) zwischen den Maschinen eingerichtet werden. Oft werden Spannrahmentrockner mit vorgeschalteten **Schußfadenrichtern** betrieben, die vor allem bei quergestreifter oder karierter, jedoch auch bei anderen Waren die Gewebebahnen so führen, daß verzogene Schußfäden ausgerichtet werden. Zum Ausgleichen verzogener Ware werden von allen Konstrukteuren seitenverstellbare und Walzen, die eine konkave und konvexe Durchbiegung ermöglichen, verwendet. Die Wirkungsweise des *Schußfaden-Richtautomaten* *FRA* der Fa. *Dornier-Haubold* (Abb. 162)

Abb. 162. Schußfaden-Richtautomat FRA (*Dornier-Haubold*) mit eingebauter Orthomat-Schußfaden-Kontrollanzeige (*Mahlo*)

zeigen die Abb. 163, 164 und 165. Durch die Verstellung der Oberwalzen (Schränkung) bzw. konkave oder konvexe Verstellung der Haspelstäbe lassen sich diagonale und bogige, und durch beide Verstellung auch überlagerte Diagonal- und Bogenverzüge ausgleichen. Dabei können die Haspel- und schwenkbaren Walzen nach- oder auch übereinander arbeiten. Die Warenbahn wird vor dem Einlauf

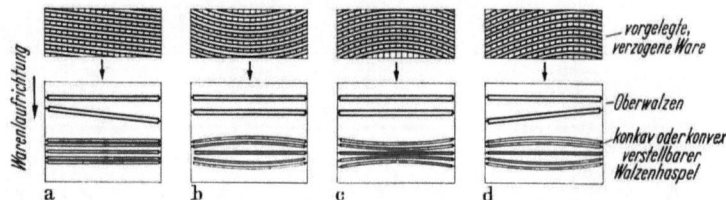

Abb. 163a bis d. Wirkungsweise des Schußfaden-Richtautomaten FRA (*Dornier-Haubold*)
a) *Diagonalverzug* wird durch Schränkung der schwenkbaren Oberwalzen gegenüber den Unterwalzen des Diagonalrichters ausgeglichen, die Haspelstäbe des Bogenrichters bilden einen zylindrischen Rundhaspel
b) *Bogenverzug* (Bogen, eilt voraus), Oberwalzen ohne Funktion Haspelstäbe des Bogenausrichters bilden zum Ausgleich einen konvexen Rotationskörper
c) *Bogenverzug* (Bogen bleibt zurück), Oberwalzen wie bei b), Haspelstäbe bilden zum Ausgleich konkaven Haspel
d) *Überlagerter Diagonal und Bogenverzug* wird durch Schränkung der Oberwalzen und konvexe oder konkave Verstellung des Bogenrichters ausgeglichen

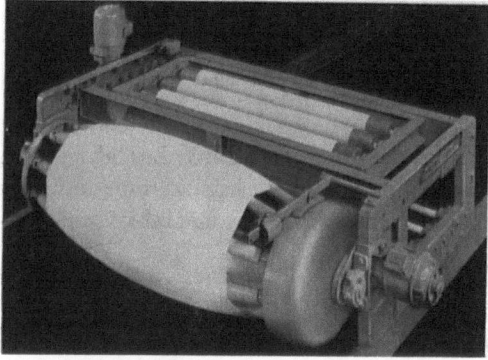

Abb. 164. Schußfadenrichter FRA (*Dornier-Haubold*) bei voreilendem Bogenverzug

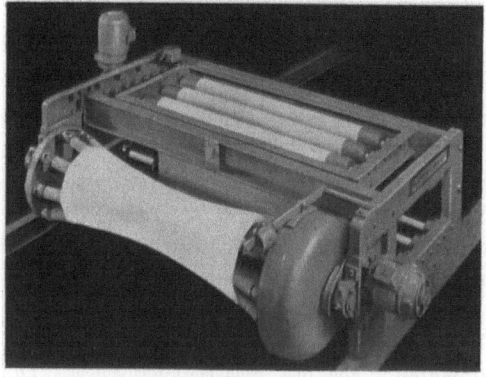

Abb. 165. Schußfadenrichter FRA (*Dornier-Haubold*) bei zurückbleibendem Bogenverzug

in das Richtgerät mittels lichtelektrischer Steuerköpfe (S. 18) abgetastet und der Verzug automatisch gerichtet. Von *Mount-Hope* (Abb. 166) wird ein ähnliches System verwendet, die Warenbahn jedoch mechanisch abgetastet. *Krantz* verwendet einschwenkbare Konkav- und Konvexwalzen (Abb. 167). Für das Richten des Diagonalverzugs von Gardinen können auch waagrecht verschiebbare Walzen verwendet werden (Abb. 168). Einige Spannrahmenhersteller haben auch die Möglichkeit berücksichtigt, durch unterschiedliche Laufgeschwindigkeiten der beiden Kettenseiten Diagonalverzüge auszugleichen.

Am Trocknerausgang bestehen die unterschiedlichsten Möglichkeiten die Ware zu stapeln. Die Abb. 169 zeigt die Möglichkeit des Austafelns. Durch Verwendung von Großdocken (S. 22) oder Steigdockenwickler usw. können Gewebekaulen ver-

10. Trocknen

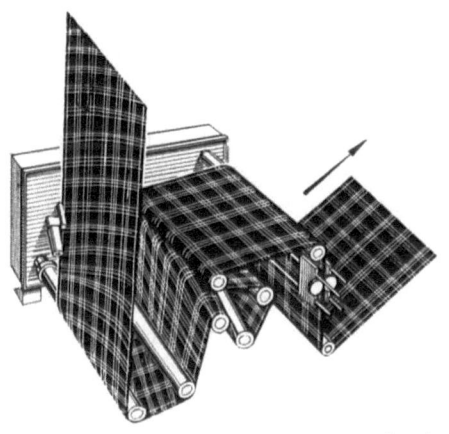

Abb. 166. Schußfadenrichter (*Mount-Hope*) mit entfernter Vorderseite

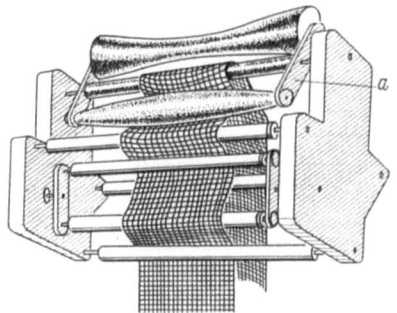

Abb. 167. Schußfadenrichter (*Krantz*) mit einschwenkbaren Konkav- und Konvexwalzen (a) für Bogenverzug

Abb. 168. Einlauffeld eines Spannrahmens für überbreite Stückwaren (z. B. Gardinen) mit vorgeschalteter Warenführung zum Ausgleich von Diagonalverzug (*Dornier-Haubold*)

Abb. 169. Spannrahmenauslauf mit Abtafler (*Dungler/Amdés*)

Abb. 170. Kantenschneider am Warenauslauf eines Trockners (*Erhardt*)

schiedener Größe hergestellt werden. Meist sind die Maschinen mit mehreren der angegebenen Vorrichtungen ausgestattet. Zum Abschneiden von versteiften oder unversteiften Kanten können auch *Kantenschneider* (*Erhardt* u. a.) eingesetzt werden (Abb. 170). Das Schneiden mit Heizdrähten hat sich wegen der entstehenden Schmelzkügelchen bei synthetischen Fasern weniger bewährt.

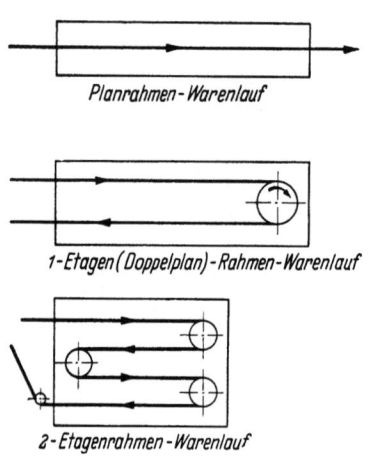

Abb. 171. Spannrahmen-Warenlaufschemen

Alle Vorrichtungen für den Wareneinlauf und Steuerung des Rahmens unterscheiden sich bei den noch zu schildernden Konstruktionen der Spannrahmen-Trockenmaschinen nur wenig. Man unterscheidet dabei folgende, prinzipielle Konstruktionen:

Planrahmen-,
Doppelplanrahmen- (Ein-Etagen-) und
Etagenrahmen-Trockenmaschinen
(Abb. 171).

Bei **Planrahmen-Trockenmaschinen** durchläuft die Ware nur einmal die gesamte Länge der Maschine, die außer dem Vorfeld eine Anzahl von Trockenfeldern besitzt, deren Anzahl sich nach der verlangten Leistung und damit der Warengeschwindigkeit und Schwere der zu trocknenden Ware richtet. Bei Verwendung der Düsenbelüftung wird man mit wenigen Trockenfeldern sein Auskommen finden, wogegen für die gleiche Leistung bei Querlufttrocknern mehr Trockenfelder nötig sind. Zur Führung der Ware kann man alle Systeme der Ketten verwenden. Eine kombinierte Kette wird dann vorteilhaft sein, wenn Waren abwechselnd genadelt oder durch Kluppen gehalten werden sollen, was vor allem für Betriebe mit verschiedenen Warenqualitäten zu empfehlen ist. Bei entsprechender Anzahl von Trockenfeldern ist es auch möglich, durch ein oder mehrere besonders eingerichtete Felder die Fixierung von Geweben aus synthetischen Fasern vorzunehmen und anschließend die Ware in einem Kühlfeld „einzufrieren". Beide Felder sind mit Düsenbelüftung einzurichten und durch Kulissen voneinander und den anderen Trockenfeldern möglichst abzudichten, um Wärmeverluste zu vermeiden. Das Kühlfeld ist meist offen als letztes Feld eingerichtet (S. 240).

Eine besondere Konstruktion stellt der **Egalisierrahmen** (Breitstreckrahmen) dar (Abb. 172). Es handelt sich dabei um einen Planrahmen, der allerdings nicht als Trockenmaschine verwendet wird, sondern zur Längs- und Breitenstreckung der bereits getrockneten Ware dient. Vor allem für Gewebe aus Zellulosefasern kann man den Egalisierrahmen zur Lockerung der Fadensysteme bei Steifappreturen und Korrektur der Warenbreite verwenden. Durch eine besondere Einrichtung, die auch an anderen Spannrahmen-Trockenmaschinen üblich ist, kann die Kette auf einer Seite mit gesteigerter Geschwindigkeit laufen, um evtl. diagonal verzogene Schußfäden auszurichten. Der Breitstreckrahmen enthält keine Lüfter, ist aber meist mit ein- oder mehreren Dämpftischen im Einführfeld ausgerüstet, um die trockene Ware anzufeuchten und dadurch leichter verstrecken zu können. Die Maschine ist kürzer als Planrahmenkonstruktionen und läuft ohne Isolation der einzelnen Felder. Am Schluß kann die Ware durch einfache Heizregister oberflächlich getrocknet, aufgerollt oder abgetafelt werden. Ein kurzer Egalisierrahmen ist ein Bestandteil der Sanformaschine (S. 215) und wird dort zum Verziehen der Ware in der Breite zwischen der Dämpfkammer und den Heizschuhen des Filzkalanders eingesetzt.

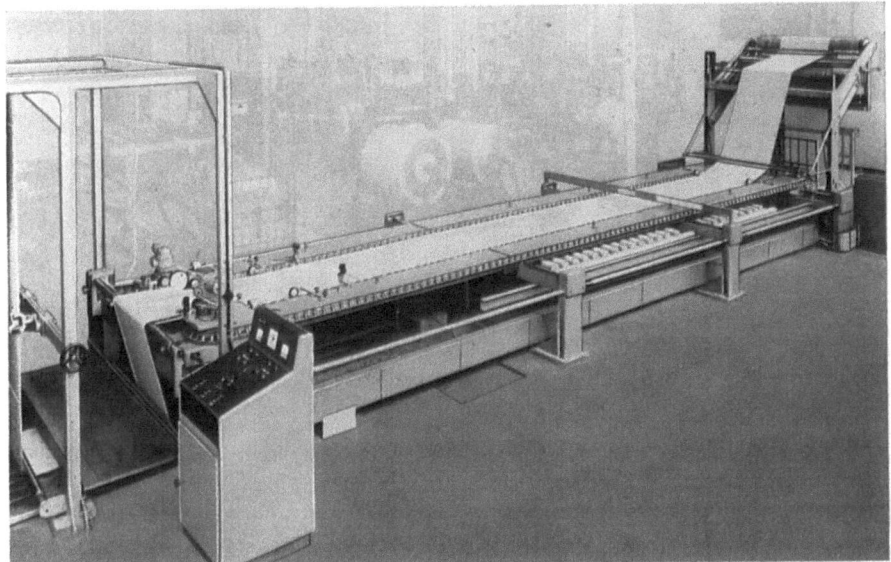

Abb. 172. Breitstreck- oder Egalisierrahmen TMS/B (*Monforts*)

Der **Doppelplanrahmen** (Ein-Etagenrahmen) unterscheidet sich vom einfachen Planrahmen dadurch, daß die Warenbahn am Ende der Trockenfelder durch eine Umkehrtrommel wieder von rückwärts in die Trockenfelder geleitet und unterhalb des Einführfeldes aus den Kluppen genommen wird. Der Vorteil dieser Konstruktion besteht in der gegenüber dem Planrahmen verkürzten Bauweise und der Möglichkeit vom Rahmenführer auch den Warenauslauf überwachen zu können. Die Konstruktion wird meist als Querlüfter gebaut und seltener mit Düsen ausgestattet. Bei schnell trocknender Ware ist auch die Verwendung als einfacher Planrahmen möglich. Zur Warenführung haben sich Tasterkluppen mit Verriegelung bewährt, da durch diese beim Rücklauf die Ware nicht aus den Kluppen herausfallen kann, wie das bei den Röllchentasterkluppen ohne Verriegelung und auch bei Verwendung von Nadelketten bei wenig in der Breite gespannten Waren eintreten kann. Nadelkluppen werden jedoch meist in der kombinierten Kette auf dem Zweibahntrockner verwendet.

Bei sämtlichen Trockenmaschinen sind die Trockenfelder durch Isolierplatten abgedichtet, um Wärmeverluste durch Abstrahlung möglichst klein zu halten. Die Isolierplatten müssen jedoch so angeordnet sein, daß bei Störungen des Warenlaufes im Trockner der Trockenraum schnell zugänglich ist. Entweder werden zu diesem Zweck die Seitenwände der Trockner als Türen ausgebildet, um durch Lösen einer Verriegelung den Zutritt zu erlauben, oder man hebt die

Deckplatten nach oben ab. Oft, vor allem bei Düsentrocknern, sind beide Möglichkeiten vorhanden, und es werden mit der Deckplatte auch gleichzeitig die oberen Düsen von der Ware abgehoben (Abb. 173).

Abb. 173. Düsenplanrahmen mit hochgeklappten, oberen Düsenfeld (*Famatex*)

Etagentrockenmaschinen (Abb. 174) vereinigen mehrere Trockenfelder übereinander, durch welche die Ware mittels endloser Ketten gehalten und über Umlenktrommeln am Ende der einzelnen Trockenfelder geleitet wird. In der Längenausdehnung hat diese Konstruktion die geringsten Ausmaße, ist jedoch höher

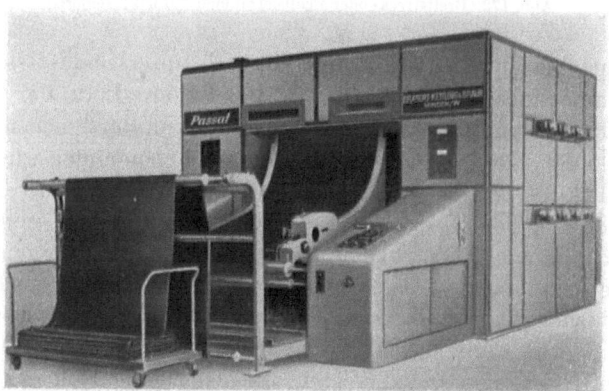

Abb. 174. ,,Passat''-Etagenrahmen-Trockenmaschine (*Drabert*)

als die vorher beschriebenen Maschinen. Auch hier wird die Luft in Schußrichtung (Querlüfter) geleitet bzw. sind heute Konstruktionen mit Düsenbelüftung üblich. Man verwendet auch hier nur Kluppen mit Verriegelung, Nadel- oder kombinierte Ketten. Bei den Querlüftern wird Kaltluft unten durch das letzte Feld durch die bereits getrocknete Ware gesaugt, über Heizregister geleitet und in das nächsthöhere Feld gesogen und so durch Lüfter über Heizregister bis in das obere Feld befördert, so daß die heißeste Luft mit der feuchtesten

Ware in Berührung kommt und die kühlste und trockenste Luft mit der trockensten Ware zusammentrifft, und ein Übertrocknen nur wenig zu befürchten ist. Diese Trocknung wird als *Stufentrocknung* bezeichnet. Die Lüfter sind an einer Seite der Maschine angebracht, wogegen die Heizregister ein- und auch beidseitig angeordnet werden können. Um möglichst rasch in das Innere der Maschine zu kommen, sind die Seitenwände nur verriegelt bzw. können die Belüftungsanbauten vom eigentlichen Trockenrahmen fahrbar abgezogen werden (*Famatex*).

Die universelle Einsatzfähigkeit von Spannrahmentrocknern haben zur Einführung dieser Konstruktion in allen Gebieten der Textilveredlung geführt und es haben sich auch eine Vielzahl von Firmen dem Bau dieser Maschinen gewidmet.

Spannrahmen-Trockenmaschinen aller Systeme werden u. a. von nachstehenden Firmen gebaut:

Amdés	*ELITEX*	*Metalmeccanica*
Améliorair	*Famatex*	*Monforts*
Artos	*Farmer-Norton*	*Morrison*
Bates	*Gessner*	*National-Drying*
Butterworth	*Hunter*	*Proctor-Schwartz*
Clerc	*INVEST*	*Raxhon*
Comerio-Ercole	*Isotex*	*Schilde*
Dalglish	*Krantz*	*Sellers*
Deck	*Marshall*	*Trockentechnik*
Dornier-Haubold	*Mather-Platt*	*Van-Vlaanderen*
Drabert	*Meccanotessile*	*Vits*
Dungler		

Eine besondere Art von Gewebetrocknern haben sich in neuerer Zeit eingeführt, bei denen die Stoffbahn entweder auf Drahtgewebe liegend (*Schilde*), durch Transportwalzen, die versetzt angeordnet und immer gegenüber einer Düse liegen (*Haas*) oder vollkommen frei schwebend, durch den durch die gegeneinanderstehenden Düsen und deren Luftstrom gehalten, durch den Trockner spannungslos getragen werden (*Artos*). Die Konstruktionen haben den Vorteil, daß die Gewebe- oder Gewirke vollkommen spannungslos trocknen können und damit eine *Naturkrumpfung* erfahren. Es handelt sich um **Flachbahn-** oder **Schwebetrockner,** welche zum Trocknen von Wirkwaren, Plüschen, Samten, Folien und Kettgarnen eingesetzt werden. Ferner eignen sie sich auch als Kondensiermaschinen in der Hochveredlung (S. 361). Sie werden als Plan- oder Doppelplantrockner gebaut, und man kann auch mehrere Bahnen neben- oder übereinander gleichzeitig trocknen. In der Ausrüstung von Geweben werden sie auch als Vortrockner vor den sonst üblichen Spannrahmen-Trockenmaschinen eingesetzt.

Schwebetrockner werden u. a. von folgenden Firmen gebaut:

Amdés	*Haas*	*Monforts*	*Proctor-Schwartz*
Artos	*INVEST*	*National-Drying*	*Schilde*

Weitere Trockner-Konstruktionen sind **Hotflues.** Bei diesen werden die Stoffbahnen entweder mit Heißluft oder durch Düsenbelüftung getrocknet. Sie sind hauptsächlich in der Druckerei in Verwendung, doch verwendet man sie auch in der Ausrüstung zum schnellen Trocknen von mit verschiedenen Appreturen versehenen Gewebebahnen. Die Ware wird in einzelnen Kammern über angetriebene Leitwalzen senkrecht von oben nach unten und umgekehrt geführt und meist in der Mitte die Warenbahn mittels loser Walzen „gebrochen" (abgelenkt). Um das Ausschrumpfen zu ermöglichen, sind die Leitwalzen stufenlos schaltbar, so daß die Ware spannungsarm durch den Trockner läuft. Die Luftführung erfolgt entweder von oben, beidseitig (Abb. 175), kann aber auch mit Spezialdüsen vorgenommen werden. Dabei werden die Düsen entweder direkt gegen die Ware gerichtet (Abb. 176) oder auch zwischen den Warenbahnen angebracht (Abb. 177). Zum Spannungsausgleich der meist stark schrumpfenden Ware können Kompensatorwalzen oder auch Spezialantriebe eingesetzt werden. Hotflues werden vielfach zum Zwischentrocknen in der Kontinuefärberei[1] eingesetzt. Beim Thermosol-Färbeverfahren[1] wird meist ein vertikaler Infrarot-Trockenschacht der Hotflue vorgeschaltet.

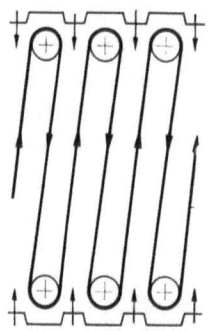

Abb. 175. Warenlauf in der Hotflue TMH (*Monforts*) mit tangentialer Belüftung

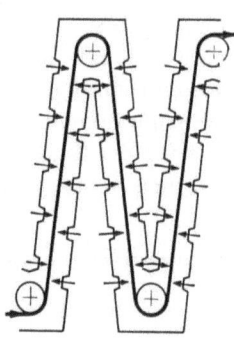

Abb. 176. Direkte Düsenbelüftung in der Hotflue TMH (*Monforts*)

In diesem Zusammenhang muß auch die **Trockenmansarde** erwähnt werden, bei der die zu trocknende, meist bedruckte Ware nach der Roleauxdruckmaschine nur linksseitig, spiralförmig in der Trockenkammer geführt wird und, ohne durch eine Kette gehalten, wie auch bei der Hotflue, schnell und spannungsarm getrocknet wird. Als Trockenmaschine in der Appretur ist die Mansarde nur selten anzutreffen.

Abb. 177. Tangentiale Düsenbelüftung in der Hotflue (*Haas*)

Hotflues und Mansarden werden u. a. von folgenden Firmen gebaut:

Amdés	*Famatex*	*Isotex*	*Proctor-Schwartz*
Ameliorair	*Farmer-Norton*	*Krantz*	*Schilde*
Andrews	*Gerber*	*Mather-Platt*	*Stork*
Artos	*Industrial-Heat*	*Monforts*	*Trockentechnik*
Deck	*INVEST*	*National-Drying*	

Eine zuerst zum Trocknen von losem Material gebaute Maschine wurde vor allem von der Fa. *Fleissner* weiterentwickelt und wird heute auch zum Trocknen von Geweben, Gewirken und Garnen als **Saugtrommeltrockner** (Abb. 178,

---

[1] BERNARD: Praxis des Bleichens und Färbens von Textilien. Berlin/Heidelberg/New York: Springer 1966.

179, 180) verwendet. Die Warenbahnen — man trocknet meist mehrere Bahnen nebeneinander — werden auf perforierte Zylinder geführt, durch welche die Heißluft eingesaugt und das Gewebe dadurch getrocknet und an der bewegten Trommel gehalten wird. Die Ware wird dadurch spannungslos getrocknet. Meist befinden sich die Trockentrommeln neben- oder übereinander. Wo keine Ware aufliegt, wird die Perforation im Inneren der Trommel abgedeckt. Bei dieser Konstruktion wird auf kleinstem

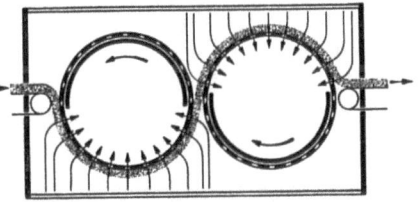

Abb. 178. Saugtrommeltrockner (*Fleissner*)

Raum eine hohe Trockenleistung erzielt. Der Trockner eignet sich vor allem zum Trocknen von rundgewirkten Trikotagen, die frei ausschrumpfen, doch können auch Gewebe auf diesen Trocknern getrocknet werden. Die durch die Ware gesaugte Luft wird aufgeheizt, Frischluft zugesetzt und wieder in die Trockenkammer eingeblasen. Je nach Größe der Maschine arbeitet man mit einem oder mehreren Trockenzylindern.

Abb. 179. Saugtrommeltrockner (*Fleissner*) mit 3 einlaufenden Rundtrikotbahnen

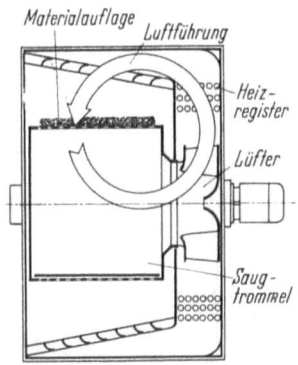

Abb. 180. Luftführung im Saugtrommeltrockner (*Fleissner*)

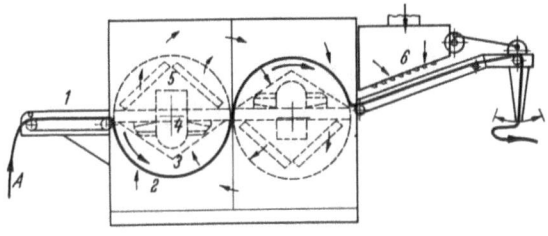

Abb. 181. Saugtrommeltrockner (*Proctor-Schwartz*) mit direkter Gasheizung
A Warenbahn; *1* Warenzuführung; *2* rotierende Saugtrommeln; *3* Siebbleche; *4* Ventilatoren für die Belüftung; *5* Brennerrampen; *6* Düsenfeld für die Warenkühlung

126   I. Die mechanischen Appreturarbeiten

Von *Proctor-Schwartz* werden nach einem besonderem Prinzip (Abb. 181) als Heizmedium mit Umluft vermischte Abgase aus verbranntem Gas verwendet. Das Gas wird in Brennerrampen verbrannt, durch einen Ventilator Luft zugeblasen und über die Siebtrommelseite, die keine Ware führt, abgesaugt und durch die Ware wieder vom Ventilator den Brennern zugeführt. Durch Siebbleche werden Einzelfasern vor dem Zutritt zu den Brennern gehindert. Zur Warenkühlung wird die Textilbahn am Trocknerauslauf mit Kaltluft über Düsen beblasen.

Saug-(Sieb)Trommeltrockner werden u. a. von folgenden Firmen gebaut:

| *Farmer-Norton* | *Haas* | *INVEST* | *National-Drying* |
| *Fleissner* | *Industrial-Heat* | *Kiefer* | *Proctor-Schwartz* |

Durch Mechanisierung wurden aus den Trockenhängen die **Schleifen-** oder **Hängetrockenmaschinen** entwickelt. Bei beiden Trocknungsarten hat die Ware die Möglichkeit auszuschrumpfen und wird, außer durch ihr Eigengewicht, durch keine Haltevorrichtung daran gehindert. In den einfachen Trockenhängen wird die Stückware in langen Schleifen über Stöcke in Trockenkammern ausgehängt. Dabei wird die Luft durch dampfbeheizte Rippenrohre am Boden der Kammern erwärmt, streicht an der Ware entlang und kann evtl. durch Ventilatoren abgesogen werden. In derartigen Trockenkammern kann die zugeführte Wärme keineswegs so rationell genutzt werden, wie es bei den bisher beschriebenen Maschinen der Fall ist. Die Ware erwärmt sich an den unteren Schleifenteilen stark, und bei ungenügendem Luftabzug sind die Trockenzeiten sehr lang. Vor allem kann die feuchte Wärme zu Störungen bei hochveredelten oder mit kationischen Hilfsmitteln nachbehandelten Direktfärbungen führen, die dann unangenehmen Fischgeruch zeigen. Ein weiterer Übelstand, den auch Langschleifentrockner zeigen, besteht darin, daß durch die langen Schleifen das Netzwasser in den unteren Schleifenteilen konzentriert wird und mit ihm Chemikalien und Farbstoffe wandern, wodurch die Stückwaren ungleichmäßige Effekte erhalten können. Man trocknet daher Stückwaren heute nur noch vereinzelt in Hängetrockenkammern.

Die **Langschleifentrockner** (Abb. 182) haben gegenüber den geschilderten Hängetrocknern den Vorteil der besseren Nutzung der Trocknungsluft. Die

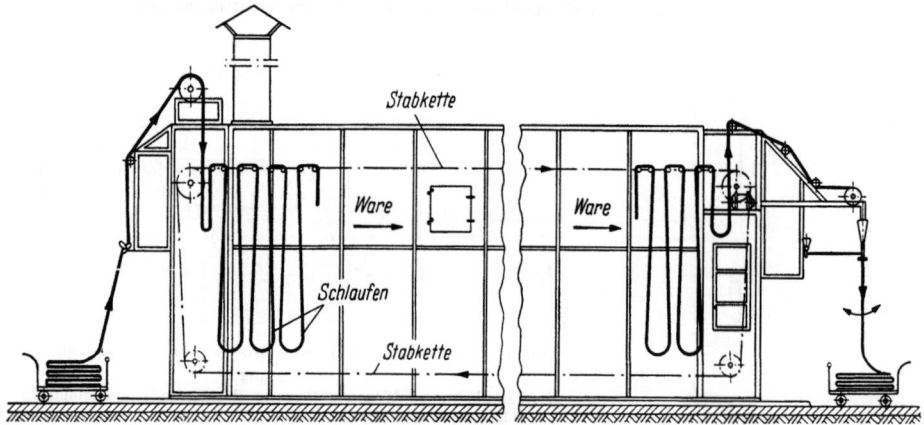

Abb. 182. Langschleifentrockner (*Haas*)

Stückware wandert jedoch ebenfalls in langen Schleifen durch die Trockenkammer. Am Eingang der Maschine wird die Ware ein- oder mehrbahnig nebeneinander auf Stäbe aufgelegt, die in einer Doppelkette befestigt sind und mit dieser endlosen Kette den Trockenraum durchlaufen. Am Ende des Trockners wird die Ware abgezogen. Die Kette läuft mit den Tragestäben wieder zum Eingang der Maschine zurück. Die Luft wird im Gegenstromprinzip am Ende des Trockners angesogen und über Heizregister erwärmt und von oben auf die wandernde Ware geblasen. Die so erwärmte und mit etwas Feuchtigkeit beladene Luft wird unten abgesogen, stärker erwärmt und die Umwälzung erfolgt so stufenweise bis zum Eingang des Trockners, wo die heißeste Luft mit der feuchtesten Ware zusammentrifft, bevor sie endgültig den Trockner verläßt. Bei dieser Konstruktion besteht ebenfalls die Gefahr des Wanderns von Farbstoffen und Chemikalien in die unteren Teile der meist 2—3 m langen Schleifen. Um diesen Übelstand abzustellen, wurde die Warentransportkette so geführt, daß die Ware über die Ablegestäbe abrollt und dadurch neben der Wanderung durch den Trockner auch in den Schleifen laufend geändert wird. So vorteilhaft diese Lösung auch erscheint, zeigt sich jedoch, daß durch das Eigengewicht die Warenschleifen oft im Trockner rutschen und über den Boden der Kammer schleifen oder ganz abrutschen. Um ein Abrutschen zu vermeiden, werden die Haltestäbe mit Kork belegt, doch auch dann ist ein Abrutschen nicht immer zu vermeiden. Trotz der geschilderten Nachteile werden die Langschleifentrockner in der Trikotagenindustrie sehr häufig verwendet. Man kann rundgewirkte Waren je nach Warenbreite in einer oder mehreren Bahnen nebeneinander sehr schnell trocknen. Eine Chemikalien- oder Farbstoffwanderung tritt kaum ein, da diese Waren meist nur gebleicht oder in hellen Tönen gefärbt und außer Weichmacher keinerlei Appretur enthalten.

Im **Kurzschleifentrockner** (Abb. 183, 184) der Fa. *Haas* wurde eine Konstruktion geschaffen, welche die genannten Nachteile des Langschleifentrockners nicht zeigt und weitgehend spannungslose Trocknung zuläßt. Die Stückwaren werden wie auch beim Langschleifentrockner, allerdings auf sich abwälzende Hängestäbe selbsttätig aufgelegt. Die Schleifen haben jedoch nur eine einstellbare Länge bis zu 80 cm. Ein Absinken der wasserlöslichen Behandlungsprodukte ist daher schon wegen der geringen Schleifenlänge ausgeschlossen, außerdem ist das Eigengewicht der Warenschleifen zu gering, um ein Abrutschen zu

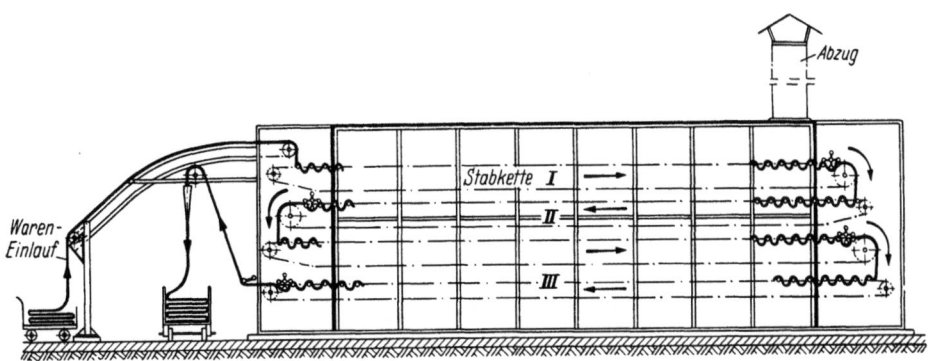

Abb. 183. Kurzschleifentrockner (*Haas*) Längsschnitt

128   I. Die mechanischen Appreturarbeiten

verursachen. Die Stabkette rollt beidseitig über eine Gelenkkette ab (Abb. 185). Die Ware passiert nicht nur in einer Richtung den Trockner, sondern wird in mehreren Etagen getrocknet. Nach Passieren einer Etage fällt die Warenschleife

Abb. 184. Kurzschleifentrockner mit 4 Bahnen Rundtrikot (*Haas*)

Abb. 185. Warenführung im Kurzschleifentrockner (*Haas*)

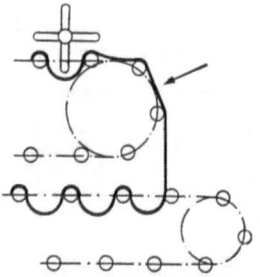

Abb. 186. Gewebeumleitung im Kurzschleifentrockner (*Haas*)

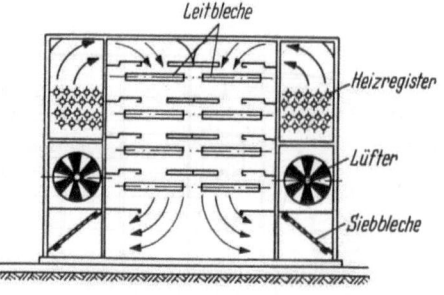

Abb. 187. Luftführung im Kurzschleifentrockner (*Haas*)

auf die Stabkette der nächsten Etage und wird durch eine rotierende Kreuzwalze in der geforderten Kurzschleife gehalten, bevor sie in die nächste Etage kommt (Abb. 186). Meist befindet sich der durch ein Transportband vorgenommene Wareneinlauf oberhalb des Warenausganges und kann daher von einer Person überwacht werden. Jede Etage des Trockners hat seine eigene Transportkette. Die Führung der Trocknungsluft ähnelt der für Langschleifentrockner üblichen Art (Abb. 187), daß die Heizregister in den Seitenteilen mit den Lüftern angebracht sind und die Ware von oben beblasen wird, um die Warenschleifen nicht von den Transportstäben zu heben. Um eine ausreichende Nutzung der Wärme zu ermöglichen, wird der Luftstrom durch Prallbleche in jeder Etage so gelenkt, daß er nicht neben den Warenbahnen, sondern nur durch diese gehen kann. Es entstehen dabei Luftwirbel, die eine weitere Steigerung der Trockenleistung bewirken.

Der Kurzschleifentrockner ermöglicht eine weitgehende *Naturkrumpfung*, da die Ware spannungslos und auch durch das Eigengewicht kaum belastet, getrocknet wird. Die beim Langschleifentrockner mit ruhender Ware auftretenden *Krähenfüße* in der Ware bilden sich nicht. Es handelt sich dabei um Falten, die sich an den auf den Trägerstäben liegenden Warenteilen fischgrätartig bilden und nur schwer entfernbar sind. Die Maschine ist zum Trocknen aller Web- und Wirkwaren geeignet und wird auch als Trockner für appretierte Waren aus dem Foulard und in der Hochveredlung eingesetzt. Daneben können Sonderkonstruktionen auch zum Trocknen und Befeuchten von wollenen Tüchern verwendet werden. Besonders erwähnenswert ist der weiche Warengriff, der durch diese Art der Trocknung erreichbar ist.

Schleifentrockner werden u. a. von folgenden Firmen gebaut:

Artos   *Haas*   *INVEST*   *Kiefer*

Trocknen mit überhitztem Dampf

Diese Art der Trocknung wurde zuerst von DUNGLER eingeführt. Die Ware wird dabei wie auf dem Planrahmen durch Kluppenketten gehalten und mit überhitztem Dampf mittels Düsen angeblasen. Man arbeitet dabei mit Temperaturen von 120—180°C. Die Feuchtigkeitsaufnahme derartigen Dampfes ist noch höher und intensiver als die von Heißluft. Die Strömungsgeschwindigkeit des Dampfes beträgt 8—12 m/sec. und liegt dabei niedriger als bei Heißluftdüsentrocknern, welche mit 40 m/sec. arbeiten. Der überhitzte Dampf gibt die gebundene Wärme an das Gewebe, kühlt sich selbst ab und beschleunigt dadurch das Verdampfen der Warenfeuchtigkeit. Der teilweise entspannte Dampf wird abgesogen und wieder aufgeheizt den Düsen zugeführt.

Der Vorteil dieser Art der Trocknung besteht darin, daß nur geringe Luftmengen im Trockner vorhanden sind und dadurch störender Einfluß des Luftsauerstoffes vermieden wird. Die Wärme des Dampfes wird direkt, ohne einen Überträger auf die Ware wirksam, da weder Luft noch Heizkörper erwärmt werden müssen. Die Gefahr dieser Trocknung besteht darin, daß die Ware durch unsachgemäße Führung selbst zu weit aufgeheizt wird und beim Verlassen des Trockners „kocht" und dann übertrocknet wird. Die Fa. *Monforts*, welche diese Trockner baut (Typ TMSN), hat für derartige Fälle an das Trockenfeld ein Konditionierfeld angebaut, in dem die Ware schnell durch Kaltluft abgekühlt wird und nicht zum Kochen kommt.

Trocknen mit erhitzten Zylindern oder Platten

Diese Trocknung wird als *Kontakttrocknung* bezeichnet, da sie die Textilien durch Berührung mit erhitzten Aggregaten ermöglicht. Die Trocknung tritt schockartig an der den Zylindern oder Platten zugekehrten Gewebeseite ein. Dadurch ist die Gefahr des zumindestens einseitigen Übertrocknens größer als bei der Konvektionstrocknung. Man wird daher diese Art des Trocknens nur für Gewebe aus Zellulosefasern anwenden und nicht für solche aus Wolle oder synthetischen Fasern. Auch zum Trocknen von Leinengeweben sind Zylindertrockner unbrauchbar, da Leinen durch Trockentemperaturen über 70°C hart und spröde wird.

Nur für Durchschnittsqualitäten von Baumwoll-, Reyon- oder Zellwollgeweben wird man diese Trocknung als Schlußarbeit verwenden, wogegen bei besseren Qualitäten die Zylindertrocknung nur als Zwischentrocknung eingesetzt wird und das Schlußtrocknen auf Spannrahmen- oder Schleifentrocknern vorgenommen wird. Abgesehen von der schockartigen Trocknung werden die Gewebe durch die Warenführung in der Länge gezogen und können dadurch nicht krumpfen. Auch Gewebe mit hohen Auflagen an Appreturen oder Kunstharz-Vorkondensaten in der Hochveredlung neigen zum Kleben der Ware an den Heizflächen und vorzeitiger Oberflächenkondensation. Trotz dieser Nachteile werden **Zylindertrockenmaschinen** in der Appretur billiger Baumwoll- und Zellwollgewebe häufig verwendet, da die Trocknung sehr schnell geht und die Konstruktionen in den kontinuierlichen Ablauf der Veredlung leicht eingeschaltet werden können.

Die Trockenzylinder werden mittels Dampf durch die Achse beheizt, und das Kondenswasser wird an der anderen Seite des Dampfeintrittes abgeleitet. Man arbeitet meist mit einer überhitzten Frischdampfzufuhr von 3 atü, um die zugeführte Wärme weitgehend zu nutzen und sowenig wie möglich Dampfverluste durch das Kondensat zu haben. Je nach dem zur Verfügung stehenden Platz baut man die Zylindertrockenmaschinen, indem man die Trockenzylinder zweireihig senkrecht übereinander in einem Ständer unterbringt (Abb. 188), wobei meist 4 bis

Abb. 188.
2-Ständer-Zylindertrockner
(*Monforts*)

12 Zylinder in einem Ständer laufen, oder man ordnet die Zylinder waagerecht nebeneinander an, wobei man die einzelnen Zylinderpaare gegeneinander versetzt (Abb. 189). Letztere Bauart bedarf eines größeren Raumes. Zwischen den einzelnen Ständern der stehenden Bauart wird mittels Tänzerwalzen die Warenspannung kompensiert. Bei der liegenden Bauart sitzt die Tänzerwalze nach einer gewissen Zylinderzahl oberhalb der Zylinder. Je nach Warenführung, nur über die Zylinder, wird die Ware beidseitig bzw. durch lose Führungswalzen zwischen den Zylindern nur einseitig getrocknet (Abb. 190, 191). Man erreicht

Abb. 189. 40-Walzen-Zylindertrockenmaschine in liegender Bauweise (*Butterworth*)

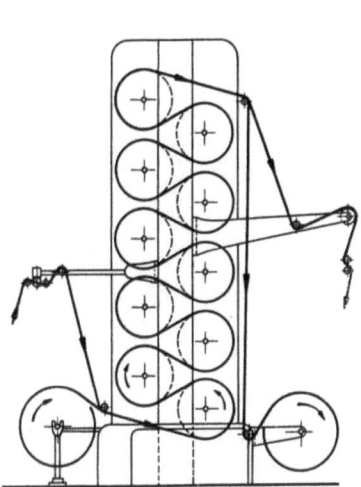

Abb. 190. Zylindertrockner in stehender Bauweise für beidseitige Trocknung (*Monforts*)

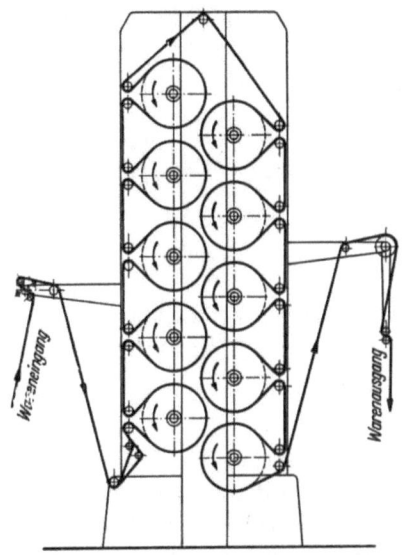

Abb. 191. Zylindertrockner in stehender Bauweise für einseitige Trocknung (*Monforts*)

bei einer entsprechenden Zahl von Zylindern Trockengeschwindigkeiten bis zu 200 m/min, wobei eine Wasserverdampfung von 15—20 kg/h bei 1 m Warenbreite pro Zylinder als normal bezeichnet werden kann.

Zylindertrockenmaschinen werden bis zu 60 Trockenzylindern für Baumwollgewebe mit einem Walzendurchmesser von etwa 600 mm, für Jute- und stärkere Gewebe mit entsprechend größerem Durchmesser gebaut. Bei entsprechender Breite der Zylinder ist auch die mehrbahnige Trocknung nebeneinander üblich. Zum Trocknen von rückenappretierten Geweben, wie Teppichen, Plüschen, Cord usw., wird ebenfalls die Zylindertrockenmaschine verwendet. Die Gewebe werden meist durch Bürstenwalzen nur rückseitig mit der Appreturlösung bestrichen und anschließend sofort einseitig über die Trockenzylinder geführt. Bei Teppichen verwendet man Zylinder mit großen Durchmessern, um die aufgebrachte Rückenappretur nicht zu brechen und damit eine besondere Steifheit zu erhalten, die auch die Rutschfestigkeit der Teppiche erhöht. Die Zylindertrockenmaschinen werden mit einer geringeren Zahl von Trockenzylindern auch als Vortrockner vor anderen Trockenmaschinen, der Gassenge, dem Egalisierrahmen, der Kratzenrauhmaschine usw. verwendet. Beim Zylindertrocknen handelt es sich um die billigste Art der Trocknung.

In den letzten Jahren haben alle Zylindertrockner-Hersteller ihre Konstruktionen mit Spezialantrieben versehen und damit ein spannungsloses Trocknen der Ware ermöglicht. Mit diesen Antrieben wird jeder Zylinder mit kontrollierter Geschwindigkeit, die auf die Warenspannung abgestellt ist, angetrieben und damit das Krumpfen (Einlaufen) der Ware während des Trocknens ermöglicht.

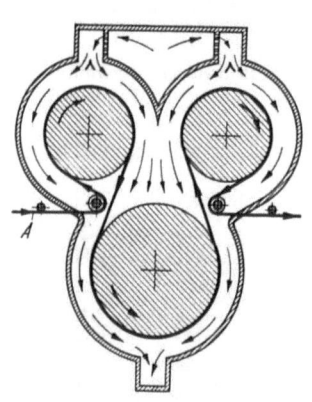

Abb. 192. Luft- und Warenführung (A) im Verdampfungstrockner (*Righby*)

Abb. 193. Verdampfungstrockner (*Rigby*)

Zur Verbesserung der Haltbarkeit werden edelstahlplattierte Zylinder verwendet, und wenn mit stark klebenden Appreturmitteln gearbeitet wird, die ersten Zylinder mit Teflon versehen. Zur Beschleunigung des Trocknens können die Aggregate auch geschlossen gebaut und zwischen den Zylindern mittels Düsen Heißluft an die laufende Ware geblasen werden.

Von *Rigby* wird eine Spezialkonstruktion (Abb. 192, 193) gebaut. Die Ware passiert hier nur 3 Trockenzylinder, die allerdings einen Durchmesser von 1170 bzw. 1530 mm haben, selbst erhitzt sind und mit Heißluft umspült werden. *Farmer-Norton* verwendet 3×2 Zylinder zweireihig übereinander und bebläst die 4 Außenzylinder über Düsenplatten, welche die Trockenzylinder zu etwa $^2/_3$ ihres Umfanges umschlingen. Als Vortrockner wird diese Konstruktion auch mit 2 Zylindern geliefert.

Zylindertrockner werden u. a. von folgenden Firmen gebaut:

Butterworth	*INVEST*	*Fr. Müller*	*Stork*
Deck	*Mather-Platt*	*Rigby*	*Tattersall*
Farmer-Norton	*Menzel*	*Sellers*	*Van-Vlaanderen*
Goller	*Monforts*	*Sistig*	*West-Point*
Hechtenberg			

Beim **Filzkalander** (Abb. 194, 195), der als Einzylinder-Trockenmaschine angesprochen werden kann, ist es zum Unterschied zu den sonst üblichen Zylindertrocknern möglich, auch Halbwollgewebe zu trocknen und sie durch den vorgebauten *Palmer*- oder *Breitstreckapparat*, ähnlich wie auf den Spannrahmentrocknern durch die Voreilung, zu krumpfen. Der Trockner besteht aus einem dampfbeheizten Zylinder mit einem Durchmesser von 1500—2000 mm, der,

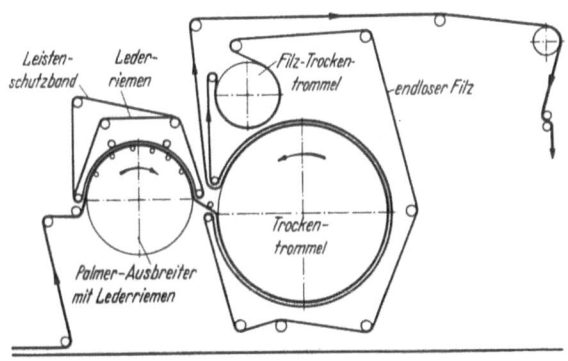

Abb. 194. Filzkalander mit Riemchenpalmer (*Menschner*)

Abb. 195. Filzkalander mit Nadelpalmer (*Monforts*)

abgesehen von der Wareneinführung, durch einen endlosen Wollfilz (Kalanderfilz) umspannt ist. Die zu trocknende Ware wird zwischen dem Filz und dem Trockenzylinder geführt, wobei die Feuchtigkeit verdampft und vom Kalanderfilz aufgenommen wird. Die Ware schwebt während des Durchganges in einem Dampffilm und hat dabei die Möglichkeit, in gewissem Sinne zu krumpfen, da sie durch keine Breitenspannung und nur lose vom Filz in der Länge gehalten wird. Der Filzkalander ist dadurch ein wesentlicher Bestandteil der Sanfor- und Monforisiermaschinen (S. 215).

Der Kalanderfilz wird am Auslauf durch einen besonderen Trockenzylinder wieder getrocknet und durch Leitwalzen und automatische Spannvorrichtungen wieder zum Wareneingang geführt. Um den Filz zu schonen, sollte man auf diesem Trockner nur gering appretierte Waren trocknen und dadurch ein Verkleben des Filzes vermeiden. Für stärker appretierte Gewebe ist ein Vortrocknen auf der Zylindertrockenmaschine oder einigen Trockenzylindern vor Eintritt der Ware in den Filzkalander vorteilhaft. Der Kalanderfilz ist teuer und sollte möglichst schonend behandelt werden. Trotzdem wird sich nach längerer Benützung eine Erneuerung nicht vermeiden lassen. Bei Verschmutzung wird der Filz gewaschen, um auch Appreturreste zu entfernen, welche die Saugfähigkeit beeinträchtigen.

Wie bereits erwähnt, ist der Filzkalander in der Lage, die Ware krumpfen zu lassen. Um die Längsspannung aus der Ware zu nehmen und die Ware in der Breite zu spannen, bedient man sich vor Einlauf in den Filzkalander entweder eines kurzen Egalisierrahmens oder eines *Palmerausbreiters*, der auch *Breitstreckapparat* genannt wird und den gleichen Zweck wie die Voreilung auf den Spannrahmen-Trockenmaschinen bzw. dem Egalisierrahmen verfolgt. Die Ware läuft möglichst spannungslos oder mit Voreilung auf zwei vertikale Scheiben auf, die so verstellbar sind, daß die Ware am Einlauf schmal auf die Nadelleiste der Scheiben aufgenadelt und zum Eingang des Filzkalanders breitgestreckt wird. Bei Waren, welche eine Nadelung nicht vertragen, werden die Warenkanten durch einen endlosen Riemen auf den beiden, meist mit Gummi bezogenen Scheiben festgehalten und die Ware in der gleichen Weise breitgestreckt wie durch die Nadelleisten des Nadelpalmers. An Stelle der Riemchen können auch Tasterkluppen verwendet werden.

Die Produktion des Filzkalanders ist geringer als die der Zylindertrockenmaschinen, kann aber durch 2 Filzkalander, welche hintereinandergeschaltet arbeiten, erhöht werden. Man nennt derartige Anlagen *Duplexmaschinen*. Neben der erhöhten Warengeschwindigkeit ermöglichen Duplexmaschinen auch eine größere Krumpfung der Gewebe. Durch die Behandlung der Ware in der feuchten Hitze kann der Filzkalander auch als Ersatz für die Dekatiermaschine bei Halbwollwaren eingesetzt werden.

Filzkalander werden u. a. von folgenden Firmen

Deck	*INVEST*	*Menschner*
Famatex	*Meccanotessile*	*Monforts*

und allen Firmen, die auch Sanfor-Maschinen (S. 218) bauen, hergestellt.

Bei den **Etagenbügelpressen** handelt es sich um Trockenmaschinen, die hauptsächlich zum Trocknen und Glätten von Einlagestoffen Verwendung finden. Die mit hohen Mengen Steifungs- und evtl. Hochveredlungs-Vorkondensaten imprägnierten Einlagestoffe werden zwischen Gas-, Dampf- oder elektrisch beheizte Platten genommen und durch den Druck der Platten geglättet und gleichzeitig getrocknet (Abb. 196). Die Behandlung ist diskontinuierlich, d. h., es werden die Stoffe in Plattengröße eingeführt, getrocknet und nach Abheben der Platten stufenweise weiterbewegt. Die Fa. *Müller-Eßlingen* baut diese Pressen zweietagig und verwendet die untere Etage zum Trocknen und die obere Etage als Kondensierzone für die Kunststoffe. Dabei wird die mittlere und obere Platte gegen die starre Unterplatte gedrückt. Der Warentransport wird durch Zug des am Ausgang der Presse angebrachten Walzenpaares vorgenommen. Die Platten lassen sich so weit abheben, daß eine bequeme Reinigung möglich ist und arbeiten mit veränderlichem Druck. Auch die Behandlungszeit ist variabel und wird den Geweben, die aus Leinen, Baumwolle, Zellwolle mit und ohne Roßhaar bestehen, angepaßt.

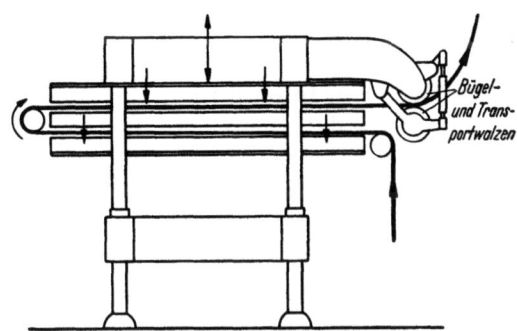

Abb. 196. Etagenbügelpresse (*Müller, Eßlingen*)

Vom *Schwäb. Hüttenwerk* werden Bügelpressen mit 3 und auch 5 Platten geliefert und die Konstruktionen verkleidet, um Wärmeverluste, wie sie bei der offenen Bauart auftreten, zu vermeiden.

Infrarottrocknung

Zum Trocknen von dünnen Lackschichten, wie sie beim Beschichten von Textilien oder anderen Unterlagen auftreten, hat sich die Infrarottrocknung einführen können. Zum Trocknen von Textilien trifft man diese Art der Trocknung nur selten, da die zu trocknenden Gewebestärken eine einwandfreie Durchtrocknung ohne Warenschädigung kaum zulassen.

Die Infrarotstrahlen sind Wärmestrahlen, die mit ihren Wellenlängen über dem sichtbaren Rotlicht liegen. Zur Erzeugung der Strahlung, die auch Ultrarotstrahlung genannt wird, verwendet man entweder *Hellstrahler*, welche Wellenlängen von etwa 1,3 µ aussenden und bei Temperaturen von ungefähr 1950°C eine gute Durchdringungskraft aufweisen, oder *Dunkelstrahler* mit einer Wellenlänge von 3,6 µ, 525°C und sehr geringe Durchdringungskraft haben. Die kurzwelligen Hellstrahler werden, wie Versuche der *BASF* zeigten, bei einer Schichtdicke von 0,3 mm mit 23% und die Wellen der Dunkelstrahler bei gleichen Bedingungen zu 79% absorbiert.

Die Dunkelstrahler eignen sich auf Grund ihrer geringen Durchdringungskraft sehr gut zum Einbrennen von Lacken und Gelieren von Kunststoffschichten auf Textilien bzw. Folien. Für die Textilindustrie kommen jedoch nur Hellstrahler in Betracht, da durch diese auch das Innere der Gewebe erwärmt wird und eine Übertrocknung der Oberfläche weniger zu befürchten ist. Auch bei Verwendung von Hellstrahlern ist jedoch wegen der hohen Eigentemperatur der

Wärmestrahlung die Gefahr der Übertrocknung wesentlich größer als bei den sonst üblichen Trocknungsverfahren, so daß man die Infrarottrocknung meist nur als Vortrocknung an Spannrahmen, Kondensiermaschinen usw. einsetzt und die Endtrocknung mit den gefahrloseren Verfahren vornimmt. Dadurch läßt sich allerdings die Leistung der üblichen Trockner bis zu 50% steigern, ohne eine Erwärmung der Textilwaren über das normale Maß befürchten zu müssen. Bei Verwendung von Infrarot ist ferner zu beachten, daß die Absorption auch von der Eigenfarbe des Trockengutes abhängt und hell gefärbte Textilien weniger, dunkle oder schwarze dagegen weit mehr Wärmestrahlen aufnehmen.

Die Textilbahnen werden zwischen den Hellstrahlern durchgeführt und getrocknet. Um einen guten Nutzungsgrad der Strahlung zu erreichen, sind die Strahler mit *Reflexionsspiegel* eingerichtet und sitzen selbst auf Spiegeln, die mit einem Silber-, Gold- oder Kupferbelag versehen sind, um die durch die Ware getretenen Strahlen wieder auf diese zurückzuwerfen. Da die Feuchtigkeit durch Verdampfen entfernt wird, ist für eine gute Frischluftzufuhr zu sorgen, um die Ware möglichst kühl zu halten und die verdampfte Feuchtigkeit zu entfernen. Der Hauptgrund der geringen Einführung der Infrarot-Textiltrocknung in Mitteleuropa ist vor allem in den sehr hohen Stromkosten für deren Betrieb zu suchen. Um einigermaßen ausreichende Effekte zu erreichen, müssen z. B. in einem Spannrahmen mindestens 12, meistens jedoch 25—40 Hellstrahler eingesetzt werden, die pro Strahler eine Energie von 200—500 Watt benötigen.

Die Verwendung von IR-Strahlern hat neuerdings größeren Eingang in der Kontinuefärberei im *Thermosol-(Thermofixier-)Verfahren*[1] gefunden. Man verwendet dort vor allem die IR-Strahlung von elektrisch erhitzten Stäben, gasbeheizten Keramikglühkörpern neben konventioneller Düsenbeblasung mit Gemischen von Verbrennungsgasen mit Luft. Von *Julien* wird das *Carbomaticsystem*, wie es auch beim Sengen eingesetzt wird (S. 32), beim Trocknen angewendet.

Hochfrequenztrocknung

Diese Art der Trocknung ermöglicht ein sehr schnelles Trocknen aller Textilien, unabhängig von deren Dicke, so daß z. B. Wickelkörper in kürzester Zeit getrocknet werden können. Die Textilien werden zwischen *Kondensatorplatten*, die von hochfrequentem Wechselstrom durchflossen sind, getrocknet. Die apparativen Einrichtungen sind wesentlich teurer als die der Infrarottrocknung. Das Trockengut wird von innen nach außen durch Verdampfen getrocknet, und es muß zur Vermeidung von zu starker Erhitzung der Textilien für eine ausreichende Abfuhr der verdampften Feuchtigkeit durch Zufuhr von genügend Frischluft gesorgt werden. Diese Art der Trocknung hat sich vor allem in den nordischen Ländern wegen der dort sehr niedrigen Strompreise einführen können. In Mitteleuropa ist sie kaum anzutreffen.

Von der *Fachgemeinschaft Textilmaschinen im VDMA* wurden in Zusammenarbeit mit dem *Gesamtverband der Deutschen Textilveredlungsindustrie e. V.*, Frankfurt (Main),

Richtlinien für die Abnahmeversuche an Textiltrocknern

---

[1] BERNARD: Praxis des Bleichens und Färbens von Textilien. Berlin/Heidelberg/New York: Springer 1966.

ausgearbeitet, um die **Leistung der Trockenmaschinen** bestimmen zu können. Aus diesen Richtlinien sollen hier nur die Hauptpunkte angeführt werden, um dem Ausrüster zu zeigen, daß eine ganze Reihe von Faktoren bei der Anschaffung von Trockenmaschinen zu berücksichtigen sind und keineswegs ein Trockner unter allen Umständen die gleiche Leistung haben kann, wenn einzelne Bedingungen geändert werden. Bei Bestellung eines Trockners sollen folgende Daten der Lieferfirma unbedingt angegeben werden:

die Menge der in der Zeiteinheit zu verdampfenden Feuchtigkeit,
Struktur, Art und Vorbehandlung des textilen Trockengutes,
die verlangte Restfeuchtigkeit,
die Betriebswerte der Heiz- und Antriebsaggregate,
die Verbrauchswerte der Heiz- und Antriebsaggregate.

Um Vergleichswerte zu erhalten, wurden folgende Testgewebe zur Prüfung bestimmt:

Baumwollgewebe mit 125 bzw. 250 g,
Zellwollgewebe mit 100 bzw. 300 g,
Reyongewebe mit 100 g bzw.
Wollgewebe mit 150 bzw. 300 g Quadratmetergewicht.

Zellwoll- und Reyongewebe sollen Taffet-, Baumwollgewebe Leinwand- und Wollgewebe Tuchbindung aufweisen. Alle Gewebe sollen ungerauht und nicht appretiert sein. Um auch durch entsprechende Anfangs- und Endfeuchte vergleichbare Werte zu erhalten, wurden die in Tab. 5 angegebenen Werte für die Prüfung als verbindlich erklärt.

Tabelle 5. *Anfangs- und Endfeuchtewerte für die Prüfung der Leistung von Trockenmaschinen*

	Anfangsfeuchtigkeiten	Endfeuchte
Baumwolle	100%, 80%, 60%	8%
Zellwolle	120%, 100%, 80%	11%
Reyon	80%, 70%	11%
Wolle	70%, 50%	15%

Die Prüfungen an den Trocknern werden für dampfbeheizte Trockner mit Dampf von 2,5—3,0—6,0 und 8,0 atü vorgenommen. Bei elektrisch betriebenen Trocknern sind die Betriebsspannungen und die Stromart und bei beiden der Energieverbrauch in kW getrennt für die Warenbeförderung im Trockner und die Gebläse als Leistungsangabe der Antriebsmotoren anzugeben.

Die Bestimmung der Trockenleistung kann nun nach der *Geschwindigkeitsmethode* durch folgende Formel errechnet werden:

$$W = \frac{g(f_1 - f_2) B v 60}{100\,000} \text{ in kg/h.}$$

W Trockenleistung in kg verdampften Wassers in 1 Std.;
g spezifisches Trockengewicht des Gewebes in g/m², gewogen nach Auslauf aus dem Trockner;
f_1 Anfangsfeuchte vor dem Einlauf in den Trockner in Prozenten des reinen Trockengewichtes;
f_2 Endfeuchte in Prozenten des reinen Trockengewichtes;
B Gewebebreite;
v mittlere Durchlaufgeschwindigkeit des Gewebes in m/min, wobei die Kettengeschwindigkeit und nicht die des Gewebes, welche durch die Voreilung verwischt sein kann, anzunehmen ist.

Neben der Geschwindigkeitsmethode kann man auch durch die *Auslitermethode* die Leistung bestimmen. Man mißt bei dieser Methode die Wassermenge, welche ein trockenes Gewebe dem Foulard entnimmt und im Trockner wieder abgibt. Es sollen dabei Werte erstrebt werden, die mindestens einer 30 Min.-Laufzeit des Trockners entsprechen. Im Foulardtrog muß durch Zugabe von genau zu bestimmenden Wassermengen der Wasserspiegel immer die gleiche Höhe aufweisen.

Nach der *Wägemethode* wird eine vorher gewogene, trockene Warenpartie auf eine bestimmte Feuchtigkeit gebracht und nach dem Trocknen wiederum gewogen. Nach dem Trocknen wird entweder die gesamte Partie oder Einzelstücke aus dieser gewogen.

Für die weiteren Messungen der Kondensatmenge, Dampfmengenmessung usw. werden die üblichen Meßmethoden verwendet, deren Beschreibung hier zu weit führen würde. Die durch die Prüfung erzielbaren Meßwerte können selbstverständlich nur als Richtwerte beim Ankauf von Trocknern gelten, bewahren jedoch den Käufer vor Übernahme von Maschinen, die seinen Ansprüchen nicht entsprechen und dadurch entweder zu geringeren Produktionsleistungen oder ungenügender Nutzung der Anlage führen.

Die folgenden Ausführungen haben den Zweck, die gebräuchlichsten Trockner für die verschiedenen Waren anzugeben. Über die Dimensionen der Trockner können keine Angaben gemacht werden, da diese von der zu trocknenden Warenmenge abhängig sind und dadurch beträchtlich schwanken. Die Hersteller von Trockenmaschinen werden mit ausreichendem Zahlenmaterial dem Ausrüster beim Kauf eines Trockners immer zur Verfügung stehen.

Beim **Trocknen von Baumwollwaren** wird man als Endtrocknung vor allem für bessere Qualitäten immer die Spannrahmen-Trockenmaschinen bevorzugen. Da Baumwolle weniger empfindlich ist, können Querlüfter und Trockner mit Düsenbelüftung verwendet werden. Die Art der Kluppen richtet sich nach der Art der Ware bzw. ob man Plan- oder Etagenrahmen einsetzen will. Zum Verdampfen von 1 kg Wasser werden durchschnittlich im Querlüfter etwa 3 kg, im Düsenrahmen 2 kg und bei Verwendung von überhitztem Dampf 1,6 kg Dampf nötig sein. Alle diese Trockenmaschinen sollten eine Voreilung besitzen, um die Restkrumpfwerte so niedrig wie möglich zu halten. Für mittlere Qualitäten und auch als Zwischentrockner wird man mit Zylindertrockenmaschinen auskommen, die auch in kleinerer Ausführung als Vortrockner vor den Spannrahmentrocknern oder dem Filzkalander eingesetzt werden können (etwa 1,2 bis 1,8 kg Dampfverbrauch pro 1 kg Wasser). Baumwollgewebe, bei denen eine freie Krumpfung erzielt werden soll, wird man zweckmäßig auf dem Kurzschleifen-, seltener dem Langschleifentrockner bzw. auf der Zylindertrockenmaschine trocknen und anschließend sanforisieren oder monforisieren.

Für das Trocknen von rundgewirkten Waren, wie *Interlock- und Feinrippwaren*, kommen nur Hängetrockner in Betracht.

Für das **Trocknen von Geweben aus Zellwolle** gilt das gleiche wie für Baumwollweb- bzw. Wirkwaren. Durch Trocknen auf Zylindertrocknern werden die Zellwollgewebe allerdings weit härter im Griff als durch das Trocknen auf Spannrahmen-Trockenmaschinen, Hängetrocknern und dem Filzkalander.

Zum **Trocknen von Reyon-, Naturseide- und Geweben aus synthetischen Fasern** wird man von allen Systemen den Spannrahmen-Trockenmaschinen den Vorzug geben. Auch die Hängetrockner, vor allem Kurzschleifentrockner, ergeben gute Resultate, wogegen die Zylindertrockner seltener Verwendung finden. Auch flachgewirkte Wäschestoffe (Charmeuse) wird man ausschließlich auf den Spannrahmentrocknern trocknen, um den Längszug, der in der Naßveredlung wirksam wurde, aus der Ware zu nehmen.

Leinen-, Jute und Gewebe aus anderen Bast- oder Fruchtfasern trocknet man, abgesehen von Leinen, fast ausschließlich auf Zylindertrockenmaschinen. Leinengewebe werden durch Trockentemperaturen über 70°C hart und werden deshalb unter dieser Temperatur auf Spannrahmen- oder Hängetrocknern getrocknet, wenn es sich nicht um Steifleinen, Segeltuche usw. handelt, welche auf Etagenbügelpressen oder Zylindertrocknern getrocknet werden.

Wollgewebe werden niemals auf Zylindertrockenmaschinen getrocknet. Es kommen dafür nur Spannrahmen-Trockenmaschinen, Hängetrockner oder der Filzkalander in Betracht. Am vorteilhaftesten sind Warmlufttrockner, da dort die Gefahr der Übertrocknung im geringeren Maße besteht. Das soll keineswegs besagen, daß Düsentrocknung unmöglich ist. In letzterem Fall ist allerdings eine genaue Kontrolle der Restfeuchtigkeit und ständige Überwachung der Durchlaufgeschwindigkeit zur Vermeidung der Übertrocknung äußerst wichtig. Rundgewirkte, wollene Jersey- und Wäschestoffe lassen sich am besten auf den Hängetrocknern trocknen, wenn sie nicht aufgeschnitten auf Spannrahmen-Trockenmaschinen getrocknet werden.

Strumpfwaren trocknet man ausschließlich auf dampf- oder elektrisch beheizten Formen bzw., wenn es sich um solche aus synthetischen Fasern handelt, gleichzeitig mit der Fixierung im Postboarding oder beim Vorfixieren (Preboarding) auf den für das Fixieren üblichen Maschinen (S. 239). Bei Verwendung automatischer Strumpfausrüstungsmaschinen ist das Trocknen im Gesamtprozeß eingeschlossen. Zum Trocknen von Fertigtrikotagen (Pullover usw.) werden in steigendem Maße auch Trommeltrockner (*Tumbler*) verwendet, in denen die Stücke durch Rotation der perforierten Trommel mittels eines Heißluftstroms getrocknet werden (S. 96).

11. Rauhen

Beim Rauhen werden aus dem Faserverband der verwebten oder verwirkten Garne Einzelfasern herausgezogen und an die Oberfläche der Textilie gebracht. Außer dem rein optischen Effekt, der haarigen Oberfläche, wird durch das Aufrauhen ein *erhöhtes Wärmehaltungsvermögen* und wolliger, flauschiger Griff erzielt, der oft nur modischen Zwecken dient. Verschiedentlich werden durch das Rauhen dickere Fasern oder Haare aus den verwebten Garnen gezogen, die beim späteren Scheren von den Scherwerkzeugen besser erfaßt und abgeschnitten werden. Durch Rauhen von Wollgeweben und anschließendem Walken wird ein dichter Oberflächenfilz erzielt, das Gewebe wird dicker und das im Gewebe gehaltene Luftpolster, wie auch beim Rauhen allein, größer. Gerauhte Gewebe sind dadurch „wärmer" als ungerauhte Textilien.

Durch das Rauhen wird immer die Ware selbst bzw. die an der Warenoberfläche befindlichen Fäden (es handelt sich dabei hauptsächlich um Schußfäden) angegriffen und damit eine Reißfestigkeitsverminderung eintreten. Durch besondere Webarten, bei denen lang flotierende Fäden an der Oberfläche liegen, wird man diese örtlich durchrauhen und mittels dieser Polfäden besondere Effekte erzielen. Durch diese Fäden erhält das Gewebe je nach Anzahl der durchgerauhten Stellen örtlich ein haariges Aussehen. Durch Verstreichen dieser Fasern können besondere Stricheffekte erreicht werden.

Auch bei schonendem Rauhen wird ein gewisser Faserverlust, den man als *Rauhflocken* bezeichnet, nicht zu vermeiden sein. Dieser Verlust soll auch bei stärkeren Geweben nicht über 10% liegen und bei dünneren entsprechend niedriger sein. Es dürfen beim Rauhen unter gar keinen Umständen, abgesehen von den bereits erwähnten durchgerauhten Polfäden, die an der Oberfläche liegenden Garne durchgerauht werden. Eine Besonderheit sind die sog. *Foulés*, bei welchen aus modischen Gründen an der Oberfläche sehr stark gerauht wird und die dabei bis 40% auftretenden Festigkeitsverluste durch eine nachträgliche, schwere Walke ausgeglichen werden.

Um das Rauhen so schonend wie möglich zu gestalten, sollen die Fasern geschmeidig und weich sein, um den Rauhwerkzeugen nur Gelegenheit zum Herausziehen und nicht zum Zerreißen der Fasern zu geben. Das ist auch der Hauptgrund für das feuchte und nasse Rauhen von Wollgeweben und das Aufbringen von Weichmachern für die nur trocken zu rauhenden Gewebe und Gewirke aus Zellulose- und synthetischen Fasern. Ein feuchtes Rauhen kommt für Baumwollwaren nur selten in Betracht, Reyon und Zellwollen rauht man durchwegs trocken, da die durch Feuchtigkeit herabgesetzte Reißfestigkeit dieser Fasern einen zu starken Angriff der Rauhwerkzeuge Vorschub leistet. Als Weichmacher für Zellulosefasern kommen meist anionische Produkte in Betracht, da diese der Ware neben einer guten Weichheit auch einen fülligen Griff und nicht zu große Glätte geben, welche wiederum einen genügenden Rauheffekt nicht zulassen würden.

Neben den anionischen Weichmachern verwendet man auch anionische *Rauhöle*, die meist aus pflanzlichen Ölen und Emulgatoren bestehen, in wäßriger Emulsion bzw. auch in organischen Lösungsmitteln gelöst, in Mengen von 3—6% auf die Ware gebracht werden. Man foulardiert oder pflatscht die Emulsionen oder verwendet *Picot-* oder *1000-Punktwalzen*. Bei diesen Walzen handelt es sich um mit vielen Punkten vertieft gravierte Walzen, welche in die unverdünnten Rauhöle oder deren Verdünnung mit Sprit auf dem Foulard eintauchen und das Gewebe, welches nicht durch das Chassis, sondern zwischen der unteren Picot- und oberen Druckwalze läuft, das Rauhöl aufnimmt. Es handelt sich dabei um eine Art der Übertragung, wie sie in der Färberei unter der Bezeichnung „Pflatschen" bekannt ist. Um nur die Vertiefungen der Unterwalze mit Rauhöl zu versehen, wird der Überschuß abgerakelt. Um einen guten Verteilungsgrad des Öles zu erreichen, ist es notwendig, die so behandelte Ware über mehrere Stunden abzulagern. Man erreicht durch die Behandlung eine verkürzte Rauhzeit und einen guten *Rauhbesatz* bei geringem Rauhflockenverlust. Obwohl mit derartigen Ölen auch im Vollbad gearbeitet werden kann, ist die geschilderte Arbeitsweise mit Picotwalzen sparsamer. Derartige Rauhöle sind:

Melanol 114   *Rotta*
Viscosil R spez., R 80   *Böhme* u. a.

Wie bereits erwähnt, werden Wollwaren überwiegend naß bzw. feucht gerauht. Dadurch erreicht man mit dem billigsten Mittel eine gewisse Geschmeidigkeit der Ware. Außerdem hat man durch nachträgliches Fixieren der Wollwaren auf Walzen die Möglichkeit, die durch Verstreichmaschinen in einer Richtung gelegten Rauhhaare in dieser Lage zu fixieren, wovon man beim Strichrauhen (Verstreichen) weitgehend Gebrauch macht. Für billige, wollene Strichwaren verwendet man anfangs das trockene Rauhen, wodurch schnell ein starker Rauhbesatz erreicht wird, der dann im *vollen Wasser* verstrichen und durch Aufwickeln der nassen Ware auf Walzen durch längeres Stehen der Docken fixiert wird.

Gewebe oder Gewirke aus synthetischen Fasern werden, wie solche aus Zellulosefasern ausschließlich trocken gerauht und besonders gehärtete Rauhkratzen verwenden, da diese Fasern dem Angriff der Rauhwerkzeuge einen großen Widerstand entgegensetzen.

Der Rauheffekt und die Anzahl der Rauhpassagen wird neben den geschilderten Bedingungen auch von der vorhergehenden Behandlung abhängen. Selbstverständlich spielen auch Faserbeschaffenheit, Kräuselung, Faserlänge und auch die Webbindung und Wirklegung eine Rolle. Es sollen für zu rauhende Gewebe alle Vorarbeiten vermieden werden, welche die Warenoberfläche glätten, wie Mangeln, Kalandern, Pressen usw., bei denen die bereits abstehenden Fasern an die Gewebeoberfläche gedrückt werden und durch Rauhen erst wieder von dieser abgehoben werden müssen. Zum Trocknen ist deshalb der Spannrahmen der Zylindertrocknung und dem Filzkalander vorzuziehen. Zu trockene Waren benötigen meist längere Rauhzeiten als normal getrocknete Waren. Durch Einsprengen kann man Gewebe aus Zellulosefasern mit zu geringer Restfeuchtigkeit oder nach der Zylindertrocknung verbessern und damit kürzere Rauhzeiten erreichen. Obwohl Schmelzen der Wollware eine gewisse Geschmeidigkeit geben, ist doch die Klebkraft der Schmelzöle oft für eine ungleichmäßige Rauhung verantwortlich, und man wird, abgesehen von Sonderfällen, das Rauhen nur bei vorgewaschener Wollware vornehmen.

Je nach Art der Rauhung auf den verschiedensten Rauhmaschinen und deren Dauer sind auch die *Rauheffekte* sehr unterschiedlich. Beim **Velourrauhen** werden vor allem bei Wollwaren durch die Rauhwerkzeuge die Haare aus der Ware gehoben und möglichst senkrecht zur Warenoberfläche gestellt und nach dem Rauhen in gewisser Höhe abgeschoren. Der Warencharakter ähnelt dem Samt, ohne jedoch dessen Dichte zu erreichen. Dem Rauhen kommt meist nur die Aufgabe zu, die Fasern aus dem Gewebeverband zu heben. Anschließend werden sie durch besondere Velourhebevorrichtungen und Dämpfen entweder direkt auf der Schermaschine oder auf besonderen Maschinen senkrecht gestellt und durch die Scherwerkzeuge, meist in mehreren Schnitten, auf die geforderte Velourhöhe „gespitzt". Für Veloure eignen sich vor allem schlichte, ungekräuselte und möglichst standfeste Wollen. Veloure dienen hauptsächlich als Mantelstoffe, Möbelbezüge, seltener für Anzug- oder Kostümstoffe. Durch Ratinieren (S. 232) werden velourartig aufgerauhte Wollgewebe zu besonderen Oberflächeneffekten verfilzt. Gewebe aus Zellulosefasern können ebenfalls velourartig ausgerüstet werden, doch sind die Effekte zum Unterschied zu Wollwaren nicht allein durch Rauhen, Velourheben und Abscheren zu einem standfesten und damit dauerhaften Effekt zu bringen. Man muß für derartige Zwecke bereits die Webbindung so einstellen, daß die Velourdecke durch Aufschneiden von entsprechenden Flor- (Pol-) Fäden ein velourartiges Aussehen erhält. Zu diesen Geweben gehören Samte, Plüsche, Cord u. a. Gewebe oder Gewirke.

Beim **Strichrauhen** werden zuerst die Fasern aus dem Gewebe gezogen und anschließend oder auch gleichzeitig durch die Rauhwerkzeuge in eine Richtung und nach einer Seite auf die Gewebeoberfläche festgelegt und in dieser Lage fixiert. Auch hier eignet sich am besten Wolle, da sie in feuchtem Zustand plastisch ist und dadurch in der Strichrichtung fixiert werden kann. Für Stricheffekte eignen sich ebenfalls möglichst ungekräuselte, schlichte und stärkere Wollqualitäten. Oft wird der Strich erst nach dem Rauhen auf Verstreichmaschinen bzw. besonderen Strichveredlungsmaschinen, welche hauptsächlich mit Bürstenwalzen arbeiten, erzeugt.

Das **Verfilzungsrauhen** dient überwiegend zur Verbesserung des Wärmehaltungsvermögens von Textilien. Die Fasern werden durch die Rauhwerkzeuge aus der Ware gezogen und wirr auf dieser im sog. Verfilzungseffekt (Verwirrung) belassen. Man rauht auf die Art Gewebe aus allen Fasern. Bei Wollgeweben kann der Verfilzungseffekt durch nachträgliches Walken als Oberflächenfilz noch stabilisiert werden. Zum Unterschied zu den vorher genannten Rauheffekten wendet man das Verfilzungsrauhen auf beiden Gewebeseiten an, wenn nicht besondere modische Effekte einseitig andere Effekte vorschreiben. Auch bei Geweben, welche anschließend geschoren werden, wird man durch kurzes Vorrauhen die Grannenhaare aus dem Faserverband herausrauhen, um sie beim Scheren besser erfassen zu können. Vorgerauhte Gewebe werden weicher und fülliger im Griff, auch wenn sie nachträglich kahl geschoren wurden. Der durch das Verfilzungsrauhen erreichbare Effekt ist für Gewebe und Gewirke, welche für Ober- und Unterbekleidung bestimmt sind, üblich. Zum Vorrauhen für nachträglichen Velour- oder Stricheffekt ist ebenfalls das Verfilzungsrauhen verwendbar.

Rauhmaschinen

Wie bereits erwähnt, wird der Rauheffekt durch *Rauhwerkzeuge* erzielt, die auf Walzen mit großem oder kleinem Umfang angebracht sind und an der die Waren vorbeistreichen und dadurch den Rauhbesatz erzeugen. Nach Art dieser Rauhwerkzeuge unterscheidet man

Karden- und Kratzen-Rauhmaschinen

Mit ersteren Maschinen, zu denen die Stabkarden- und Rollkardenrauhmaschinen gehören, lassen sich alle Rauheffekte erreichen, wogegen die letzteren hauptsächlich für den Verfilzungseffekt eingesetzt werden.

Stabkardenrauhmaschinen dienen hauptsächlich zur Erzeugung von Stricheffekten. Als Rauhwerkzeuge werden *Weber-* oder *Kartätschendisteln* (Abb. 197), die man auch *Naturkarden* nennt, verwendet. Die Weberdisteln sind die Fruchtköpfe von Kartätschendisteln, die im südlichen Europa (Südfrankreich, Steiermark) meist landwirtschaftlich angebaut werden. Die Fruchtköpfe haben widerstandsfähige Häkchen, welche beim Rauhen die Fasern aus dem Gewebe ziehen. Für Gewebe und Gewirke aus Zellulose- oder synthetischen Fasern verwendet man die Weberdisteln nicht, sondern nur für Wolle. Da Wollgewebe nur naß oder feucht gerauht werden, ist der Verschleiß an teuren Weberdisteln beträchtlich und das Rauhen dadurch kostspieliger als das Rauhen auf der Kratzenrauhmaschine.

Abb. 197. Rauhdisteln (Naturkarden)

Die Rauhdisteln werden nach *französischen* oder *Pariser Linien* gehandelt. Diese Linien sind Längenmaße, wobei zehn Linien 22,25 mm entsprechen. Je kürzer die einzelnen Distelköpfe sind, desto feiner sind auch die Häkchen (das Gehege). Je nach Verwendung der Weberdisteln wird man auch die Länge der Distelköpfe wählen. Die Sendungen werden meist so zusammengestellt, daß die Länge der kürzesten und der längsten Disteln angegeben wird. Man erhält je nach Verwendungszweck Sendungen mit 10/12 bis zu 40/48 frz. Linien. Die besten Weberdisteln stammen aus der Gegend von Avignon, zeigen eine gelbliche Farbe und sind sehr widerstandsfähig.

Die Stabkardenrauhmaschine besteht aus einem Tambour (Rauhtrommel), auf der die in Stäben sitzenden Weberdisteln eingesetzt sind. Je nach Größe dieser Strichkardenstäbe (Abb. 198) werden 16—32 auf der Trommel befestigt. Die Weberdisteln werden vor dem Einsetzen mit heißem oder kaltem Wasser übergossen, um die Häkchen geschmeidig zu machen und setzt sie mit 2 oder 3 Stück dicht übereinander zwischen die zwei metallenen Hohlleisten der *Strichkarden-*

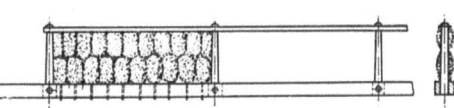

Abb. 198. Zweisatz-Rauhstab für die Stabkardenrauh-(Verstreich-)Maschine

stäbe, wobei die Stiele der Disteln in die untere Hohlleiste eingeklemmt werden. Je nach Anzahl der übereinander eingesetzten Naturkarden werden *Dreisatzstäbe*, für welche sich Disteln mit 10/12, 12/15 und 15/18 frz. Linien besonders eignen oder im *Zweisatzkardenstab* solche mit einer Länge von 18/21, 21/24 frz. Linien verwendet. Die oberen Disteln ragen mit ihren Köpfen in die obere Hohlleiste. Durch die Häkchen werden die Disteln aneinander befestigt. Beim *Kardensetzen* ist unbedingt darauf zu achten, daß die Weberdisteln möglichst gleichen Durchmesser haben, um keinen unregelmäßigen Rauheffekt zu verursachen. Je länger die Disteln sind, desto kräftiger sind die Häkchen und um so stärker ist der Rauheffekt.

Die Ware wird gespannt in voller Breite an die in Warenlaufrichtung rotierende Rauhtrommel geführt, wobei die Trommel schneller als die Ware läuft, und die nach dem Ausgang der Maschine zeigenden Häkchenenden die Fasern aus dem Gewebe herausziehen. Die Ware wird je nach Art der Konstruktion durch verstellbare Leitwalzen 3—4mal an den Rauhtambour geführt. Der Rauhbzw. Verstreicheffekt hängt von der Anzahl der Warenstriche an die Rauhtrommel, der Geschwindigkeit des Rauhtambours und der Beschaffenheit der eingesetzten Weberdisteln ab. Wie bereits erwähnt, rauht man auf derartigen Maschinen meist nur Wollwaren entweder feucht oder in „vollem Wasser", wobei letztere Art weniger für das Rauhen als zum Verstreichen eingesetzt wird.

Will man auf der Stabkardenrauhmaschine einen ausgesprochenen Rauheffekt erreichen, muß die Ware mehrmals in einer Laufrichtung den Tambour passieren und dann, um die aus der Ware in einer Richtung herausgezogenen Fasern wieder zu verwirren, auf einem zweiten Tambour mit entgegengesetzter Laufrichtung durch den sog. Gegenstrich behandelt werden. Diese Art des Rauhens ist selten und wird nur dann angewendet, wenn eine Rollkarden- oder Kratzenrauhmaschine nicht zur Verfügung steht bzw. die verlangten Rauheffekte auf den zuletzt genannten Maschinen nicht erreichbar sind. Man arbeitet dabei meist mit einer doppeltambourigen Maschine und feuchtet die Ware vorher an und entwässert sie durch Zentrifugieren oder Absaugen. Ein Rauhen in „vollem Wasser" ist wegen des geringen Rauheffektes nicht üblich. Nur in Notfällen wird man eine eintambourige Maschine einsetzen, wobei man entweder die Laufrichtung des Tambours wechselt oder die Ware „stürzt" und in umgekehrter Laufrichtung über den Tambour schickt. Zum eigentlichen Rauhen eignet sich die noch zu beschreibende Rollkardenrauhmaschine besonders für feine Wollwaren mit Verfilzungseffekt besser, wenn nicht die Kratzenrauhmaschine für diese Gewebe eingesetzt werden soll.

Als **Verstreichmaschine** eignet sich nur die Stabkardenmaschine. In der Konstruktion gleichen sich die beiden Maschinen bis auf die Warenführung, welche bei der Verstreichmaschine zusätzlich über einen Wassertrog geht, um im „vollen Wasser" verstreichen zu können und dadurch einen intensiveren Strich zu erreichen. Die Ware läuft von einer Wickelwalze durch den *Wasserkasten*, wird in diesem mittels Tauchwalzen getaucht und an den Tambour geführt. Danach wird sie wieder aufgewickelt und durch Umkehrung der Laufrichtung über den ebenfalls umgekehrt laufenden Tambour verstrichen und auf die vordere Wickelwalze zurückgewickelt. Zum Verstreichen sind zweitambourige Maschinen seltener, jedoch kann man an Stelle des zweiten Tambours eine Rundbürstenwalze einsetzen, durch welche der Stricheffekt intensiviert wird. Die Bürstenwalze ist mit harten Flachbürsten besetzt und bewegt sich ebenfalls in Laufrichtung der Ware, jedoch ebenfalls schneller an der Gewebebahn entlang. Letztere Konstruktion hat den Vorteil, daß die endlos genähten Warenstücke vor der Verstreichbürste in einer Warenmulde abgelegt werden und über den Wassertrog zur zweiten Passage ohne Umstellung der Maschine geführt werden können (Abb. 199). Da Stricheffekte fast nur einseitig vorkommen, ist ein Stürzen der Ware bzw. Wenden nicht nötig. Soll die Ware auch auf der Abseite eine gewisse Rauhung erhalten, wird man sie vorteilhafter auf anderen Maschinen vorrauhen. Um das Verstreichen zu beschleunigen, rauht man, wenn es die Warenqualität erlaubt und entsprechende Maschinen vorhanden sind, auf der Rollkarden- oder Kratzenrauhmaschine feucht oder trocken vor und verstreicht in „vollem Wasser" auf der Verstreichmaschine. Für Wollwaren mittlerer Qualität kann man nach dem Rauhen auf den zuletzt genannten Rauhmaschinen den Strich auch auf besonderen Bürstmaschinen (Strichveredlungsmaschinen, S. 162) erzeugen. Auch wenn man dann in vollem Wasser verstreicht, ist die Haltbarkeit dieser Effekte nicht so groß wie beim Arbeiten mit der Stabkardenverstreichmaschine.

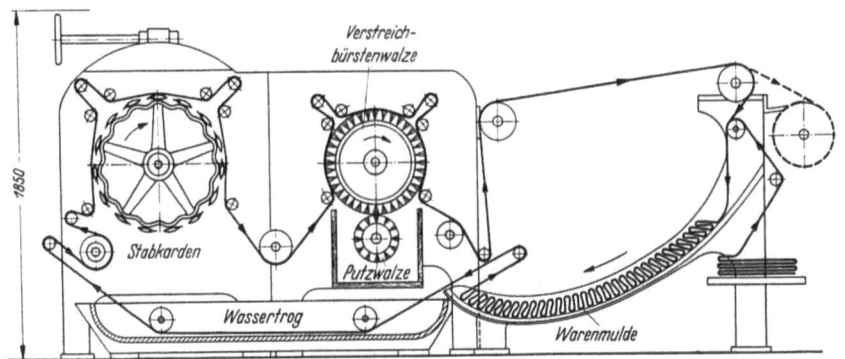

Abb. 199. Verstreichmaschine mit einem Zylinder mit Rauhstäben und einer Verstreich-Bürstenwalze (*Schiffers*)

Um die durch die Verstreichmaschinen an die Faseroberfläche gelegten Wollhaare in ihrer Lage zu fixieren, werden die verstrichenen, nassen Stücke ohne Zerstörung des Striches fest auf eine Holz- oder perforierte und mit Nesselgewebe umwickelte Eisenwalze gewickelt. Zum Schutz der Außenlagen wird nochmals mit feuchtem Nessel umwickelt. Man stellt derartige Warendocken über 12 bis 24 Std. ab. Dadurch wird der Strich durch den Druck der aufgewickelten Ware fixiert. Um das Absinken der Feuchtigkeit in die unteren Teile der stehenden Walzen zu verhindern, werden die Docken öfter „gestürzt". Um den Strich noch besser zu fixieren, können die Warenwickel auch durch die perforierte Hohlwalze vor dem Stehen durchgedämpft werden. Man erreicht dadurch auch einen erhöhten Glanz.

Die Rauhstäbe setzen sich nach einer gewissen Zeit mit Rauhhaaren zu und die Rauhwirkung nimmt ab. Benutzt man die Stabkardenmaschine nur zum Rauhen oder Vorrauhen von Waren, die man anschließend verstreicht, werden durch besondere Bürstenputzwalzen, die unter dem Tambour diese Rauhhaare ausbürsten, die Stäbe gereinigt. Diese Putzwalzen laufen schneller als der Tambour und bürsten dadurch die Haare aus den Disteln in einen Schmutztrog. Zum Verstreichen vorgerauhter Ware benutzt man meist „abgearbeitete" Stäbe, die bereits mehrmals verwendet wurden, um den Anfall an Rauhhaaren zu verringern. Diese „abgetriebenen" Karden haben nur die Aufgabe, den durch das Vorrauhen entstandenen Rauhbesatz zu parallelisieren. Beim meist nassen oder feuchten Verstreichen werden die Haare nicht durch Putzwalzen aus den Disteln gebürstet, sondern auf besonderen Putzmaschinen gereinigt. Das Gewebe wird um so schonender verstrichen, je mehr Haare in den Karden sitzen. Man arbeitet daher bei der Verstreichmaschine mit mehreren „Sätzen" an Rauhstäben, die jeweils aus der Maschine genommen werden und durch bereits gereinigte und mildere Stäbe ersetzt werden. Oft verwendet man die neuen Stäbe nur zum Rauhen und die „abgetriebenen" zum Verstreichen. Es ist daher unbe-

10 Bernard, Appretur, 2. Aufl.

dingt notwendig, daß die Stäbe der einzelnen Sätze immer zusammenbleiben. Um die Verstreichstäbe zu reinigen, werden sie aus der Maschine genommen und die Verstreichhaare mit einem weichen Kamm ausgekämmt und anschließend die tiefer sitzenden Haare auf dem *Kardenreiniger* mittels Rundbürsten aus dem Gehäck ausgebürstet.

Trotz der Bemühungen, möglichst gleich lange und vor allem gleich starke Rauhdisteln in die einzelnen Rauh- oder Streichstäbe zu setzen, wird es doch vorkommen, daß durch größeren Umfang einzelner Disteln an diesen Stellen ein stärkerer Rauheffekt auf der Ware erscheint. Um diesen Übelstand zu vermeiden, wird der gesamte Rauhtambour während des Laufes der Maschine waagerecht hin- und herbewegt, was man durch einen *Changierapparat* erreicht. Dadurch wird die Ware beim Durchlauf immer wieder mit anderen Disteln in Berührung kommen und keine *Rauhstreifen* zeigen.

Spezialkonstruktionen, wie z. B. die *Doppeltambourige Verstreichmaschine DV 155* der Fa. *Schiffers* (Abb. 199), ermöglichen ein Auswechseln der Kardenstäbe auf der Rauh- oder Verstreichtrommel durch Kratzenstäbe die einen ähnlichen Belag wie die Rauhwalzen der Kratzenrauhmaschine haben. Daneben können an Stelle dieser Stäbe auch Bürstenstäbe mit harten Perlonborsten eingesetzt werden. An Stelle der zweiten Verstreichtrommel arbeitet eine Bürstenwalze, die, wenn sie in Laufrichtung der Ware rotiert, zum Verstreichen und in Gegenrichtung als ,,Verfilzungsbürste'' eingesetzt werden kann. Die auf der Bürstenwalze sitzenden Rauhhaare werden durch eine zweite Bürstenwalze unter der Maschine ausgeputzt. Die endlos genähten Warenstücke laufen durch eine Warenmulde, den Wasserkasten, an die Verstreichtrommel und werden nach Beendigung des Verstreichens auf eine Walze (Docke) aufgerollt. Die Stücke werden den Verstreichmaschinen meist im Stoß (Stapel) vorgelegt.

Mit der **Rollkardenrauhmaschine** (Abb. 200, 201) ist ein Verstreichen unmöglich. Man benützt sie ausschließlich zum Rauhen von Wollgeweben besserer Qualität, welche durch die Kratzenrauhmaschine zu stark ausgerauht würden. Sie eignet sich vor allem für das Velourrauhen, da die einmal aus der Ware gezogenen Haare nicht wieder an die Oberfläche gedrückt bzw. gestrichen werden, wie es durch die Strichwalzen der Kratzenrauhmaschine geschieht. Man verwendet als Rauhwerkzeuge ebenfalls Distelkarden, die jedoch anders auf dem Rauhtambour sitzen als bei der Stabkardenrauhmaschine.

Die Rauhdisteln, die man zum Besetzen des Tambours verwendet, sind meist länger als die für die Verstreichmaschine verwendeten und haben in den einzelnen Sendungen 24/30, 30/36, 37/40 und 40/48 Linien. Sie werden

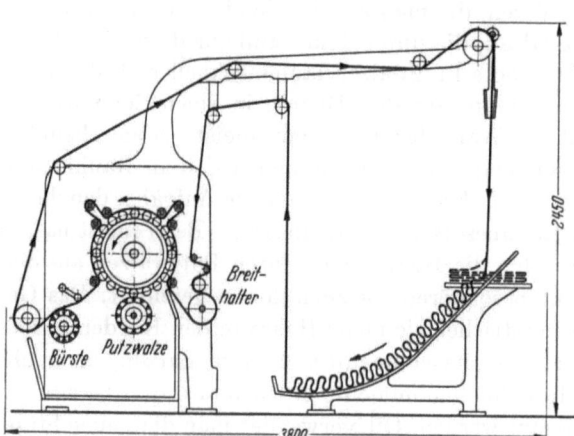

Abb. 200. Eintambourige Rollkarden-Rauhmaschine (*Schiffers*)

11. Rauhen

von der Krone und dem Stiel befreit und der Markkanal durchbohrt. Die so vorgerichteten Disteln werden zu 2 oder 3 Stück auf Eisenspindeln gesteckt (Abb. 202), die vorher mit Wasserglaslösung bestrichen wurden, und dadurch die Disteln angeklebt. Die mit den Disteln versehenen Spindeln werden nun auf den Rauhtambour in kleine Lagerböckchen so eingespannt, daß sie jeweils

Abb. 201. Rollkarden-Rauhmaschine (*COMET*)

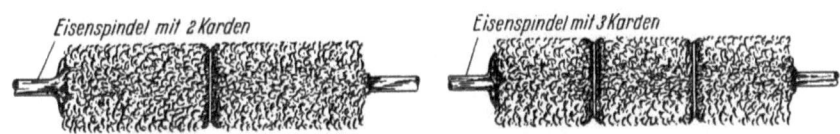

Abb. 202. Rauhspindeln

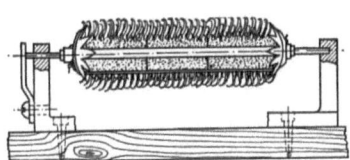

Abb. 203. Rauhspindelbefestigung in den Lagerböckchen der Rollkarden-Rauhmaschine

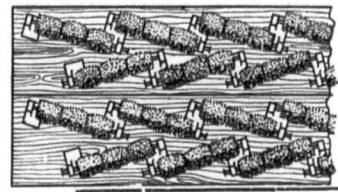

Abb. 204. Anordnung der Rauhspindeln auf den Tambourbrettern der Rollkarden-Rauhmaschine

mit dem einen Ende nach oben gewinkelt sind. Es wechseln sich auf dem Tambour je eine Reihe nach rechts mit einer Reihe nach links gewinkelter Rauhspindeln ab. Die oberen Lager halten die Rauhspindeln fest, die unteren, offenen Lager werden durch eine Blattfeder zugehalten. Da der Winkel, den die Rauhspindeln zur Achse des Rauhtambours einnehmen, nicht sehr groß ist, sind in einem Lagerböckchen meist ein geschlossenes oberes und ein offenes unteres Lager enthalten, wodurch die Aufnahme von zwei nebeneinanderlaufenden Distelstäbchen in einem Lagerböckchen möglich ist (Abb. 203, 204, 205).

I. Die mechanischen Appreturarbeiten

Da Rollkarden aus Naturdisteln beim meist feuchtem Rauhen einem starken Verschleiß ausgesetzt sind, wurden zuerst von der Fa. *Scholaert* als „Free-Roll"-Karden (Abb. 206) in gleicher Weise wie bei den Naturkarden Kratzenbeschläge eingesetzt. Als Neuerungen bei diesen Rauhwerkzeugen ist zu bemerken, daß am unteren Ende der Roll-

Abb. 205. Rollkarden

Abb. 206. „Free-Roll"-Rollkratzen in der „Metalectron"-Rauhmaschine (*Scholaert*)

karde ein gezacktes Plastikrädchen angebracht ist, welches etwas über die Kratzenhäkchen hinausragt und dadurch die Karden nicht allein durch die Kratzenhäkchen, sondern hauptsächlich durch dieses Rädchen gedreht, und damit die Ware weit schonender gerauht wird als mit Naturkarden. Durch Lösen eines Federsperrfingers können die Karden leicht ausgewechselt werden.

Abb. 207. 2-tambourige „Metalectron"-Rollkratzen-Rauhmaschine mit „Free-Roll"-Kratzen (*Scholaert*)

Die beschriebenen „Free-Roll"-Karden werden in der zweitambourigen Rollkratzenrauhmaschine „Metalectron" (Abb. 207) eingesetzt. Die Konstruktion erlaubt ein- und beidseitiges Rauhen auf zwei Rauhzylindern und ist wie alle modernen Rauhmaschinen mit Kontrollgeräten für die Warenspannung, Warengeschwindigkeit und den stufenlos verstellbaren Lauf eingerichtet.

Der Rauhtambour, der je nach Effekt in Laufrichtung der Ware oder gegen diese angetrieben wird, arbeitet mit 100—140 U/min. Die Häkchen der Karden werden durch den laufenden Tambour 1—1,5 mm in die mittels Führungswalzen geführte Ware gedrückt und ziehen dabei die Haare aus dem Gewebe. Da die Disteln auf Grund der Lagerung selbst drehbar sind, kann ein zu starker Angriff der Häkchen in der Ware nicht erfolgen. Die Kardenspindeln werden durch die laufende Ware an das geschlossene obere Lager gedrückt und dadurch vor dem Herausfallen aus den Lagern gehindert. Der Rauheffekt wirkt ziemlich gleichmäßig auf die Kett- und Schußfäden ein, wogegen die Stabkardenrauhmaschine mehr die Schußfäden aufrauht. Um auch hier Rauhstreifen zu vermeiden, wird die Rauhtrommel parallel zur Antriebsachse durch einen *Changierapparat* hin- und hergeschoben. Der Antrieb der Rauhtrommel und der anderen drehenden Maschinenteile geschieht, wie auch bei der Stabkardenmaschine, von einem Motor meist mittels Keilriemen und ist stufenlos regelbar und dadurch ein langsames Anlaufen der Maschine möglich. Durch die verstellbaren Führungswalzen kann man die Ware 2—4mal, je nach Konstruktion, mehr oder weniger stark an die Rauhtrommel führen und dadurch den Rauheffekt beeinflussen. Die Ware muß auch hier, wie bei der Stabkardenmaschine, breit gehalten werden und passiert, endlos genäht, eine Abtafelvorrichtung, die Warenmulde und wird wieder dem Rauhtambour zugeführt. Bei modernen Konstruktionen kann die Ware mit stufenlos schaltbaren Getrieben mit Geschwindigkeiten bis zu 25 m/min über die Rauhwerkzeuge laufen.

Auch hier werden zur Verstärkung des Rauheffektes zweitambourige Maschinen gebaut. Dadurch kann die Ware einseitig, entweder auf beiden Trommeln nur im „Strich" (durch gleiche Drehrichtung der Trommeln) oder auch „im Gegenstrich" (durch Drehrichtung eines Tambours gegen die Ware) oder je Tambour mit verschiedener Drehrichtung gerauht werden, wodurch der „Verfilzungseffekt" verstärkt wird. Durch besondere Warenführung ist auch eine beidseitige Rauhung mit je einem der angegebenen Effekte möglich. Trotz der Bezeichnung „im Strich" ist jedoch keineswegs die Möglichkeit vorhanden, die Ware zu verstreichen, wie es bei der Verstreichmaschine der Fall ist. Unter den Rauhtrommeln befinden sich eine oder bei zweitambourigen Maschinen 2 Putzwalzen, welche die Rauhhaare aus den Disteln bürsten.

Auf der Rollkardenmaschine rauht man fast ausschließlich Wollwaren in feuchtem, meist entwässertem Zustand. Das Arbeiten im „vollen Wasser", wie es beim Verstreichen angewandt wird, ist nicht üblich. Auch bei Verwendung der Rollkardenrauhmaschine wird es zur Schonung der Disteln im Dauerbetrieb notwendig sein, die Rauhspindeln nach einer gewissen Zeit aus den Lagerböckchen zu nehmen und zu trocknen bzw. anschließend durch Ausbürsten zu reinigen. Bei Verwendung der gleichen Größe an Rauhdisteln wird es jedoch nicht nötig sein, die einzelnen Rauhsätze so getrennt zu halten wie bei der Verstreichmaschine, und auch ein teilweises Besetzen der einzelnen Lager mit neuen Disteln wird zu keinen Rauhfehlern Anlaß geben. Will man auf der ein- oder der zweitambourigen Maschine, auf der man einseitig gerauht hat, auch die andere Warenseite rauhen, muß die Warenbahn gestürzt werden. Bei modernen Konstruktionen wird zu diesem Zweck über der Warenmulde ein Tisch eingeklappt und nach Auftafeln der Warenbahn auf diesen Tisch, dieser gedreht und dadurch die Ware gewendet, in die Warenmulde geschoben und der Tisch wieder hochgeklappt. Um den Rauheffekt zu verstärken, sind die meisten Maschinen mit einer Zustreichbürste ausgerüstet, welche die an die Ware anliegenden Rauhhaare nach der einen oder anderen Seite aufbürsten und dadurch ein tieferes Eindringen der Rauhdistelhäkchen in das Gewebe ermöglichen.

Die Rollkardenrauhmaschine wurde in den letzten Jahren immer mehr von der Kratzenrauhmaschine verdrängt, da diese in kürzerer Zeit einen intensiveren Rauheffekt ermöglicht und der Verschleiß der Rauhwerkzeuge weit geringer als bei Verwendung von Disteln ist. Oft kann nur die Kratzenrauhmaschine wegen ihrer universellen Anwendungsweise eingesetzt werden, da eine Rollkardenrauhmaschine wegen der bereits geschilderten Nachteile nicht angeschafft wird. Ausgesprochen gute Wollausrüstungen werden jedoch auch bei Vorhandensein einer Kratzenrauhmaschine auf eine Rollkardenrauhmaschine für feine und vor allem dünn eingestellte Wollwaren, wie z. B. Mohairschals und ähnliche Artikel, nicht verzichten können. Zum Vorrauhen vor der Verstreichmaschine verwendet man öfters eine kleine Trommel einer Rollkardenmaschine und bezeichnet diese Einrichtung als *Postierapparat*.

Rauhkarden werden in Deutschland von *Fiedler*, *Peters* u. a. Firmen vertrieben.

Verstreich- und Rollkardenrauhmaschinen werden u. a. von folgenden Firmen gebaut:

| *Crosta* | *Hechtenberg* | *Raxhon* | *Schiffers* | *Tomlinsons* |
| *Gessner* | *INVEST* | *Riggs* | *Sellers* | *Woonsocket* |

Die **Kratzenrauhmaschine** kann zum Rauhen aller Materialien verwendet werden und ergibt auf Grund der robusten Rauhwerkzeuge schnell einen ausgiebigen Rauheffekt. Ein Verstreichen ist, genau wie auf der Rollkarden-, auf der Kratzenrauhmaschine nicht möglich. Zum Rauhen von Geweben und Gewirken aus Zellulose- oder synthetischen Fasern wird heute ausschließlich diese Rauhmaschine eingesetzt, und auch in der Wollindustrie erobert sie sich ständig an Boden, obwohl ein feuchtes Rauhen auch bei Verwendung von nichtrostenden Rauhbeschlägen nicht vorteilhaft für das Grundgewebe der Beschläge ist.

Auch hier besteht die Maschine aus einem Tambour mit einem Durchmesser von 600—900 mm, auf dem die eigentlichen Rauhwalzen, die einen Durchmesser von 60—100 mm haben, drehbar angeordnet und mit den eigentlichen Rauhkratzen belegt sind. Je größer die Anzahl dieser Rauhwalzen auf dem Tambour ist, desto intensiver ist der Rauheffekt. Man baut Rauhmaschinen mit 24—36 Rauhwalzen. Es wechseln sich bei den Normaltypen jeweils Strich- und Gegenstrichwalzen ab, so daß immer eine gerade Anzahl von Rauhwalzen auf dem Tambour laufen. Die Rauhkratzenbeschläge unterscheiden sich vor allem durch ihre Verwendung als Strich- oder Gegenstrichwalzen, ferner wird der Beschlag je nach dem Verwendungszweck unterschiedliche Stärke der Metallhäkchen bzw. Anzahl der Häkchen auf dem Quadratzentimeter zeigen, die man mit metrischer Numerierung bezeichnet. Die Auswahl der Kratzenbeschläge wird heute fast ausschließlich von den Maschinenherstellern vorgenommen und nicht mehr dem Appreteur überlassen. Es kann jedoch gesagt werden, daß für das Rauhen von Wollwaren möglichst feine Häkchen mit der Nr. 22—24 am vorteilhaftesten und für Zellulosegewebe und solche aus synthetischen Fasern entsprechend stärkere Kratzendrähte verwendet werden. Für das Rauhen von synthetischen Fasern verwendet man möglichst harte Kratzenbeschläge, die an den Spitzen zusätzlich gehärtet sind, um den Verschleiß so gering wie möglich zu halten. Das Grundgewebe der Beschläge besteht aus mehreren Gewebelagen, die man kaschiert und in die die Kratzenhäkchen U-förmig eingestochen werden. Es werden mehrere Lagen von verschiedenen Geweben aneinandergeklebt (kaschiert), wobei sich Leinengewebe mit Wollfilz abwechseln.

Die Kratzenbeschläge werden vom Hersteller in schmalen Bändern geliefert und auf die eigentlichen Rauhwalzen aufgeklebt. Die Beschläge werden dabei spiralförmig auf besonderen Böcken entweder rechts- oder linksgängig aufgezogen, was meist bereits vom Hersteller der Maschinen vorgenommen, aber auch vom Ausrüster bei Erneuerung der Rauhserien ausgeführt wird.

Die normale Ausführung der Kratzenrauhmaschine ist die **Strich-Gegenstrich-Maschine** (Abb. 208, 209). Bei dieser wird der Rauhtambour mit ungefähr

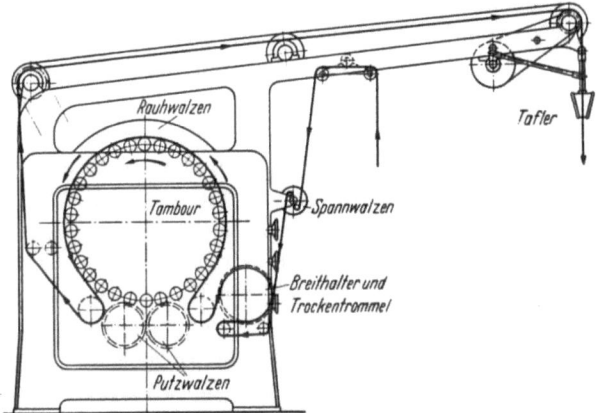

Abb. 208. Kratzenrauhmaschine (*Franz Müller*)

Abb. 209. Kratzenrauhmaschine RZH (*Monforts*)

100 U/min in Laufrichtung der Ware bewegt. Die eigentlichen Rauhwalzen laufen gegen die Ware. Es wechselt sich dabei, wie bereits gesagt, jeweils eine Strich- mit einer Gegenstrichwalze am Tambourumfang ab. Um ein Herausschieben der Ware nach einer Seite der Maschine zu verhindern, ist jeweils ein Paar der Strich-Gegenstrich-Walzen einmal links-, das nächste Mal rechtsgängig bezogen. Die Warengeschwindigkeit ist bei den neuen Konstruktionen stufenlos bis zu 60 m/min regelbar und erfolgt durch Abzugswalzen am Maschinenausgang. Nach Passieren des Rauhtambours und den Abzugswalzen wird die Ware durch angetriebene Leitwalzen über die Maschine zum Wareneingang geleitet und dort über einen Tafler in eine Warenmulde abgelegt. In dieser Mulde rutscht die Ware wieder den Breithaltern an der Vorderseite der Maschine zu.

Der Beschlag der **Strichwalzen** (Abb. 210) besteht aus Stahlhäkchen oder aus anderen, der zu rauhenden Ware entsprechenden Metallegierungen. Die Kratzen haben gleich lange Winkelschenkel, die mit dem Oberschenkel mit 45° abgewinkelt dem Maschinenausgang zugekehrt sind. Die Häkchenspitzen sind spitz zugeschliffen und können an der Spitze besonders gehärtet sein. Die Strichwalzen tragen ihren Namen zu unrecht, da sie keinen Strich erzeugen, sondern die Fasern, die von den Gegenstrichwalzen herausgeholt wurden, an das Gewebe streichen. Sie laufen mit Umdrehungszahlen von 800—1200 U/min je nach Einstellung. Man erkennt sie gegenüber den Gegenstrichwalzen an den aus dem Grundgewebe herausragenden sichtbaren beiden Winkelschenkeln. Die Kratzenbänder werden auf die Walzen rechts- oder linksgängig aufgezogen, wobei sich, abgesehen vom Wechsel von Strich- und Gegenstrichwalzen, jeweils bei der einen und der anderen Art der Rauhwalzen links- und rechtsgängige Kratzen abwechseln.

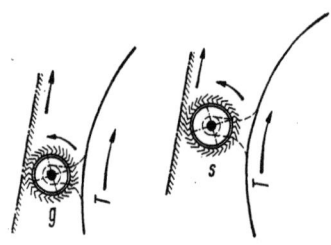

Abb. 210. Wirkungsweise der Gegenstrich- (*g*) und Strichwalzen (*s*) in der Verfilzungs-Kratzenrauhmaschine (*T* Tambour)

Die **Gegenstrichwalzen** (Abb. 210) laufen normalerweise mit etwas höherer Tourenzahl als die Strichwalzen. Bei den Kratzenhäkchen ist der untere Winkelschenkel kürzer und im Untergewebe verborgen und der obere Winkelschenkel mit 60° gegen den Eingang der Rauhmaschine abgewinkelt. Das Untergewebe gleicht dem der Strichkratzenbeschläge. Der Zweck der Gegenstrichwalzen ist es, die eigentliche Rauhung zu erreichen, d. h. die Fasern aus dem Gewebe zu ziehen. Auch hier wechseln links- und rechtsgängige Kratzenwalzen, abgesehen vom Wechsel von Strich- und Gegenstrichwalzen, ab.

Je nach Tourenzahl der einzelnen Walzen läßt sich der Rauheffekt beeinflussen. Normalerweise arbeitet man zuerst mit etwas höheren oder gleichen Umdrehungen der Gegenstrichwalzen, um einen möglichst dichten Rauhbesatz zu erhalten, den man dann durch Steigerung der Umdrehungen der Strichwalzen an die Gewebeoberfläche streicht und dadurch die Verwirrung der Rauhung erreicht. Für die Einstellung der Rauhwalzen lassen sich keine genauen Zahlen angeben, und es wird dem Rauher überlassen bleiben, sowohl die Zahl der Rauhstriche (Passagen) als auch die Geschwindigkeit der Rauhgarnituren zu verändern. Die Verstellung der Garnituren kann so weit erfolgen, daß die Ware an der einen oder anderen Rauhkratzengarnitur nur abrollt und dadurch kein Strich-

oder Gegenstricheffekt wirksam wird. Man spricht dabei von der *Nullstellung*, die sich natürlich je nach Tourenzahl des Rauhtambours und der Warengeschwindigkeit ändert. Die Bestimmung der Nullstellung ist für den Rauher sehr wichtig und erfordert eine genaue Maschinenkenntnis, wenn diese nicht bereits von den Herstellern angegeben wurde. Die Nullstellung wird sich auch dann verändern, wenn die Kratzen abgearbeitet sind.

Kratzenbeschläge werden u. a. von folgenden Firmen hergestellt:

Baumann   *Seelmann*
Graf   *Wolters*
Honegger

Der *Antrieb des Tambours* wird entweder durch Flach- oder Keilriemen mit entsprechend stufenlos regelbaren Getrieben vorgenommen. Ist ein stufenlos schaltbares Getriebe nicht vorhanden, wie es bei älteren Konstruktionen der Fall ist, muß beim Anlauf der Maschine ein Vorläufer auf den Kratzen liegen, um ein Zerreißen der Ware zu vermeiden. Bei Stillständen der Maschine muß dann die Ware aus der Maschine genommen und wiederum mit dem Vorläufer begonnen werden. Die neuen Konstruktionen lassen sich langsam und stufenlos auf die normale Arbeitsgeschwindigkeit beschleunigen.

Unterschiedlich ist bei allen Konstruktionen der *Antrieb der Strich- und Gegenstrichwalzen*. Bei den älteren Maschinen werden die Rauhwalzen seitlich mit Zapfen versehen, wobei diese Zapfen einmal links bzw. rechts über dem Tambour herausragen. Die Zapfen werden durch einen nicht angetriebenen Flachriemen umspannt und dadurch die Drehung der beiden Walzenarten ermöglicht, wobei die Zapfen an dem Flachriemen abrollen. Es ist bei diesen Antrieben eine Verstellung der Geschwindigkeit der beiden Walzengarnituren (Strich- und Gegenstrichwalzen), abgesehen von der veränderlichen Geschwindigkeit des Tambours über Riemenantrieb und Kegelräder, nicht möglich. Eine Verbesserung der Konstruktion wurde dadurch erzielt, daß man die Strich- und Gegenstrichwalzenserien durch Flach- oder Keilriemen besonders antrieb und dadurch die Wirkung der einen und der anderen Serie durch veränderte Drehzahlen laufen ließ und dadurch den Rauheffekt beeinflussen kann.

In der *Tri-Rauhmaschine* (Abb. 211) der Fa. *Fr. Müller*, laufen die Walzenzapfen an Keilriemen ab. Die Befestigung der Keilriemen befindet sich an einem Zahnkranz, der mittels Zahnräder veränderlich angetrieben werden kann. Die Befestigungsstellen der Keilriemen sind um 90° versetzt an dem Zahnkranz angebracht, so daß neben der Ver-

Abb. 211. Antrieb der Rauhkratzenwalzen in der „Tri"-Rauhmaschine (*Franz Müller*)

änderlichkeit der Umdrehung der Walzengarnituren ein guter Durchzug gesichert ist. Die sonst üblichen flachen Zapfen wurden mit kegelförmigen Einschnitten versehen und dadurch ein Schlupf der Keilriemen auf das geringste Maß herabgesetzt. Diese und die noch zu beschreibenden Konstruktionen zeichnen sich gegenüber den mit Flachriemen arbeitenden Rauhmaschinen durch einen ruhigeren Lauf und größere Produktion bei geringerer Anzahl von Rauhstrichen aus.

Von anderen Firmen wurden *riemenlose Kratzenrauhmaschinen* entwickelt. Bei diesen Konstruktionen sind die Zapfen konisch geformt und rollen an einem waagerecht verstellbaren und elastischen Reibring ab. Durch Verstellung des Reibringes ist es möglich, die Umdrehungszahlen der einzelnen Garnituren zu verändern, ohne die Tambourdrehzahl zu verändern. Außerdem arbeiten derartige Maschinen synchron mit der Tambourdrehzahl. Bei stark gespannter Ware ist jedoch ein Schlupf der Zapfen am Reibring möglich.

Die Fa. *Monforts* hat auch diesen Übelstand in ihren Rauhmaschinen beseitigt. Die Zapfen der Rauhwalzen sind mit Zahnrädern aus Kunststoff (Perlon) versehen, welche über einen inneren Zahnkranz angetrieben werden, so daß ein Schlupf ausgeschlossen ist. Je nach Geschwindigkeit des Zahnkranzes richtet sich auch die Umdrehungszahl der Garnituren.

Neukonstruktionen aller Kratzenrauhmaschinen enthalten zum Unterschied zu älteren Maschinen den Schaltkasten mit den entsprechenden Reglern an der Einlaufseite der Maschinen (Abb. 212). Es ist dadurch der Bedienung möglich, den Warenlauf zu beobachten und gleichzeitig die Tourenzahl des Tambours und der Rauhkratzenwalzen zu verändern. Die Durchlaufgeschwindigkeit der Ware ist mit der Umdrehungszahl der Rauhgarnituren gekoppelt und steigert sich mit dieser; kann aber auch für sich und, wie bereits erwähnt, für jede Garnitur separat verändert werden.

Abb. 212. Schalt- und Regeleinrichtungen in der Kratzenrauhmaschine RZH (*Monforts*) für die Anzeige und Regulierung der Warengeschwindigkeit, die Umdrehungszahlen für Strich- und Gegenstrichwalzen und die Warenspannung

Als *Super-Tri-Rauhmaschine* wird von *Fr. Müller* eine Konstruktion geliefert, bei der der Rauhwalzenantrieb auf vier Keilriemen erweitert wurde und darüber hinaus erstmalig eine elektrisch-optische Regel- und Anzeigeeinrichtung (Abb. 213) eingesetzt, mit der es möglich ist, mittels Drucktasten die Rauhintensität der Strich- und Gegenstrichwalzen und die Warengeschwindigkeit aufeinander abzustimmen. Auf einer optischen Diagrammtafel können die drei Daten jeweils nebeneinander abgelesen werden (Abb. 213). Diese

Kratzenrauhmaschine wird mit 24, 30 oder 36 Rauhwalzen für Warenbreiten bis 3600 mm geliefert. Die max. Warengeschwindigkeit ist stufenlos bis 60 m/min veränderlich. In der Super-Tri-Rauhmaschine wurde auch das Prinzip des

Abb. 213. Elektrisch-optische Anzeige- und Regeleinrichtung für die Überwachung der Tourenzahl der Strich- und Gegenstrichwalzen, der Warengeschwindigkeit in der „Super-Tri-Rauhmaschine" (*Franz Müller*)

mehrmaligen Abhebens der Warenbahn vom Rauhtambour von der Rollkardenmaschine übernommen und dadurch eine Intensivierung der Rauhung bei gleichzeitiger Materialschonung erreicht (Abb. 214).

Die geschilderten Rauhmaschinen eignen sich für das Rauhen aller Materialien, bei denen ein *Verfilzungseffekt* verlangt wird, wie es vor allem bei Geweben und Gewirken aus Zellulosefasern und Wolle üblich ist. Durch Änderung der Laufrichtung des Tambours bzw. der Rauhgarnituren lassen sich ebenfalls Änderungen im Rauheffekt erreichen. In der **Halb-**

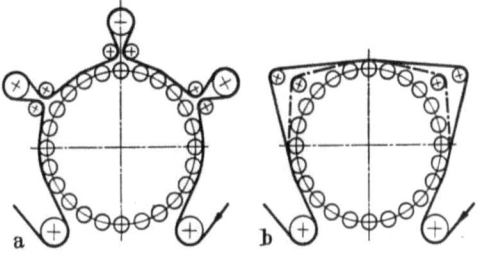

Abb. 214 a u. b. 3- (a) und 2fache (b) Warenabhebung in der „Super-Tri"-Rauhmaschine (*Franz Müller*)

verfilzungsrauhmaschine arbeitet man mit den bereits beschriebenen Kratzenrauhmaschinen, jedoch läuft dabei der Tambour gegen die Warenlaufrichtung, und man wird weniger einen Rauh- als einen Verfilzungseffekt erreichen. **Vollverfilzungsmaschinen** bezwecken nicht so sehr einen Rauheffekt als eine gründliche „Verwirrung" der Rauhdecke. Die Ware läuft entgegen der Richtung des Tambours, die Rauhwalzen sind jedoch mit gleichen Kratzen besetzt, welche in diesem Fall mit ihren Häkchen zum Warenausgang zeigen. Läßt man Tambour und Ware in gleicher Richtung laufen, zeigen die Häkchen der Kratzen dabei zum Wareneingang. Letztere Maschinen verwendet man hauptsächlich zum Rauhen von Trikotagen.

Die Strich-Gegenstrich-Rauhmaschinen können durch eine „Momentumstellung" in eine Halbverfilzungsmaschine umgewandelt werden, indem beim

Riemenantrieb der Riemen des Vorgeleges gekreuzt oder bei der riemenlosen Maschine die Laufrichtung des Tambours geändert wird. Die Vollverfilzungsmaschinen werden, wenn nicht von vornherein nur als solche gebaut, durch Umstellung einer älteren Konstruktion einer normalen Rauhmaschine als solche verwendet.

Alle Kratzenrauhmaschinen enthalten an der Unterseite des Rauhtambours 2 *Putzwalzen*, die, entgegengesetzt angetrieben, die Strich- und Gegenstrichwalzen ausbürsten und dadurch reinigen. Es handelt sich dabei um Bürstenwalzen, die in gewissen Abständen Borsten enthalten, welche in die Kratzenwalzen eingreifen und durch ihre höhere Umdrehung die Rauhhaare herausbürsten. Dabei werden einmal von der einen Putzwalze die Strich-, das andere Mal von der anderen die Gegenstrichwalze geputzt. Die Umdrehung der Walzen muß den Umdrehungszahlen des Tambours und den Rauhgarnituren angepaßt, d. h. synchronisiert werden.

Ein Gebläse, das sich unter der Maschine befindet, saugt die aus den Rauhwerkzeugen durch die Putzwalzen ausgebürsteten Haare in eine *Staubkammer* ab. Die Rauhhaare werden als wertvoller Rohstoff in der Dachpappenfabrikation verwendet. Die meisten Maschinen werden heute in vollkommen geschlossener Bauart geliefert, so daß durch die über den Tambour gelegte Haube auch die dort auftretenden Rauhhaare abgesaugt werden können.

Der endgültige Effekt läßt sich nicht nur durch *eine Rauhpassage* (Rauhstrich) erreichen. Je nach dem verlangten Effekt muß die Ware mehrmals die Rauhmaschine passieren. Durch Leitwalzen ist es möglich, die Ware über zwei

Abb. 215. ,,Tri''-Rauhmaschinen im Verbundbetrieb (*Franz Müller*)

und mehr Rauhmaschinen (Abb. 215) zu leiten und durch verschiedene Einstellung der Rauhwerkzeuge bei einmaligem Durchgang einen ausreichenden Rauheffekt zu erreichen (*Verbundrauhen*). Um auch auf einer Kratzenrauhmaschine kontinuierlich rauhen zu können, wurde von *Drabert* das *Non-Stop-*

11. Rauhen

Verfahren (Abb. 216) mit einer Rauhmaschine entwickelt. Die Stückware wird dabei der Maschine über die untere Warenmulde zugeführt und die nachlaufenden 3—5 Stücke vor dem Einlauf des Endes des vorlaufenden Stückes mit einer Breitnähmaschine mit dem Anfang des folgenden Stückes verbunden. Nach

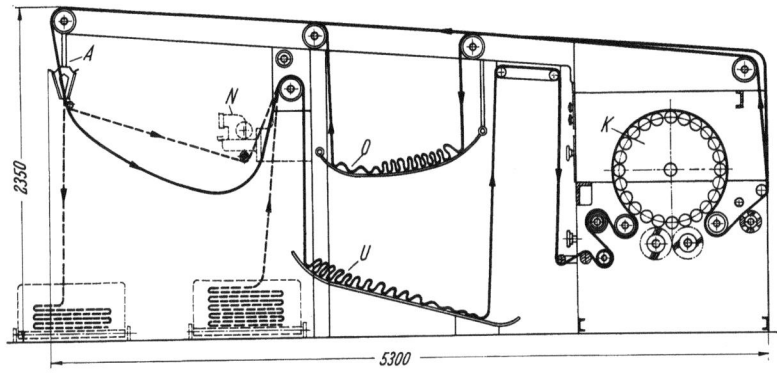

Abb. 216. „Non-Stop"-Rauhverfahren auf einer Kratzenrauhmaschine (*Drabert*)
K Kratzenrauhmaschine; *O* oberes Warenschiff (Depot); *U* unteres Warenschiff (Depot);
N Breitnähmaschine; *A* Abtafler

Passieren der Rauhmaschine wird die Ware in einer oberen Mulde abgetafelt und bei kontinuierlichem Betrieb der unteren Mulde wieder zugeführt bzw. bei Beendigung des Rauhprozesses ausgetafelt. Die Konstruktion wird auf Wunsch mit einer Wendevorrichtung geliefert, mit der es möglich ist, die Ware auch beidseitig zu rauhen. Die Konstruktion hat dadurch Vorteile, da es nicht notwendig ist, mehrere Rauhmaschinen im Verbund zu schalten, die Investitionen geringer sind und auch weniger Platz benötigt wird.

In der Wollindustrie ist oft ein feuchtes Rauhen unumgänglich. In diesem Fall ist es zur Trocknung der Kratzen vorteilhaft, das Grundgewebe der Beschläge durch *Nachrauhen von mehreren trockenen Stücken* zu trocknen, auch wenn die Beschläge aus nichtrostendem Material bestehen. Ein Rauhen in „vollem Wasser" ist jedoch nicht ratsam. In der Wollindustrie wird oft die Kratzenrauhmaschine zum trockenen Vorrauhen verwendet. Anschließend wird auf einer Rollkardenmaschine feucht nachgerauht oder auf der Verstreichmaschine der verlangte Strich im vollen Wasser erzeugt. Ist eine Verstreichmaschine nicht vorhanden, kann auch durch intensives Bürsten ein *Stricheffekt* in vollem Wasser auf *Bürstmaschinen* erreicht werden.

Wenn keine Zentralschmierung vorgesehen ist, darf die Maschine nicht während des Laufens geschmiert werden. Der Rauher muß beim Bedienen aller Rauhmaschinen vorsichtig sein. Durch die schnellaufenden Rauhwerkzeuge können schwere Verletzungen entstehen. Durch Abstellknöpfe, die an der Vorder- und Rückfront der Maschine angebracht sind, muß die Maschine bei Unfällen schnell abgeschaltet werden können.

Schleifen der Rauhkratzengarnituren. Damit die Rauhwirkung nicht beeinträchtigt wird, müssen die Kratzen nach längerem Gebrauch geschliffen werden. Es hängt von der Art der gerauhten Ware ab, wie schnell die Kratzen stumpf werden. Die oberen Häkchenschenkel dürfen natürlich nicht schon so weit abgenutzt sein, daß durch das Schleifen diese Schenkel vollkommen verschwinden. Ist einmal dieser Punkt erreicht, hilft nur ein Neubezug der Walzen. Die Strich- und Gegenstrichwalzen können entweder in der Rauhmaschine oder ausgebaut auf dem *Schleifbock* (Abb. 217) geschliffen werden.

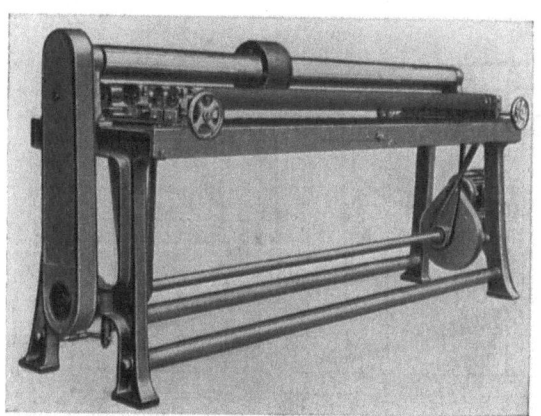

Abb. 217. Schleifbock zum Schleifen von Rauhkratzen (*Franz Müller*)

Das *Schleifen in der Maschine* dient mehr dem Zweck, die Kratzenspitzen *zu egalisieren*, d. h. vorstehende Häkchen oder ganze Abschnitte von Häkchen in den Garnituren *planeben abzuschleifen*. Für diese Arbeit wird der Rauhtambour stillgesetzt und nur die zu schleifende Strich- oder Gegenstrichwalze angetrieben. Das Abschleifen geschieht mit einem mit Schmirgel bestrichenen Holz, dessen Schleiffläche der Kratzenwölbung angepaßt ist. Unter geringer Hin- und Herbewegung (Changieren) über die gesamte Breite wird die allein angetriebene Rauhwalze egalisiert. Abschließend erhält die Walze durch ein mit Öl getränktes Schmirgelpapier, das ebenfalls über das Holz gespannt wird, den Schlußschliff. Selbstverständlich kann das Schleifen von Hand aus nicht mit der Genauigkeit durchgeführt werden, wie es auf dem Schleifbock möglich ist.

Zum *Schleifen auf dem Schleifbock* werden die einzelnen Rauhwalzen aus der Maschine ausgebaut und auf einer Werkbank rotierend aufgezogen. Das Egalisieren besorgt eine etwa 70 mm breite, ebene Schmirgelscheibe, die mit etwa 160 U/min in changierender Bewegung an der mit 200 U/min laufenden Rauhwalze rotiert. Der Schleifbock muß die Breite der größten Rauhwalzen (etwa 180—260 cm) haben. Meist genügen 20—30 Min. zum Egalisieren einer Walze. Nun zieht man die Walze kurz mit einem Schmirgelpapier ab, und beginnt den *Seitenschliff*. Hierzu wird ein Karborundumstein verwendet, der konische Rillen hat und etwa 2 mm tief in die Häkchen greift und sie an den Seiten abschleift, so daß sie wieder spitz werden. Diese Schleifscheiben bestehen meist aus einer größeren Anzahl nebeneinanderliegender Scheiben. Um das Schleifen bzw. Egalisieren schnell durchführen zu können, arbeitet man jeweils mit 2 Kratzenwalzen beidseitig der rotierenden Egalisier- bzw. Seitenschliffscheibe. Die Schleifscheibe muß sich in gleicher Richtung der abgewinkelten Häkchen drehen. Es ist dadurch möglich, Strich- und Gegenstrichwalze in einem Gang zu egalisieren bzw. ihnen den Seitenschliff zu geben. Zum Schluß werden die Walzen *poliert*, d. h., man läßt sie mit etwa 300 U/min ineinander rotieren, wobei die Häkchen etwa 1,5 mm ineinandergreifen. Hierdurch wird der Schleifgrat beseitigt. Das Beträufeln mit gutem, wasserklarem Schmieröl verhindert dabei ein Erhitzen der Garnituren. Die Schleifzeit richtet sich beim Seitenschliff nach dem Erfolg, der mit einer Lupe beobachtet werden muß. Das Polieren dauert gewöhnlich $1^1/_2$ bis 2 Std.

11. Rauhen

Beim Einbau der Garnituren in die Rauhmaschine muß der Lauf der Maschine wieder so reguliert werden, daß die Ausputzbürsten ihren Zweck erfüllen, also die Strich- und Gegenstrichwalzen putzen.

Von der Fa. *Magnatex* wird unter der Typenbezeichnung ,,Rasma" eine Rauhkratzenschleifmaschine (Abb. 218) gebaut, welche das Schleifen der Kratzenwalzen in der Rauhmaschine erlaubt und dadurch den Aus- und Einbau erspart. Im Normalfall dauert der Ein- und Ausbau und das Schleifen auf dem Schleifbock einer 30walzigen Kratzenrauhmaschine mit 2 Arbeitskräften mindestens 30 Arbeitsstunden. Die gleiche Arbeit leistet die ,,Rasma" in etwa 5 Stunden. Oft ist es jedoch nur notwendig, die Kratzenwalzen zu egalisieren (Oberflächenschliff) und/ oder nur den Seitenschliff zu erneuern. Die ,,Rasma" wird an die Rauhmaschine geschoben und arretiert. Der Rauhtambour so festgestellt, daß die zu schleifende Rauhwalze mittels der Gummirollen der ,,Rasma" angetrieben werden

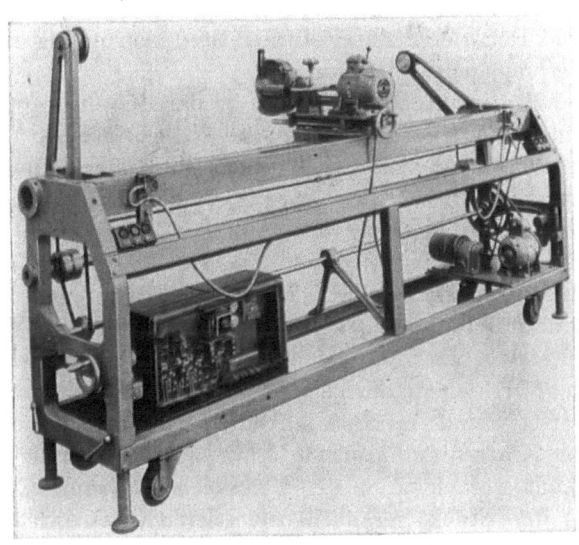

Abb. 218. ,,Rasma"-Rauhkratzenschleifmaschine (*Magnatex*)

kann. Durch einen Mehrscheibenschleifkopf, der über die gesamte Rauhwalzenbreite läuft, werden die Kratzen geschliffen. Mittels einer Vollscheibe wird zuerst egalisiert und damit alle vorstehenden Häkchen abgeschliffen (Oberflächenschliff). Da beim Rauhen nicht nur die Häkchenspitze, sondern auch die unebenen Seiten der Häkchen wesentlich am Rauheffekt beteiligt sind, werden durch Verwendung einer Mehrscheibenschleifscheibe, die bis zu 20° schräggestellt wird, die Seiten der Kratzenhäkchen geschliffen. Zuletzt werden die Häkchen mittels einer Bürstscheibe poliert. Bei der Verwendung der ,,Rasma" hat es sich gezeigt, daß es meist nur notwendig ist, öfter einen Seitenschliff vorzunehmen um eine Wiederherstellung der ,,Schärfe" der Rauhkratzen zu erreichen und damit weiter mit voller Leistung rauhen zu können.

Die Rauhkratzen werden immer, trotz Putzwalzen, mit *Rauhhaaren verschmutzt*, sie müssen beim Wechsel der Ware mit Handkratzen ausgeputzt werden, damit die folgenden, meist andersfarbigen Stücke, nicht verunreinigt werden.

Rauhfehler resultieren fast immer aus Ungleichmäßigkeiten der Rauhdecke, die dadurch entstanden sind, daß durch z. B. zu starkes Rauhen die Fäden des Gewebes oder Gewirkes örtlich stärker angegriffen wurden. Die Ware verliert so viel an Festigkeit, daß sie für den Gebrauch nur beschränkt verwendbar ist.

Für einen gleichmäßigen Rauheffekt ist ein *seitengleiches Funktionieren* der Breithalter und Zuführwalzen unbedingt erforderlich. Die Ware muß ferner in allen Teilen die *gleiche Feuchtigkeit* besitzen, ganz gleich, ob sie naß, feucht oder trocken gerauht wird. *Walk- oder Waschschwielen* verursachen an den Innenseiten der Falten ebenfalls einen geringeren Rauheffekt. Derartige Waren sollten durch vorheriges Einbrennen oder Dekatieren von den Schwielen befreit werden. Auch bei *ungleicher Kett- oder Schußspannung* (Schußbanden) erhält das Stück an den stärker zusammengezogenen Stellen ober- und unterhalb der Banden eine stärkere Rauhung. Häufig können die Schußbanden durch mit Nadeln besetzte Stäbe etwas breit gehalten werden. Auch bei bandiger Ware hilft ein Einbrennen und Dekatieren unter starker Breitenspannung zur weitgehenden Beseitigung der ungleichen Spannung.

Flatternde Leisten ergeben an den Gewebeleisten bis weit in die Stücke hinein *wellige und ungleichmäßige Rauheffekte*. Die flatternden Leisten entstehen meist beim Walken, wenn diese weniger stark einwalken und dann wellenförmig aussehen. Diese Stücke werden von den Rauhwalzen oder Rollkarden abgehoben und dort weniger gerauht. Ähnliche Fehler ergeben sich beim Zusammennähen von Stücken, wenn durch *die Naht die Stückenden faltig bleiben*, es entstehen dann *Rauhstreifen*, die sich als stärkere Rauhung weit in die Ware hineinziehen. Stärkere Rauhung bewirkt immer eine Vertiefung der Farbnuance. Rauhstreifen entstehen auch dann, wenn bei der Rollkardenmaschine einzelne Kardenspindeln verklemmt oder bei Stabkarden einzelne Karden stärker mit Rauhhaaren versetzt sind. Dort ist nur eine geringere Rauhung möglich. Bei Verwendung der Kratzenrauhmaschine ist es möglich, daß die Seiten der Stücke stärker gerauht werden, wenn die *Maschinenmitte* stark abgenützt ist und anschließend breitere Stücke gerauht werden, deren Seiten durch die dort weniger abgenützten Häkchen stärker gerauht werden.

Durchgerauhte Gewebe erkennt man durch die *Daumenprobe*. Drückt man den Daumennagel in das Gewebe und läßt es sich durchdrücken, so wurde durch die Rauhung der Faden bzw. das Gewebe zu stark beansprucht. Unter „Durchrauhern" versteht man jedoch Gewebe, welche an der Oberfläche liegende Fäden besitzen, die durch die Rauhung zu einem langen *Faserbart* absichtlich durchgerauht werden sollen. Damit wird ein besonderer Effekt erzielt, wobei das Grundgewebe nur eine geringe Rauhung erhält. Durch faltigen Lauf über die Rauhwerkzeuge können die Stücke so weit durchgerauht werden, daß Löcher entstehen. Das kann auch bei zu wenig gespannter Ware eintreten. Die entstehenden Querfalten werden zwischen die Kratzenwalzen gezogen und dabei aufgerissen.

Rundgewirkte Waren werden ausschließlich auf der Kratzenrauhmaschine gerauht. Die Waren werden zu Trainingsanzügen bzw. Wolljersey, der öfter zur Erzielung einer besseren Walke ebenfalls schwach vorgerauht wird, als Oberbekleidung verarbeitet. Zum Rauhen dieser Schlauchwaren eignet sich der für Webwaren übliche Breithalter nicht. In die Ware wird dabei ein über die *Rauhtrommel reichender Preßspan* eingeschoben, dessen Breite dem Schlauchdurchmesser (Leibweite) angepaßt wird. Am Kopf des Preßspans sind beidseitig *zwei polierte Hartholzsegmente* angebracht, die an Stelle des üblichen Breithalters von 2 Preßwalzen festgehalten werden. Die Segmente rutschen nicht mit der Ware über den Tambour, sondern spannen sie nur am Einlauf. Die Ware wird dann durch den Preßspan über den ganzen Tambour breitgehalten. Durch Verschieben des Warenschlauches beim Rauhen dreht er sich und erhält so während mehrerer Rauhpassagen die erforderliche Rauhung auf dem gesamten Umfang.

Für Strickstücke, Pullover, Handschuhe usw., jedoch auch für kurze Web- und Wirkwarenstücke, wurde von der Fa. *Liedl* eine Kleinrauhmaschine unter der Typen-Bezeichnung „Lana" gebaut, die sowohl mit Rollkarden- als auch Kratzenbeschlägen auf dem Rauhtambour ausgestattet und auf Wunsch auch mit beiden Beschlägen in gesonderten Rauhtrommeln geliefert wird. Die Waren werden über zwei Kunststoffwalzen gehalten bzw. dem Tambour zugeführt und von der rotierenden Trommel in der bereits beschriebenen Weise gerauht. Die Maschine wird in Arbeitsbreiten von 600—2200 mm geliefert und ist für Durchlaufgeschwindigkeiten von 2,5 und 4 m/min eingerichtet.

Kratzenrauhmaschinen werden u. a. von folgenden Firmen gebaut:

Arbach	*Lamperti*	*Riggs*	*Sistig*
Crosta	*Liedl*	*Riley*	*Tomlinson*
Drabert	*Monforts*	*Scholaert*	*Whiteley*
INVEST	*Franz Müller*	*Sellers*	*Woonsocket*
Jahreis	*Raxhon*		

Fast alle angegebenen Firmen bauen auch Schleifmaschinen für das Schleifen von Rauhkratzen.

12. Mechanische Oberflächenveredlung

In diesem Abschnitt werden eine Reihe von speziellen Konstruktionen besprochen, die hauptsächlich in der Wollappretur üblich sind und oft als zusätzliche Einrichtungen zu bereits beschriebenen Maschinen verwendet werden, wenn es gilt, deren Effekte zu verstärken bzw. zu verfeinern. Es gehört dazu das *Bürsten, Dämpfen, Velourheben, Klopfen* und *Maschinen für die Glanzausrüstung*. Alle diese Arbeiten erscheinen auf den ersten Blick mehr oder weniger nebensächlich, sind aber vor allem bei der Ausrüstung von Wollwaren von nicht zu unterschätzender Bedeutung für Griff und Aussehen der Ware. Abgesehen von speziellen Bürstmaschinen haben die meisten Wollveredlungsmaschinen Bürstenwalzen, welche den verschiedensten Zwecken dienen. Vor allem werden Wollwaren, und auch solche aus anderen Fasern dann gebürstet, wenn Faserflug, Staub oder Fäden zu entfernen sind. Weiter wird man durch Bürsten den Rauheffekt so beeinflussen können, daß die Rauhhaare entweder nach der einen oder anderen Richtung oder wirr durcheinander kommen sollen.

Das **Bürsten** dient in der Wollappretur hauptsächlich zur Beeinflussung des Faserflores, der durch Rauhen erzeugt wurde. Man bürstet die Waren entweder feucht oder trocken je nach dem zu erzielenden Effekt. Verschiedene Firmen (z. B. *Drabert*) haben besondere Bürstmaschinen (Abb. 219) entwickelt, die meist mit Dämpftischen kombiniert sind und ein mehrmaliges Bürsten und Dämpfen ermöglichen. Spezialmaschinen dieser Art sind auch die *Strichveredlungsmaschinen* dieser Firma. Die Ware läuft dabei in gespanntem Zustand über Dämpftische und anschließend über einen oder mehrere Tamboure, die mit harten Perlonflachbürsten oder auch Drahtkratzen besetzt sind. Mit dieser Maschine läßt sich ein Stricheffekt erreichen, der dem Verstreichen nahekommt. Eine ganze Reihe von verschiedenen Bürstmaschinen sind zur Herstellung von Cord, Duvetin, Velvet usw. notwendig. Auch zur Veredlung von Plüschen und Samten werden eine Reihe von Spezialbürstmaschinen verwendet, um den Faserflor zu beeinflussen. Auch hier wird meist eine Kopplung mit Dämpftischen verwendet.

Abb. 219. Bürst- und Strichveredlungsmaschine (*Drabert*)

Durch **Dämpfen** allein ist es oft möglich, den Faserflor zu heben. Die Ware läuft dabei über einen Tisch, der meist auf der perforierten Platte mit einem Filz und Nesselgewebe bespannt wird und mittels Sattdampf die Ware durchgedämpft wird. Das Dämpfen wird sehr häufig verwendet, vor allem, wenn es gilt, Wollwaren, die durch eine lange Naßbehandlung hart und bockig geworden sind, einen weichen und vollen Griff zu geben.

Das **Klopfen** ist heute selten geworden, da ein ähnlicher Effekt durch Bürsten oder Velourheben erreichbar ist. Beim Klopfen, welches heute nur mehr bei der Ausrüstung von Plüschen eingesetzt wird, läuft die gespannte Ware über einen mit Leinwand bespannten Rahmen, auf dem die feuchte Wollware entweder links- oder rechtsseitig von links und/oder rechts mit Hartholzstäben geschlagen wird. Die Stäbe werden durch eine Nockenwelle gehoben und mittels Federzug auf die Ware geschlagen.

Durch das **Velourheben** wurde die Klopfmaschine weitgehend ersetzt, da bei letzterer kein Verschleiß an Klopfstäben auftritt und auch eine ruhigere Arbeitsweise möglich ist. Die Ware läuft dabei in gespanntem Zustand an mit Kratzen beschlagene Walzen. Der durch das Rauhen erzeugte Besatz wird dadurch senkrecht aufgestellt und kann später gleichmäßig abgeschoren werden. An modernen Schermaschinen (S. 169) ist ein Velourheber angebracht und es ist meist ein besonderes Velourheben nicht notwendig. Gegenüber der Klopfmaschine besteht der Nachteil, daß die Kratzenwalze der Velourhebemaschine meist bis auf den Grund des Gewebes greift und dadurch der Effekt gegenüber dem Klopfen magerer ist.

In den letzten Jahren haben Konstruktionen für die *Glanzerhöhung* (*Polieren*) auf mechanischem Weg große Bedeutung erlangt. Im Prinzip werden dabei Gewebebahnen in gespanntem Zustand an schnellrotierende Zylinder geführt, welche die Gewebeoberfläche mittels meist in gering schiefem Winkel aufgesetzte Schlägerstreifen bearbeiten. So verwendet z. B. *Hergert* im *Pol-Rotor* einen Zylinder mit vier gefrästen Nuten, die jeweils abwechselnd im steigenden Winkel vor einer Schlagleiste angebracht sind. Die Nuten haben die Aufgabe, den Flor der Ware anzusaugen und die Schlägerleisten (Arbeitsleisten) das Glätten der

Ware zu besorgen. Der Effekt wird durch Erwärmen des Arbeitszylinders erst in vollem Umfang ermöglicht, wobei Temperaturen bis 500°C erreichbar sind. Die Zylinderumdrehung ist bis 1200 U/min und die Warengeschwindigkeit bis 15 m/min stufenlos veränderlich. Durch diese Behandlung werden Gewebe mit niedrigem oder hohem Flor (gerauhte, verstrichene u. a. Waren) im Glanz und der Ruhe des Flors wesentlich verbessert und egalisiert. Bei Geweben aus nativen Fasern ist es günstig, die Waren vorher anzufeuchten, wobei noch Weichmacher oder spezielle Glanzhilfsmittel eingesetzt werden können. *Hergert* liefert zum Pol-Rotor auch eine synchron geschaltete Befeuchtungsanlage.

Die Abb. 220 zeigt das Schema einer Glanzausrüstungsmaschine mit einem Arbeitszylinder, die Abb. 221 eine Maschine mit zwei Arbeitszylindern, die besonders zur Glanzausrüstung von synthetischen Pelzen eingesetzt wird. Die Erwärmung erfolgt elektrisch, indem elektrische Widerstandsdrähte über ein

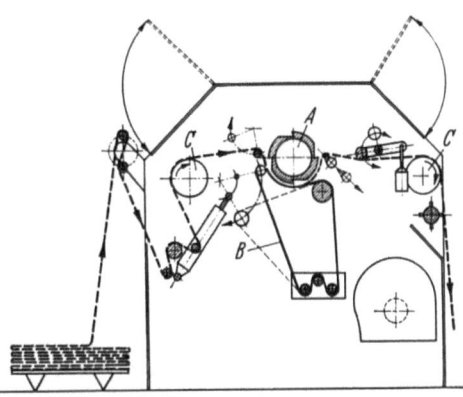

Abb. 220. Glanzausrüstungsmaschine (*Comet*)
A rotierender Arbeitszylinder; *B* Mitläufer für die Warenspannung; *C* Spannwalzen mit Kratzenbeschlag

Ölbad bis zu 250°C erwärmen. Die Zylinder haben einen Durchmesser von 270 mm und können wahlweise mit 250—1000 U/min betrieben werden. Die Ware wird durch einen Wollfilz mit bis 5 atü an die Arbeitszylinder gedrückt. Die Konstruktion wird neuerdings auch für Tuftedteppiche eingesetzt.

Abb. 221. Glanzausrüstungsmaschine mit 2 Arbeitszylindern mit synthetischen Pelzen (*Comet*)

Glanzausrüstungsmaschinen, die auch als *Universal-Ausrüstungsmaschinen* bezeichnet werden, werden u. a. von folgenden Firmen gebaut:

Comet
Hergert (Pol-Rotor)
Mortamet (Super-Finish)

Proctor-Schwartz (Face-Fiber-Finisher)
Sellers

164   I. Die mechanischen Appreturarbeiten

13. Scheren

Um abstehende Faserenden vom Gewebe zu entfernen, bedient man sich des Scherens. Auch das Sengen dient dem gleichen Zweck, hat aber den Vorteil, daß auch Faserenden in Vertiefungen der Gewebe, wie es bei profilierten Geweben der Fall ist, beseitigt werden. Das Scheren wird hauptsächlich bei Wollgeweben verwendet. Um Faser- und vor allem Fadenenden von der Gewebeoberfläche zu entfernen, bedient man sich in der Vorappretur der Gewebescher- und Putzanlagen (S. 8). Abgesehen von Spezialeffekten wird man Gewebe aus Zellulosefasern und zum Großteil auch Gewebe aus synthetischen Fasern nicht scheren, sondern sengen. Wollgewebe wird man nur dann sengen, wenn man durch Scheren die Vertiefungen der Ware nicht erreicht. Durch die verstärkte Verwendung von Geweben aus Mischungen von Wolle mit Synthesefasern — es werden hauptsächlich 55% Polyester- oder Acrylfaser mit 45% Wolle gemischt — ist eine Kahlappretur vorgeschrieben, um verstärkte Pillingbildung zu vermeiden, wird die Ware gesengt und die Sengkügelchen abgeschoren, um ein unterschiedliches Anfärben dieser Sengrückstände zu vermeiden.

Zum Scheren verwendet man heute die verschiedenen Konstruktionen der Tuchschermaschinen, die in ihrer Bauweise auf einen von LEONARDO DA VINCI stammenden Vorschlag zurückgehen. Vor Einführung der Schermaschinen war es üblich, die abstehenden Fasern mit Scheren, wie sie heute auch noch zum Beschneiden von Hecken üblich sind, von Hand aus abzuschneiden. LEONARDO DA VINCI war der erste, der den „gezogenen Schnitt" von Spiralmessern, wie er auch in Rasenmähern üblich ist, vorschlug. Der Engländer EVERETT WILTSHIRE baute als erster 1758 eine Schermaschine nach dem Vorschlag des genialen Malerkonstrukteurs, und auch heute sind die Scherwerkzeuge im Prinzip die gleichen geblieben, wie sie um 1500 vorgeschlagen wurden.

Man verwendet bei den Tuchschermaschinen den *gezogenen Schnitt*, bei dem das rotierende *Obermesser* über ein feststehendes *Untermesser* im *Schnittwinkel* geführt wird. Die Stückware wird dabei im spitzen Winkel über einen *Schertisch* gezogen. Dabei richten sich die Faserenden auf, werden vom Untermesser festgehalten und vom Obermesser abgeschnitten. Der gezogene Schnitt ist weit wirksamer als der gedrückte Schnitt, bei dem der zu schneidende Gegenstand allein

Abb. 222. Ausgebautes Scherzeug (*Heusch*)

durch den Messerdruck getrennt werden muß. Ober-, Untermesser und Schertisch werden als **Scherwerkzeuge** (Abb. 222) bezeichnet. Die anderen Einrichtungen der Tuchschermaschine dienen hauptsächlich dem Gewebetransport bzw. dem Aufrichten der Fasern, Entfernen der Scherhaare und dem faltenfreien Gewebelauf.

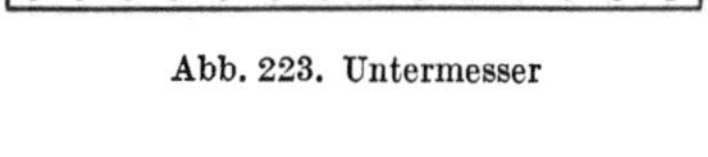

Das **Untermesser** (Abb. 223) dient zum Festhalten der Faserenden, damit sie vom

Abb. 223. Untermesser

Obermesser erfaßt werden können. Es besteht aus einer geradlinigen 3—4 mm starken Stahlschiene, welche am vorderen Ende zugespitzt ist, aber keineswegs die bei Messern übliche „Messerschärfe" aufweist. Das Untermesser ist feststehend in der Tuchschermaschine befestigt und kann bei Abnützung in den am hinteren Ende befindlichen Schlitzen (Ösen) nachgeschoben und mittels Schrauben festgehalten werden. Das dem Obermesser zugekehrte, vordere Ende ist bis zu einer Tiefe von 3 cm gehärtet. Die Härte des Untermessers beträgt $3/4 - 7/8$ der Härte der Messerspiralen des Obermessers. Zu harte Untermesser brechen leicht aus, da mit der Härte auch die Sprödigkeit des Stahls zunimmt. Das Untermesser ist in seiner *Scherbahn* (Abb. 224) und Länge dem Obermesser angepaßt und wird mit diesem im Bedarfsfalle von der zu scherenden Gewebebahn abgehoben.

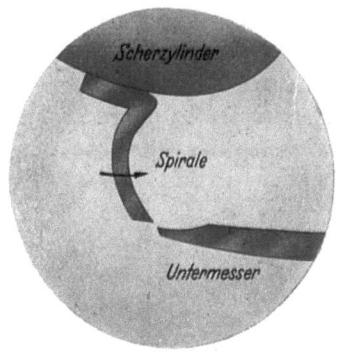

Abb. 224. Ober- und Untermesser (mit Scherbahn)

Das **Obermesser** besteht aus einem Hohlzylinder mit einem Durchmesser von 65—85 mm, auf dem die *Obermesserspiralen* aufgezogen werden (Abb. 225). Der Hohlzylinder muß so ausgewuchtet sein, daß er bei Touren bis 1800 U/min nicht ausschwingen kann. Die Länge des Zylinders richtet sich nach der Breite des zu scherenden Gewebes und beträgt bei Tuchschermaschinen 900—1800, bei Teppichschermaschinen bis 5500 mm. Um diesen Hohlzylinder sind die als Schneidwerkzeuge geltenden Spiralmesser „aufgewickelt". Die Messer bestehen aus gehärteten Stahlschienen mit einem Querschnitt von 1,2—2,2 mm. Auch die Obermesser zeigen

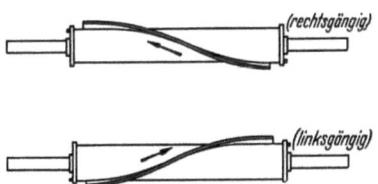

Abb. 225. Obermesser, Gängigkeit mit je einer Spirale markiert

keine „Messerschärfe". Je nach Anzahl dieser „Wicklungen" der *Obermesserschienen* um den Messerkörper richtet sich auch der *Steig-* oder *Schnittwinkel* des Obermessers. Normalerweise ist der Messerkörper mit 12—20 Messerspiralen besetzt, die je nach Wahl des Schneidwinkels $1^1/_2$—2—$2^1/_2$mal um diesen gewickelt sind. Bei Obermesserlängen von 1600 mm wird dabei die Spirale $2^1/_2$mal, mit einer Länge von 600 bis 650 mm einmal, um den Messerkörper laufen. Die Obermesserschienen werden an den am Messerkörper sitzenden Bordscheiben mittels Schrauben über ein Gewinde der Stahlschienen festgehalten und können so festgezogen werden. Der Schnittwinkel liegt bei normalen Obermessern zwischen 30—40°. Wird er zu hoch gewählt, wird zwar die Schnittzahl/min erhöht, da auch die Zahl der Windungen um den Messerkörper zunehmen, doch wird dabei auch die Schubkraft des Obermessers größer, und die abzuschneidenden Fasern werden u. U. aus dem Schnittwinkel geschoben. Bei zu kleinem Schnittwinkel drückt das rotierende Obermesser stärker auf die Fasern, und es wird mehr Kraft für den Schnitt notwendig. Dadurch kann es zu einem *Abkauen* der Fasern kommen, und der elegante Schnitt geht verloren, abgesehen von der geringen

Schnittzahl, die aus der herabgesetzten Zahl der Windungen um den Messerkörper resultiert. Die Schnittzahl errechnet sich aus der Umdrehungszahl des Obermessers, Anzahl der Spiralen und liegt bei Hochleistungsmaschinen mit 1800 U/min bei 21000 Schnitten/min. Durch diese hohe Schnittzahl konnte auch die Durchlaufgeschwindigkeit der Ware von früher 4 m auf 60 m/min gesteigert werden.

Zum Scheren der verschiedenen Waren wird man auch die *Art der Obermesserspiralen* (Abb. 226) wählen. Die früher übliche Einstemm- und Doppelwinkelspirale wurde bei Schermaschinen für Kokos- und Jutegewebe durch die

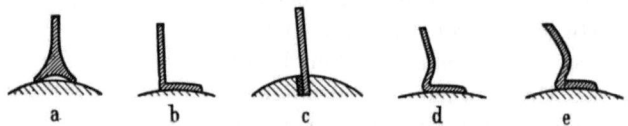

Abb. 226 a bis e. Obermesserformen
a) Bajonett-; b) Winkel-; c) Einstemm-; d) Knie-; e) Konkav-Obermesserspiralen

Bajonett- oder *Winkelspirale* von größerem Durchmesser ersetzt. Für Tuch- und Teppichschermaschinen verwendet man heute ausschließlich

*Konkav- oder
Kniespiralen.*

Bei beiden Spiralen handelt es sich um Winkelspiralen. Der obere Winkelschenkel ist bei der Kniespirale abgeknickt, bei der Konkavspirale abgebogen. Mit dem kürzeren Unterschenkel liegen die Messer auf dem Messerkörper. Durch diese besonderen Arten der Spiralen erhält man eine spitzere Form der eigentlichen Schneidflächen, die sich erst nach längerem Gebrauch abnützen als die anderer Spiralen (Abb. 227). Durch die dadurch erhaltene Spitze der Obermesser wird die aus Stahl bestehende Spirale allerdings empfindlicher gegen Ausbrechen beim Scheren von harten Fasern, so daß sie nur zum Scheren von Wolltuchen zu empfehlen ist. Die Anzahl der erfaßten Fasern beim Abscheren kann vor allem bei weichen Fasern, wie sie die Wolle darstellt, durch *Feilenhieb* (Abb. 228) in den Messerspiralen gesteigert werden. Es wird bei diesen Spiralen der obere Teil des Winkelschenkels mit Nuten versehen und dadurch die Schnittzahl gesteigert.

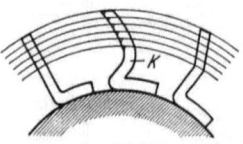

Abb. 227. Abnutzungsschema verschiedener Obermesserspiralen, welches zeigt, daß sich Konkavspiralen (K) am günstigsten verhalten (*Heusch*)

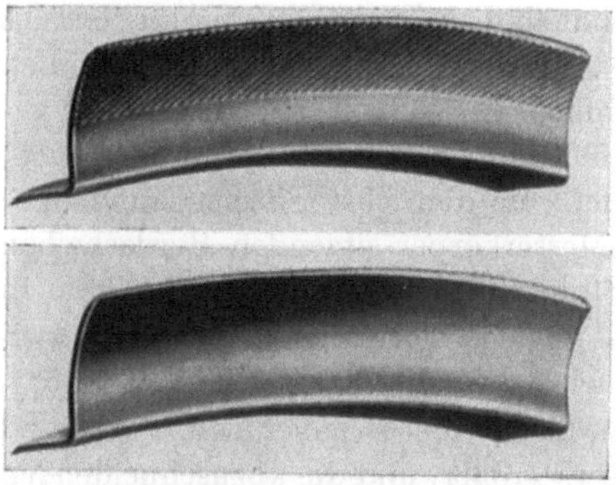

Abb. 228. Konkavspiralen mit (oben) und ohne (unten) Feilenhieb (*Heusch*)

Der **Schertisch** dient allein der Warenführung. Die Stückware läuft im Winkel über den Tisch, wobei sich die abzuscherenden Fasern senkrecht aufstellen, vom Untermesser gehalten und vom Obermesser abgeschnitten werden. Beim *Spitztisch* (Abb. 229) wird für die Warenführung eine Stahlschiene verwendet, die mäßig zugespitzt und an der Oberkante etwa 1,5 mm breit ist. Diese Art des Tisches wird auch Volltisch genannt. Der Spitztisch eignet sich vor allem für Waren, die eine gleichmäßige Stärke haben. Durch Knoten an der Warenrückseite wird die Ware angehoben und vom Obermesser zerschnitten. Der *Hohltisch* (Abb. 229) besteht aus 2 Stahlschienen, welche die Ware ebenfalls abwinkeln, jedoch sitzt die vordere Schiene vor der eigentlichen Schnittstelle und die hintere, niedrigere, nach der Schnittstelle. Dadurch wird der Ware die Möglichkeit gegeben, den Schneidwerkzeugen auszuweichen, wenn dickere

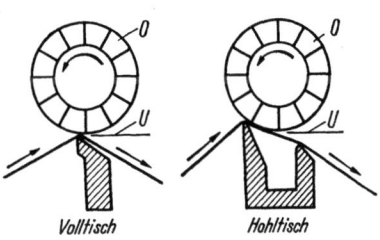

Abb. 229. Schertischformen
O Obermesser; U Untermesser

Gewebestellen das Schneidzeug passieren. Zum Scheren in der Gewebeputz- und Scheranlage verwendet man ausschließlich Hohltische, wogegen in der Tuchschermaschine der Volltisch üblicher ist.

Die Art der *Schereffekte* unterscheidet sich in der Hauptsache in der Höhe, welche die geschorenen Fasern behalten. Diese Höhe wird dadurch beeinflußt, daß man das Schneidzeug (Ober- und Untermesser gemeinsam) mehr oder weniger tief auf die über den Schertisch laufende Ware einstellt. Bei der *leichten Schur* werden lediglich die Spitzen der Fasern abgeschoren. Man nennt diese Schur *Spitzen*. Meist erkennt nur der Fachmann am Fertiggewebe, daß man dieses gespitzt hat. Bei der *mittleren Schur*, die man vor allem für Velourwaren, die vorher gerauht wurden, verwendet, werden die Fasern in mittlerer Höhe abgeschoren. Es ist bei dieser Schur wichtig, daß die Fasern durch den Velourheber oder entsprechende Bürstenwalzen möglichst senkrecht aufgestellt werden, um in gleicher Höhe vom Obermesser erfaßt zu werden. Bei der *Kahlschur* versucht man, die Faser möglichst knapp an der Gewebeoberfläche abzuscheren.

Alle Effekte lassen sich nicht mit einem *Schnitt* (Passage) über ein Scherzeug erreichen, sondern man wird durch langsames Tieferstellen der Scherwerkzeuge die Schur verstärken. Am Laufgeräusch des Obermessers kann der geübte Scherer erkennen, ob auf einmal zuwenig oder zuviel Fasern erfaßt werden und wird dann die Messer entsprechend tiefer oder höher einstellen. Bei zu hoher Schnittzahl „rauscht" das Scherzeug, der Schnitt wird unregelmäßig, die Scherhaare meist nicht abgeschnitten, sondern „abgekaut", wenn nicht sogar Stufen im Schnitt sichtbar sind. Die Gewebe sollen zum Scheren gleichmäßig trocken sein. Keineswegs soll feucht geschoren werden, da sonst die Wollfasern elastisch den Scherwerkzeugen ausweichen. Örtliche Ölverschmutzungen oder Reste von Waschmitteln und Kalkseifenflecken ergeben örtlich ungleiche Schur.

Schermaschinen

Im Prinzip bestehen die Schermaschinen aus 1—4 Scherwerkzeugen (Schertisch, Ober- und Untermesser) und den entsprechenden Hilfseinrichtungen für die Warenführung, wie dem Velourheber, Spannwalzen, Warenmulde und Bürsten zum Aufrichten der Fasern bzw. Entfernen der abgeschorenen Faser. Daneben haben moderne Konstruktionen noch bei jedem Scherzeug Absaugvorrichtungen, um die Scherhaare in eine besondere Staubkammer zu saugen.

168   I. Die mechanischen Appreturarbeiten

Je nach Art der Schermaschine unterscheidet man

Lang-, Tuch- oder Longitudinal- und
Quer- oder Transversalschermaschinen.

Lang- oder Tuchschermaschinen (Abb. 230, 231) haben meist 1 oder 2 Scherzeuge und werden nur dann mehr Scherwerkzeuge enthalten, wenn man durch geeignete Warenführung nur mit einem oder zwei Schnitten rechts- und linksseitig auskommen will. Abgesehen von Spezialkonstruktionen wird für jedes

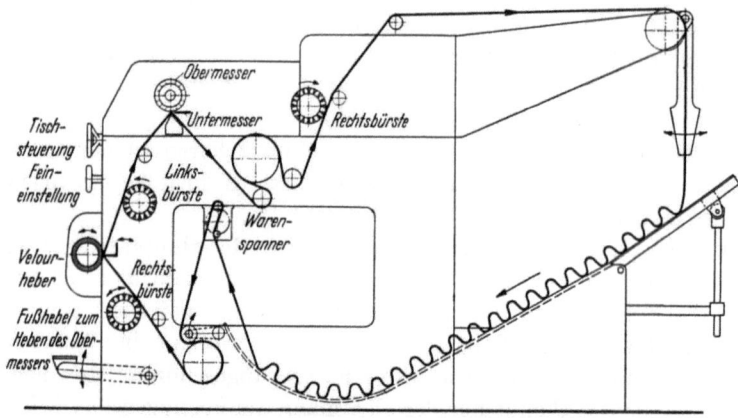

Abb. 230. Schermaschine mit einem Schneidzeug (*Monforts*)

Abb. 231. Tuchschermaschine „Schermeister" (*Drabert*)

Schneidzeug eine Bedienungsperson nötig sein. Jedes Obermesser wird, da es sich erwärmt, mit einem *Schmierfilz* (Abb. 232) oder *Schmierleder* versehen, die an einer Stange hängend, über das Obermesser zum Maschineneingang (Wareneinlauf) zeigend, angebracht sind. Dieser Schmierfilz oder das Weichleder wird öfters mit gutem Schmieröl betropft. Das Obermesser wird vor Beginn der Schur sehr knapp über das Untermesser eingestellt und ist mit diesem entweder durch beidseitig angebrachte Mikrometerschrauben oder zentral durch ein Handrad an den Tisch und dadurch gegen die Gewebebahn einstellbar. Das Obermesser läuft in seiner Drehrichtung gegen den Wareneingang und damit auch gegen das Untermesser. Um das Bedienungspersonal vor Verletzungen zu schützen, muß das gesamte Scherzeug durch ein Gitter oder eine Plexiglasscheibe abgesichert sein, welche nur bei Stillstand der Maschine abklappbar sind. Der Schertisch ist bei normalen Konstruktionen fest montiert. Bei Durchgang der Naht bzw. beim Einziehen der Stücke in die Maschine wird mittels eines Fußhebels Unter- und Obermesser gemeinsam vom Schertisch abgehoben.

Abb. 232. Obermesser mit Schmierfilz bei abgehobener Fingerschutzvorrichtung

Der Schertisch ist bei den meisten Tuchschermaschinen, jedoch in waagerechter Richtung, verschiebbar, um ihn so einstellen zu können, daß die Warenleisten, wenn nötig, vom Schneidzeug nicht erfaßt werden können. Es ist dadurch möglich, die Gewebeleisten von der Schur auszuschließen, wenn die eine Leiste über das eine Ende des beweglichen Tisches herabhängt und die andere Leiste außerhalb des Schneidzeuges geführt wird. Die Schneidzeuge sind bei Schermaschinen mit mehreren Schneidzeugen normal hintereinander angebracht.

Der *Warenlauf* wird mittels angetriebener Walzen vorgenommen. Die Warenspannung wird entweder durch Leitwalzen oder durch besondere Spannstäbe erreicht. Nach Passieren des Schneidzeuges, wo auch die Scherhaare abgesogen wurden, wird die endlos genähte und faltenfrei laufende Ware nach unten abgezogen und durch eine Bürstenwalze die Scherhaare abgebürstet; dann mittels einer Abtafelvorrichtung in eine Warenmulde befördert, in der sie wiederum zum Eingang der Maschine rutscht. Durch eine Transportwalze wird sie dann über Spannstäbe an Links- und Rechtsbürstenwalzen geführt, um je nach deren Laufrichtung die Haare zu- oder abzustreichen. Diese Bürstenwalzen können meist in ihrer Drehrichtung geändert werden. Außerdem besteht noch die Möglichkeit, die Ware näher oder weiter an diese Bürstenwalzen zu führen. Um auch die an der Ware liegenden Haare vor dem Schneidzeug aufzurichten, bedient man sich eines *Velourhebers*. Dieser besteht aus einer Kratzenwalze mit senkrecht stehendem Kratzenbeschlag. Mittels einer Schiene wird die Ware je nach verlangtem Effekt näher oder weiter an die links- oder rechtsrotierende Kratzenwalze geführt und dadurch die Haare (Velour) schwächer oder stärker aufgerichtet. Um die nach mehreren Schnitten nach der einen Seite liegenden Haare wieder aufzurichten, wird man die Drehrichtung des Velourhebers ändern bzw. bei Kahlscherern nur leicht anstellen und die letzten Schnitte ohne den Velourheber vornehmen.

Wie bereits erwähnt, ist zur Bedienung je eines Schneidzeuges meist eine Bedienungsperson üblich, wenn die Schneidzeuge hintereinander in der Maschine arbeiten. Außerdem ist es notwendig, die Obermesserspiralen einmal links- und bei dem zweiten Obermesser rechtsgängig (Abb. 225, S. 165) auf den Messerkörper aufzuziehen, um ein seitliches Herausschieben der Ware während des Scherens zu vermeiden.

Von *Vollenweider* wurden bei den Konstruktionen der *Peerless-Schermaschinen* neue Wege beschritten, die ein rationelleres Scheren erlauben und bei denen nicht wie bisher, beim Durchgang der Naht Ober- und Untermesser gehoben, sondern der Spitz- oder Hohltisch von Hand oder automatisch nach vorn geschwenkt wird (Abb. 233). Der Vorteil dieser Konstruktion liegt im ruhigeren Lauf des Oberzylinders, der in den beiden Maschinenständern gelagert ist.

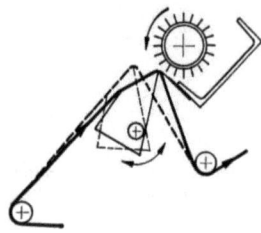 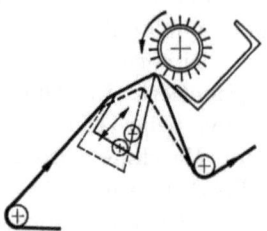

Abb. 233. Ausschwenken des Spitztisches bei Nahtdurchgang in der „Peerless TSC"-Schermaschine (*Vollenweider*)

Abb. 234. Einstellung der Schurhöhe durch Heben und Senken des Spitztisches in der „Peerless TSC"-Schermaschine (*Vollenweider*)

Durch diese Einrichtung behält die Ware auch beim Nahtdurchgang die gleiche Spannung wie beim Scheren und es wird dadurch eine Faltenbildung vermieden. Zur Einstellung der Schurhöhe ist der Schertisch absenkbar (Abb. 234). Durch Anheben des Obermessers und Absenken des Schertisches ist es außerdem möglich, das Untermesser mit einem Schleifhobel abzuziehen. Als weitere Neuerung wird die *Peerless* als zweimesserige Maschine (Abb. 235) so gebaut, daß die bei-

Abb. 235. „Peerless"-Schermaschine mit 2 Schneidzeugen übereinander (*Vollenweider*)

den Scherzeuge nicht hintereinander, sondern übereinander liegen und dadurch der Warenlauf und der Schereffekt von einer Bedienung beobachtet werden kann. Die Warenführung ist so angeordnet, daß die Bedienung eine große Warenfläche übersehen kann. Zur Verstärkung des Velourhebers werden die Scherhaare unterhalb des Scherzylinders abgesaugt und dadurch zusätzlich der Flor des Gewebes aufgestellt (Abb. 236). Die Absaugung mündet seitlich über einen Filter im Scherflockensammelsack, so daß die Maschine leicht transportiert werden kann, ohne daß besondere Rohrleitungen zur separat gebauten Absaugstation notwendig sind.

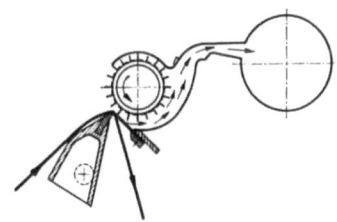

Abb. 236. Absaugen der Scherhaare in der „Peerless"-Schermaschine (*Vollenweider*)

Ähnliche Neuerungen wurden auch von anderen Firmen an ihren Schermaschinen angebracht. So wird von *Monforts* in der *Schurschermaschine Modell SRS* ebenfalls der Oberzylinder fest gelagert und bei der Nahtpassage der Schertisch ausgeschwenkt. Ähnliches gilt auch von der *Syn-tex-Schermaschine* von *Fr. Müller*, die als „*Syn-Tex*"-Scherautomat eine Weiterentwicklung erfahren hat. Die Konstruktion (Abb. 237) erlaubt eine Vollautomatisierung des gesamten Schervorganges nach vorher gewähltem Programm. So ist es z. B. möglich,

Abb. 237. „Syntex-Scherautomat" (*Franz Müller*)

die Schurhöhe so einzustellen, daß nach jedem Durchgang der Schertisch um 0,5 mm gehoben wird und nach Erreichen der endgültigen Schurhöhe, die zwischen 0 und 32 mm variabel ist, die Maschine automatisch stillgesetzt wird. Der Florheber wird ebenfalls vollhydraulisch ab- und zugestellt und läuft je nach Wahl mit 250/375 oder 500 U/min mit oder gegen die Warenlaufrichtung. Ebenfalls ist die Warenspannung automatisch und hydraulisch über Hydromotoren und Hydropumpen durch Änderung der Voreilung der Abzugswalze gegenüber der Zuführwalze vorzuwählen bzw. vom Schaltpult aus zu verändern. Das Scherprogramm kann vorgewählt für mehrere Scherarbeitsgänge eingestellt werden und wenn ein anderes Programm notwendig ist, durch Löschen die Maschine wiederum für ein neues Programm aufnahmsfähig gemacht werden. Selbstverständlich kann das Programm unterbrochen werden und dann über Drucktasten von Hand aus gefahren werden bzw. wird die Maschine nur handgesteuert. Beim Durchgang der Naht schaltet die Maschine auf Kriechgang und nach Passieren der Naht wiederum auf volle Tourenzahl. Die Konstruktion erlaubt stufenlos regelbare Durchlaufgeschwindigkeiten bis zu 100 m/min, denen die Umdrehungszahl des Obermessers bis zu 1800 U/min synchron angepaßt wird. Alle regelbaren Funktionen sind ablesbar. Die Schermaschine wird auf Wunsch mit Warenrückführung und Warenwendevorrichtung ausgestattet, um auch ein beidseitiges Scheren zu ermöglichen.

Von *Drabert* wird als *Poly-tex-Schermaschine* eine Tuchschermaschine auf den Markt gebracht, welche das Abheben des Scherzeuges bzw. des Oberzylinders ölhydraulisch gestattet. Die Firma baut auch Maschinen mit großen Breiten für das Abscheren von Brochéfäden in Gardinen bzw. anderen Geweben, welche weit voneinander liegende Musterungen enthalten und bei denen die an der Rückseite langflottierenden Fäden entfernt werden müssen. Ohne diese besonderen Vorrichtungen müssen die Fäden vor dem Scheren von Hand auf- und möglichst nahe dem Muster abgeschnitten werden. Bei der Konstruktion von *Drabert* werden die Fäden durch einen Druckluftstrom aus der Zuführwalze (Abb. 238) parabolisch aufgeblasen und das Gewebe selbst durch Niederhalter, welche einzeln über die Gewebebahn als Drahtschlaufen verteilt sind heruntergedrückt, so daß das Obermesser die Brochéfäden erfassen auf- und abschneiden kann. Beim ersten Durchgang der Ware werden die Fäden meist noch nicht restlos über dem Muster abgeschnitten, doch sorgt beim weiteren Durchgang der Ware die Absaugung unterhalb des Scherzylinders für das Abschneiden direkt über den Bindungsstellen des Musters.

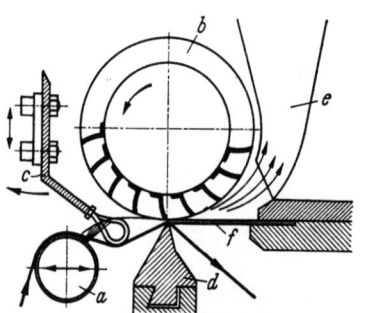

Abb. 238. Schneidzeug der „Poly-tex"-Schermaschine (*Drabert*)
a Warenausbreiter als Rohr ausgebildet zum Aufblasen der Broschierfäden mit Preßluft; *b* Obermesserzylinder; *c* Niederhalter für die Warenbahn; *d* Schertisch; *e* An- und Absaugdüsen; *f* Untermesser

Viele Firmen verwenden neben den vollen Rundbürsten auch Bürstenwalzen, welche die Borsten in Spiralen enthalten bzw. sind, vor allem in Teppichlangschermaschinen, auch Bandbürsten vor dem Schneidzeugen üblich, welche auch ein Querbürsten erlauben, um den Flor in allen Fällen ausreichend aufrichten und damit abscheren zu können. Von *Hergert* wird als „*Pol-Scher*" eine *Hochpol-Schermaschine* gebaut, welche vor allem für das Scheren von hochflorigen Geweben und Gewirken geeignet ist und durch eine starke Absaugung ein restloses Aufrichten des Flors und damit ein gleichmäßiges Scheren des hohen Velours erlaubt. Bei dieser Konstruktion wird auch mit festgelagertem Scherzylinder und verstellbaren Schertisch gearbeitet.

Die **Querschermaschine** ist gegenüber der hauptsächlich verwendeten Tuchschermaschinen nur zum Scheren von Teppichen oder Geweben mit Überbreiten von mehr als 5500 mm im Gebrauch. Früher wurde sie auch zum Ausscheren der auf der Langschermaschine nicht auszuscherenden Stückenden verwendet. Durch die besonderen Konstruktionen ist es heute mittels Kriechgang und Nahttaster möglich, auch auf der Langschermaschine die Stückenden bis kurz vor die Naht auszuscheren und dadurch die Quermaschine zu ersparen. Auch zum Scheren von Teppichen werden heute fast ausschließlich Langschermaschinen verwendet, da Oberzylinder in Breiten bis zu 5500 mm gebaut werden (Abb. 239).

Abb. 239. Teppichschermaschine (*Drabert*)

An Stelle des Tisches der Langschermaschine werden die auf der Querschermaschine zu scherenden Waren auf einem Tisch aufgespannt und das Schneidzeug (Ober- und Untermesser) von Hand oder auch mechanisch über die gespannte Ware geführt, wobei das Obermesser durch einen Motor angetrieben wird. Hat man eine Bahn durch öfteres Senken des Scherzeuges ausgeschoren, wird die nächste Warenbahn auf den Tisch gespannt und wiederum mit der gleichen Anzahl von Schnitten und allmählichem Senken des Schneidzeuges geschoren. Die zu scherenden Waren werden dabei entweder in voller Breite oder Länge aufgespannt und zu der anderen Warenausdehnung, wie bereits beschrieben, auf dem Tisch geschoren. Die Fasern werden dabei entweder von Hand oder mittels besonderer Rundbürsten immer wieder aufgebürstet, damit sie vom Scherzeug erfaßt werden können.

Schleifen von Schneidzeugen. Abgesehen von Beschädigungen der Schneidzeuge durch Unachtsamkeit, werden sie nach längerem Gebrauch stumpf und müssen, um wieder ihre volle Schnittleistung zu erhalten, geschliffen werden. Der Schertisch wird nur dann *abgezogen*, wenn er ausgebrochen wurde. Dabei wird er auf einem Schleifbock abgeschliffen (egalisiert) und wieder in die Maschine eingesetzt.

Um das *Untermesser* zu schleifen, nimmt man zuerst das Obermesser und dann das Untermesser aus der Lagerung. Auf 2 Lagerböcken befestigt, wird das

Untermesser gelagert und mit der „Schneide" nach oben gestellt. Nun wird mittels eines Karborundumsteines die Vorderkante durch leichten Druck abgeschliffen. Dieses *Abrichten* oder *Abreißen* wird so lange fortgesetzt, bis alle Unebenheiten beseitigt sind. Man prüft mit einem mit Rötelöl eingestrichenen Metallineal und erkennt vorspringende Stellen am stärkeren Anfärben durch die Rötel- (Mennige-Öl) Dispersion des Lineals und die tiefer liegenden Stellen dadurch, daß sie keine Farbe angenommen haben. Man setzt dieses Abrichten so lange fort, bis das Untermesser an allen Stellen gleich viel Farbe vom angestrichenen Lineal aufnimmt. Nun wird die Farbe vom Messer entfernt und mittels eines feineren Karborundumsteines der *Grat* abgenommen. Man schleift dabei mit dem Stein so, daß die Unterkante des Messers abgeschliffen wird. Weit besser läßt sich das Untermesser allerdings in einem sog. *Schleifbock* (Schleifbank) (Abb. 240) abrichten, wo man mittels einer schnellaufenden

Abb. 240. Schleifbock mit eingespanntem Obermesser (*Franz Müller*)

Schmirgelscheibe das Untermesser abrichtet. Dabei wird das Messer ganz vorsichtig an die über die gesamte Breite des Untermessers changierend laufende Schmirgelscheibe herangeführt. Es ist darauf zu achten, daß unter keinen Umständen das Untermesser zu intensiv bearbeitet wird und blaurot anläuft. Dadurch wird das Messer zu hart und spröde und bricht schneller aus. Auf diesem Schleifbock kann auch der Tisch und das Obermesser geschliffen werden. Die Prüfung mit dem Rötellineal muß beim Schleifen des Untermessers auf dem Schleifbock ebenfalls vorgenommen werden. Meist zieht man den Grat nach dem Abrichten auf dem Bock mit der Hand ab. Nun setzt man das Untermesser wieder in die Maschine ein. Für Betriebe, welche eine größere Anzahl von Schermaschinen im Dauerbetrieb haben, lohnt sich die Anschaffung eines Schleifbockes immer. Vor allem werden Reserveschneidzeuge von Vorteil sein, die dann verwendet werden, wenn die anderen Schneidzeuge geschliffen werden und ein Maschinenstillstand nicht tragbar ist und man die Schneidzeuge nur auswechseln muß.

Um stumpfe oder ausgebrochene Untermesser ohne Ausbau egalisieren (abrichten, schleifen) zu können wurde von *Heusch* die *Schleifhexe* (Abb. 241) konstruiert, die entweder nach Ausbau des Obermessers oder bei Schermaschinen, die so gebaut sind, daß das Obermesser genügend hochgestellt werden kann, diese Arbeiten in der Maschine erlaubt. Es handelt sich dabei um einen Elektroschleifapparat, der an der Vorderkante des Untermessers geführt wird und die angegebenen Arbeiten ausführt. Die Schleifhexe kann mit einer entsprechenden Klammer an Tischen befestigt auch zum Schleifen von Messern, Scheren usw. verwendet werden.

Das *Obermesser* kann entweder in der Schermaschine oder auf der Schleifbank abgerichtet (egalisiert) werden. Arbeitet man in der Schermaschine, wird der Scherzylinder

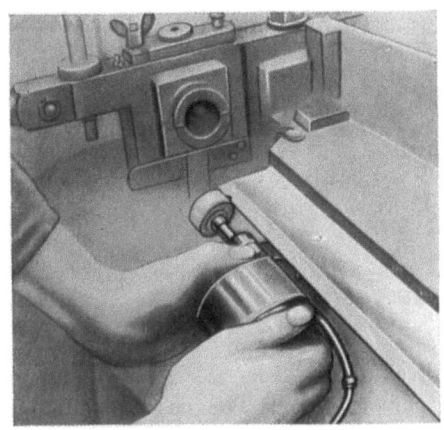

Abb. 241. Egalisieren des Untermessers in der Schermaschine mit der „Schleifhexe" (*Heusch*)

hochgestellt und mit dem Rötellineal werden changierend die Spiralen angefärbt und an den Stellen mit Kreide bezeichnet, wo die Spiralen Erhöhungen aufweisen. Ist dies der Fall, wird mittels eines Karborundumsteines von Hand aus die bezeichnete Stelle am laufenden Zylinder abgeschliffen. Dabei dreht sich jedoch der Zylinder in entgegengesetzter Richtung wie beim Scheren, also in Richtung zum Maschinenausgang. Ist ein Schleifbock vorhanden, wird das Obermesser ebenfalls durch eine changierende Schmirgelscheibe abgerichtet.

Nun wird auch das Obermesser wieder in die Schermaschine eingebaut und das *Einstellen* kann beginnen. Zuerst werden Ober- und Untermesser gründlich gereinigt und das Untermesser mit einer Masse aus Rötel–Rüböl am Ende der noch vorhandenen Bahn bestrichen. Der Oberzylinder wird anschließend von Hand aus durchgedreht. Dabei soll die Rötelmasse gleichmäßig vom Untermesser abgenommen werden. Nun wird die neue *Scherbahn* eingeschliffen. Man benützt dabei die Spiralmesser des Oberzylinders als Schleifmittel für das etwas weichere Untermesser. Zum Schleifen wird dabei der Oberzylinder mit einem mittelflüssigen Brei aus Schmirgel und Mineral- oder Rüböl bestrichen oder beträufelt und in entgegengesetzter Richtung wie beim Scheren, also von hinten nach vorn, die Schleifbahn des Untermessers ausgeschliffen. Um eine möglichst gleichmäßige Bahn zu erhalten, wird der Oberzylinder mittels eines Changierapparates (Abb. 242) waagrecht mit etwa 25—30 mm hin- und herbewegt. Die Bahn wird solange ausgeschliffen, bis sie 8—12 mm breit im Untermesser sichtbar ist. Die Bahn ist dann ausreichend eingeschliffen, wenn sie über die gesamte Breite eine gleichmäßig-schwärzliche Farbe aufweist und sich an der Vorderkante des Untermessers gleichmäßig über die gesamte Breite kleine, regelmäßige Tröpfchen des Öles absetzen. Ist dies der Fall, wird das gesamte Schneidzeug gereinigt, und man läßt die Schermaschine zum Polieren der Bahn $1-1^1/_2$ Stunden nur mit Öl laufen und reinigt dann die ganze Maschine vom versprizten Öl und Schmirgel und kann mit dem Scheren beginnen. In modernen Betrieben wird man das Abrichten und Einstellen der Messer ausschließlich auf dem Schleifbock vornehmen, um die Schermaschine nicht zu verschmutzen.

Um die Schneidfähigkeit zu prüfen, schiebt man zwischen das Unter- und Obermesser einen Streifen angefeuchtetes Seidenpapier, welches an jeder Stelle und durch jede Obermesser-Spirale fransenfrei abgeschnitten werden soll. Um die

Abb. 242. Changierapparat zum Einschleifen der Scherbahn in das Untermesser in der Schermaschine (*Heusch*)

gleichmäßige Höhe des Ober- über dem Untermesser zu prüfen, führt man mit einem stärkeren Packpapierstreifen dazwischen, wobei sich über die gesamte Scherbreite ein gleichmäßiger Widerstand zeigen soll. Neuere Konstruktionen gestatten eine zentrale Einstellung des Obermessers über dem Untermesser vom Regelpult aus.

Durch besondere Schablonen, z. B. einer gezahnten Schiene an Stelle des Schertisches, ist es möglich, vor allem bei Velouren, Samten usw., Längsstreifen in die Ware zu scheren. Dabei wird der Rauhbesatz nur dort abgeschoren, wo das Gewebe durch die Zähne der als Schertisch fungierenden Zahnstange an das Schneidzeug gebracht wird. Die Streifen sollen allerdings durch einen Schnitt erreicht werden, da es äußerst schwierig ist, beim zweiten Durchlauf die Ware so zu führen, daß sie wiederum in gleicher Lage die Zahnstange passiert. Dieses „Musterscheren" ist heute kaum mehr üblich.

Die **Scherfehler,** die sich als Streifen oder Flecken mit stärkerer oder geringerer Schur oder Löchern bemerkbar machen, können verschiedene Ursachen haben. Vor allem ist ein faltenfreier Lauf durch die Schneidzeuge das unbedingt Wichtigste beim Scheren. Bei Faltenbildung ergeben sich Scherstreifen, meist jedoch Löcher, vor allem bei Verwendung des Voll- und Spitztisches. Die Löcher können auch durch Knoten oder Gewebeverdickungen an der Warenrückseite hervorgerufen werden, wenn kein Hohltisch verwendet wurde. Durch zu tiefe Einstellung des Ober- und Untermessers an das Gewebe ergeben sich Treppen oder Stufen beim Scheren. Beim Zusammennähen der Enden ist auf eine glatte, faltenfreie Naht zu achten, da sich sonst ebenfalls Längsstreifen, von der Naht ausgehend in das Gewebe gehend, zeigen. Die durch örtlich unterschiedliche Feuchtigkeit, Reste von Weichmachern oder Waschmittel bzw. Kalkseifenablagerungen usw. auftretenden, geringeren Schereffekte wurden bereits erwähnt.

Die Firmen *Heusch* und *Schlenter* stellen Schneidwerkzeuge und die nachfolgenden Firmen u. a. Schermaschinen her:

Crosta	*Monforts*	*Raxhon*	*Sellers*
Curtis	*Mortamet*	*Riley*	*Sistig*
INVEST	*Fr. Müller*	*Scholaert*	*Vollenweider*
Menschner	*Parks*		

14. Pressen

Zum Glätten der Gewebeoberfläche, hauptsächlich der aus Wolle und Wollmischungen, werden *Mulden- bzw. Spanpressen* eingesetzt. Für Gewebe aus Zellulosefasern werden im allgemeinen nur Kalander (S. 184) verschiedener Bauart bzw. Mangeln (S. 181) verwendet. Nur in Ausnahmefällen werden Zellulosegewebe auf der Muldenpresse geglättet, vor allem dann, wenn sie gering profilierte Webbindungen haben. Der starke Quetschdruck der Kalander und Mangeln ist für Wollgewebe ungeeignet.

In der **Muldenpresse** wird die Ware genau wie beim Kalandern von einer beheizten Quetschwalze gedrückt, aber nicht gegen eine Unterwalze, sondern gegen eine oder mehrere den Walzendurchmesser ungefähr $1/3 - 2/3$ umspannende

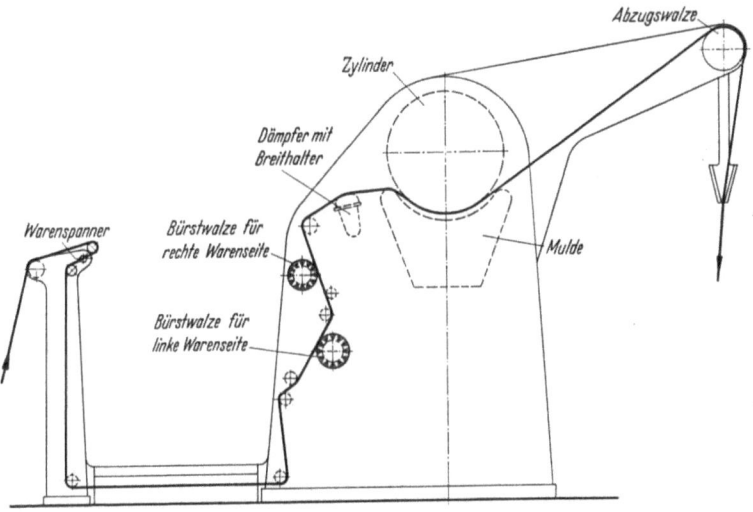

Abb. 243. Muldenpresse (*Franz Müller*)

geheizte Mulde, um den Druck auf eine größere Fläche zu verteilen. Die Ware wird in faltenfreiem Zustand zwischen eine bis 150°C beheizte Stahlwalze und beheizte Mulde geführt. Die Walze nimmt die Ware mit und schleift sie durch die durch Hydraulik oder Spindeln angepreßte Mulde (Abb. 243, 244). Aus dieser Bewegung resultiert ein gewisser *Speckglanz*, zumindest an der der Mulde zugekehrten Warenseite.

Abb. 244. Automatische Muldenpresse „Atlas" (*Drabert*)

Dieser Speckglanz, der aus ähnlichem Grunde wie der Speckglanz beim Friktionskalander (S. 189) entsteht, macht die Muldenpresse nicht für alle Waren geeignet bzw. kann das Pressen auf der Mulde nicht immer als Abschlußappretur eingesetzt werden. Zweckmäßigerweise wird anschließend eine Finishdekatur vorgenommen. Um eine befriedigende Glätte und milden Glanz zu erhalten, wird das Pressen auf der Muldenpresse mit anschließender Finishdekatur und u. U. mehrmals wiederholt, wobei als Schlußarbeit immer die Dekatur steht.

Der Zylinder hat einen Durchmesser von 500—600 mm. Die Mulde wird durch Spindeln oder hydraulisch an den Zylinder gepreßt, der Druck von 5—20 t kann durch Handräder pneumatisch oder automatisch über eine Druckfeder (*Drabert*) verändert werden. Mit einer Membrane läßt sich die Mulde an den Zylinder über ein Wasserpolster durch den Betriebsdampf drücken, wobei die Stärke des Druckes durch ein Dampfminderventil variiert wird (*Krantz*). Die Ware läuft über *Breithalter*, *Rundbürsten* und einen *schmalen Dämpftisch* zur Mulde und wird nach dem Pressen, evtl. über eine Kühlwalze (*Drabert*) gekühlt, abgetafelt. Die Rundbürsten reinigen beide Warenseiten von aufliegenden Fadenenden. Das Dämpfen feuchtet die Ware an, damit sie beim Pressen nicht übermäßig austrocknet. Da der Dämpftisch jedoch sehr schmal und oft als Breithalter ausgebildet ist, ist es vorteilhaft, wenn die Ware vorgedämpft wird, besonders wenn sie vorher schon sehr trocken ist.

Die erhöhte Produktion in der Ausrüstung geht sehr oft auf Kosten des Materials, da besonders bei Wollwaren die Ware von einer Maschine zur anderen *gejagt* wird und keine Gelegenheit zum *Ausruhen* hat. Früher wurden gute Wollwaren nach den einzelnen Veredlungsgängen, die sie stark austrockneten, mehrere Tage in feuchten Räumen ausgelegt, um ihnen Gelegenheit zur Aufnahme der *natürlichen Feuchtigkeit* zu geben. Leider ist das heute ausgeschlossen. Man sollte jedoch der Ware wenigstens durch häufiges Dämpfen oder Befeuchten (S. 227) so viel Feuchtigkeit zuführen, daß sie in Ausrüstungsgängen mit Hitzehandlung, wie beim Muldenpressen, nicht übertrocknet und ihr ein spröder Griff gegeben bzw. ihre Gebrauchstüchtigkeit beeinträchtigt wird.

Die Muldenpresse ist am Wareneingang mit einer *Kontaktleiste* ausgestattet, die bei Annäherung der Naht die Mulde senkt, um den Druck beim Durchgang zu vermindern. Metallgegenstände, wie Nadeln usw., in der Ware, zerstören die Mulde und den Zylinderbelag. Eine *Nadelsuchvorrichtung* stoppt die Warenzuführung, sobald Nadeln entdeckt werden (*Spion* der Fa. *Drabert*). Als *Eisenmeldegerät* wird eine ähnliche Einrichtung von *Erhardt* bzw. als *Ferrico* auch von *Scholaert* geliefert.

Die Warengeschwindigkeit kann zwischen 5—20 m/min gewählt werden. Die Produktion ist dadurch, daß die Maschine mit endlos aneinandergenähten Stücken beschickt wird, im Verhältnis zur Spanpresse viel höher. Der erzielte Glanz, vor allem auf der Muldenseite, ist jedoch speckig und unangenehm, so daß man für gute Wollwaren, vor allem für teure Kammgarne, möglichst die Spanpresse verwendet. Mit einer weiteren Mulde (Doppelmuldenpresse), die an den Zylinder drückt, kann der Preßeffekt weiter gesteigert werden. Zur Vermeidung des unangenehmen Speckglanzes hat man auch Pressen gebaut, bei denen ein endloser Filz über den Zylinder oder die Mulde läuft, der den dort auftretenden Glanz mindert. Um die dauernde Verwendung von Filzen, deren Verschleiß sehr hoch ist, einzuschränken, wird von *Monforts* in der *Muldenpresse MP 20* (Abb. 245), ein endloser Filz verwendet, dessen Ein- bzw. Ausbau in 30 min möglich ist. Dadurch läßt sich ein besonders weicher Warengriff und Mattglanz erzielen. Bei dieser Konstruktion wird nicht die Mulde gesenkt und gehoben, sondern der Zylinder pneumatisch in die Mulde gedrückt. Daneben wird auch über die Muldenmitte eine pneumatische Gegendruckeinrichtung verwendet, um den Muldendruck exakt auf den Zylinderdruck abstimmen zu können. Diese Neuerungen ermöglichen es, daß bei Nahtdurchgang der fein geriffelte Zylinder exakt gehoben werden kann. Zur Kühlung der Ware wird am Pressenausgang ein Kaltluftgebläse verwendet.

Bei der **Spanpresse** (Abb. 246) ist die Produktion weit geringer, aber man erreicht mit ihr einen *angenehmen, edlen und gut tropffesten Glanz*, der besonders bei guten Kammgarnen sehr geschätzt wird. Die Ware wird zwischen *Preßspänen* gepreßt. Die Preßspäne sind Glanzpappen, die durch Imprägnieren von guten Pappen mit Mineralöl oder Kunststoffen und anschließendem, heißem Friktionieren auf Spezialkalandern hergestellt werden. Die Preßspäne sind sehr glatt und werden in verschiedenen Stärken

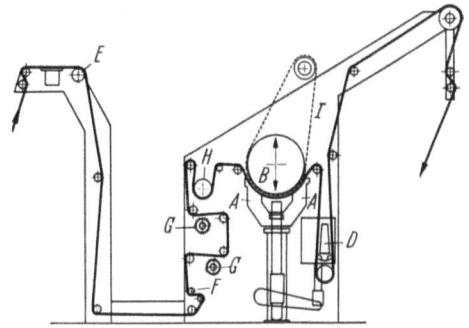

Abb. 245. Muldenpresse MP 20 (*Monforts*)
A feststehende Mulde; B senk- und hebbarer Zylinder; C regulierbarer Gegendruck in der Muldenmitte; D Kaltluftgebläse zur Warenkühlung; E Bremswalze; F Regler für die Warenspannung; G Bürstenwalzen; H Entspannerwalze; J auswechselbarer, endloser Filzmitläufer

Abb. 246. Spanpresse (links) mit Einspänapparat (*Krantz*)

geliefert. Die Webwaren werden jeweils mit einem Preßspan zwischen jeder Gewebelage in Falten gelegt — *eingespänt* — und bei einer gewissen Höhe des Warenstapels (1500—3000 cm) in die Spanpresse eingefahren. Das *Einspänen* der Ware dauert verhältnismäßig lang. Man hat versucht, diese Arbeit durch besondere Apparate, die mit Saugnäpfen und Faltenlegern ausgestattet sind, zu mechanisieren. Die Apparate haben sich nicht bewährt, und man ist wieder zur Handarbeit übergegangen, arbeitet jedoch mit verstellbaren Bühnen, die bei Ansteigen des Warenstapels gesenkt werden können. Der Arbeiter braucht seinen Stand dann nicht mehr zu verändern. Beim *Simplex-Spän-Apparat* (*Krantz*) sind links und rechts der Bühne Preßspanstapel angebracht (Abb. 247). Die Ware wird wie zu anderen Apparaten durch Führungsrollen geführt bzw.

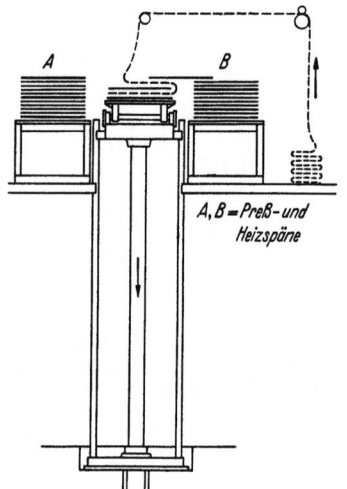

Abb. 247. Simplex-Einspänapparat beim Einspänen (*Krantz*)

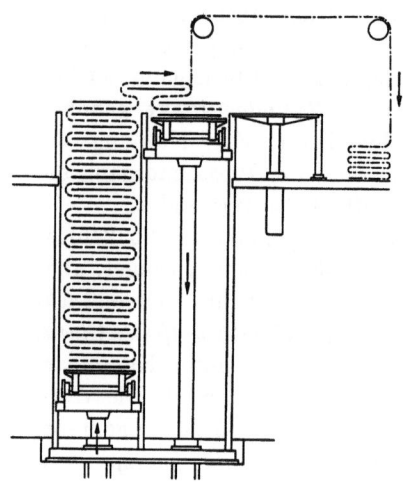

Abb. 248. Universal-Einspänapparat beim Umspänen (*Krantz*)

beim Ausspänen abgezogen. Beim *Umspänen* muß die Ware ausgetafelt und anschließend wieder eingespänt werden. Beim *Universal-Spän-Apparat* (*Krantz*) ist die Arbeitsweise beim Einspänen gleich, jedoch gestatten die zwei verstellbaren Bühnen ein direktes Umspänen von einem zum anderen Warenstapel (Abb. 248).

Da bei der Spanpresse die Gewebefalten außerhalb der Preßspäne bleiben, muß die Ware so umgespänt werden, daß beim zweiten Pressen diese Falten in das Innere der Späne kommen. Obwohl ein Pressen in kaltem Zustand bereits einen gewissen Effekt ergibt (*Stichpresse*), werden durch Erwärmung des *Warenstapels* bessere Effekte erzielt. Früher legte man nach einer gewissen Anzahl von Waren- und Span-Lagen eine, in einem besonderen Ofen angewärmte Eisenplatte ein, die in längerer Preßzeit den ganzen Warenstapel erwärmte. Heute werden an Stelle der beheizten Eisenplatten elektrische *Heizspäne* eingelegt, die in Asbest gelagerte Heizdrähte zwischen 2 Preßspänen enthalten. Die Ware wird normal eingespänt und in gewissem Abstand (nach 3—20 Lagen) ein Heizspan eingelegt. Wenn die Ware in der Presse liegt, werden die Heizspäne an die elektrischen Kontakte, die an einer Seite der Presse angebracht sind, angeschlossen, und der Warenstapel aufgeheizt. Es ist dadurch möglich, die Heizzeit und die zu erzielende Temperatur genau zu regeln und gleichzeitig den Preßdruck zu steigern oder zu ermäßigen.

Die Spanpresse selbst besteht aus einer *Bühne*, die den Warenstapel aufnimmt und hydraulisch gegen die *Oberplatte* drückt. Der Druck wird hydraulisch über eine Pumpe erzeugt, die einen Betriebsdruck bis 400 atü hat. Da durch die Erwärmung des Warenstapels der Druck nachläßt, muß er durch Nachpumpen wieder erhöht werden. Für das Konstanthalten dieses Druckes ist ein Akkum u lator vorteilhaft, der automatisch den verlangten Preßdruck — auch während der Nacht — ohne besondere Wartung reguliert.

Die Waren müssen mehrere Stunden (8—12 Std.) gepreßt werden. Man läßt daher die Ware oft über Nacht in der Presse. Die eingespänte Ware wird in 20—30 min meist auf 40—80°C erhitzt und dann die Heizung ausgeschaltet. Nach einer gewissen Zeit — je nach Anzahl der Heizspäne — wird der ganze *Stapel gleichmäßig erwärmt* sein. Er bleibt dann so lange unter Druck, bis die Ware vollkommen ausgekühlt ist. Dann wird umgespänt und der Preßvorgang abgekürzt nochmals wiederholt.

Der durch die Spanpresse erzeugte Glanz ist ein *matter, edler Glanz*, der nur in seltenen Fällen durch eine Dekatur wie nach dem Muldenpressen gemindert werden muß. Die Ware wird auch nicht, wie in der Muldenpresse, in der Länge verzogen. Diese Vorteile werden allerdings durch eine sehr lange Behandlungszeit erkauft, die nur bei guten Wollwaren rentabel ist. Früher wurden auch *Handspindelpressen* verwendet und die Ware in doubliertem Zustand eingespänt; dadurch wurde der Ware aber eine nur schwer entfernbare Mittelfalte eingepreßt. Die Spanpresse kann auch zum *Pressen von gewirktem Wolljersey* verwendet werden, doch lassen sich durch eine Dekatur auf der Finishdekatiermaschine oder auf dem Spezialtrikotkalander ähnliche Effekte erzielen, und die Produktion ist hier größer als auf der Spanpresse. Preßspäne werden u. a. von *Authenrieth* hergestellt.

Muldenpressen werden u. a. von folgenden Firmen gebaut:

Bates	*Drabert*	*Krantz*	*Raxhon*
Bailey	*Gessner*	*Monforts*	*Sellers*
Comerio-Ercole	*INVEST*	*Fr. Müller*	*Tomlinsons*
Crosta			

15. Mangeln

Zur Glättung von Geweben aus nativer oder regenerierter Zellulose und auch aus synthetischen Fasern bedient man sich des Mangelns und Kalanderns. Diese Fasern widerstehen sehr hohem Quetschdruck, durch den sie geglättet werden, wogegen Wollfasern eine derartige Belastung nicht aushalten und daher vorteilhafter gepreßt werden. Baumwoll- und Leinengewebe widerstehen ohne Beschädigung einem Druck bis zu 400 kg/cm² und mehr. Bei ihnen muß aber auf die Bindung des Gewebes Rücksicht genommen werden. Danach richtet sich auch die Art des Glättens. Es ist in Ausnahmefällen durchaus möglich, Baumwollgewebe mit *profilierter Webbindung* entweder überhaupt nicht zu glätten oder nur auf dem Filzkalander bzw. auf der Muldenpresse zu behandeln. Auch durch Sengen und Scheren erhalten die Gewebe eine glatte Oberfläche, doch kann mit diesen Ausrüstungsarbeiten der Glanz nur geringfügig gesteigert werden, wogegen mit Mangeln und Kalandern immer *eine geringe bis sehr starke Glanzerhöhung* verbunden ist.

Mangeln und Kalander bestehen im Prinzip aus *geheizten Druck- und ungeheizten elastischen Walzen*. Beim Mangeln wird das Gewebe in Lagen längere Zeit von den rotierenden Druckwalzen bearbeitet, beim Kalandern wird das Gewebe nur durch diese Walzen (mindestens zwei) hindurchgeführt. Die durch das Mangeln zu erreichende Steigerung des Glanzes ist in allen Fällen geringer, jedoch ist der *Glanz edler* und *nicht so aufdringlich*, wie das besonders bei der Mehrzahl der Kalander der Fall ist. Die Glanzerhöhung ist neben der Art der verwendeten Mangel bzw. des Kalanders und deren Druck auf die Ware, vor allem von der Art des Gewebes, des Materials und der Webbindung abhängig. Die vorher *aufgebrachte Appretur* in Verbindung mit den genannten Gewebeeigenschaften macht sich besonders in der Glanzgebung bemerkbar. Kalander werden nicht nur zur Glanzgebung sondern auch zur Veränderung der Gewebeoberfläche verwendet.

Das Mangeln hat neben der Erzielung eines *milden Glanzes* den Zweck, den Baumwoll- oder Leinenwaren ein geschlossenes, dichtes Warenbild zu geben, ohne jedoch die Faser so weit platt zu drücken, daß das Gewebe einen *flachen und papierenen Griff* erhält.

Im Prinzip werden beim Mangeln die Stückwaren auf eine Hartholzkaule aufgerollt und zwischen *zwei rotierende, geheizte Stahlwalzen* unter hohem Druck eine gewisse Zeit drehend behandelt. Obwohl der Druck der polierten Walzen sehr hoch ist — er beträgt bis zu 120 t (600 kg/cm) — sind die Warenlagen auf der Kaule (Docke) als elastisches Polster aufzufassen, die den hohen Druck auf die gesamte Ware übertragen und das Abplatten der Einzelfäden somit nur mäßig ist. Die Ware bleibt weich und geschmeidig, im Griff füllig und fleischig. Die Stückware wird vorher auf die Kaule faltenfrei aufgerollt und anschließend gemangelt. Man läßt die Ware in der Mangel unter ständigem Wechsel der Laufrichtung mindestens 10 min laufen und rollt dann um. Durch dieses *Umrollen* kommt das innere Stückende nach außen und der Mangeleffekt wird dadurch gleichmäßiger.

Das Mangeln beansprucht mehr Zeit als das Kalandern, wo die Ware meist nur einmal die Maschine passiert. Es wird daher nur für gute Baumwoll- oder Leinenwaren angewendet. Als Arbeitsachsdruck sind beim Mangeln von Baumwolle 40 t, Leinen bis zu 80 t und Jute 120 t und Walzentemperaturen bis 80 °C üblich. Die Kaulen nehmen je nach Warenart bis zu 250 m Ware auf. Die Stücke dürfen jedoch nicht aneinandergenäht sein, da sich die Naht auf der darüberliegenden Warenlage abdrücken würde. Je nach dem gewünschten Effekt werden die Gewebe vorher entweder mit Steifungsmitteln, Weichmachern oder auch Füllmitteln appretiert und getrocknet. Das Mangeln gibt der Ware auch bei Verwendung von Füll- bzw. Steifungsmitteln, wie Stärken, lösliche Zellulosen u. a. einen zwar vollen, aber keineswegs bockig-harten Griff, der evtl. noch durch Zusatz von Weichmachern weiter gemildert werden kann. Kationische Weichmacher können sowohl allein als auch gemeinsam mit Steifungsmittel verwendet werden. Die Ware wird dadurch allerdings etwas glatter, als bei Verwendung von anionischen Weichmachern, was nicht immer ein Vorteil ist. Vor dem Mangeln wird die Ware leicht eingesprengt, um sowohl die Faser als auch die Appreturmittel plastischer zu machen und somit den Effekt zu verstärken bzw. kürzere Mangelzeiten zu erreichen. Gemangelt werden gute Inletts, Tisch- und Bettwäsche, Kleiderstoffe dagegen seltener.

Die **Revolvermangel** (Abb. 249, 250) hat gegenüber der einfachen Walzenmangel den Vorteil, daß die zu bearbeitenden Warendocken (Kaulen) in drehbaren Gestellen vor und nach der Mangel als Vorrat hängen. In je einem dieser

Gestelle sind mindestens 3 Docken aufgehängt. Nachdem die eine Docke fertig gemangelt ist, kann sofort eine zweite Docke zugeführt werden, so daß kein Stillstand eintritt. Inzwischen kann die Ware auf den anderen Kaulen ab- bzw. umgerollt werden. Durch das Mangeln wird die Ware um 0,5—1,5% breiter und

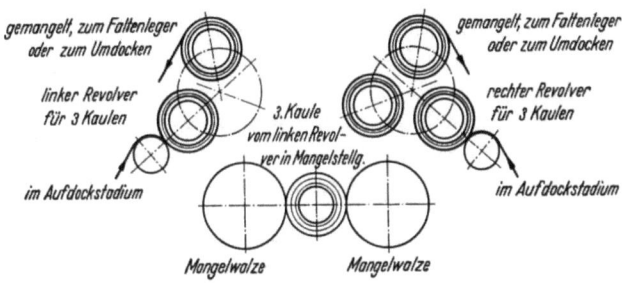

Abb. 249. Schema der Doppelrevolvermangel (*Kleinewefers*)

Abb. 250. Doppelrevolvermangel (*Kleinewefers*)

bis zu 2% länger. Das Verdichten des Gewebes ist besonders bei Inletts geschätzt, da dadurch die Federdichtigkeit verbessert wird. Die heutigen Produktionsforderungen der Industrie verdrängen immer mehr das Mangeln, da deren Warenausstoß gering ist. Die früher übliche *Kastenmangel*, die man heute noch vereinzelt in Haushalten findet, wobei die Ware, ebenfalls auf Holzkaulen gewickelt, durch einen mit Steinen beschwerten Kasten gedrückt, unter diesem hin- und hergerollt wird, ist aus der Industrie verschwunden. Ebenso hat der *Beetlekalander*, bei dem die aufgerollte Ware durch nebeneinanderstehende Hartholzstempel bei langsamem Rotieren gestoßen wurde, seine Bedeutung verloren. Nur in besonderen Fällen, vor allem bei allerfeinsten Leinenwaren, wird man heute noch *beeteln*. Leinen bekommt dadurch einen schönen Mattglanz und die Ware wird sehr weich und füllig.

Revolvermangeln werden außer von *Kleinewefers* u. a. auch von *Meccanotessile, Comerio-Ercole, Metalmeccanica* hergestellt.

16. Kalandern

Auch hier wird die Ware unter Zuhilfenahme von Wärme durch Walzendruck geglättet. Abgesehen vom Chaising- und Moirékalander wird die Ware in einfacher Lage durch die *Quetschwalzenfugen* geschickt. Die Fäden werden meist plattgedrückt und die Ware erhält einen *leeren, flachen Griff* und je nach Art des Kalanders einen *höheren bis unangenehmen Speckglanz*. Eigentlich gehört auch der Wasserkalander in dieses Kapitel, da er jedoch erst in zweiter Linie zur Glättung und hauptsächlich zur Entwässerung von Geweben aus Zellulosefasern dient, wurde er beim Vortrocknen (S. 98) besprochen.

Den Kalandereffekt bestimmen neben der Beschaffenheit der Ware, deren Webbindung, die aufgebrachte Appretur, am Kalander selbst die

Anzahl der Kalanderwalzen, Temperatur der Druckwalzen,
Art der Walzen, Oberfläche der Druckwalzen,
Anordnung der Walzen, Warendurchlaufgeschwindigkeit,
Durchmesser der Walzen, Warenspannung und
Höhe des Walzendrucks, Anzahl der Kalanderpassagen.

Obwohl sich die Textilmaschinenfabriken bemühen, Kalander zu bauen, die allen Anforderungen der Textilindustrie entsprechen, ist es leicht verständlich, daß es auf Grund der oben aufgezählten Bedingungen kaum möglich ist, alle Effekte mit einer Maschine zu erzielen, auch wenn Einrichtungen zum Austausch der Walzen und zur Veränderung des Druckes und der Temperatur vorhanden sind. Durch den Bau von *3- oder 5-Walzen-Universalkalandern* ist jedoch die Möglichkeit gegeben, die verschiedensten Effekte der Oberflächenglättung zu erreichen.

Der kleinste Kalander besteht aus 2 Walzen, von denen die Oberwalze aus poliertem *Hartguß oder Stahl* besteht und heizbar ist und axial gegen die darunterliegende *elastische Walze* gedrückt wird. Die elastische Walze besteht aus einem Stahlkern, auf den durch starken Druck Papier- oder Baumwollfaser-, in seltenen Fällen Jutefaserlagen aufgepreßt werden. Man spricht dann von *Papier-Baumwoll- oder Jutewalzen*. Die Herstellung macht diese Walzen so „hart", daß man von einer Elastizität im üblichen Sinne nicht sprechen kann, die Auflagen sind aber wiederum so „weich", daß sie sich gegenüber der Stahlwalze so weit als nachgiebig erweisen, daß die Zellulose nicht zerquetscht wird, wie dies bei Verwendung von 2 Stahlwalzen der Fall wäre. Es dürfen in Kalandern daher niemals 2 Stahlwalzen übereinander verwendet werden, sondern es müssen sich immer eine Stahl- mit einer Papier- (Baumwoll-) Walze abwechseln. Zwei elastische Walzen übereinander sind durchaus üblich. Die konventionell mit Spezialpapier- oder Baumwollvlies bombierten, elastischen Kalanderwalzen zeigen beim Durchlauf von Nähten starke Eindrücke, die sich auf den nachkommenden Warenlagen lange markieren, wenn die Walzen beim Nahtdurchlauf nicht entlastet wurden. Das gilt auch für Unebenheiten in der Ware selbst. Von *Küsters* wurde deshalb als elastische Walze die mit Kunststoffen belegte „Flexroll"-Walze eingeführt (Abb. 251). Es können mit diesen Walzen ohne Entlastung auch Nähte passieren, wenn diese als Überwendlich- bzw. Kettenstichnähte ausgeführt wurden. Metallgegenstände wie Klammern, Nadeln usw. beeinflussen jedoch die Walzenoberfläche. Der Kunststoffspezialbelag erlaubt Temperaturen der „Flexroll"-Walze bis 110°C ohne besondere Kühlung. Es ist jedoch auch möglich mit Temperaturen bis 210°C der angrenzenden Stahlwalzen zu arbeiten, da die „Flexroll"-Walze mit einer Schnellüftung versehen ist, welche sich automatisch zuschaltet, wenn die Arbeitstemperatur über den für die „Flexroll"-Walze vorgeschriebenen Thermoplastizitätsgrad ansteigt. Es ist somit möglich, die elastische Kunststoffwalze in Matt-, Roll-, Glätt- und Seidenfinishkalandern zu verwenden. Das Glätten von Eindrücken aus der Riffel- oder Ciréappretur ist bei der „Flexroll"-Walze innerhalb von 2 Std. bei 110°C möglich und bedarf nicht des stundenlangen Einwaschens und Polierens wie bei konventionell bombierten elastischen Walzen (S. 198). Inzwischen werden Kunststoffwalzen auch von anderen Firmen, z. B. „Racolan"-(Ramisch, Abb. 252) und „Plast"-Walzen (Kleinewefers) verwendet.

Die Behandlungstemperatur, die in den Kalanderfugen auf die Ware einwirken, haben einen wesentlichen Einfluß auf den Effekt. Dabei werden, abgesehen von Spezialkalandern, Temperaturen der Stahlwalze bis 300°C verwendet, die durch Dampf-, Heißwasser-, Gas- und neuerdings, wegen der besseren Temperaturgleichmäßigkeit über die gesamte Walzenoberfläche, elektrisch erzeugt werden. So wurden z. B. von Kleinewefers durch Verwendung von speziellen Heizeinsätzen in Stahlwalzen max. Temperaturtoleranzen von $\pm 2°C$ zwischen Mitte und Seiten der Walzen erreicht, die über Zweipunktregler gesteuert, in besonderen Schaltschränken überwacht wird. Neuerdings werden auch Infrarotstrahler für die Kalanderwalzenheizung empfohlen. Kalander werden für Arbeitsbreiten von 900—3400 mm gebaut. Die polierten und beheizten Stahlwalzen haben meist nur den halben Durchmesser der elastischen Walzen, um Heizenergie zu sparen und um den Belag der elastischen Walzen zu schonen. In Sonderfällen werden die elastischen Kalanderwalzen auch durch die Achse wassergekühlt.

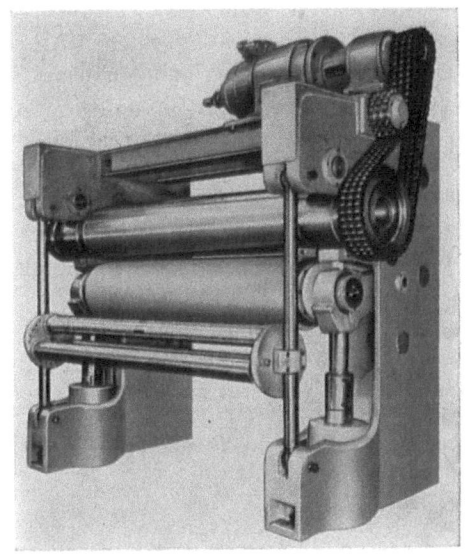

Abb. 251. 2-Walzen-Kalander mit „Flexroll"-Kunststoffwalze als S-Walze (Küsters)

Abb. 252. Luftkühlung der „Racolan"-Kunststoffwalze (Ramisch)

Der Walzendruck beträgt je nach Art des Kalanders 5—120 t, in Normalfällen liegt er zwischen 30—60 t. Bei kleinen Kalandern kommt man mit *Hebelbelastung* aus, bei höheren Drücken verwendet man *Spindel-, pneumatischen oder hydraulischen Druck.* Die Anzahl der Walzen kann bis zu 16 betragen, bei neueren Konstruktionen wie im Universalkalander werden in der Regel 3—7 Walzen verwendet. Die bisherigen Ausführungen beziehen sich nur auf normale Textilkalander mit denen die üblichen Arbeiten wie Rollen Glätten und Friktionieren verrichtet werden und nicht auf Spezialkalander wie z. B. für Simili-Merzerisage Prägung oder Chintz. Sie werden gesondert beschrieben.

Die *Warengeschwindigkeit* ist bei modernen Kalandern mit genügend großer Walzenanzahl bis zu 200 m/min stufenlos regelbar. Je schneller der Warendurchlauf ist, desto öfter muß die Ware die Walzenpaare passieren, um die verlangte Glättung zu erfahren. Die Anzahl der Druckwalzen muß daher zweckmäßigerweise mit der Durchlaufgeschwindigkeit abgestimmt werden, wenn man eine ausreichende Produktion erreichen will. Wenn sich auch mit dem Druck der Stahlwalzen der Effekt weitgehend beeinflussen läßt, kann erhöhter Walzendruck allein nicht mehrere Passagen ersetzen, da die Ware durch erhöhten Druck zwar glatter, der Griff jedoch ,,flach" und ,,papieren" wird. Bei öfterem Walzendurchgang wird die Fülle der Ware weniger beeinträchtigt als durch hohen Druck bei weniger Passagen. Wie beim Mangeln soll die Ware vorher durch Einsprengen formbar gemacht werden, daneben quellen auch die meisten Appreturmittel und ergeben einen besseren Kalandereffekt, zumindest kann bei eingesprengter Ware das Kalandern abgekürzt werden. Abgesehen von Spezialkalandern, werden auf den normalen Kalandern nur *trockene Waren* bearbeitet, sie dürfen höchstens angefeuchtet sein. Mit Universalkalandern (Abb. 253) sind folgende Effekte zu erzielen:

Abb. 253. 5-Walzen-Universal-Kalander (*Briem*)

1. Rollen (Mattieren),   2. Glätten,   3. Friktionieren. (Abb. 254)

Sie lassen sich jedoch nicht gleichzeitig erreichen. Gute Universalkalander haben noch eine *Chaisingeinrichtung*, um den Mangeleffekt zu imitieren.

Das **Rollen** (Mattieren) gibt der Ware einen geringen Glanz und eine mittlere Oberflächenglätte. Der Ausrüster bezeichnet die Appretur als *mild und stumpf*

16. Kalandern

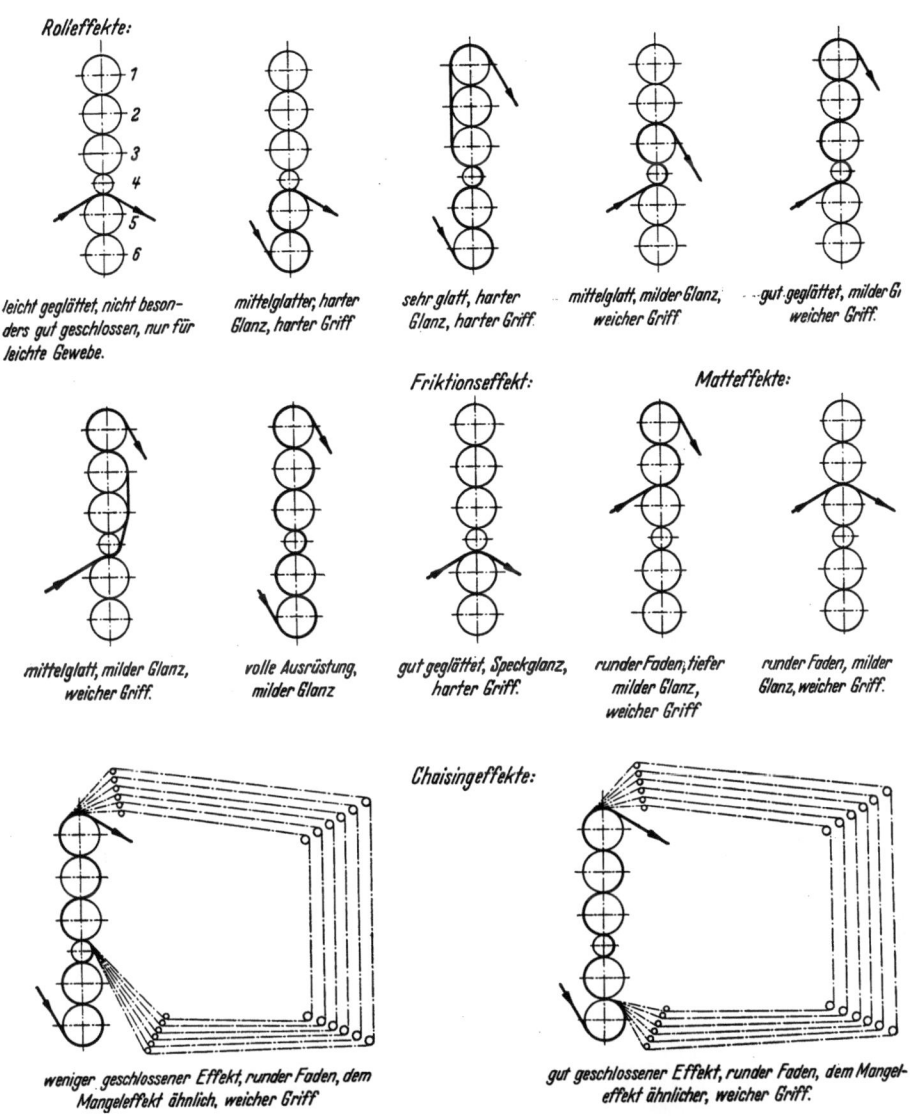

Abb. 254. Warenlaufschemen in einem 6-Walzen-Universal-Kalander (*Kleinewefers*)
1, 2, 3, 5, 6 sind elastische Walzen; 4 eine beheizte Stahlwalze

(*matt*). Die Ware läuft in der Quetschfuge nur zwischen zwei elastischen Walzen einmal oder mehrmals hindurch. Eine weitere Steigerung der Warenglätte und des Glanzes läßt sich erreichen, indem die Ware erst durch eine elastische, anschließend durch eine harte Quetschfuge (Stahl- und elastische Walze) und zuletzt wieder durch eine elastische Fuge geführt wird. Diesen Effekt bezeichnet man als *voll* und *gut glatt*. Je glatter das Gewebe wird, desto mehr nimmt die Härte des Warengriffes zu.

Beim **Glätten** durchläuft die Ware nur harte Quetschfugen (Stahl- und elastische Walzen), kann jedoch vorher durch eine elastische Fuge vorkalandert werden. Die Ware wird *griffig-hart* und *sehr glatt*. Durch Verwendung mehrerer harter Quetschfugen können Griff und Glanz je nach Verlangen gesteigert werden.

Neben den Universalkalandern, mit denen sich meist alle bisher geschilderten Effekte erreichen lassen, werden auch Kalander gebaut, die die einzelnen Arbeiten allein ausführen. Ferner werden Kalander zur Erzielung von Spezialeffekten hergestellt. Hierzu gehören die verschiedenen Typen von

> Präge- und
> Kalander für Simili-Merzerisage.

Auch bei diesen Kalandern wird mit den bereits beschriebenen beheizten Stahlwalzen und elastischen Walzen gearbeitet, jedoch ist die Oberfläche der Stahlwalzen bei Prägekalandern mit erhöhten Mustern versehen, die in die Ware eingedrückt werden. In einigen Fällen wird die Ware vorher mit thermoplastischen Appreturen versehen oder durch die Webbindung zur Musterung gezwungen.

Prägekalander bestehen meist nur aus 2 Walzen. Die beheizte Oberwalze besitzt ein reliefartig erhöhtes Muster. Zu diesen Prägekalandern gehören die

> normalen Präge- oder Gaufrier-,
> Seidenfinish-, Schreiner- oder Silkfinish-,
> Chintz-,
> Moiré-,
> Krepp- und
> Cirékalander.

Die eigentlichen **Prägekalander** (Abb. 255) können nur für *echte Prägeeffekte* dort eingesetzt werden, wo die Ware eine *thermoplastische Appretur* enthält, wie das durch die Hochveredlung (S. 368) der Fall ist. Man foulardiert auf das Gewebe *Kunstharzvorkondensate mit Katalysatoren*, welche in der Hitze kondensieren

Abb. 255. 2-Walzen-Prägekalander (*Ramisch*)

und zu wasserunlöslichen Harzen werden. Bevor jedoch dieser Endzustand erreicht ist, werden die thermoplastischen Kunststoffe und das Gewebe durch Prägewalzen mit Mustern versehen und anschließend in diesem Zustand durch eine Hitzebehandlung auskondensiert und somit der Effekt fixiert Der Druck der Prägewalzen liegt zwischen 4—25 t (100—150 kg/cm^2), wobei Walzentemperaturen von 140—200°C üblich sind. Anschließend wird wie üblich kondensiert und das oberflächliche Kunstharz vorteilhaft durch eine sodaalkalische Breitwäsche von der Ware entfernt. Die Prägung von mit Kunstharzvorkondensaten versehenen Waren wurde zuerst unter dem Namen „Ever-glaze" von der Fa. *Joseph Bancroft & Sons* durchgeführt. Heute arbeiten viele Firmen nach diesem Verfahren. Eine derartige Prägung und auch allein die Hochveredlung selbst *vermindert nicht unbeträchtlich die Reiß- und Scheuerfestigkeit* der Zellulosefasern, vor allem der Baumwolle. Mit einem Farbwerk ausgestattet, können die Prägewalzen zusätzlich als Druckwalzen verwendet werden, wobei die vertieften, geprägten Stellen der Ware angefärbt werden. Die hochstehenden, nicht geprägten Stellen werden von einem Farbwerk, das nach der Prägewalze angebracht ist (Abb. 256), mit Farbstoffverdickungen bestrichen, alle verwendeten Farbstoffe müssen allerdings die Kondensiertemperatur aushalten. Die Prägewalzen müssen

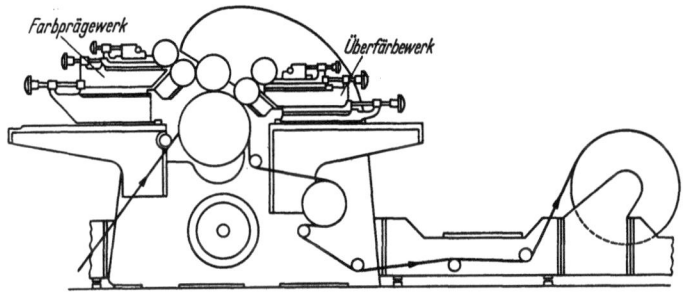

Abb. 256. Präge-Kalander mit Farbwerken (*Dornbusch*)

vor der Prägung der Ware auf die elastische Unterwalze einlaufen, d. h. das Prägemuster muß in der elastischen Walze als Negativ eingeprägt werden. Man bestreicht deshalb die elastische Unterwalze mit einer Seifen- oder Waschmittellösung und läßt die beheizte Prägewalze ohne Ware mehrere Stunden unter steigendem Druck und steigender Temperatur laufen, bis das Muster in der elastischen Walze eingeprägt ist.

Beim **Friktionieren** durchläuft die Ware nur eine harte Fuge (Stahl- und elastische Walze), wobei jedoch die obere, beheizte Stahlwalze mit einer größeren Umfangsgeschwindigkeit über die darunterliegende elastische Walze und Ware *hinwegschleift*. Die Fasern werden durch diese Friktion an der Oberfläche glatt geschliffen, und das Gewebe erhält auf dieser Seite einen *metallischen Glanz*, der nicht immer erwünscht ist und vom Ausrüster als *Speckglanz* bezeichnet wird. Die Normalfriktionskalander haben eine Friktion bis 30%, d. h. die Umfangsgeschwindigkeit der Oberwalze ist um 30% größer als die der elastischen Unterwalze. Nach dem Friktionieren wird die Ware direkt aufgerollt. Eine weitere Passage durch andere Fugen würde entweder zur Faltenbildung führen, wenn diese Walzen zu langsam laufen, oder den Friktionseffekt wieder mildern. Der Speckglanz tritt nur an der der Stahlwalze zugekehrten Seite auf. Soll die Ware eine zweiseitige Friktion erhalten, so muß sie zweimal durch den Kalander laufen. Ein Universalkalander hat mindestens 3 Walzen, von denen die beiden unteren als elastische und die obere als Hartwalze ausgeführt ist und evtl. zum Friktionieren verwendet werden kann.

Mit der **Chaisingeinrichtung** wird das Ziel verfolgt, der Ware einen dem Mangeln ähnlichen Kalandereffekt zu geben. Die Ware passiert dabei in mehreren Lagen die einzelnen Quetschfugen. Sie wird mittels eines Gestells durch nichtangetriebene Leitwalzen geführt (Abb. 254, 257). Durch die mehrfachen Lagen übereinander wird die Ware nicht dem direkten Walzendruck ausgesetzt. So lassen sich Effekte erreichen, die dem Mangeln nahekommen. Die Warengeschwindigkeit beträgt bis zu 100 m/min und ist gegenüber der Produktion der Mangel als sehr hoch zu bezeichnen. Zur weiteren Steigerung der Produktion des Chaising-Kalanders wird von *Ramisch* auch ein Doppel-Chaisingkalander gebaut, bei dem die Warenbahnen beidseitig in die Kalanderfugen laufen.

Abb. 257. Chaising-Kalander (*Ramisch*)

Der **Walzendruck,** den die polierten Stahlwalzen auf die elastischen Unterwalzen ausüben, wird in Tonnen angegeben. Um den tatsächlichen Druck auf die Ware zu ermitteln, muß dieser Axialdruck auf die *Zentimeter der Walzenbreite* umgerechnet werden, wobei z. B. ein 20-t-Kalander einen *effektiven* und *linearen Walzendruck* von 125 kg/cm bei einer Walzenbreite von 160 cm besitzt, bei gleicher Walzenbreite (die Arbeitsbreite ist um 10—20 cm schmäler) und 80 t ist der effektive Druck 500 kg/cm. Zur Verminderung der Unfallgefahr sind an der Einführungsseite der Walzenfugen Stäbe angebracht, die ein Greifen zwischen die Walzen erschweren, jedoch bei Unvorsichtigkeit nicht unbedingt vor Unfällen schützen. Die Ware darf auf keinen Fall bei laufender Maschine von Hand aus in die Walzen eingeführt werden, man legt sie bei stehender Maschine an die Walze an und schaltet erst dann den Kalander ein.

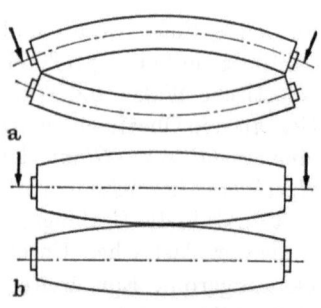

Abb. 258 a u. b. Quetschbilder (übertrieben dargestellt) in einem Kalander
a) zylindrische Walzen und hoher Druck;
b) bombierte Walzen bei geringem Druck

Bei allen Maschinen, welche unter Druck auf laufende Bahnen arbeiten, ist es äußerst schwierig den Druck bei allen zulässigen Größen gleichmäßig auf die gesamte Quetsch- (Kalander-, Foulard-) Fuge zu verteilen. Bei zylindrischen Walzen wird Axialdruck immer zur Durchbiegung der Walzen führen (Abb. 258a). Man hat deshalb auch im Kalanderbau ballige Walzen (Abb. 258b) verwendet, die zwar in gewissen Drucktoleranzen die Durchbiegung ausgleichen, aber keineswegs diesen Ausgleich in allen Lagen ermöglichen. Von *Küsters* wurde deshalb das Prinzip der *Schwimmenden Walze* (*S-Walze*) für den Bau von Quetschwerken, Foulards und für Kalander eingeführt

(Abb. 259). Die Konstruktion kann sowohl für beheizte Stahl- als auch unbeheizte, elastische Kalanderwalzen eingesetzt werden. Die S-Walze besteht aus einem nicht angetriebenem Querhaupt, auf das der axiale Quetschdruck ausgeübt wird. Um dieses Querhaupt kreist eine angetriebene Hohlwalze als harte Stahl- oder elastische Kalanderwalze. Für den Druckausgleich (Abb. 260) sorgt ein Ölbad, welches den halben Umfang der Kalanderwalze umspannt und gegen die die andere Walzenhälfte abgedichtet ist. Durch dieses Ölpolster wird der axiale Kalanderdruck vollkommen gleichmäßig auf die gesamte Kalanderfuge verteilt. Es können daher zylindrische Walzen verwendet werden, die weit leichter herstellbar sind als ballige Walzen. Das Lecköl, welches aus dem Ölpolster austritt, ist gering und wird mittels einer Ölpumpe, deren Druck regulierbar ist, dem Kreislauf wieder zugepumpt. Dabei genügt ein geringer Öldruck, der über die Pumpe erzeugt wird, erzeugt wird. S-Walzen können jedoch oft, daß z. B. im 2-Walzenkalander nur die Ober- bzw. im 3-Walzenkalander nur die äußeren Walzen als S-Walzen ausgebildet sind. Von anderen Firmen werden ebenfalls besondere Systeme des Druckausgleiches im Kalanderbau verwendet.

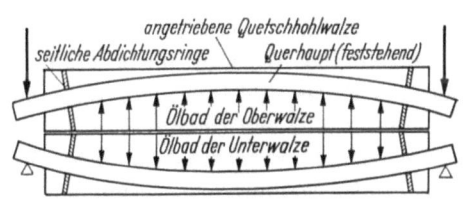

Abb. 259. Schema des Druckausgleiches bei hoher Belastung durch „Schwimmende Walzen" (*Küsters*)

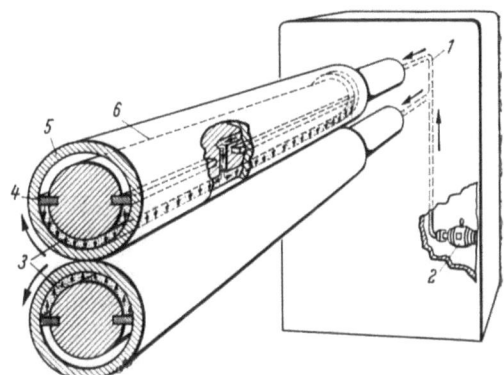

Abb. 260. Schema der durchbiegungsfreien „Schwimmenden Walze" in einem 2-Walzen-Kalander (*Küsters*)
1 Ölzuleitung; *2* Öldruckpumpe; *3* Ölbad; *4* Dichtungsleiste; *5* angetriebene Quetschwalze; *6* feststehendes Querhaupt

da der Kalanderdruck über das Querhaupt gegeneinander verwendet werden, es genügt

Abb. 261. 3-Walzen-Universal-Kalander beim Walzenwechsel (*Ramisch*)

Moderne Kalanderkonstruktionen sind so ausgerüstet, daß die einzelnen Kalanderwalzen leicht ausgetauscht werden können (Abb. 261), ferner sind sie mit Großdockenwicklern (S. 22), Abtaflern und Kompensatoren ausgestattet, die bei Stillstand der vor- oder nachgeschalteten Maschine soviel Warenreserve aufnehmen, daß ein Stillsetzen der im Verbund arbeitenden Aggregate nicht nötig ist.

Die elastischen Baumwoll- oder Papierwalzen unterliegen beim Prägekalander einem *starken Verschleiß* und müssen oft abgedreht und bei nicht zu tiefen Prägungen und Wechsel der Prägung immer gut eingewaschen werden. Die elastische Walze muß sich dem Walzenumfang der Prägewalze anpassen, d. h. ihr Umfang muß ein *ganzzahliges Vielfaches der Prägewalzen betragen*, um ein Verwischen des Prägemusters zu vermeiden. Die beiden Walzen sind durch *Rapporträder* (Zahnräder) verbunden, damit die Prägewalze nicht über die Unterwalze schleift. Die Prägekalander sind so gebaut, daß sowohl die Präge- als auch die elastische Walze schnell gewechselt werden können. Die Prägewalzen werden *elektrisch oder durch Gas* beheizt. Durch Dampf sind so hohe Temperaturen (160—220°C) nicht zu erreichen. Die Prägewalze muß vorgeheizt werden, damit sie beim Durchgang der ersten Ware bereits die Prägetemperatur aufweist. Auch durch die heiße Prägewalze ist der Verschleiß der Baumwollauflage der elastischen Unterwalze sehr groß. Man kann ihn durch eine *Wasserkühlung* verringern, indem man durch die Achse der elastischen Unterwalze ständig Kaltwasser zu- und ablaufen läßt. Trotzdem wird diese Walze weit mehr beansprucht, als bei Universalkalandern.

Abgesehen von den mit Vorkondensaten behandelten Zellulosegeweben, sind Prägeeffekte auf unbehandelter Ware nicht wasser- und waschecht, und auch die Prägung der sog. ,,Ever-glaze" Artikel wird nach mehrmaliger Kochwäsche flacher und unansehnlicher. Um bei *Azetatfasern* oder Geweben aus *synthetischen Fasern* eine *Echtprägung* zu erreichen, bedient man sich ebenfalls der Prägekalander, wobei durch die heiße Prägewalze die Fasern oberflächlich *anschmelzen* und den Prägeeffekt auch gegen häufigeres Waschen widerstandsfähig machen. In letzter Zeit werden auf diese Art flachgewirkte Maschenwaren (Webtrikot) aus Polyamidfäden mit Webmustern versehen bzw. auch andere Phantasiemuster eingeprägt. Durch Einsatz von Prägewalzen mit sehr hohem Relief ist es möglich, auch Samte und Plüsche, deren Flor aus Sekundär-, Triazetat- oder synthetischen Fasern bestehen, durch Schmelzen der Fasern in Reliefmustern zu prägen.

Abb. 262. 2-Walzen-Seidenfinish-(Schreiner-), Präge- und Chintz-Kalander (*Ramisch*)

Bei **Seidenfinish-, Riffel-** oder **Schreinerkalandern** (Abb. 262, 263) wird der Oberfläche von Zellulosegeweben durch eine besonders geriffelte Prägewalze ein der Naturseide ähnlicher Glanz verliehen. Die Oberwalze ist mit nicht zu tiefen Riffeln in einem spitzen Steigwinkel zur Achse geriffelt. Man kennt derartige *Riffelwalzen mit 8—22 Rillen pro Millimeter*. Die trockene oder schwach befeuchtete Ware wird durch diese Walze mit Rillen versehen, die die Lichtreflexion so sammeln, daß sie weitgehend nach einer Richtung geht und dadurch der erhöhte Glanz erzeugt wird. Durch geringfügige Querstellung der Unterwalze erhält der Glanz ein *knisterndes Aussehen*, das man auch als *Glitzern* bezeichnet.

Abb. 263. 3-Walzen-Chintz- und Schreiner-Kalander (*Briem*)

Die elastische Unterwalze enthält die feinen Rillen nicht als Negativ, sie muß also nicht rapportieren, allerdings sollte sie gekühlt werden. Die Warengeschwindigkeit beträgt bis zu 15 m/min. Der Schreinereffekt ist nicht waschecht, kann jedoch durch Appretur mit Vorkondensaten (Hochveredlung) und anschließendem „Schreinern", dem ein Auskondensieren folgt, weitgehend waschfest gemacht werden. Es wird dabei mit Temperaturen von 160—200°C geprägt. Die Prägewalze wird durch Gas oder elektrische Heizstäbe beheizt. Der Schreinerkalander wird für Baumwoll- und Zellwollgewebe, wie Futterstoffe, Serge, Kleiderstoffe usw., verwendet. Der erzeugte Glanz ist jedoch nicht so intensiv wie der der

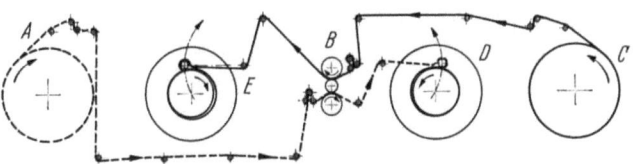

Abb. 264. Warenlaufschema im Doppel-Seidenfinish-(Schreiner-)Kalander (*Ramisch*)
A Ablaufkaule für die untere Warenbahn; *B* Doppel-Seidenfinish-Kalander; *C* Ablaufkaule für die obere Warenbahn; *D* Großdocken-Peripheriewickler für die untere Warenbahn; *E* Großdocken-Peripheriewickler für die obere Warenbahn

Merzerisation, den man besser durch die Simili-Merzerisage mit einem entsprechenden Kalander imitieren kann. Zur Steigerung der Produktion des Riffelkalanders wurde von *Ramisch* die Riffelwalze beidseitig eingesetzt (Abb. 264).

Der **Chintzkalander** ist eigentlich kein Prägekalander, da er die Gewebeoberfläche nicht mit Mustern versieht, sondern sie glättet und ihr dadurch erhöhten Glanz gibt. Das Gewebe muß jedoch vorher mit Stoffen behandelt werden, die durch die Friktion des Kalanders zu besonderem Glanz gebracht werden können. Durch *Wachs- oder Paraffinauflage* und anschließendem Friktionieren erhält man den *unechten Chintz*, einen Glanzeffekt, der durch Wärme, Wäsche und mechanische Beanspruchung wieder vom Gewebe entfernt werden kann. Durch Einführung härtbarer Kunststoffe, die in der Hochveredlung (S. 347) als Vorkondensate Verwendung finden, ist es möglich, den *Chintz waschfest* und auch weitgehend wärmeunempfindlich zu machen. Man imprägniert die Ware mit wäßrigen Kunstharz-Lösungen oder -Dispersionen bzw. Vorkondensate und entsprechenden Säurespendern, trocknet bei höchstens 100°C, wobei zur Erhaltung der Reiß- und Scheuerfestigkeit der Ware nicht die gesamte Feuchtigkeit entzogen werden darf. Anschließend wird auf dem Chintzkalander, der ein Kalander mit erhöhter Friktion ist, geglättet. Man arbeitet mit 300% Friktion (bei normalen Friktionskalandern nur bis 30%) und Temperaturen bis zu 240°C, um anschließend den Effekt durch Kondensieren zu fixieren. Die Walzen des Chintzkalanders werden, wie beim Schreinerkalander, elektrisch oder durch Gas beheizt. Die elastische Walze wird vorteilhaft gekühlt. Um die Vorkondensate für die Friktion plastisch zu machen, kann man vor die Friktionsfuge zum Vorwärmen einen Ultrarotstrahler setzen.

Mit dem **Moirieren** soll der Warenoberfläche durch Rippen oder Furchen, die nach oben oder unten gedrückt werden, mittels der unterschiedlichen Lichtreflexion ein gewisses Muster gegeben werden. Dieser Effekt läßt sich auch durch eine bestimmte Webbindung und nachträgliches Kalandern auf einem normalen Kalander erreichen, indem man 2 Gewebelagen übereinander durch die Quetschfuge schickt. Die Gewebe werden als *Schußrips* gewebt und je nach Gewebebreite doppelt übereinandergelegt oder doubliert kalandert (Abb. 265). Diesen Moiré nennt man *echten Moiré*. Um dem Gewebe von vornherein ein glänzendes Aussehen zu geben, werden Rohmaterialien, wie stark glänzendes Reyon oder Seide, verwendet, in die man als Füllschuß auch Baumwolle einarbeiten kann. Durch

Abb. 265. 3-Walzen-Moiré-Kalander (*Ramisch*)

verschiedene Vorarbeiten ist es möglich, auf diese Art etwa 30 verschiedene Moiréeffekte zu erreichen.

Der *imitierte Moiré* wird durch Prägung mit den dem echten Moiré ähnlichen Prägewalzen auf glattem Gewebe raportierend erzeugt. Wegen des hohen Glanzes werden auch hier vornehmlich Gewebe aus glänzenden Materialien und Atlasbindung (Satin) verwendet. Dieser Moiré ist nicht bügelecht. Neuerdings kann durch Kunstharzvorkondensate auch dieser imitierte Moiré wasch- und bügelecht gemacht werden, wie das auch bei anderen Echtprägungen möglich ist.

Der *echte Moiré* kann, wie bereits erwähnt, durch verschiedene Vorarbeiten in gewissen Grenzen gemustert werden. Schickt man 2 Ripsgewebelagen übereinander oder breitere Ware doubliert bei einer Temperatur von 120°C und einem Druck von 3—10 t mit etwa 5 m/min durch eine Stahl- und Baumwoll-Kalanderfuge, so entsteht der *wilde Moiré*. Die einzelnen Geweberippen drücken ohne jede Musterung gegeneinander und ergeben ein Warenbild, das besonders durch seine willkürlichen Effekte gekennzeichnet ist. Den echten Moiré erkennt man daran, daß das Muster über der ganzen Warenbreite und -länge nicht wiederkehrt, und daß vor allem die Ware das Muster auf der linken Warenseite nicht als Negativ enthält. Das gilt auch für den durch verschiedene Arbeiten vor dem Kalandern in Grenzen *gemusterten Moiré*. Der echte Moiré ist eingeschränkt bügelecht, widersteht aber keiner stärkeren Naßbehandlung, wie z. B. einer Wäsche. Durch Vorkondensate oder waschbeständige Kunstharzappreturen kann jedoch auch dieser echte Moiré waschfester gemacht werden.

Um den Moiré bereits vorher beeinflussen zu können, wird die doublierte oder in 2 Bahnen aufeinandergelegte Ware aufgewickelt und zwischen Führungsstäben auf eine zweite Wickelwalze umgewickelt. Bringt man hinter der doppeltliegenden Ware eine Lichtquelle an, so kann man im durchscheinenden Licht bereits den späteren Moiréeffekt sehen, der durch das nachträgliche Kalandern entsteht. Durch Verziehen der einzelnen Warenlagen auf diesem *Trassiergestell* läßt sich der zu erwartende Moiré bereits so weit beeinflussen, daß eine gewisse Symmetrie eingehalten wird. Bei besonders teuren Waren werden die beiden Warenlagen in der gewünschten Form auf dem Trassiergestell an beiden Gewebeleisten festgenäht. Dieser so gesteuerte Moiré wird auch *Moiré-antique* genannt.

Um den *Moiré-française* zu erzeugen, wird die Innenseite einer Warenlage, d. h. die Seite, die die erhöhten Rippen enthält, durch eine Zahnstange in gewissen Abständen von den vorstehenden Zähnen dieser Stange verkratzt. Durch dieses *Verkratzen* werden die Rippen an dieser Stelle nach rückwärts gerichtet und ergeben im fertigen Moiré mehr oder weniger breite Streifen, wogegen an den nicht verkratzten Stellen der Effekt als wilder Moiré bleibt. Dieses Verkratzen kann entweder direkt vor dem Einlaufen der doppelten Warenlage in den Kalander oder auch vorher auf dem Verzieh- oder Trassiergestell vorgenommen werden.

Moiré wird auf Ordensbändern, Kranzschleifen und häufig auch auf modischen Geweben verlangt. Bei billigen Waren wird man nur unechten, also geprägten Moiré verwenden, den man daran erkennt, daß das Moirémuster rapportmäßig wiederkehrt und an der linken Gewebeseite als Negativ sichtbar ist. Als unangenehme Begleiterscheinung tritt Moiré auch durch zu hartes

Wickeln beim Färben von Stückwaren auf Autoklaven, beim Krabben (S. 77) und Dekatieren (S. 201) auf.

Kreppkalander sind ebenfalls Prägekalander, die für Kreppgewebe, vornehmlich aus Reyon und Seide, Verwendung finden. Die Anzahl der Krepp- (Crepe-) Gewebe ist sehr groß, da durch die Art der geprägten Oberfläche (moosig, borkenartig, mit Diagonalrippen u. a.) sehr viele Möglichkeiten der Musterung gegeben sind. Das Kalandern von Kreppgeweben, die aus starkgedrehten Zwirnen in Kett- und/oder Schußrichtung bestehen, hat vornehmlich den Zweck, das Krumpfen in bestimmte Formen zu lenken und damit die Oberfläche der Gewebe zu bestimmen. Durch eine nachfolgende, alkalische Naßbehandlung (*Krepponieren*) entsteht das eigentliche Kreppgewebe in Zellulose- und Geweben aus Synthesefasern. Wollkreppgewebe werden nicht kalandert, der Kreppeffekt wird entweder allein durch entsprechende Webbindung oder durch hohe Garndrehung und anschließende neutrale oder schwach saure Behandlung erzielt.

Auf dem Krepp-Prägekalander arbeitet man mit einem Druck von 5—10 t und einer Temperatur von 70—110°C bei einer Warengeschwindigkeit von 5—12 m/min. Die Ware wird anschließend in ungespanntem Zustand in Seifen- oder Laugenbädern krepponiert (S. 64) und behält auch in diesen Bädern die Musterung des Kreppkalanders bei, bzw. tritt das Schrumpfen ähnlich der aufgeprägten Narbung ein. Zu diesen Krepparten zählt der *Laugenkreppartikel* nicht, da dieser durch konzentrierten Laugenaufdruck ein örtliches Schrumpfen der Zellulose bewirkt und keinerlei Prägung bedarf. Neuerdings kann man auch durch Appretur mit Vorkondensaten und anschließender Echtprägung ohne nachträgliches Kreppomeren billige Kreppeffekte erzeugen.

Der **Cirékalander** ist ebenfalls ein Krepp-Prägekalander, der aus einer Prägewalze, einer elastischen Walze und einer darunterliegenden, geheizten Stahlwalze besteht. Die Prägewalze darf nur kleine Musterungen enthalten, da die darunterliegende elastische Walze das Prägemuster nicht als Negativ eingepreßt erhält, sondern durch changierende Bewegung für verschiedene Kreppwalzen Verwendung finden soll. Die unterste Stahlwalze dient allein zur Glättung der durch das Prägemuster, trotz der changierenden Bewegung, auf der elastischen Baumwollwalze abgedrückten Prägung. Da man mit dem Cirékalander nur flache Krepp-Prägung ausführen kann, ist dessen Verwendung beschränkt. Als elastische Walze werden heute vielfach Kunststoffwalzen verwendet (S. 185).

Die **Simili-Merzerisage** wird mit Spezialkalandern (Abb. 266) auf Baumwollwaren ausgeführt. Man wendet sie dort an, wo eine Merzerisation preislich nicht tragbar ist und der Ware trotzdem ein der Merzerisation ähnlicher Glanz gegeben werden soll. Similikalander ergeben eine *Merzerisation ohne Lauge*. Die Ware wird, zum Unterschied zu allen anderen Kalandern, abgesehen vom Wasserkalander, der als Entwässerungs-, und dem Filzkalander, der als Trockenmaschine verwandt wird, *feucht* bzw. *naß kalandert*. Der Effekt beruht darauf, daß die mit etwa 70—100% Feuchtigkeit ausgequollene Baumwollstückware unter hohem Druck und großer Hitze (bis 300°C) in der Quetschfuge zwischen polierter Stahl- und elastischer Baumwollwalze schockartig getrocknet und dadurch die Faser im gequollenen Zustand weitgehend geglättet und *waschfest fixiert* wird.

16. Kalandern

Die Stückware muß vorher von Schlichte und allen anderen Waschmittelresten befreit und gesengt werden, um mit möglichst glatter Oberfläche zum Kalander zu kommen. Schlichtereste verkleben die Walzenoberfläche und beeinträchtigen dadurch den Glanz. Die nasse Ware wird entweder vorher auf

Abb. 266. 3-Walzen-Simili-Kalander (*Ramisch*)

einem *Wasserkalander* abgequetscht und dann simili-kalandert oder durch eine dampfbeheizte Stahlwalze unterhalb der elastischen Walze des Similikalanders abgequetscht und dann der eigentlichen Similiquetschfuge zugeführt. Je höher der Druck der Similiwalze, desto niedriger kann die Temperatur dieser polierten Stahlwalze gehalten werden. Moderne Similikalander arbeiten mit einem Walzendruck von 50—120 t und Temperaturen bis 300 °C. Da der Druck der Similiwalze sehr hoch ist und damit die Gefahr des Durchbiegens dieser Walze bei alleinigem Axialdruck besteht, ist eine über der Similiwalze als eigentliche Druckwalze über die gesamte Breite laufende zusätzliche Stahlwalze oder sog. *Druckrolle* vorteilhaft, die den Druck mittels zweier Scheiben auf die Achse oder auch in gesamter Breite auf die Similiwalze überträgt. Diese Druckscheibenrolle wird öfter auch bei den bereits beschriebenen Seidenfinish- (Schreiner-) Kalandern verwendet, um auch dort den hohen Druck auf eine größere Fläche der Druckwalze zu verteilen.

Die elastische Walze ist eine Baumwollwalze, die durch die hohen Temperaturen der gas- oder elektrisch beheizten Similiwalze einem großen Verschleiß unterliegt, da die Ware zusätzlich den Belag anfeuchtet. Durch geringe Verschiebung der Achse der Stahlwalze, es sind seitliche Abweichungen bis zu 5 mm von der Stellung der Achse der darunterliegenden Baumwollwalze möglich, wird eine gewisse Friktion erzielt, die ebenfalls zur Steigerung des Glanzes beiträgt, wie das auch beim Seidenfinishkalander der Fall ist. Um die Stahlwalze vor Abkühlung außerhalb der Quetschfuge und dadurch erhöhtem Gas- und Stromverbrauch zu vermeiden, deckt man die Stahlwalze mit einem Deckel ab.

Die durch Simili-Merzerisage erzielbaren Glanzeffekte sind weitgehend *waschfest* und halten 5—7 Kochwäschen ohne Zerstörung des Glanzes aus. Die Ware reflektiert durch die Glätte der Oberfläche das Licht besser. Mit der Simili-Merzerisage ist es auch möglich, Gewebe aus Einfachgarnen und kurzer Baumwolle, die sich kaum zur Merzerisation eignen, mit einem Glanz zu versehen. Bereits merzerisierte Ware erhält durch den Similikalander eine weitere Glanzsteigerung. Die Ware kann nach dem Similikalandern gebleicht und gefärbt werden, ohne daß eine Beeinträchtigung des Effektes in verstärktem Maße eintritt. Oft werden die Waren nachträglich noch auf dem Chaisingkalander geglättet, wobei der Similiglanz gemildert wird und die Ware einen weichen Griff erhält. Die Simili-Merzerisage kommt vor allem für Weißwaren in Frage, da Färbungen ohne Veränderung der Nuance oder Farbtiefe die hohe Temperatur der Similikalanderwalze nicht immer überstehen. Man arbeitet mit einer Warengeschwindigkeit von 10—30 m/min und einem Druck von 300—600 kg/cm. Je nachdem, ob die Ware feucht oder naß zur Ausrüstung kommt, sind die Similikalander als 3- oder 4-Walzenkalander gebaut, wobei die beschriebene Druckrolle ebenfalls als Walze gezählt wird. Durch Auswechseln der Druckwalze gegen eine Schreinerwalze kann man den Kalander auch als Seidenfinishkalander und bei normal beheizter Stahlwalze, als Finish- bzw. Friktionskalander verwenden.

Die Behandlung der Kalanderwalzen. Es kann als eine Selbstverständlichkeit angenommen werden, daß der Ausrüster weiß, daß die polierten Stahlwalzen und auch die gravierten Prägewalzen vor jeder Beschädigung der Oberfläche bewahrt werden müssen. Appreturmittel setzen sich gern an die beheizten Walzen an und geben der Ware ein unangenehmes und rauhes Aussehen. Durch harte Gegenstände, wie Nadeln usw., verletzte Polituren können nur durch erneutes Abdrehen und Polieren repariert werden. Prägewalzen müssen in besonderen Gestellen, mit Filz oder Gewebe umwickelt, aufbewahrt werden, um die Gravur, die heute meist durch *galvanisches Verchromen* gehärtet ist, zu schützen.

Papier-, Baumwoll- oder Jutewalzen bedürfen einer besonderen Pflege. Bereits an der Oberfläche liegende Fäden, Knoten, Falten usw. erzeugen Eindrücke auf den elastischen Walzen, die sich auf der anschließend durchlaufenden Ware abzeichnen. Dieser Fehler tritt besonders dann auf, wenn unausgerüstete, stuhlrohe Waren kalandert werden, die immer vorher mindestens gebürstet, wenn nicht geschoren und geputzt oder gesengt werden sollten. Diese Waren enthalten weiterhin meist Schlichte, so daß man mit nicht zu hohen Walzentemperaturen arbeiten darf, da sonst die Schlichte an die Stahlwalzen anklebt. Um geringfügige Eindrücke auf elastischen Walzen zu entfernen, kann man sie *einwaschen*. Bei nicht zu hohen Stahlwalzentemperaturen wird dabei die elastische Walze mit einem mit lauwarmem Wasser getränkten *Schwamm* bestrichen und der elastische Belag zum Quellen gebracht. Nun läßt man den Kalander ohne Warenzuführung so lange unter ständigem Bestreichen und steigender Temperatur und Druck laufen, bis die Vertiefungen ausgeglichen sind. Das Bestreichen mit Stofflappen ist nicht ratsam, da oft Fäden auf die Walze kommen und neue Walzeneindrücke ergeben. Nachdem die Walze wieder eine ebene Oberfläche erhalten hat, poliert man sie durch Aufstreichen einer konzentrierten Seifen- oder Waschmittellösung, deren Fettgehalt der Oberfläche Glätte und damit *Politur* gibt. Für elastische Walzen der Prägekalander kann dieses Einwaschen ebenfalls angewendet werden, falls die Prägung nicht zu tief ist. Sind die elastischen Walzen dagegen durch tiefe Risse oder Löcher beschädigt, so müssen sie auf der Werkbank abgedreht werden und, wenn die Beschädigung bis auf den Eisenkern geht, neu belegt werden. Nach dem Abdrehen oder Neubelegen ist immer ein Einwaschen notwendig, das je nach Tiefe der Beschädigung, oft bis zu 48 Std., ausgedehnt werden muß. Bei längeren Stillständen sind die Kalander abzudecken, da Sonnenlicht zum Ausbrechen des elastischen Belags führt. Sobald die Ware den Kalander verlassen hat, müssen die Druckwalzen unter allen Umständen von den elastischen Walzen gehoben werden. Die neuerdings verwendeten elastischen Walzen mit Kunststoffbelag (S. 185) lassen sich weit einfacher pflegen und bedürfen bei Eindrücken kein besonderes Einwaschen.

Kalander werden u. a. von folgenden Firmen hergestellt:

Amdés	*Comerio-Ercole*	*Kleinewefers*	*Morrison*
Bates	*Crosta*	*Küsters*	*Perkins*
Birch	*Deck*	*Maag*	*Pozzi*
Briem	*Farmer-Norton*	*Mather-Platt*	*Ramisch*
Butterworth	*INVEST*	*Meccanotessile*	*Van-Vlaanderen*
Clerc	*Isotex*	*Metalmeccanica*	*Verduin*

Kalandern von Wirkwaren. Obwohl man bei Trikotschlauchwaren (Interlock, Feinripp oder im Schlauch genähter Kettstuhlware) aus Baumwolle, Zellwolle, Reyon, Wolle und synthetischen Fasern ebenfalls vom Kalandern spricht, sind die Effekte jedoch nicht nur zur *Glättung der Warenoberfläche*, sondern vor allem zur *Wicklung* dieser Ware in *stäbchengerader* Lage und zur *Dekatur*, vor allem bei Wollwaren (Jersey), verwendbar. Zu diesem besonderen Zweck können auch Finishdekatiermaschinen eingesetzt werden, wie auch auf diesen alle Trikotagen im Schlauch bearbeitet werden können.

Die trockene Schlauchware wird unterhalb des Trikotkalanders in einem *drehbaren Teller* oder Topf eingelegt, um während des Laufes des Kalanders die Ware so führen zu können, daß sie *stäbchengerade* den Dämpfraum passiert. Vom Teller geht die Ware über einen *einstellbaren Breithalter*, mit dem die Leibweite der Ware eingestellt wird und an dem sie durch mit *Filz bespannte Leiträder* gehalten wird, passiert einen *Dämpfkasten*, wo sie möglichst spannungslos beidseitig mit gesättigtem Dampf abgedämpft wird. Nunmehr wird die Schlauchware an ein oder zwei *dampfbeheizte, polierte Stahlwalzen* durch *endlose Filzmitläufer* angepreßt und ähnlich wie beim Filzkalander getrocknet. Am Schluß kann man die Ware aufrollen oder abtafeln. An Stelle der polierten Stahlwalzen können auch zwei aneinanderliegende, mit Rundfilz (*Filzhosen*) umhüllte Druckwalzen verwendet werden (Abb. 267, 268, 269).

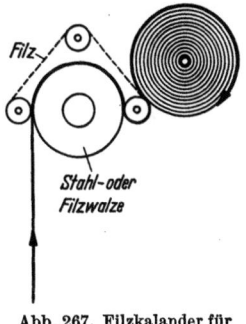

Abb. 267. Filzkalander für Trikotagen (*Arbach*)

Durch die polierten Stahlwalzen erhält die Ware ein- oder beidseitig einen gewissen Glanz. Arbeitet man nur mit einer Stahlwalze, ist der Glanz einseitig, und verwendet man nur Filzwalzen, so entsteht nur eine matte Oberfläche ohne

I. Die mechanischen Appreturarbeiten

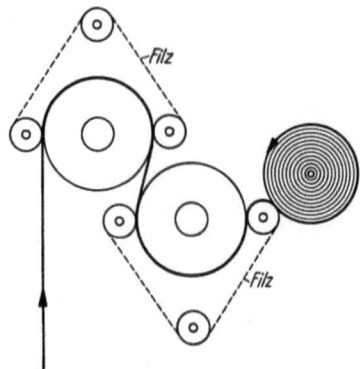

Abb. 269. Preß- und Friktions-Kalander für Trikotagen (*Arbach*)

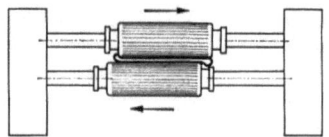

Abb. 270. Walzenverschiebung im Trikot-Kalander zur Schonung der Warenkanten (*Arbach*)

Abb. 268. Filzkalander für Trikotagen (*Arbach*)

Abb. 271. Umkehrmaschine für rundgewirkte Trikotagen (*Arbach*)

jeden Glanz. Woll- oder Halbwolljersey hat bei spannungsarmer Warenführung auf dem Trikotkalander die Möglichkeit zu krumpfen und kann, im gewickelten Zustand aufbewahrt, finishdekatierter Ware ähnlichen Charakter erhalten. Um die Kanten nicht einzufixieren, können die Walzen des Trikotkalanders von *Arbach* auch waagrecht verschoben (Abb. 270) und dadurch die Kanten aus der Kalanderfuge gehalten werden.

Da Trikotschlauchwaren oft linksseitig ausgerüstet werden (Rauhen, Waschen usw.) bzw. auch die linke Seite als „rechte Seite" getragen wird, müssen diese Waren umgewendet werden. Man bedient sich dabei einer *Umkehrmaschine* (Abb. 271). Der Warenschlauch wird durch einen stehenden *Hohlzylinder* gesteckt und über die *darüberliegenden Rollen* umgewendet und den außenliegenden *Transportdruckwal-*

zen zugeführt. Diese ziehen den Trikotschlauch aus dem Zylinder und lassen ihn mit der *anderen Warenseite* an der *Außenseite des Hohlzylinders* ablaufen. Durch Kippen des Zylinders, wie in Abb. 271 gezeigt, wird die umgewendete Ware wieder abgezogen.

Trikotkalander werden u. a. von folgenden Firmen hergestellt:

Arbach　　　　　　　*INVEST*　　　　　　　*Monti*
Héliot　　　　　　　*Jahreis*

17. Dekatieren

Das Dekatieren kommt hauptsächlich für Gewebe und Gewirke aus Wolle und Wollmischungen in Betracht. Die Ware erhält durch das Dekatieren den *nadelfertigen* Charakter und den entsprechenden Griff. Die Anforderungen an eine nadelfertige Ware sind je nach Warenart verschieden, aber abgesehen vom unterschiedlichen Griff, sind einige Anforderungen an alle diese Waren gleich. Das gilt vor allem für die möglichst *größte Krumpfechtheit*, d. h. die Ware darf im Gebrauch und besonders in der Konfektion nicht mehr als max. 1% an Ausdehnung verlieren, also *nicht mehr einlaufen*. Zur Erzielung dieser Anforderungen dienen auch andere Ausrüstungsarbeiten, wie das Krabben, vor allem jedoch das möglichst spannungsfreie Trocknen. Vor der Einführung der maschinellen Dekatur in der Ausrüstung dekatierte der Konfektionär oder Schneider durch Bügeln der Wollstoffe unter einem feuchten Baumwollappen alle Stücke vor dem Zuschnitt, um ein nachträgliches Einlaufen einzuschränken.

Neben der Verbesserung der Krumpfechtheit durch das Dekatieren nimmt die Ware eine gewisse Feuchtigkeit an und wird im Griff weicher und fülliger. Der ursprüngliche Zweck war allerdings, den auf der Muldenpresse erzeugten unangenehmen Speckglanz zu nehmen (*décater* = Glanz nehmen, entglänzen). Im Prinzip werden die Wollstücke beim Dekatieren in aufgewickeltem Zustand durch Sattdampf oder Heißwasser befeuchtet und genau wie beim Einbrennen (Krabben) durch *Abkühlen mittels Kaltluft* oder *Kaltwasser* fixiert. Man unterscheidet 2 Arten der Dekatur:

die Trocken- und
die Naßdekatur.

Bei der *Trockendekatur* arbeitet man mit Sattdampf, der durch die auf eine perforierte Walze gewickelte Ware geschickt und anschließend abgesaugt wird. Beim *Stockdämpfer*, der heute kaum eingesetzt wird, wird eine perforierte Walze mit einem groben Jute- oder Baumwollgewebe und anschließend mit einem weichen Baumwollgewebe (Barchent) ausreichend und danach die Ware kantengerade aufgewickelt. Über die Ware wird wiederum ein Barchent- und anschließend ein gröberes Gewebe gewickelt, das allerdings breiter als die Ware ist. Um die Kanten zu schützen, wird das überstehende Gewebe zusammengebunden. Nun erst wird der perforierte Zylinder auf einen Dämpfer gesetzt und der *Dampf durch die Ware hindurchgepreßt*. Der Stockdämpfer verlangt eine absolut leistengerade Wicklung, da sich die evtl. ins Innere verschobenen Leisten sofort auf der darüberliegenden Ware abdrücken. Ein großer Nachteil ist ferner, daß der Dampf in der kalten Ware sofort kondensiert und zu *Dekatierflecken* führt, die durch alle Warenlagen gehen und nur sehr schwer zu entfernen sind. Um die Ware sehr genau auf den gelochten Zylinder wickeln zu können, wird zusätzlich ein Wickelbock benötigt. Das Dämpfen selbst dauert nur 5—10 Min., es ist vorteilhaft, die Ware auf dem Stockdämpfer *verkühlen* zu lassen. Ein weiterer Nachteil des Stockdämpfers ist, daß sich auch bei nur wenig gerippter Ware bereits unangenehmer Moiré bildet.

Um die Nachteile des *Stockdämpfers* auszumerzen, wurde die **Kesseldekatur** entwickelt. Sie arbeitet weit vorteilhafter, stellt jedoch noch keineswegs einen Idealzustand dar. Die Ware wird wie beim Stockdämpfer auf einen perforierten Dekatierzylinder aufgewickelt. Nun wird diese Warendocke in einen *waagrecht liegenden Vakuumkessel* eingefahren und in diesem langsam rotiert. Der Dampf wird durch die Achse und die Ware geblasen. Bevor der Dampf durch die Ware durchgetreten ist, wird bereits durch die Vakuumpumpe die Umgebungsluft abgesaugt, so daß der Dampf schnell durch die Ware tritt und nicht zum Kondensieren kommt. Die Vakuumpumpe bleibt auch nach dem Dämpfen in Tätigkeit, so daß die dann einströmende Kaltluft schnell die Ware kühlt und den Effekt fixiert. Die Kesselinnenwände sind *doppelwandig* gebaut und können vorgeheizt werden, damit sich durch Kondensieren des Dampfes keine *Tropfflecken* auf der Ware bilden.

Die Kesseldekatur hat neuerdings wieder größere Bedeutung erfahren, da sie die kürzeste Art der Dekatur darstellt, welche einen permanenten Glanz und eine garantierte Restkrumpfung unter 1% ohne das umständliche Naßdekaturverfahren (S. 209) zuläßt. Nach Praxiserfahrungen hat sich dabei folgende Arbeitsweise als die günstigste erwiesen:

1. Einfahren des Warenwickels,
2. Evakuieren des Kessels auf 0,5 atü,
3. Dampfeinlaß innerhalb von 2 min von außen nach innen bis zu 1 atü (119 °C),
4. Behandlung bei dieser Temperatur während 5 min,
5. Evakuieren des Kessels während 1 min und Abkühlung der Ware auf 80 °C,
6. Nach Öffnen des Kessels, weitere Kühlung auf Raumtemperatur.

Die beschriebene Art der Kesseldekatur garantiert einen permanenten Effekt bei äußerster Schonung der Ware. Zu lange Dämpfzeiten und höhere Temperaturen und Drücke führen zu starkem Abfall der Reißfestigkeit und vor allem der elastischen Dehnung der Ware.

Besondere Aufmerksamkeit ist bei der Kesseldekatur immer dem Aufwickeln zu widmen, um Lufttaschen im Warenwickel zu vermeiden. Von *Drabert* und *Gessner* wurden dazu besondere Wickelmaschinen entwickelt, welche das Wickeln von 3 Bäumen mit und ohne Mitläufer gestatten und damit ein größerer Stillstand der Kesseldekatiermaschine vermieden wird. Dabei ist es möglich, die gesamte Behandlung über Lochkarten zu steuern und damit auch manuelle Fehler auszuschließen. Im Normalfall dauert ein Vorgang 16—20 Min. In dieser Zeit ist es möglich, die neuen Bäume zu bewickeln.

Als *KD-Verfahren* wird von der Fa. *Biella Shrunk* die Kesseldekatur (KD) weiter modifiziert und beschleunigt. Die Konstruktion besteht aus einer speziellen Wickelmaschine, auf der gleichzeitig der Warenbaum auf- und abgewickelt wird und bei Verwendung von Mitläufern dieser immer wieder weiterverwendet werden kann. Die Warenbäume werden automatisch in den Autoklaven geschoben und dieser über Lochkarten gesteuert. Die Kesseldekatur hat sich vor allem bei Mischgeweben aus Wolle mit Polyester- bzw. Acrylfasern bewährt.

Bei der *Finishdekatur*, die meist die Schlußarbeit in der Ausrüstung vor der Aufmachung bildet, wird die Ware ebenfalls auf einem perforierten Zylinder gewickelt. Er hat jedoch einen weit größeren Durchmesser als der des Stockdämpfers oder der Kesseldekatur. Allerdings wird die Ware nicht allein, sondern mit ihr ein gut *saugfähiger, stark gerauhter Mitläufer* (Kalmuk) aufgewickelt, der den zum Kondensieren neigenden Sattdampf sofort vom Kondenswasser befreit und somit die Bildung von Dekatierflecken unmöglich macht. Ein vorheriges Aufdocken der Ware ist nicht notwendig, da auch bei nicht geradem, jedoch faltenfreiem Einlauf der Ware Abdrücke durch den dazwischenliegenden Mitläufer vermieden werden. Dieser Mitläufer verhindert bei Rippenware auch die Moirébildung. Moderne Dekatiermaschinen gestatten auch ein Einblasen von *Heißdampf (gering überhitzt)* von außen und Absaugen nach innen bzw. umgekehrt sowie auch ein Einblasen des Dampfes in das Innere des Dekatierzylinders und Absaugen nach außen. Dasselbe ist auch mit *gesättigtem Feuchtdampf* möglich.

Obwohl das Dekatieren ursprünglich nur zum Abziehen des Preßglanzes gedacht war und auch heute noch für diesen Zweck eingesetzt wird, kann man durch die Dekatur einen gewissen Glanz fixieren bzw. diesen Glanz durch die Dekatur selbst erzeugen. Alle Effekte sind vom

Durchmesser des Dekatierzylinders,
der Art des Mitläufers,
der Härte des Wickels,
der Beschaffenheit des Dampfes und
der Richtung der Dampfzuführung (innen—außen oder umgekehrt)

abhängig. Auf Grund dieser Varianten unterscheidet man

die Preßglanz- und
die Finishdekatur.

Als Regel gelten:

a) *Durch harte Wicklung auf einem kleinen Dekatierzylinder mit einem glatten, ungerauhten Mitläufer (Satin) und Dampfeintritt von außen nach innen erhält man einen kernigen Griff und erhöhten Glanz der Ware (Preßglanzdekatur).*

b) *Weiche Wicklung, gerauhter Mitläufer (Kalmuk), großer Dekaturzylinder und Dämpfen der Ware von innen nach außen ergeben den Finisheffekt, eine nicht zu stark glänzende, sehr weiche Ware (Finishdekatur).*

Die **Preßglanzdekatur** (Abb. 272, 273) ersetzt durch ihre Effekte teilweise das Spanpressen, da der glatte *Satinmitläufer* bei der harten Wicklung den in der Spanpresse üblichen Preßspan teilweise ersetzen kann. Die Ware erhält einen kernigen Griff und milden Glanz. Durch Einblasen des Dampfes von außen nach innen und auch durch die in gleicher Richtung erfolgende *Verkühlung* wird die Ware an den Zylinder angedrückt und nicht aufgeblasen. Der Dekatierzylinder hat einen Durchmesser von etwa 300 mm. Bei modernen Maschinen arbeitet man meist mit gesättigtem Dampf. Nur in Ausnahmefällen, z. B. um einen erhöhten Glanz zu erzielen, wird in der Preßglanzdekatur mit gering überhitztem Dampf gearbeitet. Den besten Glanz erhält man jedoch mit der Kessel- bzw. Naßdekatur.

Die **Finishdekatur** (Abb. 274) ist *mehr im Gebrauch als die Preßglanzdekatur*, da man den durch die Muldenpresse erzeugten Speckglanz durch *Finishen* mildern und tropfecht fixieren kann, ferner erhält die Ware einen weichen Griff und erfährt durch das Dämpfen eine Gewichtszunahme bis zu 6%, woraus auch der weiche Griff resultiert. Die Arbeitsweise ist die gleiche wie bei der Preßglanzdekatur. Die Ware wird allerdings mit einem Kalmuk- oder Molton-Mitläufer weich auf einen Dekatierzylinder mit einem Durchmesser von 900 bis 1100 mm aufgewickelt und von innen nach außen gedämpft. Das Verkühlen erfolgt durch Abziehen des Dampfes nach außen, seltener nach innen. Man erreicht durch Dämpfen bis zu 3 min und ebenso langem Absaugen (Abziehen des Dampfes) optimale Effekte. Der Glanz steigert sich durch härtere Wicklung und Verkühlen auf dem Dekatierzylinder, was auch für die Preßglanzdekatur gilt. Einen *besonders weichen Griff* erhält man durch *Abziehen der Ware im vollen Dampf*, d. h. die Ware wird ohne Absaugen des Dampfes vom Zylinder gezogen und evtl. auf der *vergrößerten, perforierten Abzugswalze* außerhalb der Maschine verkühlt, indem der verbliebene Dampf durch die Perforation dieser Abzugswalze abgesaugt wird.

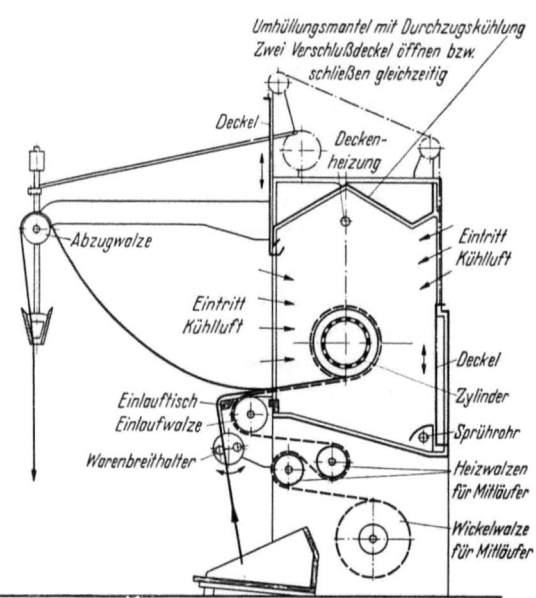

Abb. 272. Preßglanz-Dekatiermaschine (*Monforts*)

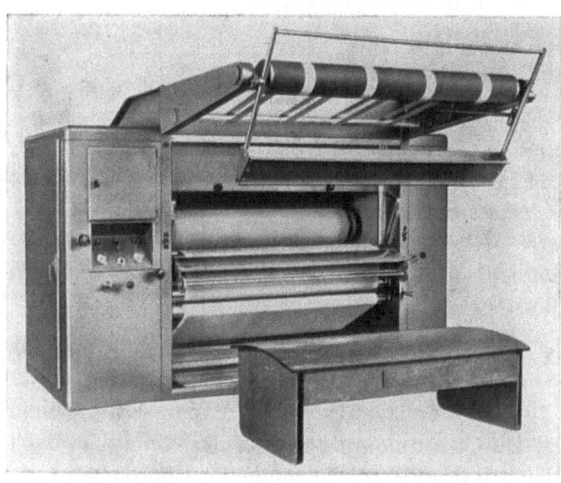

Abb. 273. Preßglanz-Dekatiermaschine SA 120 (*Sperotto*)

Es wurden Versuche angestellt, durch kombinierte Verwendung bzw. Kompromisse beider Dekaturen sowohl mittlere Finish- als auch Preßglanzeffekte zu erzielen. Es muß jedoch immer berücksichtigt werden, daß sich mit diesen Konstruktionen nur gute Mitteleffekte erzielen lassen. Spitzeneffekte sind nur mit den eigentlich dafür konstruierten Maschinen erreichbar. Beim Dämpfen mit Heißdampf von außen nach innen und einem Dämpfen mit Sattdampf von innen nach außen werden oft besondere Effektvarianten bei beiden Dekaturen erzielt.

Für beide Konstruktionen — Preßglanz- und Finishdekatiermaschinen — gelten mit Ausnahme der bereits beschriebenen Besonderheiten die gleichen Bedienungsvorschriften. Die Ware wird der Maschine in getafeltem Zustand vorgelegt und, nachdem einige Mitläuferlagen auf den Zylinder aufgerollt wurden, unter Verwendung von Breithaltern und evtl. Bremswalzen mit dem Mitläufer auf den Dekatierzylinder aufgerollt.

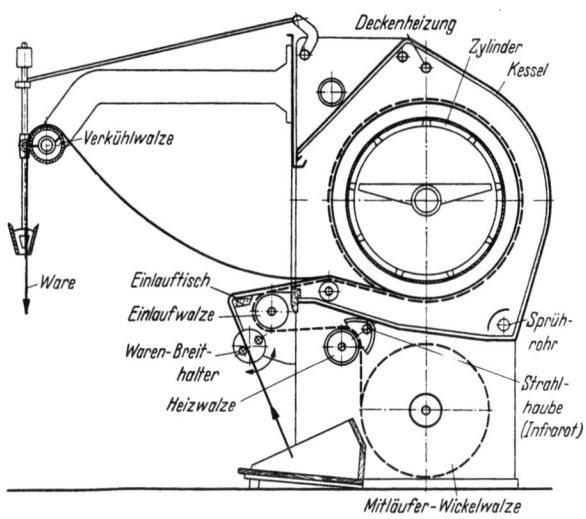

Abb. 274. Finish-Dekatiermaschine (*Monforts*)

Nachdem die Ware mit einer Geschwindigkeit von 5—60 m/min eingelaufen ist, läßt man noch einige Lagen des Mitläufers auflaufen. Dann wird der Deckel oder die Vorderwand der Maschine geschlossen und die Dampfzufuhr bzw. Absaugung unter langsamem Rotieren angestellt. Nach der Dekatur wird die Dampfzufuhr gesperrt, die Absaugung bis zur restlosen Verkühlung der Ware fortgesetzt, wenn nicht in „vollem Dampf" abgezogen wird.

Die Härte des Warenwickels ist nicht nur von der Waren-, sondern auch von der Mitläuferspannung abhängig. Durch häufigen Gebrauch wird der Mitläufer feucht und kann im aufgewickelten Zustand schnell durch Stockflecke geschädigt und u. U. zerstört werden. Entweder muß der Mitläufer zum Trocknen aus der Maschine genommen werden oder man trocknet ihn durch *Infrarotstrahler* am Maschinenauslauf. Das Aufwickeln des Mitläufers in feuchtem Zustand ist unbedingt zu vermeiden. Ist eine Möglichkeit zum Trocknen nicht vorhanden, sollte der Mitläufer nur abgetafelt und nicht aufgerollt werden.

Dekatiermaschinen haben heute eine so weite Verbreitung gefunden, daß es undenkbar ist, eine Wollappretur ohne eine Finish- bzw. auch Preßglanzdekatiermaschine zu betreiben. Da der Warenausfall viel von den Bedingungen der Dekatur abhängt, haben die meisten Maschinenhersteller ihre Konstruktionen so eingerichtet, daß man den Behandlungsablauf über Lochkarten steuern kann und dadurch ein gleicher Warencharakter zu erreichen ist. Es handelt sich bei diesen Maschinen um *Dekatierautomaten* (Abb. 275). Beim „Decomat" (*Monforts*), der als Finishdekatiermaschine mit einem Zylinder von 900 mm Durchmesser für bis 1600 mm breite Ware geliefert wird, werden 20 Standardprogramme in Lochkarten gestanzt mitgeliefert. Daneben ist auch der reine Handbetrieb und selbstgewählte Programme durchführbar, die in Blanko-Programmkarten mittels einer Zange eingeschnitten werden können. Die Konstruktion wird auch als kombinierte Maschine mit einem 600-mm-Zylinder, einem Molton- und einen Satinmitläufer geliefert. Die beiden Mitläufer können wahlweise verwendet werden und sind unter der Maschine auf separaten Wickeln untergebracht.

Abb. 275. Über Lochkarten gesteuerte „Decomat"-Dekatiermaschine (*Monforts*)

Vor allem für Gewebe, die aus Mischungen von Wolle mit synthetischen Fasern (Polyester- und Acrylfasern) bestehen, ist eine glatte Warenoberfläche zur Einschränkung der Pillingbildung unerläßlich, die durch eine Preßglanzdekatur unterstützt wird. Um den Ausstoß der Dekatur zu erhöhen, wurden in den letzten Jahren eine Reihe von **kontinuierlichen Dekatiermaschinen** konstruiert. So wird als Modell CTN/DR von *Sperotto* eine Konstruktion geliefert (Abb. 276, 277), bei

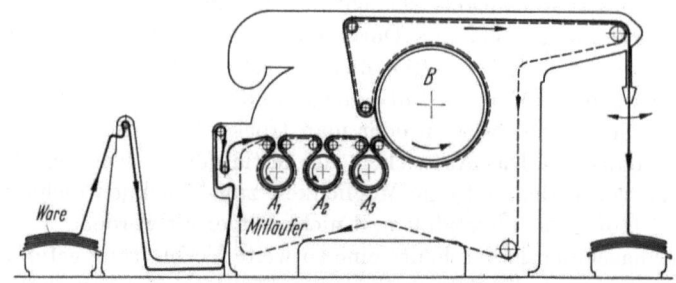

Abb. 276. Schema der kontinuierlichen Dekatiermaschine Modell CTN/DR (*Sperotto*)
$A_1-A_2-A_3$ Dekatierzylinder; B Verkühlzylinder

der die Ware ohne oder mit geregelter Spannung mit einem Baumwollsatin-Mitläufer an 3 Dekatierzylinder geführt. Diese Zylinder können mit unterschiedlicher Dampfspannung und Strömungsrichtung betrieben werden, so daß der Dampf entweder durch die Ware gesaugt oder gedrückt wird. Es kann damit durch entsprechenden Wechsel der Arbeitsbedingungen auf den einzelnen Zylindern jeder Effekt erreicht werden. Anschließend passiert die Ware den größeren Verkühlzylinder, auf dem Kaltluft durch die Ware gesaugt wird. Die Maschine arbeitet mit Warengeschwindigkeiten von 3—18 (4—24) m/min und läßt Arbeitsbreiten bis 1750 mm zu. Verschiedene Firmen verwenden nur einen Zylinder, der mit Gewebe bombiert und nach Art des Filzkalanders (S. 133) mit einem

Abb. 277. Kontinuierliche Dekatiermaschine Modell CTN/DR (*Sperotto*)

endlosen Moltonmitläufer umspannt ist. So wird von *Raxhon* ein 1200-mm-Zylinder zu $^2/_3$ seines Umfanges für das Ansaugen des Dampfes und $^1/_3$ für das Ansaugen der Luft verwendet. Je nach Warengeschwindigkeit dauert die Dekatur 12 Sek. (7 m/min) bis 4 Sek. (21 m/min). Eine ähnliche Konstruktion zeigt die Abb. 278.

Abb. 278. Kontinue-Dekatiermaschine (*Verduin*)

Von *Monforts* wird als „Continua" (Abb. 279) eine kontinuierliche Dekatiermaschine geliefert, welche nach dem „Umdock-Verfahren" arbeitet. Die Warenbahn wird im Prinzip auf zwei übereinander laufenden Dekatierzylindern gedämpft, wobei sie jeweils von einem besonderen endlosen Mitläufer gehalten wird. Der Mitläufer des Ober- und unteren Dekatierzylinders begleiten die Ware auf den Kühlzylinder. Die Wickelgeschwindigkeit ist zwischen 15—40 m/min variabel, und auch die Dämpfintensität kann besonders gewählt werden. Dadurch ist es möglich, die Stückware 3—8 Min. zu dämpfen, wobei jeweils 120 m in der Maschine kontinuierlich behandelt werden. Das ergibt einen max. Warenausstoß von 1500 m/h. Die Abb. 280 zeigt die Arbeitsweise des jeweiligen Umdockens auf den Dekaturzylindern. Zuerst wird eine größere Menge des Mitläufers auf den oberen Zylinder gewickelt, nun wird mittels der Zuführeinrichtung die Ware zwischen die Mitläuferlagen des Unterzylinders eingeführt und die Vorrichtung wieder zurückgezogen. Nun wird der Zylinder vollgewickelt. Festhaltevorrichtungen ermöglichen eine glatte Wickelung.

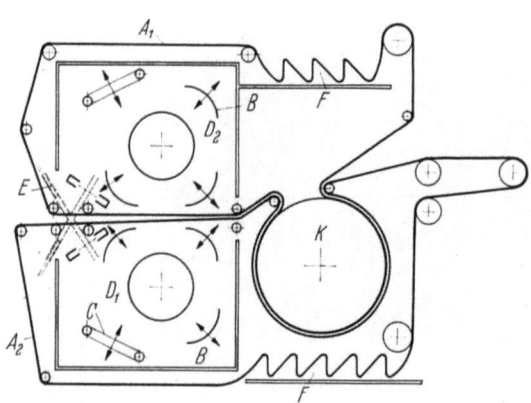

Abb. 279. ,,Continua" kontinuierliche Dekatiermaschine (*Monforts*)
A_1, A_2 endloser, oberer und unterer Mitläufer; B Festhaltevorrichtungen für die Warenwickel; C Greifvorrichtungen für das Heranführen der Warenbahnen an die Dekatierzylinder; D_1, D_2 unterer und oberer Dekatierzylinder; E Wareneinführvorrichtung; F Mitläuferreserven; K Kühlzylinder

Um die Doppellagen der Mitläufer mit oder ohne Ware an die Zylinder zu führen, werden besondere Greifer eingesetzt (C). Ist der Unterzylinder vollgewickelt, wird mittels der Zuführeinrichtung Mitläufer und Ware an den oberen Zylinder geführt und dort in gleicher

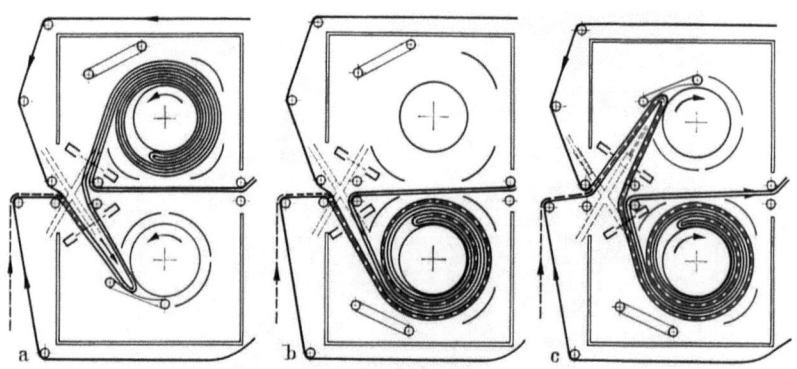

Abb. 280a bis c. Arbeitsweise auf der ,,Continua"-Dekatiermaschine (*Monforts*)
a) Beginn der Dekatur in der ,,Continua"; b) Bewickeln des unteren Dekatierzylinders; c) Umdocken vom unteren auf den oberen Dekatierzylinder

Weise aufgewickelt. Gleichzeitig läuft weitere Ware vom Einlauf auf den zweiten Zylinder. Dieses Prinzip ermöglicht eine kontinuierliche Dekatur, da die Dekatur während des Aufwickelns erfolgt. Nachdem die Ware beide Zylinder passiert hat, wird sie zwischen den beiden Mitläufern auf die Kühltrommel geführt und dort mittels Kaltluft fixiert.

17. Dekatieren

Als Modell CTN/MG wird für die kontinuierliche Dekatur von Maschenwaren (z. B. Jersey) von *Sperotto* eine Konstruktion (Abb. 281, 282) geliefert, welche sowohl die Dekatur in Schlauch- als auch Breitform über besondere Breithalter erlaubt. Es handelt sich dabei um eine Kombination eines Trikotkalanders (S. 199) mit einer Preßglanzdekatiermaschine. Die Ware wird zuerst über Breithalter geführt und zwischen den Kalanderwalzen geglättet. Zur Befeuchtung dient ein unter den Walzen angebrachter Dämpfer, den die Schlauchware direkt passiert. Gleichzeitig wird der Ware ein Mitläufer zugeführt, der die Ware an den anschließenden Dekatier- und Verkühlzylinder preßt. Nach dem Verkühlen wird die Ware wie beim Trikotkalander aufgerollt.

Abb. 281. Kontinuierliche Dekatiermaschine Modell CTN/MG (*Sperotto*), für flach- und rundgewirkte Trikotagen (hier: Schlauchware)

Naßdekatur (Pottingprozeß). Obwohl Woll- und Wollmischgewebe durch die Preßglanz- oder Kesseldekatur einen sehr schönen und echten Glanz erhalten, wie er in der Tropfechtheit durch Pressen nicht erreichbar ist, kann dieser Effekt durch eine Naßdekatur weiter gesteigert werden. Die Naßdekatur wird allerdings nur auf hochwertige Wollwaren, wie Meltons, Cheviots, Drapés und sonstige Strichtuche beschränkt bleiben, da nur deren Preis eine längere Behandlung rechtfertigt. Der

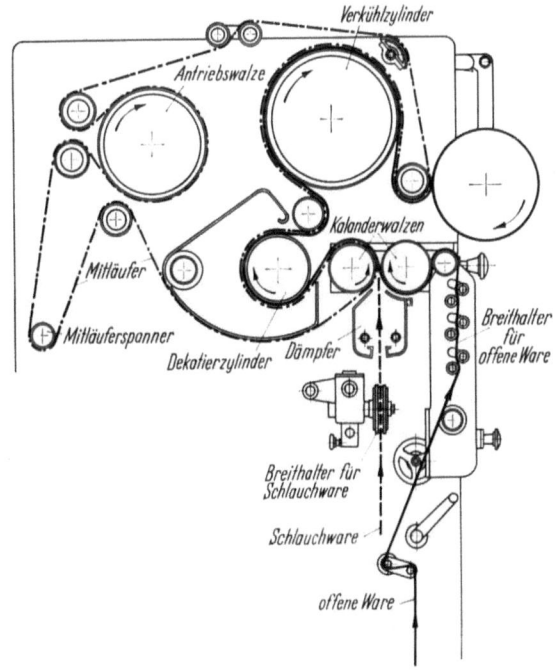

Abb. 282. Warenlaufschema in der kontinuierlichen Dekatiermaschine Modell CTN/MG (*Sperotto*)

durch die Naßdekatur zu erreichende *Hochglanz* oder *Lüster* gilt als Qualitätsbegriff dieser Waren und ist durch eine Preßglanzdekatur nicht zu erreichen.

Das Prinzip der Naßdekatur ist das gleiche wie beim Krabben. Die Ware wird durch eine *harte Wicklung mit einem glatten Mitläufer* auf einem *perforierten*

210　　　　　　　　　　　I. Die mechanischen Appreturarbeiten

Zylinder der Einwirkung von heißem Wasser ausgesetzt und anschließend *langsam*, oder *durch Kaltwasser schnell* abgekühlt.

Die Ware wird bei der Anlage von *Drabert* (Abb. 283, 284) über einen kurzen Egalisierrahmen mit entsprechender Aufnadelvorrichtung, wie diese für Spannrahmen üblich ist, in der Breite gestreckt und durch *Voreilung* mit dem Mitläufer, der breiter als die Ware ist und von einer Wickelwalze abgerollt wird, auf den

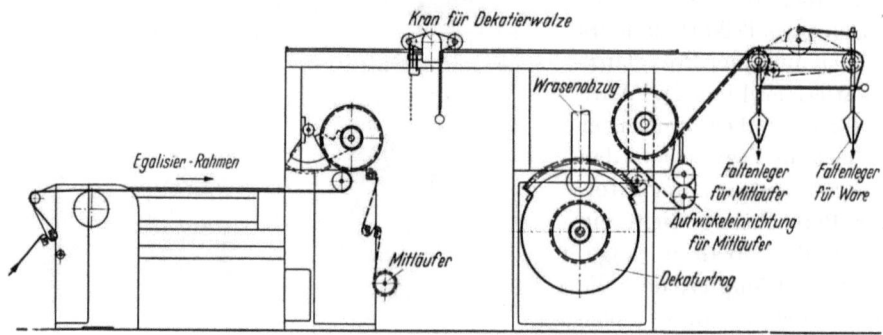

Abb. 283. Naßdekatieranlage (*Drabert*)

Abb. 284. Naßdekatieranlage (*Drabert*)

perforierten Dekaturzylinder mit einer Geschwindigkeit von 5—20 m/min hart aufgewickelt. Für das Aufwickeln sind auch einfache Wickelböcke brauchbar, aber der Egalisierrahmen bietet den Vorteil, daß die Abmessungen der Ware mittels der Voreilung in der Breite und Länge noch korrigiert werden können. Die perforierte Dekatierwalze hat einen Durchmesser von 200 mm und ist mit einem mindestens 5 m langen *Jutevorläufer* und anschließend mit einem gleich langen *Barchentvorläufer* umwickelt, um Verunreinigungen des Wassers von der Ware abzuhalten und den direkten Druck des Wassers auf die Ware zu mildern. Der eigentliche *Mitläufer*, der mit der Ware läuft, ist ein feinfädiges Baumwollnesselgewebe. Nachdem Mitläufer und Ware aufgewickelt wurden, läuft noch ein mindestens 15 m langer *Barchentnachläufer* um den Wickel, und zum Abschluß wird eine *Gurtumwicklung*, die das Aufblasen des Wickels beim Durchpumpen des Wassers vermeiden soll, angebracht. Nun wird der Warenwickel in den *Dekatiertrog* gebracht und von innen nach außen mit Heißwasser durchgepumpt, bis der *Wasserspiegel die Ware gut überdeckt*. Der Dekatiertrog, es können zur besseren Nutzung der Dekatiermaschine auch mehrere Tröge hintereinander verwendet werden, wird in geschlossener und offener Bauart hergestellt. Zum Naßdekatieren genügt die offene Bauart, verwendet man jedoch die Maschine auch zum Krabben von Stückwaren, die auch kochend behandelt werden, ist die geschlossene Bauart vorteilhafter, da die Dämpfe (Wrasen) durch einen Abzug abgeleitet werden können. Bei der Dekatur wird das Wasser unter leichtem Drehen des Zylinders die halbe Dekatierzeit von innen nach außen gepumpt und bis zur verlangten Temperatur erwärmt (40—70°). Die Dekatierzeit beträgt je nach Warenart bis zu 40 Min., das Wasser soll sich dabei in 20 Min. erwärmen. Nun wird die Pumpenrichtung geändert und die Ware weiter rotiert. Nach Beendigung kann das Wasser abgelassen werden, zur Glanzerhöhung wird dann die Ware 3—4 min *mit Dampf von innen nach außen durchgeblasen* bzw. durch *Einpumpen von Kaltwasser fixiert*.

Anschließend wird außerhalb des Dekaturtroges verkühlt oder sofort abgewickelt und abgetafelt.

Die Abb. 285 zeigt eine *Naßfixier- und Dekatiermaschine (Zanon)*, die sowohl für das Krabben (S. 77) als auch die Naßdekatur eingesetzt werden kann. Die Ware wird dabei mit einem Mitläufer — beim einfachen Krabben ist dieser entbehrlich — auf einen perforierten Dekatierzylinder in veränderlicher Härte aufgewickelt und mit Heiß- oder Kaltwasser bzw. Dampf fixiert oder dekatiert. Zur Glättung der Ware kann die Preßwalze mehr oder weniger stark gegen den Warenwickler gedrückt

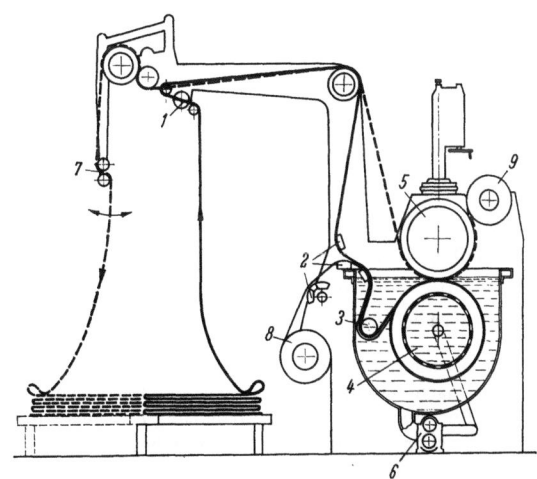

Abb. 285. Naßfixier- und -Dekatiermaschine (*Zanon*)
1 Warenspannwalzen; 2 Breithalter; 3 verstellbare Tauchwalze im Dekatiertrog; 4 perforierter Dekatierzylinder; 5 Preßwalze; 6 Pumpe zur Flottenumwälzung; 7 Abtafler; 8 Mitläuferrolle; 9 auslaufende Geweberolle
— Warenlauf während der Wareneinführung
- - - Warenlauf während des Warenauslaufs
—— Mitläufer

werden. Nach Beendigung der Behandlung wird die verkühlte Ware ausgetafelt oder, wenn heiß abgezogen wird, auf eine Docke aufgerollt und auf dieser außerhalb der Maschine über längere Zeit — unter öfterem „Stürzen" — verkühlt. Die Maschine wird auf Wunsch auch mit einer nachfolgenden Absaugmaschine geliefert, so daß die Ware anschließend auf Spannrahmentrocknern getrocknet werden kann.

Mit der Naßdekatur wird nicht nur der beste und vor allem echteste Glanz erzeugt, sondern sie hat den Vorteil, die Ware zusätzlich noch von geringen Mengen von Verunreinigungen zu säubern, ferner können durch *Zusatz von*

Appreturmitteln in das Dekatierbad, wie Hydrophobierungsmittel usw., andere Behandlungen gekoppelt werden. Es darf dann allerdings kein Verkühlen durch Kaltwasser erfolgen. Die Naßdekatiermaschine kann vor allem sehr gut an Stelle des Brennbockes zum Beseitigen von Wasch- und Walkschwielen eingesetzt werden, die durch Dämpfen, Pressen und normale Dekatur nicht zu entfernen sind. Das Naßdekatieren ist jedoch gegenüber der Finishdekatur (Trockendekatur) langwierig und kann nicht kontinuierlich erfolgen. Außerdem muß die Ware nach der Naßdekatur getrocknet werden, was nach der Finishdekatur nicht erforderlich ist.

Die nachstehend angegebenen Firmen bauen u. a. meist viele Systeme von dis- und kontinuierlichen Dekatiermaschinen:

Bailey	*Gessner*	*Parks*	*Tonneau*
Biella-Shrunk	*INVEST*	*Raxhon*	*Trockentechnik*
Birch	*Mather-Platt*	*Riggs*	*Van-Vlaanderen*
Comerio	*Moers*	*Sellers*	*Verduin*
Crosta	*Monforts*	*Sperotto*	*Zanon*
Drabert			

Die großen Warenmengen, die heute in der Wollausrüstung in einer Qualität zu bearbeiten sind, haben auch beim konventionellsten Zweig der Ausrüstung zu kontinuierlichen Arbeitsabläufen und der Konstruktion entsprechender Maschinen oder deren Kombinationen geführt. Dazu gehören die bereits beschriebenen Einrichtungen für das kontinuierliche Krabben (S. 77), Waschen (S. 36) und die vorstehend beschriebenen Dekatiermaschinen. Dabei steht jedoch die Entwicklung noch am Anfang. Trotzdem sind bereits die ersten **Ausrüstungsstraßen für Wollgewebe** bekannt geworden, die jedoch hauptsächlich für die Trockenausrüstung verwendet werden. So empfiehlt z. B. *Drabert* folgende „Ausrüstungsstraße für Woll- und Wollmischgewebe (Synthetiks)":

a) Absaugmaschine (Entwässern in breitem Zustand),
b) Düsentrockner „Passat" (Etagentrockner),
c) Bürstmaschine (zur Aufrichtung des Faserflors),
d) 3 Schermaschinen für Kontinuebetrieb (eine Links- und 2 Rechtsschnitte),
e) Saugluftfeuchte (zur Konditionierung der Ware),
f) Muldenpresse „Atlas",
g) Universal-Preßglanz-Dekatiermaschine,
h) Gewebe-Krumpfmaschine „Original K & B London-Shrunk".

Mit dieser Anlage können Kammgarngewebe kontinuierlich ausgerüstet werden. Zwischen den einzelnen Aggregaten sind ausreichend große Warendepots vorhanden, um bei Stillstand einer Maschine nicht den Gesamtprozeß stoppen zu müssen.

18. Krumpfung von Geweben und Gewirken

In diesem Abschnitt werden mechanische Arbeiten besprochen, die zur Herabsetzung der Restkrumpfung von Textilien führen. Dazu gehört das *Sanforisieren, Monforisieren* u. a. Arbeiten, welche für Gewebe aus Zellulosefasern Verwendung finden; ferner das *Shrinken* von Geweben aus Wolle und deren Mischungen. Um das Einlaufen von Geweben aus synthetischen Fasern einzuschränken, werden diese „fixiert" oder „stabilisiert" (S. 235).

18. Krumpfung von Geweben und Gewirken

Die Bezeichnung *Krumpfen* ist umstritten, da viele Fachleute das Krumpfen mit der Wolle verbinden, was zu Verwechslungen Anlaß gibt. Bei Zellulosewaren wird sehr oft der Ausdruck *Einlaufen, Einspringen* statt Krumpfen verwendet. Bevor jedoch auf die Beschreibung der Arbeiten eingegangen wird, muß die Ursache des Krumpfens näher erläutert werden. Vor allem Zellulosefasern haben das Bestreben, in Wasser oder wäßrigen Medien aufzuquellen. Die Einzelfaser erfährt dabei eine *Querschnittsvergrößerung* und in geringem Maße auch eine *Verlängerung* der Faser (Tab. 6).

Tabelle 6. *Quellungsveränderungen verschiedener Fasern*

Fasermaterial	Querschnittszunahme	Längenzunahme
Baumwolle	etwa 28%	unter 1%
Flachs, Hanf	—	unter 0,1%
Wolle	etwa 24%	bis 2%
Kupferreyon (Zellwolle)	40—60%	bis 3,6%
Viskosereyon (Zellwolle)	35—95%	bis 5,4%
Azetatreyon (Zellwolle)	9—14%	bis 1,4%
Triazetat	2—3%	—
Synthesefasern	—	—

Aus den Zahlen der Tab. 6 könnte nun geschlossen werden, daß vor allem in der Haushaltwäsche durch die Quellung der Fasern eine Vergrößerung der Gewebe eintritt, das ist jedoch nicht der Fall, da durch das Quellen die Fadenquerschnitte vergrößert werden, und durch die, die Schußfäden umspannenden Kettfäden und umgekehrt, die Vergrößerung des Fadenumfanges auch eine Zunahme der Länge der einzelnen Fäden erfordert. Die Gewebe laufen deshalb in der Wäsche ein (krumpfen). Sobald sich die Quellwerte in Längs- und Querschnitt gleichen, könnte ein gewisser Ausgleich stattfinden. Man könnte vermuten, daß der Längs- und Breiteneinsprung der Gewebe beim Benetzen ziemlich gleich ist, doch ist das nicht der Fall. Die Fäden werden beim Verarbeiten in der Spinnerei in allen Fällen nur in der Längsrichtung gespannt und passen sich in trockenem Zustand zwangsläufig dieser *Verstreckung* an. Diese Verstreckung beginnt bei der Krempel und setzt sich über die gesamte Spinnerei (Vorgarn, Ringspinnmaschine oder Selfaktor) fort. Wie bekannt, werden Kettgarne immer stärker gedreht, was ebenfalls eine weitere Streckung in Längsrichtung bewirkt. Schußgarne sind weicher gedreht und haben beim Netzen in Wasser mehr Gelegenheit im Geweberband, die ihnen angenehmste Lage einzunehmen. Die Kettfäden werden jedoch in der Weberei beim Ablauf vom Kettbaum zum Warenbaum und bereits beim Schlichten unter Spannung behandelt, so daß sie keine Gelegenheit haben, die ihnen am bequemste = *krumpffreieste Lage* einzunehmen. Bei allen weiteren Naßprozessen, wie Bleiche, Färbung, Kalandern, Rauhen, Sengen usw. wird das Gewebe fast ausnahmslos in Kettrichtung gespannt. Lediglich beim Trocknen auf dem Spannrahmen kann man — meist erstmalig — der Ware Gelegenheit geben, sich in Kettrichtung zu entspannen, was jedoch keineswegs zum restlosen Auskrumpfen ausreicht, auch wenn mit sehr großer Voreilung gearbeitet wird.

214   I. Die mechanischen Appreturarbeiten

Wenn die Ware nicht ,,krumpfecht" ausgerüstet wird, wird sie in der *Hauswäsche* sehr stark einspringen und sich auch beim folgenden *spannungslosen Trocknen* so einstellen, daß die Fäden auch dann die ihnen angenehmste Lage einnehmen (Abb. 286a, b, c). Die Ware entspannt sich erst vollständig nach mehreren Hauswäschen. Man kann bei normal ausgerüsteten Waren damit rechnen, daß erst nach 5 Wäschen eine gewisse Stabilisierung eintritt, wobei jedoch Baumwollgewebe bereits um etwa 8—15%, Zellwoll- und Reyongewebe um 20% in Kettrichtung gekrumpft (eingelaufen) sind. In der chemischen Wäsche (Trockenreinigung), bei der mit wasserunlöslichen Fettlösern gearbeitet wird, können 2—4% als normal angegeben werden. Diese Zahlenwerte sind allerdings nur Anhaltspunkte, die sich je nach Material, Webbindung und Beanspruchung in der Herstellung verändern. Auch die Größe der Krumpfung zwischen Kett- und Schußfäden kann stark variieren, allerdings wird der Einsprung in der Kette immer stärker sein als im Schuß, was durch die bereits gegebenen Erklärungen verständlich ist.

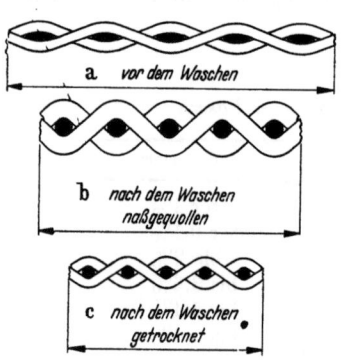

Abb. 286 a bis c. Gewebeschnitte gewebter Zellulosetextilien
a) ohne jede Naßbehandlung;
b) naßgequollen in der spannungslosen (Haushalts-)Wäsche; c) nach der Wäsche spannungslos getrocknet

Die Ursache der *Faserquellung* liegt im Eindringen der Wassermoleküle in die *intermizellaren Zwischenräume* und in der Reaktion des Wassers, besonders mit den *alkoholischen Hydroxylgruppen* der Zellulose, die Wasserdipole durch Nebenvalenzkräfte binden. Die Quellung tritt dabei *anisotrop*, d. h. verschieden stark in Längs- und Querrichtung der Faser auf. Der Grund hierfür liegt in der durch den Polymerisationsgrad bestimmten Länge der Fasermoleküle. Die Oberfläche ist parallel zur Faserachse größer als senkrecht zu ihr. Durch die Orientierung der Moleküle, die bei Baumwolle am weitesten reicht und bei regenerierter Zellulose abnimmt, wird die Quellung und Wasseraufnahme größer und nähert sich den jeweiligen Werten in Längs- und Querrichtung, wie die Werte von Viskose- und Kupferzellulose beweisen. Durch lange Moleküle verbleiben mehr Restvalenzkräfte, so daß die Quellung geringer, der Polymerisationsgrad höher und auch die Naßreißfestigkeit gegenüber der Trockenreißfestigkeit wenig oder überhaupt nicht abnimmt. Sobald die alkoholischen Hydroxylgruppen durch Veresterung oder auch durch spezielle Verätherung blockiert werden, nimmt die Quellung und damit das Aufnahmevermögen für Wassermoleküle ab, was wiederum zu einer höheren Naßreißfestigkeit führt. Dies beweisen die niederen Quellwerte des Azetatreyons — eines $2^1/_2$-Azetats — und vor allem das Triazetat, das alle Hydroxylgruppen azetyliert enthält bzw. der Synthesefasern, die keine Hydroxylgruppen besitzen.

Um nun das Einlaufen, Krumpfen und Einspringen zu vermeiden, muß der Ware Gelegenheit gegeben werden, bereits *im Veredlungsprozeß auf Werte einzuspringen*, die im *Gebrauch eine Deformierung nicht mehr zulassen*. Der Einsprung darf jedoch nicht auf Kosten des Aussehens und vor allem der Gewebeoberfläche gehen. Man ist daher gezwungen, die Webware beim *kompressiven Krumpfen* so weit festzuhalten, daß keine Faltenbildung eintritt. Um Webwaren aus Zellulose *chemisch krumpfechter* zu machen, blockiert man die Hydroxylgruppen durch Formaldehyd, Carbamid-, Melamin- oder Reaktantharze, welche die Faser zusätzlich noch steifen und den Wassereintritt in die Faser verringern. Das wird im Kapitel „Hochveredlung" näher beschrieben (chemische Krumpfung, S. 340).

Durch Einführung des **mechanischen Krumpfverfahrens** der Fa. *Cluett, Peabody & Co., Inc. Troy N. Y./USA*, nach dem Amerikaner SANFOR L. CLUETT, nahm diese Ausrüstung einen großen Aufschwung. Das Verfahren wird **Sanforisieren** genannt und kann nur durch Lizenz der amerikanischen Firma vergeben werden. Hauptlizenznehmer für Europa ist die Fa. *Heberlein*, die auch die von der Fa. *Monforts* z. B. allein in Deutschland gebaute Maschine vergibt. Je nach Land wird vom Lizenzgeber der Maschinenlieferant benannt und die Lizenz vergeben. Durch diese Regelung ist es jedoch nicht möglich, daß jede Firma in der Lage ist, eine Sanforisiermaschine zu kaufen. Die durch Sanforisieren gekrumpften Gewebe haben eine **garantierte Restkrumpfung von höchstens 1%**, die durch besondere Überwachung kontrolliert wird.

Durch das Sanforisieren werden Stückwaren aus Zellulosefasern — nur für diese kommt das Verfahren in Betracht — in feuchtem, erwärmtem Zustand *zusammengestaucht* und können sich auf die ihnen bequemste, d. h. spannungsfreieste Lage einstellen und werden in dieser Lage fixiert. Für die Behandlung können 2 Maschinentypen eingesetzt werden:

die Sanforisiermaschine mit Cluett-Filz-Krumpfanlage und
die Sanforisiermaschine mit Cluett-Gummiband-Krumpfanlage.

Bei der **Cluett-Filz-Krumpfung** (Abb. 287, 288, 289) wird die Ware durch ein Einzugswalzenpaar einem *Überlaufsprüher* zugeführt. Diese Sprüher besprühen die Ware mit einem feinen Wassernebel. Im folgenden *Dämpfhaus* wird sie so weit durch eingeblasenen Dampf erwärmt, daß sie den höchsten Quellwert erreicht. Die Ware läuft in diesen Aggregaten unbedingt spannungsarm. Nach Verlassen des Dämpfhauses trocknet man die Ware auf einer *Trockentrommel* oberflächlich an und leitet sie auf einen *Egalisierrahmen*, der

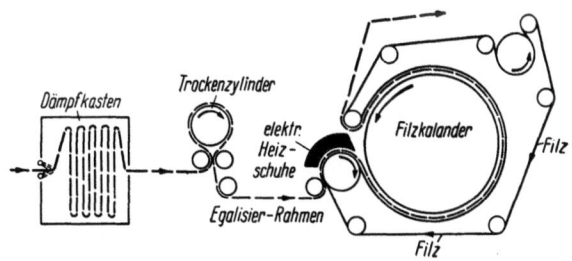

Abb. 287. Schema der Filzkrumpfung-Sanfor-Anlage

ein sehr kurzes Feld enthält und durch Voreilung und Breitenstreckung eine gewisse Kompression (Stauchung) in der Längsrichtung auf die Ware ausübt. Der Egalisierrahmen ist meist als Kluppenrahmen gebaut, um die Einstiche, wie sie beim Nadelrahmen vorkommen, zu vermeiden. Auf einem *Filzkalander* erfolgt der Hauptteil der *kompressiven Behandlung*. Hier wird dem Gewebe die restliche Krumpfmöglichkeit genommen. Über der Zuführwalze des Filzkalanders, die auch den Filz zuführt, sind *elektrisch beheizte und der Wölbung der Zuführwalze angepaßte Krumpfschuhe* angebracht. Die feuchte Ware wird durch die Heizschuhe nochmals gequollen und durch den Filz an die Trommel des

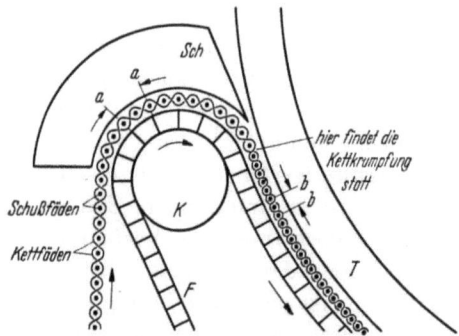

Abb. 288. Schema der Längskrumpfung unter den Heizschuhen und am Eingang in den Filzkalander in der Filzkrumpf-Sanfor-Anlage
Sch elektr. Heizschuhe; *T* Filzkalandertrommel; *F* Filz des Filzkalanders; *K* Kompressionswalze

Filzkalanders geführt und dort zusammengestaucht, d. h. in Kettrichtung *zusammengeschoben*. Auch in der Schußrichtung wird die Ware beim Durchgang durch den Filzkalander nicht gehalten und kann in dieser Richtung ebenfalls einschrumpfen. Die Breitenstreckung des Egalisierrahmens läßt dem Gewebe so viel Reserve, daß die Kettrichtung ziemlich frei schrumpfen kann. Nach Passieren eines oder zweier Filzkalander (Duplexmaschine) mit den bereits beschriebenen

Abb. 289. Heizschuhe am Eingang zum Filzkalander in der Filzkrumpfung-Sanfor-Anlage (*Monforts*)

Heizschuhen verläßt die Ware trocken, jedoch nicht übertrocknet, die Maschine. Diese Krumpfung und auch die Gummibandkrumpfung erfüllt damit die Forderung der DRP 550492, 556392 und 644905 (Sanfor-Patente):

„Verfahren zum Schrumpfen von Wäschestoffen in laufenden Bahnen, unter Anwendung von Feuchtigkeit und nachfolgendem Trocknen, dadurch gekennzeichnet, daß das Gewebe beidseitig abgedeckt in Längsrichtung mechanisch zusammengeschoben wird."

Die Anlage gestattet ein Krumpfen (Einlaufen) bis 15% bei einer Warengeschwindigkeit von 15—60 m/min je nach Stärke des Gewebes. Vor allem bei der Duplexmaschine wird sich bei einem einmaligen Durchgang durch die Maschine die zu garantierende Restkrumpfung von 1% erreichen lassen.

18. Krumpfung von Geweben und Gewirken

Bei der **Gummibandkrumpfung** (Abb. 290, 291, 292), die ebenfalls unter die Sanforpatente der amerikanischen Firma fällt, ist der Warenlauf derselbe wie bei der Filzkrumpfanlage, jedoch wird an Stelle der Heizschuhe die Ware vor dem Filzkalander durch ein *Gummiband* von 50—67 mm Stärke unter eine geheizte Trommel zusammengeschoben. Das Gummiband hat eine Lebensdauer von 8 bis 10 Mill. Warenmetern, muß jedoch nach je 400—600 000 m Gewebedurchlauf um einige Zehntel Millimeter abgeschliffen werden. Die Anlage arbeitet mit Geschwindigkeiten von 10—100 m/min. Auch hier können 1 oder 2 Filzkalander (ohne Heizschuhe) angeschlossen werden, die jedoch weniger der Krumpfung als der Trocknung mit dem den Filzkalandern eigenen Vorteilen im Griff und Aussehen der Ware, verwendet werden. Auf dieser Anlage sind Krumpfungen bis zu 17% möglich.

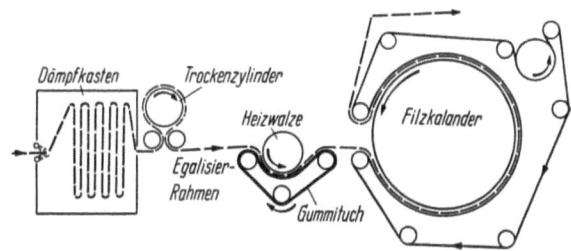

Abb. 290. Schema der Gummiband-Sanfor-Krumpfanlage

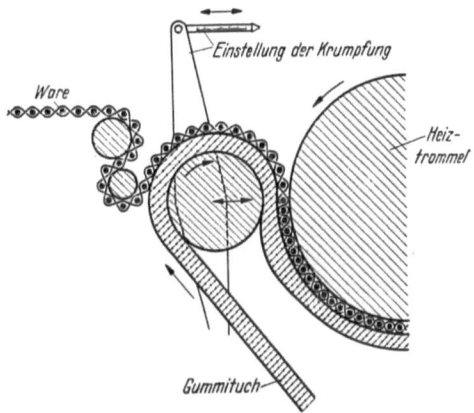

Abb. 291. Längskrumpfung in der Gummiband-Sanfor-Krumpfanlage

Abb. 292. Gummituch-Sanfor-Krumpfanlage (*Monforts*)

Beide Anlagen, die in Deutschland (Bundesrepublik) nur von *Monforts* gebaut und erst nach Lizenzerteilung ausgeliefert werden, eignen sich zum Krumpfen aller Gewebe aus Zellulosefasern. Die *Filzkrumpfung* mit Heizschuhen eignet sich besonders für *Gewebe mit profilierter* Webbindung, gerauhter oder unebener Oberfläche, während für *glatte Gewebe*, wie Hemdenstoffe, Popeline, besser die *Gummiband-Krumpf-Anlage* benutzt werden sollte. Durch den Filz wird die Warenoberfläche weniger gepreßt als durch das Gummiband. Da bisher nur gewisse Firmen in Deutschland Lizenzen zum Sanforisieren erhalten haben, müssen jeweils über die Generalvertretung, die Fa. *Heberlein* oder die Fa. *Monforts*, Informationen eingeholt werden.

Die *aufgebrachte Appretur* übt einen gewissen Einfluß auf das Aussehen und den Griff des sanforisierten Gewebes aus. Durch sehr hohe Auflagen an wasserlöslichen oder quellbaren Appreturmitteln bekommt die Ware ein *verregnetes Aussehen* (*Elefantenhaut*), da durch die Befeuchtung der Ware die Appreturmittel quellen und teilweise gelöst werden. Es ist daher ratsam, vorerst ein Probestück zu sanforisieren, das auch zur Prüfung der Restkrumpfung durch ein von der Fa. *Cluett Peabody & Co., Inc. Troy N. Y./USA* vorgeschriebenes Waschverfahren dienen kann. Es empfiehlt sich, die Ware vor dem Sanforisieren mit besonderen Appreturölen saugfähig zu machen, was auch gleichzeitig eine Griffverbesserung bewirkt (z. B. Sultafonöl SH, *Stockhausen*, Finish KB von *Sandoz* u. a.). Das Gewebe gleitet besser über die einzelnen Maschinenteile und verhindert die Bildung der gefürchteten Elefantenhaut.

Sanfor-Maschinen werden nach Erteilung der Lizenz durch die Fa. *Cluett, Peabody & Co.* (Vertreter: *Heberlein*) von folgenden Firmen gebaut:

Deck	Mather-Platt	Morrison
Butterworth	Monforts	SACM
Farmer-Norton		

Seit 1930 wurden insgesamt 480 Sanfor-Lizenzen in 52 Ländern vergeben, die 1965 3 Mlld. Meter Gewebe sanforisiert haben.

Zur **Prüfung der Restkrumpfung** sanforisierter Ware ist das folgende Verfahren vorgeschrieben. Die nachfolgend noch erwähnte Dahlemer-Methode liefert ebenfalls ausreichend genaue Resultate, ist jedoch als offizielle Prüfmethode nicht gestattet.

Sanfor-Prüfmethode. In einer Trommelwaschmaschine, deren Trommel mit einer Umdrehungszahl von 34 U/min läuft und eine Breite von 50 cm und einen Durchmesser von 60 cm hat, werden 1,5 kg Prüfgewebe eingebracht, die an 3 Stellen eines Gewebestückes entnommen wurden und ein Ausmaß von mindestens 75 × 75 cm haben müssen. Auf den Geweben werden vorher in Kett- und Schußrichtung Abmessungen von 50 × 50 cm markiert. Das Waschbad muß aus einer gut schäumenden Seifenlösung bestehen und die Trommel bis zu einer Höhe von 22,5 cm füllen. Die Waschlauge wird bei 40°C der gepackten Trommel zugeführt und durch direkten Dampf zum Kochen gebracht. Anschließend wird 40 Min. bei abgestelltem Dampf gewaschen und die Waschlösung abgelassen. Nun wird zweimal mit 60°C heißem Wasser, das die Trommel jeweils bis zu 22,5 cm Höhe füllt, 5 Min., anschließend noch einmal kalt gespült. Die aus der Trommel entnommene Ware wird ausgedrückt, nicht gewrungen, und auf einer Leine hängend an der Luft getrocknet. Es ist auch ein Abschleudern und sofortiges Trocknen auf einer Bügelpresse zugelassen. Wählt man die erste Methode, müssen die getrockneten Abschnitte wieder angefeuchtet und 5 Min. ausgelegt (nicht aufgehängt) werden. Anschließend werden sie durch ein 6—7 kg schweres, aufgestelltes Bügeleisen bei 100°C getrocknet. Das Bügeleisen darf nicht über die Ware gestrichen werden, damit kein Warenverzug eintritt. Der Einsprung der getrockneten Gewebe wird nun in beiden Geweberichtungen gemessen und gegenüber dem ungewaschenen Gewebe in Prozenten angegeben. Wie bereits erwähnt, dürfen sanforisierte Gewebe keine höheren Krumpfwerte als 1% in beiden Warenrichtungen aufweisen.

Die Dahlemer Prüfmethode. Diese Methode liefert zwar annähernd dieselben Ergebnisse wie die Sanfor-Methode, ist jedoch als Prüfung für sanforisierte Gewebe nicht zulässig. Wie nach der Sanfor-Methode werden dem Gewebe Abschnitte entnommen und markiert. Nun werden die Abschnitte in einem Flottenverhältnis von 1:20 mit 3 g/l Seife und 2 g/l Soda, gelöst in weichem Wasser, bei 40°C beginnend gewaschen und unter ständigem Rühren in 20 Min. zum Kochen getrieben, 10 Min. gekocht und 10 Min. ohne Heizung bewegt. Dann wird die Waschflotte abgegossen und dreimal mit 30°C warmem Wasser und dreimal kalt gespült. Zwischen den einzelnen Spülungen wird die Ware ausgedrückt (nicht wringen) und, wie bereits beschrieben, auf der Leine getrocknet und weiter wie nach der Sanfor-Methode behandelt und gemessen.

Beide Methoden sind zum Prüfen der Restkrumpfung auch für die im folgenden geschilderten Krumpfmethoden brauchbar und ergeben sehr naheliegende Endresultate.

Um die Sanfor-Lizenz auszuschalten, werden von verschiedenen Firmen Maschinen gebaut, mit denen annähernd die gleichen Ergebnisse erreicht werden wie durch Sanforisieren. In Deutschland hat die Fa. *Monforts* eine Anlage geschaffen, mit der sich Restkrumpfwerte bis zu 3% und weniger erreichen lassen und deren Arbeit als **Monforisieren** bezeichnet wird und weiteste Verbreitung gefunden hat. Die Stückware wird von einer Rolle oder einem Stapel durch eine *Vorratsmulde* einem *Imprägnierfoulard* zugeführt. Der Foulard ermöglicht ein gleichzeitiges Appretieren und Befeuchten, wenn die Ware nicht bereits vorher befeuchtet wurde. Anschließend wird sie spannungslos auf einem Dampf-Düsen-Trockner (System Dungler) vorgetrocknet und einem *Palmerausbreiter* bzw. einem kurzen Breitstreckrahmen zugeführt. Der Palmerausbreiter oder Rahmen ermöglicht eine *Vorratsaufnadelung*, so daß die Ware bereits hier in der Kettrichtung ein gewisses Zusammenschieben und in der Schußrichtung eine Streckung erfährt. Dann wird auf einem oder zwei *Filzkalandern* fertig getrocknet. Zwischen

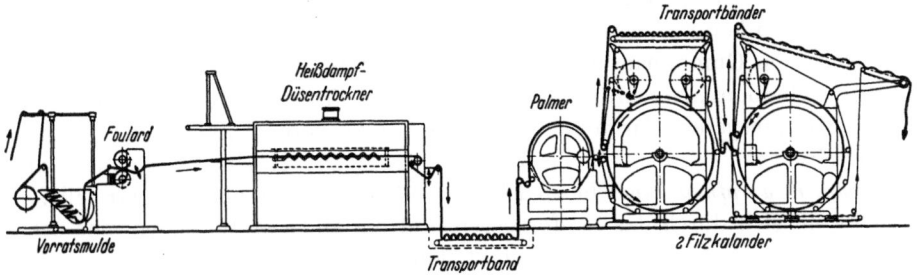

Abb. 293. Warenlaufschema in der Duplex-Monforisier-Anlage (*Monforts*)

dem Düsentrockner und dem Palmerausbreiter und auch nach dem Filzkalander wird die Ware im entspannten Zustand auf *Transportbändern* befördert, um jegliche Kettspannung zu vermeiden (Abb. 293). Das Monforisieren erspart eine besondere Trocknung, wie sie vor dem Sanforisieren erforderlich ist. Monforisierte Waren dürfen nicht mit dem Sanfor-Etikett ausgezeichnet werden, sie tragen meist das Prädikat *Krumpfecht, läuft nicht ein*, wogegen sanforisierte Waren mit *Sanfor, läuft nicht ein* (Abb. 294), gekennzeichnet sind.

·SANFOR·

Abb. 294. Geschütztes Warenzeichen für SANFOR-ausgerüstete Textilien

Als *Kompactor* wird von *Monforts* und von *Riggs* (*Compactor*) eine Konstruktion auf den Markt gebracht, die auf Arbeiten der *Fabric Research Laboratories Inc., Dedham Mass./USA*, basieren. Die Maschine wird nicht nur zum Krumpfen von Zellulosegeweben, sondern auch zum Stauchen von textilen Warenbahnen über 0,25 mm eingesetzt. Dazu gehören auch Schwer- und Strukturgewebe, Rauhwaren, nichtgewebte Stoffe, Cord, Velvet, Plüsch, Einlagestoffe und auch Wollgewebe bzw. deren Mischungen mit anderen Fasern. Die Waren werden zwischen eine glatte, gummierte Oberwalze und eine rauhe Unterwalze geführt (Abb. 295). Die Oberwalze wird je nach Gewebestärke über die Unterwalze eingestellt und läuft variabel schneller. Dadurch wird der Unterwalze mehr Ware zugeführt, als diese abnehmen kann, wodurch die erwünschte Stauchung eintritt. Um ein Ausweichen der Warenbahn nach rückwärts zu verhindern, dient ein Riegel, der mit seiner Spitze zwischen die Walzen reicht. Durch die beschriebene Behandlung werden die Krumpfwerte herabgesetzt bzw. durch hohe Zulieferung der Oberwalze auch ein

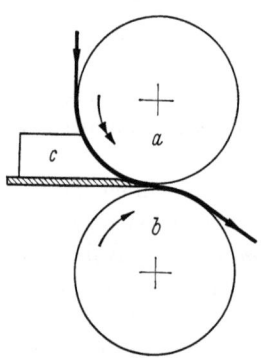

Abb. 295. Arbeitsprinzip im Kompactor (*Monforts*)
a Gummiwalze; *b* gerauhte Unterwalze; *c* Riegel für die Warenführung

Zusammenstauchen der Ware über die spannungslose Lage hinaus erreicht. Ferner werden die behandelten Waren voluminöser und erhalten einen vollen Griff. Die Einrichtung kann mit anderen Appreturmaschinen wie Breitstreckrahmen, Filzkalander — wo sie den Palmer erspart —, Spannrahmen- und andere Trockner eingesetzt werden.

Neben den bereits beschriebenen Verfahren wurden auch solche entwickelt, die nach dem Gummibandprinzip arbeiten und teilweise von der Fa. Cluett Peabody übernommen wurden. Es ist das *Rigmel-Verfahren* zu nennen, das nach dem Heizschuhsystem, das mit einem Gummiband gekoppelt wurde, arbeitet, das *Evaset-Krumpf-Verfahren*, das nach dem Gummibandprinzip arbeitet, und die *Rydbohm-Krumpfmaschine*, die ebenfalls eine ähnliche Kombination darstellt.

Obwohl sich durch das Sanforisieren und die anderen Methoden eine sehr weitgehende Krumpfung erreichen läßt, kann besonders bei Geweben, die im Gebrauch einer Naßbehandlung (Wäsche) nicht ausgesetzt werden, eine gewisse

Krumpfechtheit durch entsprechende Führung bei den Veredlungsprozessen und auch bereits beim Schlichten durch möglichst spannungslose Warenführung erzielt werden. Es lassen sich auch auf dem Spannrahmen durch Voreilung und vor allem durch Ausruhenlassen der Ware zwischen den einzelnen Ausrüstungsgängen gute Erfolge erzielen, aber leider ist letzteres bei dem heutigen Arbeitstempo nicht möglich. Im Kapitel *Hochveredlung* (S. 340) wird die „chemische Krumpfung" ausführlich behandelt.

Um die *Krumpfwerte von Wirkwaren* zu verringern, wurden viele Maschinen entwickelt, jedoch haben sie keine Bedeutung erlangen können, da sich die Krumpfung der Wirkware infolge ihrer Elastizität, die sie besonders auszeichnet, nur in beschränktem Maße beeinflussen läßt. Neuerdings hat die **Krumpexanlage,** die nach einem schwedischen Patent von der Fa. *Krumpex* (Abb. 296, 297),

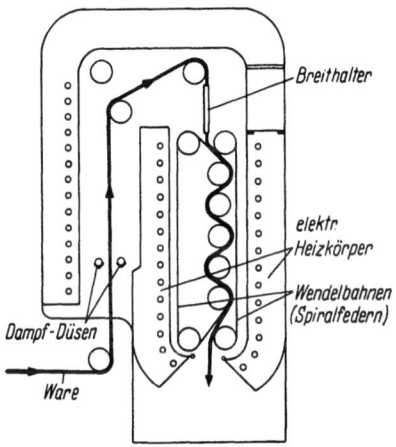
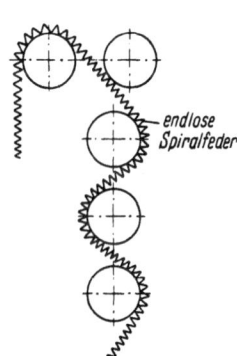

Abb. 296. Krumpex-Anlage für Trikotagen   Abb. 297. Wendelbahn in der Krumpex-Anlage

gebaut wird, Bedeutung erlangt. Die Schlauchware wird durch eine *Dampfkammer* geführt und in dieser durch Sattdampf befeuchtet. Von Laufwalzen über einen *Breithalter* geführt, passiert die Ware senkrecht verschiedene Walzen nach unten. Durch die anfangs geringe Geschwindigkeit wird die Ware in Längsrichtung zusammengeschoben und von den letzten, schneller laufenden Walzen wiederum so weit gedehnt, daß sie möglichst krumpffrei die Maschine verläßt. Da sich Wirkwaren aus Zellulosefasern, sobald sie in der Länge gestaucht werden, in der Breite ausdehnen, wird die Warenbreite durch endlose Spiralfedern, die ebenfalls mit der Ware die einzelnen Walzen passieren, gehalten. Diese Spiralfedern werden in *Wendelbahnen* geleitet. Elektrische Heizkörper, die rund um die Krumpexwalzen angebracht sind, trocknen die Ware. Die Krumpexanlage gestattet Krumpfwerte von 32% in der Längsrichtung einzuschränken, und Restkrumpfwerte bis zu 4% in der Längs- und 6% in der Breitenrichtung zu garantieren, allerdings mit einer Toleranz von ±4%, was zwar sehr hoch erscheint, für Wirkwaren auf Grund der ihnen eigenen Dehnbarkeit jedoch verständlich ist.

Die außerordentlich verstärkte Verbreitung von Maschenwaren (Wirk- und Strickwaren) in flach- und rundgewirkter Weise bzw. auch die *fully-fashioned-Artikel* (Fertigtrikotagen) aus allen z. Z. bekannten einfachen und auch texturierten Fasern haben zur Konstruktion einer Reihe von Maschinen geführt, die neben der Krumpfung (Schrumpfung) eine Dekatur und damit auch Griffbeeinflussung ermöglichen. Es handelt sich dabei um Einrichtungen, auf denen die Artikel diskontinuierlich oder kontinuierlich, spannungsarm gedämpft und anschließend getrocknet werden. Die Abb. 298 zeigt eine Einrichtung für Fertigtextilien, die auf einem endlosen Transportband aufgelegt zwischen die Dämpfplatten geführt, und dort anschließend mit Kaltluft abgesaugt werden. Zur kontinuierlichen Behandlung dient die Konstruktion in der Abb. 299 und 300 von *Arbach*, bei der rundgewirkte Trikotagen von der Rolle zwischen die Dämpfplatten und über den Trockner bewegt werden. Während des Dämpfens werden die Warenbahnen mit einem Druck bis zu 2 t gepreßt. Die Abb. 301 zeigt eine ähnliche Konstruktion. Als Weiterentwicklung werden von der gleichen Firma die D 62-Modelle gebaut (Abb. 302). Diese werden in verschiedenen Größen gebaut und für die Behandlung von Rund- und

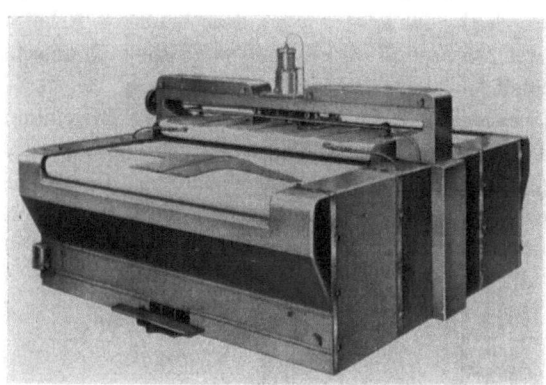

Abb. 298. Rapid-Bügelpresse (*Grimsley*) für Stückwaren und Fertigtextilien

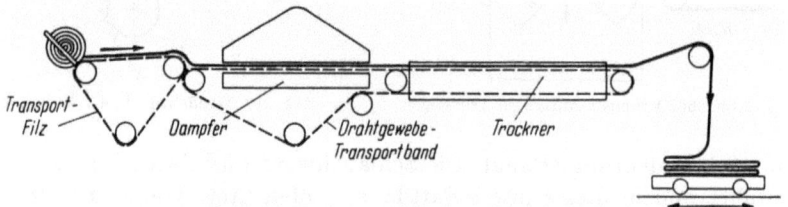

Abb. 299. Schema der Dämpf- und Schrumpfmaschine 4055 (*Arbach*)

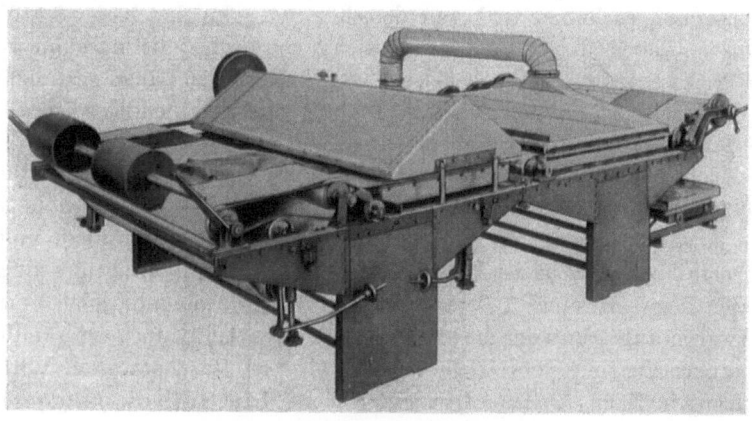

Abb. 300. Dämpf- und Schrumpfmaschine 4055 (*Arbach*)

18. Krumpfung von Geweben und Gewirken

Flachmaschenwaren, Gewebe und Fertigtextilien eingerichtet. Meterware wird von einem Vorsatzwagen abgerollt, dort mit entsprechenden Breithaltern in faltenfreiem Zustand gehalten bzw. breitgestreckt und mit Sattdampf vorgedämpft. In diesem Teil kann die Ware mit bis zu 20% Voreilung zugeführt

Abb. 301. Dämpf- und Fixiermaschine D 59 (*Ehemann*)

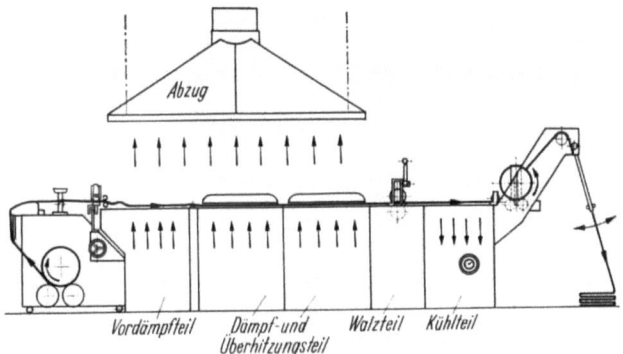

Abb. 302. Dämpf-, Krumpf-, Fixier-, Dekatiermaschine D 62 (5teilige Anlage von *Ehemann*)

werden, wodurch man eine Naturkrumpfung erzielt. Die zwei Dämpf- und Überhitzungsabteile können entweder zum weiteren Dämpfen (Dämpfstauung) oder auch Fixieren von Textilien aus synthetischen Fasern bzw. deren Mischungen bis zu 230°C eingesetzt werden. Für Waren, die eine zusätzliche Glättung erfordern, passiert die Bahn zwei heizbare Preßwalzen (Walzteil). Durch Ansaugen von Kaltluft wird die Ware fixiert und entweder über Peripheriewickler aufgerollt oder abgetafelt. Die Durchlaufgeschwindigkeit ist bis 16 m/min stufenlos regulierbar und bei Behandlung von Einzelstücken das Transportband auch in vorgewählten Arbeitstakten zu steuern. Auch der Anbau einer Programmschaltung ist möglich.

Die vorstehend beschriebenen Konstruktionen wurden aus den *Bügelpressen*, wie sie in der Konfektion und Trockenreinigung (Chemisch-Reinigung) üblich sind, entwickelt und neben den nachstehend aufgeführten Firmen auch von einer Vielzahl anderer Hersteller auf dem Markt gebracht, dazu gehören u. a.:

Arbach	*Ehemann*	*Héliot*	*Jahreis*
Bates	*Gessner*	*Hoffmann*	*Novakust*
Bailey	*Grimsley*	*INVEST*	

Die Fa. *Héliot* hat spezielle Konstruktionen für die Veredlung von Maschenwaren auf dem Markt. Dazu gehört auch das *Modell H 57* (Abb. 303), ein Trikotkalander mit der Möglichkeit die kalanderte Rundmaschenware auf zwei Tischen, die aus mit Filz überzogenen Walzen bestehen, nochmals aufzudämpfen bzw. abzusaugen (Abb. 304), wodurch ebenfalls kontinuierlich eine Warenkrumpfung zu erreichen ist. Für das Krumpfen, Dekatieren und Fixieren von Fertigtrikotagen aus allen Materialien wird als TRICOSET (Abb. 305) eine Kontinuemaschine von der gleichen Firma hergestellt, auf der die Fertigteile (z. B. Pullover) auf entsprechenden Formen aufgezogen, im Takt

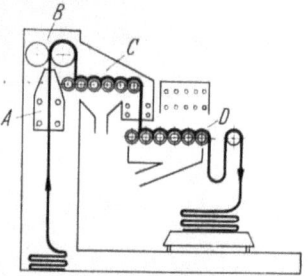

Abb. 304. Trikotkalander mit ,,Helioset"-Vorrichtung (*Heliot*)

Abb. 303. Trikotkalander Modell H 57 (*Heliot*) für das Krumpfen von Rundtrikotagen mit Helioset-Einrichtung

A Dämpfer; *B* Kalanderwalzen; *C* und *D* Filzwalzentische für die Krumpfung

Abb. 305. ,,Tricoset" kontinuierliche Ausrüstungsmaschine für ,,fully fashioned"-Artikel (*Heliot*)

der Behandlung, auf einem endlosen Transportband bewegt, durch die Maschine gezogen werden. Normalerweise wird die Konstruktion mit 20 Formen, und wenn Strümpfe oder Socken behandelt werden, mit 20 Formpaketen mit 5—6 Strumpfformen geliefert. Je nach Ausstattung der Konstruktion werden die Waren entweder zwischen Platten vorgedämpft, auf Wunsch auch mit Wasser besprüht, im 2. Takt zwischen stoffbespannten Preßplatten heiß gepreßt und damit bei Temperaturen bis 200°C fixiert. Anschließend wird mittels Preßluft gekühlt

18. Krumpfung von Geweben und Gewirken

oder auch Heißluft getrocknet. Nach Passieren der einzelnen Positionen kehren die Formen wieder zum Maschineneingang zurück. Die Leistung beträgt 120 bis 180 Stück Pullover oder 500—600 Paar Strümpfe in 1 Stunde.

Wie bereits am Anfang dieses Kapitels erwähnt, kommt ein alleiniges *Krumpfen für Wollwaren* weniger in Frage, da bei der Gesamtausrüstung dieser Stückwaren immer auf eine möglichst schrumpffreie Ware hingearbeitet wird. Im besonderen Maße gilt das für das

    Walken,   Dämpfen und
    Krabben,   Dekatieren.
    Trocknen,

Durch das Walken, bei dem man die Filzfähigkeit der Wolle ausnützt, wird der Wolle weitgehend die Neigung zum Krumpfen genommen. Daneben kann durch Chlorierung (*Filz- und Schrumpffreiausrüstung von Wolle*, S. 305) das Einlaufen von Wolle durch chemische Appreturen vermieden werden. Der Hauptzweck des Krabbens und Dekatierens ist die *Verringerung der Relaxationskrumpfung*, wozu auch die auf S. 301 beschriebenen, chemischen Verfahren gehören. Beim Dämpfen hat die Ware ebenfalls Gelegenheit, in weitgehend spannungslosem Zustand einzuspringen. Auf dem Spannrahmen neuerer Konstruktion und auf Kurzschleifentrockner (*Haas*) werden durch besondere Einführvorrichtungen bzw. den Warenlauf die Restkrumpfwerte ebenfalls vermindert.

Die erhöhten Ansprüche, die heute an Woll- und Wollmischgewebe mit synthetischen Fasern gestellt werden, sind mit den vorstehend beschriebenen Teilarbeiten, was die Restkrumpfung anbetrifft, nicht restlos zu erfüllen. Es haben deshalb Maschinen zum **Shrinken** oder **Shrunken** eine weite Verbreitung gefunden bzw. wurden die auf dem Markt befindlichen Konstruktionen weiter verbessert. Es handelt sich dabei um kontinuierliche Wechselbehandlungen mit Heißdampf, Abkühlung, Trockenhitze in absolut spannungslosem Zustand, dem die Gewebebahnen ausgesetzt werden. Bei der Abb. 306 und 307 handelt es sich um eine derartige Kon-

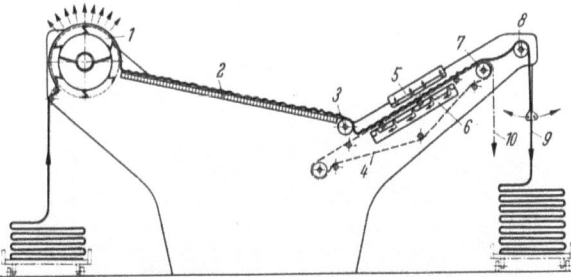

Abb. 306. Schema der „Original K & B London-Shrunk"-Maschine (*Drabert*)

1 Dämpfzylinder; *2* Krumpfplatte; *3* Abnehmerwalze; *4* endloses Transportband; *5* Befeuchtungseinrichtung; *6* Verkühleinrichtung; *7* Transportwalze; *8* Warenabzugswalze; *9* Abtafler; *10* Warenlauf beim Aufdocken

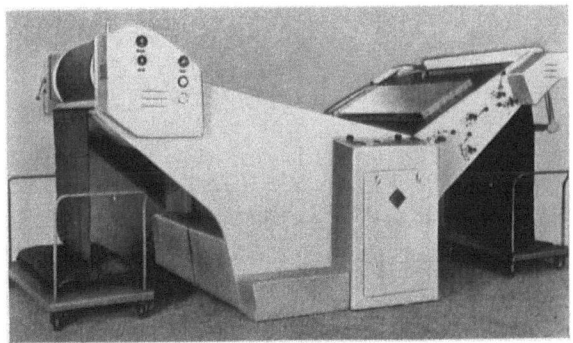

Abb. 307. Original K & B London-Shrunk-Maschine (*Drabert*)

15 Bernard, Appretur, 2. Aufl.

226 I. Die mechanischen Appreturarbeiten

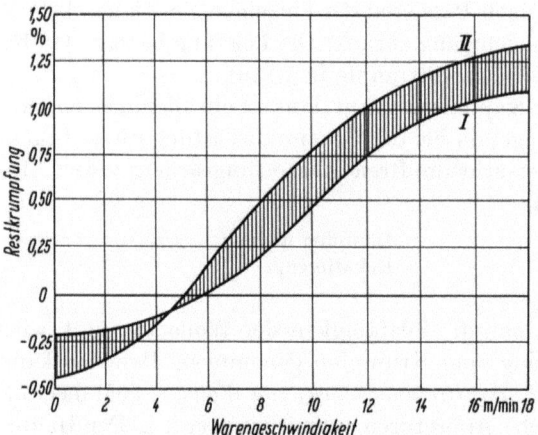

Abb. 308. Leistungskurven der „Original K & B London-Shrunk"-Maschine (*Drabert*)
Raum zwischen den Kurven I und II = Streuungsbereich

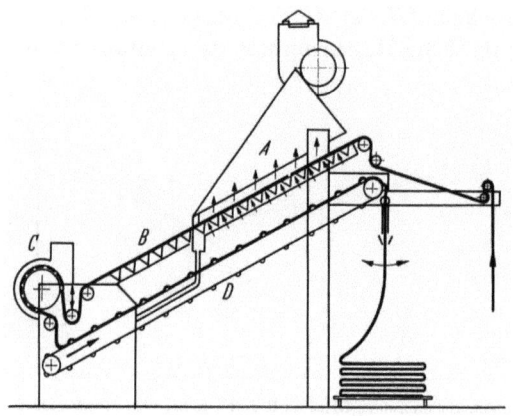

Abb. 309. Dämpf- und Krumpfmaschine DK 2 (*Monforts*)
A Dämpfzone; *B* Heizzone; *C* Absaugwalze für die Warenkühlung; *D* Erholungs- und Trockenzone

struktion, bei der die trockene Gewebebahn zuerst über eine Dämpfwalze durchgedämpft wird. Anschließend rutscht die Ware, meist in leichten Falten liegend, über eine erwärmte Krumpfplatte, auf der sie die vom Dämpfen herrührende, überschüssige Feuchtigkeit abgibt. Über eine Abnehmerwalze wird sie auf ein endloses Transportband gelegt und auf diesem liegend mittels Wassernebel besprüht und linksseitig die überschüssige Feuchtigkeit abgesaugt, und damit die Ware zusätzlich gekühlt, über entsprechende Abnehmerwalzen geleitet aufgerollt oder abgetafelt. Die Maschine ist so durchkonstruiert, daß es durch Veränderung der Warengeschwindigkeit möglich ist, die Restkrumpfung vorauszubestimmen (Abb. 308). Eine ähnliche Einrichtung zeigt auch die Abb. 309, bei der die einzelnen Aggregate ähnliche, jedoch teilweise unterschiedliche Funktionen erfüllen.

Für die Endausrüstung von Streichgarngeweben wird

Abb. 310. „Thermo-Frigo-Finish"-Anlage (*Comet*)

von *Comet* als *Thermo-Frigo-Finish* eine Konstruktion angeboten (Abb. 310), bei der die Wollware abwechselnd gedämpft und mit Kaltluft behandelt wird. Die Anlage besteht aus

>Bürstmaschine (Links- und Rechtsbürsten),
>Dämpfmaschine (Befeuchtung der Ware in Mulden),
>Filzkalander (Glätten und Pressen),
>Frosten (Durchsaugen von Kaltluft bis —5 °C),
>Aufwickeln nach einem kurzen Breitstreckrahmen.

Die Effekte, die auf dieser Maschine erzielt werden, zeichnen sich besonders durch sehr geringe Restkrumpfwerte und vollen Warengriff aus, die sich besonders durch die Verwendung von Kaltluft nach entsprechender Hitzebehandlung erreichen lassen. Von *Sellers* wird als Einzelmaschine ein *Tuchfroster* gebaut, der nach Heißbehandlungen eine Abkühlung bis auf —20°C zuläßt und mit Maschinen für die Heißbehandlung gekoppelt werden kann.

Die vorstehend beschriebenen Konstruktionen sind als ausgesprochene Endausrüstungsmaschinen anzusprechen und vermitteln der Ware einen angenehmen Griff und vor allem die Forderung der max. Restkrumpfung von 1%, wenn sie auch allein verwendet diese Forderung nicht erfüllen können. So wird z. B. von *Drabert* die K & B London-Shrunk-Maschine an das Ende der kontinuierlichen Ausrüstungsstraße für Woll- und Wollmischgewebe gestellt (S. 212).

19. Befeuchten

Wie bereits im Abschnitt „Trocknen" ausgeführt, bedarf jede Textilware zur vollen Nutzung ihres natürlichen oder durch die Veredlung erzeugten Aussehens, Griffes und Gebrauchstüchtigkeit einer gewissen Feuchtigkeit, die man als *hygroskopische Feuchtigkeit* bezeichnet und unter deren Wert man die Textilie nicht bringen sollte. Leider läßt sich eine Übertrocknung nicht immer vermeiden, obwohl bereits Möglichkeiten zur Feuchtigkeitskontrolle z. B. an den Trockenmaschinen (S. 20) möglich sind. Trotzdem sinkt der Feuchtigkeitsgehalt bei Wolle oft unter 6%. Die Waren werden dadurch hart und spröde. Das geschieht besonders leicht bei der Muldenpresse, die wegen ihrer großen Leistung in der Tuchindustrie häufig eingesetzt wird. Ist die Ware durch die Muldenpresse ausgetrocknet, genügt eine Dekatur meist nicht, um diesen Feuchtigkeitsverlust wieder voll auszugleichen.

Bei Baumwolle macht sich ein Austrocknen im Aussehen der Ware nicht so stark bemerkbar wie dies bei Wolle der Fall ist. Die fehlende Feuchtigkeit bewirkt jedoch einen *Gewichtsverlust*, der vom Konfektionär beanstandet wird. Baumwoll- bzw. Reyon- und Zellwollwaren werden vor allem durch Kalandern glatter und geschmeidiger, wenn ihnen Feuchtigkeit anhaftet, die etwas über dem handelsüblichen Maß liegt. Es ist zwar möglich, den Feuchtigkeitsgehalt durch hygroskopische Mittel zu regulieren, jedoch ist die durch Glyzerin oder sonstige Produkte angezogene Feuchtigkeit meist nicht ausreichend, um die aufgebrachte *Stärke* oder *quellende Appretur* so weit zu erweichen, daß anschließend mit dem Kalander der beste Effekt erzielt werden kann.

Bei allen Waren wird durch normale Feuchtigkeit das Metergewicht aufrechterhalten, wogegen ausgetrocknete Waren den vorgeschriebenen Gewichten nicht entsprechen. Die kurz bemessenen Ausrüstungszeiten erlauben es heute nicht mehr, die Waren nur an der Luft zu trocknen bzw. mehrere Tage oder wenigstens Stunden in feuchten Räumen ,,ausruhen" zu lassen, um ihnen dadurch die Möglichkeit zur Aufnahme der fehlenden Feuchtigkeit zu geben. Die Ware muß daher befeuchtet werden.

Durch einfaches **Dämpfen** lassen sich gewisse Erfolge erzielen. Harte Wollwaren werden sehr oft in der Trockenappretur gedämpft, um sie weich zu machen. Zellulosegewebe nehmen durch Dämpfen weniger Feuchtigkeit auf, man wendet daher für sie meist andere Verfahren an. *Wollwaren* werden zur Aufnahme von größeren Mengen Feuchtigkeit, als dies beim Dämpfen der Fall ist, mit besonderen Apparaten befeuchtet. Früher wurden *Kurz- oder Langschleifentrockner* benutzt, bei denen ein *befeuchteter Mitläufer* mit der trockenen Ware mitlief. Die Maschine benötigt sehr viel Platz, außerdem ist die Befeuchtung nicht gleichmäßig, da das Wasser in die unteren Teile der Schlaufen absinkt. Dieselbe Maschine wurde dann mit Düsen zum Versprühen von Wassernebel ausgerüstet, jedoch wurde auch hier die Ware an den Sprühdüsen am nächsten gelegenen Stellen feuchter als an den entfernter liegenden.

In letzter Zeit haben sich für Woll- und Wollmischgewebe die **Saugluft-Befeuchtungsmaschinen,** auch **Saugluft-Nebelfeuchten** genannt, eingeführt, da sie ein intensives Befeuchten mit 10% Feuchtigkeit und mehr ermöglichen, ohne daß sich die Ware naß anfühlt. Wenn mit Voreilung gefahren wird, kann die Ware auch krumpfen (shrinken). Das Gewebe wird über eine perforierte Trommel gezogen, und durch *Sprühdüsen* (*Drabert*) oder besondere *Ventilatoren* (*Monforts*) wird Wasser im Kasten, der die gesamte Apparatur umgibt, zerstäubt und durch einen starken Ventilator durch die Ware ins Innere der perforierten Trommel abgesaugt (Abb. 311). Die Ware bewegt sich je nach verlangter Befeuchtung lang-

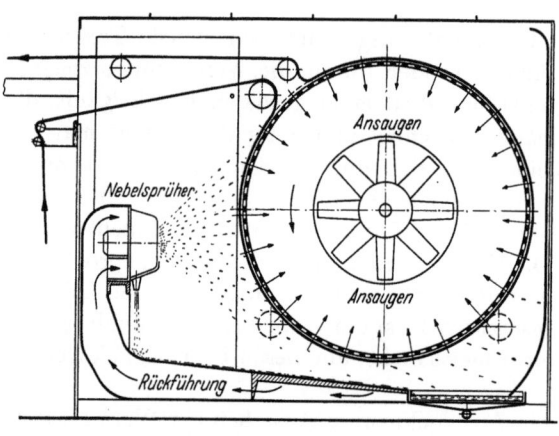

Abb. 311. Saugluftfeuchte NK/5 (*Monforts*)

sam oder schneller (10—30 m/min) durch die Maschine und wird durch die Saugluft an die Trommel gesogen. Mit dieser Maschine lassen sich auch dekatierte Waren befeuchten, ohne daß die Dekatur leidet. Die Ware verläßt den Apparat mit *fleischigem Griff*.

Stückwaren aus Zellulosefasern bedürfen hauptsächlich vor dem Kalandern einer *höheren Feuchtigkeit,* damit die aufgebrachte *Stärke oder Appretur aufquillt.* Für diese Zwecke wird die einfache **Bürstenbefeuchtungsanlage** benutzt. Die Ware wird über einem Bottich gezogen, der im Innern eine Tauchwalze hat, die in die Befeuchtungsflüssigkeit taucht. Von der schnellrotierenden Tauch-

19. Befeuchten

walze wird durch eine ebenfalls rotierende Bürstenwalze, die darüberläuft, das Wasser an die Ware gespritzt. Anschließend läßt man die Ware mehrere Stunden bedeckt liegen, damit sich das Wasser gleichmäßig im Gewebe verteilen kann. Die Feuchtigkeit kommt bei dieser Einrichtung in kleinen Tröpfchen an die Ware.

Bei der **Düseneinsprengmaschine** (Abb. 312, 313, 314) wird das Wasser mittels Preßluftdüsen aus feinen Röhrchen, die in einen Wassertrog tauchen, an die über eine schräge Platte gezogene Ware gesprüht (Abb. 315). Es entsteht hier ein Wassernebel, der die Ware gleichmäßiger als mit der Bürsteneinsprengmaschine und ohne Tropfenbildung befeuchtet.

Mit sämtlichen Befeuchtungsmaschinen ist es auch möglich, gewisse Mengen von Ausrüstungsmitteln wie Weichmacher, Steifungsmittel und z. B. bei Wolle auch organische Säuren zur pH-Verbesserung der Ware aufzubringen. Beim Befeuchten der Ware muß unbedingt darauf geachtet werden, daß beim Dämpfen keine Kondenstropfen bzw. beim Sprühen oder Einsprengen keine Wassertropfen die Warenoberfläche ungünstig beeinflussen. Die Verwendung von eisenfreiem Wasser ist die erste Voraussetzung für eine fleckenfreie Ware.

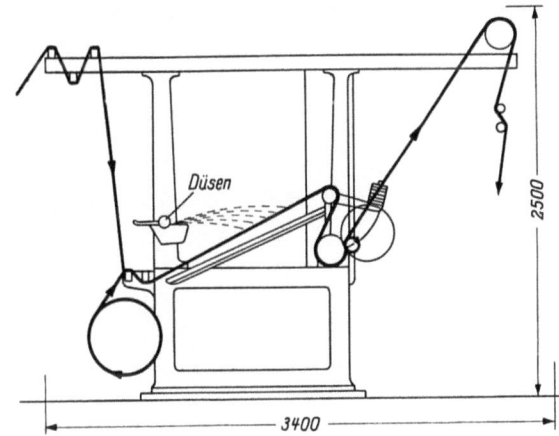

Abb. 312. Düsen-Einsprengmaschine

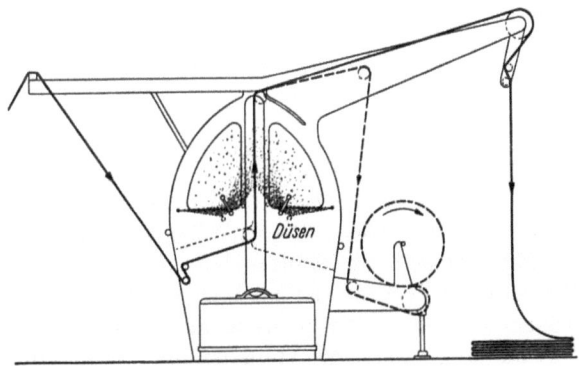

Abb. 313. Beidseitig wirksame Düsen-Einsprengmaschine (*Menschner*)

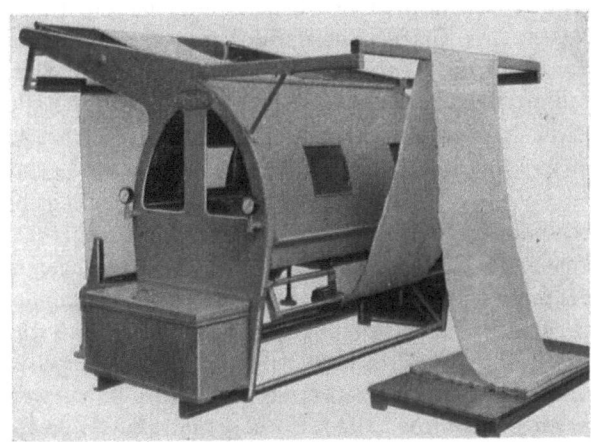

Abb. 314. Düsen-Einsprengmaschine (*Menschner*)

Abb. 315. Düsenrampe in der Düsen-Einsprengmaschine (*Sistig*)

Befeuchtungsmaschinen verschiedener Systeme werden u. a. von folgenden Firmen gebaut:

Drabert	*INVEST*	*Sistig*
Haas	*Monforts*	*Trockentechnik*
Hunt	*Sellers*	*Wittler*

20. Appreturbrechen

Durch *hohe Steifungsmittel-Mengen* wie Stärke, Dextrin usw. wird die Ware *hart* und *brettig*. Diese hohen Auflagen kommen, wenn heute überhaupt noch, nur auf Geweben aus Zellulose- bzw. regenerierten Zellulosefasern vor. Durch den Wunsch der Verbraucher nach Qualitätstextilien ist es, zum Unterschied von früher, dem Ausrüster nicht mehr möglich, durch hohe Mengen an Steifungs- oder anderen Appreturmitteln die dünne Einstellung des Webers zu verschleiern und der Ware den Charakter eines stärkeren Gewebes zu geben, als es die Fadenzahl vermuten läßt. Diese Appreturen waren ein reines *Argument für den Ladentisch*, von dem man sich heute weitgehend distanziert hat. Nur in den Ländern, welche ihre Textilindustrie in den letzten Jahrzehnten aufgebaut haben, findet man noch die vereinzelte Ansicht, daß 1 Pfund Stärke billiger ist als 1 Pfund der billigsten Baumwolle. In Europa ist diese Einstellung überholt, es werden hier neben der waschechten Steifappretur möglichst keinerlei Appreturen, die das Warenbild und den natürlichen Griff stärker beeinflussen, verwendet.

Mit diesen Feststellungen soll aber keineswegs behauptet werden, daß Stärke oder andere, weniger waschfeste Appreturmittel nicht mehr in der Appretur verwendet werden, sondern daß die Anwendungsmengen in den Grenzen bleiben, die ihnen zukommen. Auch die Hausfrau verwendet weiterhin Stärke nicht nur zur Steifung der Gewebe, sondern sie weiß, daß durch eine vernünftige Auflage an Stärke die Verschmutzung langsamer eintritt und z. B. gestärkte Weißwäsche leichter gewaschen werden kann; so verwendet auch der Ausrüster weiterhin Stärke nur in dem Umfang, daß eine Appretbrechmaschine nicht mehr zum unbedingten Rüstzeug seines Betriebes gehören muß. Nur durch irrtümlich zu

20. Appreturbrechen

hoch eingesetzte Mengen an Steifungsmitteln wird die Appretbrechmaschine noch den ihr zugedachten Zweck erfüllen, und sie sollte vor allem in der Baumwollweißappretur eigentlich nicht fehlen. Normal ausgerüstete Waren aus Baumwolle oder Zellwolle werden durch eine Steifappretur, wobei jedoch die Hochveredlung nicht mit eingeschlossen ist, auf dem *Egalisierrahmen*, auch *Breitstreckrahmen* (S. 120) genannt, so weit *gebrochen*, daß eine besondere Brechmaschine nicht nötig ist.

Um größere Steifheit aus der Ware zu beseitigen, kann man *Appretbrechmaschinen* einsetzen, die durch verschiedene Geräte die Ware knicken und brechen, wie

Brechschienen,   Zylindermesser,
Rillenwalzen,   Knopfwalzen und Spiralwalzen.

Beim Appretbrechen durch Schienen wird die Ware in *scharfem Knick* über mehrere Metallschienen gezogen, bei den Rillenwalzen passiert die Ware spiralförmig gerillte Metallwalzen, die sich gegen die Laufrichtung der Ware drehen. Die Zylinderwalzenbrechmaschine arbeitet mit Zylindermessern, die den Obermessern der Tuchschermaschine (S. 164) nachgebildet sind. Die Ware umspannt die rotierenden Spiralzylinder zu zwei Drittel, die in der Tuchschermaschine üblichen Untermesser und Schertische werden dabei nicht benötigt. Die Anzahl der Spiralmesser auf dem Messerzylinder ist kleiner und die Messer sind stumpfer als auf der Schermaschine. Die Knopfwalzen, deren blanke Metallknöpfe die über die Walze laufende Ware knicken, arbeiten ähnlich wie die Spiralmesser.

Alle diese Maschinen rauhen die Gewebeoberfläche mehr oder weniger stark auf. Dieses Aufrauhen verursachen am wenigsten die Spiralwalzenbrechma-

Abb. 316. Appretur-Brechmaschine ABS mit Spiralwalzen (*Monforts*)

schine (Abb. 316), bei der die Ware unter Spannung über blanke Metallspiralwalzen gezogen wird, wobei sich die Walzen gegen die Laufrichtung der Ware bewegen. Der Effekt kann durch Verstellung der Spiralwalzen variiert werden.

Durch Thermosolieren[1] bzw. Thermofixieren (S. 235) von Stückwaren aus synthetischen Fasern allein und deren Mischungen mit nativen Fasern tritt eine gewisse Starre (*Thermosolier-, Thermofixierstarre*) auf, die entweder auf dem Breitstreckrahmen oder besser durch Appretbrechmaschinen gemildert wird.

Appreturbrechmaschinen werden u. a. von folgenden Firmen hergestellt:

Briem	*Crosta*	*Menschner*	*Morrison*
Comerio-Ercole	*Dornier*	*Menzel*	*Sistig*
COMET	*Farmer-Norton*	*Monforts*	*Tomlinsons*
Clerc			

21. Ratinieren

Bei dieser Ausrüstung handelt es sich um ein Verändern der Gewebe- bzw. Gewirkeoberfläche von Woll- oder Halbwollwaren durch mechanische Mittel. Die mit dem Ratinieren erreichbaren Effekte sind

Perlratiné (*Perlé*) und *Welliné*.

Alle Effekte werden auf der gerauhten Gewebeseite von Wollgeweben durch *Reiben* (*Frottieren*) der Gewebeoberfläche erzeugt. Die Effekte sind meist modisch bedingt. Sie machen das Gewebe zwar dicker und damit „wärmer", als ungerauhte Gewebe sind, die Gebrauchstüchtigkeit wird jedoch nicht verbessert. Nur *gerauhte Gewebe* können ratiniert werden, da zur Erzeugung der Knötchen, Flocken und Wellen eine haarige und filzende Oberfläche notwendig ist. Man rauht einen gewissen *Velour* (*mittlere Rauhhöhe*) mit der Rollkarden- oder Kratzenrauhmaschine, der Velour darf nicht zu hoch und schütter sein, sondern dicht und von gleichmäßiger Höhe. Ist auf Grund der Art der verwendeten Wolle oder zu starkes Ausrauhen der Velour zu hoch, wird er auf der Schermaschine gespitzt. Ratinierte Waren sind meist aus Wolle, Halbwolle kann jedoch auch in Ausnahmefällen bis 30% Baumwolle oder Zellwolle enthalten. Auch Wirkwaren, es handelt sich hierbei um Rundstuhlwaren mit Futterfaden, werden nach dem Rauhen ratiniert. Die besten Effekte lassen sich auf Woll- bzw. Halbwollgeweben erzielen, bei denen die Filzfähigkeit der Wolle zur Verfilzung der gebildeten Faserbündel ausgenützt wird. Ratinierte Waren werden hauptsächlich als Mantelstoffe verwendet, man ratiniert meist atlas- (satin-) bindige Waren. Ratinierte Waren neigen bei starker mechanischer Beanspruchung, wie z. B. an Taschenrändern, Kragen usw., zum Abstoßen des Ratinés und erscheinen dort kahl und abgenützt, da die ratinierten Fasern nur lose mit der Gewebeoberfläche zusammenhängen und leichter abgelöst werden als unratinierte Velourhaare.

Die **Ratiniermaschine** besteht im Prinzip aus einer *unbeweglichen Unterplatte*, die mit Plüsch überzogen ist. Auf diesem Untertisch wird die Ratinierplatte je nach verlangtem Effekt bewegt. Der Bezug der *Ober- oder Ratinierplatte* richtet sich nach dem zu erzielenden Ratiné-Effekt und besteht aus *Filz, Segeltuch, glatter, genarbter* oder *diamantierter Gummifolie*. Die Ware läuft über den Unter-

---

[1] BERNARD: Praxis des Bleichens und Färbens von Textilien. Berlin/Heidelberg/New York: Springer 1966.

tisch mit einer Geschwindigkeit von 30—90 cm/min und wird in mehreren Passagen durch die bewegte Oberplatte unter Druck bearbeitet. Die Ware wird vor dem Einlauf zwischen die Ratinierplatte und den Untertisch durch eine Bremswalze und einen Breithalter festgehalten und nach Passieren von einer Kratzenwalze aus der Maschine gezogen.

Die Ratinierplatte wird durch 2 Exzenter an beiden Seiten der Maschine bewegt, wobei bei den einzelnen Effekten in einem Schlitten durch Verstellung eines Führungsbolzens die Frottierrichtung der Ratinierplatte reguliert werden kann (Abb. 317). Bewegt sich die Oberplatte in *kreisender Bewegung*, ergibt sich *Perlratiné (Ratiné, Perlé, Perliné)*. Die Rauhfasern werden zu kleinen Knötchen zusammengefilzt und ergeben eine Warenoberfläche, die eine gewisse Ähnlichkeit mit Perlen hat. Bei höherem Velour und größerem Durchmesser des Kreises, in dem sich die Ratinierplatte bewegt, entsteht das *Flokoné (Flockiné)*. Der Effekt ähnelt dem Perlé, jedoch sind die entstehenden Knötchen größer und ähneln mehr den Haarflocken.

Durch Bewegung der Ratinierplatte parallel zur Kettrichtung entstehen wellige Ratinéstreifen in Schußrichtung, die man *Schußwelliné (Querwelliné)* nennt. Durch Bewegung parallel zur Schußrichtung des Gewebes entsteht *Kettwelliné (Längswelliné)* und durch Bewegung der Ratinierplatte im spitzen oder stumpfen Winkel zur Kettrichtung entsteht *Diagonalwelliné*, bei dem die Ratinéwellen in

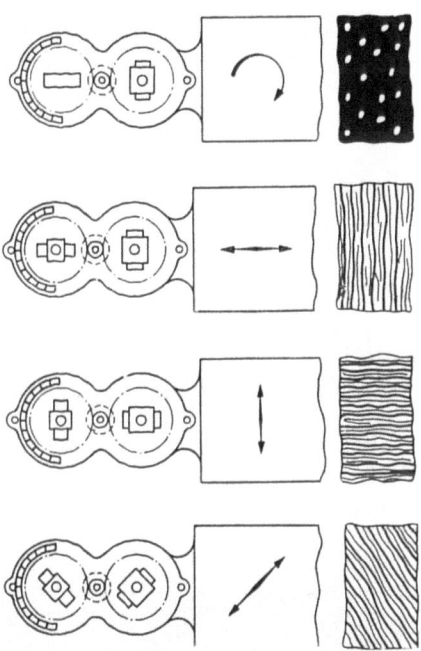

Abb. 317. Bewegungsrichtungen und Einstellung der Exzenter für die Oberplatte der Ratiniermaschine; von oben nach unten: Perlé-, Kett-, Schuß- und Diagonal-Welliné

links- oder rechtsdiagonaler Richtung über das Gewebe laufen. Durch Verwendung von Ratinierplattenbezügen mit verschiedener Oberfläche lassen sich auch einzelne Muster in gewissen Abständen in die Ware ratinieren, wie z. B. *Streifenperlé* oder *Streifenwelliné*, je nachdem die Platte rotiert oder ob sie senkrecht zur Kett- oder Schußrichtung bewegt wird. Durch Verwendung von verschiedenen Materialien im Stück lassen sich auch partiell auf der Oberfläche verteilte Effekte erzeugen. Durch Einschießen von weich gedrehten Wollgarnen in Reyon- oder Seidengewebe und Aufrauhen dieser Wollfäden mit anschließendem Ratinieren ist es möglich, diesen Wollfäden verschiedene Effekte zu geben. Die Abb. 318 und 319 stellt eine Konstruktion der Fa. *Drabert*, die *Oberbaulose Ratiniermaschine*, dar, bei der man durch Handräder das Auflagegewicht der Ratinierplatte schnell ändern und neben einer stufenlosen Erhöhung der Geschwindigkeit die Oberplatte auch momentan abheben kann. Der Belag der Ratinierplatte läßt sich außerdem innerhalb weniger Minuten auswechseln. Man kann mit wechselndem Ratinierbelag die erforderlichen Effekte schneller erreichen.

Besondere Effekte verlangen *Webpelze* (*Wirbelplüsche*), die sich auf speziellen Bürstmaschinen erreichen lassen. Diese Webpelze, auch Florgewebe genannt, werden aus Geweben mit *langflotierenden Schußfäden* (*Polfäden*) hergestellt, wobei die Polfäden naß durchgerauht werden. Nun verstreicht man die Rauhdecke in vollem Wasser und geht auf die *Velourhebemaschine*. Diese Maschine schlägt das Gewebe so, daß sich die Strichdecke aufstellt. Der hohe Velour, meist handelt es sich um langstapelige, wenig gekräuselte Wolle, wird anschließend auf der *Wirbelmaschine* durch verschiedene Rundbürsten in bestimmter Form in Wirbel (Rund-, Schlangen- oder Scheitelwirbel) gebürstet. Die Bürsten werden durch Zahnräder angetrieben und können je nach Bedarf auch durch Teller ausgetauscht werden, wenn dies zur Erzielung besonderer Effekte notwendig ist.

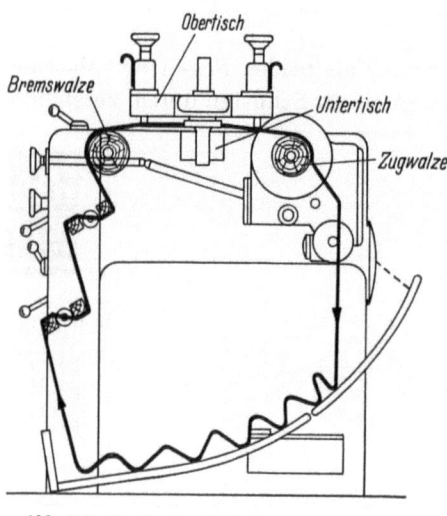

Abb. 318. Oberbaulose Ratiniermaschine (*Drabert*)

Bei weniger hohem Velour können durch Verstellen der Ratinierplatten bei Wirbelplüsch ähnliche Effekte erreicht werden. Man stellt die Ratinierplatte so ein, daß sie beim Wareneingang tief auf der Ware arbeitet und am Warenausgang nur die Oberhaare des Ratinés erreicht. Bei Perlé-Einstellung der Ratiniermaschine entsteht ein niedriger Wirbelplüsch, der auch *Moutonné* genannt wird.

Wollgewebe werden feucht ratiniert oder auf der Wirbelplüschmaschine bearbeitet, dadurch ist bei gequollenen Fasern eine schonende Behandlung möglich, außerdem läßt sich der Effekt schneller erreichen, wogegen Gewebe aus Zellulosefasern nur trocken ratiniert werden. Normalerweise werden nur wollhaltige Gewebe mit einem haltbaren Ratiné-Effekt versehen.

Abb. 319. Oberbaulose Ratiniermaschine (*Drabert*)

Ratiniermaschinen werden u. a. von folgenden Firmen gebaut:

Asselin	*Crosta*	*Scholaert*	*Tonneau*
Comerio-Ercole	*Drabert*	*Tomlinsons*	

22. Fixieren von Stückwaren aus synthetischen Fasern und deren Mischungen

Unter Fixieren von Textilien versteht man im allgemeinen das Stabilisieren von unkonfektionierten Web- und Wirkwaren bzw. Fertigtextilien wie Strumpfwaren, Pullovern usw., um ihnen im Gebrauch *Formbeständigkeit* (*Formstabilität*) zu geben, die in der Hauptsache darin besteht, daß sie beim Tragen und Pflegen (Wäsche) nur geringe Krumpfwerte (max. 1%) aufweisen. Fixiert werden Textilien aus allen Faserstoffen. Bei Stückwaren kann man auch von der Erreichung der *Nadelfertigkeit* für die Konfektion sprechen. Zur Fixierung von Stückwaren aus Zellulosefasern ist neben einer möglichst spannungslosen Verarbeitung und damit auch Veredlung, eine mechanische Stabilisierung, wie sie das Krumpfen (S. 212) darstellt, und eine chemische Stabilisierung durch Hochveredlung (S. 340) und auch deren Kombinationen möglich. Für Mischungen von Zellulose- mit synthetischen Fasern sind die genannten Verfahren jeweils allein, in Kombination und — abgesehen von Mischungen mit Acrylfasern — auch die in diesem Abschnitt zu beschreibenden Verfahren notwendig. Für Wollstückwaren kommt neben der möglichst spannungslosen Verarbeitung eine Reihe von mechanischen Verfahren zur Verwendung, durch welche in feuchtwarmer Atmosphäre eine Stabilisierung erreicht wird. Dazu gehören vornehmlich das Krabben (S. 77), die Dekatur (S. 201) und die für Wollwaren üblichen Krumpfverfahren (S. 225), die u. U. mit einem chemischen Verfahren der Flächenfixierung (S. 304), Erzeugung von permanenten Falten wie z. B. Plissieren (S. 243) verbunden werden kann. Auch die Filzfreiausrüstung (S. 305) muß im gewissen Sinn als Fixierung angesprochen werden. Bei Wollmischungen mit Synthesefasern sind die vorstehenden mechanischen, evtl. chemischen Verfahren neben den nachstehend zu beschreibenden Fixierverfahren für die Synthesefasern zu kombinieren.

Der Vollständigkeit halber müssen hier auch die Thermofixierverfahren genannt werden, welche zur Texturierung von Fasern im Garn oder Spinnkabel angewandt werden, um eine Faserkräuselung (*Textur, Stretch*) zu erreichen und zu fixieren. Auch die Feucht-Heiß-Behandlung (*Bauschen*) von Garnen bzw. Fertigtextilien aus *Hochbauschgarnen* (HB-Garnen) durch Dämpfen bzw. Heißwasser muß hier angeführt werden. Die zuletzt genannten Verfahren werden jedoch hauptsächlich in der Spinnerei bzw. bereits beim Faserhersteller (Texturierung) vorgenommen und können hier unberücksichtigt bleiben. Das Bauschen von HB-Garnen oder der daraus gefertigten Textilien gehört als Vorarbeit zur Färberei[1] und bleibt deshalb hier gleichfalls unberücksichtigt. Die Texturierung von Zellulosegeweben stellt eine spezielle Laugenbehandlung dar und wird beim Merzerisieren (S. 371) besprochen.

Die synthetischen Fasern müssen in der Herstellung verstreckt werden, um ihre vom Spinnen wirr durcheinanderliegenden *polymeren Moleküle (Kettenmoleküle) parallel zu ordnen*. Diese Verstreckung wird sofort nach dem Spinnprozeß vorgenommen und verleiht der Faser eine verminderte Dehnung und reversible Elastizität, erhöhte Steifheit und damit größeren Widerstand gegen mechanische Deformation. Durch dieses Parallelverziehen der Moleküle erhöht

---

[1] BERNARD: Praxis des Bleichens und Färbens von Textilien. Berlin/Heidelberg/New York: Springer 1966.

sich die Anzahl der *Brückenbindungen zwischen den Molekülen* und ist auch mitverantwortlich für die geringe Aufnahmefähigkeit aller synthetischen Fasern für Wasser- und darin gelöste Chemikalien- und Farbstoffmoleküle. Durch das *Verstrecken* tritt jedoch keine endgültige Fixierung (Stabilisierung) in der Packung der einzelnen Moleküle in der Faser ein. Die neu entstehenden Bindungen vergrößern die *Packungsdichte* der Fasermoleküle und erbringen damit die hohe Reiß- und Scheuerfestigkeit, jedoch werden die inneren Molekülspannungen nicht restlos aufgehoben.

Führt man nun der Faser Energie zu — beim Fixieren wird ausschließlich Wärme verwendet —, beginnen die Fasermoleküle zu schwingen. Die teilweise gelösten Wasserstoffbrücken erlauben den Molekülketten, die spannungsloseste Lage einzunehmen, bis die Energiezufuhr ein gewisses Maximum (*Erweichungsbereich*) erreicht hat. Bei weiterer Zufuhr von Energie werden die gesamten Brücken der Moleküle zueinander gelöst und die Faser schmilzt, da die Moleküle keine Verbindung miteinander mehr haben. Unterbricht man die Energiezufuhr in dem Augenblick der geringsten inneren Spannung (*geringste potentielle Energie im Molekülverband*) und kühlt die Faser ab, man nennt dies auch *Einfrieren*, erreicht man einen weitgehend spannungsfreien Zustand der Molekülketten untereinander und damit eine *stabilisierte (fixierte)* Faser. Alle synthetischen Fasern sind *thermoplastisch* (sie werden durch Wärmezufuhr formbar) und werden durch die geschilderte Arbeitsweise *thermofixiert* (*Wärmefixierung*). Durch das **Thermofixieren** treten folgende Veränderungen in den Fasern ein:

1. die durch Kaltverstreckung erreichte Parallelisierung der Moleküle wird teilweise aufgehoben und es tritt dadurch eine leichtere Anfärbbarkeit ein;
2. Faserverkürzung (Krumpfung von 5—20%);
3. Veränderung des Fasergriffes, die nach Art der Fixierung verschieden ist.

Die angeführten Veränderungen bewirken in Geweben und Gewirken eine *Dimensionsstabilität*, die sich in einem *Restschrumpfwert* von 0—2% nach 30 Min. kochender Wasserbehandlung auswirkt und vor allem bei Wirkwaren sehr geschätzt wird. Dadurch nimmt auch die Knitterneigung ab. Der Griff wird bei Heißluftfixierung härter, nach Sattdampfbehandlung weicher.

Die obere Grenze der Temperatur beim Fixieren liegt unter dem Schmelzpunkt der Fasern und nach unten bei der *Minimaltemperatur*, die zum Aufbrechen einer bestimmten Anzahl von Wasserstoffbrücken nötig ist (Erweichungsbereich). Neben der zu erreichenden Fixiertemperatur ist eine gewisse *Fixierzeit* notwendig, die sich nach der Dicke der zu fixierenden Ware richtet, um auch die gesamte Fasermenge auf die notwendige Temperatur zu bringen. Nach dem Fixieren ist eine weitere Verformung der Fasern unter der Fixiertemperatur nicht mehr möglich, durch Erhöhung der Temperatur kann man, wenn das Fixieroptimum noch nicht erreicht wurde, die Faser wiederum verändern (z. B. durch Plissieren).

Zum **Thermofixieren von Polyamidfasern** sind mehrere Verfahren möglich, die unterschiedliche Bedeutung haben. Dazu gehören das Fixieren mit

kochendem Wasser (mit oder ohne Quellmittel),
die Hydrofixierung,
die Sattdampf- und die Fixierung mit überhitztem Dampf,
mit Trockenhitze.

Bevor die einzelnen Verfahren besprochen werden, soll kurz auf die mechanischen Eigenschaften einiger Polyamidfasern, wie sie für das Fixieren und dem Gebrauch zu beachten sind, eingegangen werden.

Polyamidfaser aus *Polyamid 66 (Nylon)* hat einen Schmelzpunkt von 249 bis 253°C. Die Bügeltemperatur soll 200°C nicht übersteigen. *Polyamid 6 (Perlon)* schmilzt zwischen 213—219°C und sollte bei max. 140°C gebügelt werden. *Polyamid 11 (Rilsan)* schmilzt bei 180°C und sollte bei max. 140°C gebügelt werden.

Das *Thermofixieren mit kochendem Wasser* konnte sich nicht durchsetzen, da es eine Behandlungszeit von 120—180 Min. in breitem Zustand erfordert und der Fixierungsgrad auch dann noch ungenügend ist. Durch Zusätze von 10 bis 20 g/l organischer Säuren, Chloressigsäure, Dichlorhydrin usw. können die Fixierungseffekte zwar verbessert werden, die Produkte sind jedoch teuer, teilweise stark riechend und oft toxisch. Obwohl sich kochend mit 1 g/l Phenol in kurzer Zeit eine ausreichende Fixierung ergibt, zeigt das Produkt die bereits angegebenen anderen Nachteile. Phenolflotte darf nicht in Abwässer geleitet werden. Die angegebenen Quellmittel müssen unbedingt aus den Fasern entfernt werden, was nicht immer einfach ist.

Als *Hydrofixierung* bezeichnet man eine Behandlung mit heißem Wasser von 125—140°C auf HT-Stückbaumautoklaven[1] in der Färberei, wo die Web- und Wirkwaren — evtl. nach einer teilweisen Thermofixierung auf dem Spannrahmen — innerhalb von 30 Min., meist mit einer Bleiche, Wäsche oder Färbung verbunden, in breitem Zustand fixiert werden.

Sattdampf mit Temperaturen von 120—130°C wird heute ausschließlich zur Fixierung von Strümpfen aus Polyamiden verwendet, die in 2—3 Min. fixiert werden. Überhitzter Dampf hat zum Fixieren keine Bedeutung erlangt, da gegenüber gesättigtem Dampf keine Vorteile zu erzielen waren. Als zusätzliches Medium in der Trockenhitzefixierung hat er jedoch neuerdings wieder stark an Bedeutung gewonnen.

Die *Fixierung mit Trockenhitze* (Heißluft oder andere gasförmige Medien) hat die größte Bedeutung beim Fixieren aller synthetischen Fasern und deren Mischungen in Stückform (Gewebe und Gewirke). Für Polyamid 6 arbeitet man dabei bei Temperaturen von 190°C (± 2°C), während 30—60 Sek. je nach Gewicht der Ware, die die angegebene Temperatur unbedingt in allen Lagen erreichen muß. Bei Polyamid 66 arbeitet man bei 220°C ($\pm 5-8$°C) in gleicher Fixierzeit. Für Polyamid 11 gelten ähnliche Werte wie für Polyamid 6, die Temperatur soll bei 170°C liegen.

Polyamidstückwaren werden heute, abgesehen von Web- und Wirkwaren, die auf dem Stückbaumautoklaven behandelt werden, fast ausschließlich mit Heißluft thermofixiert, obwohl die Ware auch in vorgewaschenem Zustand eine gewisse Vergilbung erfährt, der Griff flacher und härter als bei der Sattdampffixierung wird. Die Ware soll möglichst ohne Verunreinigungen (vorgewaschen) zur Fixierung kommen. Weißware muß vor der Bleiche fixiert werden, um den Gelbstich nachträglich in der Bleiche zu entfernen. Präparationen auf der unge-

---

[1] BERNARD: Praxis des Bleichens und Färbens von Textilien. Berlin/Heidelberg/New York: Springer 1966.

waschenen Ware verstärken den Gelbstich, werden oft „eingebrannt" und lassen sich dadurch schwerer entfernen. Als *Schnellfixierung* wird ein Verfahren heute sehr stark forciert, bei dem in Fixierfeldern der Spannrahmenfixiermaschinen zusätzlich überhitzter Dampf eingeblasen wird. Das Verfahren hat gegenüber der Heißluftfixierung die Vorteile, daß die Fixierzeit auf 4—6 Sek. verkürzt werden kann, die Ware einen volleren Griff und nur sehr geringe Vergilbung erhält.

Zum **Thermofixieren von Polyester-Stückwaren** wird heute ausschließlich Heißluft oder das Schnellfixierverfahren verwendet. Die thermischen Daten betragen 255—260°C als Schmelz- und 200°C als Bügeltemperatur.

Die Thermofixierung benötigt Heißluft von 220—230°C während einer Zeit von 30—60 Sek. Beim Schnellfixieren mittels zusätzlichem überhitztem Dampf wird die Zeit auf 4—6 Sek. ermäßigt. Beim Thermofixieren von Polyesterfasern ist zu beachten, daß durch schwankende Temperaturen, z. B. zwischen Warenkanten und -mitte bzw. auch in Längsrichtung die Farbstoffaufnahmefähigkeit stark unterschiedlich wird und zu Fehlfärbungen führt, wenn nicht erst nach dem Färben fixiert wird, was durch Verwendung von thermofixierechten Farbstoffen heute die Regel ist.

Ein **Thermofixieren von Acryl-** und **Modacrylfasern** ist nicht notwendig, da diese Fasern bereits aus der Produktion so formstabil angeliefert werden, daß ein größerer Schrumpf nicht eintritt und sich dadurch eine Thermofixierung ersparen läßt. Es ist jedoch zu beachten, daß bei allen Heißprozessen durch die verstärkte Thermoplastizität oberhalb 60°C Acrylfasern in diesem Temperaturbereich entweder faltenfrei behandelt werden müssen bzw. die Abkühlung der Ware, wenn sie, wie z. B. beim Färben auf der Haspelkufe, in Falten läuft, sehr langsam von Kochtemperatur auf unter 60°C heruntergekühlt werden muß, um die Falten nicht in die Ware zu fixieren. Aufgetretene Falten können durch nochmaliges Erwärmen und langsames Abkühlen aus der Ware entfernt werden.

Durch **Thermofixieren von Triazetat** wird dessen Gebrauchstüchtigkeit stark verbessert, die Farbstoffaufnahmefähigkeit jedoch stärker herabgesetzt, daß Triazetatgewebe oder -gewirke nur nach dem Färben fixiert werden sollen. Die Fixierbedingungen gleichen denen von Polyesterfasern. Durch Eintritt in den Erweichungsbereich der Faser verliert diese stark an Festigkeit, die Waren sind dann wegen der hohen Plastizität zug-, druck- und verformungsunbeständig und müssen deshalb möglichst vor ungleichmäßiger Spannung oder anderen mechanischen Einwirkungen geschützt werden. Der Schmelzpunkt der Triazetatfasern liegt bei etwa 300°C, die Bügeltemperatur soll 220°C nicht übersteigen.

Polyvinylfasern werden bereits bei 60°C thermoplastisch, thermostabilisierte Fasern bei 80°C, ein Thermofixieren mit Heißwasser ist bei diesen Temperaturen ausreichend. Ein Bügeln muß vermieden werden. Im Schmelzbereich (180 bis 210°C) wird die Faser zersetzt.

Zum *Thermofixieren von Mischtextilien* ist zu erwähnen, daß ähnliche Bedingungen einzuhalten sind wie bei reinen Synthesefasern. Mischungen mit Zellulosefasern gleichen vollkommen den reinen Synthesegeweben und -gewirken. Bei Mischungen mit Wolle muß beachtet werden, daß Temperaturen über 180°C bei Verwendung von Heißluft vermieden werden müssen, um die Wolle nicht zu schädigen. Beim Schnellfixierverfahren kann, da als Fixiermedium Heißluft und

22. Fixieren von Stückwaren aus synthetischen Fasern und deren Mischungen 239

überhitzter Dampf verwendet wird, auch bis 210°C gegangen werden. Außerdem ist die Fixierzeit bei diesem Verfahren so kurz, daß allein aus diesem Grund keine Wollschädigung zu befürchten ist. Zur Beseitigung der *Thermofixierstarre* werden Appreturbrechmaschinen (S. 230) oder Breitstreckrahmen (S. 120) eingesetzt.

Für die **Sattdampffixierung**, die heute ausschließlich für flach- oder rundgewirkte Strumpfwaren eingesetzt wird, ist ein Vordämpfen unbedingt zu empfehlen. Dabei werden die Strümpfe in Bündeln hängend in sog. *Vordämpfern*

Abb. 320. Vordämpfer (Presetter) für Polyamid-Strumpfwaren (*Bellmann*)

(Presetter, Abb. 320) mit Sattdampf — evtl. unter vorherigem Evakuieren der Luft — während 2—20 Min. bei einem Druck von 0,5—1,5 atü gedämpft und damit eine Vorfixierung erreicht, die zur Verminderung gegen mechanische Einwirkung (Zieher) beiträgt, das Maschenbild vergleichmäßigt und beim Ketteln und Nähen der Strümpfe mit Naht weniger 2. Wahl durch mechanische Beschädigungen ergibt. Nun können die Strümpfe entweder vor dem Färben fixiert werden oder man fixiert sie erst nach dem Färben. Für das *Vor-* (*Preboarding*) und *Nachfixieren* (*Postboarding*) werden Druckdämpfer (Abb. 321) eingesetzt, auf denen die Strümpfe auf polierten Leichtmetallformen aufgezogen, während 2—3 Min. bei 1,5—2 atü mit Sattdampf fixiert werden. Dabei schrumpfen die Strümpfe auf die Form und erhalten

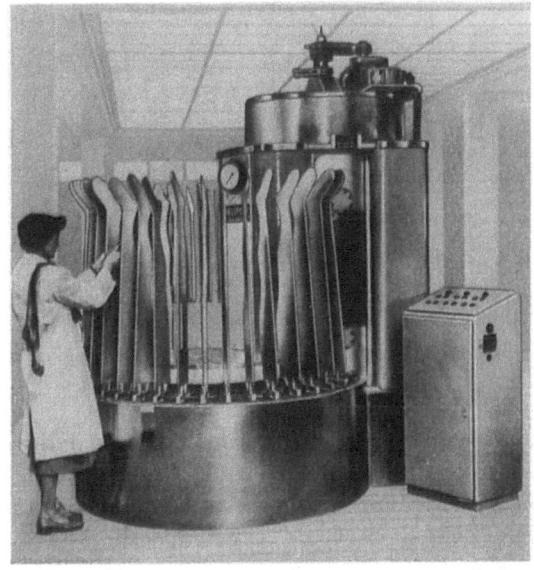

Abb. 321. Druckdämpfer für das Fixieren von Polyamid-Damenstrümpfe (*Bellmann*)

damit ihre endgültige Form. Durch das Vorfixieren und Nachformen nach dem Färben erhält man zwar die formstabilsten Strumpfwaren, die Arbeitsweise ist jedoch kostspielig, da die Strümpfe zweimal auf Formen auf- und abgezogen werden müssen. Heute wird deshalb meist das Postboarding-Verfahren verwendet. Da sich in der Strumpfveredlung in den letzten Jahren automatische Strumpfveredlungsmaschinen eingeführt haben, sind die vorstehend beschriebenen Verfahren nur noch wenig im Gebrauch. Die *automatischen Strumpfveredlungsmaschinen*[1] erlauben ein gleichzeitiges Färben, Reinigen, Avivieren und Fixieren der Strümpfe in einem Arbeitsgang auf den Formen. Dabei werden die Strümpfe entweder mit der Behandlungsflotte bei Temperaturen bis 120°C besprüht oder auch „im Vollbad" mit dieser gefärbt. Anschließend werden die Strümpfe auf den Formen getrocknet und sind ohne weitere Nacharbeiten zum Sortieren und Verpacken fertig. Die beschriebenen Arbeiten können auch für Strumpfwaren aus texturierten Polyamidgarnen verwendet werden, es ist jedoch vorteilhaft eine Vorfixierung einzusetzen, um eine bessere Verkaufsform zu erhalten wie sie durch Nachfixieren allein nicht erreichbar ist.

Abb. 322. Düsenkühlfeld am Auslauf einer Spannrahmen-Fixiermaschine (*Monforts*)

Die Sattdampffixierung von gewebten oder gewirkten Polyamidwaren ist heute nicht mehr üblich, da die Ware auf perforierten Bäumen gewickelt in der Breite nicht gehalten werden können und in den Warenwickeln sehr oft unterschiedliche Bedingungen auftraten, die zu unangenehmen Farbtonunterschieden führten. Nach gleichem Prinzip arbeiten die HT-Stückbaumautoklaven, in denen mittels Heißwasser fixiert wird und bei ordnungsmäßiger Wicklung keine unterschiedliche Schrumpfung und die damit verbundenen Nachteile auftreten.

Bei der **Thermofixierung mittels Heißluft** werden heute fast ausnahmslos Spannrahmentrockenmaschinen mit Fixierfeldern (S. 112) eingesetzt. Dabei wird die Luft in den Fixierfeldern mit elektrischer Zusatz-, indirekter oder direkter Öl- oder Gasheizung auf die entsprechende Temperatur gebracht. Für das Fixieren werden Plan- oder Etagenrahmen mit Düsenbelüftung verwendet. Zum „Einfrieren"

---

[1] BERNARD: Praxis des Bleichens und Färbens von Textilien. Berlin/Heidelberg/New York: Springer 1966.

22. Fixieren von Stückwaren aus synthetischen Fasern und deren Mischungen

passieren die fixierten Warenbahnen Kaltluftfelder oder werden vor dem Abheben aus den Kluppen der Führungskette mit Kaltluft über Düsen abgekühlt (Abb. 322). Bei der *Schnellfixierung*, die auf S. 238 erläutert wurde, werden ebenfalls Planrahmen mit Düsenbelüftung eingesetzt, die jedoch wegen der kurzen Fixierzeit kürzer und damit billiger sind. Auf die zur Fixierung von Polyesterstückwaren vorteilhaften speziellen Nadelkluppen wurde auf S. 113 näher eingegangen, Einrichtungen zur Kantenversteifung bzw. zum Abschneiden der Kanten bei rollenden Wirkwaren werden auf S. 116, 119 beschrieben.

Die Thermofixierung mit Heißluft bzw. in Mischungen mit überhitztem Dampf (Schnellfixierung) hat heute die weiteste Verbreitung für alle Stückwaren aus synthetischen Fasern bzw. deren Mischungen gefunden, da der Schrumpf der Waren über die Warenführungselemente (Spannketten) und die Voreilung in gewissem Maß gesteuert werden kann. Spannrahmenfixier-Maschinen werden auch zur Fixierung von Dispersionsfarbstoffen, speziellen Küpenfarbstoffen (Polyestern-Farbstoffen/*Cassella*) auf den synthetischen Fasern und reaktiven Farbstoffen auf Zellulosefasern eingesetzt (Thermofixier- bzw. Thermosolier-Färbeverfahren[1]) und gleichzeitig auch die Synthesefasern stabilisiert. Die Verfahren werden für synthetische Fasern allein bzw. auch deren Mischungen mit nativen oder regenerierten Zellulosefasern eingesetzt. Alle Hersteller von Spannrahmentrocknern (S. 123) rüsten ihre Konstruktionen auch mit Fixierfeldern aus. Ohne Breitenspannung arbeitet die *Hot-Roll-Fixiermaschine* der Fa. *National-Drying* (Abb. 323). Dabei wird die Ware beidseitig über beheizte Stahlwalzen geführt, die eine Mischung von 75 Teilen Diphenyläther und 25 Teilen Diphenyl enthalten, die bei 258°C schmilzt und Temperaturtoleranzen von $\pm 2°C$ erlaubt. Nach dem Passieren der 6 Heißwalzen wird die Warenbahn im Kaltluftstrom „eingefroren".

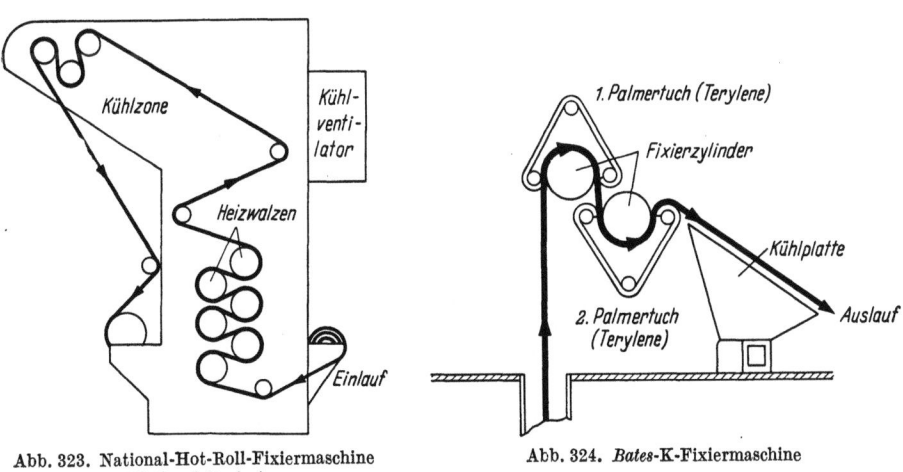

Abb. 323. National-Hot-Roll-Fixiermaschine (*National-Drying*)

Abb. 324. *Bates*-K-Fixiermaschine

Die *Bates-K-Fixiermaschine* (Abb. 324) arbeitet mit zwei Heizzylindern, auf denen die Polyamidwarenbahn zu $^2/_3$ mittels endloser dicker Polyesterbahnen

---

[1] BERNARD: Praxis des Bleichens und Färbens von Textilien. Berlin/Heidelberg/New York: Springer 1966.

242 I. Die mechanischen Appreturarbeiten

gehalten wird. Als *Hot-Roll-Fixiermaschine* wird eine Konstruktion von *Morrison* bezeichnet, bei der die Warenbahn an zwei Heizzylindern geführt und über Düsen mit Abgasen aus Öl- oder Gasbrennern beblasen wird. Bei der *Spannungslosen Heißfixiermaschine* (*Haas*) wird die Warenbahn über versetzte Düsen (Abb. 325) mit Heißluft beblasen. Um ein Auswölben der Warenbahn am

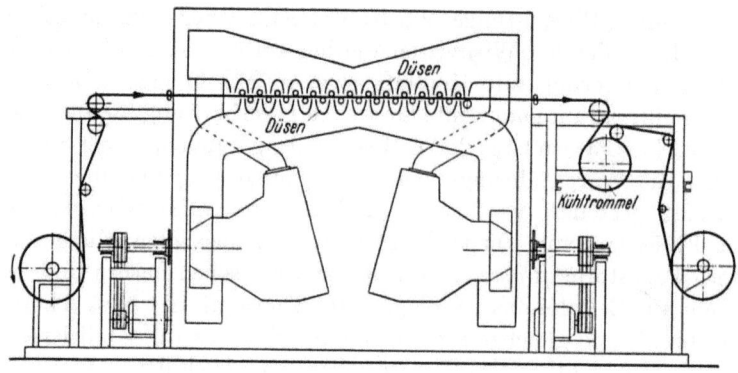

Abb. 325. Fixiermaschine mit Düsenbelüftung (*Haas*)

Düsenauslaß zu vermeiden, wird die Ware von Leitwalzen gehalten. Es handelt sich dabei im Prinzip um eine Schwebedüsen-Fixiermaschine. Als *RT-Anlage* (Abb. 326, 327) wird von *Fleissner* eine Fixier- und Thermosoliermaschine gebaut, bei der die Warenbahn spannungslos über Siebtrommeln geführt, mittels Heißluft an die Siebtrommeln gesaugt wird. Dabei ist es möglich, die Fixier-

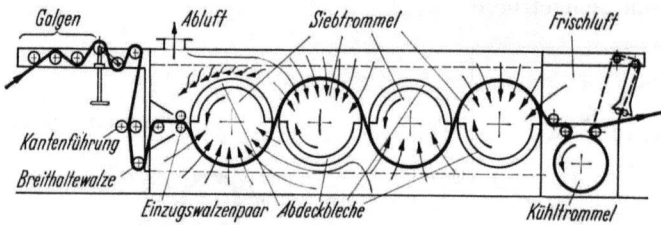

Abb. 326. RT-Anlage (*Fleissner*)

Abb. 327. RT-Anlage (*Fleissner*) mit vorgebautem *Küsters*-Foulard

und Thermosolierzeit gegenüber der normalen Heißluftfixierung auf dem Spannrahmen abzukürzen. Die angesaugte Luft verhindert auch einen unkontrollierten Schrumpf in der Warenbreite. Die Warenkühlung übernimmt eine besondere Kühlwalze. Die RT-Anlage erlaubt bei Einsatz von 4 Saugtrommeln das Thermofixieren bzw. Thermosolieren mit einer Warengeschwindigkeit von etwa 40 m/min. Wird die Anlage nur zum Trocknen oder Kondensieren verwendet, sind Warengeschwindigkeiten bis 160 m/min möglich. Die Anlage kann mit Lufttemperaturen bis 250°C betrieben werden.

Die *Thermofixierung mit geschmolzenen Metall* (Standfast-Anlage) konnte sich nicht einführen, da der Tauchweg der Warenbahn zu kurz und die erreichbare Höchsttemperatur von 120°C nur für wenige Synthesefasern ausreichend ist. Beim *Thermofixieren mit Infrarot-Hellstrahlern* (S. 135) kommt es wegen der hohen Strahlungshitze von 1950°C bei Warenstillstand oder herabgesetzter Durchlaufgeschwindigkeit zur Warenschädigung bzw. zum Schmelzen der Fasern, so daß sich auch diese Art der Thermofixierung nicht einführen konnte.

23. Plissieren

Beim Plissieren ist man bemüht, möglichst permanente (wasser-, wasch- und gebrauchsechte) Falten in gewebten oder gewirkten Stückwaren zu erzeugen. Die Herstellung von *Permanentplissee* wird nicht nur in der Textilausrüstung, sondern auch in der Konfektion vorgenommen. Besondere Bedeutung hat das Verfahren erst durch die Einführung von synthetischen Fasern erhalten, doch ist es auch möglich, natürliche Fasern zu plissieren.

Beim *Plissieren von Zellulosegeweben- und -gewirken*, die aus Baumwolle oder regenerierten Zellulosen bestehen, ist es notwendig, die Stückwaren vorher mit Hochveredlungsprodukten und den dazu notwendigen Katalysatoren usw. zu imprägnieren, bei möglichst nicht über 70°C auf einen Restfeuchtigkeitsgehalt von 10—15% zu trocknen und umgehend mit den nachstehend beschriebenen Plissee-Einrichtungen zu plissieren. Es handelt sich dabei um ein ähnliches Verfahren, wie es für die Erzeugung von Chintz- und Prägeeffekten mit Hochveredlungsprodukten (S. 368) üblich ist. Nach dem Passieren der Plisseewalzen wird zur weiteren Kondensation eine Wärmeplatte und evtl. ein Kühltisch passiert, um die Kondensation der Hochveredlungsprodukte fortzusetzen bzw. die Ware abzukühlen. Um ein Verschieben der plissierten Warenbahn zu vermeiden ist es vorteilhaft, auf dem Mitläuferpapier oder der plissierten Ware Klebestreifen aufzubringen. Wird auf den Wärmetisch verzichtet, ist es notwendig, die plissierte Ware in entsprechenden Wärmeschränken nachzufixieren, d. h. die Hochveredlungsmittel wasserunlöslich zu härten und damit auch die Falten permanent zu machen.

Zum *Plissieren von Wolle* und *Seide* können die nachstehend beschriebenen Plissiermaschinen bisher nicht eingesetzt werden. Nicht permanente Plisseefalten können jedoch durch manuelles Legen der Falten und anschließendes, feuchtes Bügeln oder Behandeln auf Dampfbügelpressen bzw. durch Legen von Falten mittels Formen, Aufwickeln und Dämpfen in entsprechenden Dämpfschränken (Abb. 334, S. 249) erzeugt werden. Zur Permanentplissierung von Wollwaren werden neuerdings organische Reduktionsmittel von der *CSIRO*,

Wool Research Laboratory, Geelong/Australien empfohlen. Als „Siroset"-Konzentrat kommen als Lösung Ammoniumthioglykolat (E. Merk & Cie., Darmstadt), als ATB-„Siroset"-Konzentrat NS Monäthanolaminsulfit und als ATB-„Siroset"-Konzentrat NC Monoäthanolamincarbamat (*Böhme*) Produkte auf dem Markt, die hauptsächlich zur Flächenfixierung (S. 304) der Wolle, jedoch auch für permanente Falten und damit auch für das Plissieren eingesetzt werden. Man arbeitet dabei nach der Methode der *Vorsensibilisierung* (S. 304). Dabei werden die Gewebe in der Veredlung mit 50 g/l (Lösung 1:19 der Konzentrate) der angegebenen Produkte benetzt (foulardiert), bei Temperaturen unter 100°C getrocknet (Spannrahmen), eine nachträgliche Heißdampfbehandlung sollte unterbleiben, wie sie z. B. die Dekatur darstellt. Durch Auftrag von 40% Feuchtigkeit, Herstellen der Plisseefalten mittels Plisseeformen und anschließendes Dämpfen bei 100°C während 30—60 Min., Heißlufttrocknen und Abkühlen im Dämpfschrank werden permanente Plisseefalten erzielt, die einige Wäschen bei 40°C aushalten, eine chemische Reinigung jedoch ohne Abnahme der Faltenpermanenz überstehen. Fertig ausgerüstete Wollwaren können mit einer Lösung von 50 g/l der angegebenen Produkte besprüht oder benetzt und wie beschrieben die gelegten Falten permanent plissiert werden. Die Produkte können nach der angegebenen Methode auch zur Erzeugung von permanenten Bügelfalten („Siroset"-Falten) eingesetzt werden. Dabei werden die Fertigtextilien mit „Siroset"-Lösung eingesprüht und auf Bügelpressen 20 Sek. mit Dampf, 20 Sek. ohne Dampf gepreßt und weitere 5 Sek. auf der Bügelpresse abgekühlt. Durch Mitverwendung von Harnstoff und 20—25 Sek. dämpfen mit möglichst feuchtem Dampf kann ein vorheriges Befeuchten auch unterbleiben. „Siroset" N (Ammoniumthioglykolat) reagiert mit Schwermetallen und ihren Salzen und führt zu Flecken, außerdem hat es einen unangenehmen Geruch. „Siroset" NS und NC zeigen diese Nachteile weniger. Durch Farbtonumschläge, vor allem bei Zellulosefasern (Futter, Nähfäden) kann es bei allen drei Verfahren zu Fehlern kommen.

Von *Rotta* wird als ANG-RA 330 ein organisches Reduktionsmittel geliefert, welches zur Vorsensibilisierung mit

40 g/l ANG-RA 330,
60—80 g/l Harnstoff

in der Veredlung foulardiert, unter 100°C getrocknet und die Falten in der Konfektion durch Bügeln auf der Bügelpresse oder im Dämpfschrank fixiert werden können.

Beim *Plissieren von synthetischen Fasern* macht man sich die Eigenschaften dieser Fasern zunutze, daß sie bei Zuführung von Wärmeenergie bis zum Erweichungspunkt formstabil werden, wie das beim Fixieren (S. 235) von synthetischen Fasern der Fall ist. Beim Plissieren werden lediglich die Stückwaren in Falten gelegt und so fixiert (stabilisiert) und dadurch die Permanenz der Falten erreicht. Die zum Plissieren vorgesehenen Web- oder Wirkwaren müssen folgende Forderungen erfüllen:

1. Es dürfen die Stückwaren keinesfalls ausfixiert plissiert werden,
2. sie dürfen keine Fette, Avivagen oder andere Appreturauflagen enthalten, welche durch die Plissiertemperatur vergilben,

3. bei gefärbten Waren müssen Farbstoffe eingesetzt worden sein, die durch die Plissiertemperatur keinen Farbtonumschlag erleiden (plissier- bzw. thermofixierechte Farbstoffe),

4. die Stückwaren sollen keine örtlichen Spannungen aufweisen und vollkommen glatt der Plissiermaschine vorgelegt werden.

Die angegebenen Bedingungen gelten für Stückwaren aus reinen Synthesefasern bzw. auch deren Gemische. Die Permanenz des Plissees ist vom Anteil der synthetischen Fasern abhängig, der möglichst hoch gewählt werden muß und mindestens 50 oder mehr Prozente betragen soll. Ist er niedriger, ist es zur verbesserten Permanenz des Plissees der nativen Faseranteile notwendig, die Stückwaren vorher mit den in vorstehenden Abschnitten beschriebenen Produkten zu behandeln und das Plissee nach dem maschinenplissieren in Dämpf- oder Hitzeschränken zu behandeln.

Sind die Synthesefasern vor dem Plissieren vollkommen ausfixiert, ist ein Plissieren nicht mehr möglich; kommen die Stückwaren mit örtlichen Spannungen oder in faltiger Form zur Plissiermaschine, werden die Stückwaren kraus, wellig und zeigen unangenehme *Bolderungen*. Bei unsachgemäßer Vorbereitung der Waren können in der Regel nur kleine Falten plissiert werden. Bei Fasermischungen von Zellulosen- mit Acrylfasern bzw. letztere allein, kann es auch zu unangenehmen Glanzstellen kommen, die durch geringen Druck der Oberwalze oder Verwendung von Mitläufertüll in der Plissiermaschine eingeschränkt oder vollkommen verhindert werden können.

Beim *Plissieren von Polyamidfasern* hat sich eine Vorfixierung bei max. 130 bis 140°C durch Trockenhitze als vorteilhaft erwiesen. Anschließend wird bei 170—190°C (Polyamid 66 = Perlon) und 190—220°C (Polyamid 6 = Nylon) auf der Maschine plissiert. Beim Plissieren von Mischungen aus Polyamidfasern mit Wolle müssen die Temperaturen erniedrigt werden. Beim *Plissieren von Polyesterfasern* liegen die Bedingungen ähnlich. Die Plissiertemperatur liegt bei 190—220°C. Um Bolderungen zu vermeiden, werden diese Stückwaren vorher teilfixiert. Die Bedingungen gelten für reine Polyesterfasern und auch deren Mischungen. Beim *Plissieren von Acrylfasern* ist ein Vorfixieren nicht nötig. Die Plissiertemperatur liegt bei 140—160°C. Die vorstehend angegebenen Anhaltspunkte gelten für Maschinenplissee auf den anschließend beschriebenen Einrichtungen. Die Durchlaufgeschwindigkeit richtet sich nach der Stärke der Stückwaren. Dabei muß berücksichtigt werden, daß u. U. stärkere Waren allein auf der Maschine keine ausreichende Schärfe der Falten ergeben können und in ebenfalls noch zu beschreibenden Dämpfschränken nachfixiert werden müssen, obwohl ein nachgeschalteter Kondensationstisch auch hier Vorteile bringt. In allen Fällen ist es notwendig, daß die heißen, plissierten Waren in nicht zu fest gerollter Form ausreichend Gelegenheit zum „Einfrieren" haben müssen, bevor sie abgerollt und weiter verarbeitet werden. Plissierte Waren werden heute für Wäsche und auch Oberbekleidung verwendet. Bei Wäschestoffen kommt hauptsächlich Polyamid-Charmeuse zum Plissieren, das sich beim Vorfixieren auf dem Spannrahmen an den Kanten rollt. Eingerollte Kanten sollten jedoch vor dem Plissieren entfernt werden, wie es durch Abschneiden nach dem Vorfixieren auf dem Spannrahmen (S. 119) bzw. durch Kantenversteifen (S. 116) beim Fixieren möglich ist.

Plissier-Einrichtungen

Zum kontinuierlichen Plissieren werden spezielle *Plissiermaschinen* verwendet, bei denen die Stückware in möglichst spannungslosem und absolut faltenfreiem Zustand der Maschine gerollt vorgelegt werden. Die Ware passiert zwei beheizte Walzen, wobei die Unterwalze aus poliertem Stahl, die Oberwalze meist mit Filz bezogen ist. Zur Herstellung der Falten dienen Messer, die je nach gewünschter Faltenlage die Stückware zwischen die beheizten Walzen schiebt (Abb. 328 a bis c). Da sich jedoch die Ware allein mit den Messern nicht in Falten legen läßt, laufen an der Ober- und Unterseite spezielle Plisseepapiere mit, welche die Ware stützen und die Faltarbeit der Plissiermesser unterstützen. Ober- und Unterpapier schützen auch die Stückwaren vor Glanzstellen und Abdrücken durch überlappende Falten. Die Papiere werden nach dem Plissieren mit der Ware aufgerollt. Die Hersteller der Maschinen liefern auch die Spezialpapiere, deren Stärke von der Schwere der Ware und der gewünschten Musterung abhängt. Von der Art des Plissee, des Warengewichts und der Zusammensetzung der Stück-

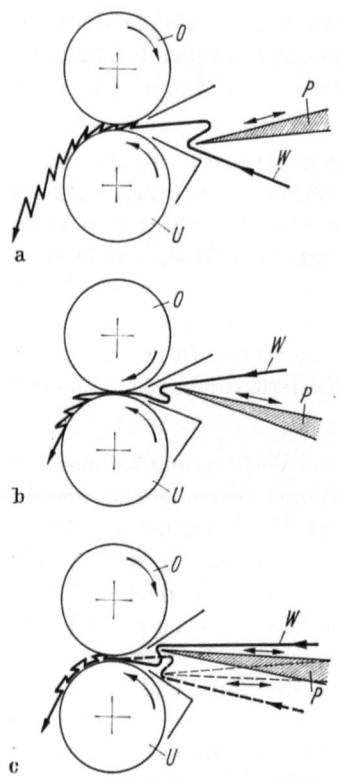

Abb. 328 a bis c. Herstellungsschemen verschiedener Falten auf kontinuierlichen Plisseemaschinen
O Oberwalze; U Unterwalze; P Plisseemesser; W Warenbahn; a) Vorwärts-; b) Rückwärts-; c) Toll-(Vorwärts- und Rückwärts-)Falten

Abb. 329. Plisseemaschine „Rabo 64" (*Rabofsky*), Einlaufseite mit Ober- und Unterpapierzuführung

waren hängt auch die Leistung der Maschine ab, die bei modernen Konstruktionen 12—100 Falten/min beträgt. Die Plissierwalzen werden vorgeheizt und über Thermostaten mit Temperaturtoleranzen von $\pm 3°C$ ausgestattet. Sie gestatten Arbeitstemperaturen bis 250°C, d. h., daß die Ware in der Plissierfuge auf 15—20°C unter dieser Temperatur erwärmt wird (Abb. 329).

Beim Plissieren von Zellulosegeweben, die mit thermoplastischen Hochveredlungsprodukten vorfoulardiert und getrocknet wurden, genügt die Erwärmung zwischen den Walzen nicht zur permanenten Faltenfixierung. Die Ware

23. Plissieren

läuft deshalb nach den Walzen im Kondensationstisch zwischen zwei Heizplatten hindurch, um dort auszukondensieren. Das gilt auch für stärkere Gewebe aus synthetischen Fasern und deren Mischungen. Um jedoch die Faltenlage dort nicht zu verändern, ist es vorteilhaft, an der Oberseite entsprechende Klebebänder mitlaufen zu lassen. Zur besseren Verarbeitung von plissierten Stückwaren aus Synthesefasern, die nicht in voller Breite weiter verarbeitet werden, können auch Klebefäden mitlaufen, an denen die plissierten Stückwaren geschnitten und anschließend vernäht werden können. An Stelle des Kondensationstisches ist es zum „Einfrieren" von Plissee in Synthesewaren möglich, über einen wassergekühlten Tisch zu arbeiten und die Ware anschließend aufzurollen und in gerollter Form restlos zu verkühlen.

Zum Plissieren von schmalen Bändern werden *Tollmaschinen* (Abb. 330) verwendet. Dabei laufen die Stückwarenstreifen durch elektrisch beheizte, dem jeweiligen Muster angepaßte Zahnräder. Als *Auszackmaschinen* werden Schneidemaschinen geliefert, die Gewebestreifen an den Kanten in unterschiedlichsten Mustern abschneiden bzw. durch Verwendung von Molettenwalzen aus den Streifen Muster ausstanzen. Toll- und Auszackmaschinen werden für Hand- und Motorantrieb geliefert.

Abb. 330. Tollmaschine (*Rabofsky*)

Moderne Plissiermaschinen sind in der Lage, eine Vielzahl von Faltenlagen zu erzeugen. Dabei können die Falten vorwärts oder rückwärts gelegt werden, daneben ist auch eine Kombination möglich, die auch die Wahl zwischen nichtplissierten und plissierten Warenbahnabschnitten zulassen. Bei den älteren Konstruktionen wiederholte sich der Rapport nach 12 bzw. 24 Falten. Bei z. B. der lochkartengesteuerten Plissiermaschine „Rabo 75" (*Rabofsky*) ist es möglich, ohne Rapport zu plissieren. Die Faltenlage ist

Abb. 331. Raffel- und Raupenplisseemaschine „Rabo 65" (*Rabofsky*) mit Jacquard-Steuereinrichtung, Rückseite mit Kondensations-(Wärme-)Tisch

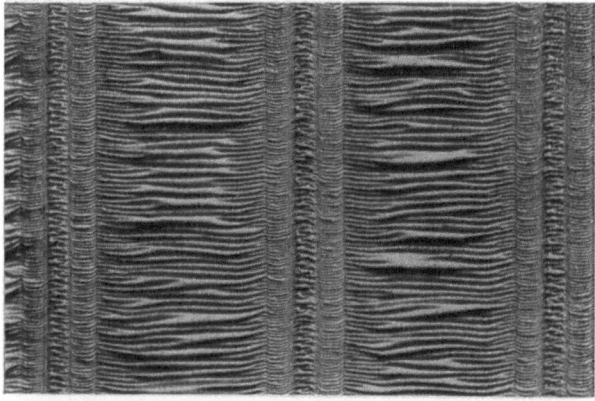

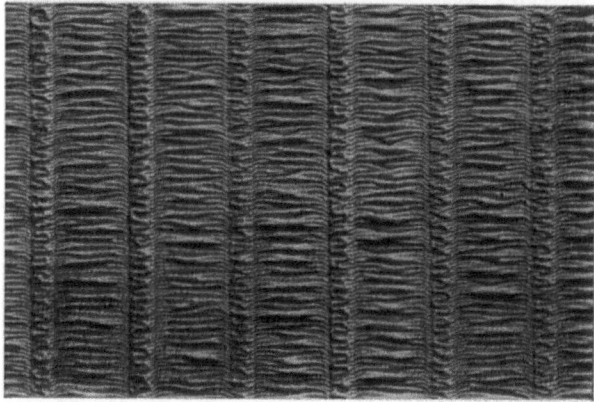

Abb. 332. Raffel- und Raupenplissee (*Rabofsky*)

von der Arbeit der Faltenmesser abhängig, die entweder geradlinig oder gewellt sind, bzw. kann sich Parallel- und Wellenplissee abwechseln. Auf Spezialmaschinen (Abb. 331 und 332) ist es weiter möglich, auch die Faltenbreite zu variieren. Eine kleine Auswahl der möglichen Plisseefalten zeigen die Abb. 333 a—h.

Die Hersteller von Plissiermaschinen liefern auch *Plisseeformen*, welche neben den bereits auszugsweise gezeigten Falten auch solche Plissierungen zulassen, die auf Maschinen nicht erreichbar sind (Kunstplissee). Dazu gehören z. B. Sonnenplissees (Abb. 333 i), die ungleichmäßige Höhe der

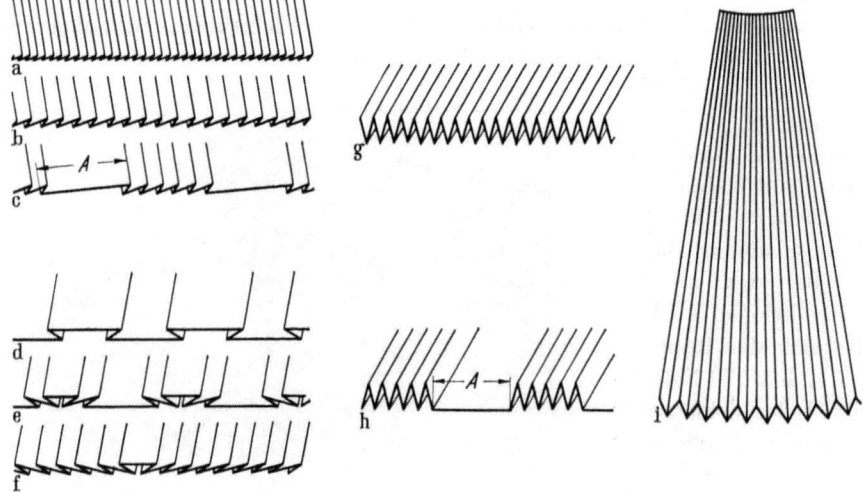

Abb. 333 a bis i. Plissee-Musterungen (*Rabofsky*), die auf kontinuierlichen Plisseemaschinen (*a—f*) und mittels Plisseeformen (*g—i*) erreichbar sind

a, b Vorwärtsfalten; *c* Vorwärtsfalten mit Ausschaltung (*A*); *d, e, f* Gruppenplissee (Progressiv-Plissee); *g* Stehfalten; *h* Stehfalten mit Auslaß (*A*); *i* Sonnenplissee in Stehfalten

Falten bzw. Abstand der Falten über die Stückwarenbreite zeigen. Dabei wird der Stoff zwischen die obere und untere Plisseeform in die vorgewählte Faltenform gelegt, beschwert und anschließend aufgewickelt. Die Plisseeformen können bei schonender Behandlung 300—600mal benutzt werden. Zur Fixierung der Falten müssen die nachstehend beschriebenen Dämpfschränke verwendet werden.

Zur Fixierung von Kunstplissee, das über Plisseeformen vorgewählt wurde, werden spezielle *Dämpfschränke* verwendet. Diese Einrichtungen werden auch dort verwendet, wo ein Nachfixieren von Stückwaren notwendig ist, die auf Plissiermaschinen wegen der Stärke des Gewebes, der verwendeten Materialien (Zellulosefasern, Mischungen aus synthetischen mit nativen Fasern) und Wolle und deren Mischungen keine ausreichende Fixierung bzw. Schärfe der Falten zulassen. Ferner eignen sich die Schränke zur Fixierung von Plisseefalten in Einzelstücken in der Konfektion, wo ebenfalls mit Hilfe von Plisseeformen die Faltenlage vorgewählt und anschließend die Waren aufgerollt, durch Dämpfen, Trockenhitze oder beides fixiert werden. Dabei werden die Geweberollen mit einem Tuch, Metallgewebe oder bei Stehplissee (Sonnenplissee) in Spannern in die Schränke eingehängt und so behandelt. Normale Dämpfschränke (Abb. 334) arbeiten mit Sattdampf über einen „Sumpf", in dem durch elektrische Heizstäbe, Gas oder auch indirekten Dampf oder Sattdampf erzeugt wird. Zur Vermeidung von Kondenswasser und damit Tropfflecken, ist die Decke ebenfalls beheizt. Zur Trocknung der Ware kann mit einem Gebläse Heiß- bzw. zur Küh-

Abb. 334. Plissee-Dämpfschrank „Rabo 4" (*Rabofsky*)

Abb. 335. Plissee-Hochtemperatur-Dämpfschrank „Rabo 5" (*Rabofsky*)

lung Kaltluft eingeblasen werden. Zur Fixierung von Stückwaren oder Einzelstücken aus synthetischen Fasern und deren Mischungen sind jedoch Hochtemperaturen notwendig, die entweder mit überhitztem Dampf bei Niederdruck (0,5 atü) in *HT-Dämpfschränken* (Abb. 335) oder in *Vakuum-Dämpfschränken* (Abb. 336) erreicht werden. Die Dämpfzeiten für die angegebenen Fasern liegen bei einfachen Dämpfschränken zwischen 30—120 Min. bei 100°C (mindestens 90°C) und bei HT-Dämpfschränken zwischen 5—20 Min. bei Temperaturen zwischen 120—180°C. In allen Fällen sollten die Materialien nachgetrocknet und möglichst in den Dampfschränken gekühlt werden.

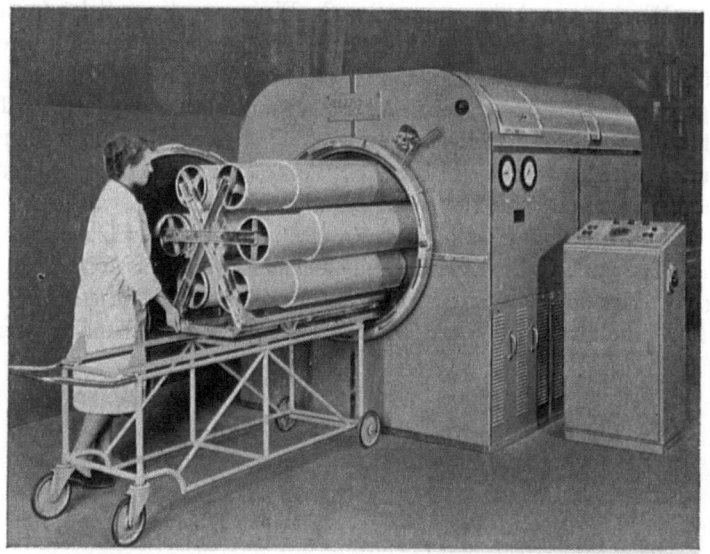

Abb. 336. Vakuumdämpfer zur Fixierung von plissierten Stückwaren (*Bellmann*)

Plissiermaschinen können auch zum Plissieren von Sekundärazetat und aus diesem Material hergestellte Folien, Polyvinyl- und Triazetatfasern eingesetzt werden. Bei Sekundärazetat wird bei 120—140°C Walzentemperatur, bei Polyvinylfasern bei max. 90°C und bei Triazetat wie bei Polyesterfasern gearbeitet.

Plissiermaschinen und Dampfschränke, Plissierpapier werden u. a. von folgenden Firmen hergestellt bzw. geliefert:

Hattersley	*Lohmann*	*Rabofsky*	*Rason*
Lassner	*Marangoni*	*Raming*	*Rimoldi*

24. Aufmachungsarbeiten

Unter Aufmachungsarbeiten versteht man alle Arten von Tätigkeiten, die zur endgültigen Auslieferungsform der Textilien an den Konfektionär oder den Verbraucher führen. Dazu gehört das *Messen, Wickeln, Dublieren, Entfernen von Wechselfäden, Bedrucken von Kanten* und *Verpacken der Stückwaren*. Im weiteren Sinn kann das nochmalige Schauen und Ausnähen bzw. auch die Bezeichnung von in der Veredlung aufgetretenen Fehlern ebenfalls zu den Schlußarbeiten

24. Aufmachungsarbeiten

Abb. 337. Stranggarn-Ausschlagmaschine (*Gerber*)

gezählt werden. Stranggarne werden meist „ausgeschlagen", d. h. durch manuelle oder mechanische Streckung (Abb. 337) die Einzelfäden möglichst parallel gelegt und die Stränge anschließend in Bündeln verpackt. Kreuzspulen werden in Kisten ausgeliefert, und wenn es sich um sehr glatte Garne handelt, in Papier oder Folien eingeschlagen, um das Abrutschen der Außenfäden zu verhindern. Nähfäden kommen auf Kärtchen oder Spulen gewickelt in den Handel. Handstrick- oder Strickgarne als Einzelsträngchen oder auch als Knäul zum Verkauf. Letztere Arbeiten werden in der Regel von der Spinnerei oder Zwirnerei vorgenommen.

Wenn auch die nachstehend kurz beschriebenen Arbeiten für Nähgarne usw. nicht unbedingt zu den Aufmachungsarbeiten gerechnet werden müssen, handelt es sich doch um Schlußarbeiten. Durch *Chevellieren* werden Seiden-, Reyon- und merzerisierte Baumwollgarne auf höheren Glanz und größere Glätte gebracht (Abb. 338). Die Garnstränge werden dabei einzeln zwischen zwei Walzen gehängt

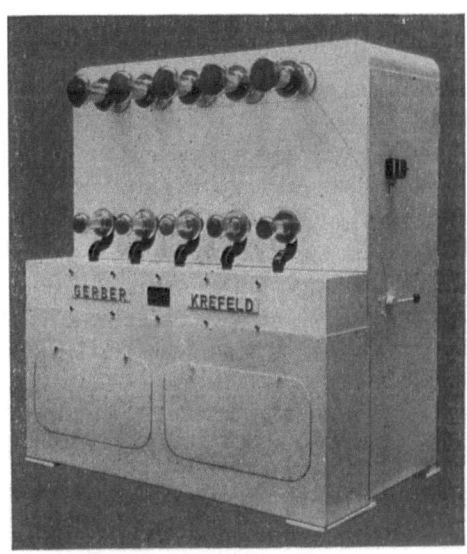

Abb. 338. Chevelliermaschine (*Gerber*)

Abb. 339. Garn-Dämpf- und Lüstriermaschine (*Gerber*)

und unter dauernder Streckung zopfartig ein- und aufgedreht und damit ein ähnlicher Effekt erreicht wie beim Ausschlagen. Die Arbeit ist jedoch schonender. Beim *Lüstrieren* oder *Polieren* werden Garnstränge oder Einzelfäden, die vorher mit Steifungs- und Weichmachern imprägniert wurden, mit Heißluft getrocknet und gleichzeitig mit Bürsten- oder Schlägerwalzen (Abb. 339) geglättet. Dadurch wird eine bessere Vernähbarkeit und gutes Aussehen erreicht.

Stranggarn-Aufmachungsmaschinen werden u. a. von folgenden Firmen geliefert:

Becherini *Gerber* *Seydel*
Fleissner *Proctor-Schwartz* *Verduin*

Die **Aufmachung** der Stückwaren ist an keine bestimmte Form gebunden. Damaste werden z. B. in Lagen gelegt oder flach oder rund auf Papprollen gerollt. Wegen ihrer Breitenmaße kommen sie jedoch fast ausschließlich in dubliertem Zustand zur Auslieferung. Ob eine Ware dubliert (gedoppelt) wird, hängt von ihrer Breite ab. Waren von über 80 cm Breite werden für den normalen Verkauf fast immer dubliert, für die Konfektion jedoch in breitem Zustand gerollt ausgeliefert. In der Konfektion wird die Ware meist in der gesamten Breite liegend zugeschnitten, um den Abfall zu verringern. Oft stört auch die durch das Dublieren in der Ware *eingedrückte Mittelfalte*, die bei längerer Lagerung, vor allem bei Wollwaren, ziemlich fest in der Ware sitzt und nur durch Bügeln zu entfernen ist. Auch die in einzelne Lagen gelegte Ware kann dubliert sein. Die einzelnen Lagen haben die gleichen Maße wie z. B. 1 Meter, 1 Yard, damit in der Konfektion die Warenlänge erkannt und auch bei Bestandsaufnahmen schnell die Restlängen bestimmt werden können.

Von Ausnahmefällen abgesehen, kommen *Wollgewebe* nur *doppelt breit*, d. h. *dubliert* zum Verkauf, die Konfektion verwendet heute bereits vielfach auch hier nichtdublierte, sondern nur gerollte Ware. Vor allem Herrenanzugsstoffe kommen in Normalbreiten von 140 cm nur dubliert in den Handel, enthalten jedoch meist ein eingelegtes *Papiermaßband*, aus dem man jederzeit die Restlängen er-

Abb. 340. Meß- und Wickelmaschine (*Monforts*)

24. Aufmachungsarbeiten 253

sehen kann. In Weißwaren werden Papiermaßbänder seltener eingelegt, es wird die *Gesamtlänge* (Endmaß) nur durch Meßmaschinen bestimmt und durch ein Etikett an der Ware *ausgezeichnet*. Die für Wollwaren usw. üblichen Maßbänder sind geeicht und werden beim Dublieren, Legen oder Wickeln in die Ware eingelegt.

Das **Messen der Ware** für den Verkauf wird heute ausschließlich mit Maschinen (Abb. 340) vorgenommen, um die Meßgenauigkeit einzuhalten. Es wird meist gleichzeitig mit dem Legen, Dublieren oder Rollen auf diesen Maschinen ausgeführt. Die Ware läuft vom Stapel oder einer Docke (Kaule) über einen Tisch und wird anschließend gerollt oder gelegt. Durch besondere, geeichte Einrichtungen, meist sind es mehrere Gummiwalzen, wird die Länge der Ware gemessen. Die einzelnen Meter werden auf der Meßuhr verzeichnet und nach Ablauf der Ware die Etiketten mit der festgestellten Meterzahl bedruckt.

Dublieren. Wie schon erwähnt, kommt ein Dublieren nur für breite Waren in Betracht. Die meist im Stapel vorliegende Ware wird über Führungswalzen und *Breithalter* hochgezogen und rutscht über die Schenkel eines gleichschenkligen, aus polierten Schienen bestehenden Dreieckes so ab, daß die Dreieckspitze mit der Mittelfalte des Gewebes zusammentrifft (Abb. 341, 342).

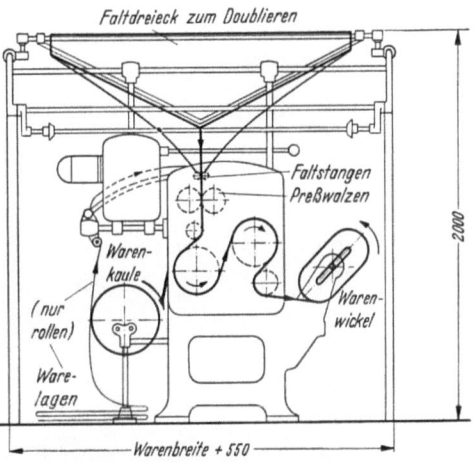

Abb. 341. Dublier-, Meß- und Wickelmaschine (*Menschner*)

Abb. 342. Dublier-, Meß- und Wickelmaschine (*Menschner*)

254　　　　　　　　　　　I. Die mechanischen Appreturarbeiten

Die an den schiefstehenden Dreieckschenkeln abfallenden Gewebelagen werden mittels zweier *Führungsstangen* zusammengedrückt und von 2 Preßwalzen in bereits dubliertem Zustand der Roll- oder Legevorrichtung zugeführt. Um die Gewebekanten einwandfrei und gleichmäßig aneinanderzubringen, führt man die Ware durch elektroautomatische *Kantenkontrollapparate*, die unterhalb des Faltendreieckes an den Faltstangen angebracht sind. Läuft die Ware ungleichmäßig auf das Dreieck und wird die Mittelfalte verschoben, kann durch Verstellung der Faltstangen die genaue Mittelfalte wiederhergestellt werden. Bei neueren Maschinen wird diese Verstellung elektro-automatisch angetrieben (Abb. 343, 344). Nach dem Dublieren kann man die Ware entweder rund oder auf eine Flachpappe wickeln bzw. legen. Die Dubliermaschinen sind meist mit

Abb. 343. Elektroautomatischer Kantenkontrollapparat in der Dubliermaschine (*Monforts*)

Abb. 344. Elektromagnetische Faltstangensteuerung in der Dubliermaschine (*Monforts*)

24. Aufmachungsarbeiten

Einrichtungen ausgestattet, die alle 3 Arbeiten durchführen. Ferner kann man bei diesen Maschinen die Dubliervorrichtung ausschalten und die Stückware vom Stapel oder einer Rolle nehmen und sie nur rollen oder legen. Diese Einrichtung wird durch eine eichfähige Meßeinrichtung ergänzt.

Legen. Eine Doppelschiene, zwischen der die Ware geführt wird, legt sie in Falten von gewisser Länge. Diese *Legeschaufel* wird von einem Exzenter so bewegt, daß sie die Ware abwechselnd in die einzelnen Falten legt (Abb. 345, 346). Die gelegte Falte wird durch eine mit Gummirollen oder Kratzen belegte Stange festgehalten. Um leichte bzw. elastische Waren (Wirkware) beim Legen vollkommen zu entspannen und eine gleichmäßige Länge der einzelnen Falten zu gewährleisten, bedient man sich einer *Ausgleichsschwinge*. Für sanforisierte Waren sind besondere Einrichtungen vorgesehen, die den absolut spannungsfreien Warenlauf garantieren. Der Tisch, auf dem die Ware gelegt wird, senkt sich je nach *Höhe der Faltenlage* automatisch. Diese Senkung kann je nach Dicke der Gewebe eingestellt werden. Mit

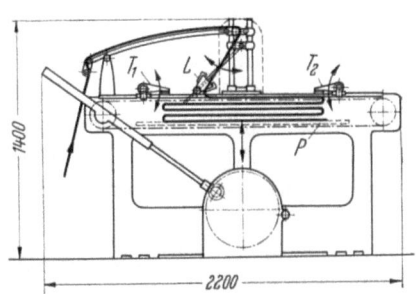

Abb. 345. Arbeitsschema der Schnell-Legemaschine MLS/S (*Monforts*)
L Legeschiene; T_1 und T_2 Faltentaster; *P* Legeplatte (senkrecht verschiebbar)

Abb. 346. Hochstoßlegemaschine MLH (*Monforts*)

Abb. 347. Kantendruckapparat (*Monforts*)

Abb. 348. Wechselfäden- und Schußschlingenöffner an der Kantenschermaschine (*Monforts*)

einem Fuß- oder Handhebel wird der Tisch so weit gesenkt, daß der Warenstapel herausgehoben werden kann. Die Anzahl der gelegten Falten sowie die Meterzahl der Ware wird gemessen und auf einem Etikett am Ende des Legens maschinell aufgedruckt. Die Maschine arbeitet mit einer Warengeschwindigkeit von 6—50 m/min und wird für die einzelnen Warenbreiten in verschiedenen Größen gebaut.

Verschiedene Waren werden mit Hilfe eines *Kantendruckapparats* (Abb. 347) gleichzeitig mit dem Messen bedruckt. Einlagestoffe und technische Gewebe werden beim Messen mit einem Firmenzeichen bedruckt. Bei größeren Mustern geschieht dies bereits während des Ausrüstungsganges. Häufig werden auch die Stückenden mit *Aufbügeletiketts* versehen.

Abb. 349. Wechselfäden-Schneidemaschine „Imperial"
(*Vollenweider*) mit vorgebauter Breitnähmaschine

Zu den Schlußarbeiten zählt auch das *Abscheren von Wechselfäden*. Vor allem bei karierten und schußgestreiften Geweben verbleiben einzelne Schußfäden an den Kanten, die abgeschnitten werden müssen. Es gibt heute verschiedene Konstruktionen, die diese *Schlingenfäden zuerst aufschneiden und anschließend meist durch Rundschermesser abscheren* (Abb. 348, 349). Oft werden Kantenschermaschinen an einer Meßmaschine oder an Schaumaschinen angebaut, sie arbeiten zur gleichmäßigen Kantenführung mit einem *Leistentaster*, wie er auch an den Spannrahmen-Trockenmaschinen üblich ist. Zur Entfernung von Wechselfäden können auch Keramikbrenner (*Osthoff, Julien*) eingesetzt werden, die Wechselfäden nach dem Aufschneiden absengen.

Aufmachungsmaschinen für Stückwaren werden u. a. von folgenden Firmen gebaut:

Bailey	*Foxwell*	*Jahreis*	*Raxhon*
Bates	*Gessner*	*Maag*	*Riggs*
Birch	*Heberlein*	*Menschner*	*Sellers*
Butterworth	*Hunt*	*Monforts*	*Steinemann*
Comerio-Ercole	*Hunter*	*Morrison*	*Tonneau*
Comet	*Industrial-Heat*	*Mount-Hope*	*Van-Vlaanderen*
Curtis	*INVEST*	*Parks*	*Vollenweider*
Durrant	*Isotex*	*Perkins*	

II. Die chemischen Appreturarbeiten

Auch hier gilt das bereits bei den mechanischen Appreturarbeiten Gesagte, daß nur durch Zusammenwirken von beiden Arten der Arbeiten der endgültige Effekt erreicht werden kann. Allerdings tragen bei den chemischen Verfahren diese Arbeiten die Hauptlast am Appretureffekt. Unter den chemischen Appreturen können allerdings nicht nur die Verfahren verstanden werden, welche allein auf der chemischen Reaktion von Faser und Behandlungschemikalie beruhen, sondern es handelt sich meist um Naßappreturen, durch welche neben der chemischen Reaktion, oder auch ohne eine solche, der Griff, die Oberfläche, das Aussehen usw. verändert werden. Selbstverständlich sind auch eine Reihe Kombinationen der chemischen Verfahren untereinander mit mechanischen Appreturen üblich.

Für die Applikation von Appreturchemikalien (Appreturmitteln) sind sehr unterschiedliche Methoden üblich, die hauptsächlich im Benetzen und anschließendem Entwässern (Vortrocknen) bestehen, wenn aus wässerigen oder anderen Lösungen, Dispersionen, Emulsionen gearbeitet wird. Man bezeichnet diese Arbeiten meist als *Imprägnieren*. Früher war diese Bezeichnung nur für das Hydrophobieren (S. 326) üblich, wird jedoch heute für das Auftragen von allen Behandlungsmitteln in der Bleicherei, Färberei, Druckerei und Appretur verwendet.

1. Applikation von Appreturmitteln

Bei diesen Arbeiten werden sehr unterschiedliche Einrichtungen verwendet, die eigentlich „mechanische" Appreturarbeiten sind, da in der Regel der erwartete Effekt erst durch nachfolgende Behandlungen sichtbar wird. Appreturmittel können auf Textilien

    im Vollbad (Ausziehverfahren),
    durch Foulardieren (Klotzen),
    Pflatschen,
    Rakeln,
    Besprühen und
    Aufbürsten

aufgebracht werden.

Bei der **Vollbadbehandlung** werden die Textilien im großen Flottenverhältnis eine längere Zeit benetzt und anschließend durch Abquetschen, Absaugen, Zentrifugieren usw. entwässert. Diese Art des Appreturauftrags ist nur dort wirtschaftlich, wo mit Produkten gearbeitet wird, die eine *Substantivität (Affinität)* zur Textilie haben und damit eine gewisse Erschöpfung der Behandlungsbäder ermöglichen. Da, abgesehen von ausgesuchten Weichmachern, optischen Aufhellungsmitteln, Hydrophobierungsprodukten u. a. Appreturmitteln, in der Ausrüstung mit Produkten gearbeitet wird, die keine Substantivität zur Faser besitzen, ist das Ausziehverfahren in der Appretur seltener, da wegen des hohen Flottenverhältnisses hohe Produktmengen eingesetzt werden müssen, um ausreichende Effekte zu erzielen. Für die Vollbadbehandlung können alle in der Färberei[1] üblichen Apparate und Maschinen eingesetzt werden, die auch für die Behandlung von Stranggarn, Stückwaren usw. üblich sind. Die Vollbadbehandlung hat vor den anderen Verfahren den Vorteil, daß die Behandlungszeit und -temperatur beliebig gewählt und variiert werden kann und außerdem zwei Behandlungen (z. B. Färben und Weichmachen) einbadig vorgenommen werden können, vorausgesetzt, daß alle eingesetzten Behandlungsmittel ohne Beeinträchtigung der Effekte miteinander verwendet werden können. Zu den Vollbadbehandlungen gehören auch Krabben, Waschen, Naßdekatieren usw., wenn in den Behandlungsbädern Appreturprodukte miteingesetzt werden und durch anschließende Behandlungen nicht mehr entfernt werden.

Beim **Foulardieren**, das auch als *Klotzen, Imprägnieren* bezeichnet wird, werden in der Appretur hauptsächlich Stückwaren in breitem Zustand in konzentrierten Behandlungsflotten genetzt und anschließend über die Foulardwalzen durch Abquetschen entwässert. *Foulards* werden als wichtigster Teil in der Kontinuefärberei einzeln und auch in Kombination mit anderen Ausrüstungsmaschinen in der Appretur eingesetzt.

In der Regel können Färbefoulards auch in der Appretur verwendet werden. Allerdings ist es nicht in dem Maße notwendig, den Abquetscheffekt so peinlich genau auf der gesamten Warenbreite einzuhalten, wie es in der Kontinuefärberei zur Erzielung von kantengleichen Färbungen notwendig ist, doch sollte auch in der Appretur ein möglichst gleicher Appreturmittelauftrag erstrebt werden. In der Ausrüstung werden wegen der besseren Benetzung häufiger Foulardkonstruktionen eingesetzt, die mit großem Chassis (Flottentrögen) ausgestattet sind, um der Ware möglichst lange Gelegenheit zur Benetzung zu geben. Derartige Konstruktionen sind in der Färberei seltener, da dort mit „substantiven" Farbstoffen gearbeitet wird, die zur Verarmung der Flotten und damit umständlichen Nachsatzverstärkungen führen. Die nichtsubstantiven Appreturprodukte erfordern meist keine Nachsatzverstärkung.

Beim Foulardieren arbeitet man im „kleinsten Flottenverhältnis", d. h. die aufgenommene Flottenmenge wird durch den *Abquetscheffekt* (AE) bestimmt. In der Appretur sind geringere AE als in der Färberei üblich, d. h. es verbleibt in der Regel mehr Flüssigkeit in der Ware. Normalerweise liegt die Flüssigkeitsaufnahme in der Appretur bei 80—120%. Die Appreturmittelmenge wird immer in g/l der Foulardflotte angegeben und der Auftrag mit g/kg Ware berechnet. Dabei ist die Appreturmittelmenge immer von der foulardierten Flotte abhängig. Zur Berechnung der Flottenansätze und damit der aufgebrachten Appreturmittelmenge dient beim Foulardieren nach der *Trocken-in-Naß-Methode* die Formel:

$$A_1 = \frac{A_2 \cdot 100}{AE},$$

AE = Abquetscheffekt (Pickup) in %,
A_1 = Konzentration (g/l) der Ansatzflotte (Klotzlösung),
A_2 = Appreturmittelauflage in g/kg.

---

[1] BERNARD: Praxis des Bleichens und Färbens von Textilien. Berlin/Heidelberg/New York: Springer 1966.

Vorstehende Berechnung gilt für die angegebene Methode, d. h. die Ware wird in getrocknetem Zustand foulardiert und die verwendeten Produkte keine Substantivität haben. Die Trocken-in-Naß-Methode hat den Vorteil, daß die Ware schnell benetzt, da die Saugfähigkeit (Kapillarität) der Fasern voll wirksam ist, vorausgesetzt, daß die Vorbehandlung die Saugfähigkeit nicht eingeschränkt hat. Der Nachteil der Methode besteht in der Notwendigkeit der Vortrocknung, die allerdings möglichst wirtschaftlich sein sollte und dazu vor allem Zylindertrockner (S. 130) eingesetzt werden können.

Beim Foulardieren nach der *Naß-in-Naß-Methode* wird die Ware in möglichst gut entwässertem Zustand mit der Appreturmittellösung foulardiert. Dabei ist zu beachten, daß der AE_1 der zu foulardierenden Ware, d. h. die Flüssigkeitsmenge der Ware vor dem Klotzen mindestens 15—20% unter der foulardierten Flüssigkeitsmenge nach dem Auftrag des Appreturmittels liegen muß, wenn überhaupt nach der angegeben Methode gearbeitet werden kann. Ist das der Fall, kann die Ansatzmenge nach der obigen Formel durch Erweiterung wie folgt gefunden werden:

$$A_1 = \frac{A_2 \cdot 100}{(AE_2 - AE_1) + AE_1 \cdot F},$$

AE_1 = Abquetscheffekt der vorgelegten nassen Ware in % (Eingangsfeuchte),
AE_2 = Abquetscheffekt der foulardierten Ware (Ausgangsfeuchte in %),
F = Austauschfaktor = $\frac{\text{Austausch in \%}}{100}$

(die anderen Angaben: siehe oben).

Als praktisches Beispiel soll eine Ware, die mit 60% Restfeuchtigkeit (AE_1) angeliefert wird, mit 20 g/kg (A_2) Appreturauflage versehen und mit 90% Restfeuchtigkeit (AE_2) imprägniert werden. Bei der Prüfung des Stoffaustausches wurden 70% (70:100 =) 0,7 (F) festgestellt. Es ergeben sich für die Berechnung der Ansatzkonzentration deshalb:

$$A_1 = \frac{20 \cdot 100}{(90-60) + 60 \cdot 0,7} = 27,8 \text{ g/l}.$$

Der *Austausch* wird von *Artos* so definiert, daß er denjenigen Anteil von Feuchtigkeit darstellt, der mit der feuchten Ware eingebracht und gegen die Imprägnierlösung ausgetauscht wird. Dieser Austausch ist von sehr vielen Umständen abhängig. Dazu gehören u. a. die

Durchlaufgeschwindigkeit,
Länge des Tauchweges und
Saugfähigkeit der Ware,
Turbulenz der Imprägnierflotte,
Temperatur der Klotzflotte.

Diese Faktoren sind außerdem maßgeblich für die Höhe des AE überhaupt. Leider muß der Austausch entweder titrimetrisch oder gravimetrisch — also analytisch — bestimmt werden, da verbindliche Werte nicht angegeben werden können. Als Idealfall wäre ein 100%iger Austausch zu nennen, der jedoch, abgesehen von einer ausreichend langen Vollbadbehandlung, durch Imprägnieren nicht zu erreichen ist.

Bei unserem Beispiel ist zu berücksichtigen, daß 1 kg Ware 300 g Flotte mit 8,3 g des gelösten Appreturmittels aufnimmt, von den 600 ml Wasser, welche die Ware mitbringt, werden 70% = 420 ml ausgetauscht, was wiederum einer zusätzlichen Aufnahme von 11,68 g Appreturmittel je 1 kg trockener Ware bedeutet. Würde also mit der Ansatzkonzentration allein gearbeitet, würden zwar momentan 20 g/kg auf die Ware kommen, die Nachsatzflotte muß jedoch um den Appreturmittelanteil verstärkt werden, der durch den Austausch aufgenommen wurde, jedoch ohne zusätzliche Flüssigkeit beigefügt werden muß. In unserem Beispiel müssen deshalb im Nachsatz, der je 1 kg Ware nur 300 ml Flüssigkeit beträgt, 20 g Appreturmittel enthalten sein, was insgesamt 66,7 g/l Appreturmittel in der Nachsatzflotte bedeutet.

Nach der beschriebenen Methode ist es notwendig für jede Ware eine absolut gleichmäßige Anfangsfeuchte der Ware einzuhalten, die auch örtlich, z. B. durch Antrocknen der Leisten oder äußeren Lagen der Warenkaulen nicht verändert werden darf. Außerdem müssen alle Faktoren, die zur Änderung des Austausches führen, neben der unterschiedlichen Warenqualität rechnerisch und analytisch erfaßt und berücksichtigt werden, wenn immer der gleiche Imprägniereffekt eingehalten werden soll. Von *Artos* wird nach dem patentierten System „Artos-Svetema" eine *Dosieranlage* geliefert, welche über eine Dosierpumpe aus einer konzentrierten Nachsatzlösung in das Chassis einspeist, und die evtl. wechselnde Feuchtigkeit (Eingangsfeuchte) der Ware separat über einen Niveauregler berücksichtigt wird. Durch den verstellbaren Kolbenhub der Pumpe wird dadurch die Produktmenge festgestellt. Über den Niveauregler wird die mitgebrachte Feuchtigkeit bestimmt, und wenn die Ware feuchter zugeführt wird, wird über den Niveauregler die Zusatzwassermenge verkleinert und die Chemikalienmenge über die Dosierpumpe vergrößert. Kommt die Ware trockener zur Imprägnierung, wird über den Regler die Zuflußwassermenge größer und damit die Nachsatzflottenmenge kleiner. Dadurch ist ein gleichmäßiger Chemikalienauftrag auf die Ware — auch bei wechselnder Einlauffeuchte — gesichert. Dosieranlagen sind jedoch nicht in der Lage, Feuchtigkeitsunterschiede in der Breite (Schußrichtung) auszugleichen. Wird deshalb mit der Methode „Naß-in-Naß" imprägniert, ist unbedingt darauf zu achten, daß die Ware keinesfalls angetrocknete Leisten aufweist, und wenn ohne Dosieranlage gearbeitet wird, auch die einzelnen Gewebelagen gleichmäßige Feuchtigkeit aufweisen. Die Firmen, welche Großkaulen „Naß-in-Naß" verarbeiten, umhüllen diese Kaulen mit Kunststoffolien und drehen diese, wenn eine sofortige Verarbeitung nicht möglich ist, mit 10—40 U/min auf besonderen Böcken. Dadurch wird außerdem ein Absinken der Feuchtigkeit in die unteren Lagen der Kaulen vermieden.

Obwohl die Arbeitsweise „Naß-in-Naß" durch Einsparung der Zwischentrocknung wirtschaftlicher ist, bringt sie doch beträchtliche Mehrarbeit mit sich. Sie wird deshalb hauptsächlich in der Bleicherei und Appretur eingesetzt und seltener in der Färberei, da dort zusätzlich die Substantivität der Farbstoffe berücksichtigt werden muß.

Foulard-Konstruktionen unterscheiden sich vor allem durch die *Anzahl*, *Härte* und *Stellung der Quetschwalzen zueinander*, womit auch der *Quetschdruck* und mit diesem der *Abquetscheffekt* (AE) bestimmt wird. Ferner enthalten die einzelnen Konstruktionen unterschiedliche *Flottentröge* (*Chassis*).

Wie in der Färberei, verwendet man auch in der Appretur 2-, 3- und 4-Walzen-Foulards (Abb. 350, 351, 352). Da man in der Appretur meist nichtsubstantive Produkte einsetzt und öfter nach dem Naß-in-Naß-Verfahren arbeitet, sind

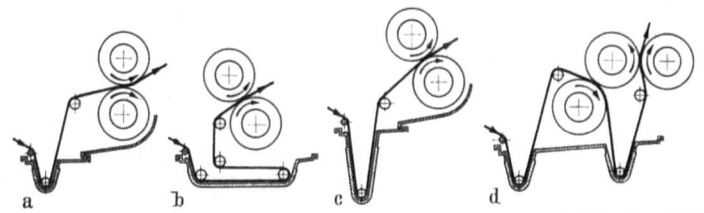

Abb. 350 a bis d. Warenlaufschemen von 2- und 3-Walzen-Foulards mit Stabilwalzen (*Artos*)
a) Vertikal-2-Walzen-Foulard mit V-Trog; b) mit verlängertem Tauchweg und schrägen Walzen;
c) V-Trog und schräger Walzenstellung; d) 3-Walzen-Foulard mit doppelter Imprägnierung

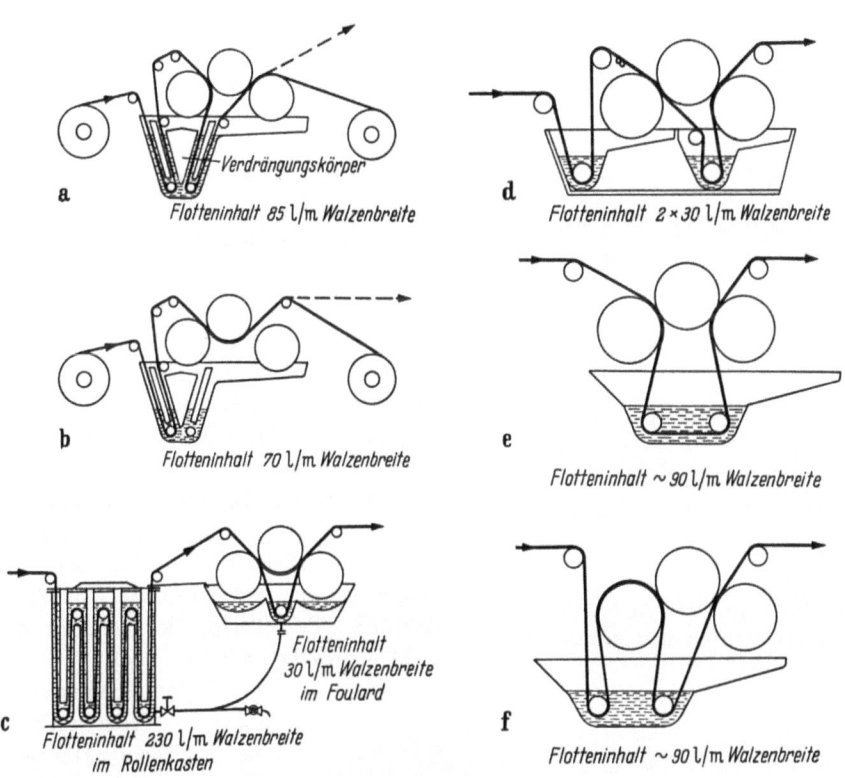

Abb. 351 a bis f. Warenlauf in 3-Walzen-Foulards (*Benteler*) mit Angaben der für 1 m Warenbreite notwendigen Flottenmenge

3- und 4-Walzen-Foulards wegen der zwei- und mehrmaligen Tauchung der Ware in der Klotzflotte günstiger als 2-Walzen-Foulards. Bei modernen Konstruktionen ist es ferner möglich, die Walzen gegeneinander zu verstellen und dadurch über den Warenlauf den Tauchweg — bei Verwendung verschiedener Chassis — zu verändern. Die Walzen sind Eisenhohlwalzen, die eine Gummiauflage von 40—70° Shorehärte haben. Dabei werden meist unterschiedlich harte Auflagen der im Foulard arbeitenden Walzen bevorzugt. Es sollen jedoch wegen der stärkeren Abnützung des Belags möglichst die Härteunterschiede nicht mehr als 10° Shore betragen. Da weichere Walzen eine breitere Quetschfuge ergeben und damit die aufgenommene Behandlungsflotte intensiver in die Ware eingepreßt wird, werden in der Ausrüstung diesen Walzenbezügen der Vorzug gegeben.

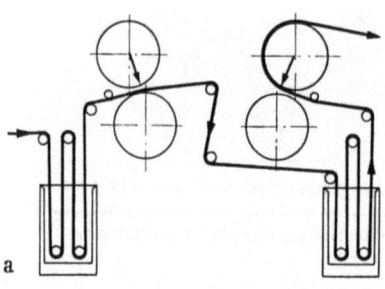

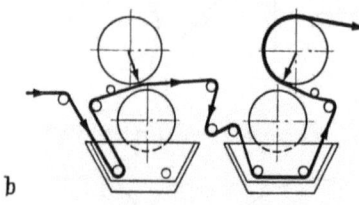

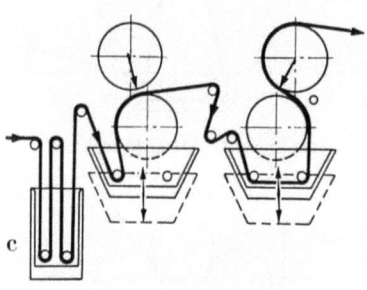

Abb. 352 a bis c. Warenlaufmöglichkeiten im 4-Walzen-Foulard (*Monforts*)

Zur Verbesserung der Benetzung werden von einzelnen Firmen besondere Konstruktionen verwendet. Von *Küsters* wird z. B. ein Unterflottenquetschwerk eingesetzt (Abb. 354, 355), bei dem die Ware im Chassis mittels Quetschwalzen mehrmals unter der Flotte abgequetscht wird und damit die Flotte intensiver in die Ware „eingearbeitet". Dadurch wird ein „Schwammeffekt" erreicht, d. h. die Ware wird zur mehrmaligen Flottenaufnahme gezwungen und gleichzeitig die Luft aus der Ware gepreßt bzw. der Flottenaustausch bei der Naß-in-Naß-Arbeitsweise verbessert.

Foulardquetschwalzen müssen, wenn nicht ein stärkerer Verschleiß eintreten soll, nur während des Laufens belastet und bei Stillstand sofort entlastet werden. Trotz Verwendung von Alterungsschutzmiteln im Gummibelag ist es notwendig, die Walzen durch Abdecken während längerer Stillstände vor direktem Sonnenlicht zu schützen. Zur Reinigung der Walzen werden Lösungen von Natriumbikarbonat, Waschmittel/Soda, Spiritus, Azeton, Fettlöserwaschmittel und blinde Küpen verwendet. Chlorierte Kohlenwasserstoffe (Tri, Tetra, Per) sollten dazu nicht eingesetzt werden.

Zeigen sich in den elastischen Walzenbezügen durch Alterung Haarrisse, müssen die Walzen sofort abgeschliffen werden. Dabei sind die von den technischen Überwachungsorganen vorgeschriebenen Umdrehungsgeschwindigkeiten der Schleifscheiben und der Walzen zu beachten. Für die einzelnen Gummiauflagen müssen

Abb. 353. 3-Walzen-Vertikalfoulard (*Amdés*)

besondere Schleifscheiben verwendet werden. Gummiwalzenhersteller geben besondere Vorschriften für das Schleifen von Foulardwalzen heraus, wie z. B. *Kleinewefers* die Broschüre „Behandlung von Gummiwalzen in der Textilindustrie".

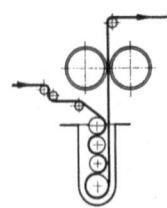

Abb. 354. Warenlauf im 2-Walzen-Horizontalfoulard mit Unterflotten-Quetschwerk (*Küsters*)

Abb. 355. 2-Walzen-Foulard mit Unterflotten-Quetschwerk als Verdränger im Chassis. Der Flottentrog ist abgesenkt. Die Druckgebung erfolgt hydropneumatisch über 2 „Schwimmende Walzen" (*Küsters*)

Der Quetschdruck wird axial erzeugt und meist in Tonnen angegeben. Instruktiver ist die Angabe des Lineardruckes in kg/cm der Quetschfuge, wobei auch die Länge der Quetschfuge Berücksichtigung findet. Appreturfoulards werden mit einem Lineardruck von 15—80 kg/cm ausgestattet, der hauptsächlich pneumatisch oder hydraulisch erzeugt wird. Druckspindel- und Hebelbelastung kommt nur für kleinere Konstruktionen in Betracht. Appreturfoulards werden für Arbeitsbreiten bis zu 4500 mm gebaut. Der *Abquetscheffekt* (AE) ist vor allem vom Quetschdruck selbst und weiter von der

> Art und Schwere der Ware,
> ihrer Vorbehandlung (Saugfähigkeit, Flottenaustausch),
> der Durchlaufgeschwindigkeit und
> Temperatur der Klotzflotte

abhängig. Durch gesteigerte Durchlaufgeschwindigkeit und Erhöhung der Flottentemperatur werden in der Regel bis zu 10% mehr Flotte aufgenommen. Über den Einfluß verschiedener Warenqualitäten und unterschiedlichem Lineardruck auf den AE unterrichtet Abb. 356. Um den Schlupf der Gummiwalzen aneinander bei Verwendung von stark alkalischen oder anderen Lösungen, die ein Abgleiten fördern, zu vermeiden, werden die Foulardwalzen von der eigentlichen Antriebswalze mittels Schleppräder (*Artos*) oder über Zahnräder und Ketten angetrieben und dadurch der Schlupf vermieden.

Obwohl in der Appretur auf einen kantengleichen Abquetschdruck nicht

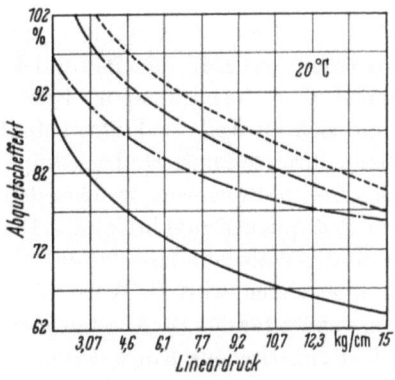

Abb. 356. Abquetscheffekte verschiedener Waren bei unterschiedlichem Lineardruck (*Heuburger/Geigy*)

——— Baumwollpopeline merzerisiert
– – – Baumwollpopeline gebleicht
· · · · · Baumwollpopeline gebeucht
—·—·— Reyon-Taffet

unbedingt die Sorgfalt gelegt werden muß wie beim Foulardieren von Farbstoffflotten, werden auch hier besondere Walzenkonstruktionen verwendet, welche einen möglichst gleichen AE ermöglichen. Es gelten dafür die bereits auf S. 190 für Kalander gemachten Ausführungen und dort gezeigten Abbildungen. *Gerber* verwendet bei seinen Foulardkonstruktionen das „Paroll-System" (Abb. 357), *Artos* „Stabilwalzen", und *Krantz* bombierte Stahlkerne (Abb. 358). In allen Fällen, wo *durchbiegungsfreie Foulardwalzen* verwendet werden, können einfachere herzustellende, zylindrische Walzen verwendet werden und der AE ist über die gesamte Warenbreite bei jedem Druck gleichmäßig. Bei modernen Konstruktionen ist die Warendurchlaufgeschwindigkeit stufenlos bis 150 m/min regelbar, ebenso kann der Quetschdruck stufenlos geregelt werden. Als Zusatzeinrichtungen werden Foulards mit Breithalterstäben und/oder Breithalterwalzen, Warenbremsen zur Veränderung der Spannung, Wicklern und Abtafelvorrichtung ausgestattet, wie sie im Kapitel „Hilfseinrichtungen" auf S. 11 beschrieben werden. Da in steigendem Maße auch rundgewirkte Trikotagen foulardiert werden, wurden von vielen Firmen (*Gerber, Benteler, Peter, Farmer-Norton* u. a.) für diese Zwecke 2-Walzenfoulards mit Horizontalwalzen konstruiert.

Abb. 357. 3-Walzen-„Paroll"-Foulard mit durchbiegungsfreien Walzen (*Gerber*)

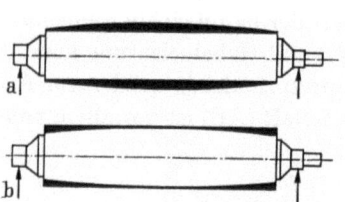

Abb. 358 a u. b. Bombierte Foulardwalzen
a) konventionelle Außenbombage;
b) zylindrisch Foulardwalze mit innerer Bombage des Stahlkerns (*Krantz*)

Zur faltenfreien Warenführung war es notwendig, besondere Breithalter zu konstruieren, wie z. B. im „Pad-quick-Foulard" von *Gerber*. Die Schlauchware wird dabei über einen „inneren" Breithalter gestreckt dem Klotzkanal zugeleitet, in dem sich ein Teil der Flotte befindet. Im Unterteil des Kanals wird die Warenbahn durch teflonisierte Dichtlippen abgequetscht. Durch den Kanal reicht auch das Breithalteschwert, welches den Warenschlauch auch während des Benetzens im Pad-quick-Kanal breit hält. Die benetzte Ware wird im anschließenden Horizontal-2-Walzenfoulard faltenfrei abgequetscht. Um den Warenschrumpf zu kompensieren, wird die Ware mit Voreilung den Quetschwalzen zugeführt. *Peter* verwendet für das Breithalten von Schlauchware Kugelgelenke, zwischen welche nicht angetriebene Ringe laufen und durch die Warenbewegung auch ein Breithalten möglich ist (Abb. 359).

Da es in der Appretur vor allem darauf ankommt, die Ware möglichst lange mit der Klotzflotte in Berührung zu halten und damit vor allem beim „Naß-in-Naß-Verfahren" einen guten Flottenaustausch zu erreichen, verwendet man meist große Flottentröge mit langem Warentauchweg. In der Färberei sind diese

Konstruktionen weniger beliebt, da die Substantivität vieler Farbstoffe zur Verarmung der Restflotte führt und damit endenungleiche Stücke resultieren. Verschiedene Trogformen sind in den Abb. 350 bis 352, S. 261, gezeigt. Zur Verbesserung der Warenbenetzung werden von vielen Firmen vor die Quetschfugen

Abb. 359. „Econom"-Zwickel-2-Walzen-Foulard mit Breithalter für Schlauchwaren (*Peter*)

Spritzrohre angebracht, welche über eine Pumpe mit der Klotzflotte gespeist werden. Zur Erwärmung der Klotzflotte verwendet man die Doppelwand der Foulardchassis, in die man Direktdampf einbläst, Wasser, Öl oder Glyzerin oder andere hochsiedende Flüssigkeiten indirekt mit Dampf oder elektrisch beheizt. Auch die direkte Heißwasserbeheizung in Doppelwänden ist üblich. Die indirekte Beheizung im Foulardchassis wird ebenfalls angewendet, wobei die eingezogenen Heizrohre als Verdrängungskörper für die Klotzflotte dienen.

Zur Dosierung und den Flottennachsatz werden *An-* und *Nachsatzbehälter* verwendet, aus denen die Flotte nachgespeist wird. In diesen Gefäßen, die meist über dem Foulard stehen, mit Rührwerken und indirekter Heizung ausgestattet sind, werden die Appreturmittel gelöst und im freien Fall oder über Pumpen dem Flottentrog eingespeist. Zur Dosierung werden spezielle *Dosiereinrichtungen* verwendet, die über Niveauregler im Chassis den Zulauf der Klotzflotte regeln. Bei Verwendung einer Pumpe ist es auch möglich, im Flottenkreislauf zu arbeiten. Dabei wird die Klotzflotte im An- oder Nachsatzgefäß immer wieder auf Temperatur gebracht und man benötigt dann keine besondere Trogheizung. Die Foulardtröge können über Zahnstangen und -räder oder pneumatisch gehoben und gesenkt werden; um sie ausreichend reinigen zu können bzw. werden Foulards dann auch zum Pflatschen (S. 267) verwendet. Als chassisloser 4-Walzenfoulard hat sich in der Appretur auch die „Fibe" von *Benninger* bewährt (Abb. 360, 361). Die Konstruktion erlaubt das Klotzen der Ware im Walzenzwischenraum, in einem Vortrog und Zwickel, wobei alle Möglichkeiten untereinander kombinierbar sind. Die Flotte wird umgepumpt und außerhalb der Klotzräume auf Temperatur gehalten.

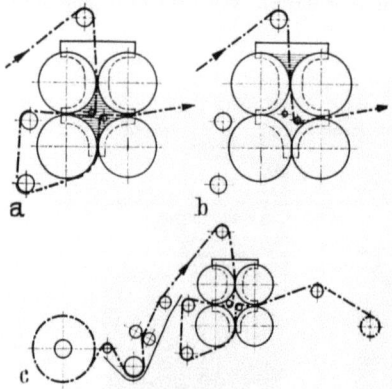

Abb. 360a bis c. Warenlaufschemen des chassislosen 4-Walzen-Foulards „Fibe" (*Benninger*)
a) Foulardierung im Zwischenwalzenraum;
b) Foulardierung im Zwickel; c) Foulardierung im Vortrog bzw. Zwickel und/oder Zwischenwalzenraum

Abb. 361. Spezial-4-Walzen-Foulard, chassislose „Fibe" (*Benninger*)

Der universelle Einsatz von Foulards hat dazu geführt, daß sich sehr viele Hersteller mit dem Bau dieser Einrichtung beschäftigen, dazu gehören u. a. die Firmen:

Amdés	*Dungler*	*Kleinewefers*	*Peter*
Ameliorair	*Dornier-Haubold*	*Krantz*	*Proctor-Schwartz*
Artos	*ELITEX*	*Küsters*	*Riggs*
Benninger	*Famatex*	*Maag*	*Rodney*
Benteler	*Farmer-Norton*	*Mather-Platt*	*Schlumpf*
Bieger	*Gerber*	*Meccanotessile*	*Scholaert*
Birch	*Goller*	*Metalmeccanica*	*Sistig*
Briem	*Haas*	*Metalexport*	*Stork*
Butterworth	*Hunt*	*Mezzera*	*Van-Vlaanderen*
Callebaut	*Hunter*	*Menzel*	*West-Point*
Comerio-Ercole	*ILMA*	*Monforts*	
Comet	*INVEST*	*Mortensen*	

Zur Verstärkung des Flottenaustausches bei der Applikation von Appreturmitteln werden auch Einzelaggregate der Breitwaschmaschinen eingesetzt, die mit speziellen Quetschwerken ausgestattet sind. Eingeschränkt können dazu auch Strangwaschmaschinen mit angeschlossenen Strangquetschen, Zentrifugen, Wasserkalander und Absaugmaschinen bzw. auch Foulards nach dem Ausbreiten der Warenbahn eingesetzt werden.

Für das **Pflatschen** werden ebenfalls Foulards verwendet. Es werden dabei die Warenbahnen jedoch nur in Sonderfällen in die Flotte getaucht, meist die Appreturflotte mit der in den Trog tauchenden Unterwalze auf die Warenbahn übertragen (Abb. 362, 363). Da es sich beim Pflatschen meist um viskosere (verdickte) Behandlungsflotten handelt, kann der Appreturauftrag durch Rakeln an der Übertragungswalze oder der Warenbahn selbst unterschiedlich eingestellt werden. Das gilt auch dann, wenn die Ware in die Klotzflotte eintaucht (Abb. 362c). Als Pflatschen wird auch die Übertragung von Behandlungsflotten mittels der *1000-Punkt- (Picot) Walze* bezeichnet. Dabei wird im Foulard mit

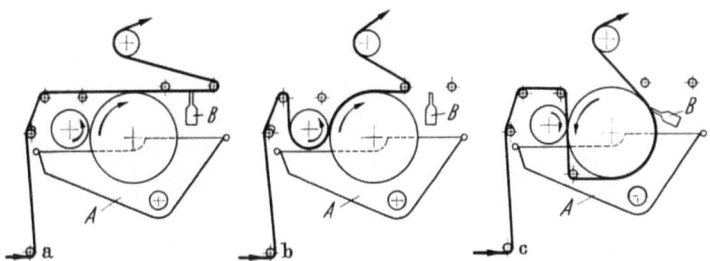

Abb. 362a bis c. Pflatschmöglichkeiten im 2-Walzen-Horizontalfoulard (*Amdés*)
a) einseitige Appretur mit Warenrakel; b) einseitige Appretur ohne Rakel; c) Vollbad-Rakelappretur

einer mit vertieften Punkten gravierten Unterwalze gearbeitet, welche die Flotte aus dem Chassis überträgt. Auch Unterwalzen mit Haschuren (feine Diagonal-Riffeln) können dazu eingesetzt werden.

Zum Aufbringen von hochviskosen Appreturflotten ist ein Foulardieren bzw. auch Pflatschen ungünstig. Es handelt sich dabei um *Rakelappreturen*, welche meist nur einseitig auf die Ware appliziert werden sollen. Man verwendet für das **Rakeln** besondere Streich- und Rakelmaschinen, welche nach unterschiedlichen Prinzipien arbeiten. Beim Rakeln

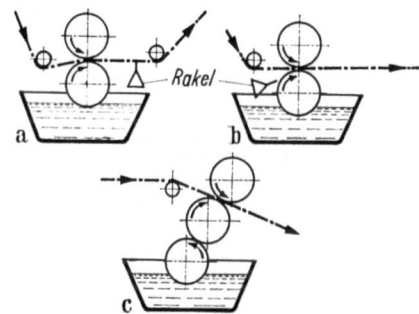

Abb. 363a bis c. 2- und 3-Walzen-Foulards beim Pflatschen
a) mit Warenrakel; b) mit Übertragungswalzenrakel; c) ohne Rakel

werden die Appreturpasten vor einem Rakelblech aufgebracht und durch Verstellen des Rakels die Höhe der Appreturauflage geregelt. Um ein Ablaufen der Appretur über die Warenbahn hinaus zu vermeiden, werden an den Seiten verstellbare Begrenzungsbleche verwendet (Abb. 364).

Rakelappreturen können durch unterschiedliche Verwendung der Rakeln auf die Gewebebahn gebracht

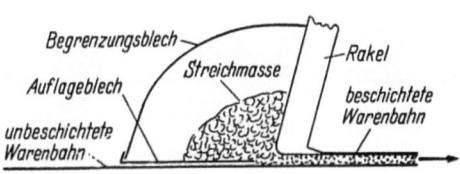

Abb. 364. Rakelschema

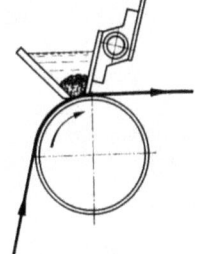

Abb. 365. Walzenrakel

werden. Bei der *Walzenstreichmaschine* sitzt die Rakel direkt auf der Gewebezufuhrwalze (Abb. 365, 366). Werden *Luftrakeln* verwendet, wird das Appreturmittel zwischen Führungswalzen aufgebracht (Abb. 367). Ferner ist es möglich, die Gewebebahn durch ein endloses Gummituch zu stützen und zwei Schichten

268   II. Die chemischen Appreturarbeiten

Abb. 366. Walzenstreichmaschine (*Olbrich*)

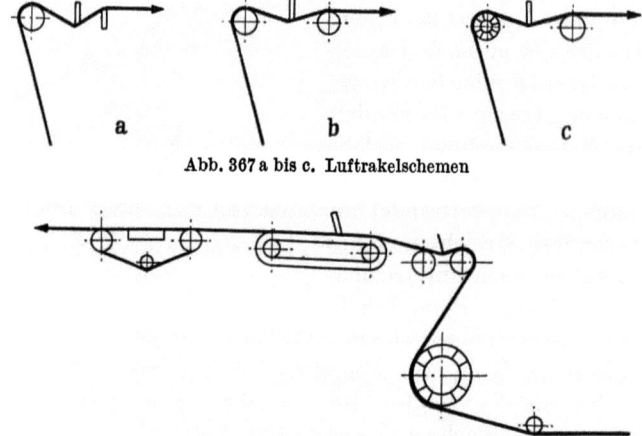

Abb. 367 a bis c. Luftrakelschemen

Abb. 368. Kombinierte Luft- und Gummituchrakeln

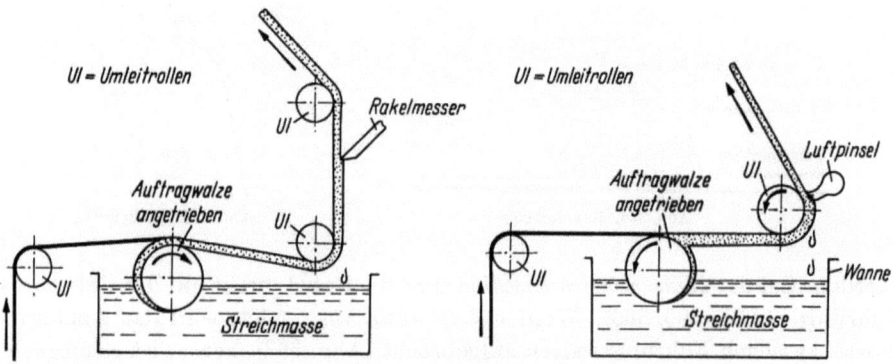

Abb. 369. Walzenauftrag mit Luftrakel bzw. Luftpinsel

nacheinander durch Kombination mit einer Luftrakel aufzutragen (Abb. 368). Als Luftrakelung ist auch die in Abb. 369 gezeigte Vorrichtung zu betrachten. An Stelle der Rakel kann auch ein Pinsel verwendet werden (Abb. 369). Rakelappreturen werden hauptsächlich als Rückenappreturen eingesetzt und damit Teppiche, Dekorationsstoffe usw. versteift, die sofort nach dem Rakeln auf Hänge-, Zylinder- und Schwebedüsentrockner getrocknet werden. In der Textilveredlung sind Rakelappreturen nur für Spezialzwecke gebräuchlich. Für das Beschichten und Kaschieren sind es jedoch die wichtigsten Einrichtungen. Wie bereits im Vorwort erwähnt, hat sich in den letzten Jahren das „Beschichten und Kaschieren" zu einer selbständigen Industrie entwickelt, die nur in Sonderfällen als Zweig der Textilveredlung zu betrachten ist und hier unberücksichtigt bleiben kann. Der Industriezweig erfuhr außerdem eine wesentliche Ausdehnung durch die Herstellung von nichtgewebten Stoffen (non-woven-fabrics) und die Schaumstoffkaschierung.

Durch *Besprühen* mit den bereits auf S. 229 beschriebenen Einsprengeinrichtungen ist es ebenfalls möglich, Appreturmittel auf die Ware zu bringen. Durch *Aufbürsten* können gleichfalls Appreturmittel — meist nur seinseitig — auf die Ware gebracht werden. Auf diese Art ist es z. B. möglich, thermoplastische Kunststoffe (z. B. Polyäthylen u. a.) einseitig auf eine Warenbahn zu bringen, die anschließend unter Infrarotstrahlern geschmolzen und damit mit der Ware verbunden werden. Derartig versteifte Gewebe werden hauptsächlich als Kragen- und Manschettenversteifung in Hemden und Blusen zur waschfesten Permanentversteifung verwendet, die in der Konfektion durch Pressen oder Bügeln mit dem Ober- und Untergewebe verbunden werden (*Heißsiegel-Ausrüstung*).

Zur Herstellung der Appreturmittellösungen oder -mischungen werden heute im verstärkten Maße *Rührwerke* und *Kocher* verwendet, die von sehr vielen Firmen auch für andere Industrien gebaut werden und deren Aufzählung den Rahmen dieses Buches übersteigt. Die Einrichtungen sind auch in den Farbküchen der Druckerei und Färberei gebräuchlich.

2. Steifungsappreturen

Die Beurteilung des *Warengriffes* ist individuell. Es ist bisher nicht gelungen, eine Prüfungsmethode zu ermitteln, die reproduzierbare Zahlenwerte liefert und Vergleiche untereinander möglich macht. Man hilft sich mit den verschiedensten Beurteilungen, die jedoch von den Auftraggebern mit besonderen Vorstellungen verbunden sind und den Ausrüster oft vor unlösbare Aufgaben stellen.

Neben der Bezeichnung des weichen und steifen Warengriffes sind eine Unmenge von Ausdrücken üblich, von denen hier nur eine kleine Anzahl angegeben werden soll. Man spricht dabei von *leeren, vollen, fleischigen, fülligen, trockenen, feuchten, harten, kernigen, matschigen, glatten, rauhen, schmierigen, öligen, metallischen, blechernen, papierenen, glasigen, Woll-, Seiden-, Holz- und anderen Griffen*. Verbindungen dieser Bezeichnungen untereinander sind ebenfalls üblich. Der Ausrüster sollte möglichst vom Auftraggeber Ausfallmuster als Anhaltspunkte für den gewünschten Griff verlangen.

Steifungsappreturen kommen hauptsächlich für Textilien aus Zellulose- und synthetischen Fasern in Betracht, seltener für Wollgewebe. Die Steifungsmittel werden nach ihrem Ursprung und ihrem chemischen Aufbau wie folgt eingeteilt:

Stärke und ihre Abbauprodukte Zellulosederivate
Eiweiß Kunststoffe (Kunstharze)
Pflanzliche Gummi Kautschuk
Alginate Silikone

Die Produkte können für sich allein, untereinander kombiniert und mit Produkten, wie z. B. Hydrophobierungs- u. a. Hilfsmitteln, kombiniert werden. Außerdem besteht noch die Möglichkeit, den Griff zusätzlich durch weitere mechanische oder chemische Appreturarbeiten zu beeinflussen.

Stärke

Das billigste und heute noch in großem Maße verwendete Steifungsmittel ist die Stärke, die auch für Zellulosefasern bisher in der Schlichterei wegen ihrer Billigkeit und Ausgiebigkeit weite Verwendung findet. Die einzelnen Stärkesorten unterscheiden sich nicht durch ihren chemischen Aufbau — einer hochpolymeren Verbindung von Glukosebausteinen in bisher nicht bestimmter Menge —, sondern nach ihrem Ursprung. Die Stärke hat eine Bruttoformel $(C_6H_{10}O_5)_x$, enthält noch geringe Mengen an Phosphor- und Kieselsäure in Form ihrer Ester, mit den Hydroxylgruppen der Stärke verbunden. Durch neuere Untersuchungen wurden 2 Hauptbestandteile festgestellt. Es handelt sich dabei um die lineare (kettenförmige) *Amylose* und die verzweigtkettigen *Amylopektine*. Die native Stärke, ganz gleich welcher Sorte, ist in Wasser unlöslich. Sie wird erst in kaltem Wasser dispergiert (aufgeschlemmt) und anschließend durch Erwärmen *verkleistert*. Die *Stärkekörner* quellen durch das Erwärmen und platzen auf. Es entsteht dabei ein viskoser, klebriger Brei (Stärkekleister). Je nach Stärkesorte liegt der *Verkleisterungspunkt* zwischen $45-80\,°C$.

In der Appretur verkleistert man die Stärke in besonderen *Stärkekochern*, in denen man durch Rührwerke zuerst die Aufschlemmung in kaltem Wasser herstellt und unter ständigem Rühren und Erwärmen den Kleister erzeugt. Durch Verwendung von *Druckkochern* (*Autoklaven*) ist es möglich, die Stärke so weit aufzuschließen, daß ein Teil abgebaut und wasserlöslich wird, wodurch der Kleister dünnflüssiger wird und besser in das Gewebe eindringt. Ein klumpenfreier Kleister ist für die Appretur unbedingt notwendig, man erreicht ihn nur unter ständigem Rühren in kaltem Wasser in der Anschlemmung und beim Verkleistern.

Die Stärke dringt nur z. T. bei der Appretur in die Fasern, vor allem setzt sie sich auf die Faser und umgibt sie mit einem *wasserhellen Film*, der den gesamten Faden umhüllt, die Faser versteift und teilweise ihre Verschmutzung behindert. Der Film schützt auch die mit Stärke geschlichteten Fäden vor dem mechanischen Angriff der Webwerkzeuge. Die Anwendungsmengen in der Foulard-Appretur bewegen sich zwischen $10-150$ g/l. Höhere Mengen sind in Europa kaum gebräuchlich, dagegen in den orientalischen Ländern die Regel. Durch Stärke wird die Ware *steif*, bei großen Mengen an Stärke *bockig*. Daneben wird die Ware beschwert. Um den steifen Griff zu verbessern, sind Zusätze von

2. Steifungsappreturen

Weichmachern, wie Paraffinemulsionen, Talg, Seife u. a., üblich. Die Stärke sitzt nicht waschecht auf der Ware und löst sich durch mechanische Beanspruchung und auch durch heißes Wasser teilweise von der Faser. Eine gewisse *Waschfestigkeit* läßt sich durch Mitverwendung von Kunststoffvorkondensaten, wie sie in der Hochveredlung (S. 350) üblich sind, erreichen. Weiterhin sind Kombinationen mit Kunststoffdispersionen möglich, die ebenfalls eine gewisse Verbesserung der Waschechtheit der Stärke auf der Ware herbeiführen.

Da die Stärke keine Substantivität zur Faser besitzt, wird man sie vorteilhaft nur durch Foulardieren, Rakeln, seltener im Vollbad, auf die Ware bringen. Die Saugfähigkeit der Ware ist daher von besonderer Wichtigkeit für die Stärkeaufnahme. Man wird deshalb möglichst nur vorgetrocknete Ware mit Stärkelösungen klotzen. Durch Zusatz von Netzmitteln zur Stärkeflotte kann das Aufziehen ebenfalls verbessert werden. In Ausnahmefällen ist auch ein Stärken (Foulardieren) der gut auf dem Wasserkalander entwässerten Ware möglich, das ist besonders in der Weißwarenappretur üblich, um ein Zwischentrocknen zu ersparen.

In Europa wird hautpsächlich die **Kartoffelstärke** verwendet. Sie ergibt einen *kernigen, steifen, jedoch nicht zu harten Griff*. Die verkleisterte Stärke wird möglichst heiß auf die Ware foulardiert, um ein gutes Eindringen in den Faserverband zu erreichen. Für die Appretur von Wollwaren ist die Kartoffelstärke wenig geeignet. Die Kartoffelstärke kommt in sehr weißem Zustand in den Handel und kann auch Bläumittel oder optische Aufheller enthalten. Um die Ware trotz hoher Mengen an Stärke weich und geschmeidig zu erhalten, setzt man Talg, Talgsulfonate, Seife und andere, meist anionische Weichmacher, je nach ihrer Ergiebigkeit und nach verlangtem Griff, in Mengen bis zu 20% der verwendeten Stärke zu. Eine Kombination mit wasserlöslicher Zellulose oder Kunststoffdispersionen ist in jedem Verhältnis möglich, auch *Netzmittel* sind in Mengen bis 5 g/l üblich. Um der Ware zusätzlich einen erhöhten Weißgrad zu verleihen, setzt man je nach Konzentration der Appreturflotte 0,5—5 g/l Bläumittel oder/und optische Aufheller zu. Alle Zusätze werden besonders gelöst und der fertigen Stärkeflotte zugeführt. Ein gemeinsames Aufkochen mit der Stärke führt bei vielen Hilfsmitteln zu Abscheidungen oder Veränderungen, insbesondere, wenn man die Stärke in Druckkochern verkleistert. Der Abquetscheffekt des Foulards soll möglichst *unter 100% Feuchtigkeit* liegen, damit eine Ablagerung der Stärke an der Gewebeoberfläche allein, möglichst vermieden wird.

Die Klebkraft der Kartoffelstärke ist nicht besonders groß, so daß es nicht vorteilhaft ist, *Beschwerungsmittel, wie Kaolin, Talkum usw.* in sehr hohen Mengen Appreturflotten aus Kartoffelstärke zuzusetzen, da die Haftfähigkeit des Stärkefilms eine Beladung nur in beschränkten Mengen verträgt und leicht abblättert bzw. die Ware zum Stauben veranlaßt.

Die **Weizenstärke** ist die teuerste und reinste aller Stärkesorten, sie gibt der Ware einen *fülligen Griff*. Man verwendet sie besonders gern für Weißappreturen und mischt sie aus preislichen Gründen meist mit Kartoffelstärke.

Die **Reisstärke** hat eine *sehr gute Klebkraft* und eignet sich daher vor allem für *Beschwerungsappreturen*, bei denen man größere Mengen Füllstoffe verwendet, die durch die Reisstärke gut an die Faser gebunden werden. Die Ware erhält durch Reisstärke, besonders wenn man anschließend kalandert, einen *schönen Glanz*.

Die **Maisstärke** wird in sehr reiner Form gehandelt. Sie gibt der Ware die *größte Steifheit*. Sie ist nach der Kartoffelstärke die billigste Stärke.

Die **Sagostärke** wird in Europa wenig verwendet und kommt hauptsächlich im Orient als Sagomehl ziemlich verunreinigt mit gelber bis brauner Farbe in den Handel.

Da die Stärken in verkleisterter Form nur wenig in die Fasern einziehen, haften Stärkeappreturen fast nur an der Oberfläche. Es hat nicht an Versuchen gefehlt, die Stärke so aufzuschließen, daß sie auch ins Faserinnere geht und somit bessere Effekte ergibt.

Das **Dextrin** wird auf nassem Wege durch Behandlung mit *verdünnten Mineralsäuren*, durch *enzymatischen* Abbau oder durch *Behandlung mit Persalzen* oder andere Oxydationsmittel aus Stärke gewonnen. Daneben ist auch das *Rösten* üblich. Appreturen mit wasserlöslichem Dextrin dringen besser in die Faser ein und ergeben einen guten Steifungseffekt. Dasselbe gilt auch für Dextrinprodukte, die aus Maisstärke hergestellt werden und unter dem Namen **Britishgummi** in den Handel kommen. Dextrin ist *wasserlöslich*, so daß eine Kaltwasserbehandlung bereits einen großen Teil der Appretur aus der Ware entfernt. Die *hohe Klebkraft des Dextrins* gestattet es, große Mengen Beschwerungsmittel, wie Kaolin (China-clay), Talkum, Bittersalz usw., an die Faser zu binden. Normalerweise werden größere Mengen Dextrin als Stärke benötigt, um den gleichen Steifheitseffekt zu erhalten. Man löst das Dextrin durch Übergießen mit warmem Wasser und kurzem Erwärmen.

Durch *Zusatz von Diastasen* — Enzyme, wie sie auch in der Entschlichtung (S. 33) üblich sind — lassen sich verkleisterte Stärken abbauen. Der Abbau wird durch Zusatz eines handelsüblichen Fermentes in den auf die günstigste Temperatur abgekühlten Stärkekleisters vorgenommen. Man rührt das gelöste Ferment im Stärkekleister ein und unterbricht den Abbau durch Erhitzen des Stärkekleisters in dem Moment, wo der gewünschte Viskositätsgrad und damit Stärkeabbau erreicht ist. Da der enzymatische Abbau auch bei geringen Zusatzmengen von Fermenten und genügender Dauer eintritt, muß die Unterbrechung unbedingt durch Erwärmen erfolgen. Für den langsamen Abbau der Stärke sind *Malzdiastasen* besonders brauchbar, da sie bei Erwärmung über 65 °C zerstört werden. Man verwendet Mengen von z. B. 50 g Diastafor extra stark (*Diamalt*) auf je 10 kg verkleisterte Stärke in entsprechender Verdünnung. *Pankreasprodukte* werden in entsprechend geringeren Mengen verwendet. Die Erwärmung zur Beendigung der Stärkeaufschließung muß bis zu mindestens 70 °C erfolgen. *Bakterienprodukte* eignen sich wegen ihrer Unempfindlichkeit gegen Erwärmung nicht für den Stärkeaufschluß.

Eine weitere Möglichkeit, den Stärkekleister abzubauen und damit Stärke zu verflüssigen, besteht darin, dem kochendem Kleister *Chloramine*, z. B. Aktivin (*Heyden*), in Mengen von 1%, auf das Trockengewicht der Stärke berechnet, zuzusetzen. Ähnlich arbeitet man mit *Stokotabletten* (*Stockhausen*), welche in Mengen von 50—200 g auf 10 kg Stärke verwendet werden. Es handelt sich um peroxydhaltige Wachsprodukte, die leicht dosierbar sind und einen mehr oder weniger starken Abbau der Stärke gestatten. Die sulfatierten Fette in den Tabletten ergeben außerdem einen gewissen Avivageeffekt auf der Textilie.

2. Steifungsappreturen

Wie bereits im Abschnitt Entschlichten erwähnt, ist es möglich, die Stärke mit Säuren, Laugen, reduzierenden u. a. Chemikalien abzubauen. Es sind dazu gewisse maschinelle Voraussetzungen nötig, die in der Veredlung kaum vorhanden sind. Um dem Appreteur bereits lösliche Stärken zu liefern, wurden von verschiedenen Firmen Stärken mit einer geringen bis hohen Löslichkeit in den Handel gebracht.

Warmwasserlösliche Stärken. Die Produkte werden wie native Stärke in kaltem Wasser angeschlemmt und durch *kurzes Aufkochen gelöst*. Der besondere Vorteil liegt in der Möglichkeit des kurzen Lösens. Durch längeres Kochen werden weder die Viskosität noch der Steifungseffekt verändert. Zur Verbilligung der Appretur ist eine Mitverwendung von normaler Stärke möglich. Zusätze an Weichmachern, Beschwerungsmitteln und andere Steifungsmittel bzw. die Verwendung dieser löslichen Stärken als Zusatz zur Hochveredlung sind ebenfalls möglich. Die Firmen bringen Produkte mit verschiedener Viskosität auf den Markt.

Aufgeschlossene Stärken. Durch *Verätherung der Stärke* bzw. Behandlung mit Formaldehyd lassen sich die Stärken so weit verändern, daß sie bereits in *kaltem Wasser zu viskosen Pasten quellen* und die Viskosität der Kleister auch durch Aufkochen nicht mehr ändern. Diese Vorteile haben in der Appretur nur gewisse Bedeutung, werden jedoch in der Textildruckerei besonders geschätzt. Zu dünn geratene Appreturflotten können durch Einstreuen dieser Stärken verdickt werden. Außerdem wird durch den Zusatz zu normalen Stärkeflotten ein Verwässern und Nachdicken ausgeschlossen. Durch die Kaltlöslichkeit eignen sich diese Produkte besonders als Zusätze zu Hochveredlungsflotten und auch zum Verstärken des Steifheitseffektes bei Verwendung von Kunststoffdispersionen in der Appretur und zu normalen Stärkeflotten, um deren Haltbarkeit zu verbessern.

Die beiden zuletzt aufgeführten *Stärkederivate* werden meist in gleich hohen Einsatzmengen, wie die nativen Stärken verwendet und durch Foulardieren, Rakeln, seltener in der Sprühappretur verwendet. Es gehören u. a. die folgenden Produkte dazu:

Amisol 5571	*Scholten*	Pflanzenextrakt BH	*R. Baumheier*
Anipur-Marken	*Fettchemie*	Quellin	*Scholten/Sichel*
Cottosint-Marken	*Fettchemie*	Quintex	*Herth*
Diappret-Marken	*Diamalt*	Rabic-Marken	*Pfersee*
Farinex-Marken	*Scholten*	Raidose SCH	*Protex*
Kollotex	*Avebe*	Rucogumm MTK	*Rudolf*
Linappret DK, SK, TLV	*Quehl*	Solvitose-Marken	*Scholten/Sichel*
Monagum AS	*Diamalt*	Superdex	*Scholten/Sichel*
Norappret-Marken	*Tübingen*	Supersol	*Scholten*
Noredux-Marken	*Fettchemie*	Textilose Gummi	*Scholten/Sichel*
Pagelli-Marken	*Avebe*	Textilstärke CM 37	*Maizena*
Perfectamyl-Marken	*Avebe*	Wesopret-Marken	*Weserland* u. a.

Wie bereits erwähnt, ist es möglich, mit Kunststoffvorkondensaten die Stärke, wie es in der Hochveredlung üblich ist, *waschecht auf Zellulosefasern zu fixieren*. Da diese Vorkondensate nur unter 30 °C aufgeklotzt werden dürfen, stört das kochende Verkleistern der nativen, nicht aufgeschlossenen Stärke, da man die Flotten kalt rühren muß. Die aufgeschlossenen Stärken stellen sich preislich höher, sie können jedoch kalt gelöst werden und sind daher als Zusatz für die Hochveredlung besser als native Stärken geeignet.

Eiweiß

Die Verwendung von Eiweißstoffen wie Leim, Gelatine, Kasein usw., ist in der Appretur selten, da die Produkte teuer sind und der Ware oft einen unangenehmen Geruch geben (z. B. Leim). Man hat diese Produkte durch wasserlösliche Zellulosederivate und Kunststoffdispersionen, die geruchlos sind, ersetzt, außerdem neigen diese nicht zur Schimmelbildung und bedürfen daher keines Zusatzes an Antiseptika (Konservierungsmittel). Die Eiweißprodukte finden größere Verwendung in der Schlichterei von Wolle, Reyon und endlosen Fäden aus synthetischen Fasern. Die Verwendung der nachstehenden Produkte ist auch in der Appretur üblich:

Collappret NH	*Quehl*
Gellatex TO	*Protex*
Gumminat-Marken	*Pfersee* u. a.

Pflanzliche Gummi

Bis auf wenige Ausnahmen finden Naturgummi keine Verwendung in der Appretur, sie werden hauptsächlich in der Textildruckerei eingesetzt. Dies gilt vor allem für Gummi-arabicum, Senegalgummi, Tragant, Ceratoniagummi u. v. a.

Durch besondere Aufbereitung ist es möglich *Johannisbrotkernmehl* als Appreturmittel einzusetzen. Man verwendet die Produkte als Steifungsmittel in Mengen von 20—300 g/l.

Adurin	*Böhme*	Gommex ST	*Protex*
Diagum AP, NS	*Diamalt*	Rabic J	*Pfersee* u. a.

Alginate

Bei diesen Produkten handelt sich um Alginsäuren, die aus Algen gewonnen werden, und da sie bereits mit 10—20 g/l als „körperarme" Verdickungsmittel eine gute Viskosität (*Zügigkeit*) geben, werden sie als wasserlösliche Produkte in der Hauptsache in der Druckerei eingesetzt. In der Appretur werden sie meist mit anderen Steifungsmitteln kombiniert. Unter anderem gehören dazu:

Cecalginat-Marken	*CECA*

Zellulosederivate

Durch Alkylieren oder Arylieren ist es möglich, die Zellulose *wasser- oder alkalilöslich bzw. in organischen Lösungsmitteln* löslich zu machen. Man spricht dann jeweils von den in den angegebenen Lösungsmitteln löslichen Zellulosen. Für die Appretur kommen nur die wasserlöslichen bzw. alkalilöslichen Sorten in Betracht.

Methylzellulosen sind Methyläther der Zellulose und je nach ihrem Methoxylgehalt alkali- bzw. bei höherer Methylierung wasserlöslich. In der Appretur haben die *alkalilöslichen* für permanente (waschechte) Steifappreturen und die *wasserlöslichen* Methylzellulosen für nicht waschechte Steifappreturen Bedeutung erlangt.

Alkalilösliche Zellulosen werden in wenig kaltem Wasser angerührt und über mehrere Stunden zum Ausquellen gebracht. Nun setzt man die zehnfache Menge 12%iger Natronlauge, berechnet auf das Trockengewicht der alkalilöslichen Zellulose zu, wodurch ebenfalls bei möglichst niedriger Temperatur, eine klare Lösung erreicht wird. Nun wird durch weiteren Zusatz von Kaltwasser die Lösung auf eine Konzentration von 4° Bé eingestellt und die Ware mit dieser Lösung geklotzt. Es sind je nach verlangtem Stand des Gewebes 3—5%ige Zelluloselösungen üblich. Die *Ausfällung* erfolgt zweckmäßig in einem Bade von 5% *Schwefelsäure mit* 5% *Glaubersalz* innerhalb einer Behandlungszeit von mindestens 3 Min. bei 35—40°. Anschließend wird kalt und warm gewaschen und durch *Neutralisation mit Ammoniak* die noch verbliebene Säure entfernt. Die so hergestellte Appretur ist *weitgehend waschfest* und verliert nach mehreren Wäschen nur 5—8% der aufgebrachten Zellulose, wogegen bei Stärkeappreturen bereits bis zu 90% in der ersten Wäsche verlorengehen. Durch Mitverwendung von Füllmitteln wie Talkum lassen sich die Gewebe permanent füllen und weitporige Gewebe durch nachträgliches Kalandern verdichten. Die alkalilöslichen Zellulosen geben der Ware einen *steifen* und nach dem Kalandern *papierenen Griff*, so daß sie nur beschränkt verwendet werden. Ein Zusatz anionischer Weichmacher ist nur ausnahmsweise möglich, da die wechselnde Behandlung in Lauge und Säure von den meisten Weichmachern nicht vertragen wird.

Cellofas AF   *ICI*
Hortol SL   *Fettchemie*
Tylose 4 S   *Hoechst u. a*

Wasserlösliche Zelluloseprodukte werden in kaltes Wasser unter gutem Rühren eingestreut und bis zur homogenen Ausquellung gebracht und evtl. erwärmt. Die damit erzielten Steifappreturen sind *nicht waschfest*. Man verwendet die Produkte auch in der Schlichterei und Druckerei. Durch Zusatz von Stärke kann der Steifungseffekt verstärkt bzw. durch Weichmacher eine gewisse Geschmeidigkeit der Ware erreicht werden. Die Anwendungsmengen auf dem Foulard richten sich nach dem verlangten Griff und liegen zwischen 10—200 g/l. Eine Verwendung für Waren, die im Vollbad behandelt werden, ist möglich.

Verschiedene Handelsprodukte enthalten bereits vom Hersteller einen gewissen Anteil an Weichmachern. Durch die Klebkraft dieser Produkte bedingt, kann durch Zusatz von Füllmitteln eine Beschwerung erreicht werden. Die Produkte verschleiern das Warenbild auch bei hohen Anwendungsmengen nicht, da sie einen wasserhellen Film geben, der bei Verwendung hoher Stärkemengen nicht erreicht wird.

Als wasserlösliche Zellulosen sind u. a. folgende Produkte im Handel:

Cellotil	*Zschimmer*	Mizellan ZB	*Pfersee*
Fibrocol RT	*Sichel*	Rigidan ZP	*Schill*
Horsil-Marken	*Fettchemie*	Tylose-Marken	*Hoechst*

Kunststoffe

Die Produkte haben allgemein und auch in der Textilindustrie eine weite Verbreitung gefunden. Obzwar sie im Preis oft über den Appreturmitteln, die bisher beschrieben wurden, liegen, werden sie in der Appretur in steigendem

Maße verwendet. Je nach Art der Zusammensetzung unterscheidet man *Polykondensations-* und *Polymerisationsprodukte*, zu denen auch die Kunststoffe gehören, die nicht in der Appretur verwendet werden. Gegenüber den natürlichen oder umgewandelten natürlichen Appreturmitteln haben die meisten dieser Produkte eine verbesserte Wasser-, oft auch Waschbeständigkeit und können, gemeinsam mit den anderen Appreturmitteln verwendet, deren Wasser- und Waschechtheit verbessern.

Von den **Polykondensationskunststoffen** haben in der Textilveredlung vor allem die Produkte, die sich bei der Kondensation von *Harnstoff und Formaldehyd*, die *Melaminharze* und *Reaktanttypen* von Kunstharzen verschiedener Zusammensetzung Bedeutung. Die Produkte werden in der Hochveredlung (S. 347) eingesetzt und dort näher beschrieben. Für die Appretur kommen vor allem als Steifungsmittel, die den Waren auch eine gewisse Knitterarmut geben, und deren Wasseraufnahmefähigkeit und Restkrumpfung verringern, nur die ersten beiden Arten in Betracht. Man klotzt die Produkte auf dem Foulard in Mengen von 5—200 g/l allein oder mit anderen Appreturmitteln, wie Stärken, Hydrophobierungsmitteln u. a., und erhält je nach Art des verwendeten Harzes besondere Griffeffekte auf der Ware. Da es sich bei diesen Hilfsmitteln um Thermoplaste handelt, trägt eine erhöhte Trockentemperatur zur Verbesserung der Waschbeständigkeit der Produkte bei.

Die **Polymerisationskunststoffe.** Es handelt sich auch hier um *thermoplastische Kunststoffe*, die bereits bei der Herstellung einen so hohen Grad der Polymerisation erhalten, daß sie wasserunlöslich sind und nur in Form von *Emulsionen oder Dispersionen* auf die Ware geklotzt (foulardiert) und bei erhöhten Trockentemperaturen zum wasserklaren Kunstharz auf die Ware niedergeschlagen werden. Einige dieser Polymerisate sind auch in organischen Lösungsmitteln löslich, und können neben ihren wäßrigen Emulsionen, in organischen Lösungsmitteln gelöst, auch zum Beschichten und zur Herstellung von Folien dienen.

Die *Kunststoff-* (*Kunstharz-*) *Emulsionen* (*Dispersionen*) werden in anionischer, hauptsächlich jedoch nichtionischer, seltener kationischer Verarbeitung durch Foulardieren in Mengen von 5—250 g/l eingesetzt und ergeben eine gewisse Fülle und in höheren Konzentrationen auch Steifheit der Ware. Ihre Waschbeständigkeit kann durch eine Trocknung bei Temperaturen über 100 °C verbessert werden ohne jedoch dadurch, abgesehen von bestimmten Einzelprodukten (S. 271), eine Kondensation wie in der Hochveredlung zu erreichen. Bei den Produkten handelt es sich in der Hauptsache um *Polyvinyl-Azetate, -Alkohole* und *Polymerisate* der *Acryl-* und *Methacrylsäure*. Daneben sind auch *Mischpolymerisate* und Mischungen mit entsprechenden Weichmachern im Handel. Neben der Erzielung eines fülligen und steifen Griffes, werden sie auch als Zusätze zu Hochveredlungsausrüstungen verwendet, wo sie die Knitterneigung weiter herabsetzen und auch zum verringerten Abfall der Reißfestigkeit beitragen. Daneben werden sie auch zum Schlichten von Reyon- und synthetischen Fäden verwendet. Die in organischen Lösungsmitteln löslichen Produkte werden als „synthetische Hutsteife" bzw. als „Trockenappreturmittel" nach der chemischen Reinigung verwendet. Die anionischen und nichtionischen Produkte können auch mit anderen Steifungsmitteln kombiniert werden. Dasselbe gilt auch für Weichmacher, die jedoch in ihrer Ionogenität dem Produkt angepaßt werden

2. Steifungsappreturen

müssen. Nachstehend sind eine Reihe dieser Produkte aufgeführt, wobei deren Ionogenität (a = anionisch, n = nichtionisch, k = kationisch) nach dem Produkt in Klammer gesetzt wurde.

Acrymul-Marken (a)	*Protex*	Plextol-Marken (a) auch (n)	*Röhm*
Al-Ron AON (a)	*Protex*	Polappret-Marken (a)	*Zschimmer*
Appretan EM, EMC, MB (n)	*Hoechst*	Quecofirm-Marken	*Quehl*
Appretan EMK, MBF, HN (a)	*Hoechst*	Ratifix-Marken	*Sandoz*
Appreturmittel CV, D, WW (n)	*Baur*	Rhenappret-Marken	*Quehl*
Appreturmittel K (k)	*Baur*	Rigidan HA (a)	*Schill*
Arristan 30, 50 (a)	*Tübingen*	Rigidan RG (n)	*Schill*
Arristan 100, F, G, GW, PO (n)	*Tübingen*	Rucogumm FK (a)	*Rudolf*
ATB-Appretur-Marken (a)	*Böhme*	Sarpifan BK, BKW (n)	*Stockhausen*
Atebin-Marken (a)	*Böhme*	Sarpifan CA, CAW (a)	*Stockhausen*
Bedafin 2001	*ICI*	Simpra-Marken	*Pfersee*
Calatac-Marken	*ICI*	Stabiform-Marken	*Fettchemie*
Cefacoll R, S, SR (a)	*Zschimmer*	Supron-Marken	*Weserland*
Combatex-Marken (k)	*CIBA*	Synthappret WA (n)	*Bayer*
Dicrylan WG, C (a)	*CIBA*	Synthappret WSF (a)	*Bayer*
Durifan-Marken (a)	*Düren*	Synthemul-Marken	*Reichhold*
Feran BO, BP, HH, WW (n)	*Rudolf*	Tero-Finish PS 62	*Rotta*
Griffan (n)	*R. Baumheier*	Texappret A, AM, C, WL	*BASF*
Mercipoll-Marken	*Kempen*	Ukadan-Marken (n)	*Schill*
Mul-Ron-Marken (a)	*Protex*	Vibatex-Marken (a und n)	*CIBA*
Perappret-Marken (n)	*BASF*	Vinarol-Marken (n)	*Hoechst*
Plexileim	*Röhm*	Wallpol-Marken	*Reichhold*

Kunststoff-Dispersionen werden auch als *Rückenappretur* für Teppiche und Dekorationsstoffe verwendet und dann aufgebürstet, aufgesprüht bzw. aufgerakelt. Für diesen Zweck werden jedoch auch Produkte auf natürlicher Basis (Stärken, Zellulosen usw.) eingesetzt bzw. werden Kautschuk und Latices eingesetzt. Für die Teppichrückenappretur werden die folgenden Produkte besonders empfohlen, die auf Kunststoffdispersionen aufgebaut sind:

Buranop	*Baur*	Pentafix	*R. Baumheier*
Cefacoll S, R, SR	*Zschimmer*	Sarpifan EWW	*Stockhausen*
Merpicoll QM	*Kempen*	Supran-Marken	*Weserland* u. a.
Oppanol B	*BASF*		

Kautschuk und Latex

Abgesehen von Sondergebieten, zu denen auch die Rutschfestausrüstung (Rückenappretur) von Teppichen gehört, wird Kautschuk in der eigentlichen Textilveredlung wenig verwendet.

Für die Rückenappretur kommen u. a. folgende Produkte zur Verwendung:

Appreturmittel LT	*Baur*	Paramerpin AS-Marken	*Kempen*
Merpigum KS, S	*Kempen*	Sarpifan RFT	*Stockhausen*
Merpilit	*Kempen*		

Silikone

ergeben auf Textilfasern einen vollen und glatten Griff, als Steifungsmittel können sie nicht angesprochen werden. Ihr Hauptverwendungszweck ist die Hydrophobierung (S. 334) und die Verwendung als Antischaummittel (Schaumdämpfer, S. 293).

Anschließend sollen einige *Vergleichswerte* zeigen, welche **Versteifungsgrade** bei Verwendung einzelner Appreturmittel durch Foulardieren zu erreichen sind. Ein mittelschweres Baumwollgewebe wurde durch einmaliges Foulardieren mit einem Abquetscheffekt von 100% bei 60 °C geklotzt und getrocknet, anschließend wurde die Steifheitserhöhung gegenüber dem unbehandelten Gewebe gemessen. (Nach Dr.-Ing. PRIOR der Fa. *Stockhausen,* 1938.)

Die Zahlen sind nur Vergleichswerte, da sehr viele Faktoren diese Werte in der Praxis beeinflussen können, wie z. B. die Saugfähigkeit des Materials, der Abquetscheffekt usw. Nach einer *Appretur mit je 20 g/l* zeigten sich folgende Steifheitserhöhungen, angegeben in Prozenten der ursprünglichen Steifheit, die mit 0% angesetzt wurde.

3% Albumin
10% Arab. Gummi
16% Tragant
30% Tylose TWA 25 (*Hoechst*)
32% Glykolsaure Zellulose (Cellappret)
32% Leim

48% Kartoffelstärke
51% Weizenstärke
54% Maisstärke
76% Reisstärke
105% Kasein
118% Ceratoniagummi

Appretur mit 75 g/l:

49% Glykolsaure Zellulose (Cellappret)
76% Albumin
76% Leim
78% Arab. Gummi
95% Maisstärke

95% Weizenstärke
100% Kartoffelstärke
102% Tylose TWA 25 (*Hoechst*)
113% Reisstärke
176% Kasein

Appretur mit 300 g/l:

51% Harnstoff
95% Bittersalz (Magnesiumsulfat)
192% Glykolsaure Zellulose (Cellappret)
208% Dextrin

210% Arab. Gummi
225% Albumin
300% Leim

Abnahme der Steifheit:

19% Kalziumchlorid

15% China-clay (Kaolin)

Zunahme der Steifheit:

19% Magnesiumchlorid
27% Melasse

50% Zucker

Da es bei der Verwendung von Steifungs- und anderen Appreturmitteln nicht allein auf die *Versteifung,* sondern auch auf die *Glättung* der Gewebe bzw. der Fäden ankommt, wurde auch die Veränderung des Reibungswiderstandes gegenüber dem Rohgewebe (Baumwollchiffon) gemessen, der mit 100% angegeben wurde. Das Gewebe wurde vor der Prüfung weder durch Mangeln, Kalandern oder Pressen besonders geglättet.

109% bei 300 g/l Bittersalz
103% bei 300 g/l Bariumsulfat
98% bei 300 g/l Glaubersalz
94% bei 300 g/l China-clay (Kaolin)
93% bei 300 g/l Talkum
90% bei 300 g/l Zucker
89% bei 300 g/l Magnesiumchlorid
88% bei 300 g/l Kochsalz
83% bei 300 g/l Kalziumchlorid

82% bei 20 g/l Arab. Gummi
81% bei 300 g/l Harnstoff
75% bei 20 g/l glykolsaurer Zellulose
    (Cellappret)
71% bei 10 g/l Traganth
70% bei 20 g/l Kasein
66% bei 20 g/l Tylose TWA 25
64% bei 20 g/l Tragant
59% bei 150 g/l Leim

50% bei 150 g/l Arab. Gummi
46% bei 300 g/l Dextrin, weiß
41% bei 150 g/l glykolsaurer Zellulose
   (Cellappret)

38% bei 20 g/l Reisstärke
37% bei 300 g/l Albumin
32% bei 150 g/l Albumin
25% bei 150 g/l Weizenstärke

Bei diesen Zahlen handelt es sich nur um relative Werte, die vom Gewebe, vom Hilfsmittel und dessen Verkleisterung, z. B. bei den einzelnen Stärken usw., abhängt. Dabei nicht berücksichtigt sind die Kunststoffdispersionen und vor allem die Hochveredlungsmittel, da deren Werte noch von einer weit größeren Anzahl von Faktoren bestimmt wird.

3. Beschwerungs- und Füllappreturen

Nur vereinzelt werden heute Textilien allein zur Gewichtserhöhung beschwert. Es wird mehr die Fülle des Griffes verbessert. Gewisse Beschwerungen bringen die meisten Steifungs-, Hochveredlungs-, Mattierungs- und andere Appreturmittel mit, die man jedoch als direkte Beschwerung nicht ansprechen kann. Eine Ausnahme in dieser Hinsicht macht die Naturseide, die durch das Entbasten 20—30% an Gewicht verliert und durch Erschwerung (Chargierung) wieder auf das ursprüngliche Gewicht (pari) oder darüber hinaus gebracht werden kann. Da das Erschweren von Naturseide eine Arbeit der Färberei[1] ist, kann die Beschreibung unberücksichtigt bleiben.

Das **Beschweren von Zellulosefasern** wird mit wasserlöslichen Salzen, wie *Bittersalz* ($MgSO_4 \cdot 7H_2O$) und *Glaubersalz* (Na_2SO_4) bzw. wasserunlöslichen Produkten wie Kaolin usw. vorgenommen, wobei letztere Produkte vor allem zur *Füllung* der Gewebe eingesetzt werden. Das wichtigste und auch heute noch verwendete Beschwerungsmittel ist das *Bittersalz* (in Mengen bis 300 g/l), welches in Verbindung mit bittersalzbeständigen Weichmachern, Steifungsmittel u. a. Produkten auf die Ware geklotzt wird. Bittersalz allein gibt der Ware einen spröden und harten Griff, so daß ein Zusatz von Weichmachern vorteilhaft ist. Es kommen jedoch nur bittersalzbeständige Produkte in Betracht, wie

Avirol DKM   *Fettchemie*
Tallosan DX extra   *Stockhausen* u. a.

Weitere Zusätze an *Kaolin* (*Pfeifenton*, *China-clay*) *Stärke*, *Dextrin* usw. sind üblich. Nur billige Zellulosegewebe werden mit diesen Beschwerungsmitteln behandelt, wie z. B. Taschentücher, bei denen es sich oft nur um eine „Appretur für den Ladentisch" handelt und dem Käufer ein schweres und starkes Gewebe vorgetäuscht werden soll. Auch für Glaubersalz sind Mengen bis zu 200 g/l mit den bereits geschilderten Zusätzen üblich.

Magnesiumchlorid ($MgCl_2$) wird wegen seiner Hygroskopizität ebenfalls eingesetzt, jedoch spaltet es bei Trockentemperaturen über 100 °C Salzsäure ab und schädigt dann durch *Hydrozellulosebildung* die Faser. Durch Magnesiumchlorid wird allerdings den Textilien eine absolute Widerstandsfähigkeit gegen Bakterien- und Schimmelpilzbefall gegeben, auch wenn noch so hohe Stärke- oder Dextrinmengen mitverwendet wurden. Ähnlich sind die Effekte bei Verwendung von geringen Mengen *Zinkchlorid*. Bei der Beschwerung von Reyongeweben kann

---

[1] BERNARD: Praxis des Bleichens und Färbens von Textilien, Berlin/Heidelberg/New York: Springer 1966.

man auch Harnstoff verwenden und je nach Höhe des Einsatzes das Gewebe bis zu 10% beschweren.

Die Beschwerungsappreturen werden durch Foulardieren auf die Gewebe gebracht, seltener durch Aufrakeln, vor allem dann, wenn die hohe Viskosität der Appreturflotten ein Foulardieren nicht erlaubt.

Beschwerungen von Woll- oder Wollmischgeweben sind seltener. Die verwendeten Produkte werden ebenfalls durch Foulardieren, was man oft als *Gummieren* bezeichnet, aufgebracht. Die Zusammensetzung der Beschwerungsmittel ist sehr verschieden. Es sind meist Kombinationen von organischen und anorganischen Produkten, welche durch ihr Eigengewicht und auch durch ihre hygroskopischen Eigenschaften sowohl den Griff verändern als auch das Gewebe beschweren. Meist wird man sie auch als Füllmittel bezeichnen, da sie vor allem die Ware füllen sollen. Die hauptsächlichsten Bestandteile sind überfettete Seifen, Stearin, Borate und Polysacharide in Form eines Zuckersyrups u. a. Die Produkte sind wenig wasser- und nicht waschbeständig und werden hauptsächlich zum Füllen und Beschweren von billigen bzw. mittleren Woll- und Halbwollgeweben für Oberbekleidung eingesetzt. Die Einsatzmengen bewegen sich zwischen 30—200 g/l oder man arbeitet mit Lösungen von 1—8° Bé. Auch das Aufsprühen der wäßrigen Lösungen auf die Ware ist möglich. Einige Produkte sind auch auf Proteinbasis aufgebaut und eignen sich dadurch besonders für Wollwaren.

Arristan LU 130	*Tübingen*	Gummagon B	*Zschimmer*
Atefix	*Böhme*	Lanol W	*Quehl*
Avimalt	*Diamalt*	Mollan-Marken	*Rotta*
Buragum D	*Baur*	Neogon L	*Zschimmer*
Cantaril V, W	*Quehl*	Noraprett LD	*Tübingen*
Gommex W	*Protex*	Rigidan RG	*Schill*
Gravidol NBS, N 2, W 3	*Rotta*	Wollfinish	*Baur* u. a.

Durch **Füllmittel** kann man Textilwaren aus Zellulosefasern eine gewisse Beschwerung und einen vollen Griff geben und damit mindere Warenqualitäten verbessern. Diese Füllmittel, zu denen in gewissem Sinne auch ein Teil der Steifungsmittel gehören, sind wasserlöslich oder in Wasser dispergierbar und somit nur als Appretur für den Käufer bestimmt, abgesehen von den Permanentsteifungsmitteln.

Als ausgesprochenes Füllmittel für Weißappreturen kommt vor allem *Kaolin*, (*China-clay oder Pfeifenton*) in Betracht. Es handelt sich dabei um einen für die Porzellanindustrie wichtigen Rohstoff, die Porzellanerde, die möglichst weiß (eisenfrei) gehandelt wird. Die mit einer Kombination von Stärke oder Dextrin, Weichmachern, optischen Aufhellern, Bläumitteln u. a. Hilfsmitteln foulardierten und anschließend getrockneten und kalanderten Baumwollgewebe zeigen einen kräftigen und vollen Griff und eine gewisse Steifheit. Die Appreturen sind *nicht waschfest* und geben bei zu großen Mengen an Kaolin und ungenügenden Mengen an Stärke oder Dextrin sowie Weichmachern *staubende Ware*, die unter Umständen zum *Schreiben* neigt. Das Schreiben der Ware tritt dann ein, wenn zuviel Appretur auf der Gewebeoberfläche liegt und mit harten Gegenständen (Fingernagel) angekratzt werden kann. Kaolin ist als Aluminium-Silikat-Verbindung wasserunlöslich und wird durch Steifungs- oder Klebemittel an die Faser geklebt.

Mit *Talkum*, einem Magnesiumsilikat, lassen sich ähnliche Effekte erzielen, die der Ware gegenüber Kaolin einen weicheren und eleganteren Griff geben. Die Anwendungsmengen bewegen sich auch bei diesem Produkt zwischen 100 bis 300 g/l gemeinsam mit den nötigen Mengen an Stärke oder Dextrin und Weichmachern, wie dies auch für Kaolin üblich ist. Als weiteres Füll- und Beschwerungsmittel wird noch *Bariumsulfat* und als billigstes *Kalziumsulfat (Gips)* eingesetzt. Fast alle Füll- und Beschwerungsmittel verschleiern dunkle Farbtöne und werden deshalb hauptsächlich für Weißwaren eingesetzt.

4. Weichmacher

Der Einsatz von Weichmachern (*Avivagemittel*) hat den Zweck, der behandelten Ware angenehmen Griff und Glätte zu geben. Daneben verändert ein großer Teil der Produkte auch den „Fall" und die „Fülle" der Textilien, ohne jedoch Füllmittel zu sein. Durch fast alle Naßprozesse, welche Textilien erfahren, werden Fettstoffe abgelöst. Bei der Baumwolle handelt es sich dabei um Baumwollwachse, bei Wolle um Wollfett und bei regenerierten und synthetischen Fasern um Präparationen, die in der Mehrzahl auf Fettbasis aufgebaut sind. Harte, und damit spröde und störrische Fasern lassen sich nur schwer verspinnen und müssen durch *Schmelzen* (Wolle) oder *Präparieren* (regenerierte und synthetische Fasern) wieder aufgefettet werden. Da der überwiegende Teil der Baumwolle roh versponnen wird, ist eine besondere Schmelze unnötig bzw. wird nur dann eingesetzt, wenn lose Baumwolle gefärbt oder gebleicht wurde und „bunt" versponnen werden muß. Da es sich beim Schmelzen und Präparieren um Vorbereitungsarbeiten für die Spinnerei handelt, können diese hier unberücksichtigt bleiben.

Die Beurteilung des Warengriffes ist individuell und hat zu einer Vielzahl von Prädikaten geführt, die den Warengriff bezeichnen (S. 269). Für Weichmacher gilt als Beurteilungskriterium vor allem die eigentliche Weichheit (im Gegensatz zur Steifheit) und die Oberflächenglätte (geringe Reibung). Daneben wird auch die Elastizität (Geschmeidigkeit) beim Dehnen und Zusammendrücken (Bauschelastizität) einbezogen. Obwohl es einige Geräte zur Prüfung dieser Eigenschaften gibt, wird in der Veredlung die Griffbeurteilung fast ausnahmslos durch eine individuelle Beurteilung vorgenommen.

Prinzipiell gibt es zwei Weichmachertypen, die den geforderten Effekt erreichen lassen. Es handelt sich dabei um *Quellungs- (Plastifizierungs-)* und *Glättungs- (Schmierungs-)* Weichmacher. Der billigste Quellungsweichmacher ist das Wasser, welches vor allem bei nativen Fasern eine ausschlaggebende Rolle spielt. Durch Behandlung mit hygroskopischen Mitteln, wie sie auch zur Beschwerung (S. 280) eingesetzt werden (auch Glyzerin, Glyzerinersatz, z. B. milchsaure Salze, Zucker usw.), ist über die dann verstärkte Feuchtigkeitsaufnahme eine gewisse Avivage möglich. Auch ein Dämpfen und damit erhöhte Aufnahme von Feuchtigkeit gibt einen guten Effekt, vor allem auf Wolle, die viel Feuchtigkeit aufnehmen kann. Da jedoch durch Quellung allein nur eine geringe Faserglättung erreichbar ist, werden die Produkte nicht als eigentliche Weichmacher bezeichnet. Zur Faserglättung kommen eine Vielzahl von fetthaltigen, grenzflächenaktiven Produkten auf Fettbasis in Betracht, die glättend und auch quellend wirken.

Als anionische Weichmacher sind

Paraffinemulsionen,
Talgsulfonate,
sulfierte Fette und Öle,
Alkylsulfate (z. B. Fettalkoholsulfate) und
Fettsäurekondensationsprodukte verschiedener Konstitution

gebräuchlich. Neben den reinen Produkten sind auch Mischungen im Gebrauch. Auch Zusätze von unverseiften Fetten und Ölen zu den angegebenen Produkten sind üblich, da die wasserlöslichen Sulfate, Sulfonate und Kondensationsprodukte meist gute Emulgatoren sind, welche die wasserunlöslichen Anteile in Emulsion halten und dadurch eine Steigerung der Faserglättung erreicht wird. Die Produkte kommen vor allem für native und regenerierte Fasern zur Anwendung. Sie werden im Vollbad und auch Klotzverfahren eingesetzt. *Paraffin-, Paraffinöl- und andere Fett- bzw. Ölemulsionen* werden hauptsächlich in Mengen von 10—50 g/l foulardiert. In Sonderfällen sind auch höhere Mengen zur Verbesserung der Warenfülle üblich. Meist ist mit der Avivage eine geringe Hydrophobierung verbunden. Die Effekte sind jedoch weder wasch- noch chemischreinigungsecht. Die Emulsionen werden durch Übergießen mit heißem Wasser hergestellt und bei 20—80 °C foulardiert. Sie sind auch als Zusätze zu anderen Appreturen und als Schlichtefette verwendbar. In der Garnausrüstung werden sie mit 2—10 g/l eingesetzt. Sie geben der Ware einen vollen, gut glatten Griff und durch ein anschließendes Kalandern, Pressen, Polieren usw. eine gewisse Glanzerhöhung. Durch kochendes Wasser ist es möglich den Emulgator zu zerstören, dadurch rahmen die Fette auf und führen zu Flecken auf der Ware. Hohe Trocknungstemperaturen können zur Vergilbung führen. Die Härtebeständigkeit der Produkte ist mittel bis gut.

Die Selbstherstellung von Öl-, Wachs-, Fett- und Paraffinemulsionen durch Verarbeiten dieser Fettstoffe mit entsprechenden Emulgatoren ist in der Ausrüstung kaum mehr üblich, da eine Vielzahl von Fertigprodukten angeboten werden. Zu den *Paraffinemulsionen* (Einsatz 5—300 g/l) gehören u. a.:

Avivan ANL	*Pfersee*	Ramasit I	*BASF*
Cerat AE, PN	*Böhme*	Silastol CP	*Schill*
Ceranin P, PW, S, W	*Sandoz*	Talfurol A	*Böhme*
Convidol T	*Tübingen*	Tallofin FS	*Stockhausen*
Finistrol B	*Quehl*	Terafin DE	*Rudolf*
Lustraffin P	*Tübingen*	Textal P, PLS, PL	*Pfersee*
Parfinol PL	*Protex*	Velustrol HSP, HW, NE	*Hoechst*
Persoftal MK, NA, P	*Bayer*	Waxol HE, PA	*ICI*
Perrustol FD	*Rudolf*		

Die *Talgsulfonate* enthalten in der Regel auch unsulfonierte Anteile, welche durch die Sulfonate in Emulsion gehalten werden. Die Produkte ergeben Emulsionen, die durch Anrühren mit heißem Wasser hergestellt werden. Die meisten dieser Hilfsmittel sind nur gegen mittlere Wasserhärte beständig. Die Ausrüstungen neigen bei hohen Trockentemperaturen zum Vergilben. Sie werden im Vollbad mit 3—20 g/l bzw. auf dem Foulard mit 10—50 g/l verwendet. Sie ergeben einen etwas volleren Griff als Paraffinemulsionen, die Glätte der Ware ist geringer, eine Glanzerhöhung tritt nicht auf. Die Avivage ist nicht waschbeständig. Auch in Appretur- und Schlichteflotten werden diese Hilfsmittel mitverwendet. Es gehören u. a. dazu:

Buraven BG, TO	*Baur*	Queco-Appreturfett TS	*Quehl*
Ceranin T	*Sandoz*	Soromin TS	*BASF*
Erlapon STM	*Tübingen*	Tallosan SW	*Stockhausen*
Geipon T	*Geissler*	Talvon-Marken	*Zschimmer*
Irgafinish WT	*Geigy*	Tallofin IR	*Stockhausen*
Olgon K-Marken	*Röhm*	Textis PS	*Protex*
Perrustol BAT	*Rudolf*		

Als *sulfierte Öle* kommen Produkte meist auf Rizinusöl- (Rizinolsäure) Basis für die Avivage in Betracht. Dabei ist der Sulfonierungsgrad niedrig, wenn eine ausreichende Weichmachungswirkung erreicht werden soll. Hochsulfonierte Produkte zeigen nur gering weichmachende Wirkung und sind hauptsächlich als Netzmittel verwendbar. Rizinolsulfonate ergeben der Ware eine gute Fülle (schmierigen Griff) und wenig Glätte. Sie sind außerdem nicht besonders härtebeständig. Man verwendet sie meist auf dem Foulard allein oder auch gemeinsam mit anderen Appreturmitteln in Mengen von 10—40 g/l. Neben den *Türkischrotölen* werden u. a. die nachstehenden Produkte gehandelt:

Appreturöl R 582	*Fettchemie*	Monopolöl FSA	*Stockhausen*
Appret-Flerhenol	*Zschimmer*	Praestabitöl V	*Stockhausen*
Avirol DKM, HT	*Fettchemie*	Perrustol SL	*Rudolf*
Avivagemittel S	*Cassella*	Quecol R	*Quehl*
Brillant Mullopol	*Baur*	Rexamine D	*Protex*
Cekit AP, OM	*Stockhausen*	Sandozol-Marken	*Sandoz*
Cottavin T	*Zschimmer*	Setavin 1590	*Zschimmer*
Elixierol KM	*Baur*	Sultafonöl SH	*Stockhausen*
Finish WFS, KB	*Sandoz*	Textilol	*Böhme*
Flerhenol M	*Zschimmer*	Tinopolöl BH, NH	*Geigy*
Kufalin	*Baur*	Triumphöl M	*Zschimmer*
Lipon	*Röhm*	Vinkol AP, RT	*Schill*
Monopolavivage SO 100	*Stockhausen*	Viscosil R-Marken	*Böhme*
Monopolbrillantöl	*Stockhausen*		

Unter **Alkylsulfaten** werden hauptsächlich *Fettalkoholsulfate* verstanden, die sich durch sehr gute Härtebeständigkeit und Waschwirkung auszeichnen. Auch das Netzvermögen ist beträchtlich. Für die Avivage kommen nur Produkte mit einer hydrophoben Fettkette mit mindestens 18 C-Atomen in Betracht. Eine große Zahl dieser Avivagemittel enthält noch unsulfatierte Fettalkohole bzw. Fette und Wachse, wodurch der Avivageeffekt weiter gesteigert wird. Die Effekte sind als gut füllig und glatt zu bezeichnen. Man setzt die Produkte in Mengen von 10—50 g/l auf dem Foulard ein. Reine Alkylsulfate zeigen auch schmierende Wirkung in wäßrigen Behandlungsflotten, und es ist dadurch eine Warenschonung auch in kochenden Bädern möglich und die im Strang behandelten Stückwaren zeigen dadurch weniger Brüche. Da es sich um wasserlösliche Produkte handelt, die im Vollbad mit 1—10 g/l eingesetzt werden, ist ein Nachspülen nach der Behandlung für den Avivageeffekt ungünstig. Optimale Effekte lassen sich nur erreichen, wenn nicht nachgespült wird. Auch diese Produkte können mit anderen Appreturmitteln und in Schlichteflotten verwendet werden. Dazu gehören u. a.:

Aviton T, SR	*Dupont*	Pergluton MW	*R. Baumheier*
Brillant-Avirol DL 142, 168	*Fettchemie*	Persoftal O	*Bayer*
Ceranin VR	*Sandoz*	Primatex TA	*Francolor*
Cirrasol SB, XL	*ICI*	Quesulfan A	*Quehl*
Dralusoft	*R. Baumheier*	Rexamine 172, FA, PMA	*Protex*
Erlapon S	*Tübingen*	Silastol 600, W 600	*Schill*
Etapuron N	*Düren*	Stokotal E	*Stockhausen*
Geipolan FA	*Geissler*	Utinal 302	*Fettchemie*
Lissapol D, C	*ICI*	Viscosil FA, FAP, FB, FAD	*Böhme*
Merpitex S 241	*Kempen*	Weichmacher NO	*Zschimmer*

Zu den **Fettsäurekondensationsprodukten** gehört eine Vielzahl von Hilfsmitteln, die als Netz-, Wasch- und Avivagemittel verwendbar sind. Sie werden im Prinzip wie die Alkylsulfate eingesetzt und ergeben auch ähnliche Effekte. Es gehören u. a. dazu:

Adulcinol 63, C, LS 5	*Zschimmer*	Quecolin A, KRF	*Quehl*
Avivan AKS	*Pfersee*	Rexamine AKS, AT	*Protex*
Cerafil S 50, SB	*Böhme*	Sapamin FL, FLN	*CIBA*
Ceranin F	*Sandoz*	Silastol R	*Schill*
Fibramoll F	*Cassella*	Soromin FB	*BASF*
Leomin F, S	*Hoechst*	Stokotal DX	*Stockhausen*
Merpitex D	*Kempen*	Tallopol CFB, SU	*Stockhausen*
Praelanol G	*Stockhausen*	Tubingal A, ASM	*Tübingen*

Anionische Weichmacher haben den Vorteil, daß sie sich gemeinsam mit nichtionischen und anionischen Produkten einsetzen lassen. Sie ergeben in der Regel einen vollen Griff auf Grund ihrer, teilweise stark ausgeprägten, plastifizierenden Wirkung, vor allem bei Verwendung zur Avivage von nativen bzw. regenerierten Zellulosefasern, eingeschränkt gilt das auch für Wolle. Besonders hervorzuheben ist ihre Verträglichkeit mit allen Steifungsmitteln und Schlichteprodukten. In der Hochveredlung ist ihre Verwendung dadurch gekennzeichnet, daß vor allem Alkylsulfate und Fettsäurekondensationsprodukte wenig vergilben. Sie ergeben meist keine besondere Glätte, wie sie vor allem bei Verwendung von kationischen und nichtionogenen Weichmachern üblich ist (Abb. 370) und fördern dadurch weniger die bessere Vernähbarkeit der mit ihnen behandelten Textilien. Der Glanz wird durch alleinige Verwendung dieser Hilfsmittel nur wenig verbessert, wenn nicht eine nachträgliche mechanische Arbeit, wie

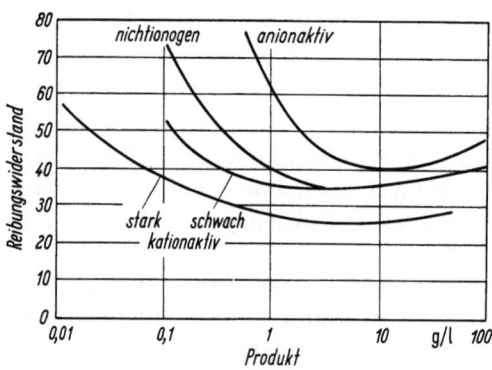

Abb. 370. Reibungswiderstand Faser gegen Faser beim Einsatz verschieden ionischer Weichmacher. Unbehandelt = 100 (nach W. Brasseler/*Stockhausen*)

Kalandern, Pressen, Polieren, Chevellieren usw., nachfolgt. Die Härteempfindlichkeit von Talgsulfonaten, sulfierten Ölen und Fetten kann, wie auch bei der Seife, die ebenfalls noch eingeschränkt als Weichmacher üblich ist, zu Schwierigkeiten führen. Obwohl die Einsatzmengen hoch sind, ist doch der Preis durchaus in der Lage diesen Nachteil zu kompensieren. Es handelt sich ausnahmslos um wasser-

4. Weichmacher

lösliche Produkte oder Emulsionen, die keine oder sehr geringe Substantivität zur Faser haben und dadurch im folgenden Naßprozeß weitgehend von der Faser abgewaschen werden. Ihre Verträglichkeit mit anionischen Farbstoffen ermöglicht ihren Einsatz auch in Färbebädern. Da Emulgatoren jedoch meist ein Kochen nicht unzerstört überstehen, sollten Emulsionsprodukte, die unveränderte Fette, Öle und Wachse emulgiert enthalten, nicht in kochenden Bädern verwendet werden. Letztere Avivagen können auch bei Verwendung in Foulards durch „Ausbuttern" zum „Aufrahmen der Fette" und damit Fleckenbildung führen. Die meisten anionischen Weichmacher zeigen eine Beständigkeit im alkalischen Medium bis pH 9 (seltener 11), die Empfindlichkeit gegen saure Flotten hängt von der Konstitution der Produkte bzw. der eingesetzten Emulgatoren ab, ist in der Regel jedoch geringer als ihre Alkalibeständigkeit.

Zum Lösen bzw. zur Herstellung der Gebrauchsemulsionen genügt meist ein Übergießen mit heißem Wasser unter Rühren. Bei Produkten, die „überfettet" sind, d. h. die unsulfonierte, unsulfatierte oder wasserunlösliche Fettanteile haben, ist ein gutes Rühren während der portionsweisen Zugabe von Heißwasser für die Homogenität der Gebrauchsemulsionen günstig. Ein Aufkochen ist bei letzteren Produkten, vor allem mit dem Stechrohr, unnötig bzw. schädlich.

Die **kationischen Weichmacher** zeichnen sich als ausgesprochen gute Glättungsmittel aus und zeigen wegen ihrer Substantivität zu fast allen Fasern auch in niedrigen Einsatzmengen gute Wirkung. Der Griff ist meist sehr gut glatt, die Warenfülle erfährt kaum eine Verbesserung. Die Produkte sind *quarternäre Ammonsalze, Salze einfacher Amine, Aminoester, Aminoamide* usw. Für die Vollbadavivage werden 0,5—3 g/l (0,5 = 2%) und zum Klotzen 3—20 g/l eingesetzt. Die Produkte haben ihre beste Substantivität bei pH-Werten von 5—7. Hohe Elektrolytmengen, Wasser über 40° d. H. und anionische Produkte (Appreturmittel, Farbstoffe usw.) führen meist zum Ausfallen der Produkte. Diese Weichmacher sind mit den meisten Hochveredlungsprodukten verträglich und werden hauptsächlich für die Erzielung einer besonderen Glätte und Vernähbarkeit eingesetzt. Teilweise zeigen sie jedoch durch die Kondensation bei hohen Temperaturen eine stärkere Vergilbung und können deshalb für Weißwaren nicht immer verwendet werden. Werden anionische, optische Aufheller in den Klotzflotten oder im Vollbad mitverwendet, kommt es ebenfalls zu Ausfällungen. Die Aufziehkurven kationischer Weichmacher auf verschiedenen Faserstoffen zeigt Abb. 371.

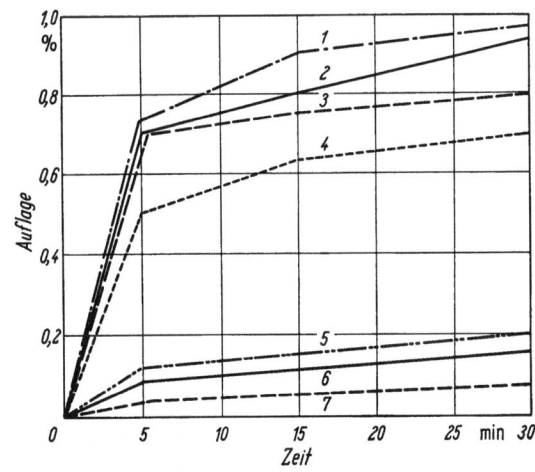

Abb. 371. Aufziehkurven kationischer Weichmacher
1 Baumwolle; *2* Cupro-Reyon; *3* Viskose-Reyon; *4* Viskose-Zellwolle; *5* Azetat-Reyon; *6* Polyamid endlos; *7* Polyester endlos

II. Die chemischen Appreturarbeiten

Kationische Weichmacher kommen u. a. als

Adulcinol A, B	Zschimmer	Perrustol UL, KM, UM,	
Avitex NA	Dupont	ULR	Rudolf
Belfasin 615	Fettchemie	Phobol 300, 500	Pfersee
Betamin 28, AC, STL	Böhme	Quecolin G 8, plus	Quehl
Buraven AN, ST, D	Baur	Rexamine CS, HES, HLS,	
Ceranin HCS, PN, RW	Sandoz	PLS, US	Protex
Cirrasol AC, ACN, AD, OD,		Ribamin OC	R. Baumheier
HA	ICI	Ruconavivage DN, HT	Rudolf
Echt-Buraven	Baur	Sapamin OC, KW, PA, PB,	
Edunine AC, SD	Francolor	WL, WLS, WP	CIBA
Etapuron K 33	Düren	Sebosan LS, SN, AS, KB,	
Fibramoll H, CW, C	Cassella	NGA, SWR, W	Stockhausen
Geipon K-Marken	Geissler	Setavon C, OS	Zschimmer
Impravin HC 60	Tübingen	Silastol SO, SR	Schill
Irgamin PC, AL, P	Geigy	Soromin SF, HS, OK, A,	
Leomin K, DD, KWS,		HT MW	BASF
KP	Hoechst	Tubingal KV, KWN, WH,	
Melanol D 14, MM	Rotta	WHS	Tübingen
Merpitex KA, KAL	Kempen	Viscosil KE, NPL, ST, KE	
Persoftal AC, WKF, BSG,		K 5, PR, ST	Böhme
BSL, KRS, PCL, WK	Bayer	Weichmacher V 3009	Zschimmer

in den Handel. Für den Gebrauch werden die Produkte mit heißem Wasser (70—90 °C) übergossen und unter Rühren gelöst. Alkalisches, kochendes und Hartwasser sind vor allem beim Lösen zu vermeiden. Ihre Netz- und Waschkraft ist gering, sie ziehen hauptsächlich oberflächlich auf die Faser und zeigen unterschiedlich starke Hydrophobierwirkung. Obwohl sie fast durchwegs die Naßechtheiten von anionischen Färbungen (hauptsächlich Direktfärbungen auf Zellulosefasern) verbessern, kann es zu Farbtonänderungen kommen. Die stark glättende Wirkung zeigt die Abb. 370, S. 284. Besonders gute Avivageeffekte können mit kationischen Produkten auf Acrylfasern erreicht werden, da eine Vielzahl der Produkte, die auch als Egalisiermittel verwendet werden, Salzbindungen mit anionischen Acrylfasern eingehen und damit waschecht auf und in der Faser fixiert werden. Ausgesuchte Produkte werden deshalb mit im Färbebad verwendet, vorausgesetzt, es wird mit kationischen (basischen) Farbstoffen gefärbt. Die Waschechtheit des Effektes ist zwar weit besser als der mit anionischen bzw. nichtionogenen Produkten, kochwaschfest — abgesehen auf Acrylfasern — ist die Avivage jedoch nicht. Die Produkte zeigen unterschiedliche Kationität, die entweder auf Grund ihres Aufbaus oder auch durch Zusatz von anionischen Produkten vom Hersteller gesteuert wird. Zusätze von anionischen Produkten zur Gebrauchsflotte sollten jedoch beim Verbraucher unterbleiben bzw. müssen durch Vorversuche abgeklärt werden. Zusätze von nichtionischen Produkten ergeben keine für die Praxis günstigere Effekte, obwohl diese unschädlich sind.

Zu den **nichtionogenen Weichmachern** gehören ebenfalls *Paraffin-, Fett- und Ölemulsionen*, die analog den anionischen Emulsionen eingesetzt werden. Daneben sind *Polyglykoläther, Polyglykolester, mehrwertige Alkohole, äthoxylierte Fettsäurealkylolamine* u. a. üblich. Die *fettsauren Polyglykolester* ergeben neben einer guten Avivage einen *Krach-, Knirsch-* bzw. *Seidengriff (Craquant)* genannten Effekt, der z. Z. auf vielen Zellulosetextilien bzw. auch auf Watte erwünscht ist. Obwohl die nichtionischen Weichmacher etwas weniger gute Effekte mit gleichen Einsatzmengen wie kationische Produkte liefern, ist ihre Anwendung universeller, da sie nicht so stark pH-abhängig sind und auch keinerlei Härteempfindlichkeit zeigen. Auch Elektrolyte sind ohne Einfluß auf die Beständigkeit der Flotten. Hohe Temperaturen ergeben keine Vergilbung, und auch Echtheitsänderungen, wie bei kationischen Produkten, sind nicht zu befürchten. In diese Gruppe sind auch die amphoteren Produkte aufzunehmen, die im sauren Medium schwach kationisch und ab pH 7 nichtionische Eigenschaften zeigen. Der universelle Einsatz nichtionischer Weichmacher ist der Grund für ihre weite Verbreitung, obwohl sie preislich den kationischen Weichmachern nahestehen und in etwas höheren Mengen angewendet werden müssen. Wegen ihrer nur geringen oder keinen Substantivität sind die Effekte ebenfalls nicht naßecht.

Als nichtionische Weichmacher sind u. a. folgende Produkte im Handel:

Adulcinol LS 5, B, 3, L	*Zschimmer*	Perrustol VNB, VH	*Rudolf*
Appreturwachs	*Fettchemie*	Persoftal PNA, FN	*Bayer*
Avivan B, AKS (P)	*Pfersee*	Ramasit III (P)	*BASF*
Belfasin 615	*Fettchemie*	Rexamine GP, OL	*Protex*
Betamin NJ	*Böhme*	Ruconavivage XA, EF	*Rudolf*
Buraven NI	*Baur*	Sandozin WN	*Sandoz*
Cerat PN (P)	*Böhme*	Sapamin NJ	*CIBA*
Cirrasol GM, BR, PN	*ICI*	Sebosan K, HT	*Stockhausen*
Edunine OS	*Francolor*	Silastol 1135	*Schill*
Geipolan ST	*Geissler*	Soromin AF, UV	*BASF*
Irgamin SFC	*Geigy*	Terafin DE (P)	*Rudolf*
Katamin RK	*Zschimmer*	Textilwachs W, WL	*BASF*
Leomin WG	*Hoechst*	Tubingal A, AKN	*Tübingen*
Melanol 114, NO	*Rotta*	Viscosil ASB, NJ 88	*Böhme*
Merpitex SW (P)	*Kempen*	Weichmacher 945	*Zschimmer*
Olgon AS, C	*Röhm*		

(P = nichtionische Paraffin-Emulsionen)

Produkte, die Knirschgriff ergeben:

Avimerpin	*Kempen*	Praelanol K, S	*Stockhausen*
Ceranin P, SG	*Sandoz*	Quecolin K-Marken	*Quehl*
Cirrasol FP, SF, HA	*ICI*	Ruconavivage DT	*Rudolf*
Emulphor P	*BASF*	Sebosan KB	*Stockhausen*
Etapuron S 50	*Düren*	Seidenfinish BG, OS	*Baur*
Irgamin E	*Geigy*	Setilon KN	*Fettchemie*
Leomin KG, HSG	*Hoechst*	Soromin KG, SG	*BASF*
Migafar CR	*CIBA*	Textal KNI	*Pfersee*
Nekanil C	*BASF*	Viscosil GA, KG	*Böhme*
Persoftal P	*Bayer*		

Die meisten Knirschgriff-Avivagen ergeben durch Zusatz von 2—10 g/l Milch- oder Ameisensäure verstärkte Knirscheffekte.

Als **Permanent-Weichmacher** werden in den letzten Jahren verstärkt *fettsäuremodifizierte Melaminkunstharze, Alkyläthylenharnstoff, Methylolstearamide* und *fettsäuremodifizierte Pyridiniumsalze* u. a. eingesetzt, die eine *waschbeständige Avivage* ergeben und teilweise mit der Zellulose vernetzen. Eingeschränkt gehören auch zu dieser Gruppe die *Polyäthylenemulsionen*, die meist anionische oder nichtionische, seltener kationische Emulgatoren enthalten. An dieser Stelle müssen auch Silikone und Chromstearylprodukte genannt werden, die hauptsächlich in der Hydrophobierung (S. 326) eingesetzt werden. Gleiches gilt auch für die anderen Produkte, wobei die Polyäthylenemulsionen nicht dazugezählt werden. Die Permanentweichmacher können für sich allein, werden jedoch hauptsächlich mit Hochveredlungsappreturen gemeinsam in Mengen von 5—25 g/l foulardiert und anschließend bei Temperaturen über 100°C nach- oder ohne Vortrocknen ausgehärtet (kondensiert). Besondere Katalysatoren sind für die Weichmacher in der Regel nicht notwendig. Sie verbessern im gewissen Rahmen den bei der Hochveredlung unumgänglichen Abfall der Reiß- und Scheuerfestigkeit und den Griff. Gleiches gilt auch für die PE-Emulsionen, die jedoch meist in höheren Mengen eingesetzt werden. Permanentweichmacher (Hydrophobierungsmittel) sind u. a.:

Avivan NK	*Pfersee*	Phobotex FT, FTS	*CIBA*
Cerol WB	*Sandoz*	Primenit VS, HWN, HW	*Hoechst*
Elastik D 14	*Rotta*	Sapamin WP, NP	*CIBA*
Netumid HSP	*Zschimmer*	Stokotal IWS	*Stockhausen*
Perloxyl AN, OL	*Francolor*	Velan NW, PF	*ICI*
Phobol PS, 300, 500	*Pfersee*	Zelan AP	*Dupont*

Polyäthylen-Emulsionen, von denen man in der Regel 10—50 g/l beim Foulardieren einsetzt, kommen u. a. als

Adalin 1167	*Fettchemie*	Polappret 1045, 1381	*Zschimmer*
Cirrasol PN	*ICI*	Polyavin NJ 200	*Tübingen*
Dulceta EP	*Francolor*	Quecolin A, AK	*Quehl*
Durifon PN	*Düren*	Rexamine PR	*Protex*
Feran KBE	*Rudolf*	Silastol 700	*Schill*
Migafarl	*CIBA*	Turpex AC	*Pfersee*
Perapret PE	*BASF*	Velustrol KRP, PA	*Böhme*

in den Handel.

Das Bestreben Textilien aus nativen Fasern gegen den Verschleiß zu schützen, haben zu Produkten geführt, die zuerst von der *Société pour le Traitment et l'Amélioration des Tissus (STAT), Paris,* hergestellt wurden und auf Basis von Kieselsäureestern beruhen. Die Produkte werden von der „Texylon"-Gesellschaft, Stuttgart S vertrieben und hauptsächlich zur Verbesserung der Scheuerfestigkeit von Frottierwaren, Putztüchern, Bett-, Tisch- und Haushaltwäsche, Möbelstoffen, Dekorationstextilien u. a. eingesetzt. Die wasserunlöslichen Produkte werden mit einem Emulgator, z. B. Resopan HW/*Sandoz*, über einen Schnellrührer zu Gebrauchsflotten von 8stündiger Haltbarkeit emulgiert. Für das Emulgieren werden 1—5% Resopan HW oder 3—5% Sandozin NI/*Sandoz* benötigt. „Texylon"-Produkte werden bei max. 50°C mit 1,3—2% Produktauflage auf die Textilien foulardiert bzw. im Ausziehverfahren auf die Ware gebracht. Zur Verbesserung der Scheuerfestigkeit dienen „Texylon" 1000 und 1010, letzteres Produkt hat auch bakterizide Eigenschaften. Die Marken 1020 und 1030 wirken daneben als Insektizide, das letztere Produkt wirkt bakterizid und fungizid. „Texylon" 1040 wirkt bakterizid, fungizid und vermindert den Scheuerverlust der damit behandelten Textilien. Die Produkte sind härteempfindlich und werden bei pH 3—6 appliziert.

5. Antistatische Ausrüstung

Elektrostatische Aufladung von Textilfasern bzw. Textilien entstehen durch Reibung von Fasern aneinander bzw. an anderen Stoffen wie Maschinenteile, dem Körper des Benützers usw. Die *statische Aufladung* der Fasern hat fast ausnahmslos Nachteile, da sie die Produktion erschwert bzw. dem Benützer der Textilien Schwierigkeiten macht. Die Aufladung ist bei allen Textilfasern vorhanden, wurde aber erst durch die Verwendung von synthetischen Fasern zum Problem, da diese Fasern hydrophob sind und damit ohne Feuchtigkeit auskommen, wodurch keine Möglichkeit zur Ableitung entstandener Aufladung durch die Faserfeuchtigkeit vorhanden ist.

In der Produktion führt die Aufladung z. B. in der *Spinnerei* zu schlechter Vliesbildung, Zusetzen der Krempel und Karden, Abreißen der Faserbänder oder zu deren Aufrauhung, Kleben der Fasern an den Walzen der Streckwerke, ungleichmäßigem Garn usw. In der Weberei treten beim *Schären* und *Verweben* „Kleben" der Fäden an Führungsgeräten, Webschützen usw. ein, was ebenfalls zu unangenehmer Beeinflussung der Ware führen kann. In der *Veredlung* — es ist hauptsächlich die Trockenappretur betroffen — laden sich die Gewebe auf, lassen sich nur widerwillig rollen, legen und damit weiterverarbeiten. Durch die Aufladung, die an Kalandern, Trocknern, Schermaschinen, in der Rauherei usw. entstehen, kann es zu unangenehmen Schlägen — sie sind nicht tödlich — bei der Maschinenbedienung kommen. Es handelt sich um elektrische Entladungen, deren Funken nur dann eine Brandgefahr bedeuten, wenn in Gegenwart von leicht entzündlichen Gasen (Benzin, Äther usw.) gearbeitet wird, wie es jedoch in der Veredlung selten ist.

Besonders unangenehm ist die elektrostatische Aufladung beim Träger der Textilien, die zum „Hochsteigen" von z. B. Damenkleidern, Kleben am Körper, schnellere Verschmutzung von Oberbekleidung, Gardinen, Dekorationsstoffen und verstärkter Pilling-(Knötchen-)bildung im Gebrauch führt. Die schnellere Verschmutzung wird durch die leichtere Pflege der aus Synthesefasern hergestellten Textilien wenigstens teilweise kompensiert. Als einziger Vorteil, der z. Z. noch nicht einwandfrei auf die elektrostatische Aufladung zurückzuführen ist, kann die antirheumatische Wirkung genannt werden, die beim Tragen von Polyvinyl- und Acryltextilien festgestellt wurde.

Zur Verhinderung der elektrostatischen Aufladung gibt es zwei Möglichkeiten: die

        Verhinderung und
        Ableitung

der Aufladung. Zur Verhinderung stehen kaum ausreichende Möglichkeiten zur Verfügung, da sich z. B. ausgeklügelte Mischungen von nativen und synthetischen Fasern als nicht ausreichend erwiesen haben und auch die hydrophilere Faserkomponente nicht in der Lage ist, die Aufladung der synthetischen Fasern ausreichend abzuleiten. Für die Ableitung sind jedoch mehrere Möglichkeiten gangbar:

        Ionisation der Luft,
        Erhöhung der Luftfeuchtigkeit und
        Verwendung von Antistatika.

Zur *Ionisation der Umgebungsluft* der zur Aufladung neigenden Textilien wurden besondere Geräte konstruiert, die entweder mit *radioaktiven Isotopen* oder als *Hochfrequenz-Elektrolyseure* arbeiten. Derartige Geräte (z. B. „Antistat"/*Mahlo*) arbeiten mit hochfrequentem Wechselstrom von 12 000 Volt. Die

Geräte sind hauptsächlich in der Spinnerei, Weberei und Wirkerei üblich. In der Appretur beruhigen sie beim Ablegen von aufgeladenen Stückwaren deren Lauf und verbessern damit deren Weiterverarbeitung nach Trocknern, Kalandern usw. Die Verwendung von radioaktiven Isotopen ist wegen möglicher Strahlungsschäden bei der Bedienung nicht unbedenklich. Die *Erhöhung der Luftfeuchtigkeit* in den Arbeitsräumen — es müssen mindestens 80% rel. Luftfeuchtigkeit vorhanden sein — hat ihre Grenzen durch die verstärkte Korrosion der Maschinenteile bzw. durch die Verschlechterung der Arbeitsbedingungen.

Als **Antistatika** sind Hilfsmittel im Gebrauch, welche die Faseroberfläche elektrisch besser leitfähig machen und meist grenzflächenaktive Produkte darstellen, die unterschiedliche Waschfestigkeit (Permanenz) haben. Durch Modifikation der synthetischen Fasern — es werden bisher nur Polyesterfasern verändert — ist es ebenfalls möglich, die Aufladung einzuschränken. Es wurde bisher die Modifikation hauptsächlich zur Herabsetzung der Pillingbildung eingesetzt und damit pillingarme bzw. pillingresistenze Fasern hergestellt. Die für eine antistatische Behandlung brauchbaren Hilfsmittel können anionisch, kationisch und nichtionogene Produkte sein, die als *Zusätze zu Schmelzen* und als *Präparationsöle* verwendet werden. Die genannten Produkte sind nicht waschbeständig und werden in der Naßausrüstung ausgewaschen. In der Textilappretur werden nichtpermanente und waschechte (permanente) Antistatika verwendet.

Die *auswaschbaren Antistatika* sind in der Regel Hilfsmittel, welche den Griff beeinflussen und zum überwiegenden Teil als Weichmacher üblich sind. Es handelt sich dabei um *anionische* (a) Produkte, die in der Mehrzahl Phosphorsäureester darstellen. Sie werden im Vollbad, wobei auch der letzte Naßprozeß z. B. das Spülen nach dem Färben gebräuchlich ist, mit 5—10 g/l eingesetzt und während 10—30 Min. bei 30—40 °C auf die Fasern gebracht. Durch Foulardieren in Mengen von 5—25 g/l ist ebenfalls eine antistatische Ausrüstung möglich, die auch als Sprühappretur mit gleichen Einsatzmengen üblich ist. Die Produkte sind teilweise in Schmelzölen bzw. organischen Lösungsmitteln löslich und können dadurch auch als antistatischer Zusatz zu Schmelzen und in Präparationen verwendet werden Die *kationischen* (k) Antistatika besitzen wie die gleichen Weichmacher (sie sind teilweise mit diesen identisch) eine gewisse Substantivität zur Faser und sind deshalb heißwasser-, jedoch nicht kochwaschbeständig Es handelt sich dabei in der Regel um *quarternäre Ammoniumverbindungen*, die bei 30—40 °C während 30 Min. in Mengen von 1—5% in einem besonderen Bad appliziert werden. Im Foulard betragen die Einsatzmengen 3—15 g/l. Der pH-Wert liegt bei den meisten dieser Antistatika bei 4,5—7. Bei den *nichtionogenen* (n) Produkten überwiegen die *Oxäthylierungsprodukte* (*Äthlyenoxid-Kondensationsprodukte*), die in gleicher Weise wie die kationischen Produkte appliziert werden. Ein Großteil der *Krachgriff-Weichmacher* (S. 287) gehören ebenfalls in diese Gruppe. Auch die kationischen und nichtionischen Antistatika sind teilweise öllöslich und können als antistatischer Zusatz zu Schmelzen und Präparationen verwendet werden.

Zu den beschriebenen Produkten gehören u. a.:

Amin O (k)	*Geigy*	Antistatin SM, TT (a)	*BASF*
Antistatikum V 3009 (k)	*Rotta*	Arkostat F (k)	*Hoechst*
Antistatikum AZ (a)	*Zschimmer*	Avistat AZ (k)	*Tübingen*

Biavin (a)	*Tübingen*	Ribamin (k)	*R. Baumheier*
Ceranin HCS (k)	*Sandoz*	Soromin HS, SG (n)	*BASF*
Cirrasol GM, SF (n)	*ICI*	Soromin OK (k)	*BASF*
Cirrasol NAS (a)	*ICI*	Spreitan 100 (n), 125 (a)	*Fettchemie*
Devoltec FN (n)	*Protex*	Statexan PAN (a)	*Bayer*
Dralusoft NI (n)	*R. Baumheier*	Statexan A, B (k)	*Bayer*
Elfugin SG (n), UW (k)	*Sandoz*	Tallopol CFB, GK (a)	*Stockhausen*
Hostaphat-Marken (a)	*Hoechst*	Tallopol SU (k)	*Stockhausen*
Impravin HC 60 (k)	*Tübingen*	Tebestat 4094 (a), 1152 (k)	*Böhme*
Lufixan LF (k)	*BASF*	Viscosil K 5 (k), NJ 88 (n)	*Böhme*
Leomin PE (a), KP (k)	*Hoechst*	Zelec DX, DP (k)	*Dupont*
Perrustol AST (k)	*Rudolf*	Zerostat AN (a) C (k)	*CIBA*
Polyfix F (a)	*Schill*	Zetesal E (k)	*Zschimmer*

Die vorstehend genannten, nicht permanenten (kochwaschbeständigen) Antistatika verbessern die Leitfähigkeit der Faseroberfläche und es wird dadurch eine antistatische Wirkung erreicht. Ihre Anwendung ist einfach. Verschiedene dieser Ausrüstungen sind nicht lagerbeständig, da die Hilfsmittelauflagen kapillar in die Faser wandern und dadurch den Effekt verschlechtern. In der Regel wird der auftretende Avivageeffekt nicht stören, doch kann es vorkommen, daß die Hilfsmittel vergilben bzw. bei kationischen Produkten eine Änderung der Färbung eintritt, auch eine verstärkte Hydrophobierung ist oft nicht vermeidbar. Werden die Produkte in Kombination mit anderen Hilfsmitteln verwendet, ist unbedingt auf die Ionogenität der mitverwendeten Hilfsmittel zu achten, um gegensätzlich ionogene Produkte nicht auszufällen.

Bei den *waschechten Antistatika* handelt es sich um Produkte, die entweder auf der Faseroberfläche waschecht niedergeschlagen oder auf dieser durch Vernetzung zum permanenten Antistatikum werden. Als Beispiele aus der großen Zahl der brauchbaren Verfahren sollen nachstehend einige geschildert werden. Bei der zweistufigen Ausrüstung mit Antistatin KA (k) handelt es sich um eine quarternäre Ammoniumverbindung (*BASF*), die im Fixierbad durch Antistatin AN (a), ein Alkylsulfat, wasserunlöslich auf der Faser ausgefällt wird. Beide Behandlungen werden nacheinander im Vollbad vorgenommen. Die gut vorgereinigte Ware wird zuerst bei 50—70 °C mit 2—4% Antistatin KA bei pH 5—6 während 10 Min. behandelt und im gleichen Bad mit 1,1—2,2% Antistatin AN während 15 Min. fixiert. Ein Nachspülen ist vorteilhaft.

Beim Arkostat AC und C/*Hoechst* handelt es sich um *Kondensationsprodukte* mit *vernetzungsfähigen Gruppen*, die entweder einbadig im alkalischen Medium vernetzen (Arkostat AC) oder durch eine Nachbehandlung mit Schwefelnatrium (Arkostat C) vernetzt werden. Ein kurzes Trocknen der Ausrüstungen bei 110 bis 130 °C verbessert die Effekte. Es werden meist

75—100 g/l Arkostat AC
3— 7,5 g/l Soda kalz.

foulardiert und anschließend getrocknet. Für wassertropfenechte Ausrüstung ist ein kaltes Nachspülen notwendig, das jedoch erst 24 Std. nach dem Trocknen erfolgen soll. Bei der Verwendung von Arkostat C wird mit gleichen Mengen wie AC, jedoch ohne Alkali geklotzt, sofort oder erst nach dem Trocknen 45—60 Sek. auf einer Breitbehandlungsmaschine mit

15 g/l Natriumsulfid krist.
100—200 g/l Kochsalz

behandelt, gründlich kalt gespült und getrocknet. Mit Arkostat P/*Hoechst*, einem härtbaren Kunstharzvorkondensat läßt sich ebenfalls eine Feinwäsche- und chemisch-reinigungsbeständige Ausrüstung erzielen. Es werden

50—100 g/l Arkostat P
2,5—4 g/l Ammonchlorid

foulardiert und ohne Zwischentrocknung direkt 1 Min. bei 100—120 °C kondensiert. Auf Basis von thermohärtbaren Harzen sind auch Cirrasol Z (*ICI*), Antistatikum V 3020, DV (*Rotta*), Cassastat WF (*Cassella*), Zerostat P (*CIBA*) u. a. aufgebaut. Als Nonax 975 und 1166 hat die *Fettchemie* ebenfalls vernetzende Produkte auf dem Markt, die zu waschfester, antistatischer Ausrüstung für alle Fasern in jeder Verarbeitungsform führen und keiner besonderen Nachhärtung bedürfen. Bei den Produkten handelt es sich um wasserlösliche *Polyharze* mit 50% Trockensubstanz, die im Auszieh- und auch Foulardier-Verfahren appliziert werden können. Beim Ausziehverfahren wird die gut gereinigte Ware in einem Flottenverhältnis von 1:20—1:60 mit

1,4% Miltopan D 503 oder
4% Utinal 302 (beide: *Fettchemie*)
0,1—0,2 ml/l Essigsäure 60%ig

bei einem pH-Wert von 6—6,5 und 40 °C einige Min. vorbehandelt, 3—4% eine der Nonax-Marken, die vorher mit Wasser gelöst wurden, nachgesetzt, 10 Min. weiterbehandelt, die Temperatur auf 80—90 °C gesteigert und weitere 10 Min. behandelt. Durch portionsweisen Zusatz von 0,5 g/l Soda kalz., die vorgelöst wurde, wird während 15—20 Min. die Ausrüstung fixiert und anschließend durch Zulauf von Kaltwasser abgekühlt und gespült.

Zur Foulardierung werden die Stückwaren mit

20—120 g/l Nonax 975 oder 1166,
1 g/l Defindol konz. (*Fettchemie*),
2,5—5 g/l Natriumbikarbonat oder die gleiche Menge Soda kalz.

bei 20—40 °C geklotzt und bei 120—140 °C getrocknet. Die Zusatzmenge von Nonax richten sich vor allem nach dem Abquetscheffekt, sie soll jedoch mindestens 3% auf das Materialgewicht betragen. Zur Alkalisierung der Klotzflotte sollen auf je 100 g Nonax

7 ml Natronlauge 38° Bé oder
6 g Soda kalz. oder
10 g Natriumbikarbonat

verwendet werden. Die Nonax-Marken können mit den verschiedensten Appreturmitteln kombiniert werden. Nonax 1166 gibt einen weicheren Griff als Nonax 975. Die Produkte können, wenn sie nicht durch zu lange Lagerzeit vernetzt wurden, durch eine oxydative Bleiche (Natriumchlorit, Natriumhypochlorit oder Wasserstoffperoxyd) abgezogen werden. Natriumchlorit zieht auch die Ausrüstung nach längerem Lagern ab.

Zur waschfesten Ausrüstung sind auch Hydrophobierungsmittel auf Basis kationischer, organischer Chromsalze (S. 332) verwendbar. Wegen ihrer grünen Eigenfarbe ist jedoch ihr Einsatz beschränkt.

Antistatika werden vornehmlich für die Ausrüstung synthetischer Textilien und deren Mischungen mit nativen Fasern eingesetzt. In Sonderfällen — z. B. Putztücher aus Zellulosefasern — werden sie auch für native Fasern verwendet.

Zur *Prüfung des antistatischen Effektes* wurden verschiedene Geräte geschaffen, die jedoch in der Veredlung nur eingeschränkt verwendet werden. Zur manuellen Prüfung kann jedoch die ausgerüstete Ware gerieben und anschließend über pulverisierte Zigarrenasche gehalten werden. Je nach Menge der angezogenen Aschepartikelchen kann die Wirkung der Ausrüstung geschätzt werden.

6. Hilfsmittel zur Schaumverhütung (Antischaummittel)

Viele Appreturmittel, vor allem alle oberflächenaktiven Weichmacher, lösliche Zellulosen usw. neigen beim *Durchgang der Ware* durch Behandlungsflotten oder *durch Flottenbewegung zum Schäumen*, was zu Flecken auf der Ware Anlaß geben kann, da die *Schaumblasen* mitgeschleppt werden und platzen, wobei sich Ränder auf der Ware bilden. Ferner wird das Material an den Stellen, an denen sich Schaumblasen ansetzen, nicht benetzt. Um diese Schaumbildung zu vermeiden, setzt man den Flotten *Entschäumer* zu, welche den gebildeten Schaum zerstören bzw. sein Auftreten verhindern. Es handelt sich meist um *höhere, wasserunlösliche Alkohole (Fuselöle)*, welche sich in Form einer *Ölschicht auf der Flottenoberfläche* absetzen und den aufkommenden Schaum zerstören. Für dünnflüssige Flotten sind nur wenige Tropfen einzusetzen, für viskose Appreturflotten werden bis zu 2 g/l verwendet und in die fertigen Lösungen zugesetzt. Zu diesen Produkten gehören auch wasserunlösliche Phosphorsäureester (P). Diese Produkte kommen u. a. als

Antimussol WL	*Sandoz*	Etingal A, S (P)	*BASF*
Antispumin K	*Stockhausen*	Fumexol 2, AS	*CIBA*
Aphrogene AS	*Francolor*	Irgafomal TP	*Geigy*
Aspumit TM, A	*Quehl*	Opysat P, PA (P)	*Pfersee*
CHT-Entschäumer (P)	*Tübingen*	Respumit I	*Bayer*
Entschäumer HJ	*Hoechst*	Siotol AF	*ICI*

in den Handel.

Neuerdings werden häufiger *Silikonöl-Emulsionen* als Antischaummittel verwendet, die zwar etwas teurer, jedoch nur in Mengen von 0,05—0,1 g/l eingesetzt werden. Zu diesen Produkten gehören u. a.:

Antischaummittel M	*Zschimmer*	Kontrafomit	*R. Baumheier*
Entschäumer SI 30	*Geissler*	Moussex S 30	*Protex*
Entschäumer W 622	*Fettchemie*	Respumit SI	*Bayer*
Entschäumer WE	*Baur*	Stetanol SE	*H. Baumheier*
Irgafomal SE	*Geigy*		

7. Schiebefestappreturen

Schütter eingestellte Gewebe, vor allem solche aus hochglänzendem, glatten Reyon, neigen im Gebrauch und bei mechanischer Beanspruchung zum Verschieben der Kett- und Schußfäden, wodurch unschöne Flecken auf dem Gewebe entstehen. Um dieses „Schieben" zu vermeiden, kann man die Fäden durch Hilfsmittel *aneinanderkleben* und das Abgleiten der Fäden aneinander vermeiden. Klebende Mittel sind meist *Harzseifen (Kolophoniumseifen)*, die in Mengen von 5—50 g/l im Vollbad oder auf dem Foulard und evtl. als Spritzappretur auf die Ware gebracht werden. Zu diesen Produkten gehören u. a.:

II. Die chemischen Appreturarbeiten

Appreturmittel SF	*BASF*	Polyfix N	*Francolor*
Finish NSW	*Sandoz*	Silkofix KH, KHS	*Quehl*
Fixan N	*Rotta*	Syntharesin SF	*Bayer* u. a.
Flexin D	*Fettchemie*		

Mit diesen Produkten lassen sich auch *Laufmaschen* in Gewirken einschränken. Alle Produkte sind wasserlöslich und können daher für Waschartikel nicht verwendet werden. Zu hohe Anwendungsmengen versteifen die Textilien und führen u. U. zum Kleben des gesamten Gewebes. Verwendet man Harzseifen allein, so muß man mit weichem Wasser arbeiten oder durch Zusatz von Kalkseifendispergiermitteln bzw. kondensierten Phosphaten (z. B. Calgon-*Benckiser*) u. a. die Abscheidung von Kalkseife ausschalten. Verschiedentlich sind diese Produkte den Hilfsmitteln bereits beigegeben.

Durch Auflagerung von *kolloider Kieselsäure* oder deren Ester werden die einzelnen Fasern rauh und lassen sich nur schwer gegeneinander verschieben. Die Produkte sind *wassertropfenempfindlich und mattieren* die Faser, so daß auch deren Anwendung beschränkt bleibt. Sie werden nach gleichen Bedingungen wie die Harzprodukte auf Textilien appliziert. Zu den Produkten gehören u. a.:

Burasil K	*Baur*	Netumid S	*Zschimmer*
Feran SSF	*Rudolf*	Soltex (Satessa)	*Degussa*
Flexofix S 100	*Tübingen*	Syntharesin K	*Bayer*
Fornax 75	*Pfersee*	Tenekoll AM	*Zschimmer*
Ludox	*Dupont*		

Nur für billige Gewebe, die nicht gewaschen werden, ist eine Schiebefestappretur notwendig. Hier erfüllen die angeführten Produkte meist die an sie gestellten Forderungen. Alle Steif- und die meisten Füllappreturen, Hochveredlung usw. verkleben jedoch mehr oder weniger die Fasern und ergeben damit einen Schiebefesteffekt, so daß man in solchen Fällen auf besondere Hilfsmittel verzichten kann. Für die Schiebefestausrüstung werden auch Produkte auf Basis von *Methacrylat-Emulsionen* eingesetzt und mit 50 g/l foulardiert. Besonders werden sie für die *Anti-snag-Ausrüstung* von Polyamid-Damenstrümpfen verwendet und mit 5% im Vollbad appliziert. Durch diese Ausrüstung wird die Laufmaschenbildung, die durch mechanische Einwirkung auftritt, eingeschränkt. Zum gleichen Zweck können dazu auch ein Großteil andere Kunststoffdispersionen (S. 276) verwendet werden.

Als Methacrylderivate kommen u. a. in Betracht:

Calatac ASX, MMP	*ICI*	Silkofix N	*Quehl*
Dicrylan WG	*CIBA*	Supron SGW	*Weserland*
Plextol M 1 K	*Röhm*	Ukadan TV	*Schill*

8. Mattierungsmittel

Die Veredlung mit Mattierungsmitteln beschränkt sich fast ausschließlich auf *Reyon, Zellwolle* und synthetische Fasern, doch auch hier ist sie nur selten, da von den Faserherstellern jede gewünschte Art des Glanz- bzw. Matteffektes bei der Faserherstellung durch Zugabe von Weißpigmenten direkt zur Spinnmasse erreichbar ist. Dabei sind alle Mattierungseffekte erreichbar, vom halb- oder edelmatten bis zu tiefmatten Fasern. Diese Mattierungen haben den Vorteil gegenüber den Nachmattierungen, daß sie waschfest sind, da die Weißpigmente

8. Mattierungsmittel

in die Faser eingelagert sind. Man nennt diese Mattierung *Spinnmattierung*, wogegen die in der Veredlung verwendete Mattierung als *Nachmattierung* bezeichnet wird.

Die Nachmattierung wird im Vollbad durch *Dispersionen von Weißpigmenten* (Titanoxyd, Bariumsulfat, Zink- oder Kalziumsulfid u. a.) vorgenommen. Um eine gewisse Wasserfestigkeit zu erreichen, sind in die Nachmattierungsmittel meist *kationaktive Weichmacher* als Dispergatoren eingearbeitet, welche die Pigmente an die Faser binden. Auch die Verwendung der Nachmattierungsmittel auf dem Foulard ist möglich. Man setzt 5—50 g/l ein, wobei die niederen Mengen für das Vollbad und die hohen Mengen im Foulard eingesetzt werden. Die Anwendungsmengen richten sich auch nach dem verlangten Matteffekt. Ein Nachteil der meisten Nachmattierungsmittel besteht darin, daß sie dunkle Farbtöne durch die Auflagerung des Pigmentes verschleiern, was z. B. bei Marineblau und Schwarz zum *Vergrauen* des Farbtones führt. Um das Vergrauen einzuschränken, ist es oft vorteilhaft vor dem Färben zu mattieren, wodurch allerdings der Matteffekt teilweise wieder entfernt wird. Einige Mattierungsmittel enthalten Kunststoffdispersionen und Weißpigmente, wodurch neben einer Versteifung auch ein etwas wasserechterer Matteffekt zu erreichen ist.

Als Nachmattierungsmittel kommen u. a. die folgenden Produkte auf den Markt:

Bura-Mattierung F, FTI, SU	*Baur*	Quomattan V	*Quehl*
Delustran WP	*Sandoz*	Supramattan-Marken	*Zschimmer*
Lumattin SL	*BASF*	Uromat PE	*CIBA*
Mirosan D	*Stockhausen*	Viscomatyl U	*Böhme*

Durch *Ausfällen von Kunstharzen* auf der Faseroberfläche läßt sich vor allem regenerierte Zellulose weitgehend waschfest mattieren. Das Verfahren ist für gefärbte Waren, wegen der Notwendigkeit im salzsauren Medium arbeiten zu müssen, ungünstig. Man mattiert die Waren im Vollbad mit z. B.

10 g/l Cassapret DN/*Cassella*
10 ml/l Salzsäure konz.

Zuerst wird die Ware, im vorher in heißem Wasser gelöstem Cassapret DN, bei 20 °C 15 Min. behandelt und die Salzsäure gut verdünnt, evtl. portionsweise nachgesetzt und während mindestens 45 Min. weitergearbeitet. Je länger mattiert wird, desto tiefer ist die Mattierung.

Die vorgenannten Produkte werden hauptsächlich für regenerierte Zellulosefasern eingesetzt, doch können geringe Effekte auch auf synthetischen Fasern erreicht werden. *Oberflächliches Verseifen von Sekundärazetat* durch eine kochende Behandlung mit 20 g/l Seife, Phenol-, Terpentin- oder Pineöl, Naphthalin und Xyloldispersionen ist ebenfalls eine waschfeste Mattierung erhältlich.

Zur Mattierung aller Fasern (außer Wolle), vornehmlich aber der synthetischen Fasern, können auch weiße *Pigmentfarbstoffe* foulardiert und anschließend der Binder und damit auch das Weißpigment durch Kondensieren wasserunlöslich auf der Faser fixiert werden. Durch *Heißprägen* der thermoplastischen Synthese-, Sekundär- und Triazetatfasergewebe auf Prägekalandern z. B. Riffelkalandern (S. 193) sind ebenfalls waschfeste Matteffekte örtlich und über die gesamte Gewebefläche zu erreichen. Die Faser wird dabei an den geprägten Stellen angeschmolzen.

9. Bläumittel und optische Aufheller

Die Ansprüche, die heute der Verbraucher an Textilien stellt, sind außerordentlich hoch, vor allem gilt dies für den *Weißgrad*. Es ist in den meisten Fällen *unmöglich, durch einfache oder kombinierte chemische Bleichen* den Weißeffekt zu erreichen, der vom Kunden verlangt wird, ohne eine starke Faserschädigung zu verursachen. Man half sich zur Verbesserung des Weißgrades früher bei Zellulosegeweben durch Zusatz geringer Mengen *Ultramarin (Waschblau)* zum letzten Spülbad nach der Bleiche bzw. auch als *Zusatz zur Weißappretur*. Ähnliche Effekte werden durch geringe Zusätze von *unverküpten Küpenblaumarken* (Indanthrenblau GPT/*BASF*) oder *Säureblaufarbstoffen* erreicht, die zwar in der Lichtechtheit genügten, jedoch keine waschechten Effekte ergeben. Die Bläumittel werden heute wiederum, meist in Verbindung mit optischen Aufhellern und Appreturmitteln (Weichmacher, Steifungs- und Füllmittel usw.), in der Foulard- oder Rakelappretur verwendet.

Durch Entwicklung *optischer Aufheller*, die mehr oder weniger substantiv auf die Fasern ziehen, kann man den Weißgrad verbessern. Die meist farblosen Produkte wandeln das aufgenommene *ultraviolette Licht in sichtbares Licht* um und ergeben dadurch einen *erhöhten Weißgrad der Textilie*. Leider besitzen viele Aufheller eine *geringe Lichtechtheit*, die Waschechtheit genügt den meisten Anforderungen. Sie sind außerdem in künstlichem Licht, da es kaum UV-Strahlen besitzt, weitgehend unwirksam. Die Haushaltwaschmittelindustrie verwendet in großem Umfang *optische Aufheller*, um den Waschvorgang zu beschleunigen. Durch diese Hilfsmittel wird die Lichtechtheit aller Farbstoffe, wenn sie überlagert werden, ungünstig beeinflußt. Der Farbstoff selbst wird zwar nicht verändert, aber die durch den Aufheller erreichte Nuance ändert sich durch Lichteinwirkung. Bei Verwendung von weißen, neben indanthrenfarbigen Garnen in Buntgeweben, kann das „I"- (Indanthren-) Etikett nicht angebracht werden, da der optische Aufheller auch auf die Indanthrenfärbung wandert.

Je nach Farbstärke werden im Vollbad 0,01—1 g/l und beim Foulardieren 1—10 g/l dieser Hilfsmittel unter Salz- bzw. Säurezusatz je nach Art der Faser allein oder anderen Appreturmitteln aufgebracht. Man kann durch Zusatz von optischen Aufhellern auch den Gelbstich verschiedener Appreturmassen vermindern. Die optischen Aufheller sind in großer Anzahl auf dem Markt und gehören allen Klassen ionischer Farbstoffe an. Es ist bei Verwendung mit anderen Appreturmitteln deren Verträglichkeit zu prüfen, um Ausscheidungen zu vermeiden. Auf die Anwendbarkeit weist Tab. 7 hin.

10. Parfümierung von Textilien

Die Parfümierung von Textilien hat sich bisher in Europa nur wenig durchsetzen können, wenn man von der Parfümierung durch *Einlegen von parfümierten Papieren, Seifen* u. a. in die fertigen Textilien absieht. In den USA wird vor allem Unterwäsche mit den verschiedensten Parfüms versehen, da man dadurch erhöhte Verkaufserfolge erzielt.

Das *Parfümieren von Stückware* kann durch Foulardieren der Gewebe in *Parfümöldispersionen* oder durch *Aufsprühen* erfolgen, dabei ist jedoch ein anschließendes Trocknen über 60 °C zu vermeiden, da sonst die ätherischen Öle,

10. Parfümierung von Textilien

Tabelle 7. Optische Aufhellermarken einiger Hersteller, die überwiegend auch in der Appretur verwendet werden

	Zellulosefasern	Sekundarazetat	Polyamidfasern	Polyesterfasern	Polyacrylfasern	Polyvinylfasern	Triazetfasern	Proteinfasern
Blankophor/Bayer	BE, REU, RBU, BBU, RA, BA, CE	ACF, DCB	BE, REU, RA. BBU, BA, CE, DCB, RPA	ACF, 4205	ACF, DCB, 4205	ACF	ACF, DCB, 4205	BBU, BA, DCB
Fluolite/ICI	C, L, MP	XMF	XMF, RP	XMF	XMF		XMF	
Hostalux/Hoechst	CB		PR					PR
Leukophor/Sandoz	R, RG, B, BB, BS, A, (PAF) DTN	WS, EFR	BS, WS, PA, BB, B, R, PAF, DTN	EFA, EFR, EFG	WS, EFR	EFA, EFR	EFR	WS, R, B, BS
Tinopal/Geigy	2B, 4BM, RBN, 4BMF, BV, RP, ABR, GS, BHT, SP	AN, RBN, ET, LAT	AN, GS, RBN, WHN, RP, WG, ET, HD, CH, ABR, PG	ET	ACA, AN, LAT	ET	ET, LAT, PG	GS, RBN, RP, WG, WHW,
Ultraphor/BASF	—	NA, AL	WT	NA	NA, AL	—	NA, AL	WT
Uvitex/CIBA	CF, VR, RT, BT, NL, RS, RBS, GS	ERN, WGS, U, EBF, ER	RT, WGS, ERN, NL, RS, RBS, GS, WS, NB, CF	ERN, U, EBF, ER	A, U, ALN	EBF, ERN	ERN, WGS, EBF	RT, WS, CF, NA, EGS, WGS

auch wenn sie durch *Fixative* haltbarer gemacht werden, verdunsten. Die Parfümierung bedeutet einen *zusätzlichen Arbeitsgang*, der vom Konfektionär in den seltensten Fällen bezahlt wird, so daß man vorläufig auf diese Arbeit verzichtet. Außerdem ist die Geschmacksrichtung sehr verschieden und man müßte neben den üblichen modischen Effekten noch zusätzlich ein Sortiment der verschiedensten Gerüche führen. Das würde eine Belastung für den Verkauf bedeuten und es gibt bisher nur wenig Befürworter hierfür, da jeder Verbraucher die Möglichkeit hat, seinen eigenen Geschmack durch Verwendung flüssigen Parfüms individuell zu befriedigen.

Parfümierungsmittel für Textilien werden u. a. von folgenden Firmen auf den Markt gebracht:

Dragotex, Holzminden/Westf. Haarmann & Reimer, Holzminden/Westf. u. a.

11. Ausrüstungen zur Vermeidung von Insektenschäden

Die *Insektizide* sind meist unter dem Namen *Mottenschutzmittel* bekannt, obwohl es sich bei Insektenschäden nicht allein um die von *Mottenraupen* handelt. Der Mottenschmetterling selbst ist kein Schädling, da er nur sehr kurzlebig ist und keine Nahrung aufnimmt. Die eigentlichen Schädlinge sind die Mottenraupen. Wie bereits erwähnt, sind es jedoch nicht allein die Mottenraupen, sondern auch eine Reihe von anderen Schädlingen, die Nahrung aus dem *Keratin der Wolle* beziehen, es handelt sich dabei in der Hauptsache um folgende Insekten:

Kleidermotte, Pelz- und Tapetenmotte, Teppichkäferarten, Pelzkäfer (Speckkäfer) u. a.

Auch bei den *Käferarten* sind nicht die Käfer die keratinfressenden Wollschädlinge, sondern deren Raupen. Wie bei den Mottenarten die Raupen, so legen bei den Käfern die Raupen eine Nahrungsreserve an, welche die Mottenschmetterlinge bzw. Käfer längere Hungerperioden überstehen lassen. Es ist also meist von geringerem Wert, wenn man versucht, die Motten bzw. Käfer zu vernichten, da diese in den meisten Fällen bereits durch Ablegen von Eiern für eine weitere Vermehrung der Wollschädlinge gesorgt haben. Eingehende Versuche der Fa. *Geigy* in Verbindung mit dem *Eidgenössischen Materialprüfungsamt, St. Gallen*, haben bewiesen, daß die Mottenraupen nicht unbeträchtliche Mengen an Zellulosefasern abbeißen, wenn ihnen Keratin in ungenügenden Mengen zur Verfügung steht. Abgesehen von nicht wieder gut zu machenden Freßschäden an historisch bedeutenden Wollgeweben, ist das Problem des Schutzes der Wolle für Gebrauchstextilien besonders wichtig. Man schätzt die durch Insekten unbrauchbar gewordenen Wolltextilien mengenmäßig auf $1/5$ *der gesamten Wollproduktion*, was allein vom volkswirtschaftlichen Standpunkt aus betrachtet, untragbar ist. Bereits LAVOISIER (1743—1794) erkannte die Bedeutung des Wollschutzes gegen Mottenraupen, ohne jedoch einer Lösung näherzukommen. Einige Hausmittel sind allerdings schon den vorchristlichen Völkern bekannt gewesen, sie stellen jedoch keine befriedigende Lösung des Wollschutzes dar.

Bis heute haben sich verschiedene Verfahren und Mittel mehr oder weniger als Mottenschutzmittel behauptet. Dazu gehören: **Atemgifte** (*Naphthalin, Para-*

dichlorbenzol, Pfeffer u. a.). Alle diese Mittel, die auch heute noch im Haushalt verwendet werden, bieten nur einen unvollständigen und niemals echten Schutz gegen keratinfressende Insekten. In diesem Zusammenhang muß auch an das *Einwickeln von Wollkleidern in Zeitungspapier, Einlegen von Zigarrenresten und Einstreuen von Kampfer* erinnert werden, die ebenfalls keinen wirksamen Mottenschutz darstellen. Bei derartigen Hausmitteln müßte für 1 cbm Lagerraum 0,5—1 kg der oben angeführten Mittel eingelagert werden, um eine wirklich *toxische Menge an Atemgift* einzusetzen. Das ist kostspielig und vor allem für eine Gebrauchstextilie unmöglich, da der Träger durch die Atemgifte zwar nicht gesundheitlich geschädigt, jedoch sich selbst und vor allem die Umgebung durch den unangenehmen Geruch belästigen würde. Alle diese Mittel haften nicht auf der Faser und werden sehr schnell aus der Wolle geschüttelt und hinterlassen danach eine ungeschützte Wollfaser.

Unterkühlung der Wolltextilien. Durch eine Abkühlung der Wolle bis zu mindestens —6 °C verlieren sowohl Mottenraupen als auch Teppichkäferlarven ihre Freßlust, sie halten Winterschlaf. Naturgemäß bedeutet auch diese kostspielige Art der Aufbewahrung, die für Pelze öfter angewandt wird, keinen permanenten Mottenschutz. Obwohl Textilien im Gebrauch, also während des Tragens selbst, nicht von Motten befallen werden, genügt bereits eine kurze Lagerzeit (bei Befall nur wenige Tage) um Fraßschäden festzustellen.

Vergasen der Textilien. Obwohl diese Arbeitsweise eine restlose Vernichtung der gesamten Schädlinge durch *Blausäure, Schwefelkohlenstoffgas* u. a. bewirkt, ist man im folgenden Gebrauch der Textilie vor neuerlichem Insektenbefall nicht geschützt. Abgesehen davon, daß die Arbeitsmethoden besondere Einrichtungen benötigen und kostspielig sind.

Kontaktgifte. Bei diesen Stoffen handelt es sich meist um Produkte, deren Grundsubstanz *DDT (Dichlordiphenyltrichloräthan)* ist. Diese Chemikalien werden unter verschiedenen Handelsnamen vertrieben, z. B. *Gesarol* und *Trix (Geigy)* u. a. Die Produkte können entweder in organischen Lösungsmitteln gelöst oder in wäßrigen Emulsionen auf die Ware gebracht werden und ergeben so einen Schutz gegen den Befall von keratinfressenden Schädlingen und meist auch teilweisen Schutz gegen Bakterien und andere Schädlinge. Allerdings sind diese Mittel nicht *wasser- und waschfest* und *widerstehen nicht einer chemischen Reinigung.* Letztere Nachteile schränken die Anwendung der Produkte stark ein und es werden meist nur Textilien damit behandelt, die nicht gewaschen werden. Obzwar *Dieldrin* und *Aldrin (Hexachlor-epoxy-octahydro-naphthalin* und *Hexachlor-hexahydro-naphthalin)* bereits in Mengen von 0,05—0,5% auf der Wolle als Kontaktgift einen ausgezeichneten Mottenschutz darstellen und dazu noch billig sind, sind die Produkte toxisch und daher für Bekleidungstextilien ungeeignet.

Fraßgifte. Bei diesen Produkten ging man von der Absicht aus, die *Wolle zu denaturieren und dadurch ungenießbar* für die keratinfressenden Insekten zu machen bzw. diese, wenn die so behandelte Wolle trotzdem gefressen wurde, zu töten. Seit langem ist bekannt, daß mit *Martiusgelb* — einem Nitrofarbstoff — gefärbte Wolle von Motten nicht gefressen wird. Ähnlich wirken auch Fluoride auf die Wolle. Die Produkte konnten sich jedoch nicht durchsetzen da sie meist eine starke Eigenfarbe besitzen und damit den Farbton der Wolle stark beeinflussen bzw. dadurch ihre Anwendung unmöglich ist. *E 605 (Bayer)* ist ebenfalls ein Fraßgift kann aber wegen der toxischen Wirkung auch bei Warmblütlern, trotz guter Wirkung gegenüber Mottenraupen, nicht verwendet werden.

Nach vielen Übergangslösungen wurde gefunden, daß durch *aromatisches Sulfonamid-* (Eulan U 33/*Bayer*), *Sulfanilid-* (Eulan WA neu/*Bayer*) und *sulfonierte, chlorierte Diphenylharnstoff-Derivate* (Mitin FF und N/*Geigy*) Wolle permanent wasser-, wasch- walk- und chemisch-reinigungsecht geschützt werden kann. Es handelt sich dabei um Produkte, die wie Farbstoffe auf die Wolle „gefärbt" werden können und damit auch deren Echtheiten haben, jedoch farblos sind.

Eulan U 33 wird mit 1% auf das Wollgewicht, vorher mit kaltem Wasser verdünnt, dem Färbebad zugesetzt und ansonsten wie üblich stark- oder schwachsauer aufgefärbt. Gegen Pelzkäfer muß die Menge auf 1,5% erhöht werden. Bei Verwendung von Chromfarbstoffen wird im Nachchromierungsbad „eulanisiert". Als Nachbehandlung wird das Produkt in der Wollwaschmaschine verwendet, 10 Min. neutral gearbeitet und durch Zusatz von 1,5% Essigsäure 50%ig das Bad bei 35—40 °C in weiteren 15 Min. erschöpft und wie üblich fertiggestellt. Die so behandelten Wolltextilien sind permanent mottenecht ausgerüstet.

Eulan WA neu wird in ähnlicher Weise wie U 33 verwendet. Es kann jedoch auch foulardiert werden. Dabei arbeitet man im Ansatz mit 5 ml/l und einer Nachsatzflotte, die 7 ml/l Eulan WA neu enthält. Die Tauchzeit soll 15—20 Sek. betragen und mit einem Abquetscheffekt von 100% bei 50 °C geklotzt werden. Eulan WA neu kann auch zur nachträglichen Ausrüstung von Teppichen verwendet werden. Man begießt die Teppiche, möglichst beidseitig, mit einer Lösung von 5 ml/l Eulan WA neu. Eine anschließende Behandlung mit Essigsäurelösung verbessert die Permanenz der Ausrüstung. Durch Zusatz von 10 ml/l Eulan WA neu im Schaumwaschbad (Halbtrockenverfahren) ist es ebenfalls möglich, zu „eulanisieren". Als *Eulan BLS* kommt weiterhin ein Produkt von *Bayer* in den Handel, welches in organischen Fettlösern löslich ist und damit direkt in der chemischen Reinigung verwendet werden kann. Als *Eulan WA extra konz.* kommt ein Sulfonamidderivat auf den Markt, das vornehmlich für die Nachbehandlung eingesetzt wird, wie sie bei U 33 in der Waschmaschine bzw. für Teppiche beschrieben wurde. Das Produkt kann mit 6% bei 55—60 °C eingesetzt, als Nachbehandlung auch zum Termitenschutz verwendet werden. U 33 zeigt die beste Permanenz, wogegen die nachfolgenden Produkte vor allem in der Waschechtheit U 33 nicht erreichen. Ordnungsgemäße „eulanisierte" Wolltextilien werden mit einem Etikett (Abb. 372) ausgezeichnet.

Abb. 372. Eulan-Etikett (*Bayer*)

Als *Mitin FF hoch conc.* wird von *Geigy* ein Mottenschutzmittel vertrieben, welches ebenfalls gegen Pelz- und Teppichkäferfraß schützt. Es kann im Färbebad wie ein Farbstoff neutral bis stark sauer „aufgefärbt" werden und zeigt sein bestes Aufziehvermögen zwischen 55—70 °C. 1% des Produktes genügt allen Ansprüchen in der weiteren Textilherstellung (z. B. Walkechtheit) und im Gebrauch. Bei der Mitin-Nachbehandlung sollten möglichst 50 °C während 30 Min. eingehalten werden, dabei wird unter Zusatz von 2% Ameisen- (85%ig) bzw. 3% Essigsäure 50%ig gearbeitet. Das gleiche Verfahren gilt auch bei der Behandlung von Teppichen,

Kleidungsstücken, Filzen, Polstermaterial und Fellen. Mitinierte Textilien tragen ein spezielles Etikett (Abb. 373). *Mitin N (Geigy)* wird hauptsächlich für den Vigoureuxdruck empfohlen.

Eulan- und Mitin-Marken sind vollkommen unschädlich, farblos und können als anionische Produkte sowohl mit anionischen als auch nichtionogenen Produkten gemeinsam verwendet werden. Öfter wird z. B. Wolle gleichzeitig mottenecht und hydrophob ausgerüstet.

Abb. 373. Mitin-Etikett *(Geigy)*

12. Chemische Veredlung von Wolltextilien

Wolle hat auf Grund ihrer, bisher nicht restlos geklärten Konstitution, eine Reihe von sehr guten Eigenschaften, welche andere Textilfasern nicht oder nur in sehr eingeschränktem Maß zeigen. Dazu gehört ihre hohe Dehnung, der hydrophobe Charakter der Außenschicht, ihre Wärmehaltigkeit, welche auf Grund ihrer Bauschelastizität auch zum schnellen Entknittern führt. Daneben stehen jedoch Eigenschaften, die nicht als Vorzüge zu nennen sind, wie ihre geringe Reißfestigkeit, Temperaturempfindlichkeit, das Filzvermögen während des Gebrauches und der Naßwäsche und die eingeschränkte Lichtbeständigkeit. Weiter muß die Empfindlichkeit der Wolle gegenüber Chemikalien, vor allem Laugen, hohen Mengen von Oxydationsmitteln bei Temperaturen über 50 °C genannt werden.

Alle diese Eigenschaften prädestinieren die Faser hauptsächlich zum Einsatz für Oberbekleidung, Dekorationsstoffe, Decken, Teppiche, Füllmaterial für Steppdecken, jedoch nicht für ausgesprochene Waschartikel wie Leib- und Tischwäsche. Es wird deshalb für die Pflege von gewebten oder gewirkten Wolltextilien hauptsächlich die *Trockenreinigung (Chem. Reinigung)* empfohlen. Für die Verwendung von Wolle, die etwa 8% des Gesamtfaseranteils in der Textilindustrie stellt, spricht weiterhin die Möglichkeit durch eine örtliche Feucht-Heiß-Behandlung Falten von eingeschränkter Permanenz zu erzeugen. Zur Verbesserung der Gesamtreißfestigkeit werden in den letzten Jahren in steigendem Maße synthetische Fasern beigemischt, die jedoch den typischen Wollgriff beeinträchtigen, die Pflegeleichtigkeit jedoch erhöhen und die Erzeugung permanenter Falten erleichtern, wenn die Synthesefaser in der Faltenlage stabilisiert (thermofixiert) wird.

Verfahren zur Verhinderung der Relaxations-(Entspannungs-)Schrumpfung

Der Trend dem Verbraucher Textilien zu liefern, die keiner oder nur einer sehr einfachen Pflege bedürfen, hat zur Einführung von Synthesefasern und der Hochveredlung von Zellulosefasern geführt und ist auch der Grund für ausgedehnte Arbeiten, um auch der Wolle den Charakter einer *leicht pflegbaren Textilie* zu geben. Man spricht deshalb auch hier von *easy care-, minimum-iron-*Eigenschaften, Prädikate, die zuerst für hochveredelte Textilien aus Zellulose- und synthetischen Fasern bzw. deren Mischungen verwendet wurden. Auch die Bezeichnung *wash-and-wear-Textilien* ist für Wolle teilweise üblich, wenn auch diese Bezeichnung hauptsächlich für Gewebe aus Zellulosefasern bzw. deren Mischungen mit synthetischen Fasern üblich ist und bei denen eine Kochwäsche möglich, für Wolle jedoch nicht einsetzbar ist.

Um dem Verbraucher Wollerzeugnisse von hoher Qualität zu garantieren, wurde vom *IWS* (*Internationales Woll-Sekretariat*), das in Deutschland (BR) seinen Sitz in Düsseldorf hat, ein Qualitätszeichen (*Wollsiegel*, Abb. 374) geschaffen, das beste Wollqualität — es darf z. B. nur reine Schurwolle verarbeitet werden — und bei der Färbung hohe Echtheiten und leichte Pflegbarkeit und gute Formstabilität der Textilien aus reiner Wolle garantiert. Die Verwendung des Wollsiegels ist an die Mitgliedschaft im *Schutzmarkenverband des IWS*, Düsseldorf, gebunden.

Abb. 374. Wollsiegel des *IWS*

Von der *C. S. I. R. O.* (*Commonwealth Scientific and Industrial Research Organization, Div. of the Textile Industry, Geelong/Australien*), mit der die *Wollforschungsinstitute* zusammenarbeiten, wurden in den letzten Jahren eine Reihe von Verfahren entwickelt, welche hauptsächlich der chemischen Wollveredlung und der Herstellung von pflegeleichten Wolltextilien dienen. Dazu gehört die

> Erzeugung permanenter Falten (Plissee) und Bügelfalten,
> Erhöhung der Knitterresistenz,
> Verbesserung der Knittererholung,
> Herabsetzung der Anschmutzbarkeit,
> Ausschluß der Filz- und Entspannungsschrumpfung,
> Erhaltung der Oberflächeneigenschaften (Flächenfixierung),
> Verbesserung der Waschbarkeit und Trockenreinigung,
> Erzielung bügelfreier Waren,
> Verminderung der Pillingneigung.

Vereinfacht, die Herstellung von Wolltextilien mit bester *Formstabilität* im Gebrauch und der Pflege erstrebt. Die dafür geeigneten Verfahren sind meist Kombinationen von chemischer und mechanischer Behandlung, wobei letztere Arbeiten Behandlungen umfassen, die in der Wollveredlung immer üblich waren. Dazu gehört das Krabben, Dekatieren und auch Dämpfen. Dazu kommt noch das Plissieren, das meist in der Konfektion oder handwerklich vorgenommen wird.

Nach bisherigen Erkenntnissen ist es möglich, durch eine Feucht-Heiß-Behandlung die Disulfidbindungen des Cystins teilweise und temporär aufzuheben und beim Auskühlen in neuer Lage (Bügelfalten, Dekatur) zu fixieren. Die so behandelten Wolltextilien zeigen jedoch nur eine eingeschränkte Stabilität und die durch Feuchtigkeit allein und/oder Wärme bzw. auch bereits durch Dehnung im Gebrauch aufgehoben wird und deshalb immer wieder erneuert werden muß. Durch Verwendung von z. B. permanenten *Reduktionsmitteln* ist es jedoch möglich, die Permanenz der Effekte so zu steigern, daß von einer Appretur gesprochen werden kann. Die Verwendung von *Natriumbisulfit* — auch *Natriumpyrosulfit*, *Natriummetabisulfit* sind verwendbar — führten zum **Immacula-Verfahren,** welches in Lizenz der Fa. *Proban Ltd., Manchester/England* vergeben wird. Dabei wird die fertig ausgerüstete Wollstückware bei einem pH-Wert von 5,5—6 (höhere oder niedrigere Werte sind unbrauchbar) mit einer Lösung von 2% $NaHSO_3$ getränkt (Foulard, Tuchquetsche) und entweder sofort absolut faltenfrei getrocknet oder zur Vermeidung von Griffverschlechterung nach Zwischenspülen getrocknet. Die so vorbehandelte Stückware muß faltenfrei gelagert und der Effekt in der Konfektion durch feuchtes Bügeln oder auf Bügelpressen z. B. durch sehr feuchtes Dämpfen während 20 Sek. und anschließendes

Trockenpressen in gleicher Zeit, fixiert werden. Wegen der pH-Empfindlichkeit der Behandlung und der Möglichkeit die Wolle durch das Bisulfit zu schädigen, dürfte das Verfahren weniger Bedeutung haben. Bisulfit reagiert außerdem mit vielen Metallen, was zur Fleckenbildung führt, außerdem erleiden eine größere Anzahl von Färbungen stärkere Nuanceveränderungen.

Beim **SIROSET-Verfahren,** bei dem als Reduktionsmittel zuerst nur *Ammoniumthioglykolat-Lösung* eingesetzt wurde, werden hauptsächlich in der Konfektion permanente Bügelfalten erzeugt. Das fertige Kleidungsstück wird mit einer Lösung von 1:19 des „Siroset"-Konzentrats N (Hersteller in der BR. Deutschland *E. Merck, Darmstadt*) mit Wasser, entweder das gesamte oder der Teil der Textilie, der eine Falte erhalten soll, bestrichen oder eingesprüht, wobei mit mindestens 40% Feuchtigkeit befeuchtet werden muß. Nach dem Besprühen werden die Kleidungsstücke in der Presse mindestens 20 Sek. mit Dampf, 20 Sek. ohne Dampf gepreßt und anschließend abgesaugt. Durch diese Behandlung muß sämtliches Thioglykolat aus der Ware entfernt sein (Thioglykolat-Nachweispapier/*Merck* muß auf dem noch feuchten Kleidungsstück weiß bleiben oder nur schwach gerötet werden, wenn die erzeugte Falte die geforderte Permanenz aufweisen soll). „Siroset"-Lösungen haben einen unangenehmen Geruch und es muß beim Besprühen in einer Sprühkammer mit ausreichender Absaugung gearbeitet werden. Das Produkt ist jedoch ungiftig. Es reagiert aber mit Schwermetallen und deren Salzen unter Verfärbung, z. B. mit Eisen unter Rotfärbung, was zu Fleckenbildung führt. Es müssen deshalb beim Sprühen und Dämpfen alle Eisenteile vermieden bzw. abgedeckt werden. Zur Verdünnung des Konzentrats muß eisenfreies Wasser verwendet werden. Eisenteile der Leitungen und der Sprühpistolen müssen durch Kunststoff oder Glas ersetzt werden. Zur Aufbewahrung und Lösung sind Kunststoff- oder Glasbehälter oder solche aus Aluminium einzusetzen. Beim Dämpfen müssen die Zuleitung absolut eisenfrei (kein Rost) sein. Obwohl Nuanceumschläge von Färbungen nicht in dem Umfang auftreten wie bei Verwendung von Bisulfit, ist es vorteilhaft Vorversuche zu machen, um Nuanceverschiebungen auf Nähfäden, Futter und der Wolltextilie selbst, zu vermeiden.

Die Nachteile des vorstehend geschilderten Verfahrens haben dazu geführt, daß Produkte entwickelt wurden, die leichter zu handhaben sind. Dazu gehören die *ATB-„Siroset"-Konzentrate NS und NC* (*Böhme*). Bei der Marke NS handelt es sich um ein Konzentrat aus *Monoäthanolaminsulfit* (*MEAS*), NC enthält *Monoäthanolamincarbamat* (*MEAC*). Beide Produkte werden für die Herstellung von permanenten Falten (*IWS-Finish 4*), die Vorsensibilisierung (*IWS-Finish 5*) und die Flächenfixierung (*IWS-Finish 6*) eingesetzt. NS ist ein organisches Reduktionsmittel mit einem pH-Wert von 6, das Carbamat (NC) ist kein Reduktionsmittel und hat einen pH-Wert von 9. Beide Produkte führen zu keiner Faserschädigung und Griffbeeinflussung. NS zeigt nur sehr schwachen und NC keinen Eigengeruch. MEAS ist als „Measac" in England und Onc-Et B und Thioset M in USA im Handel.

Bei der Herstellung von *permanenten Bügelfalten* (*IWS-Finish 4*) werden die dekatierten Wolltextilien in der Konfektion zuerst leicht durch Bügeln in die Falte gelegt und mit einer Lösung von 1:19 der ATB-„Siroset"-Konzentrate NS oder NC befeuchtet und damit mindestens 40% Feuchtigkeit aufgebracht.

Zum Befeuchten können Sprühgeräte (z. B. von *Sistig, O. Wiethüter/Herpen-Bielefeld, Bolten & Köhler/Jülich*), Handsprüher oder auch Schwämme verwendet werden. Die Falten werden anschließend durch Bügeln mit einem schweren Bügeleisen und einem feuchten Lappen fixiert. Dabei soll mindestens 15 Sek. bei 140 °C durchgebügelt und das Eisen möglichst auch ruhend gehandhabt werden. Anschließend wird 10 Sek. auf dem trockenen Lappen durchgebügelt und die Falte bis zur Entfernung des Dampfes mit dem Ärmelbrett gepreßt. Auf der Bügelpresse wird 40 Sek. behandelt. Dabei wird 20 Sek. mit Dampf von mindestens 3 atü gedämpft, 20 Sek. trocken gepreßt und anschließend abgesaugt. Die feuchten Kleidungsstücke müssen anschließend faltenfrei und hängend getrocknet werden.

Bei der *Vorsensibilisierung* (*IWS-Finish 5*) handelt es sich darum, dem Konfektionär oder Schneider die Chemikalienbehandlung abzunehmen und lediglich durch Befeuchten der Ware mit Wasser und Handbügeln oder auf der Bügelpresse die verlangte Falte in gleicher Weise wie beim IWS-Finish 4 zu erzeugen. Die trockene, fertig ausgerüstete Stückware wird in der Appretur auf einem Foulard oder einer Tuchquetsche mit einer Lösung von 30—50 g/l „Siroset"-Konzentrat NS oder NC foulardiert und auf dem Spannrahmen getrocknet. Dem Konfektionär muß durch ein besonderes Etikett bzw. durch Information bekannt sein, daß er durch Befeuchten und Bügeln (Dampfbügeln) permanente Bügelfalten in der Kleidung herstellen kann.

Bei der *Flächenfixierung* (*IWS-Finish 6*) werden folgende Eigenschaften von Wolltextilien — hauptsächlich Webwaren — verbessert (verändert):

>Stabilität der Abmessungen (geringere Krumpfung),
>bessere Beständigkeit der vorgenommenen Ausrüstung,
>Vermeiden von „runzeliger, welliger, boldriger" Ware,
>verbesserte Knittererholung,
>besserer Warengriff,
>höhere Formstabilität beim Verarbeiten und im Gebrauch.

Die trockene Stückware wird mit einer Lösung von 30—50 g/l eines der genannten Konzentrate bei 20 °C foulardiert. Dabei sollen mindestens 40% Feuchtigkeit in der Ware bleiben. Anschließend wird die feuchte Ware auf der Finishdekatur mit 2 atü Dampf 5 Min. gedämpft, 3—5 Min. auf dem Zylinder verkühlt, aus der Maschine gefahren und auf dem Spannrahmen normal getrocknet und anschließend auf der Finishdekatur trocken dekatiert (30 Sek. dämpfen und 30 Sek. absaugen). Zur Fixierung von ungefärbter Ware kann auch der Brennbock (S. 78) verwendet werden. Dabei wird die Ware faltenfrei bei 80 °C in einer Lösung von 20—30 g/l Konzentrat NS oder NC insgesamt 20 Min. behandelt und über kaltes Wasser abgezogen bzw. auf der Kaule selbst verkühlt. Dadurch wird außerdem das unangenehme Einrollen der Leisten und Färbeschwielen beim nachträglichen Färben vermieden. Neben den bereits angegebenen Verbesserungen der Ware dient eine Flächenfixierung auch zur Stabilisierung des Preßglanzes (z. B. bei Lüster, Tropical, Fresco), und Herabsetzung der Kreppneigung bzw. deren Fixierung. Ferner wird eine kurze Strichhaardecke (Drapé) bzw. eine meltonierte Oberfläche (Foulé) permanent fixiert (Abb. 375).

Beide „Siroset"-Konzentrate zeigen eine gewisse Härteempfindlichkeit und Verfärbung mit Eisen oder Kupfer bzw. deren Salze. Es sollte deshalb zum

Verdünnen weiches, eisenfreies Wasser verwendet und ein Kontakt der foulardierten, feuchten Ware mit Eisen- oder Kupferteilen vermieden werden. Ausgerüstete und trockene Waren zeigen keine Empfindlichkeit.
Die Farbstoffhersteller haben ihre Wollfarbstoffe geprüft und festgestellt, daß nur etwa 20% der Produkte gewisse Nuanceumschläge durch die „Siroset"-Behandlung zeigen. Bei Verwendung von MEAS resultiert diese Farbtonänderung aus der reduzierenden Wirkung, bei MEAC vom pH-Wert 9. Da beide Produkte gleiche Wirkung haben, ist es möglich, durch Austausch evtl. Farbtonumschläge über Vorversuche mit einem oder dem anderen Konzentrat zu vermeiden. Die Konzentrate enthalten einen Zusatz von Netzmittel, so daß dieser beim Foulardieren unterbleiben kann.

Abb. 375. Etikett für die Wollflächenfixierung (*Böhme*)

Eine Erweiterung der Verfahren ist die *Herstellung von Stretchgeweben*. Dabei wird das Gewebe, welches entweder in Kett- oder Schußrichtung hochgedrehte (Krepp-) Garne enthält, mit 5%iger Konzentratlösung kalt foulardiert und mit hoher Kettspannung in die Dekatiermaschine gefahren und dort wie beschrieben behandelt (Schußstretch). Die auftretende Schußkräuselung wird dabei fixiert. Zur Herstellung von Kettstretch, wobei die Ware Kreppgarne in der Kette enthält, wird mit einer 10%igen Konzentratlösung und 10% Harnstoff foulardiert und auf dem Spannrahmen mit viel Voreilung und guter Breitenstreckung getrocknet. Durch eine Finishdekatur während 5 Min. — wobei wegen des Harnstoffes kein Befeuchten nötig ist — der Stretch fixiert.

Als *ANG-RA 330* wird von *Rotta* ein organisches Reduktionsmittel auf den Markt gebracht, welches den gleichen Zwecken dient wie die vorher angegebenen Produkte. Für die Vorsensibilisierung wird die Mitverwendung von 60—80 g/l Harnstoff im Foulardbad empfohlen, wodurch ein Befeuchten der Ware während des Bügelns erspart wird. Das Produkt wird auch zur Garnfixierung empfohlen, wobei mit 20 g/l ANG-RA 330 bei 90—95 °C auf Kreuzspulapparaten eine Fixierung erreicht wird. Ukafix W/*Schill* dient gleichen Zwecken.

Filzfreiausrüstung

Die vorstehend beschriebenen Verfahren dienen zur Fixierung der Wolltextilien, die möglichst krumpffrei sein müssen. Es läßt sich damit die Neigung der Wolle zum Filzen jedoch nicht wesentlich herabsetzen. Für diese Zwecke werden besondere Verfahren eingesetzt, die als **Filzfrei-, Antifilz- und Schrumpffrei-Ausrüstung** bekannt sind. Dabei werden Wollwaren mit Oxydationsmitteln behandelt, die hauptsächlich auf die Cuticula (Außenschicht) der Wolle wirken. Dabei kommt es teilweise zur Ablösung dieser Schicht, die Wolle bekommt einen Seidenglanz und nimmt wesentlich mehr Farbstoff auf als unbehandelte, wovon hauptsächlich im Wolldruck Gebrauch gemacht wird. Zur zuletzt genannten Behandlung sind jedoch nur die verschiedenen Chlorierungsverfahren verwendbar.

Kaum ein Gebiet der Textilveredlung hat so viele, oft patentierte Verfahren hervorgebracht wie die Antifilzausrüstung von Wolltextilien. Die Behandlung wird entweder im Garn oder in der Stückware durchgeführt und liegt meist knapp an der Grenze der Wollschädigung, zumindestens wird die Wolle beim anschließenden Färben empfindlicher und ist damit schwerer egal zu färben. Bei Nachbehandlungen ist unbedingt durch Vorversuche die Wirkung der Verfahren auf die Färbung oder den Druck festzustellen. Vielfach enthalten die Musterkarten der Farbstoffhersteller Echtheitsangaben, welche den Einfluß auf die Färbung angeben (Echtheit gegen saures Chlorieren). Die nachstehend angegebenen Verfahren haben heute die weiteste Verbreitung gefunden, stellen jedoch keinesfalls eine erschöpfende Beschreibung aller bisher bekannter Verfahren dar. Eine Filzfreiausrüstung wird durch

Chlorieren und
Spezialverfahren

erreicht. Die Filzfreiausrüstung hat, in der Appretur ausgeführt, in allen Fällen die Aufgabe die behandelten Wolltextilien möglichst „waschmaschinenfest" bzw. so weit filzfrei zu machen, daß sie im Gebrauch durch Filzen wenig oder nicht mehr einlaufen. In wenigen Fällen werden Wollgarne oder -stückwaren filzfrei ausgerüstet, um sie im anschließendem Veredlungsprozeß, z. B. beim Färben, vor größerem „Walkeinsprung" zu bewahren. Wollene Kinderkleidung, Unterwäsche, Pullover, Strümpfe, Decken, Handschuhe usw. werden dieser Behandlung unterworfen, wobei man hauptsächlich bereits die Garne behandelt.

Beim **Chlorieren** mit *Natriumhypochlorit* verwendet man in Verdünnung die handelsübliche *Natriumhypochloritlauge* (*Bleichlauge*), mit einem aktiven Chlorgehalt von 130—150 g/l. Die Bleichlauge ist zur besseren Stabilität alkalisch eingestellt, verliert jedoch bei längerer bzw. unsachgemäßer Lagerung schnell an aktivem Chlorgehalt. Es ist zweckmäßig, diesen vor dem Chloren nachzuprüfen. Das Material muß vor dem Chloren absolut sauber und fettfrei sein. Man arbeitet kalt in Lösungen von 0,5—3,0 g/l (2—4%) akt. Chlor bei einem Flottenverhältnis von 1:20 bis 1:40. Man chlort 45—60 Min. in saurer Lösung, wobei man während 30 Min. bis 5 g/l Salzsäure techn. konz. in Verdünnung langsam zulaufen läßt. Man erhält sehr gute Effekte an Filz- bzw. Krumpffreiheit, jedoch werden die *Disulfidbrücken der Wolle stärker angegriffen* und auch eine stärkere Veränderung des Farbtones muß in Kauf genommen werden. Man arbeitet bei einem pH-Wert von 2—3,5. Auch ein Arbeiten im alkalischen Bereich bei pH 8—9,5 ist möglich, jedoch sind die Effekte weniger gut, sie ändern zwar die Farbtöne oft wenig, aber ziehen oft ein stärkeres Vergilben der Wolle nach sich. Da die Bleichlauge selbst alkalisch eingestellt ist, bedarf es dabei meist keiner besonderen Zugabe an Alkalien, jedoch kann im Bedarfsfall Borax als Puffer mitverwendet werden. Nach dem Chloren, welches auf der Haspelkufe, auf der Breitwaschmaschine oder auf sonstigen Stückbehandlungsmaschinen, die ein normales Flottenverhältnis erlauben, durchgeführt wird, wird kalt gespült und entchlort. Letzteres kann durch Einsatz von *Antichlor* (Natriumthiosulfat) in Mengen von 1—2% oder durch Verwendung von 40%iger *Natriumbisulfitlösung* in Mengen von 3—4% erfolgen. Nach dem Entchloren sollte man sich durch Prüfung mit Jodkali-Stärkelösung oder -papier von der *Chlorfreiheit der Ware* überzeugen, um nachträgliche Schädigung im Trockenprozeß zu vermeiden. Bleichwaren, seien es Garne oder Stücke, können auch durch eine nachträgliche Wasserstoffperoxyd-Bleiche oder eine Reduktionsbehandlung entchlort werden.

Ein Chloren mit kurzer Behandlung (20—30 Sek.) in Lösungen von 3—6% aktivem Chlor aus Natronbleichlauge (*Harriset-Verfahren*) führt ebenfalls zum Erfolg, jedoch ist die Tauchzeit meist nicht ausreichend, um die Ware voll zu benetzen, wodurch sich ungleiche Effekte ergeben, die besonders beim nachträglichen Färben sehr unangenehm sind. Eine Modifikation des geschilderten Verfahrens stellt das *Negafel-Verfahren* dar. Dabei wird mit 2—4% akt. Chlor aus Hypochloritlauge chloriert, an Stelle der Salzsäure wird mit Ameisensäure 85%ig auf einen pH-Wert von 3,5 eingestellt und 45 Min. bei max. 10 °C gearbeitet. Anschließend wird, wie beschrieben, entchlort und gespült. An Stelle von Hypochlorit kann auch *Chlorwasser* verwendet werden. Man arbeitet dabei mit einer Lösung, die 3% Cl, berechnet auf das Trockengewicht der Wolle enthält, in saurer Lösung. Das Verfahren gleicht ansonsten dem sauren Chlorieren mit Hypochlorit.

Beim *Dry-Sol-Verfahren* chloriert man mit organischen Chlorverbindungen. Man arbeitet dabei mit *2%igen Lösungen von Sulfurylchlorid in Schwerbenzin, Tetrachlorkohlenstoff usw.* Wegen der leichten Verdampfung der Fettlöser ist eine Behandlung in geschlossenen Apparaten notwendig, wie sie in der chemischen Reinigung üblich sind. Die Waren müssen anschließend in wäßriger Lösung von Antichlor oder Bisulfit, wie beschrieben, entchlort werden. Bei diesen Verfahren muß eine absolut trockene Wollware vorliegen, da sonst durch das äußerst aggressive Sulfurylchlorid auch Edelstahlapparaturen angegriffen werden.

Bei den *Naßchlorierungsverfahren* muß zur Wollschonung bei möglichst niedrigen Temperaturen gearbeitet werden (8—10 °C), um einen stärkeren Wollangriff zu vermeiden. Trotzdem ist oft eine gleichmäßige Chlorierung schwierig, auch wenn zusätzlich entsprechende Netzmittel verwendet werden. Die Entwicklung von Cl-Gas ist beträchtlich und stört, wenn nicht in geschlossenen Geräten gearbeitet wird, wie das bei der *Trockenchlorierung* unbedingt erforderlich ist. Bei letzteren Verfahren ist eine gleichmäßig trockene Wolle mit möglichst nicht mehr als 8% Restfeuchtigkeit notwendig.

Das *Woolindras-Verfahren* ist ein Trockenchlorieren mit Cl-Gas. Das Verfahren erfordert besondere Apparaturen, da das Material in absolut dichten Behältern behandelt werden muß, da möglichst luftfrei chloriert werden soll. Es wird mit 5% Cl gearbeitet und die Ware, wie bereits oben angegeben, mit entsprechenden Hilfsmitteln naß entchlort.

Alle Verfahren benötigen eine genaue Einhaltung aller Vorschriften, um stärkere Vergilbung bzw. Faserschädigung zu vermeiden, die hauptsächlich durch örtlich oder allgemein stärkere Cl-Entwicklung auftritt.

Die anschließend beschriebenen Verfahren arbeiten mit Produkten, welche die schnelle Cl-Entwicklung verhindern, da sie das freiwerdende Cl binden (Chlorretention) und nur langsam abgeben. Dabei wird eine bessere Wollschonung erreicht, das Material vergilbt nicht und Cl-Gas wird kaum oder überhaupt nicht entwickelt. Auch mikroskopisch ist ein Angriff der Schuppenschicht (Cuticula) nicht feststellbar (Abb. 376 a, b). Dadurch wird die Wolle nicht glänzender und läßt sich auch ohne besondere Vorsichtsmaßnahmen „egal" anfärben. Der Filzfreieffekt gleicht den üblichen Chlorierungsverfahren und die Wolle zeigt auch die für den Wolldruck notwendige höhere Farbstoffaufnahme. Bei den Zusatzprodukten (*Chlorakzeptoren*) handelt es sich um wasserlösliche Melamin-Kunstharz-Vorkondensate (Melafix-Marken/*CIBA*, NikrulanHM/*Cassella*), kationische Amine mit Iminofunktionen (Nikrulan CLF/*Cassella*) und Triazinylderivate (Chloregal D/*Geigy*).

Abb. 376 a. Naßchlorierte Wolle mit zerstörter Schuppenschicht (ROX-UG-Abdruckverfahren/*Geigy*)

Abb. 376 b. Naßchlorierte Wolle unter Zusatz von 1,5% Chloregal D/*Geigy*

Beim *Melafix-Verfahren* (*CIBA*) wird das Material vor dem Chloren sauber, mit seifenfreien, meist nichtionogenen Waschmitteln mit oder ohne Soda vorgewaschen, gespült und bei Alkalirückständen mit geringem Überschuß an Essigsäure im letzten Spülbad essigsauer gestellt. Das Material muß stets in feuchtem Zustand in das Chlorbad, dem man zweckmäßig 1 g/l eines nichtionogenen Netzmittels (Invadin JFC/*CIBA*) mit zusetzt, eingebracht werden.

Die Zusätze betragen:
a) beim Arbeiten in langer Flotte:

    7—8% Salzsäure 30%ig (20° Bé)
    2% Melafix CH in Wasser gelöst
    1,5% akt. Chlor aus Bleichlauge (16—20 g/kg akt. Chlor)

b) beim Arbeiten in langer Flotte im Schnellverfahren:

    7—8% Salzsäure 30%ig
    1—1,5% Melafix CH gelöst in Wasser
    2% akt. Chlor aus Bleichlauge

c) in kurzer Flotte für Mischgarne und Kammzug:

    6—7% Salzsäure 30%ig
    1% Melafix-CH-Lösung
    1% akt. Chlor aus Bleichlauge

Die genetzte Ware wird in die Bäder, welche mit den angegebenen Mengen Salzsäure und Melafix CH bei 14—18 °C versehen sind, eingebracht und bei langer Flotte von 1:40 und bei kurzer Flotte von 1:5—1:10 etwa 10 Min. behandelt. Nach dieser Netzungszeit wird die errechnete Bleichlauge in Verdünnung von 1:10 bis 1:20 innerhalb von 40 Min. langsam unter ständigem Bewegen der Ware oder der Flotte zugesetzt. Auch ein portionsweises Zusetzen ist möglich, wenn ein laufender Zusatz nicht möglich ist. Es ist wichtig, daß der Chlorzusatz nicht direkt an die Ware gebracht wird. Die Azidität des Bades soll nicht über pH 3 steigen und muß evtl. mit weiterer Salzsäure korrigiert werden. Nun wird beim Verfahren a) und c) $1^{1}/_{2}$ Std. und im Kurzverfahren b) $^{3}/_{4}$—1 Std., gerechnet vom ersten Chlorzusatz, behandelt.

Bei Verwendung von Melafix II/*CIBA* können sämtliche Zusätze sofort gegeben werden, es wird dabei wie nachstehend für Melafix S beschrieben, jedoch ohne Zusatz von Bromid, bei max. 20 °C gearbeitet. Beim Melafix S/*CIBA* handelt es sich um ein Produkt, welches außer den Melaminvorkondensaten noch Weichmacher enthält, und dadurch zusätzlich einen verbesserten Warengriff ergibt. Die möglichst schwefelsauer vorgewaschene Wolle wird nach dem Spülen im Vollbad (Flotte 1:40) mit

10 g/l Kochsalz,
4% + 1,5 g/l Schwefelsäure 66° Bé,
0,75 g/l Ultravon JF (Netzmittel),
3,75% Melafix S,
2,5% Aktivchlor aus Natronbleichlauge

15 Min. bei 15—20 °C behandelt, in 15 Min. auf 35 °C erwärmt und bei dieser Temperatur weitere 60 Min. verblieben. Durch Zusatz von 0,2 g/l Natriumbromid wird auch ohne Erwärmung eine bessere Nutzung der Flotte erreicht, wobei das Bromid 15 Min. vor Beendigung (nach 45 Min.) zugegeben und dadurch schon durch eine 60-Min.-Behandlung eine volle Chlorierung erreicht wird.

Nach der Chlorierung wird im Chlorierungsbad mit 2—6% einer 40%igen Natriumbisulfit-Lösung oder Hydrosulfit, Antichlor usw. entchlort und gründlich gespült. Anschließend kann mit Weichmachern, meist kationischen Produkten (z. B. Sapamin WL/*CIBA*), weich gemacht werden. Das Verfahren ist auch zum Vorchlorieren für Wolldrucke brauchbar. Halbwolle wird nach dem Melafix-Verfahren gechlort, mit Bisulfit entchlort und im alkalischen Bad mit 1 ml/l 30%igem Wasserstoffperoxyd das Bisulfit beseitigt und zum Färben mit Ameisensäure abgesäuert.

Für das *Nikrulan-Verfahren* (*Cassella*) stehen Nikrulan HW (Pulver oder flüssig) und CLF zur Verfügung. Das Nikrulan HW kann als Mittel zum Filz- und Krumpffrei-Machen auch ohne Chlorierung eingesetzt werden, wobei nach der Behandlung kein Spülen erfolgen darf, beim folgenden Trocknen *maskiert das Kunstharz die Faser mit einem Film*, der das Krumpfen und Filzen der Wollfaser einschränkt. Die Ware wird meist nach dem Färben oder Waschen einer letzten Naßbehandlung bei 40—50 °C 30 Min. unterzogen. Dieses Bad enthält 4—5% Nikrulan-HW-Pulver oder 6% HW flüssig und wird mit Ameisensäure auf pH 3,5 vorgeschärft, worin die Ware bereits 10 Min. vorbehandelt wurde, dem sich die Nikrulan-Zugabe anschließt. Bei Verwendung von Nikrulan HW mit obengenannten Mengen in Verbindung mit einer Chlorierung, arbeitet man so, daß die genetzte Ware bei höchstens 18 °C mit 0,75—3% Schwefelsäure 66 °Bé (96%ig) vorbehandelt, dann dieselbe Menge an aktivem Chlor aus Bleichlauge 1:20 verdünnt zusetzt und das Bad mit 2—5% Natriumazetat auf einen pH-Wert von 3—4 einstellt. Das Bad kann vor Einbringen der Ware mit allen angegebenen Chemikalien beschickt und die Ware bis zum völligen Verbrauch des Chlors behandelt werden (Prüfung mit Jodkalistärkepapier). Anschließend wird im gleichen Bade mit 3% Natriumbisulfit Plv. in 20 Min. entchlort und kalt gespült. Zur restlichen Entfernung des Bisulfits ist eine Nachbehandlung mit 2% Wasserstoffperoxyd in alkalischer Flotte mit anschließendem Spülen vorteilhaft.

Beim *Nikrulan CLF* handelt es sich um einen kationischen Körper, der mit dem Chlor aus der Hypochloritlauge eine wasserunlösliche Additionsverbindung ergibt, die mit nichtionogenen Hilfsmitteln in kolloidaler Form an die Ware gebracht wird. Das Produkt wird, je nach Flottenverhältnis, mit der 2—2$^1/_2$-fachen (bis Flotte 1:20) und 1$^1/_2$—2fachen Menge (über 1:20) des angewendeten akt. Chlors (1—3% aus Hypochloritlauge) eingesetzt.

Zur filzfreien Ausrüstung von Stückwaren auf der Haspelkufe bzw. Wolltrikotagen auf der Paddelfärbemaschine wird die gut gewaschene und nur entwässerte (nicht getrocknete) Ware in einem Flottenverhältnis von 1:40 chloriert. Das Behandlungsbad wird mit

    1,4—2% eines nichtionogenen Hilfsmittels[1],
    2,8—4% Nikrulan CLF,
    10% Kochsalz (einstreuen),
    4—5% Schwefelsäure 66° Bé (96%ig), 1:10 verdünnt,
    0,7—1% akt. Chlor aus Bleichlauge, 1:5 verdünnt

bestellt. Dabei stellt sich ein pH-Wert von 1,5—2 ein. Eine pH-Wertsteigerung muß während der Behandlung vermieden werden. Bei der Kaltchlorierung wird nun bei max. 20 °C während 20 Min. gearbeitet, anschließend die Ware auf den Haspel gewickelt oder ausgetafelt und nochmals 0,7—1% akt. Chlor nachgesetzt und weiter 1—1$^1/_2$ Std. behandelt. Die Warmchlorierung ist kürzer. Dabei wird nach der 2. Chlorzugabe innerhalb von 20 Min. auf 45 °C aufgeheizt und in 45 Min. fertigchloriert. Die Warmchlorierung ergibt bessere Nutzung des Chlors, verlangt jedoch eine sehr gute Materialbewegung durch höhere Haspeltouren, wie sie für das Färben von Wollstückwaren nicht üblich sind. Dieser Schnellgang kann auch dann eingesetzt werden, wenn die 2. Chlorgabe ohne Austafeln der Ware gegeben werden soll. Das Entchloren kann im Behandlungsbad durch Zugabe von 2% Natriumbisulfit Plv. in Lösung während 20 Min. kalt vorgenommen werden, anschließend wird gründlich gespült und die Schwefelsäure mit 3% Natriumazetat neutralisiert und nachgespült. Wird im Flottenverhältnis unter 1:15 chloriert, wird mit Salzsäure bei pH 1,5—2 gearbeitet. Schwefelsäure ergibt in diesen Flottenverhältnis Ausfällungen.

Mit dem *Chloregal D-Verfahren* (*Geigy*) können Stranggarne, Kammzug, Kreuzspulen, Wirkwaren und Webwaren auf Apparaten und Maschinen vor

---

[1] Nekanil O, Uniperol W, Peregal O/alle *BASF*, Avolan IW/*Bayer*, Dispersogen AZ/*Hoechst*.

und nach dem Färben chloriert und damit filz- und schrumpffrei ausgerüstet werden. Die Ware wird kalt mit

1—2% Chloregal D
3—4% Schwefelsäure 66° Bé oder 7—8% Salzsäure konz.

bei einem pH-Wert von 1,8—2 während 10 Min. getränkt und anschließend bei einem pH-Wert bis 3 in einer Zeit von 30—60 Min. unter portionsweiser Zugabe von

1—3% Aktivchlor

aus verdünntem Natriumhypochlorit (Natronbleichlauge) bei 10—20 °C so lange chloriert bis ein Restchlorgehalt von 8—15% der ursprünglichen Zusatzmenge erreicht ist. Nun wird durch Zugabe von

1—2% Natriumbisulfit Pulver 60%ig (pH 3) oder Natriumthiosulfat oder
2—3% Wasserstoffperoxyd 30%ig (pH 8,5)

im Chlorierungsbad das restliche Chlor entfernt und anschließend mit weichem Wasser gründlich gespült und eventuell durch Ammoniak neutralisiert.

Wenn es sich um reine Wolle handelt und chlorechte Farbstoffe verwendet wurden, wird die Ware meist nach dem Färben chloriert, während bei Mischungen mit Zellulosefasern wegen der geringen Chlorechtheit der meisten Farbstoffe für Zellulosefasern, nur ein Vorchlorieren in Betracht kommt. Auch für Bleichware kommt ein Chlorieren vor der Wasserstoffperoxydbleiche in Betracht, da die Bleiche gleichzeitig als Entchlorung verwendet werden kann.

Beim *Basolan DC-Verfahren* (*BASF*) handelt es sich ebenfalls um eine Naßchlorierung. Als organische Chlorverbindung liefert das Produkt jedoch die für die Behandlung notwendige Cl-Menge. Das Produkt wird für die einbadigmehrstufige und auch kontinuierliche Chlorierung empfohlen. Es enthält 60% Cl. Bei der *einbadig-mehrstufigen Arbeitsweise* wird die Ware 10 Min. bei max. 25 °C in einem Bad von

0,2 g/l Nekanil LN (*BASF*),
10% Glauber- oder Kochsalz und
x% Essigsäure

bei pH 4—5,5 vorgenetzt, bei gleicher Temperatur durch Nachsatz von

2—5% Basolan DC, welches in einer Lösung von
3,5—5,5% Tetranatriumphosphat

vorgelöst wurde, während 45—90 Min. kalt chloriert. Wird Hartwasser verwendet, ist an Stelle des Phosphates 1,75—2,75% Borax + 0,5% Polyphosphat zu verwenden. Im gleichen Bad wird durch Nachsatz von

2% Natriumbisulfit (pH 3,5—5) oder
2% Thiosulfat (pH 4—8)

entchlort. Dabei ist ein Erwärmen auf 35 °C vorteilhaft. Es wird bei dieser Temperatur 20 Min. gearbeitet und anschließend gründlich gespült. Wird die Ware gefärbt, kann das Bad selbst zum Färben benützt werden, es sollte jedoch dann zum Entchloren nur Bisulfit verwendet werden. Durch eine reduktive oder Wasserstoffperoxydbleiche kann im Anschluß aufgehellt oder auch ein Vollweiß erreicht werden. Dabei verstärkt eine Peroxydbleiche den Filzfreieffekt. Durch Variation des pH-Wertes sind auch die zu erzielenden Effekte veränderlich.

Durch fallenden pH-Wert wird der Antifilzeffekt besser, die Reaktionsgeschwindigkeit beschleunigt und der Glanz erhöht. Bei höherem pH-Wert tritt stärkere Vergilbung und stärkere Fülle der Wolle auf.

Unter **Spezialverfahren** werden Verfahren verstanden, die ebenfalls mit Oxydationsmitteln arbeiten, jedoch meist eine Chlorierung nur als zusätzliche Operation oder überhaupt nicht erfordern.

Beim *Sironize- (Sironized)-Verfahren* welches von der *C. S. I. R. O.* entwickelt wurde, wird die Wolle in einem Bad behandelt, welches eine gesättigte Kochsalzlösung (360 g/l NaCl) darstellt und der 1 g/l eines nichtionischen Netzmittels und 4—6% Kaliumpermanganat zugefügt wurden. Die Wolle wird darin kalt 30 Min. und anschließend bei 50 °C so lange behandelt bis die Flotte klar ist. Die Kochsalzlösung kann weiter verwendet werden, muß jedoch wieder mit Kaliumpermanganat beschickt werden. Zur Entfernung des Braunsteins wird gespült und mit

    5—10% Natriumbisulfit,
    5% Schwefelsäure 66 °Bé (96%ig)

bei 40 °C reduktiv gereinigt, nachgespült und neutralisiert.

Bei den *Dylan-Verfahren* handelt es sich um Verfahren, welche der Fa. *Precision Processes (Textiles) Ltd., Ambergate-Derbyshire (England)*, als *Stevenson X- und Stevenson ZB-Verfahren* geschützt sind und nur in Lizenz dieser Firma vergeben werden können (Lizenzvertretung: *Heberlein*).

Beim ,,Stevenson XB-Verfahren" handelt es sich um eine Arbeitsweise, welche für reinwollene oder auch Mischtextilien angewendet, und auf stehendem Bad gearbeitet wird. Beim ,,Stevenson XC-Verfahren" wird kontinuierlich gearbeitet. Vor allem ist letzteres Verfahren für die Appretur von Geweben interessant, wogegen das XB-Verfahren hauptsächlich für Garne und Kammzug angewendet wird. Im Prinzip wird die Textilie mit *Monoperschwefelsäure* vorbehandelt und im gleichen Bad, oder bei der kontinuierlichen Arbeitsweise im folgendem Bad, mit *alkalischen Sulfiten* behandelt. Es soll in den folgenden Zeilen die kontinuierliche Arbeitsweise nach dem XC-Verfahren kurz beschrieben werden.

Die gewaschene und evtl. gefärbte und getrocknete Stückware wird mit etwa 20 m/Min. auf einer entsprechenden Maschine bei 30 °C mit

    0,6% Monoperschwefelsäure (X-Säure)
    0,2% eines geeigneten Netzmittels (z. B. Lissapol N/*ICI*)

5—10 Sek. bis zum Abquetschen genetzt und anschließend mindestens 20 Sek. durch einen Luftgang geführt. Im zweiten Bad wird ebenfalls kontinuierlich die Stückware in 5%igem Natriumbisulfit (wasserfrei) 5—10 Sek. genetzt, abgequetscht und nach einem 10 Sek. Luftgang in fließendem Wasser bei 30 °C gründlich gespült.

Die so filzfrei gemachten Wolltextilien können anschließend ohne jede Veränderung mit den üblichen Farbstoffen gefärbt werden. Gefärbte Waren können durch das Verfahren gewisse Farbtonumschläge erleiden und es machen sich Vorversuche notwendig.

Beim ,,Stevenson ZB-Verfahren", welches ebenfalls der obengenannten Firma unter dem Namen ,,Dylan" geschützt ist, wird der Filzfrei-Effekt durch eine Zweibadbehandlung in alkalischer Flotte mit akt. Chlor aus Natriumhypochlorit, Kaliumpermanganat und Kalziumchlorid erzeugt. Der entstandene Braunstein wird anschließend in einem zweiten Bad durch eine Behandlung mit Natriumbisulfit und Ameisensäure entfernt. Dieses Verfahren stellt eine Abwandlung der bereits beschriebenen Chlorierungsverfahren dar.

Ein Schema der Arbeitsweise kann folgend angegeben werden. Die vorgenetzte und möglichst gut entwässerte Stückware soll in ein Bad gebracht (Haspelkufe usw.) werden, welches Netzmittel und 10% Kalziumchlorid enthält und darin 3 Min. vorlaufen. Anschließend werden langsam in Verdünnung 3% akt. Chlor aus Natriumhypochloritlösung zugesetzt und wiederum 3 Min. bei 20°C behandelt. Nun werden 3% gelöstes Kaliumpermanganat zugesetzt und bis zur ausreichenden Braunsteinbildung gearbeitet. Der pH-Wert des Behandlungsbades soll immer bei 9,5 gehalten werden. Der Braunstein muß sich gleichmäßig auf der gesamten Ware bilden. Die Bäder werden durch Titration mit n/10 Thiosulfat verfolgt und sollen am Ende der Behandlung nur noch 10% der Anfangskonzentration des akt. Chlors aufweisen.

Nun wird der Braunstein durch eine Behandlung mit

        3 g/l Natriumbisulfit
        1 g/l Ameisensäure 85%ig

bei 20°C entfernt.

Das Verfahren eignet sich hauptsächlich für ungefärbte Waren, da nur die echtesten Färbungen die Behandlung ohne größere Veränderungen überstehen. Mischtextilien, deren Zelluloseanteil mit Direktfarbstoffen gefärbt wurde, werden meist in ihrer Nuance vollkommen verändert bzw. der substantive Farbstoff zerstört. Bei den angegebenen Arbeitsverfahren handelt es sich nur um Anhaltspunkte. Genauere Angaben werden an den Lizenznehmer der Dylan-Verfahren vom Lizenzinhaber gegeben.

Durch *Grenzflächenpolymerisation* ist es ebenfalls möglich das Filzvermögen der Wolle so weit herabzusetzen, daß die so behandelte Wolle als filzfrei bezeichnet werden kann. Dazu gehört das *Wurlan-IFP-Verfahren*, welches der Fa. *Joseph Bancroft & Sons Co., Wilmington Del./USA*, geschützt ist und von dieser in Lizenz vergeben wird (IFP = Interfacial Polymerisation = Grenzflächenpolymerisation). Die so behandelte Wolle erhält einen ultradünnen Überzug von Polyamiden (100—200 Å), die Reiß- und Scheuerfestigkeit wird verbessert ohne daß die Anfärbebedingungen wesentlich geändert werden.

Bei der praktischen Durchführung werden die gut gewaschenen Stückwaren trocken oder feucht auf einem Foulard mit

        0,25—2% Hexamethylendiamin (HMDA),
        0,5 —4% Soda kalz.,
        1 g/l Netzmittel (nichtionogen)

bei 45°C mit einem Abquetscheffekt von 50—60% geklotzt. Die Tauchzeit sollte möglichst 30 Sek. betragen. Zur guten Durchnetzung wird mit 5—30 m/min gearbeitet. Das Benetzen kann jedoch durch einen nachgeschalteten Luftgang oder Aufdocken der Stückware verbessert werden. Anschließend wird ohne Zwischentrocknung mit 3% Sebacylchlorid (Sebacinsäuredichlorid) foulardiert. Da sich das Chlorid nicht in Wasser löst, wird es in organischen Lösungsmitteln gelöst, wozu aus Preisgründen in USA Stoddard-Solvent (Schwerbenzin) eingesetzt wird. Chlorierte Kohlenwasserstoffe sind ebenfalls geeignet, aber teuer und bei offener Arbeitsweise gesundheitlich nicht unbedenklich. Foulardiert wird bei 20 °C und einer Tauchzeit von 4 Sek. Anschließend wird breit nachgewaschen und neutralisiert. Die Polyamidharzauflage beträgt je nach Einsatz der Produkte 1—6%. Praxisversuche haben ergeben, daß die Filzschrumpfung auf 1—4% zurückgeht und die Feuchtigkeitsaufnahme unbeeinflußt bleibt. Die Ware erleidet allerdings eine gewisse Griffveränderung, die nicht in allen Fällen als Vorteil betrachtet wird.

Weitere Verfahren bestehen in einer Behandlung von weitgehend trockener Wolle in einer Lösung von 60 g/l Ätznatron in 96%igem Äthylalkohol während 20 Min. bei 20 °C und anschließendem Neutralisieren in 5%iger Schwefelsäure. Der Säureüberschuß wird anschließend durch Soda oder Ammoniak entfernt (*Freney-Lipson-Prozeß*). An Stelle von Äthanol kann auch Butanol-Ligroin verwendet werden. Auch gesättigte Kochsalzlösung mit Ätznatron wurde vorgeschlagen. Weitere Verfahren verwenden Peressigsäure und wollabbauende Enzyme wie z. B. das Papain mit Bisulfit. Zur Grenzflächenpolymerisation und damit Maskierung der Wollcuticula werden auch Urethane empfohlen. Auch Chlorsilane in Emulsion mit entsprechenden Katalysatoren ergeben gute Antifilzeffekte.

Vielfach werden auch die beiden Verfahren (Behandlung mit Reduktionsmitteln zur Einschränkung der *Relaxationsschrumpfung* mit den beschriebenen *Filzfreibehandlungen*) kombiniert, um „waschmaschinenfeste" Woll- oder Wollmischgewebe zu erhalten. In allen Fällen ist es jedoch notwendig, die beim Färben evtl. unterschiedliche Anfärbung nach der Behandlung bzw. die Farbtonänderung gefärbter Ware durch Vorversuche festzustellen, bzw. die von den Farbstoffherstellern ausgegebenen Richtlinien und Angaben zu berücksichtigen. Die vorstehend beschriebenen Verfahren sind die z. Z. hauptsächlich durchgeführten Arbeitsweisen, das bedeutet jedoch nicht, daß es in Zukunft die einzigen bleiben werden. Neuerdings werden auch die Knitterbilder (S. 343), die zur Beurteilung der „wash-and-wear"-Eigenschaften von Zellulosetextilien angewendet werden, für die Beurteilung von „easy-care"-Wollwaren herangezogen.

13. Schutzmittel gegen Mikroorganismen

Kleinlebewesen, die organische Produkte als Nahrung verwenden, wozu Appreturmittel und native Fasern zählen, sind Bakterien, Schimmel- u. a. Pilze, welche vornehmlich den Kohlenstoff als Nahrungsmittel verbrauchen und zur Zersetzung der Appreturmassen und Fasern führen, wenn entsprechende Lebensbedingungen für die Fortpflanzung vorliegen, die hauptsächlich in Feuchtigkeit und Wärme bestehen. Zur Vermeidung von Schäden durch Mikroorganismen kann entweder der passive oder aktive Schutz eingesetzt werden. Beim **passiven Schutz** werden Appreturprodukte oder Faserstoffe so modifiziert bzw. ausgerüstet, daß ein Befall der Produkte oder Fasern durch Mikroorganismen nicht möglich bzw. unwirksam ist. Beim **aktiven Schutz** werden Appreturen mit Hilfsmitteln versetzt bzw. Faserstoffe mit Produkten ausgerüstet, welche als Gifte Bakterien und Sporen von Schimmelpilzen vernichten und damit schützend wirken.

13. Schutzmittel gegen Mikroorganismen

Als *passiver Schutz für Appreturmittel* kommt nur die Verwendung entsprechender „synthetischer" Produkte in Betracht, die teilweise durch z. B. Veräthern oder Verestern von Stärke gewonnen werden oder es werden Kunststoffe eingesetzt, die von vornherein gegen einen Angriff von Mikroorganismen resistent sind (siehe Steifungsmittel S. 269). Als *aktiver Schutz für Appreturmittel* kommen Zusätze von anorganischen — meist wasserlöslichen — Produkten in Betracht, die teilweise auch für den Schutz von Textilien eingesetzt werden. Es handelt sich dabei um *Konservierungs-* und *Desinfektionsmittel* bzw. *Antiseptica*, die den Appreturflotten oder -massen zugesetzt werden. Die Produkte sind als *Bakterizide* (gegen Bakterienbefall) und als *Fungizide* (gegen Schimmelbefall) verwendbar und schützen auch die damit behandelten Textilien.

Zur Konservierung von Stärkeflotten werden im allgemeinen folgende Produkte verwendet, die in den unten angegebenen Mengen, berechnet auf das Gewicht der verwendeten Stärke, eingesetzt werden müssen:

6% Zinkchlorid	0,5% Kresol (Phenole)
2% Borsäure	0,3% Kupfersulfat
2% Silikofluorid	0,3% Salicylsäure
0,05% Benzoesäure	0,01% Quecksilberphenylnitrat
0,1% Kresotinsäure	0,04% Ammoniumfluorid
0,02% Dinitrophenol	0,9% Borax
0,05% Formaldehyd	0,02% Quecksilberchlorid (Sublimat)
0,014% Pentachlorphenol	0,15% Natriumsiliziumfluorid
0,13% Phenol	

Diese Produkte schützen Gewebe bzw. Garne vor allem vor den gefürchteten *Stockflecken*, die nur im Entstehungsstadium durch eine Hypochloritbehandlung (0,3 g/l akt. Cl) entfernt werden können, bei stärkerem Befall jedoch nicht mehr zu beseitigen sind. Beim Lagern von Textilien muß in allen Fällen auf eine *möglichst trockene* und *gut gelüftete Atmosphäre* Wert gelegt werden, um Schimmelbildung zu verhindern. Vor allem wird sie durch eine feucht-warme Atmosphäre begünstigt. Die von der chemischen Industrie angebotenen Produkte eignen sich neben der antiseptischen Wirkung bei Stärkeflotten auch zur Konservierung von fast allen organischen Produkten, welche fäulnisempfindlich sind, wie Leim, Kasein, Gelatine usw.

Zur **bakteriziden und fungiziden Ausrüstung von Textilien** werden eine Reihe von Produkten angeboten, welche teilweise — es handelt sich dabei hauptsächlich um den aktiven Schutz — auch für anfällige Appreturflotten verwendbar sind. Dazu gehören Produkte, die auf Basis von *chlorierten Phenolen* aufgebaut sind und als Emulsionen auf die Stückwaren foulardiert werden. Man verwendet je nach Flottenaufnahme 35—70 g/l. Die meist als *Pentachlorphenolester* eingesetzten Produkte müssen mit 1,5—2% auf die Faser aufgelagert werden, wenn ein ausreichender Schutz erreicht werden soll. Zu diesen Produkten gehören u. a.:

Acryptol DA	*Francolor*	Microcide 14	*Protex*
Afrotin P	*Schill*	Mortisan P-Marken	*Pfersee*
Antibac FE	*Weserland*	Preventol PN	*Bayer*
Antimucin AN, PNT	*Sandoz*	Purapid M-Marken	*Zschimmer*
Evoral FLR	*Schill*	Raluben T	*Raschig*
Fungizid G, L	*CIBA*	Simpanol BS	*Pfersee*
Konservan PF-Marken	*Quehl*		

Phenolderivate kommen auch als wasserlösliche Natriumsalze bzw. methylierte Produkte in den Handel und sind so wasserlöslich, müssen jedoch dann in höheren Mengen (100—150 g/l) foulardiert werden. Die Produkte können allein oder auch mit Hydrophobierungs-, flammenhemmenden und Hochveredlungsprodukten eingesetzt werden. Oftmals enthalten Hydrophobierungs- und flammenhemmende Hilfsmittel bereits diese Zusätze.

Wasserlösliche Phenole sind u. a. als:

Konservan DD-WL	*Quehl*	Proxel A	*ICI*
Preventol GD	*Bayer*	Rustol BE	*Rudolf*

im Handel.

Ebenfalls zu den aktiven *Fäulnis-* bzw. *Verrottungsschutzmitteln* gehören *organische Quecksilberverbindungen*, die z. B. als Hg-Salze der Dinaphthylmethandisulfosäure verwendet werden. Die Produkte werden meist in Mengen von 25—30 g/l foulardiert.

Zu diesen Produkten gehören u. a.:

Antimucin WB	*Sandoz*	Arigal PMP	*CIBA*
Antibac PO, 437	*Weserland*	Konservan CH-E	*Quehl*

Die bisher genannten Produkte haben nur eine eingeschränkte Wasser- und Wetterbeständigkeit und ermöglichen, allein verwendet, keinen ausgesprochen guten Effekt bei der Behandlung von Zellulosetextilien, die starker Wässerung oder dem Wetter ausgesetzt sind. Durch gleichzeitige Applikation von Hydrophobierungs- und Hochveredlungsprodukten kann dieser Effekt permanenter gemacht werden. Es müssen jedoch vorher die Erfahrungen der Hersteller zu Rate gezogen oder Vorversuche gemacht werden, um die Verträglichkeit der Produkte untereinander zu prüfen. Sowohl die chlorierten Phenole als auch die Quecksilberverbindungen erfordern bei ihrer Anwendung gewisse Vorsicht, da sie teils ätzend bzw. toxisch wirken, auch wenn sie nicht als ausgesprochene Gifte anzusprechen sind.

Als kationische Produkte werden auch *quaternäre Ammoniumverbindungen* eingesetzt, die weitgehend wetterbeständig sind. Textilien, die einer dauernden Wässerung ausgesetzt sind (z. B. Textilfilter) müssen jedoch nach gewissen Zeiten neu ausgerüstet werden. Die Produkte können mit 2—5% bei 20—30 °C im *Ausziehverfahren* mit 2—3 g/l Glaubersalz in 30 Min. auf die Faser gebracht werden. Zur Erschöpfung der Bäder werden diese am Schluß der Behandlung auf 40—50 °C erwärmt und leicht ammoniakalisch gestellt. Auch durch *Foulardieren* mit 20—60 g/l bzw. durch Aufsprühen von 2—5% kann eine fungizide, bakterizide und antiseptische Wirkung erreicht werden. Die Produkte sind ungiftig, jedoch ätzend.

Sie kommen u. a. als:

Afrotin DG	*Schill*
Antifungin	*R. Baumheier*
Fungitex B	*CIBA*
Germocid	*BASF*

in den Handel.

Als Shirlan NR wird von der *ICI* ein *Salizylsäureanilid* auf den Markt gebracht, welches eine wetterbeständige Verrottungsfestausrüstung ergibt, die bereits von einer 0,2%igen Produktauflage an wirksam ist.

Kupfersalze ergeben ebenfalls eine gute bakterizide und fungizide Ausrüstung, die jedoch, wenn anorganische Salze verwendet werden, keinerlei Wasser- und Wetterbeständigkeit aufweisen und die Ware grünlich anfärben. Wetterbeständige Ausrüstungen lassen sich durch *Kupfernaphthenate* oder *Cu-8-Oxychinolin*, wobei letztere Verbindung die beste Wetterbeständigkeit zeigt, erreichen. Die Produkte werden in Mengen von 100—250 g/l foulardiert (30 °C) und normal getrocknet.

Die Hilfsmittel werden in organischen Lösungsmitteln, in der Veredlung meist als saure oder alkalische Emulsionen, eingesetzt. Eine Kombination mit Hydrophobierungsmitteln ist möglich. Für einen ausreichenden Schutz ist eine Cu-Auflage von 0,4—0,7% notwendig, die aus der Applikationsmenge und der Cu-Haltigkeit (5—9%) der Produkte errechnet werden kann. Durch die Trocknung werden die Produkte weitgehend wasserunlöslich auf der Faser niedergeschlagen.

Zu den organischen Cu-Verbindungen gehören u. a.:

Acryptol CU[1]	*Francolor*	Mortisan CN, CO 20[1]	*Pfersee*
Afrotin C[1], N 82	*Schill*	Preventol C 8[1]	*Bayer*
Antibac 166, 349, 775	*Weserland*	Toralit A[1]	*Cassella*
Konservan CP-E, KS-E	*Quehl*		

Als Acryptoperle N (*Francolor*) kommt für den gleichen Zweck der aktiven, bakteriziden und fungiziden Ausrüstung eine Kupferchrom-Komplexverbindung in den Handel. Eine große Zahl von Herstellern haben Kombinationsprodukte im Handel, die hauptsächlich zur Hydrophobierung und verrottungsfesten Ausrüstung dienen.

Dazu gehören u. a.:

Quecophob KT 9	*Quehl*
Stralin SM- u. V-Marken	*Weserland*
Zelt-Imprägnol-Marken	*Pfersee*

Die Produkte werden meist als Einbadprodukte mit 150—450 g/l foulardiert. Da sie von beiden Komponenten her sehr unterschiedlich aufgebaut sind, ist eine Standardanwendungsvorschrift nicht möglich. Auch Zweibadprodukte sind üblich. Die Anwendungsvorschriften der Hersteller geben auch Hinweise für die kombinierte Anwendung von Einzelprodukten, wozu auch die flammhemmenden Hilfsmittel gehören. Eine Reihe von Aflamman-Marken (*Quehl*) erfüllen u. a. auch die Forderungen der fungiziden und bakteriziden Ausrüstung.

Die vorstehend beschriebenen Ausrüstungsmöglichkeiten kommen in der Hauptsache für native Zellulosefasern (Baumwolle, Leinen, Jute, Hanf usw.), regenerierte Zellulosefasern (Zellwolle) bzw. deren Mischungen in Betracht und werden zum überwiegenden Teil für Planen, Zelt- und Rucksackstoffe, Tarnungstextilien usw. in der Schwerimprägnierung eingesetzt. Einige Produkte sind auch für Wolltextilien verwendbar. Einen ausreichenden und auch *wasch- und wetterfesten Schutz gegen Mikroorganismen für Wolle* bietet eine *Chromierung* bzw. eine *Chromfärbung*, die eine Auflage von min. 0,35% Cr auf der Wolle erfordert. Für militärische Textilien wird diese Chromierung auch für weiße Wolle vorgeschrieben, die analog bei pH 4,5 (Essigsäure) wie beim Nachchromieren

---

[1] Kupfer-8-Oxychinolin.

von Chromfaserstoffen kochend vorgenommen wird. Auch Insektizide ergeben einen gewissen Schutz, der jedoch durch Zusatz von Chromaten verstärkt wird.

Für den **passiven Schutz** stehen eine Reihe von verschiedenen Möglichkeiten zur Verfügung, die vor allem für Zellulosefasern eingesetzt werden und deren Ziele die gleichen sind wie beim aktiven Verrottungsschutz, jedoch vor allem auf die Permanenz der Ausrüstung gegenüber Wasser (Wässern über lange Zeiträume wie z. B. für Textilfilter), Wäsche, Wetter und längerer Berührung mit Erde (Eingrabung) und den dann zerstörend wirkenden Mikroorganismen wie Bakterien, Pilzen und Algen abgestimmt sind. Es wird also ein möglichst *permanenter, bakterizider, fungizider* und *algizider Schutz* erstrebt. Weitgehend passiv geschützt sind synthetische Fasern, die von Mikroorganismen kaum angegriffen werden. Ferner sind Verfahren bekannt, welche der *Modifikation* (Azetylierung, Cyanoäthylierung, Aminoäthylierung u. a.) der Zellulose bzw. der Wolle dienen. Die Verfahren haben bisher keine besondere Bedeutung erhalten, da sie teilweise kompliziert, die charakteristischen Fasereigenschaften ändern und oft faserschädigend wirken. Bei Wolle läßt sich damit auch eine Filzfreiheit und Insektenschutz erreichen, wie es z. B. bei der Behandlung mit 45% 1,3-Bis(chlormethyl)dimethylbenzol der Fall ist. Einige Verfahren scheitern auch bisher am hohen Preis.

Als das z. Z. bekannteste passive Verfahren zur Verrottungsecht-Ausrüstung kann das *Arigal C-Verfahren* der *CIBA* genannt werden. Es handelt sich dabei um die Auflagerung von *Melamin-Harnstoffharzen* auf *Zellulosefasern*. Es werden jedoch nicht, wie bei der Hochveredlung, die Kunstharzvorkondensate durch eine Trockenhärtung (Kondensation), sondern durch eine Naßfixierung auf der Faser ausgefällt und damit ein sehr guter Schutz gegenüber Bakterien und Algen und bei Mitverwendung des quecksilberhaltigen Arigal PMP auch ein aktiver Schutz gegenüber Pilzen (Schimmel) erreicht. Die Ausrüstung ist weitgehend permanent und wird auch durch längeres Wässern oder Bewettern nicht von der Faser abgelöst (Abb. 377). Da die Harze nicht trockenkondensiert werden, tritt auch die bei der Hochveredlung unumgängliche Verminderung des Quellwertes, der Reiß- und Scheuerfestigkeit nicht ein. Es kann jedoch auch keine wesentliche Verbesserung der Knitterneigung erwartet werden (Abb. 377 b).

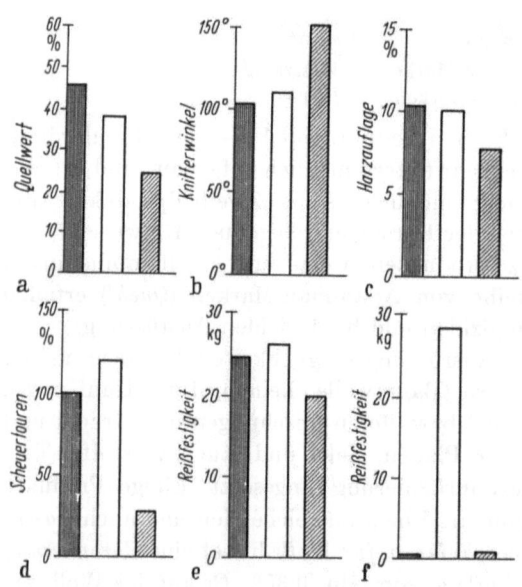

Abb. 377 a bis f. Textilmechanische Daten von Baumwollgeweben nach der Ausrüstung mit 100 g/l Arigal C/*CIBA* durch Naß- und Trockenvernetzung
■ unbehandelt; □ 16 Std. bei 80 °C naßfixiert; ▨ 6 min bei 160 °C trockenfixiert
e sofortige Prüfung; f nach 12 Wochen Eingrabung geprüft

Für die Arigal C-Ausrüstung sind mehrere Arbeits-

verfahren möglich. Für Gewebe aus Zelluloseverfahren kann nach dem
Kontinue-Dämpf-,
Pad-Roll-Lager- und
Pad-Roll-Thermofixier-Verfahren

gearbeitet werden. Für die Applikation auf Wickelkörpern (Kreuzspulen) wird das Garn-Dämpf- und für Einzelfäden das Befeuchtungsverfahren eingesetzt. Im Prinzip ist es notwendig, 7—12% Arigal C auf das Material zu bringen. Zur Katalyse werden 10 ml/l H_2O_2 30%ig bzw. Arigal-Katalysator C eingesetzt. Zur Steigerung der fungiziden Wirkung von Arigal C wird der Zusatz von Arigal PMP (organische Quecksilberverbindung mit 11—12% Hg) in Mengen von 0,5—1% (0,25% Auflage) zum Arigal-C-Bad empfohlen.

Beim *Foulardieren von Arigal C*, welches für alle vorstehend angegebenen Verfahren gleich ist, werden je nach Abquetscheffekt (80—50% Restfeuchtigkeit) 125—200 g/l Arigal C (vorher mit 80 °C heißem Wasser gelöst und mit Kaltwasser verdünnt), 10 ml/l Wasserstoffperoxyd 30%ig und 0,32—0,5 g/l Arigal PMP eingesetzt. Foulardiert wird bei 20 °C (max. 30 °C), zur besseren Benetzung ist ein Netzmittelzusatz von 0,5 g/l Invadin JFC/*CIBA* vorteilhaft. Arigal C wird gelöst und kurz vor dem Foulardieren das Peroxyd und das Arigal PMP kalt zugesetzt. Die Bäder sind max. 4 Std. haltbar. Schwermetalle wie Fe und Cu wirken katalytisch, rostfreier Stahl ist unbedenklich. Nach dem Foulardieren wird auf eine Restfeuchte von min. 20% und max. 40% z. B. durch eine Kurzpassage über den Spannrahmen beim *Kontinue-Dämpf-Verfahren* teilgetrocknet und im Schnelldämpfer 8 Min. gedämpft. Die teilweise Trocknung kann erspart werden, wenn Abquetscheffekte von max. 40% Restfeuchte möglich sind. Beim diskontinuierlichem Dämpfen, z. B. auf dem Sterndämpfer, muß 15 Min. gedämpft werden. Beim *Lagerverfahren* wird nach dem Foulardieren und Teiltrocknen oder hohem Entwässern je nach Temperatur 6 Tage (25 °C), 2 Tage (45 °C) 5 Std. (75 °C), 2—3 Std. (85 °C) verweilt. Dabei werden die Warendocken in Plastikfolien eingeschlagen, langsam gedreht, um ein Absinken der Feuchtigkeit in die unteren Lagen zu vermeiden. Beim *Thermoverweilverfahren* wird wie beschrieben foulardiert, im Infrarotkanal (z. B. *Artos*-Anlage) aufgeheizt und 30 Min. in der Thermoverweilkammer die Ausrüstung fixiert.

Obwohl die *Behandlung von Kreuzspulen* und Einzelfäden nicht unbedingt in die Appretur gehört, soll doch kurz auf diese Verfahren eingegangen werden. Die Spulen werden im Apparat mit 120—200 g/l Arigal C und 6—10 g/l Arigal-Katalysator C (5% der Arigal C-Menge) bei 20 °C in mindestens 20 Min. gut genetzt (evtl. unter Netzmittelzusatz) und durch Absaugen oder Abschleudern auf 60—70% entwässert. Zur Fixierung ist ein Dämpfen der Spulen notwendig. Gedämpft wird im vorgewärmten Dämpfer zuerst durch Erhöhung des Druckes auf 0,25 atü (104 °C) während 15 Min. In weiteren 15 Min. wird auf 110 °C (0,4 atü) gesteigert und $1^1/_2$ Std. unter diesen Bedingungen gearbeitet. Beim Befeuchtungsverfahren wird die katalysierte Arigal C-Flotte auf die Einzelfäden aufgesprüht und die Kopse oder Kreuzspulen, die nach dem Besprühen hergestellt wurden, in gleicher Weise wie vorstehend geschildert, durch Dämpfen fixiert.

Obwohl eine Nachbehandlung der behandelten Waren nicht unbedingt erforderlich ist, wird die Wetterbeständigkeit der Ausrüstung durch eine Nachwäsche mit

1—2 g/l Ultravon JU (*CIBA*),
2 g/l Soda kalz.

bei 80 °C während weniger Minuten (Kontinue-Waschmaschinen), kaltes Zwischenspülen und Absäuern mit 0,5 ml/l Essigsäure 60%ig verbessert. Für Wickelkörper genügt auch eine kalte Behandlung mit 0,5—1 ml/l Ammoniak konz.

(Bei den für alle Arigal-Verfahren angegebenen Hilfsmitteln handelt es sich ausnahmslos um Originalprodukte der *CIBA*.)

Bevor auf die *Prüfung der Konservierung (verrottungsechten, fäulnishemmenden Ausrüstung) von Textilien* eingegangen wird, soll noch kurz die Anfälligkeit von Textilfasern angegeben werden. Die geringste Beständigkeit zeigt Wolle, regenerierte Zellulosefasern, Baumwolle und Seide; mittlere Beständigkeit: Triazetat und Sekundärazetatfasern; gute Beständigkeit: Glas- und synthetische Fasern. Nach viermonatiger Dauer des Eingrabens in Humuserde verlieren

Zellulosefasern und Wolle 75%
Polyamidfasern 8%
andere Synthesefasern 0%

ihrer ursprünglichen Reißfestigkeit. Für den Einsatz von Textilkonservierungsmitteln sind die folgenden Forderungen zu berücksichtigen:

Wirksamkeit,
Wetter-, Wasser-(Wässerungs-), Waschbeständigkeit,
Geruch,
Einfluß auf die Fasereigenschaften und Anfärbung,
Toxische Wirkung,
einbadige Kombinierbarkeit mit anderen Produkten und
Preis der Produkte und der Arbeitsverfahren.

Bei der Prüfung der Wirksamkeit der Ausrüstung sind eine Reihe von Methoden möglich, die meist nur Normenvorschläge darstellen und meist noch ihrer offiziellen Bestätigung bedürfen. Dazu gehört die DIN-Vorschrift 53 930/31/32, bei der der *Bewuchs mit Schimmelpilzen* mit besonderen Kulturen von Schimmelpilzen in Petrischalen geprüft wird. Als *Erdfaulversuch* (DIN 53933-Entwurf) wird eine Prüfung bezeichnet, bei der die Textilien in eine Mischung von Sand, Torf und Gartenerde eingegraben werden und an Hand des Abfalls der Reißfestigkeit durch den Versuch geprüft wird. Die Prüfvorschriften unterscheiden sich oft wesentlich von Land zu Land, und auch die militärischen Abnahmestellen haben besondere Vorschriften ausgearbeitet, denen die ausgerüsteten Textilien unterworfen werden. Für die Ausrüstung mit metallhaltigen Hilfsmitteln sind Minimalmengen an Metallen auf der Faser vorgeschrieben, die analytisch festgestellt werden können (Cu, Hg Sn usw.).

Zur Prüfung der Fixierung, und damit Wirksamkeit der Arigal-Ausrüstung/ *CIBA* werden der Bewuchs und der Erdfaulversuch eingesetzt (Abb. 378, 379). Zur Prüfung der fixierten Menge von Arigal C, die mindestens 95% der Einsatzmenge betragen soll, kann die *Stickstoffbestimmung nach Kjeldahl* eingesetzt werden. Durch Multiplikation des N-Gehaltes mit dem Faktor 2,4 erhält man die aufgelagerte Arigal C-Menge auf der Faser. Da die Arigal-Ausrüstung in nicht vollkommen fixierter Form wasserempfindlich (z. B. gegen Tropfen) ist, kann es vorkommen, daß örtlich nicht ausgerüstete Stellen vorhanden sind. Durch eine Anfärbung mit

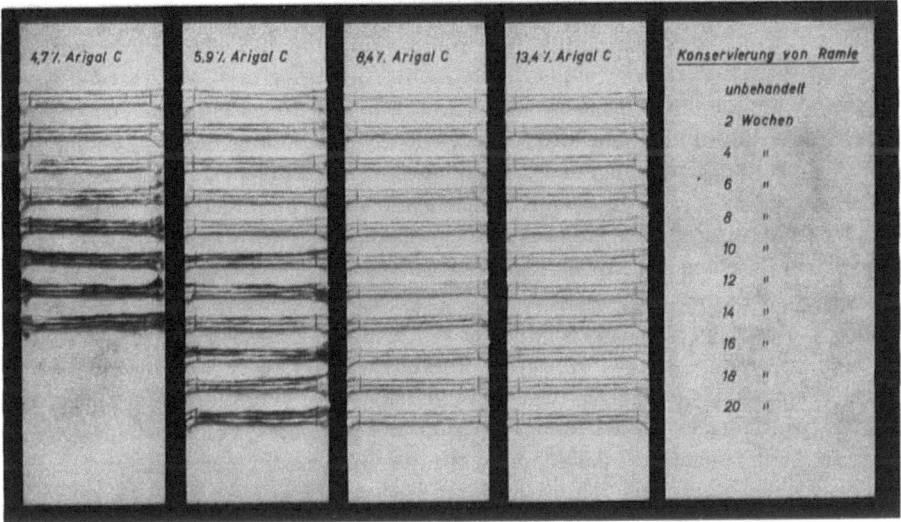

Abb. 378. Wirksamkeit verschiedener Arigal C-Mengen (CIBA) beim Eingrabungstext von Ramie-Garnen

a b
Abb. 379 a u. b. Wirkung von permanenter Arigal C/PMP-Ausrüstung (CIBA)
a) Jutegewebe nach 2 Wochen Eingrabung; b) Jutegewebe mit Arigal C/PMP ausgerüstet nach 6 Wochen Eingrabung

1 g/l Direkthimmelblau grünlich,
1 g/l Pikrinsäure,
1 g/l Soda kalz. (pH 8—8,5)

bei 25 °C während 30 Min. und anschließendem Kaltspülen werden unbehandelte oder ungenügend mit Arigal C versehene Gewebeabschnitte blau und die mit Arigal C fixierten Abschnitte grün angefärbt.

In den letzten Jahren haben in der Textilindustrie **Desodorantien** eine steigende Bedeutung erfahren. Es handelt sich dabei um Produkte, die eine Entwicklung von üblem Schweißgeruch durch Bakterien oder Pilze verhindern. Diese Hilfsmittel werden oft als Produkte mit *bakteriostatischer* und/oder *fungostatischer Wirkung* bezeichnet und vor allem für Wäschetextilien (Strümpfe, Leibwäsche usw.) eingesetzt. Selbstverständlich ist der „aktive Schutz" auch gleichzeitig in der Lage, den gestellten Anforderungen gerecht zu werden. Die dort verwendeten Produkte sind jedoch nicht ganz unbedenklich bzw. toxisch und deshalb für Wäsche nicht aktuell.

Der Verbrauch an Desodorantien in der Körperpflege ist sehr hoch und basiert meist auf der Verwendung von Chlorophill, die in Seifen, Pudern, Mundwässer, Hautcremen usw. eingearbeitet sind. Für die *hygienische Ausrüstung von Textilien* kommen nur Produkte mit sehr guter Waschbeständigkeit in Betracht, die einfach zu applizieren und weder toxisch noch unangenehm riechend sind, den Griff und das Aussehen der Textilie nicht verändern dürfen. Als Permachem (*Permachem*) ist ein Produkt auf dem Markt, welches auf Silberbasis aufgebaut ist. Für die *Sanitized-Ausrüstung* wird von *Sanitized* eine Reihe von Produkten vertrieben, welche für die hygienische Ausrüstung von Textilien, Leder und andere Bekleidung verwendbar sind. Als Sanitized SPG kommt ein kationisches Produkt auf den Markt, welches bei 45 °C mit einem pH-Wert von 4—10 in Mengen von 4—5% auf die Ware gebracht werden kann. Vor der Mitverwendung anderer Hilfsmittel in einbadiger Arbeitsweise sind Vorversuche notwendig. Mytex-Marken (*Schill*) und Wirkstoff R 52 (*Raschig*) dienen dem gleichen Zweck. Auch Germocid (*BASF*) wird für diese Ausrüstung empfohlen. Die Produkte werden hauptsächlich auch gegen *Mykosen* (*Fußpilzerkrankungen*) in der Strumpfindustrie empfohlen, da es sich dabei um sehr widerstandsfähige Pilzsporen handelt, die sehr schnell verbreitet werden. Die Produkte werden auch für die Ausrüstung von Teppichen, Leibwäsche, Handtücher, Dekorationstextilien und Oberbekleidung verwendet. Daneben werden von der chemischen Industrie vor allem gegen die Übertragung von Fußpilzen Desinfektionsmittel angeboten, die im Haushalt und Bädern eingesetzt werden und meist zur Raumhygiene in Sprühdosen oder in wäßerigen Reinigungsflotten eingesetzt werden.

14. Flammhemmende Ausrüstung

Eine Forderung, die von Laien oft an die Textilien gestellt werden, ist die, daß sie *nicht brennbar* sind. Diese Forderung ist, abgesehen von der Verwendung von *Asbest*, der jedoch für eine modische Textilie unbrauchbar ist, nicht erfüllbar. Auch Glasgewebe scheiden aus, sie brennen zwar nicht, sie schmelzen aber bei Annäherung einer Flamme. Bei normal üblichen Textilien ist durch eine Ausrüstung nur ein Effekt erreichbar, der das *Brennen der Textilie ohne oder nach Entfernung der Flamme verhindert*, d. h. das *Nachbrennen* oder *Nachglimmen* ausschließt. Das ist bereits eine sehr hohe Forderung, da die meisten Brandschäden nicht durch die Flamme selbst, sondern durch Gegenstände verursacht werden, die weiterbrennen und dadurch zur Ausbreitung des Brandherdes Anlaß geben. Zu diesen gehören vor allem Textilien. Auch flammfest ausgerüstete Textilien brennen, wenn die Flamme nicht entfernt oder die Textilie mit brennbaren Flüssigkeiten benetzt ist.

Trotz dieser Einschränkungen gibt es eine Anzahl Textilien, die eine flammfeste (flammsichere) Ausrüstung rechtfertigen, wie z. B. *Dekorationsstoffe, Arbeitsanzüge, Tarnnetze, Gardinen, Wagenplanen, Wandbespannungen* usw. Neuerdings werden alle Textilien, die zur Ausstattung von Passagierdampfern verwendet werden, flammfest ausgerüstet, um im Falle eines Brandes einen gewissen Schutz gegen die Ausbreitung des Feuers zu haben.

Aus Tab. 8 ist zu ersehen, daß zwar alle textilen Fasern bei etwa 300 °C verbrennen, Zellulosefasern jedoch wegen ihrer schnellen Verbrennbarkeit vor allem geschützt werden sollten. Daneben stellen diese Fasern z. Z. das Haupt-

Tabelle 8. *Hitzeverhalten trockener Textilfasern. (Die angegebenen Temperaturen beziehen sich auf Trockenhitzeeinwirkung und längerer Einwirkung)*

Faserart	Vergilbung ab	Erweichung ab °C	Schmelzpunkt °C	Zersetzung, Verbrennung bei °C
Baumwolle	120°C	—	—	300°C
Regen. Zellulose	120°C	—	—	200°C
2½ Azetat	—	175—190°C	260°C	verbrennt langsam
Triazetat	—	250°C	300°C	verbrennt langsam
Wolle	120°C	—	—	ab 150°C
Seide	150°C	—	—	ab 210°C
Polyamid-F.	150°C	180—210°C	215—245°C	verbrennt langsam (310°C)
Polyester-F.	150°C	220—240°C	248—260°C	verbrennt langsam
Acryl-F.	145°C	235—250	—	280—330°C
Glas/Asbest	—	815°C		Festigkeitsverlust ab 315°C

kontingent aller Textilfasern, so daß der *Flammschutz* — man spricht auch von *flammfester, flammschützender* oder *schwer entflammbarer Ausrüstung* — hauptsächlich für diese Fasern eingesetzt wird. Ein Großteil der nachstehend angeführten Produkte ist auf synthetischen Fasern unwirksam. In fast allen Fällen ist mit einer Beschwerung und Griffveränderung der Textilien zu rechnen, die vor allem auf Wolle nicht immer angebracht sind.

Seit langer Zeit sind eine Anzahl meist *anorganischer, wasserlöslicher Salze* bekannt, die eine gewisse Flammfestigkeit ergeben, wie z. B. *Ammonsalze (Diammoniumphosphat), Borax, Borsäure, Aluminiumsulfat, Harnstoff-Phosphat-Verbindungen* u. a. Die Anwendungsmengen sind sehr hoch, man klotzt bis zu 200 g/l oder spritzt hochkonzentrierte Lösungen auf die Textilie. Die Salze haben *keinerlei Wasserfestigkeit, blühen aus* (kristallisieren) und sind meist *hygroskopisch*, so daß die behandelten Textilien zumindest in ihrem Griff und auch im Aussehen verändert werden. Man kann die so ausgerüsteten Textilien *nicht ohne Beeinträchtigung des Effekts waschen* und auch die chemische Reinigung vermindert in den meisten Fällen den Effekt, so daß die Ausrüstung nach der Reinigung durch Aufbürsten erneuert werden muß. Verschiedene dieser Produkte wirken im gewissen Maße wasserabstoßend, so daß eine geringe Beständigkeit der Ausrüstung erzielt wird.

Zu diesen Produkten gehören u. a.:

Akaustan A	*BASF*	Flovan FD, PF	*Pfersee*
Flacavon R, PS	*Schill*	Irgapyrol DMW	*Geigy*
Flammentin-Marken	*Quehl*	Protenyl N	*Protex*
Flammschutz AD	*Rotta*	Pyrex AM	*Zschimmer*

Die Produkte werden meist kalt oder warm auf die Waren foulardiert und möglichst bei niedrigen Temperaturen getrocknet. Sie führen bei längerer Lagerzeit oft zur Faserschädigung, sind teilweise hygroskopisch und neigen dadurch zum „Ausblühen", d. h. es zeigen sich kristalline Ausscheidungen an der

Oberfläche. Oft wird auch der Farbton verändert und Weißwaren zeigen Vergilbungen. Der Ammoniumgehalt der Produkte schränkt die Entflammbarkeit, Phosphor das Nachglimmen der Waren ein.

Ebenfalls auf anorganischer Basis beruht das alkalische Ausfällen mit 15%igem Soda- oder Natriumsilikat von auf die Waren geklotzten Antimon- oder Titanoxyd, wobei jedoch letzteres zu starker Faserschädigung führt. Auf Basis von Metalloxyden (Sb_2O_3) bestehen auch Produkte, welche Kunststoffdispersionen enthalten, und entweder unverdünnt oder mit hohen Mengen auf die Ware foulardiert und nach dem Trocknen bei max. 80 °C während 8—10 Min. bei 130 °C kondensiert zu mittel kochwasch- und gut chemisch-reinigungsbeständigen Ausrüstungen führen (z. B. Impranil-Grund FBK/*Bayer* u. a.). Produkte auf Basis von Phosphaten und Kunstharzvorkondensaten, die erst kurz vor der Anwendung gemischt, foulardiert, zwischengetrocknet und anschließend kondensiert werden, ergeben ebenfalls waschbeständige Ausrüstungen, wenn Reaktantharze mitverwendet werden. *Pfersee* empfiehlt ein Foulardieren von

600 m/l Flovan G 1500,
100—150 g/l Knittex-everfit CR (Reaktantharz),

einem Abquetscheffekt von 70—80%, anschließendes Trocknen bei 100 °C und Kondensieren während 4—6 Min. bei 160—140 °C. Eine Nachwäsche mit Ammonkarbonat und Ammoniak entfernt die überschüssige Phosphorsäure, die Faserschwächung verursachen könnte. Auf ähnlicher Basis ist wahrscheinlich auch die Flammfestausrüstung mit Pyrovatex Grund (Phosphorsäure) und Pyrovatex Base (beide *CIBA*) aufgebaut. 100 kg Appreturflotte bestehen aus

10 kg Pyrovatex Base (Melaminharz) gelöst in
20 l heißem Wasser und in
80 kg Pyrovatex Grund eingerührt.

Die Behandlung gleicht der bereits beschriebenen Arbeitsweise. Pyrovatex-Ausrüstungen sind gegen kochendes, alkalisches Waschen jedoch nicht beständig. Ähnlich verhält sich auch Flammentin B, R/*Quehl* und Hydroflamm-Marken/*Protex*.

Nur *Textilien aus Zellulose- und Proteinfasern* lassen sich mit den vorgenannten Salzen bzw. Hilfsmitteln flammfest ausrüsten. Azetatfasern und solche synthetischen Ursprungs können damit nicht ausgerüstet werden, da deren Wasseraufnahmsfähigkeit zu gering ist, um genügend große Mengen dieser Chemikalien aufzunehmen und zu behalten.

In Deutschland wurden vor allem von der Fa. *Quehl* umfangreiche Arbeiten auf diesem Gebiet geleistet und in den verschiedenen *Aflamman-Marken* eine Reihe von Produkten für die Flammfestausrüstung entwickelt, welche den mannigfaltigsten Ansprüchen genügen. Text.-Ing. H. J. REESE dieser Firma hat ausführliche Arbeiten veröffentlicht, in denen die Anforderungen, die an eine derartige Ausrüstung gestellt werden können, aufgeführt sind und aus denen ersichtlich ist, daß diese Forderungen sowohl vom Material der verwendeten Textilie, der Garndrehung, Webeinstellung usw., vor allem jedoch vom gewünschten Effekt, abhängen. Dazu gehören:

der Grad der Flammfestigkeit,
die Beständigkeit der Ausrüstung gegen Wasser, Wäsche, Wetter und chemische Reinigung,

14. Flammhemmende Ausrüstung

der Griff der Textilie,
der Wasserabperleffekt (Hydrophobierung),
die Wasserdruckbeständigkeit,
die Verrottungs- bzw. Schimmelbeständigkeit,
die Reiß- und Scheuerfestigkeit,
die Luftdurchlässigkeit,
der Farbton,
die Beschwerung,
die Infrarotreflexion bei militärischen Zwecken,
die Auswahl des Gewebes, wenn diese nicht vorgeschrieben ist,
die Echtheit der Färbung,
die Beständigkeit gegen Einwirkung besonderer Agenzien wie z. B. Fettlöser, Gase usw.

Aus dieser Aufstellung ist zu entnehmen, daß es einer genauen Prüfung bedarf, um das beste Produkt auszuwählen um allen Anforderungen, welche an die Textilie im Gebrauch gestellt werden, zu erfüllen. Die Fa. *Quehl* hat deshalb über 100 *Aflamman-Marken* auf den Markt gebracht.

Die kochwaschbeständigen Produkte zur Erzielung einer flammfesten Ausrüstung bestehen hauptsächlich aus *chlorierten, organischen Verbindungen (Chlorparaffine) mit Metalloxyden*, meist handelt es sich um *Antimonoxyd*, doch auch antimonfreie Produkte sind im Handel. Da die Schwergewebe meist eine bestimmte Farbe besitzen, verwendet man auch Hilfsmittel, die durch Pigmente gefärbt wurden, damit sich das Gewebe durch die Appretur nicht verfärbt. Einige Aflamman-Marken können gleichzeitig mit verschiedenen Farbstoffen gemeinsam aufgeklotzt werden.

Die Produkte werden meist unverdünnt mit Abquetscheffekten von 65 bis 180% je nach Gewebeschwere auf Zellulosefasern (Baumwolle, regenerierte Zellulosen, Hanf, Leinen, Sisal) foulardiert und anschließend wie üblich bis 120 °C getrocknet. Die Aflamman J-Marken enthalten Hydrophobierungsmittel, die N-Marken können durch eine Nachbeize mit 5—6 °Bé ameisensaurer Tonerde (Aluminiumformiat) oder entsprechenden Einbadhydrophobierungsmitteln (z. B. Aflafin-Marken/*Quehl*) zusätzlich hydrophobiert werden. Eine Reihe der Produkte enthalten Zusätze von Konservierungsmitteln und auch Pigmente zur Anfärbung der Textilien. Die Hilfsmittel können im Bedarfsfall auch mit Wasser oder organischen Lösungsmitteln verdünnt verwendet werden. Auf ähnlicher Basis dürften auch die Imprägnol-Flammfest-Marken/*Pfersee*, Rucon-flammfest-Marken/*Rudolf* und Flacavon-Marken/*Schill* aufgebaut sein.

Als Nopyron-H-Marken/*Hoechst* kommen lösungsmittelhaltige, pigmentierte Flamm- und Fäulnisfest-Ausrüstungsmittel auf den Markt, die mit aromatischen oder chlorierten, aliphatischen Kohlenwasserstoffen 1:1—1:2 verdünnt foulardiert werden; die HW-Marken können auch mit Wasser weiter verdünnt werden. Zur Verbesserung der hydrophoben Effekte wird, wie bereits angegeben, mit ameisensaurer Tonerde nachgebeizt, wobei eine Zwischentrocknung vorteilhaft ist. Die H-Marken müssen mit einer Trockenauflage von 50—60% und bei den HW-Marken 30% appliziert werden. Die Produkte werden hauptsächlich für Schwergewebe-Ausrüstung von Zelt- und Wagenplanen, Persennings, Markisen, Arbeitskleidung aus Zellulosefasern, die H-Marken auch für synthetische Gewebe eingesetzt. Die mit den Nopyron-Marken erhältlichen Ausrüstungen sind wetter- und waschfest sowie lichtecht.

Wasch-, wasser- und wetterechte Flammfest-Ausrüstungen werden auch mit einer Reihe von metallsalzfreien Kondensationsprodukten erreicht, die auf Basis von Tris(1-aziridinyl)phosphinoxyd (*APO*) oder -sulfid (*APS*), Triallylphosphate (*BAP*) polymere, aminierte, alkoxylierte Derivate des Phosphornitrilchlorids (z. B. Flaminul PN/*Francolor*) Phosphoniumderivate, z. B. Tetrakis-hydroxy-methyl-phosphoniumchlorid (*THPC*), das als *Proban-Verfahren* bekannt wurde, erreicht. Dabei werden die Produkte mit entsprechenden Katalysatoren, evtl. auch Kunstharzvorkondensaten mit einer Trockenauflage von 15—30% foulardiert, getrocknet und anschließend die Polymerisation durch Trockenhitzebehandlung eingeleitet. Einige Ausrüstungen ergeben, wie auch bei der Hochveredlung, Reißfestigkeitsverluste bis 50%, Vergilbung und sind teilweise in der Anwendung nicht unbedenklich. Durch *Alkylierung* (z. B. Veräthern mit Chlormethyl-phosphorsäure) der Zellulose ist ebenfalls eine gut beständige Ausrüstung erhältlich.

Die Flammfestausrüstung hat vielfach militärischen Charakter (Tarnnetze usw.) und unterliegt damit Geheimhaltungsbestimmungen, die oft die Veröffentlichung besonderer Arbeiten auf diesem Gebiet verhindern. Für die Prüfung der Schwerentflammbarkeit sind die DIN-Vorschriften 53 906, 53 907 und 53 382 maßgeblich, mit denen die

> Entflammbarkeit,
> Brennzeit und
> Nachglimmzeit

gemessen werden, wobei die Zeit festgestellt wird, bis das Gewebe durch Annäherung der Flamme eines Bunsenbrenners brennt, wie lange das Gewebe nach Entfernen des Brenners brennt und wie lange das Gewebe glimmt, nachdem die Flamme entfernt oder gelöscht wurde. Häufig wird auch durch Belastung der Einreißwert (*Elmendorf*) an den von der Flamme ausgebrannten Stellen in Zentimeter gemessen. Abperleffekt, Wasserdruck usw. werden nach den sonst üblichen Testen geprüft.

15. Hydrophobieren

Unter Hydrophobieren versteht man eine Ausrüstung, bei der die Textilie durch besondere Hilfsmittel *wasserabstoßend* gemacht wird. Früher machte man Unterschiede zwischen einer *luftdurchlässigen und wasserabstoßenden Ausrüstung*, die allgemein als *Imprägnieren* bezeichnet wurde, und einer sog. *wasserdichten Ausrüstung*. Der Ausdruck Imprägnieren wird heute für die Applikation sämtlicher Appretur- oder anderer Flotten gebraucht und man hat die waschechte und nicht waschbeständige Ausrüstung unter dem Ausdruck Hydrophobieren zusammengefaßt, wobei es sich immer um eine *luftdurchlässige Ausrüstung* und *nicht um eine Beschichtung* handelt, die sämtliche Poren des Gewebes schließt.

Von Natur aus sind alle Fasern mehr oder weniger *hydrophil*, d. h. sie saugen Feuchtigkeit auf und benetzen sich mehr oder weniger schnell. Vor allem gilt dies für Faserstoffe, denen der natürliche Fettgehalt — bei Wolle das Wollfett, bei Baumwolle das Baumwollwachs — entzogen wurde.

15. Hydrophobieren

Durch Hydrophobieren soll erreicht werden, daß die *Wasseraufnahme* (W) z. B. durch Beregnen möglichst wenige % beträgt, ebenso soll der *Quellwert* möglichst geringe Werte zeigen. In Abb. 380 werden diese Angaben für die

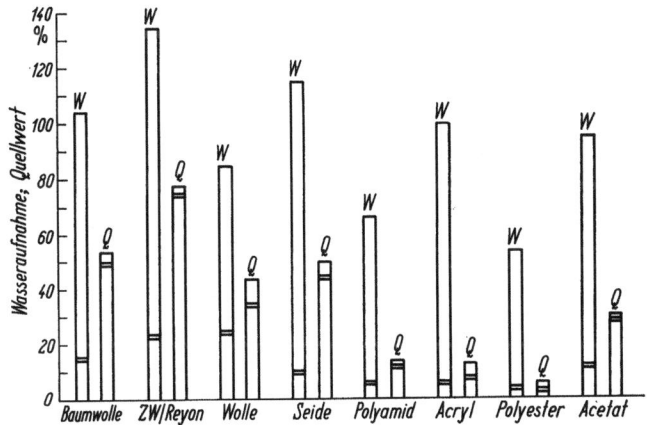

Abb. 380. Beziehungen zwischen Quellwert und Wasseraufnahme nicht- und hydrophobierten Textilien
(Text.-Ing. W. Krause/*Bayer*)
W Wasseraufnahme; *Q* Quellwert; ⊟ hydrophobiert

wichtigsten Faserstoffe angeführt. Unter Quellwert (Q) versteht man die perzentuelle Wasseraufnahme, die nach gründlichem Schleudern (Zentrifugieren) in der Faser bleibt und überwiegend der Faserquellung dient. Eine Bewertung von hydrophob-ausgerüsteten Textilien hängt von

    niedriger Wasseraufnahme,
    geringen Quellwert,
    elastischen, geschlossenen hydrophoben Faserfilm,
    möglichst großem Randwinkel und der
    Permanenz der Ausrüstung

ab. Unter dem *Randwinkel* versteht man den Winkel, den ein Wassertropfen auf der Ware zeigt (Abb. 381) und der über die erhöhte Oberflächenspannung hydrophobierter Textilien vergrößert wird.

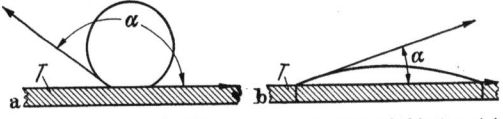

Abb. 381 a u. b. Randwinkel (α) bei hydrophobierten (a) und nichthydrophobierten (b) Textilbahnen (*T*)

Daneben wird auch die Kapillarität der Fasern herabgesetzt und damit auch deren Quellwert vermindert. Die Hydrophobierung wird jedoch verschlechtert, wenn der Faser auch die hygroskopische Feuchtigkeit (Reprise, S. 105) entzogen wird.

Die einfachste, jedoch kaum mehr verwendete Art, Gewebe wasserabstoßend zu machen, besteht im *Bestreichen mit Wachsen*. Man bestreicht die Gewebeoberfläche mit einer Mischung von *Paraffin, Bienenwachs und Stearin*, die man durch Zusammenschmelzen erhält. Man kann diese Wachse von Hand aus oder maschinell auf die Ware streichen. Eine weitere Möglichkeit besteht darin, *geschmolzenes Paraffin zu verstäuben* und die Gewebe durch den Paraffinnebel zu führen und anschließend das Paraffin auf Zylindertrockenmaschinen oder durch Kalandern zum Schmelzen zu bringen und zum Aufsaugen durch das Gewebe zu zwingen. Ein Imprägnieren mit in Fettlösern gelöstem Paraffin oder Wachs, wobei man den chlorierten Kohlenwasserstoffen als Lösungsmittel den Vorzug gibt, da sie unbrennbar sind, wird vor allem in der chemischen Reinigung verwendet. Neben Paraffin können auch Mischungen mit Bienenwachs oder Japanwachs bzw. anderen Wachsen eingesetzt werden.

Verschiedene Firmen bringen derartige, auf Paraffin und organische Metallkomplexe aufgebaute Hydrophobierungsmittel auf den Markt, die in chlorierten Kohlenwasserstoffen löslich sind und für die bereits geschilderten Verfahren eingesetzt werden können. Es handelt sich dabei um *Trockenhydrophobierungsmittel*, da sie nicht in Wasser emulgiert oder gelöst werden können. Man arbeitet je nach Stärke des Gewebes und verlangtem Effekt mit 20—100 g/l der Produkte, gelöst in chlorierten Kohlenwasserstoffen, seltener in Benzin.

Contraqua L 70, L 80	*Quehl*	Ombrophol TR	*Sandoz*
Estarfin CL, BE	*Stockhausen*	Ramasit LC	*BASF*
Imprägnol TWE, TRK	*Pfersee*	Soluphob-Marken	*Hoechst* u. a.
Migatex-Marken	*CIBA*		

Die Produkte können auch auf dem Foulard (gute Absaugung!) mit 2—6% Trockenauflage der 100%igen Produkte in Fettlösern appliziert werden.

Die Trockenhydrophobierungsmittel haben ihre Verwendung in der *chemischen Reinigung von fertigen Kleidungsstücken* gefunden und ersparen einen anschließenden Naßprozeß, der durch das dann notwendige Trocknen die Hydrophobierung verteuert. Man arbeitet meist mit den Hilfsmitteln nach der Trockenreinigung auf frischem Lösungsmittelbad. Muß das Kleidungsstück wegen starker örtlicher Verschmutzung naß nachgereinigt werden, arbeitet man billiger mit den noch zu schildernden Einbad-Hydrophobierungsmitteln.

Eine weitere Möglichkeit, *direkt mit Fettstoffen eine Hydrophobierung* zu erhalten, besteht darin, daß man Kettgarne aus Viskose- oder Azetatreyon, welche zur Herstellung von *Schirmstoffen* Verwendung finden, in einer Lösung von hellem, gut *geblasenem (voroxydiertem) Leinöl*, welchem man als Sikkativ 0,5% *Bleimangan* zugesetzt hat, in Mengen von *200—300 g/l* Leichtbenzin löst und die Garne darin imprägniert, in Tüchern zentrifugiert, ausschlägt und bei 40—50 °C mindestens 40 Std. trocknet, wobei sich ein Überzug von wasserunlöslichem *Leinölfirnis* bildet. Die Schußgarne des Gewebes werden meist mit einem Paraffin-Tonerde-Einbad-Hydrophobierungsmittel behandelt und anschließend verwebt.

Eine ähnliche Hydrophobierung erhält man durch Imprägnieren der Garne mit einer *Leinölemulsion*, die durch Einrühren von (evtl. voroxydiertem) Leinöl in eine Lösung von 5% Nekal AEM (Emulgator/*BASF*) mit der dreifachen Menge heißen Wassers hergestellt wird. Die Arbeitsweise gleicht der vorher genannten. Die so erhaltenen Textilien bezeichnet man als *Ölseiden*, welche hauptsächlich in der Schirmindustrie Verwendung finden.

Durch Foulardieren der Gewebe in Lösungen von *essigsaurer oder ameisensaurer Tonerde* von 3—8 °Bé und anschließendem Trocknen bilden sich auf der Faser *basische Azetate*, die der Textilie einen guten Abperleffekt geben. Die so erzielte Hydrophobierung wird jedoch durch mechanische Beanspruchung schnell von der Faser abgerieben, so daß sie heute kaum üblich ist. Da die technischen Aluminiumazetate oft durch Sulfate verunreinigt sind und durch scharfes

Trocknen zu Faserschädigung führen, sind von einigen Firmen *Aluminiumtriazetate* oder *-formiate* in den Handel gebracht worden (z. B. Altriform CFD/ Zschimmer), die diesen Übelstand nicht zeigen und sowohl in der beschriebenen Weise wie auch als Teil einer Zweibad-Hydrophobierung Verwendung finden. Auch *Tonalon G* der *BASF*, eine *kolloidal wasserlösliche Tonerde* mit 39% Aluminiumoxydgehalt (Al_2O_3) wird als Einbad-, besser jedoch als Teil eines Zweibad-Hydrophobierungsverfahrens verwendet.

Zwei- und Mehrbadverfahren. Diese klassischen Verfahren beruhen darauf, daß man auf der Ware eine *wasserunlösliche Metallseife* erzeugt, die wasserabstoßend und damit hydrophobierend wirkt. Obwohl die Produkte wasserunlöslich sind, widerstehen sie einer Wäsche mit Seife, Soda oder anderen Waschmitteln nicht, da sie von der Faser heruntoremulgiert bzw. -dispergiert werden. Dasselbe gilt auch für die chemische Reinigung, nach der ebenfalls eine neuerliche Hydrophobierung vorgenommen werden muß, da die verwendeten Fettlöser die Metallseifen ablösen.

Bei der *Zweibadmethode* wird entweder vorher in einer Lösung von *5—15 g/l Kernseife*, möglichst mehrmals zur besseren Durchnetzung bei 50 °C foulardiert und anschließend ohne Zwischentrocknung oder mit dieser in einem weiteren, evtl. mehrmaligen Foulardieren mit einer Lösung von 3—6 °Bé Aluminiumazetat die unlösliche Aluminiumseife erzeugt. Zur gleichmäßigen Durchdringung der Ware ist ein Zylindertrocknen nach der Imprägnierung zweckmäßig. In Sonderfällen ist auch der umgekehrte Weg — zuerst Foulardieren von Aluminiumsalzlösung und anschließende Behandlung in einem Seifenbad — möglich. Um einen Überschuß an Seife zu vermeiden, ist es zweckmäßig, nach dem Seifenbad nochmals mit Lösungen von 1—3 °Bé essig- oder ameisensaurer Tonerde zu foulardieren. Durch *Zwischentrocknung* werden die Effekte, ebenso wie durch das Dreibadverfahren, erhöht, jedoch sind die Methoden teurer.

Die geschilderten Verfahren haben als Hydrophobierung für normale Ware, wie Regenmantelstoffe aus Zellulosefasern und Wolle, an Bedeutung verloren, da dieselben Effekte durch Einbad-Hydrophobierung zu erreichen sind. Sie haben jedoch in der *Schwerimprägnierung* ihre Stellung behauptet. Es handelt sich dabei um Gewebe, die als *Zeltbahnen, Segeltuche, Verdeckstoffe* usw. meist aus Leinen, Baumwolle oder deren Mischungen hergestellt werden. Man will bei diesen Waren die *Gewebeporen schließen* und benötigt die *Hydrophobierung gleichzeitig mit Füllappreturen*. Durch das *Mehrbadverfahren* ist es möglich, weit größere Mengen an Füllmitteln als bei den Einbadverfahren auf die Ware zu bringen. Bei Schwergeweben ist eine Zwischentrocknung üblich, um die Saugfähigkeit der Gewebe für weiteres Foulardieren zu erneuern. Man trocknet allerdings nicht auf der Zylindertrockenmaschine, sondern meist in der Hotflue oder der Hänge, um die Gewebeoberfläche nicht zu glätten, was zur Herabsetzung der Saugfähigkeit bei der Applikation der folgenden Lösungen führen würde.

Die Arbeitsweise einer Schwerappretur hat ungefähr folgendes Schema:
Foulardieren mit einer Emulsion aus

    20— 50 g/l Seife
    30— 60 g/l Leimlösung oder Kunstharzemulsion
    50—100 g/l Paraffin oder Appreturwachs

Die einzelnen Produkte werden in der angegebenen Reihenfolge dem Bade möglichst heiß unter raschem Rühren zugegeben, und die Ware mindestens zweimal bei 40 °C foulardiert, auf der Hänge zwischengetrocknet und anschließend ebenfalls zweimal in einem Bad von 100 g/l Aluminiumtriformiat bei 60 °C foulardiert. Anschließend wird entweder direkt auf der Zylindertrockenmaschine oder nach Vortrocknen auf der Hänge auf dem Zylinder fertiggetrocknet. Nun wird kalandriert, wobei sich die Gewebeporen endgültig schließen.

Beispiel einer *Schwerimprägnierung für Segeltuche*:

1. Bad   600—900 ccm/l Aluminiumazetatlösung von 8 °Bé
                20 g/l Chromazetat (Antisepticum)
2. Bad   20—50 g/l Kartoffelstärke verkleistert
                10—30 g/l Knochenleim gesondert gelöst
                30—50 gl/ Kaolin (China-clay) zugerührt
                6—10 g/l Chromgrün, gesondert gelöst
                10—25 g/l Kernseife gelöst zugesetzt
                5—10 g/l Paraffin geschmolzen, eingerührt
                10—20 g/l Paraffinöl (Mineralöl) und
                5—10 g/l Stearin eingerührt
3. Bad   wie das 1. Bad

Das Gewebe wird mindestens in jedem Bad zweimal bei 70—100 °C foulardiert, wobei ein Abquetscheffekt von 100% als Höchstwert gelten muß. Anschließend wird auf 30—50% Restfeuchtigkeit auf der Hänge zwischen- und auf dem Zylinder fertiggetrocknet und kalandert.

Neben dem angegebenen Rezept wird eine große Anzahl von Appreturen mit den verschiedensten Füllmitteln eingesetzt. Daneben werden auch Hydrophobierungsmittel mit Antiseptika und nicht entflammbaren Zusätzen verwendet. Durch *Beschichten* erreicht man *absolut wasserdichte Gewebe*, die allerdings *nicht luftdurchlässig* sind. Schwerimprägnierungen setzen ebenfalls teilweise die Luftdurchlässigkeit herab.

Einbad-Hydrophobierungsmittel. Die chemische Industrie bringt heute eine Reihe dieser Hydrophobierungsmittel auf den Markt, deren Anwendung einfach und deren Effekte den einfachen Zweibad-Hydrophobierungen mindestens gleichkommen. Im Prinzip sind es *Paraffin oder andere Wachse, die mit Leim als Schutzkolloid oder einem anderen Emulgator emulgiert werden. Zusätze an essigsaurer oder ameisensaurer Tonerde ergeben den wasserabstoßenden, jedoch nicht waschechten Effekt.* Die ungefähre Zusammensetzung dieser Hilfsmittel ist meist folgende:

         30 Teile Paraffin
         15 Teile Leim oder ein anderer Emulgator
         50 Teile Wasser
         15 Teile Aluminiumazetat Pulver

Vor dem Zusatz des Aluminiumsalzes wird die Emulsion bei 50 °C homogenisiert. Einbad-Hydrophobierungsmittel werden für *Zellulosefasern*, *Wolle* und dern Mischungen verwendet. Man arbeitet auf dem Foulard mit Zusätzen von 20—100 g/l und im Vollbad mit 10—30 g/l. Wollgewebe oder Garne können im Vollbad nach dem *Ausziehverfahren* hydrophobiert werden. Die Hilfsmittel ziehen bei diesem Verfahren auf Grund der negativ geladenen Proteinfasern substantiv auf die Faser, was sich durch abnehmende Trübung der Behandlungsbäder, in denen man mit einer Anfangskonzentration von 2—6% (auf Trockenware) arbeitet, anzeigt. Zur besseren Erschöpfung muß das Bad, besonders bei Verwendung von hartem Wasser, durch Zugabe von Essig- oder Ameisensäure auf pH 4—5 eingestellt werden, bei Wolle ist bei 30—40 °C im Vollbad durch eine etwa 30 Min. währende Behandlung ein gutes Ausziehen der Bäder üblich. Ein nachträgliches scharfes Trocknen bis max. 110 °C fördert die Effekte.

Anthydrin-Marken	*Zschimmer*	Imprägnierung W	*Baur*
Aperlan	*Grünau*	Imprägnol CR, CS, M-Mar-	
Apranal H 50	*Düren*	ken	*Pfersee*
Aquaperle G	*Francolor*	Migasol P-Marken	*CIBA*
Aquaphobol HC, LV, SM, VD		Paralin N, L	*Rotta*
	Protex	Paramerpin	*Kempen*
Aridex WP, L	*Dupont*	Pluvion OL	*Böhme*
Aversin T	*Fettchemie*	Ramasit K-Marken	*BASF*
Cerol T, TFS	*Sandoz*	Stralin-Marken	*Weserland*
Contraqua D 34, EN	*Quehl*	Terafin PB	*Rudolf*
Dipsanil V	*ICI*	Trocklin S	*R. Baumheier*
Estarfin FL, N	*Stockhausen*	u. a.	
Evoral-Marken	*Schill*		
Hydrophobol BWF, WD, WF	*Pfersee*		

Die Einbad-Hydrophobierungsmittel lassen sich auch gemeinsam mit Steifungsmitteln der verschiedensten Art, Vorkondensaten der Hochveredlung u. a. verwenden. Die gemeinsame Verwendung von hydrophilen Hilfsmitteln, wie Netz- und Waschmittel, Weichmachern, Seife usw. mit den Hydrophobierungsmitteln setzt deren wasserabstoßende Wirkung herab. Das gilt auch für Reste von derartigen Produkten, die von vorhergehenden Veredlungsgängen auf der Ware verblieben sind. Die Ware sollte daher vor dem Hydrophobieren in *einwandfrei sauberem Zustand* sein. Die hydrophobierte und getrocknete Ware soll möglichst 24 Std. die ihr eigene Feuchtigkeit aufnehmen können, bevor man die Effekte prüft bzw. bevor man die Textilie verwendet. Für das Hydrophobieren von fertigen Kleidungsstücken nach der chemischen Reinigung ist das Arbeiten mit diesen Einbad-Hydrophobierungsmitteln ebenfalls möglich, wenn man nicht die wasserunlöslichen, jedoch in Fettlösern löslichen Produkte vorzieht.

Einbad-Hydrophobierungsmittel mit Zirkonsalzzusatz. Zirkonsalze sind besser als Aluminiumsalze in der Lage, durch *Brückenbildung mit der Faser* Paraffine und Wachse bedingt waschecht an die Faser zu binden, so daß diese Hydrophobierungen *mehrere Haushaltswäschen ohne besondere Beeinträchtigung des Effektes* überstehen.

Man arbeitet entweder mit 2 Produkten, deren Lösungen bzw. Emulsionen man kurz vor der Verwendung zusammengießt, wobei die eine Komponente die Paraffinemulsion und die zweite die Zirkonsalzlösung ist. Heute kommen die Produkte gemischt vom Hersteller in den Handel. Alle Produkte müssen, wie auch die bereits beschriebenen Einbad-Hydrophobierungsmittel, bei einem *pH-Wert von 4* verwendet werden, der durch Zugabe von Essigsäure, evtl. unter Zusatz von Natriumazetat als Puffer, eingestellt wird. Durch hartes Wasser werden die Emulsionen beeinträchtigt, vor allem ergeben sich Fällungen bei Vorhandensein von Sulfathärte, die man durch Zusatz von 0,08 g/l Bariumchlorid je 1 Grad

Sulfathärte, gemessen in deutschen Härtegraden, vorher eliminieren muß. Man arbeitet beim Foulardieren mit 20—50 g/l der Paraffinemulsion, die man durch Übergießen mit heißem Wasser löst und nach Abkühlen auf 80 °C in die bei 80 °C gelösten Zirkonsalze, die meist in Mengen von 10 g/l verwendet werden, eingießt. Ein Zusatz von 5 ml/l 60%iger Essigsäure und 8 g/l Natriumazetat krist. zu der auf 40 °C abgekühlten Stammlösung, bevor man durch weiteres Verdünnen mit Wasser auf die Gebrauchskonzentration einstellt, sorgt für den verlangten pH-Wert von 4—5. Die so hergestellte Lösung eignet sich zum Hydrophobieren von Textilien aus *Zellulosefasern* auf dem Foulard.

Um Wolltextilien zu behandeln, verwendet man das Ausziehverfahren, wobei man unter den bereits genannten Bedingungn den Stammansatz mit Mengen von 3—5 g/l der Paraffinemulsion und 1,5—3 g/l Zirkonsalzen auf der Haspelkufe, Strang- oder Breitwaschmaschine oder dem Brennbock im Vollbad bei 20—30 °C innerhalb von 45—60 Min. hydrophobiert. Es ist vorteilhaft, nach einer alkalischen Wäsche die Stücke durch Vorlaufen in Essigsäure auf einen pH-Wert von 4 einzustellen und dann erst die Produkte dem Bade portionsweise zuzusetzen. Ein nachfolgendes Trocknen bei Temperaturen von über 100 °C ist für den Ausfall der Effekte empfehlenswert.

Produkte, die sowohl Paraffin als auch Zirkonsalze enthalten, sind u. a.:

Apranal H 88, H 100	*Düren*	Perlit A, AC	*Bayer*
Cerol Z	*Sandoz*	Persistol extra	*BASF*
Estarfin ZR	*Stockhausen*	Pluvion B-Marken	*Böhme*
Hydrophobol Z-Marken	*Pfersee*	Rotal-Super	*Rotta*
Hydrophobierung Z	*Baur*	Terafin KB, ZWN	*Rudolf*
Imprägnierung C	*Baur*	Tocklin SWF	*R. Baumheier*
Netumid HS	*Zschimmer*	Zirkomerpin	*Kempen*

Alle Hydrophobierungen mit den vorstehend beschriebenen Produkten sind begrenzt wasser- und waschecht. Es wurden daher verschiedene Hilfsmittel entwickelt, deren *Waschechtheit besser* ist und bis zu *permanent-waschechten* Effekten reicht. Zu den besser waschechten bis *permanent-waschechten* Hilfsmitteln gehören Produkte auf Basis von

Chromstearylchlorid,
Pyridiniumverbindungen,
Hydrophobierungskunststoffe,
Veresterung der Fasern mit Isocyanaten und
Silikon-Hydrophobierungsmittel.

Die genannten Hilfsmittel haben sich noch nicht in dem Maße eingeführt wie die Einbad-Hydrophobierungsmittel, da die nach einer Wäsche erneut notwendige Hydrophobierung nach der Einbadmethode auf Grund ihrer Billigkeit und Einfachheit keine besonderen Schwierigkeiten bereitet und oft auch im Haushalt durchgeführt wird.

Eine besondere Klasse der Hydrophobierungsmittel sind diejenigen, die auf Basis von **Chromstearylchlorid** in Isopropylalkohol aufgebaut sind. Sie haben *kationische Eigenschaften* und stellen eine wäßrige, alkoholische Emulsion dar, welche bereits in geringen Mengen — bei Zellulosefasern 20 g/l, bei Wolle genügen 4—8 g/l nach dem Ausziehverfahren — einen guten Hydrophobierungseffekt von *beträchtlicher Wasch- und Trockenreinigungsechtheit* ergeben. Nachteilig ist der auch in Verdünnungen und damit auf der Ware sichtbare Grünton dieser Produkte und die Feuergefährlichkeit des Stammproduktes sowie die *Empfindlichkeit gegen Alkali, Sulfate, Phosphate und Azetate*, die eine Fällung verursachen.

Man löst z. B. Ombrophob C/*Sandoz* in kaltem oder lauwarmem Wasser und kann damit sofort die Wolle bzw. Synthesefasern behandeln, da diesen ein pH-Wert von 2,5 nicht schadet. Bei Zellulosefasern muß mit einer Pufferlösung von

    165 g/l Harnstoff
    50 g/l Natriumformiat
    2 g/l Ameisensäure

die Ombrophob-Lösung auf pH 3,5 eingestellt werden. Die Pufferlösung darf erst der auf mindestens 40 °C abgekühlten Hydrophobierungslösung zugesetzt werden. An Stelle der genannten Pufferlösung kann auch mit 1% der verwendeten Ombrophobmenge 12%ige Tetramethylentetramin- (Urotropin-) Lösung zugesetzt werden, wobei eine bessere Stabilität der Bäder erreicht wird. Nach dem Imprägnieren auf dem Foulard oder nach dem Ausziehverfahren wird abgequetscht, getrocknet und bei mindestens 110—130 °C während 5—3 Min. *kondensiert*. Ist ein Kondensieren nicht möglich, wird Ombrophob C in Wasser von 90—95 °C, am besten unter der Flotte, unter ständigem Rühren eingetragen, auf 40 °C abgekühlt und die angegebenen Puffer zugesetzt und wie üblich imprägniert. Ein normales Trocknen ergibt gute, jedoch nicht so gute, waschbeständige Effekte wie das Kondensieren. Auf Grund der geringen Anwendungsmengen haben diese Produkte gerade für gefärbte Wolle (Loden usw.) besondere Bedeutung erlangt.

Aquaphobol SCR	*Protex*	Phobotex CR	*CIBA*
Hydrophobol L 1300	*Pfersee*	Quilon	*Dupont*
Ombrophob C	*Sandoz*	Quintolan W	*ICI*
Perlit DW	*Bayer*	Rucon-hydrophob CHR	*Rudolf*
Perloryl G	*Francolor*		

Pyridin-Hydrophobierungsmittel werden durch *Veräthern von Pyridin mit Fettsäure* (z. B. Stearinsäure) hergestellt. Die Produkte werden nur zur Hydrophobierung von Zellulosetextilien eingesetzt und ziehen als kationische Hilfsmittel substantiv auf die Faser. Man arbeitet auf dem Foulard mit Einsatzmengen von 10—60 g/l dieser Produkte unter Zusatz von 2—4 ccm/l Essigsäure und 5—10 g/l Natriumazetat bei 40—50 °C und trocknet die Ware. Anschließend wird 10—5 Min. bei 110 bis 150 °C kondensiert.

Die Effekte sind *waschecht* und auch *gegen eine Trockenreinigung* beständig. Sie geben der Ware ohne Kondensation einen guten *Avivageeffekt* und sind so als *Weichmacher* gebräuchlich. Gegen Alkalien sind sie empfindlich. Die Lagerbeständigkeit der Produkte beträgt max. 6 Monate.

Cerol WB	*Sandoz*	Velan PF	*ICI*
Perloryl OL, AN	*Francolor*	Zelan AP Paste	*Dupont* u. a.
Primenit VS	*Hoechst*		

Die Hydrophobierung mit **Kunststoffvorkondensaten** ist in der Anwendungsweise der Hochveredlung gleich, doch verwendet man dabei *Vorkondensate*, die mit *Fettsäuren modifiziert* sind. Die Produkte haben nur geringere Bedeutung erlangt, da man die normalen Vorkondensate der Hochveredlung mit den vorher genannten Hydrophobierungsmitteln in den meisten Fällen kombinieren kann. Die Arbeitsweise für Zellulosefasern und synthetische Fasern — für Wolle eignen sich die Produkte weniger — ist folgende: Man foulardiert in üblicher Weise mit Mengen von

50—150 g/l des Vorkondensates
10— 15 g/l eines Katalysators (Ammonsalze, Aluminiumsulfat u. a.)

Anschließend wird getrocknet und, wie für die Hochveredlung üblich, 10 bis 3 Min. bei 120—160 °C kondensiert. Eine Nachwäsche ist vorteilhaft, jedoch nicht unbedingt erforderlich.

Die so hergestellten Appreturen weisen neben der waschfesten *Hydrophobierung* eine gewisse *Knitterarmut* auf, die durch weitere Zusätze an Hochveredlungs-Vorkondensaten verstärkt werden kann. Außerdem ist durch Zusatz anderer Hilfsmittel wie bei der Hochveredlung (S. 340) eine *Griffbeeinflussung nach verschiedenen Richtungen* möglich (Steifheit, Weichheit usw.).

Apranal H 200	Düren	Qucophob KT 9, TR, T 1	Quehl
Persistol HP	BASF	Rotalverfahren	Rotta
Phobotex F-Marken	CIBA	Rucon hydrophob	Rudolf

Durch **Veresterung der Zellulose mit Isozyanaten** erhält man ebenfalls eine *waschechte und trockenreinigungsechte Hydrophobierung*. Die Produkte werden meist auf Zellulosefasern (außer Sekundäracetat) verwendet und werden entweder aus 2 Komponenten, einer Wachsemulsion, Kunststoff, Metallhydroxid (Perlit CN/*Bayer*) und einem Kunstharzvorkondensat (Perlit CN-Salz/*Bayer*) bzw. als Einstoffprodukt (Perlit A/*Bayer*) appliziert. Bei Verwendung von Perlit CN werden 80—100 g/l kalt gelöst und 15—20 g/l Perlit CN-Salz, in wenig Wasser gelöst, zugesetzt. Zur pH-Einstellung (4—4,5) werden 10 ml/l Essigsäure 60%ig verdünnt nachgegeben. Nun wird kalt — nicht über 50 °C — foulardiert, getrocknet und 4—3 Min. bei 140—150 °C kondensiert. Perlit A/*Bayer* wird bei pH 4 mit 70—80 g/l foulardiert und wie für CN beschrieben, weiter behandelt. Das Produkt kann auch im Ausziehverfahren auf Zellulosefasern und Wolle mit Einsatzmengen von 3—7% appliziert werden. Zum besseren Ausziehen wird die Temperatur während 30—60 Min. auf 45—65 °C gesteigert. Der pH-Wert soll nicht über 4 liegen. Eine besondere Kondensation bei Verwendung von Perlit A ist nicht notwendig, doch sind Trockentemperaturen von 110—140 °C (nicht höher) für die Permanenz der Effekte vorteilhaft.

In den letzten Jahren haben **Silikone** als Hydrophobierungsmittel eine sehr große Bedeutung erlangt. Es handelt sich dabei um Polysiloxane, die bereits in polymerer Form (Silikonöl) als Emulsionen eingesetzt werden. Die Produkte müssen zur Erzielung eines ausreichenden Hydrophobierungseffektes einer nachträglichen Hitzebehandlung unterzogen werden, die entweder zur Unwirksamkeit der eingesetzten Emulgatoren, Vernetzung der Produkte unter Wasserstoffabspaltung oder auch zur Kondensation zugesetzter Vernetzer auf Kunststoffbasis bzw. auch mehrerer Reaktionen nebeneinander führen. Obwohl es möglich ist, Silikone aus organischen Lösungsmitteln zu applizieren, kommt diese Art in der Textilveredlung nicht und in der chemischen Reinigung nur sehr eingeschränkt zur Anwendung, da die Produkte sehr stark schäumen.

Die Produkte verlangen eine außerordentlich *gute Vorwäsche* aller damit zu behandelnden Textilien, wenn nicht eine Herabsetzung der Effekte und/oder

Fleckenbildung auftreten soll. Zur Vorwäsche wurden von einigen Firmen besondere Waschmittel entwickelt. Es sollen dafür in allen Fällen nur anionische und keine nichtionogenen Produkte eingesetzt werden und die Ware vor dem Hydrophobieren unbedingt auf einen pH-Wert von 4—4,5 gebracht werden. Alkalireste, Verschmutzungen, Reste von Hilfsmitteln auf Walzen usw. führen ebenfalls zu Fleckenbildung. Beim Ansetzen der Gebrauchslösungen ist stets sulfatfreies, saures Wasser (pH 4,5) zu verwenden. Polysiloxane (HMPS = Hydrogenmethylpolysiloxane) spalten während des Lagerns Wasserstoff ab und müssen deshalb in Gefäßen gelagert werden, welche das Abströmen des Gases erlauben. Die Produkte sind frostempfindlich. Viele Silikonhilfsmittel haben nur eine Lagerbeständigkeit bis zu 3 Monaten und müssen vor Verschmutzung, vor allem durch Einbringen von Alkali, geschützt werden, da sie nur in saurer Form lagerfähig sind.

Silikon-Hydrophobierungsmittel ergeben bei ordnungsmäßiger Verwendung gute Effekte, die kochwaschbeständig und auch gegenüber einer chemischen Reinigung, mit Lösungsmitteln allein, widerstandsfähig sind; sie werden jedoch bei Verwendung von *Reinigungsverstärkern* in den organischen Lösungsmitteln abgelöst, was ihrem universellen Einsatz hinderlich ist. Die Produkte werden allein zur Hydrophobierung eingesetzt und ergeben daneben eine sehr glatte, teilweise auch füllige Ware mit einem sehr guten Warengriff, der vor allem bei Wollgeweben sehr geschätzt wird. Bei Mitverwendung in Hochveredlungsausrüstungen verbessern sie die Knitterwinkel. Nichtvernetzende Produkte — meist Dimethylpolysiloxane- (DMPS)-Emulsionen — werden auch als Antischaummittel (S. 293) verwendet. Auf Wollgeweben verwendet, setzen sie auch deren Filzvermögen herab, ohne jedoch als ausgesprochene Antifilzausrüstungen zu gelten.

Die Produkte werden entweder aus zwei Komponenten stammend auf Stückwaren eingesetzt und vornehmlich für das Foulardieren auf Synthese- und Zellulosefasern (seltener Wolle) eingesetzt. Zu diesen Produkten gehören u. a. Perlit SI, SIC/*Bayer*, P-Silicon 33,33 W, 1369/*Pfersee*, Netumid E/*Zschimmer*. Als Standardansatz werden in 80 l kaltem, harten (nicht Sulfathärte) Wasser

  200 ml Essigsäure 60%ig zugesetzt,
  5000 g P-Silicon/*Pfersee* eingerührt,
  500 g Kondensator Si (vorher gesondert kalt gelöst) und
  500 g Natriumazetat krist.

nachgesetzt und bei pH 3,8—4 kalt foulardiert, möglichst sofort getrocknet und 5 Min. bei 150 °C kondensiert. Der Hydrophobierungseffekt wird durch ein wochenlanges Lagern wesentlich verbessert. Bei den angegebenen Produkten handelt es sich meist um DMPS (Silikonöl-Emulsion) und als zweites Produkt (Katalysator) um HMPS, welches die Vernetzung einleitet. Für die Hydrophobierung von Woll- und Wollmischgeweben werden vorteilhafter Einstoffprodukte nach dem Ausziehverfahren eingesetzt. Es handelt sich dabei um Polysiloxane mit einem gewissen Polymerisationsgrad. Dazu gehören u. a. P-Silcon W 1485, 63/*Pfersee*, Hydrophobierung SI/*Baur*, die meist Zirkonkomplexsalze als Katalysatoren enthalten und deshalb nur beschränkt lagerfähig sind. Es wird dabei das Material bei einem pH-Wert von 5—5,5 (Essigsäure) in enger Flotte (1:5) bei max. 30 °C unter Zusatz von 1% Natriumazetat krist. mindestens

20 Min. auf der Waschmaschine oder Haspelkufe behandelt und bei möglichst über 100 °C 10—15 Min. getrocknet. Die vom Hersteller zugesetzten Katalysatoren schränken die Lagerfähigkeit ein, und man verwendet deshalb auch Produkte, die einen Katalysator (Zirkon- oder auch Zinnsalze) mit 10% der Silikonprodukte benötigen, erst dem Behandlungsbad zugesetzt werden und arbeitet wie bereits beschrieben. Zu diesen Produkten gehören u. a. Dryol S/Drylofix S 400 *(Protex)*, Perlit SIW/Perlit SI-Salz fest *(Bayer)*, P-Silikon WXK/P-Kondensator SN *(Pfersee)*, Netumid S extra/Netumid Pulver *(Zschimmer)*, Quecophob TW 7/Gadalan T 70, T 71 *(Quehl)* u. a. Die Produkte werden auch zum Foulardieren verwendet. Auch kationische Silikonemulsionen sind üblich, die mit entsprechenden Kunstharzvorkondensaten foulardiert auf Zellulosefasern durch eine Kondensation bei 150 °C sehr gut Hydrophobierungseffekte ergeben. Zu den genannten Produkten gehören u. a. Perlit SI-SW/Perlit VE (ankondensiertes Epoxydharz) *Bayer*, Rucon hydrophob SIT/Katalysator DHK, ZA *(Rudolf)*, P-Silikon 1368/P-Kondensator Si, ZK (in Mischung) von *Pfersee*.

Da es oft notwendig ist, die Ausrüstungen abzuziehen, werden nachstehend folgende Möglichkeiten angegeben. Für Zellulosefasern wird bei 80—90 °C während 30—60 Min. mit

    4 g/l Calgon T/*Benckiser*,
    2 g/l Ammonsulfat,
    4 g/l eines anionischen Waschmittels,
    4 g/l Oxalsäure

und bei Wollartikeln mit

    6—8 ml/l Salzsäure konz.,
    4 g/l Calgon T/*Benckiser*,
    4 g/l eines anionischen Waschmittels

bei 40 °C in gleicher Zeit gearbeitet und anschließend gründlich gespült.

Silikon-Hydrophobierungsmittel werden für sich allein und auch mit anderen Appreturmitteln bzw. auch in der Hochveredlung für Regenmäntel und sonstige Oberbekleidungstextilien eingesetzt. Sie können jedoch nur mit solchen Produkten gemeinsam verwendet werden, die im sauren Medium appliziert und die längere, oder Trocknung bei höheren Temperaturen, unzersetzt überstehen. Die zuletzt genannten Eigenschaften bzw. Maßnahmen müssen auch bei Verwendung aller Hydrophobierungsmittel, die auf anderer Basis aufgebaut sind, beachtet werden. Auch für die gleichzeitige Verwendung mit flammhemmenden, fungiziden, bakteriziden Hilfsmitteln müssen die Praxiserfahrungen der Hersteller der Produkte berücksichtigt oder Vorversuche gemacht werden. Auch für die oleophobe (schmutzabweisende) Ausrüstung (S. 338) gelten diese Bemerkungen. Teilweise werden die Produkte bereits vom Hersteller gemischt für die einzelnen Anwendungen vertrieben.

Alle Hydrophobierungsmittel werden in ihrer Wirkung durch netzende Rückstände auf der Faser, wie Waschmittel, Kalkseife usw., beeinträchtigt. Abgesehen vom Einhalten der beschriebenen Bedingungen ist eine *gute Benetzung* während der Behandlung des Textilgutes unbedingte Voraussetzung für optimale Hydrophobierung. Durch eine alkalische Wäsche können die nicht waschechten Hilfsmittel von der Faser entfernt werden, wogegen sich waschechte Hilfsmittel nur durch eine längere Behandlung mit 2 ccm/l Salzsäure oder kondensierten

Phosphaten (z. B. Calgon, *Benckiser*) unter Zuhilfenahme von nichtionogenen Waschmitteln beseitigen lassen.

In diesem Zusammenhang interessiert auch die Prüfung der jeweiligen Effekte. Der **Abperleffekt** kann von Hand aus durch Besprühen mit Wasser und anschließendem Abschütteln geprüft werden. Durch **Eintauchen** einer Probe in Wasser und anschließendem Schleudern kann durch vor- und nachheriges Auswiegen der Textilie die Wasseraufnahme bestimmt werden. Mit der **Muldenprobe**, bei der ein Stoffabschnitt über ein Becherglas gespannt wird und in die durch Eindrücken entstehende Mulde eine gemessene Menge Wasser geschüttet wird, kann die Zeit bis zum Durchtreten des ersten Tropfens und auch die Wassermenge gemessen werden, die nach einer gewissen Zeit durch das Gewebe gedrungen ist. Durch das von **Louis Schopper** konstruierte Gerät wird der Wasserdruck auf ein eingespanntes Gewebestück so lange erhöht, bis 3 Tropfen durch das Gewebe getreten sind. Das Gerät kann auch zur Prüfung der Luftdurchlässigkeit verwendet werden, wenn an Stelle des Wassers Preßluft gegen das Gewebe gedrückt wird. Der **Spray-Test**, wie er in den USA angewendet wird, hat auch in der Schweiz Gültigkeit und besteht darin, daß ein Gewebeabschnitt von 20×20 cm in einem Winkel von 45° gestellt, durch eine Brause mit 500 ml Wasser/min. aus einer Höhe von 60 cm berieselt wird. Das Gewebestück wird anschließend zwischen Filterpapier von einer Metallwalze mit einem Druck von 50 g/cm einmal überrollt. Ein Stück von 10×10 cm wird ausgestanzt, vor und nach dem Trocknen bei 100—105 °C bis zur Gewichtskonstanz ausgewogen und so die Wasseraufnahme bestimmt.

Alle bisher angeführten Teste haben den Nachteil, daß sie keine, dem tatsächlichen Trageversuch gleichwertige Bedingungen aufweisen. Um diesem Übelstand abzuhelfen, wurde von Dr. *Bundesmann* ein **Beregnungsgerät** (*Erhardt*) entwickelt, welches aus 4 Köpfen besteht, über die das zu prüfende Gewebe gespannt wird. An der Unterseite des Gewebes rotieren in einem Gefäß während der Prüfung Metallkreuze, die, ähnlich wie auch beim Tragen der Textilie, die Reibung ersetzen und dadurch die Wasserdurchlässigkeit des Gewebes fördern. Aus einer normierten Brause wird eine Wassermenge von 550 l/h auf die 4 Köpfe des Apparates aus einer Höhe von 1,5 m getropft, was ungefähr einem mittleren Landregen entspricht. Nach 10 Min. oder länger wird nach Abschlagen oder Schleudern die vom Gewebe aufgenommene und durchgetropfte Wassermenge gemessen. Diese Methode liefert die der Praxis am nächsten liegenden Werte.

Bei der Konfektion von hydrophobierten Textilien ist darauf zu achten, daß auch die verwendeten Nähfäden und auch das verwendete Futter hydrophiert sind. Durch zu heißes Bügeln kann die Hydrophobierung gleichfalls beeinträchtigt werden.

Die in diesem Abschnitt behandelten Verfahren ergeben keine Wasserdichteffekte, sondern nur eine wasserabweisende und luftdurchlässige Hydrophobierung, neuerdings hat sich dafür der Ausdruck *atmungsaktive Ausrüstung* eingebürgert. Es soll mit diesen Ausrüstungen der Träger des Kleidungsstückes vor dem Durchtritt von Regenwasser durch die Textilie geschützt werden. Ein dauernder Regenschutz, wie er bei stundenlangem Regen notwendig ist, kann von den Hydrophobierungsausrüstungen nicht erwartet werden. Dazu sind nur beschichtete, luftundurchlässige Textilien oder Folien in der Lage.

16. Öl- und schmutzabweisende Ausrüstung

Die als Hydrophobierung beschriebene Ausrüstung ist zwar in der Lage, Wasser und wässerige Lösungen abzuhalten, wenn sie nicht ausgesprochene Netzwirkung haben, und damit auch wasserlöslichen Schmutz von der Ware im gewissen Maße fernzuhalten. Ölige Verschmutzungen werden jedoch nicht, oder nur sehr unvollkommen abgestoßen. Durch Arbeiten der *Minnesota Mining & Manufacturing Co., St. Paul Minn./USA (3 M-Company)* wurden auf Basis von *Fluorkarbonaten* Hilfsmittel gefunden, welche durch eine Kondensation auf der Faser ölabweisende Filme geben, die in ähnlicher Art wie die Hydrophobierungsmittel gegenüber Wasser wirksam werden und damit die Kapillarität aller Fasern gegen die Aufnahme von öligen Substanzen allein oder in organischen Lösungsmitteln und damit alle öligen Verschmutzungen herabsetzen. Es handelt sich dabei um Produkte, die unter dem Namen „Scotchgard" bekannt geworden sind und von 3M und lizenzierten Herstellern (für Deutschland, Schweiz, Österreich: *Pfersee*) bezogen werden können und für eine *oleophobe Ausrüstung* eingesetzt werden.

Man spricht bei dieser Ausrüstung oft von *schmutzabweisender Appretur (antisoiling)*, womit jedoch keineswegs verstanden werden darf, daß die so ausgerüsteten Textilien überhaupt nicht mehr anschmutzen. Aufgestäubter und vor allem eingeriebener Schmutz wird selbstverständlich auf der Faser haften und durch eine Wäsche entfernt werden müssen. Es ist jedoch bereits ein wesentlicher Fortschritt dadurch erreicht, daß die Anschmutzbarkeit mit fettigen Verunreinigungen verringert bzw. durch die Ausrüstung eine leichtere Wäsche bzw. chemische Reinigung für eine Säuberung ausreicht. Die Produkte werden in der Regel mit Hochveredlungen, Hydrophobierungen kombiniert und damit auch die für diese Ausrüstungen typischen Effekte miterreicht. Die schmutzabweisende Ausrüstung steht noch am Anfang ihrer Entwicklung, und es muß gesagt werden, daß sie bisher nicht ganz den hohen Ansprüchen an Kochwaschbeständigkeit und Chemisch-Reinigungsbeständigkeit genügt, wie diese z. B. für eine Ausrüstung von Herrenoberhemden, Tischwäsche usw. wünschenswert wäre. Für Oberbekleidung, Dekorationsstoffe, Autopolsterung usw. entsprechen die Ausrüstungen weitgehend den geforderten Ansprüchen. Durch die Ausrüstung ist es möglich, Öl-, Soßen-, Rotwein- und andere Tropfen mit einem saugfähigen Tuch abzutupfen und damit die Textilie vor Verschmutzung zu schützen.

„Scotchgard"-Produkte sind für alle Fasern bzw. deren Mischungen verwendbar und können im Foulardier- oder Ausziehverfahren verwendet werden. Für das *Foulardierverfahren* kann folgende Standardrezeptur angegeben werden, die vorwiegend für Regenmantelstoffe aus Zellulosefasern bzw. deren Mischungen mit synthetischen Fasern eingesetzt wird und eine Hochveredlung und Hydrophobierung einschließt:

I. 2,4 kg Effin PBO/*Pfersee* (Netzmittel) werden mit
5,0 kg Knittex everfit CR/*Pfersee* (zellulosevernetzende Hochveredlung auf Basis einer Mischung von Äthylen- und Triazinharz) mit
30 l kaltem Wasser unter Rühren vermischt.

II. 3,5 kg Imprägnol 89 (Hydrophobierungsmittel auf Basis von fettmodifiziertem Kunstharz) mit der gleichen Menge Wasser bei max. 70 °C aufschmelzen,

0,35 l Essigsäure 60%ig einrühren und
15,0 l 70°C heißes Wasser und
15,0 l Kaltwasser (evtl. Eiskühlung) zurühren.

Die Lösungen I und II werden in den Ansatzbottich zusammengerührt und nacheinander die folgenden Ansätze zugerührt:

III. 600 g Knittex-Katalysator MO/*Pfersee* in der 8fachen Kaltwassermenge gelöst,
IV. 3,5 kg „Scotchgard"-Oleophobol P 68/*Pfersee* zugegeben und mit Kaltwasser auf ein Volumen von 100 l eingestellt.

Die Foulardflotte soll einen pH-Wert von 4,8 zeigen. Die sehr gut vorgereinigte und sauer gestellte Ware wird nun kalt mit einem Abquetscheffekt von 60—70% foulardiert, wobei möglichst lange Tauchwege günstig sind. Nun wird auf dem Spannrahmen zwischengetrocknet und in einer Kondensiermaschine bei 140 bis 160°C 6—4 Min. kondensiert. Eine Kalanderpassage sollte nur vor der Kondensation erfolgen. Nach einer modifizierten Rezeptur, bei der keine Hochveredlung mit Katalysator notwendig ist, ist auch eine Ausrüstung von Woll- und Wollmischgeweben möglich. Wollartikel werden nicht kondensiert, sondern nur 10—5 Min. bei 120—130°C nachgetrocknet, bei Mischartikeln liegt die Temperatur um 10°C höher. Für Weißwaren können auch ausgesuchte optische Aufheller und Insektizide (Mottenschutzmittel/S. 298) mitverwendet werden.

Beim *Ausziehverfahren* wird vornehmlich Woll- und Wollmischware sauer gestellt und mit

0,5% Imprägnol OL neu,
1,5% Imprägnol OLW (beide *Pfersee*),
2—2,5% SCOTCHGARD-Oleophobol P 68

in 30 Min. kalt behandelt, entwässert (abgesaugt) und bei 110—120°C getrocknet. Der Ansatz wird mit Wasser von pH 4,5 bereitet und in 4 Portionen in 10 Min. der Behandlungsflotte (Waschmaschine oder Haspelkufe) zugesetzt. Das Flottenverhältnis soll möglich klein (1:3 bis 1:5) gehalten werden. Bei weißen Wollwaren ist es vorteilhaft, ausgesuchte optische Aufheller mitzuverwenden.

Als Prüfmethoden werden von 3M der Öltest und die Saugfähigkeit ausgerüsteter Waren gegenüber organischen Lösungsmitteln allein, Paraffinöl allein und Lösungen beider ineinander, verwendet. Beim *Öltest* werden unterschiedliche Mengen Paraffinöl in n-Heptan als Tropfen auf das ausgerüstete Gewebe mit der Pipette aufgelegt und optisch die Ausbreitung beobachtet. Bei der *Prüfung der Saugfähigkeit* werden ausgerüstete und nicht ausgerüstete Gewebestreifen nebeneinander in Per, Paraffinöl oder Lösungen beider eingehängt und die Saughöhe bestimmt.

17. Hydrophile Ausrüstung

Synthetische Faserstoffe sind weitgehend hydrophob, d. h. sie nehmen nur wenig Feuchtigkeit auf und behindern dadurch den Schweißtransport, wenn sie als Wäschetextilien verwendet werden. Das gilt vor allem für Strümpfe, Wäsche (z. B. Charmeuse und Webtrikot) aus Polyamidfasern. Durch Behandlung dieser Waren im Vollbad oder foulardmäßig kann die Saugfähigkeit durch *Hydrophi-*

lierungsprodukte erhöht werden. Dazu gehören vor allem nichtionogne Polyamidderivate wie

Diffusil AH	*Böhme*	Nylhydrol P	*Quehl*
Lurotex A 25	*BASF*	Rottafix NT	*Rotta*
Nylamid NI-LU	*Baur*	u. a.	

Man foulardiert die Produkte mit 10—25 g/l bei 20—30 °C oder behandelt im Vollbad mit 2—4 g/l. Höhere Temperaturen verursachen bei Dispersionsfärbungen meist ein stärkeres Ausbluten. Kationische Weichmacher setzen den Effekt stark herab. Eine gleichzeitige Behandlung mit Antisnagmitteln (Kunststoffdispersionen S. 294) und Steifungsmittel auf Kunststoffbasis ist möglich. Die Ausrüstung ist weitgehend gegen eine Wäsche mit Feinwaschmitteln beständig, zeigt aber durch öftere Seifenwäschen einen merklichen Abfall des Effektes.

18. Hochveredlung

Als Hochveredlung sind Ausrüstungsverfahren bekannt, welche bei nativen und regenerierten Zellulosetextilien und deren Mischungen mit synthetischen Fasern eine Reihe von Eigenschaften dieser Fasern verändern, die zur *leichten Pflegbarkeit* führen und somit deren Gebrauchstüchtigkeit verbessern, die jedoch durch Einbußen in der Reiß- und Scheuerfestigkeit erkauft werden müssen. Als *chemische Hochveredlung* wird im erweiterten Sinne auch die „chemische Veredlung von Wolltextilien" (S. 301) und alle Verfahren verstanden, welche durch chemische Veränderung der Textilfasern eine meist permanente Veränderung der Fasereigenschaften verursachen. Das gilt für die entsprechenden Verfahren der hydrophoben, bakteriziden und fungiziden Ausrüstung bzw. Verwendung von permanenten Weichmachern.

Der Hauptzweck der Hochveredlung besteht darin, der nativen und regenerierten Zellulose Eigenschaften zu verleihen, welche die Wolle und die synthetischen Fasern besonders auszeichnen. Nachdem ein hervorragendes Merkmal aller Wollgewebe deren geringe Knitterneigung ist, wobei jedoch keineswegs behauptet werden kann, daß Wollgewebe nicht knittern, ist das erste Bestreben, die Zellulosegewebe knitterärmer zu machen und diese Eigenschaft dem trockenen und auch nassen Gewebe zu geben Die *Verminderung der Trocken- und Naßknitterneigung* bringt im Gebrauch von Oberbekleidung ein schnelles „Aushängen" der entstandenen Knitterfalten mit sich und ermöglicht es, derartig hochveredelte Gewebe nach dem Waschen wenig oder überhaupt nicht bügeln zu müssen (bügelsparende, bügelfreie Ausrüstung).

Ein weiterer Punkt, der vor allem Gewebe aus synthetischen Fasern auszeichnet, ist die *geringe Feuchtigkeitsaufnahme*. Auch diese wird bei hochveredelten Geweben aus regenerierter oder nativer Zellulose erreicht, allerdings nicht in dem Maße, wie es bei synthetischen Fasern der Fall ist, sondern es soll die Feuchtigkeitsaufnahme nur so weit vermindert werden, daß ein schnelles Trocknen ermöglicht wird. Schließlich wird durch die Hochveredlung die *Restkrumpfung* der hochveredelten Gewebe herabgesetzt, so daß man auch von einer *chemischen Krumpfung* sprechen kann und damit ebenfalls Eigenschaften gut ausgerüsteter oder ausreichend fixierter synthetischer bzw. guter Wollgewebe erreicht werden.

Zusammenfassend können die Ziele der Hochveredlung für Gewebe so definiert werden, daß

1. eine gute Trocken- und Naßknittererholung,
2. eine permanente Gewebeform,
3. eine Dimensionsstabilität der Fertigtextilien im Gebrauch

erreicht wird

Gute *Knittererholung* in trockenem und nassem Zustand müssen Textilien aufweisen, die man wenig oder überhaupt nicht bügeln muß und die sich nach einer Naßwäsche allein durch Aushängen glätten. Solche Textilien werden allgemein als *pflegeleichte, bügelarme, selbstglättende, glatt trocknende (smooth drying), wash-and-wear-, no-iron-, minimum-iron-, easy-care-Textilien* bezeichnet. Neben den angegebenen Bezeichnungen existieren eine Reihe von warenzeichenrechtlich geschützten Bezeichnungen für derartige Waren, die den Herstellern geschützt sind und deren Textilien durch laufende Kontrollen geprüft werden. Dazu gehören *Cottonova, Quikoton* u. a. m., die auf den ausgerüsteten Waren und Fertigtextilien besonders bezeichnet sind.

Zur Erzielung der *permanenten Gewebeform* werden *Falten, Präge-* und *Chintzeffekte* verstanden, die durch eine nachträgliche, mechanische Behandlung erreicht wird.

Die *Dimensionsstabilität* wird durch die Hochveredlung gefördert, ist aber zum großen Teil einer vorher durchgeführten mechanischen Krumpfung (S. 212) zuzuschreiben bzw. wird sie durch diese hauptsächlich herbeigeführt.

Die **Knitterneigung** von Zellulosefasern hat ihren Grund im Aufbau dieser Fasern, die aus kristallinen und amorphen Bereichen besteht. In den amorphen Bereichen sind die Zellulosemoleküle in ungeordneter Knäuelform vorhanden und werden durch Deformation teilweise parallelisiert bzw. im inneren Knick der Falte zusammengeschoben. Die Zelluloseketten werden über neu gebildete Nebenvalenzkräfte in der neuen Lage fixiert und dadurch eine Entknitterung irreversibel. Wird die Verschiebbarkeit der Molekülketten eingeschränkt oder aufgehoben, wie es durch die Hochveredlung möglich ist, wird die Knitterneigung eingeschränkt. Die Knitterneigung verschiedener Fasern hängt außerdem noch vom Anteil amorpher und kristalliner Bereiche in den Fasern ab. Dadurch ist es erklärlich, daß Fasern mit größeren amorphen Bereichen eine bessere Entknitterung als solche mit kristallinen Anteilen aufweisen. Nach der Möglichkeit Fasern zu entknittern ergibt sich folgende Reihenfolge:

> Wolle,
> Seide,
> Baumwolle,
> Sekundärazetat,
> Viskose- und Cuprofasern,
> Leinen,

wobei die Knitterneigung nach unten zunimmt. Synthesefasern knittern nur dann wenig, wenn sie in der Herstellung ausreichend verstreckt und in der Veredlung fixiert wurden, da dann durch intermolekulare Kräfte ein Verschieben der Molekülketten aneinander ausgeschlossen ist. Diese Verschiebbarkeit einzuschränken, ist auch Aufgabe der Hochveredlung und wird durch *Einlagerung von Harzen* oder durch *Vernetzen der benachbarten Molekülketten* oder beides nebeneinander erreicht. Neben dem Faseraufbau spielt auch der Feuchtigkeitsgehalt der Fasern eine Rolle. Vollkommen trockene Baumwolle, wie sie im Gebrauch nicht vorkommt, knittert überhaupt nicht. Daneben spielen selbstverständlich auch die technologischen Eigenschaften der Fasern, Garne und Gewebe wie deren Drehung, Webbindung usw. eine ausschlaggebende Rolle. Als Beispiel kann dafür die härtere Drehung der Kettgarne gelten, die ein geringeres Knittern der Gewebe in Kettrichtung bewirken. Je höher der Quellwert einer Faser ist, desto größer ist auch die Knitterneigung des aus dieser Faser gefertigten Gewebes.

Wie bereits erwähnt, knittern auch Wollgewebe. Es wäre eine unbillige Forderung, wenn man vom Ausrüster ein vollkommen knitterfreies Gewebe verlangen wollte, da man ein solches Gewebe nicht konfektionieren könnte, da auch die niedergebügelten Nähte nicht beständig wären, dasselbe gilt auch für die aus modischen Gründen eingearbeiteten Falten.

Um die Knitterneigung zu bestimmen, bedient man sich der **Messung des Knitterwinkels** sowohl im trockenen als auch nassen Zustand. Dabei werden aus dem Gewebe Streifen von gewisser Länge und Breite ($4 \times 0,5$ cm, 2×1 cm usw.) in Kett- und Schußrichtung und auch diagonal zu ihnen aus dem Gewebe entnommen, in der Hälfte gefaltet und meist unter einer Glasplatte liegend mit einem Gewicht beschwert, welches bei den einzelnen Methoden in seiner Größe von 500—1000 g variiert. Die Belastungszeit hängt ebenfalls von der verwendeten Methode ab und beträgt 3 Min. bis 1 Std. Danach wird entweder der Winkel, den das gefaltete Gewebe nach Abheben der Belastung einnimmt, sofort gemessen und in einer gewissen Zeit die Erholung weiter an Hand der Winkelwerte verfolgt. Auch die Messung des Knitterwinkels nach der Erholung von einer Stunde als einmaliger Wert ist üblich. Die Bestimmung des Knitterwinkels gibt zwar reproduzierbare Werte, die jedoch für sich allein noch keinen Aussagewert über die Eigenschaften des Gewebes haben, wenn nicht der Knitterwinkel des unbehandelten Gewebes daneben bestimmt wurde und dadurch eine evtl. Erhöhung durch die Behandlung ersichtlich wird, da, wie bereits ausgeführt, die technologischen Daten des Gewebes selbst maßgeblich an der Knitterneigung beteiligt sind. Es ist daher die Angabe des Knitterwinkels allein noch kein Kriterium für die wirkliche Knitterneigung des hochveredelten Gewebes.

Die Nachteile der Knitterwinkelmessung haben eine Reihe von Forscher zur Verbesserung angeregt, welche, abgesehen von der genauen Modifizierung der Versuchsbedingungen, zur Feststellung sog. *Knitterbilder* führte, die man mit einzelnen Noten versah. Meist beurteilt man die Gewebe mit 1 als der stärksten und 5 der geringsten Knitterneigung analog der Echtheitsnoten gefärbter Textilien. Man „knautscht" dabei abgemessene, meist quadratische Gewebeabschnitte in Zylindern unter genauem Druck oder man näht die Gewebeabschnitte so zusammen, daß sie einen Beutel bilden und deformiert in dieser Form trocken oder naß. Die Gewebeabschnitte werden nach einer gewissen Behandlungszeit mit *standard-geknitterten Gewebebildern* (Abb. 382) verglichen und danach benotet. Die Prüfung des Knitterwinkels oder Beurteilung des Knitterbildes wird für hochveredelte Gewebe bzw. unbehandelte Abschnitte möglichst nebeneinander, sowohl trocken als auch naß, vorgenommen. Dabei wird die Prüfung in trockenem Zustand für Oberbekleidungsgewebe, beide Prüfungen für hochveredelte Gewebe, die als Waschartikel verwendet werden und deren Ausrüstung heute als *wash-and-wear-Ausrüstung* bezeichnet wird, vorgenommen. Da jedoch auch die Art der Trocknung Einfluß auf das Entknittern der

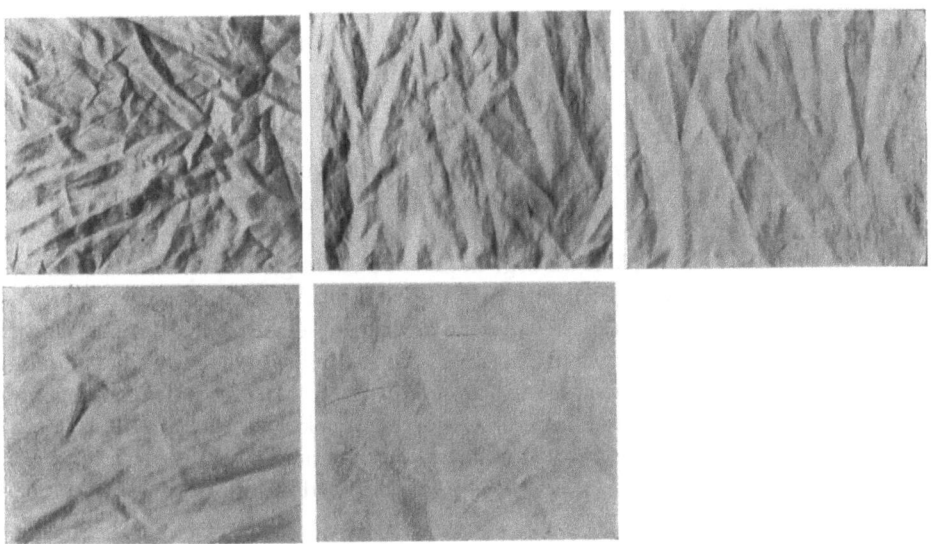

Abb. 382. Standardgeknitterte Gewebebilder zur Feststellung der Knitterneigung im Gebrauch hochveredelter Textilien mit Echtheitsnoten
Obere Reihe: Noten 1,2,3; Untere Reihe: Note 4 und 5.

Waren im Gebrauch hat und vor allem in den USA die *Tumblertrocknung* immer häufiger wird, hat man die Beurteilung der wash-and-wear-Noten, die über die Knitterbilder festgestellt werden, weiter modifiziert. Als *drip-dry* wird eine Hand- oder Maschinenwäsche und nasses Aufhängen ohne Schleudergänge, als *spin-dry* ein nachfolgendes Schleudern (Zentrifugieren) und als *tumble-dry* eine Trommeltrocknung nach der Wäsche und dem Schleudern als Vorbehandlung vor der Bewertung verstanden. Neuerdings werden auch Plastikreliefs (Monsantotafeln) zur Beurteilung der Fältelung als Vergleich gewählt und durch tangentiale Beleuchtung die Noten bestimmt. Als *Electronic-Smoothness-Evulator* wird beim *Sanfor-Plus-Test* durch ein besonderes Beleuchtungssystem das Schattenprofil des Prüflings elektronisch festgestellt und dadurch alle störenden Einflüsse der visuellen Bewertung ausgeschaltet.

Durch die verschiedenen Produkte bedingt und der Möglichkeit, durch unsachgemäße Arbeitsweise der hochveredelten Ware beträchtlichen Schaden zufügen zu können, hat sich der Gütezeichenverband Textilveredlung e. V. 1952 dazu entschlossen, das *Gütezeichen Hochveredelt* für zellwollene Oberstoffe herauszugeben. Bei den Vorschriften für dieses Zeichen wird der Knitterwinkel nach DIN 53890/91 bestimmt und soll z. B. bei einem Zellwollgewebe mit einem Gewicht von 200 g/m² in Kette und Schuß mindestens 130° und nach einer Wäsche mit 2 g/l Feinwaschmittel bei 40 °C immer noch 100° betragen. Für die Farbechtheiten werden ebenfalls gewisse Mindestforderungen vorgeschrieben. Das gilt auch für die durch die Hochveredlung erzielbare Quellwertminderung.

Für Baumwoll-Waschartikel wurde 1958 das *Gütezeichen rapidiron* geschaffen, welches für den Trockenknitterwinkel nach DIN 53890/91 einen Erholungsgrad von 90—100° und ein Naßknitterwinkel nach 10 Heiß- oder Feinwäschen von 110° vorschreibt. Die Reißfestigkeit muß, je nach Schwere des Gewebes, bei mindestens 3,2 bis 4,5 Reiß-km liegen. Die Restkrumpfung beträgt je nach Artikel 1—3%. Letztere wird nach DIN 53892 gemessen. Der Quellwert soll vor der ersten Wäsche bei max. 30% liegen.

Wie bereits erwähnt, wird durch *Herabsetzung der Wasseraufnahmefähigkeit* und damit **Verminderung der Faserquellwerte** auch die Knitterneigung verringert. Selbstverständlich wird durch die Hochveredlung auch die Saugfähigkeit der Fasern geringer, was nicht immer als Qualitätsverbesserung, vor allem für Unterbekleidung, gewertet werden kann. Beim Trocknen wurde erwähnt, daß sich ein Teil der Feuchtigkeit als sog. kapillare Feuchtigkeit zwischen die einzelnen Fadenmoleküle (Mizellen) einschiebt und dadurch die Quellung der Faser bewirkt. Mit dieser kapillaren Feuchtigkeit dringen selbst auch die im Wasser gelösten Stoffe in die Faser, wenn die Moleküle des Gelösten nicht größer als diese intermizellaren Zwischenräume sind. Da es sich bei der nativen, wie auch regenerierten Zellulose um Polymerisate verschiedener Molekülgröße handelt, ist leicht erklärlich, daß bei den kurzen Molekülen der regenerierten Zellulose (Reyon, Zellwolle) die Menge der kapillaren Feuchtigkeit und damit der Quellwert größer ist als bei der nativen Zellulose (Baumwolle). Vor allem sind die Quellwerte in alkalischen Flotten weit höher als in neutralen, so daß die Herabsetzung des Quellwertes bei Reyon und Zellwollen in der alkalischen Wäsche besonders stark sein wird, und die damit verbundene Herabsetzung der Naßreiß- und -Scheuerfestigkeit Hand in Hand geht.

Bei des Hochveredlung von Waschartikeln kommt es also darauf an, durch Verstopfen oder Vernetzen der intermizellaren Faserzwischenräume die Quellwerte der Fasern herabzusetzen und damit ein schnelleres Trocknen der Waren zu erreichen. Zellwolle bzw. Reyon haben ihren Platz durch die Hochveredlung vor allem in der Oberbekleidung festigen können, wenn man von der Verwendung als Damenunterwäsche absieht, welche einer Kochwäsche kaum ausgesetzt wird. Anders liegt der Fall bei Baumwollgeweben, deren Hochveredlung erst in den letzten Jahren vorgetrieben wurde. Das hatte seinen Grund darin, daß die hochveredelte Baumwolle zum Unterschied zur regenerierten Zellulose durch die Hochveredlung an Reiß- und Scheuerfestigkeit gegenüber der unbehandelten Baumwolle weit stärker abnimmt, deren Verhinderung heute nur teilweise durch Zusatz anderer Hilfsmittel abgeholfen werden kann. Eine Steigerung der Naßreiß- und -Scheuerfestigkeit durch Hochveredlung kommt bei Baumwolle nicht in Betracht, da immer eine Abnahme eintritt. Dagegen wird bei Baumwollgeweben die Herabsetzung der Feuchtigkeitsaufnahme durch die Hochveredlung geschätzt und vor allem eine möglichst waschfeste Appretur verlangt.

Da die Faserquellung auch von der Vorbehandlung der Textilien abhängt, muß eine möglichst schonende Trocknung der Hochveredlung vorausgehen. Es kann durch unsachgemäße Trocknung der Quellwert stark herabgesetzt werden und dadurch bereits eine Reißfestigkeitseinbuße eintreten, die bei der Hochveredlung mit der unumgänglichen Reißfestigkeitsverminderung besonders unangenehm ist.

Die *Bestimmung des Quellwertes* wird nach DIN 53814 durch Einlegen eines Gewebeabschnittes von 4 × 14 cm in Kaltwasser während 10 Min. Abschleudern und Auswiegen nach dem Schleudern und nach dem Trocknen gewogen und dadurch die Quellungsfeuchtigkeit bestimmt.

Die Prüfung der **Reißfestigkeit** ist besonders wichtig, da ein Abfall durch die Hochveredlung bisher nicht zu eleminieren, meist nur teilweise durch Zusatz von Additiven eingeschränkt werden kann. Geprüft wird meist nach DIN 53857. Durch die Hochveredlung sollte max. 45% Reißfestigkeitsverlust (RFV) gegenüber unbehandelten Geweben auftreten. Bei der Prüfung der *Ein-* und *Weiterreißfestigkeit* wird nach ASTM D 1424—59 mit dem *Tearing-Tester-Elmendorf*, einem Pendelschlagprüfer, die Elmendorfwerte bestimmt. Dabei wird die Kraft gemessen, die notwendig ist, um ein eingeschnittenes Gewebe weiter einzureißen. Bei Hemdenpopelinen (125—150 g/m^2) sollen sie bei 700—1500 q/cm liegen. Es wird dadurch die bei der Hochveredlung eingetretene Verminderung der Bruchelastizität mitgemessen, ohne daß die Elmendorfwerte, den Reißfestigkeitswerten proportional wären. Zwischen dem *Abfall der Reiß-Weiterreiß- und Scheuerfestigkeit (Festigkeitsverluste)* und der Knittererholung bestehen gewisse gesetzmäßige Zusammenhänge, da zu jeder Verbesserung der Trocken- und Naßknitterneigung eines Baumwollgewebes durch Hochveredlung (Vernetzung) ein definierter „temporärer" Festigkeitsverlust gehört. Als Regel entspricht

eine Verbesserung des Trockenknitterwinkels von 10°,
einer Verschlechterung der Festigkeit um 7%.

Diese Relation gilt auch für die Verminderung der *Vernetzung* durch Entfernung der Harze bzw. Auflösung der zwischenmolekularen Bindungen, welche durch die Hochveredlung erzeugt wurden. Es handelt sich deshalb um einen *temporären Festigkeitsverlust*, der allerdings von einem *permanenten Festigkeitsverlust* begleitet wird und der durch Katalysator- oder Säureschädigung verursacht wird. Die Vernetzung kann mechanisch durch Harzbildung oder kovalente Brückenbindung über Reaktant- oder harzfreie Hochveredlung erreicht werden. Diese Vernetzungen verhindern eine Verschiebung der Einzelfasermoleküle im amorphen Bereich der Faser, sie können sich dann nicht mehr in Zugrichtung orientieren, es wirkt eine Kraft nacheinander auf die Einzelfasern, und die Reißfestigkeit nimmt, wie auch die elastische Reißdehnung und auch die Scheuerfestigkeit ab. Der durchschnittliche Reißfestigkeitsverlust beträgt bei wash-and-wear-Ausrüstung 25—30%. Er kann durch Verstrecken auf 4% gesenkt werden, wenn die Gewebe beim Zwischentrocknen (vor der Kondensation) um 15% gestreckt werden. Die restlichen 4% sind permanente Schädigung. Auch durch ein vorhergehendes Merzerisieren, teilweise auch durch Laugieren, können die RFV bei Baumwolle ebenfalls eingeschränkt werden, die allerdings durch Herabsetzung der elastischen Dehnung, wie auch beim Zwischentrocknen unter Spannung, erkauft werden.

Zur Prüfung der **Scheuerfestigkeit** wird der *Accelerator* (AATCC 93—1959 T) verwendet, in dem Gewebeabschnitte in einer Kammer trocken rotiert und gravimetrisch der Verlust ausgewogen wird. Für hochveredelte Waren darf er nicht höher als 20% sein. Normalerweise liegt er zwischen 8% (Naßvernetzung) und 15% (Trockenvernetzung). Für die Bestimmung der *Kanten-* bzw. *Naß-*

scheuerwerte (*Manschettentest*) wird mit 1500 g Belastung (*Reppening*) bis zur Zerstörung oder mit 50 g (*Schopper*) nach 500 Touren der Verlust mit g/m² gemessen.

Eine durch die Hochveredlung gleichfalls erreichbare Ausrüstung führt zur **Verminderung der Restkrumpfwerte** von Geweben aus Zellulosefasern. Man spricht auch oft vom *chemischen Krumpfen*, welches allerdings meist nicht zu den Werten führt, wie sie durch Krumpfen (S. 212) auf mechanischem Wege möglich sind. Es lassen sich jedoch recht gute Werte erreichen, wenn der gesamte, andere Veredlungsgang möglichst spannungslos verläuft. Auch ein mechanisches Vorkrumpfen und anschließende Hochveredlung ist üblich. Durch die Hochveredlung, die im wesentlichen eine Einlagerung von Kunstharzen oder Vernetzung bedeutet, werden die Fasermoleküle *festgestellt* (*immobilisiert, blockiert*), sie neigen weniger zum Quellen und dadurch auch weniger zum ,,Einlaufen" im Gebrauch und in der Wäsche. Es kann an dieser Stelle allerdings nicht verschwiegen werden, daß auch permanente Hochveredlungen ein allmähliches Nachlassen der Effekte, vor allem durch wiederholte alkalische oder neutrale Kochwäschen, zeigen. Mit der Verminderung der Restkrumpfung ist auch die *Herabsetzung der Dehnbarkeit* der Faser und eine gewisse *Versteifung* verbunden, die allerdings positiv für die Knitterfestigkeit ist und vor allem die *Sprungelastizität* vergrößert.

Bevor auf die Produkte selbst eingegangen werden soll, werden weitere Punkte beschrieben, welche allgemeine Gültigkeit bei den z. Z. hauptsächlich durchgeführten Verfahren haben. Die zur Hochveredlung eingesetzten Zellulosefasern sollen möglichst *fein* und *langfaserig* sein, *einfach gezwirnte Garne* z. B. in Imitatpopeline eignen sich besser als Mehrfachzwirne (z. B. bei Vollpopeline). Für die Vorbehandlung ist ein *Beuchen, Laugieren oder Merzerisieren* vorteilhaft wegen der besseren Saugfähigkeit bzw. den dadurch erreichbaren höheren Quellwerten der Baumwollfasern. Ebenso sind *nicht zu dicht eingestellte Gewebe* besser für die Hochveredlung geeignet als dichtere Gewebe.

Der Knitterwinkel (KW) ist weiter von der Feuchtigkeit während des Kondensierens (Härtens) abhängig, wobei sich wesentliche Unterschiede im Trocken- (TKW) und Naßknitterwinkel (NKW) zeigen (Abb. 383), die auch von der Vernetzungsmethode abhängen. Aus der Abb. 383 kann unschwer geschlossen werden, daß der NKW durch eine Naßvernetzung besser als durch eine Trockenvernetzung ist.

Besondere Bedeutung hat auch die Konstitution der *Katalysatoren* (*Härter*) auf die einzelnen Effekte, wie in der Abb. 384 gezeigt. So sind die ,,sicheren" Katalysatoren wie z. B. Ammonphosphat (NH_4HPO_4), Diammoniumsulfat [$(NH_4)_2SO_4$], Condensol A/*BASF* bei Fixapret AH/*BASF* (einem Reaktanzharz-Typ) *temperaturunabhängig*. Die *temperaturabhängigen* ,,gefährlichen" Katalysatoren wie z. B. Ammonium-

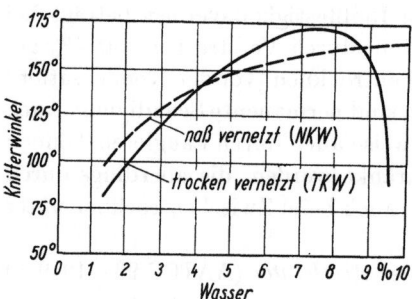

Abb. 383. Abhängigkeit der Knitterwinkel vom Vernetzungsverfahren und dem Feuchtigkeitsgehalt der Textilien beim Vernetzen
NKW Naßknitterwinkel; *TKW* Trockenknitterwinkel

chlorid (NH$_4$Cl) können dagegen unter ungünstigen Bedingungen zu verstärkten Reißfestigkeitsverlusten führen, die allerdings mit höheren Knitterwinkeln bestätigt werden.

Durch eine Behandlung von Zellulosegeweben mit **wasserlöslichen Produkten** organischer und anorganischer Natur lassen sich gewisse Effekte in der Verbesserung der Knitterneigung erreichen. Zu diesen Produkten, die meist in Kombination angewendet werden, gehören Borax, Zinkazetat, Harnstoff, Zucker-Seifenemulsionen pflanzlicher Öle, Fettalkoholsulfate u. a.

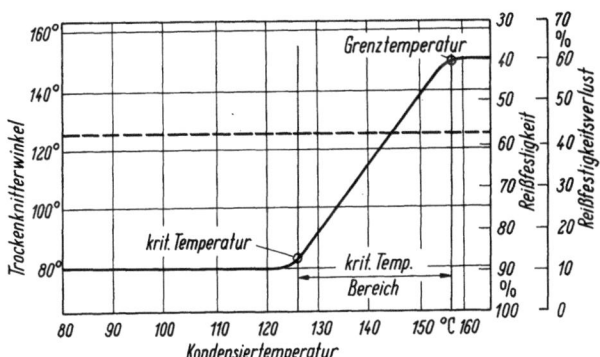

Abb. 384. Abhängigkeit der Hochveredlungseffekte vom Katalysator und der Kondensationstemperatur; Reißfestigkeitsverlust in % der Werte des unbehandelten Baumwollgewebes
——— temperaturabhängige „gefährliche" Katalysatoren
– – – temperaturunabhängige „sichere" Katalysatoren

Durch Trockentemperaturen um 100 °C werden auf den Fasern, weniger in deren Inneren, amorphe oder kristalline Borate oder Stannate niedergeschlagen, welche die Herabsetzung der Knitterneigung bewirken. Die Appreturen sind weder wasser- noch waschfest und ihre Verwendung daher nur in besonderen Fällen möglich. Die Ware wird mit Mengen von 80—150 g/l geklotzt und anschließend bei 100° getrocknet. Die Ware soll saugfähig sein, und man foulardiert möglichst heiß.

Plibol 210   *Fettchemie*
Quečo K, KH, S   *Rotta*
Preska K, SU   *Quehl* u. a.

Abgesehen von den vorstehend beschriebenen Produkten, die kaum zur Hochveredlung eingesetzt werden, unterscheiden sich die Verfahren hauptsächlich auf Grund der eingesetzten Produkte. Man unterscheidet

harzhaltige,
harzarme und
harzfreie

Hochveredlung, die unterschiedliche Effekte ergeben und abweichende Applikationsverfahren erfordern.

Harzhaltige Hochveredlung

Bei der harzhaltigen Hochveredlung werden *offenkettige Stickstoff-Methylolverbindungen* auf *Harnstoff-* oder *Melaminbasis* eingesetzt, die durch *Polykondensation* in und auf der Faser zu wasserunlöslichen Harzen führen. Es handelt sich dabei um *Carbamidharze*, die auch als *Aminoplaste* bezeichnet werden. Die Produkte kommen als wasserlösliche Pulver oder viskose Lösungen bzw. auch Granulate mit 50—100% Gehalt an Vorkondensaten in den Handel.

Zu den Handelsprodukten der **Harnstoff-Formaldehyd-Vorkondensate** gehören u. a.:

Acrisin 6022, F 16, FS 017	Röhm	Kaurit KF, KFN, W (M)	BASF
Aknittin	Weserland	Knittex TC, 51, BW, 51 K, CV	Pfersee
Beckamin	Reichhold	Preska-Permanent PAG	Rotta
Burapret H	Baur	Protesine KCT, KR, PC	Protex
Calaroc A, UFB	ICI	Prox S, TR, V	Protex
Cehatan C	Tübingen	Quecodur B, ZF, HA, R,	
Diamonine AF, B (M), B (M)	Francolor	14 (M), N, HP (M)	Quehl
Durozell 582, AP 52, KN	Zschimmer	Rucon PR, HA (M)	Rudolf
Elastofix A, B, 9560 (M)	Böhme	Silkomerpin	Kempen
Etadurin P, V-Marken (M)	Düren	Texapret S, K	BASF
Finish EN, VK, LCR (M)	Sandoz	Ukadan K 13, B (M)	Schill
Fixapret BU (M)	BASF	Ureol P	CIBA
Geifix	Geissler		

Die (M)-Produkte sind *modifizierte Carbamidharze*, die weniger zur Formaldehydabspaltung beim Lagern und auch weniger zur Fischgeruchbildung durch Trimethylamin neigen, geringere Chlorretention aufweisen, deren Gebrauchsflotten stabiler und Lagerbeständigkeit der Produkte selbst besser ist und max. 6 Monate beträgt.

Für die Applikation ist eine *Foulardierung* bei Temperaturen von max. 25 °C notwendig. Die Abquetscheffekte liegen je nach Schwere der Gewebe zwischen 80—100% Restfeuchtigkeit. Es sind 2- oder 3-Walzenfoulards gleich gut verwendbar. Anschließend wird auf 8—10% Feuchtigkeit *zwischengetrocknet* und bei 130—150 °C während 5—3 Min. *kondensiert*. Durch Einsatz spezieller Katalysatoren ist eine niedrigere Kondensationstemperatur (100—110 °C) bzw. Trocknen und Kondensation gleichzeitig möglich. Die nichtmodifizierten Produkte neigen stärker zur Aminbildung (Fischgeruch), der durch Zusatz von Harnstoff, Thioharnstoff, Dicyandiamid, Wasserstoffperoxyd oder eine *alkalische Nachwäsche* verhindert werden kann. Obwohl die alkalische Nachwäsche empfehlenswert ist, wird sie selten durchgeführt, da sie einen zusätzlichen Naßprozeß und anschließendes Trocknen erfordert. Die Wäsche wird mit

1—3 g/l anionischen Waschmittel,
2 g/l Soda kalz.

während 30 Min. bei max. 60 °C vorgenommen und anschließend gespült. Durch die Wäsche werden auch saure Zersetzungsprodukte der Härter (Katalysatoren) entfernt und die Faserschwächung beim Lagern eingeschränkt. Auch nichtkondensierte Harzanteile werden damit entfernt, die bei den M-Produkten schwerer entfernbar sind.

Zur Verdünnung oder Lösung der Vorkondensate werden diese mit heißem Wasser (75 °C) übergossen und die anderen Produkte bzw. der Katalysator vorgelöst, erst nach Abkühlung auf Gebrauchstemperatur zugesetzt. Die Produkte neigen beim Lagern, vor allem aber in Gebrauchslösungen durch den Katalysator zum Kondensieren und damit Ausfall der Harze im Bad bzw. auf der Ware, wodurch sich eine weitere Verschlechterung des Griffes und der Reißfestigkeit ergibt. Die Beständigkeit der Gebrauchslösungen hängt vom Produkt, dem Katalysator und der Temperatur der Flotten ab und beträgt meist nur 4 Std., wenn nicht spezielle Katalysatoren (Zn-, Mg-Salze u. a.) verwendet wurden. Ammonsalze (NH_4-Chlorid, -Nitrat, -Sulfat-, Phosphat) führen schnell zur pH-Erniedrigung und damit Kondensation im Bad.

18. Hochveredlung

Die Produkte werden in Mengen von

60—180 g/l für Baumwolle,
100—250 g/l für regenerierte Zellulosefasern

eingesetzt. Der Einsatz richtet sich nach dem Gehalt der Produkte an Vorkondensat, dem verlangten Effekt und Abquetscheffekt. Als *Katalysatoren* kommen Produkte in Betracht, die beim Kondensieren durch Abspaltung von Säure (Säurespender) die Polykondensation beschleunigen und zur Unlöslichkeit (Härtung) der Vorkondensate führen. Auf 100 g/l der eingesetzten Produkte werden in der Regel

6—10 g/l Zinknitrat,
10—15 g/l Magnesiumchlorid krist.,
4— 5 g/l Diammoniumphosphat

verwendet, die in gelöster Form kurz vor dem Foulardieren, kalt der Flotte zugegeben werden. Gleiches gilt auch für den Harnstoff, und die anderen Produkte, die zur Formaldehydbindung mit 10—20 g/l eingesetzt werden. Zwischengetrocknet wird bei 80—100 °C meist auf Spannrahmen. Die Kondensation wird meist in speziellen Kondensiermaschinen (S. 361) vorgenommen. Die Nachwäsche erfolgt auf dem Jigger oder kontinuierlich auf Breitwaschmaschinen. Die meisten Firmen haben spezielle Katalysatoren auf dem Markt, die leicht zu handhaben sind und deren Anwendungsvorschriften hier aus Raumgründen nicht angegeben werden. Ähnliches gilt für Produkte, die für zusätzliche Effekte eingesetzt werden. Dazu gehört die Verwendung von Additiven, wie Weichmacher, Steifungs-, Hydrophobierungsmittel usw. Die Foulardflotten reagieren sauer und es können nur Produkte eingesetzt werden, die diese pH-Werte (3,5—7) unzersetzt überstehen. Wichtig ist auch die Temperaturbeständigkeit der Produkte beim Kondensieren, die weder zum Vergilben, Zersetzen usw. neigen dürfen. Da jeder Hersteller seine eigenen Produkte geprüft hat, ist es vorteilhaft diese Erfahrungen zu nutzen bzw. durch Vorversuche die Verhältnisse abzuklären. Gleiches gilt auch für den Einsatz von optischen Aufhellern bei der Hochveredlung von Weißwaren.

Für die Applikation der **Melamin-Formaldehyd-Vorkondensate** gilt das gleiche wie für die Harnstoffharze. Auch die Melamine werden modifiziert (M) und zeigen dann ähnliche Vorteile wie die M-Harnstoffharze.

Zu den Melamin-Vorkondensaten gehören u. a.:

Arristol MH 15	*Tübingen*	Lyofix DM, CH, NC (M)	*CIBA*
Burapret M	*Baur*	Preska-Permanent SF 56	
Calaroc M	*ICI*	(M)	*Rotta*
Cassurit MLP, MKF, HML,		Prox FU, GR	*Protex*
MT, MLS	*Cassella*	Quecodur SM 60, DM, MM	*Quehl*
Elastofix M (M)	*Böhme*	Rottafix L 57 (M)	*Rotta*
Glazamine M	*Francolor*	Rucon CM	*Rudolf*
Knittex MKS, ML, MCV (M)	*Pfersee*	Super-Beckamin	*Reichhold*

Die *Effekte von Carbamidharzen* sind im Trocken- und Naßknitterwinkel als gut zu bezeichnen. Baumwolle erreicht 120—130°, Zellwolle 140—150°. Die *Kochwaschbeständigkeit* ist bei der neutralen Wäsche schlecht, und auch eine alkalische Wäsche erbringt keine wesentliche Besserung (Abb. 385). Wenn auch die Waschbeständigkeit bei einer milden Wäsche mit Feinwaschmitteln bei 40 °C besser ist, kann diese Hochveredlung für ausgesprochene Waschartikel nicht empfohlen werden. Ihr Einsatzgebiet liegt heute hauptsächlich in der Ausrüstung von baumwollenen und zellwollenen Oberbekleidungsstoffen wie Anzug-, Kostüm-, Regenmantelgeweben usw. Für Oberhemden und Gewebe, für Damenblusen, Arbeitskleidung usw. werden Carbamidharze nicht mehr eingesetzt. Der Reißfestigkeitsabfall bewegt sich zwischen 20—30%, der Abfall der Scheuerfestigkeit ist bei Zellwolle bis zu 60% gerade noch zu akzeptieren.

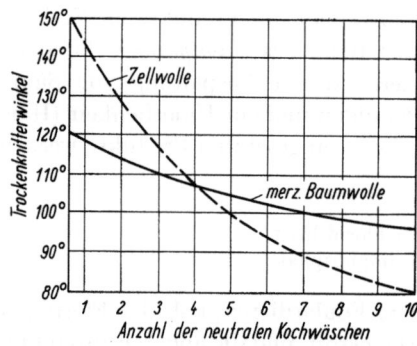

Abb. 385. Abnahme des Trockenknitterwinkels (*TKW*) durch neutrale Kochwäschen von mit Carbamidharzen hochveredelten Zellulosegeweben

Als *Steifappreturen* allein und auch in Verbindung mit anderen Steifungsmitteln (S. 271) auf nativer, modifizierter oder synthetischer Basis (z. B. Kunststoffdispersionen) werden hauptsächlich Formaldehyd-Harnstoff-Kondensationsprodukte, doch auch Melamin-Harnstoff-Vorkondensate mit entsprechenden Katalysatoren in höheren Mengen von 200—250 g/l wenn sie allein verwendet werden, kalt foulardiert und gleichzeitig bei 120 °C getrocknet und kondensiert. Durch kombinierten Einsatz von 50—200 g/l Carbamid-Vorkondensaten wird eine verbesserte Waschbeständigkeit der meist nicht waschbeständigen Steifungsmittel erreicht. Die Produkte werden allein hauptsächlich als Steifungsmittel für regenerierte Zellulosen, doch auch Baumwolle und Synthesefasern verwendet.

Zu diesen Produkten gehören u. a.:

Calaroc UFB	*ICI*	Quecodur HP, DM, HA,	
Burapret C	*Baur*	SM 60	*Quehl*
Knittex-Füllharz-Typen	*Pfersee*	Stabitex HF	*Fettchemie*
Lyofix ASL, CHN, DM	*CIBA*	Supron 1001	*Weserland*
		Texapret K, S, NA	*BASF*

Neben den vorstehend genannten Produkten werden als Steifungsmittel auch die für die Hochveredlung genannten Carbamidharze eingesetzt.

Auch Kunststoffe auf *Polyacrylat-Basis* (S. 276) werden als Additive in der Hochveredlung eingesetzt, es werden hauptsächlich Dispersionen dieser Kunststoffe in Mengen von 5—200 g/l foulardiert, wenn ausgesprochene Steifeffekte erreicht werden sollen. Daneben sind jedoch auch Produkte auf gleicher Basis im Handel, die reaktive Gruppen enthalten und mit Carbamid- und auch Reaktantharzen vernetzen und damit eine kochwaschbeständige Steifappretur ergeben. Die Produkte können auch zusätzlich mit Stärke, Stärkeäther und anderen Kunststoffdispersionen, Weichmachern kombiniert werden.

Reaktive Polyacralyte kommen u. a. als:

Dicrylan PE	*CIBA*
Perapret F, HV, HVN	*BASF*
Plextol 189, 190	*Röhm*
Synthemul	*Reichhold*

in den Handel.

18. Hochveredlung

Obwohl in Mitteleuropa eine Wäsche mit Hypochloriten kaum in Betracht kommt, ist sie doch in Asien, Südeuropa, Mittel- und Südamerika heute noch üblich, und man ist deshalb gezwungen, die **Chlorretention** der mit Carbamidharzen ausgerüsteten Waren zu prüfen. Bei der Chloranlagerung sind die aziden H-Atome am Stickstoff wirksam, welche zur Chloraminbildung führen. Beim anschließenden Bügeln wird Salzsäure abgespalten und damit die Zellulose geschädigt. HCl bildet sich auch beim Lagern der mit Hypochloriten gewaschenen und nichtgebügelten Waren. Der *Chlortest* wird durch Behandlung des trockenen Gewebes in einer Hypochloritlösung (aus Bleichlauge), die 2,5 g/l akt. Chlor enthält, während 15 Min. bei 20 °C und einem pH-Wert von 9,5 im Flottenverhältnis 1:50 geprüft und das Gewebe kalt nachgespült. Die Chlorretention wird durch Chlor-Titration im Gewebe oder in der Restflotte quantitativ bestimmt.

Beim *Scorch-Test* (AATCC 92—1962) wird das Gewebe einer 5maligen, neutralen Kochwäsche unterworfen, wie beschrieben mit Hypochloritlösung behandelt und 30 Sek. bei 185 °C zwischen Heizplatten (Scorch-Tester) gepreßt. Es dürfen bei chlorfesten Ausrüstungen keine größeren Reißfestigkeitsverluste als 20% auftreten. Mit Carbamidharzen ist dieser Wert nicht erreichbar. Der z. Z. härteste Test ist die Prüfung unter *Sanfor-Plus-Bedingungen*. Dabei wird vor dem Scorch-Test die Ware 5mal mit Zinksilicofluorid ($ZnSiF_6$) abgesäuert und bei 165 °C auf dem Scorchtester gepreßt. Zur Auszeichnung mit dem Sanforplus-Etikett, welches von der Fa. *Cluett, Peabody & Co. Inc.*, *Troy NJ/USA* — dem Inhaber der Sanfor-Patente — verliehen wird, gehört weiterhin die Prüfung der Faltenfreiheit auf dem *ESE-Tester (Electronic-Smoothnes-Evaluator* S. 343), der Restkrumpfwerte, der Reiß- und Elmendorfwerte. Beim Sanfor-Plus-Test darf ein Reißfestigkeitsabfall von 25% nicht überschritten werden. Die Absäuerung dient als hygienische Ausrüstung in USA zur Desinfektion der Wäschetextilien.

Die Chlorretention der Carbamidharze ist sehr groß, vor allem gilt das für die nicht modifizierten Melaminharze, die deshalb als Chlorakzeptoren bei der Wollchlorierung eingesetzt werden (S. 308).

Unter **Chlorschädigung** hochveredelter Gewebe versteht man einen Abfall der Faserfestigkeit durch Chlorretention, die sich beim Lagern oder Bügeln durch Säureschädigung bemerkbar macht. Außerdem wird durch die gebildeten Chloramine der TKW vermindert. Durch Chlorretention kann es auch zur Vergilbung beim anschließenden Bügeln kommen (*Vergilbung nach Chlorbehandlung/ Bügelverbräunung*). Durch verschiedene Produkte ist auch eine Vergilbung der Ware allein durch Bügeln (*Vergilbung nach Trockenhitzebehandlung*) möglich, ohne daß eine Chlorbehandlung vorangegangen ist. Unter **Phototropie** versteht man eine meist *reversible Farbtonänderung*, die durch eine *photochemische Umwandlung* hervorgerufen wird und die bei direkter Sonnenbelichtung eintritt. Die zur Phototropie neigenden Farbstoffe sind meist auf Basis von Phtalocyanin aufgebaut, dazu gehören auch einige Azofarbstoffe. Die Erscheinung ist bei Färbungen mit Küpen-, Reaktiv- und Direktfarbstoffen festzustellen. Dabei tritt bei Belichtung eine Farbtonverschiebung nach der roten Richtung ein, die jedoch durch kürzeres oder längeres Auslegen der Waren im Dunkeln wieder verschwindet. Besonders unangenehm ist die Phototropie bei brillanten Blau-, Türkis- und Grünfärbungen. Durch kationische Weichmacher, besonders aber verschiedene Hochveredlungsharze, wird die Phototropie begünstigt. Versuche von *Benckiser* haben ergeben, daß durch Zusätze von Calgon T oder 188 im Klotzbad die Phototropie weitgehend aufgehoben werden kann. Für die Chlorretention bzw. ihre Folgeerscheinungen, die Vergilbung nach der Chlorwäsche und auch ohne diese, ist deren Intensität zuerst vom eingesetzten Produkt, doch auch von der Einhaltung der vorgeschriebenen Applikationsbedingungen der eingesetzten Katalysatoren und der meist empfohlenen Wäsche nach der Hochveredlung, auf die gerne verzichtet wird, abhängig. Ähnliches gilt auch für das Auftreten der Phototropie bzw. des Auftretens von Formaldehyd und Fischgeruch beim Lagern der Ware. Anhaltswerte gibt die Tab. 11, S. 359.

Obwohl die ungenügende Kochwaschbeständigkeit der mit Carbamidharzen ausgerüsteten Gewebe ungünstig war, wurden die Produkte anfänglich allein auch für Oberhemden usw. eingesetzt. Es wurde jedoch eine tägliche Wäsche bei max. 40 °C und zur Glättung das Aushängen der tropfnassen Textilien auf Bügeln empfohlen.

Harzarme Hochveredlung

Diese Hochveredlung wird mit oligomeren *Reaktant-(Reaktiv-)Harzen* bzw. ihren monomolekularen Verbindungen vorgenommen. Es sind *stickstoffhaltige, heterozyklische Methylolverbindungen* wie Dimethyloläthylenharnstoff (*DMEU*), Dimethyloldihydroxyäthylenharnstoff (*DMOHEU*), Dimethyloläthylenharnstoff/Triazin (*DMEU/TR*), Dimethylolpropylenharnstoff (*DMPU*), Dimethyloltriazon (*DMTO*), Tetramethylol-Triazon (*TMADU*) u. a. Es handelt sich dabei um Produkte, die *polyfunktionell* sind und *mit den OH-Gruppen der Zellulose* und auch *intermolekular vernetzen*.

Zu den *DMEU-Produkten* gehören u. a. als Handelsprodukte:

Beckaminol	*Reichhold*	Lyofix PR	*CIBA*
Calaroc EU	*ICI*	Preska Reaktant	*Rotta*
Cassurit RI,	*Cassella*	Prox CRD, DR, E	*Protex*
Elastofix RAH	*Böhme*	Quecodur AE, RI, CR	*Quehl*
Etadurin M, V 500	*Düren*	Rucon RH	*Rudolf*
Fixapret AH	*BASF*	Stabitex AE, 144	*Fettchemie*
Knittex-everfit 1058	*Pfersee*	Zeset MCE	*Dupont*

Als *DMOHEU* sind u. a. die nachfolgenden Produkte erhältlich:

Cassurit GC	*Cassella*	Fixapret CP, CPN	*BASF*
Elastofix RF	*Böhme*	Knittex-everfit LE	*Pfersee*

Als *Mischungen von DMEU und TR* sind u. a. bekannt:

Elastofix 9540	*Böhme*	Preska Universal TU	*Rotta*
Etadurin M 53	*Düren*	Prox RH, RHI	*Protex*
Knittex-everfit CR	*Pfersee*		

Für *DMPO* sind u. a. zu nennen:

Fixapret PH	*BASF*	Knittex-everfit PRO	*Pfersee*

Als *DMTO* kommen u. a. in den Handel:

Calaroc T	*ICI*	Fixapret TN	*BASF*
Elastofix TR	*Böhme*	Knittex-everfit TZ	*Pfersee*
Etadurin V 321	*Düren*	Prox TIN	*Protex*

Von *TMADU* sind u. a. im Handel:

Fixapret BU, 140	*BASF*	Rucon BU	*Rudolf*

18. Hochveredlung

Im Prinzip gleicht die Applikation der von Carbamidharzen, jedoch sollte die Kondensation möglichst bei 150—170 °C erfolgen. Eine Nachwäsche ist dann zu empfehlen, wenn höchste Chlorretention verlangt wird (z. B. Sanfor-plus). Als Richtrezeptur für eine Weißware kann folgende Arbeitsweise angegeben werden: Das gebleichte und getrocknete Zellulosegewebe wird mit

        60—160 g/l Reaktantharz
        10— 50 g/l eines Additivs
        0— 15 g/l Weichmacher
        10— 15 g/l $MgCl_2$ krist. oder andere Katalysatoren
        2— 4 g/l brauchbaren optischen Aufheller
        0— 10 mg/l sauren Bläufarbstoff

mit einem AE von 60—70% foulardiert, auf dem Spannrahmen bei 130 °C auf 5—8% Feuchtigkeit getrocknet, evtl. zwischenkalandert, 5—4 Min. bei 150 bis 155 °C kondensiert und bei 70 °C nachgewaschen.

Für das Lösen der Produkte und den Gebrauchsflotteannsatz gelten die gleichen Bedingungen, wie sie bei den Carbamidharzen beschrieben wurden. Allerdings sind die Produkte wegen ihrer Reaktionsträgheit fast unbeschränkt lagerbeständig, neigen nicht zur Kondensation in der Foulardflotte und können auch bei Temperaturen bis 80 °C foulardiert werden. Als *Additive* dienen alle Zusätze, welche vor allem die Festigkeitsverluste einschränken. Zum Beispiel Polyäthylen-Emulsionen (S. 288), kolloidale Kieselsäure, eingeschränkt sind auch Weichmacher dafür brauchbar. Zu den Additiven werden auch im weiteren Sinne Steifungs-, Hydrophobierungs- und andere Mittel gezählt.

Die *Kochwaschbeständigkeit* von Zellulosegeweben, die mit Reaktantharzen ausgerüstet wurden, ist beträchtlich höher als bei Verwendung von Carbamidharzen, daraus erklärt sich auch der hohe TKW nach mehreren Kochwäschen. Die *Chlorretention* ist relativ geringer als bei Carbamidharzen und hängt vom Produkt, dem Katalysator und der Kondensation ab. Als Orientierung können die Gegenüberstellungen der Tab. 9 gelten.

Die Reaktantprodukte werden hauptsächlich für kochwaschbeständige Baumwollgewebe eingesetzt. Auch für Mischungen von Polyester/Baumwollfasern sind sie üblich. Sie stellen die Produkte dar, die für durch geschützte Markenbezeichnung (S. 341) notwendigen Ausrüstung notwendig sind.

Tabelle 9. *Chlorretentions- und Sanfor-plus-Test-Vergleiche von Baumwollgeweben, die mit Reaktantharzen ausgerüstet wurden*

Harzarme Ausrüstung mit	Chlorretention	Sanfor-plus-Test
DMEU	gering	ungeeignet
DMOHEU	gering	ungeeignet
DMEU/TR	keine	nicht ganz ausreichend
DMPU	keine	sehr gut
DMTO	fast keine	nicht ganz ausreichend
DMADU	gering	ungeeignet

Auch für die Permanent-Press-Ausrüstung (S. 365) sind sie üblich. Obwohl die Produkte auch für die *Naß-* oder *Feuchtvernetzung* brauchbar sind, haben sich diese Verfahren bisher nur wenig eingeführt, da sie höhere Produktmengen erfordern und im salzsauren Medium gearbeitet werden muß. Es haben sich dafür vor allem DMO-HEU (z. B. Fixapret CP/*BASF*) bewährt, die anderen Produkte zeigen mit HCl meist unangenehme Formaldehydentwicklung. Die Waren werden mit

        300—400 g/l Fixapret CP (weniger PH, AH),
        10—100 ml/l Salzsäure konz.

kalt foulardiert und die Warenkaulen in Plastikfolien gewickelt, mehrere Stunden unter langsamer Drehung kalt verweilt. Anschließend wird breit gewaschen und neutralisiert. Beim Naßvernetzungsverfahren wird kalt gearbeitet, so daß kaum eine Säureschädigung auftritt und dadurch auch der Reißfestigkeitsverlust (RFV) klein bleibt. Der Trockenknitterwinkel (TKW) ist meist gering und vom Produkt und der Höhe des Säurezusatzes abhängig. Ähnliches gilt auch für den Naßknitterwinkel. Bei der Feuchtvernetzung muß die foulardierte Ware auf einen bestimmten Feuchtigkeitsgehalt zwischengetrocknet werden, was eine schwierige Überwachung beim Foulardieren (AE) und Trocknen erfordert. Von *Cassella* wird für die Feuchtvernetzung das kalte Foulardieren mit

        200—300 g/l Cassurit BFR
        25— 35 g/l Schwefelsäure konz. 1:1

mit einem AE von 70% empfohlen. Anschließend wird bei Zellwolle gleichmäßig auf 8—20% und bei Baumwolle auf 6—15% Restfeuchte auf dem Spannrahmen getrocknet, abgekühlt und bei Raumtemperatur (20 °C) 16—24 Std. auf Kaulen, die mit Folien umhüllt wurden, verweilt. Nun wird kalt gespült und mit 5 bis 10 g/l Soda kalz. neutralisiert und nachgespült. Von *Quehl* wird Quofinal F 4/ Gadalan FF ebenfalls für die Trockenvernetzung und ein 20—24 Std. Aushärten empfohlen.

Als *Vernetzertypen* werden *stickstofffreie Formaldehydkondensate mit zyklischen Stickstoffmethylolverbindungen* von *Rotta* in den Handel gebracht, die für die Naß-, Feucht- und Trockenvernetzung geeignet sind. Bei der *Naßvernetzung* werden

        300 g/l Vernetzung II W oder II D,
        40 g/l Tero-Finish BW 64 (Acrylsäurederivat),
    20— 40 g/l Katalysator K 3 oder
   100—150 g/l Katalysator K 4

bei max. 28 °C foulardiert, aufgekault, in Plastikfolie eingehüllt, während mindestens 20 Std. verweilt und breit neutralisiert und ausgewaschen. Für Bettwäsche, die lediglich einen guten Naßknitterwinkel erfordert, werden an Stelle der Katalysatoren 100—150 ml/l Salzsäure konz. eingesetzt, dabei ist jedoch keine Verbesserung des Trockenknitterwinkels erreichbar, der jedoch durch eine Trocknung bei 40—60 °C nach dem Verweilen und vor dem Waschen erreichbar ist.

Bei der *Feuchtvernetzung* wird wie beschrieben foulardiert, auf möglichst genau 12% Restfeuchte bei 100—120 °C getrocknet, aufgekault und mindestens 4—12 Std. entwickelt und ausgewaschen. Die Ware darf auf der Kaule jedoch nicht über 30 °C erwärmt werden, es kann meist nicht direkt nach dem Trocknen aufgekault werden, wenn eine gute Warenkühlung auf dem Spannrahmen unmöglich ist.

Für die *Trockenvernetzung* werden

        400 g/l Vernetzung A, AV oder II

verwendet, die bereits die Katalysatorsäure enthalten. Es wird wie beschrieben foulardiert, auf genau 6—8% Restfeuchte getrocknet und anschließend breit neutralisiert und ausgewaschen. Bei allen Verfahren wird bei pH 1,2—2 foulardiert. Bei der Nachwäsche ist eine gute Neutralisation mit Soda und heißes und kaltes Nachspülen unbedingt erforderlich. Der Nachwäsche kann eine Avivage folgen, für die *Rotta* 40—50 g/l Badena S, eine Emulsion eines hochmolekularen Fettsäureesters, der alkalisch eingestellt ist, empfohlen. Bei der Feucht- und Trockenvernetzung werden gute NKW und TKW erreicht, die Chlorretention ist minimal. Bei der Naßvernetzung tritt kein, bei der Feucht- und Trockenvernetzung kann bei unsachgemäßer Arbeitsweise ein starker Abfall der Reiß- und Scheuerfestigkeit eintreten. Da nicht alle Gewebequalitäten gleich gut für die Ausrüstung geeignet sind, ist es vorteilhaft von *Rotta* auf den vorgesehenen Baumwoll- oder Zellwollgeweben Vorversuche ausführen zu lassen. Die Verfahren sind als *optimierte Direkt-Vernetzungs-(ODV)-Verfahren* bekannt geworden.

Harzfreie Hochveredlung

Bei dieser Art der Ausrüstung werden in den meisten Fällen durch die eingesetzten stickstofffreien Produkte bedingt, die Zellulosemoleküle über ihre OH-Gruppen durch Brückenbildung vernetzt: Brauchbare Produkte sind *Formaldehyd, Glyoxal, Epoxyverbindungen, Dichlorpropanol* und *Divinylsulfon*. Die Verfahren und die mit ihnen erzeugten Effekte zeigen gegenübergestellt folgende Besonderheiten (Tab. 10).

Tabelle 10. *Gegenüberstellung der Vor- und Nachteile „harzfreier" Hochveredlungsausrüstungen*

Kochwaschbeständigkeit	Komplizierte Arbeitsweisen
weicher Griff	hohe Kosten
gute wash-and-wear Effekte	physiologische Schädigung
hohe Naßknitterwinkel	Vergilbung im alkalischen Medium
keine Chlorretention	Farbtonänderung
keine Formaldehyd- und Fischgeruch-Entwicklung	starke Abnahme der Reiß- und Scheuerfestigkeit
gute Saugfähigkeit	Abnahme der Elastizität

Die Verfahren wurden zum überwiegenden Teil in USA entwickelt, und es ist in vielen Fällen die Lizenznahme und damit auch eine Gebühr notwendig. Oft sind auch die Applikationsbedingungen in voller Ausführlichkeit unbekannt bzw. werden die Verfahren erst für die Praxis eingerichtet. Die Bezeichnung „harzfrei" ist z. T. unrichtig, da bei einigen Produkten auch eine Eigenvernetzung auftritt und damit auch Harze gebildet werden.

Bei der **Hochveredlung mit Aldehyden** handelt es sich um Verfahren, die als älteste von allen Hochveredlungen angesprochen werden können. Das *Waschtreu-Verfahren* wurde bereits vor dem 2. Weltkrieg von *Stockhausen* entwickelt und vor allem für das *Formalisieren* von Zellwollgeweben empfohlen. Dabei wird die Ware mit

150 g/l Formaldehyd 40%ig,
7 g/l Aluminiumchlorid

und evtl. Netz- und Weichmachungsmitteln kalt foulardiert, zwischengetrocknet und bei 100—130 °C während 15—30 Min. kondensiert und alkalisch nachgewaschen. Die durch Formalisieren erreichbaren Effekte sind kochwaschbeständig, vermindern durch die Aufnahme von 9% HCOH den Quellwert um 50%, erhöhen die Naßreißfestigkeit und vermindern die Knitterneigung der Zellwolle. Ähnlich arbeitet man auch nach dem *Bancare-Verfahren* der Fa. *Bancroft*, Form-D- (Dry=Trocken) und Form-W-(Wet=Naß)Verfahren, dem Avcoset- der *American Cyanamid Corp.* New York/USA und dem *X-2-Verfahren* der *Dan River Corp./USA*. Beim Form-W-Verfahren handelt es sich um eine Naßvernetzung. Dabei werden die Gewebe mit einer wässerigen Lösung von

5% Formaldehyd,
19% Salzsäure konz.

mehrere Stunden bei 28 °C behandelt und anschließend gespült und neutralisiert. Ein Imprägnieren (Foulardieren) mit der gleichen Lösung 10 Min. Verweilen und anschließendes Spülen und Trocknen ist ebenfalls möglich. Es ist jedoch ein weiterer Arbeitsgang notwendig, der im Foulardieren mit Zinknitrat, Trocknen bei 60 °C und Kondensieren während 5 Min. bei 160 °C notwendig wird. Die Verfahren haben sich wegen der Belästigung durch Formaldehyddämpfe nicht durchsetzen können. Bei der Naßvernetzung wird zwar der NKW gut verbessert, der TKW aber kaum verändert. Bei Baumwolle tritt eine RFV von normal 50% ein. Als *Formaldehydspender* wurde auch *Glyoxal* (Dialdehyd) eingesetzt, es ergaben sich jedoch keine besonderen Vorteile der Arbeitsweisen. Auch die Mitverwendung von Reaktantprodukten ist beim Formalisieren möglich.

Von *Pfersee* wird als *Knittex POM I* eine *Polyoxymethylenverbindung* (Polyoxymethylenacetal) eingeführt, die zur harzfreien, kochwaschbeständigen *Bügelfrei-Ausrüstung* dient. Dabei ist ein sehr weicher Warengriff, neben der guten Chlor- und Hydrolysenbeständigkeit der Ausrüstung auf Baumwolle zu nennen. Der RFV beträgt 40—50%. Zur Pufferung werden Reaktantharze mitverwendet. Die Ware wird mit

70—100 g/l Knittex POM I,
60 g/l Knittex-everfit VM,
60 g/l Knittex-Katalysator MO

kalt foulardiert (AE 60—65%), auf dem Spannrahmen bei 110—130 °C zwischengetrocknet, wobei auf möglichst geringe Restfeuchte zu achten ist, und anschließend während 4—5 Min. bei 155—150 °C kondensiert. Eine möglichst spannungslose Nachwäsche in Breitform bei 60 °C ist notwendig. Zur ausreichenden Kondensation ist es wichtig, daß in der Kondensiermaschine mit ausreichender Luftumwälzung gearbeitet wird.

Als *F-Donator 64* kommt ein „Polyglykolacetal" von *Rotta* in den Handel. Die Verwendung des Produktes ist an eine Trockenkondensation gebunden. Für die Foulardierung werden Flotten von

60—120 g/l F-Donator 64,
60—120 g/l Preskasin DV,

18. Hochveredlung

30— 40 g/l Preskasin V,
30— 40 g/l Tero-Finish BW 64
45— 60 g/l Katalysator MC (alle *Rotta*)

foulardiert, zwischengetrocknet und bei 160—170 °C kondensiert. Wird die Ausrüstung für Wäschestoffe verwendet, muß eine Breitwäsche angeschlossen werden. Als *Alkylenformalderivat* wird mit *Knittex OM 60/Pfersee* eine ähnliche Arbeitsweise vorgeschlagen. Es werden dabei

80—150 g/l Knittex OM 60,
50— 80 g/l Knittex-everfit CR oder VM,
50— 70 g/l Knittex-Katalysator MO,
0— 5 g/l Natriumazetat krist.

foulardiert, auf möglichst geringe Restfeuchtigkeit zwischengetrocknet und 5—4 Min. bei 150—155 °C bei guter Luftzirkulation kondensiert. Eine spannungslose Breitwäsche ist anzuschließen.

Auf der Verwendung von *polyfunktionellen Polychlormethylen-Verbindungen* (Dichlorpropanol, Epichlorhydrin u. a.) beruht die Verwendung von *Knittex PX 18/Pfersee*. Dabei vernetzen die Produkte mit den gleichzeitig eingesetzten Reaktantharzen und ergeben chlor- und hydrolysenbeständige Effekte. Zur Ausrüstung sind die meisten Additive unbrauchbar. Man foulardiert die Ware mit

350—400 g/l Knittex PX 18,
120—150 g/l Knittex-everfit CR (Reaktantharz),
15— 20 g/l Knittex-Katalysator MO

kalt mit einem AE von 60—65%, trocknet auf dem Spannrahmen auf mindestens 5% Restfeuchtigkeit und kondensiert 4 Min. bei 145—150 °C. Zur Entwicklung der Bügelfreiausrüstung wird anschließend kalt mit 11—12° Bé Natronlauge foulardiert und auf drehender Kaule 6—16 Std. verweilt. Anschließend wird auf dem Jigger oder der Breitwaschmaschine neutralisiert und gewaschen. Auf dem gleichen Prinzip beruht auch das lizenzierte *Bel-O-Fast-Verfahren* der *Deering Milliken & Co., USA*. Der Prozeß kann auch zweistufig vorgenommen werden, dabei werden die Reaktantharze nach dem Trocknen durch „Nachharzung" aufgebracht und nach dem Kondensieren wie beschrieben laugiert und fertiggestellt. Beim Bel-O-Fast-Verfahren wird die Baumwollware auch in Natronlauge vorgequollen und anschließend ohne Laugieren behandelt. Wird die Reaktantharzmenge erniedrigt und die Kondensationstemperatur ermäßigt, erhält man nur geringen Abfall der Reiß- und Scheuerfestigkeit, jedoch einen gering verbesserten TKW, die NKW sind durch die Laugenquellung sehr gut.

Auf der Verwendung von **Divinylsulfon-Verbindungen** beruht das *TEB-X-CELL-* (*Tootal Broadhurst Lee Ltd.*) und das *Ganalock-Verfahren*. Beim TEB-X-CELL-Verfahren wird die Baumwollware mit

750 g/l Sulfix A/*ICI*,
75 g/l DMPO,
10 g/l Zinkchlorid

kalt foulardiert, zwischengetrocknet, 3 Min. bei 150 °C kondensiert, mit 8%iger Natronlauge laugiert, mit 20 g/l Natriumsulfit und Soda nachgewaschen, der Gelbstich durch eine Hypochloritbleiche entfernt, entchlort, evtl. nachaviviert und getrocknet. Beim Ganalok-Verfahren (*General Anilin & Film Corp., New*

York/USA) wird mit 5—10% Ganalock A 14 sodaalkalisch foulardiert, getrocknet, bei 170 °C kondensiert, mit Wasserstoffperoxyd gebleicht, gewaschen und getrocknet. Die Verfahren ergeben gute NKW und TKW, die Effekte sind kochwaschfest. Der Nachteil besteht in der Vergilbung der Ware, die eine Nachbleiche erfordert. Als *Melloform WW* kommt von *Shell* ein Acroleinderivat auf den Markt welches ebenfalls für die Hochveredlung verwendbar ist, jedoch ebenfalls eine Nachbleiche erfordert.

Auch mit **Epoxy-(Epoxyd)-Verbindungen** läßt sich durch alkalische, saure oder Salzkatalyse eine Hochveredlung erreichen. Beim *Knittex POM II sauer-Verfahren/Pfersee* werden die Stückwaren mit

100 g/l Knittex POM II,
100 g/l Knittex everfit CR (Reaktantharz),
48 g/l Knittex-Katalysator J 1

kalt foulardiert, auf dem Spannrahmen zwischengetrocknet und 5—4 Min. bei 135—150 °C kondensiert und heiß, möglichst spannungslos, nachgewaschen. Der RFV ist sehr gering, der TKW und NKW ist gut. Die Ausrüstung ist kochwaschbeständig.

Obwohl die Hochveredlung seit Jahrzehnten im Gebrauch ist und kein Gebiet in der Textilveredlung existiert, auf dem so viel wissenschaftliche und praktische Forschungsarbeit geleistet wurde, muß gesagt werden, daß auch weiterhin intensiv nach Verfahren gesucht wird, um vor allem die bisher unumgängliche Reißfestigkeitsverminderung (RFV) weiter einzuschränken bzw. vollkommen zu verhindern. Ähnliches gilt auch von den Scheuerfestigkeitsverlusten. Einen allgemeinen Überblick über die Effekte, die durch die Hochveredlung auf Baumwollwaren erreicht werden gibt die Tab. 11.

Die Effekte sind weitgehend von den zugesetzten *Additiven* abhängig, die hauptsächlich für die Herabsetzung der Festigkeitsverluste zugesetzt werden. Man verwendet dafür 30—50 g/l Polyäthylen-Emulsionen (S. 288). Daneben ist es auch möglich, Weichmacher (S. 281) für die Griffverbesserung und eingeschränkt auch zur Eindämmung der Festigkeitsverluste zu verwenden. Für Oberbekleidung werden Hydrophobierungs- (S. 326) und zur Verbesserung der Schiebefestigkeit auch Schiebefestmittel (S. 293) eingesetzt. Als *Steifungsmittel* (S. 269) kommen native und „synthetische" Produkte in Betracht. Durch die Hochveredlungsprodukte werden dabei nichtwaschfeste Steifungsmittel waschfester fixiert. Daneben sind auch *Füllharze* auf dem Markt, die besonders für die Erzielung von sprungelastischen Stoffen aus Baumwolle — z. B. Kragen- und Manschetteneinlagen — mit guter Versteifung bzw. als sprungelastische Zellwollgewebe verlangt werden. Es handelt sich dabei in der Regel um Carbamidharze, die mit entsprechenden Hochveredlungsprodukten — meist Reaktantharzen — gemeinsam verwendet werden und mit den gleichen Katalysatoren zur Vernetzung eingesetzt werden. Wegen der Vielzahl der Produkte und der dafür verwendbaren *Katalysatoren* muß aus Platzgründen auf die besonderen Eigenschaften dieser Katalysatoren bei den speziellen Verfahren aus Platzgründen verzichtet werden, es stehen von den Produktherstellern ausreichende Praxiserfahrungen zur Verfügung. Ähnliches gilt auch von optischen Aufhellern, die u. U. durch Bläumittel ersetzt werden müssen oder das optische Aufhellen erst nach der Ausrüstung erfolgen muß.

18. Hochveredlung

Tabelle 11. *Vereinfachte Vergleiche hochveredelter Zellulosegewebe mit den heute üblichen Vernetzungsprodukten.*

(t = Trocken-, n = Naßvernetzung)

Beurteilung I–IV: 1 = sehr gut, 2 = gut, 3 = schlecht

für V–XII: 1 = keine, 2 = mäßige, 3 = starke

Art der Hochveredlung		I TKW	II NKW	III beständig gegen Feinwäsche	IV beständig gegen Kochwäsche	V RFV	VI Änderung der Lichtechtheit	VII Chlor-retention	VIII Chlor-schädigung	IX Vergilbung nach Chlor-behandlung	X Vergilbung nach Trocken-hitze-behandlung	XI Fisch-geruch	XII Photo-tropie
Carbamid-harze													
Harnstoff-Formaldehyd	t	2	2	2	3	2	2(3)	3	3	3	1	2	3
mod. Harnstoff-Formaldehyd	t	1	2	1	2	2(3)	2	2	3	3	1	2	2
Melamin-Formaldehyd	t	2	2	2	3	2	2(3)	3	2	2	2	2	2
mod. Melamin-Formaldehyd	t	2	2	1	2	2	2(3)	2	2	2	2	2	2
harz-arme Hoch-veredlung													
DMEU	t	1	2	1	1	3	3	2	2(3)	1(2)	1	2	2(3)
DMDHEU	t	1	2	1	1	3	3	2	2(3)	1(2)	1	2	2
DMEU/TR	t	2	2	1	2	2	2	2	2	1	3	2(3)	2(3)
DMPU	t	1	1	1	1	3	2	2	2	1	1	2	1
DMTO	t	2	2	1	2(3)	2	2	2	2(3)	1	3	2(3)	2(3)
TMADU	t	2	2	1	1	3	2	2	2(3)	1(2)	1	2	1
harz-freie Hoch-veredlung													
Aldehyde	t	1	1	1	1	2	2	1	1	1	2	1	1
	n	3	1			1							
Acetale	t	1	1	1	1	2	2	1	1	1	1	1	1
	n	3	1			1							
Bel-O-Fast	n	3	1	1	1	1	2	1	1	1	1	1	1
Ganalok	t	2	1	1	1	2	2	1	1	1	1	1	1
Epoxy (POM II sauer)	t	2	2	1	1	1	2	1	1	1	1	1	1

TKW = Trockenknitterwinkel; NKW = Naßknitterwinkel; RFV = Reißfestigkeitsverlust.

Die meisten Hochveredlungsprodukte verändern die *Lichtechtheit von Färbungen*, was zum überwiegenden Teil auf die Wirkung der Katalysatoren zurückzuführen ist bzw. auch von den einzelnen Produkten abhängt. Die Naßechtheiten der Färbungen werden in der Regel durch die Hochveredlung verbessert.

Die **chemische Modifizierung** der Zellulosefasern hat bis heute, trotz intensiver Forschungsarbeit, nur sehr eingeschränkte Praxisanwendung gefunden, da die Verfahren meist kompliziert und teuer sind. Durch *Azetylierung* wird eine 5fache Hitzebeständigkeit der Baumwolle erreicht, außerdem wird die Verrottungsbeständigkeit verbessert, allerdings nehmen die Festigkeitswerte durch verstärkte Azetylierung stark ab. Durch *Acylierung* erhält man flammfeste Zellulosen und durch *Amidierung* eine „animalisierte" Zellulosefaser, die mit Säure- oder anderen Wollfarbstoffen angefärbt werden kann. Durch *Alkylierung* mit „Oniumverbindungen" erhält man permanente Hydrophobierungen (S. 333 Cerol WB/*Sandoz*, Velan PF/*ICI*, Zelan AP/*Dupont*). Durch *Carboxymethylierung* erhält man wasserlösliche Baumwolle, durch Benzylchlorid Zellulose, die gegen Mikroorganismen resistent ist. Durch *Cyanoäthylierung* der Baumwolle erhält man eine gegen Mikroorganismen (Fäulnis), hohe Temperaturen und Chemikalien weitgehend beständige Faser. Obwohl das letztere Verfahren die besten Resultate aufweist, ist es kompliziert und hat, trotz vieler Vorschläge, in der Praxis der Textilveredlung noch keinen Eingang gefunden. Die Vielzahl der hier angeführten Möglichkeiten verbessern in eingeschränktem Maße auch die wash-and-wear-Eigenschaften der Zellulosefasern, und es ist zu erwarten, daß auch in den kommenden Jahren weitere Fortschritte gemacht werden.

Die besprochenen Hochveredlungsverfahren kommen für Zellulosefasern in Betracht, doch werden auch Mischungen mit Synthesefasern — es werden vor allem Polyesterfasern beigemischt — hochveredelt, um den Zelluloseanteil knitterarm auszurüsten. Zellwollgewebe, die für Oberbekleidung wie Damen- und Kinderkleider, Sport- und Freizeitbekleidung verwendet werden, sind heute ohne Hochveredlung kaum abzusetzen. Als Baumwollgewebe werden vor allem Hemden- und Blusenstoffe, Gewebe für Oberbekleidung wie Hosen und Jacken und neuerdings auch für bügelfreie Bett- und Tischwäsche, die durch einfaches,

Tabelle 12. *Vergleiche zwischen Textilien aus synthetischen Fasern, Mischungen mit Baumwolle und hochveredelten Baumwollgeweben*

Synthetische Textilien (Polyamid-Webtrikot)	Fasermischungen (70 bzw. 50% Polyesterfasern mit 30 bzw. 50% Baumwolle)	Baumwollgewebe, hochveredelt mit Reaktant- oder harzfreien Produkten
Gute wash-an-wear-Effekte;	Gute wash-and-wear-Effekte;	Gute wash-and-wear-Effekte;
Schlechter Schweißtransport;	Mittlerer Schweißtransport;	Guter Schweißtransport;
Vergilbung im Gebrauch;		
Raschere Verschmutzung durch elektrostatische Anschmutzung;	Raschere Verschmutzung durch elektrostatische Anschmutzung;	Reißfestigkeitsverluste je nach Ausrüstung; Kochwaschbeständig;
Gute Reißfestigkeit;	Gute Reißfestigkeit;	Anschmutzung unterschiedlich, von Produkt und Additiv abhängig.
Maximale Waschtemperatur 60 °C.	Nicht immer kochwaschfest.	

nasses Aufhängen geglättet werden sollen, hochveredelt. Nach dem heutigen Stand der Hochveredlung kann durchaus gesagt werden, daß es gelungen ist, den Anteil von synthetischen Fasern vor allem in der Oberbekleidung und in Wäscheartikeln einzudämmen, was vor allem für Polyamidwebtrikot gilt. Durch Beimischung von synthetischen Fasern werden Oberbekleidungstextilien aus Baumwolle in ihrer Festigkeit verbessert. Eine Gegenüberstellung hochveredelter, mit Synthese- und Mischfasergewebe zeigt Tab. 12.

Mechanische Einrichtungen für die Hochveredlung

Wie bereits erwähnt, ist es für die Applikation der Produkte notwendig, die Gebrauchslösungen zu foulardieren. Es werden die bereits beschriebenen *2- oder 3-Walzenfoulards* (S. 261) eingesetzt. Ein Foulardieren von nur vorentwässerter Ware ist meist wegen des schwer zu berechnenden Flottenaustausches (S. 259) weniger im Gebrauch. Die Ware wird in der Regel nach einer guten Vorreinigung in gut saugfähigen Zustand getrocknet vorgelegt. Für die nach dem Foulardieren notwendige *Zwischentrocknung* werden hauptsächlich Spannrahmentrockner (S. 112) verwendet und spannungsarm gearbeitet, um die Restkrumpfwerte niedrig zu halten. Besonders bewährt haben sich Kurzschleifen- (S. 127), wogegen Langschleifentrockner (S. 126) die Waren stark in die Länge ziehen. Gleich gut geeignet sind auch Saugtrommel- (S. 125) und Schwebedüsentrockner (S. 123). Ein Übertrocknen ist in allen Fällen zu vermeiden. Auch Zylindertrockner (S. 130) eignen sich für das Vortrocknen, wenn die Ware durch besonderen Zylinderantrieb spannungslos geführt werden kann. Da jedoch bei Zylindertrocknern durch den Hitzeschock oft eine Verhornung der Ware, und damit eine verschlechterte Saugfähigkeit auftritt, ist das Trocknen besonders zu überwachen und evtl. mit geringeren Zylindertemperaturen zu arbeiten. Für die Zwischentrocknung sind Zylindertrockner nur in wenigen Fällen verwendbar, da wegen des Hitzeschocks ein vorzeitiges, oberflächliches Kondensieren der Harze zur Griff- und Reißfestigkeitsverschlechterung führt.

Alle Arbeiten, die zur mechanischen Veränderung der Oberfläche führen, müssen vor der Kondensation ausgeführt werden. Dazu gehören das Krumpfen (S. 212), Kalandern (S. 184), Pressen (S. 177) usw., da diese Arbeiten nach der Kondensation unwirksam bzw., wie z. B. das Kalandern, zur Faserschädigung führen. Obwohl es möglich ist das Krumpfen vor dem Foulardieren vorzunehmen, sind die Effekte wegen des nachfolgenden spannungslosen Kondensierens nach dem Zwischentrocknen vorteilhafter.

Zur Trockenkondensation werden wegen des geringen Platzbedarfes und der hohen Leistung **Kondensiermaschinen** nach dem *Hotflue-System* (S. 123) und *Spezialkonstruktionen* eingesetzt, die ein möglichst spannungsloses Arbeiten bei kontrollierbarer Endfeuchte erlauben. Die Ware wird dabei in einfachen oder Doppelschleifen senkrecht durch den Trockenraum geführt (Abb. 386, 387), die Luft über Gebläse oder Düsen von unten und/oder oben zwischen die Warenbahnen geblasen. Das Schema einer Kondensationsmaschine zeigt die Abb. 388. Die Konstruktion ist für kleine Produktion gedacht. Die Ware wird auf 2·1,5 m über eine Schwebedüsenstrecke aufgeheizt und oberhalb der Aufheizung nach dem Hotflue-System in einfachen Schleifen auskondensiert, wozu eine 25-m-

362 II. Die chemischen Appreturarbeiten

Abb. 386. Kondensiermaschine nach dem Hotflue-System (*Haas*) mit vorgeschalteter Infrarot-Aufheizzone

Abb. 387. Kondensiermaschine nach dem Hotflue-System (*Amdés*)

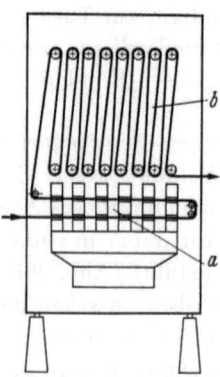 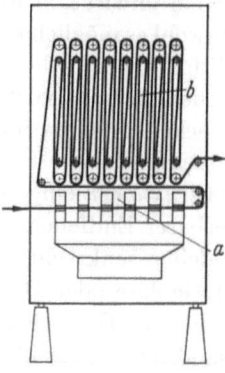

Abb. 388. Walzen-Kondensiermaschine Typ 1840 (*Artos*) mit doppelter Düsenaufheizzone (*a*) und verweilendem Kondensieren in einfachen Schleifen (*b*)

Abb. 389. Walzen-Kondensiermaschine Typ 1850 (*Artos*) mit einfacher Düsenaufheizung (*a*) und verweilendem Kondensieren in Doppelschleifen (*b*)

Strecke zur Verfügung steht. Für mittlere Produktion ist der Typ 1850 (Abb. 389) eingerichtet, bei dem die Ware in Doppelschleifen nach der Düsenaufheizung auskondensiert und damit 45 m nach der 1,5 m langen Düsenaufheizung aufgenommen werden können. Für mittlere und hohe Produktion ist der Typ 1852 (Abb. 390) vorgesehen. Die Ware wird dabei in einfachen Schleifen — insgesamt 18 m — aufgeheizt und in Doppelschleifen in der Verweilzone mit 67 m auskondensiert. In der Verweilzone wird die Ware über eine „Luftwäsche", die von den Axialgebläsen erzeugt wird, temperiert bzw. die Aufheiztemperatur aufrecht erhalten. Die beschriebenen Konstruktionen können wahlweise auch als Thermofixiermaschinen verwendet werden, wenn ein Breithalten der Gewebebahnen nicht notwendig ist. Zur Kompensation der auftretenden Längsspannung und damit zur Erniedrigung der Restkrumpfwerte werden von *Artos* Relax-Antriebe über Keilriemen bzw. elastische Relax-Rundfedern eingesetzt. Andere Hersteller verwenden Spezialantriebe für den gleichen Zweck.

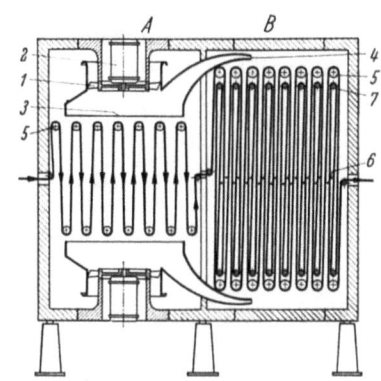

Abb. 390. Kondensiermaschine Typ 1852 (*Artos*)
A Aufheizzone; *B* Verweilzone; *1* Axialgebläse; *2* Gebläsemotor; *3* Düsenkörper (oben); *4* Düsenfinger für die „Luftwäsche" (oben); *5* Relax-angetriebene Oberwalzen; *6* Warenleitstäbe; *7* Zwischenwalzen

Kondensationsmaschinen nach dem Hotflue-System bauen u. a.:

Amdés	*Comerio-Ercole*	*Industrial-Heat*	*Monforts*
Artos	*Deck*	*Isotex*	*National-Drying*
Butterworth	*Famatex*	*Mather-Platt*	*Schilde*
Clerc	*Haas*	*Menzel*	*Stork*

Die vorstehend aufgeführten Firmen bauen meist auch andere Trockenmaschinen und Foulards, und vereinen die Konstruktionen zu kontinuierlichen Ausrüstungsstraßen (Abb. 391). Als Spezialkonstruktion für das Trocken-

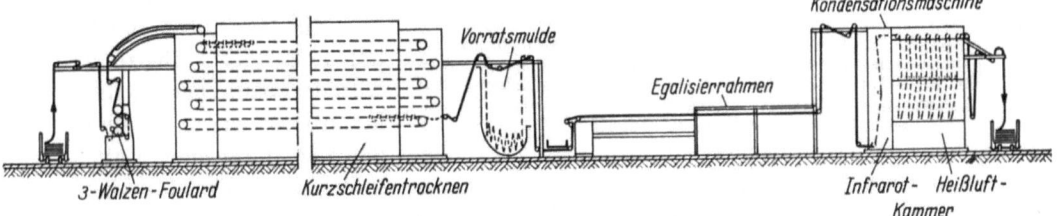

Abb. 391. Einrichtungen für die kontinuierliche Hochveredlung „Kunstharzstraße" (*Haas*)

densieren wurde von *Fleissner* nach dem Saugtrommelprinzip die RT-Anlage entwickelt, bei der die Ware auf Saugtrommeln — wie auch beim Trocknen (S. 125) — kondensiert wird. Die RT-Anlage wird auch zum Thermofixieren und zum Thermosolieren in der Kontinuefärberei von Gewirken und Geweben aus synthetischen Fasern und deren Mischungen mit nativen Fasern eingesetzt (S. 242).

Für die ausreichende Kondensation sind Verweilzeiten in den Maschinen von 3—5 Min. notwendig, die, wenn auf Spannrahmen gearbeitet würde, sehr lange und damit kostspielige Konstruktionen erfordern würden. Aus diesem Grund werden Spannrahmen nur selten zur Kondensation eingesetzt. Für hohe Durchlaufgeschwindigkeiten sind auch Kondensationsmaschinen nach dem Hotflue-System in konventioneller, kurzer Bauweise nicht immer ausreichend. Von *Artos* wurden deshalb *Ringspeicher-Kondensationsmaschinen* entwickelt. Dabei werden die Warenbahnen über Leitrollen geführt, von oben über Düsen aufgeheizt, auf Tragstabketten ringförmig aufgelegt und auch von dieser abgezogen (Abb. 392). Der Ringspeicher Typ 1902 faßt 200 m, wenn auf dem Speicher 25 Lagen aufgelegt werden. Durch die kontinuierliche Warenzu- und -abführung (über eine schräg gestellte Auslaufwalze) werden auf engstem Raum große Warenmengen bewältigt, da die Ware auf dem Ringwickel ausreichende Zeit verweilen kann. Als Weiterentwicklung baut *Artos* den Typ 1800 (Abb. 393), bei dem die Ware nach dem Hotflue-System aufgeheizt und über eine Tänzerwalze dem Ringspeicher zugeführt wird. Die Konstruktion arbeitet wie der Typ 1902, da jedoch die Aufheizung vor dem Verweilen erfolgt, ist sie intensiver und die Produktion noch höher. Bei der Aufheizung wird der spannungslose Relaxantrieb verwendet und die Ware durch eine „Luftwäsche" beidseitig auf Temperatur gehalten. Nach Verlassen der Maschine wird meist eine „Entdunstung" angeschlossen, um evtl. auftretende Formaldehydschwaden nach oben abzusaugen. Meist wird über Peripheriewickler auf Großkaulen gewickelt, doch ist eine Abtafelung ebenfalls möglich. Die Heizung kann konventionell mit indirektem Dampf aber auch mit Öl, Gas oder elektrisch erfolgen. Von *Clerc* wird eine ähnliche Konstruktion geliefert, doch wird die Ware nur in einer Lage über einen perforierten, rotierenden Zylinder geführt und über Düsen aufgeheizt.

Für die *Nachwäsche*, wenn eine solche vorgeschrieben ist, soll möglichst die Breitform gewählt werden. Dabei werden für geringe Produktion Jigger und für

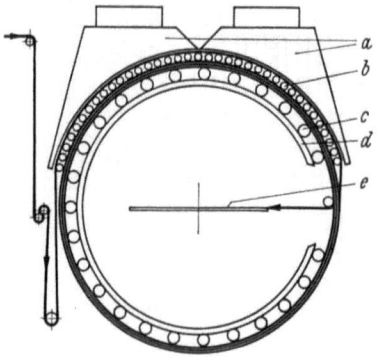

Abb. 392. Ringspeicher-Kondensationsmaschine Typ 1902 (*Artos*)
a Düsenkästen; *b* Leitrollen für die erste Warenlage; *c* endlose Tragstabkette; *d* elastischer Käfig; *e* schräggestellte Warenauslaufwalze

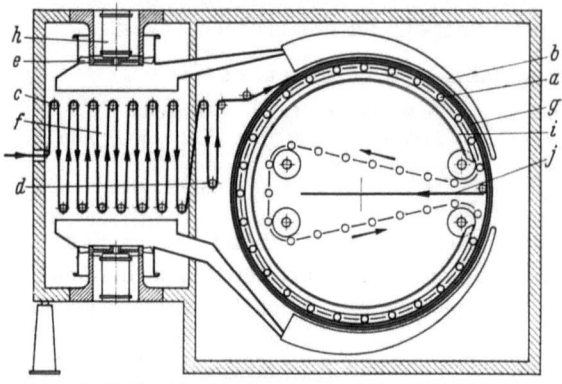

Abb. 393. Ringspeicher-Kondensationsmaschine Typ 1800 (*Artos*)
a endlose Tragstabkette; *b* Düsenbelüftung; *c* obere Führungswalzen mit Relax-Antrieb; *d* Tänzerwalze für den Spannungsausgleich; *e* Axialgebläse; *f* Aufheizzone; *g* Ringwickel; *h* Gebläsemotor; *i* elastischer Käfig; *j* schräggestellte Warenauslaufwalze

Großproduktion Breitwaschmaschinen mit entsprechender Anzahl von Waschkästen eingesetzt. Das anschließende Trocknen wird auf allen bekannten Einrichtungen vorgenommen.

Permanent-Preß-Ausrüstung

Die Vielzahl der für die Hochveredlung eingesetzten Produkte und Verfahren läßt leider zu Unrecht vermuten, daß bereits alle Probleme auf diesem Gebiet gelöst wurden. Das gilt nicht nur für den teilweise starken Abfall der Faserfestigkeit, sondern vor allem für die Gebrauchseigenschaften hochveredelter und konfektionierter Textilien. Auch in der Konfektion haben sich Nachteile ergeben, die erst im Gebrauch sichtbar wurden. Dazu gehört vor allem das Boldern (Welligwerden der Nähte). Versuche, auch Nähfäden aus Zellulosefasern im Garn hochzuveredlen, haben gezeigt, daß der Abfall der Reißfestigkeit und die Versteifung sehr nachteilig bei schnellaufenden Nähmaschinen ist und zu Fadenbrüchen führt. Um die Vernähbarkeit zu verbessern, werden in der Hochveredlung von Geweben Weichmacher eingesetzt, die als Additive den Durchstich der Nadeln erleichtern, dadurch keine Fäden zerstochen und die Nadeln nur wenig erhitzt. Um Nähfäden, für die eine Hochveredlung nicht ratsam ist, besser vernähen zu können, enthalten diese zur verbesserten Vernähbarkeit zwar Weichmacher als Gleitmittel, im Gebrauch sind ihre Krumpfwerte jedoch höher als die der hochveredelten Ware und es ergeben sich dadurch in den Nähten unangenehme Bolderungen.

Bei der *Permanent-Preß-Ausrüstung (PP-Verfahren)* auch *durable-press-(DP) Ausrüstung* bezeichnet, handelt es sich um eine Arbeitsweise, welche im Gebrauch der konfektionierten Textilien eine wirklich bügelfreie Ware ergeben soll. Man spricht dabei von einem *flat-memory-Gewebe, Gewebe mit Erinnerungsvermögen an den durch Hochveredlung erzielten flachen Ausrüstungseffekt*. Die PP-Technik kann als Zweiphasenausrüstung bezeichnet werden, da die Applikation von Hochveredlungsprodukten in der Textilveredlung und evtl. eine ganze oder teilweise Kondensation (*Pre-cure-Verfahren*) vorgenommen wird, bzw. wird nur foulardiert, getrocknet und die gesamte Kondensation nach der Konfektion (*Postcure-Verfahren*) ausgeführt. Auch beim pre-cure-Verfahren erfolgt die endgültige Kondensation durch Pressen unter verschärften Bedingungen am fertig konfektionierten Kleidungsstück. Die PP-Ausrüstung kommt hauptsächlich für Textilien aus Mischungen von Zellulose- mit Polyesterfasern bzw. heute noch eingeschränkt, für reine Baumwollwaren in Betracht wie:

Herren-, Damen-, Kinderhosen (Slacks) — Regenmäntel — Arbeitskleidung — Freizeit- und Taghemden — Blusen — Freizeitjacken — Plisseekleider — Pyjamas — Stretchartikel — Bett- und Tischwäsche usw.

Wegen des starken Festigkeitsabfalls kommen z. Z. hauptsächlich Waren aus Synthesefasern mit Baumwolle für die PP-Ausrüstung in Frage, auch wenn durch Additive diese eingegrenzt werden kann, ist der RFV weit höher als bei konventionellen Hochveredlungsverfahren. Für PP-ausgerüstete Waren sind von einer Vielzahl von Herstellungsfirmen geschützte Markenbezeichnungen angemeldet worden, die auszugsweise in Tab. 13 aus der *CIBA-Rundschau 1966/2* entnommen, aufgeführt werden.

Tabelle 13. *Permanent-Press-Hochveredlung. Geschützte Markennamen einiger Firmen für ihr PP-ausgerüsteten Gewebe bzw. die aus diesen hergestellte, konfektionierte Textilien*

Markennamen	Markeninhaber	PP-Verfahren
Bell-cure	Kanegafuchi Spinning Co., Japan	Pre-cure
Burlington PCR	Burlington Men's Wear, USA	Post-cure
Dan Press	Dan River Mills, USA	Post-cure
Duraset	Chicopee Mills, USA	Post-cure
Fuji-Cure	Fuji Spinning Ltd. USA	Pre-cure
Koratron	Koratron Corp., USA	Post-cure
Novario	Nino GmbH., Deutschland	Pre-cure
Polyfan	Povel & Co., Deutschland	Pre-cure
Reeve-Set	Reeves Bros., USA	Pre- u. post-cure
Sanfor-Set	Cluett-Peabody, USA	Pre-cure
Star	Nino, Buntweberei Brennet u. a., Europa	Pre-cure
Tootapress	Tootal, England	Pre-cure

In verschiedenen Ländern sind die Verfahren patentrechtlich geschützt. Obwohl die PP-Technik in USA entwickelt wurde, findet sie bereits heute ausgedehnte Verwendung in Japan und Europa. Für die USA ist hauptsächlich das Post-cure-, für Europa z. Z. das Pre-cure-Verfahren üblich. Abgesehen von Spezialverfahren kommen für die PP-Ausrüstung überwiegend die harzarmen Reaktant- bzw. die harzfreien Hochveredlungsprodukte in Betracht.

Beim **Pre-cure-Verfahren** wird die Stückware wie üblich foulardiert, zwischengetrocknet, teilweise (partiell) oder voll auskondensiert, nachgewaschen und getrocknet. Nach der Konfektion werden die fertigen Kleidungsstücke auf *speziellen Dämpfbügelpressen* mit überhitztem Dampf von 130–150 °C 5 Sek. gedämpft, 5–10 Sek. abgesaugt und 15–25 Sek. mit einem Druck von 1 kg/cm^2 bei 205–230 °C gepreßt. Auch auf normalen Bügelpressen können, allerdings etwas weniger gute Effekte erreicht werden, da auf diesen nur bei 150–165 °C und einem Druck von 0,2 kg/cm^2 gearbeitet werden kann. Beim Precure-Verfahren, bei dem allgemein weniger gute Effekte der Falten-, Nähte- und Säumeausrüstung als beim Post-cure-Verfahren erreicht werden, dürften beim Pressen die Kunstharz-Quervernetzungen aufgebrochen und neu gebildet werden, wobei sich die Effekte erklären lassen. Das Verfahren hat jedoch den Vorteil, daß schädigende Produkte aus der Kondensation ausgewaschen wurden und, abgesehen von der Anschaffung spezieller Dampfbügelpressen, für die Konfektion keine besonderen und teuren Einrichtungen angeschafft werden müssen.

Beim **Post-cure-Verfahren** wird foulardiert, auf eine Restfeuchte bis 10% getrocknet und die Gewebe in diesem Zustand der Konfektion geliefert. Nach der Konfektion werden die Kleidungsstücke auf speziellen Bügelpressen gepreßt und auf der Presse 5–15 Sek. vorkondensiert und in speziellen Öfen bei 170–190 °C während 10–18 Min. dis- oder kontinuierlich ausgehärtet (nachkondensiert). Die Fa. *Haas* baut für das diskontinuierliche Härten Polymerisierkammern mit einer Stundenleistung von 40–240, und für das kontinuierliche Härten Polymerisierkanäle (Abb. 394) mit einer Stundenleistung von 360–1320 Hosen. Die Leistung richtet sich nach der Typgröße der Anlagen, in denen die Kleidungsstücke faltenfrei auf Gestellen (Kammern) oder umlaufenden Transportketten (Kanäle) hängend mit Heißluft von 170 °C behandelt werden. In USA bauen mehrere Firmen, z. B. *Industrial-Heat*, derartige Einrichtungen.

Die *Harzauflage* ist bei der PP-Ausrüstung höher (5,5—6,5%) gegenüber der konventionellen wash-and-wear-Ausrüstung (3,5—4,5%), wodurch ein verstärkter RFV von normal 50% bei Baumwolle üblich ist, was den Einsatz von Mischungen von Baumwolle mit synthetischen Fasern rechtfertigt. In der Konfektion müssen Zutaten (Futterstoffe, Taschenfutter, Gurt- und Stoßbänder, Reißverschlüsse usw.) verwendet werden, die keine höheren Krumpfwerte aufweisen als der Oberstoff, um unangenehme Bolderungen zu vermeiden. Als Richtrezeptur für die Foulardierung gilt die Verwendung von

Abb. 394. Polymerisierkanal (*Haas*) für das Härten von im Post-cure-Verfahren behandelten Textilien der Permanent-Preß-Ausrüstung

Tabelle 14. *Rezeptvorschläge der CIBA für die Permanent-Press-Ausrüstung.*
A = für Polyester/Baumwoll-Mischungen;
B = für oleophobe Ausrüstung von Polyester/Baumwollmischungen;
C = für Polyester/Viskose-Zellwoll-Mischungen; D = für Baumwolle;
E = für oleophobe Ausrüstung von Baumwolle

Foulard-Zusätze	A g/l	B g/l	C g/l	D g/l	E g/l
Lyofic NC	70—100	70—100		100—160	100—160
Lyofix PR			80—100		
Sapamin NP oder Migafar L	20—30		20—30	20—30	
Dicrylan 270	10—30		10—30	40—50	
Phobotex FTC/FT		25			25
Zepel B[1]		60			60
Katalysator RB oder Essigsäure 40%ig		6			6
Magnesiumchlorid krist.	9—12	9—12		12—20	12—20
Zinknitrat krist.			6—9		

150—200 g/l Cassurit RI/*Cassella*, Fixappret CPN/*BASF*, Knittex LE/*Pfersee*, u. a.
17— 22 g/l Magnesiumchlorid,

[1] *Zepel B/Dupont für die oleophobe Ausrüstung*

5— 8 g/l Primenit VS/*Hoechst* (waschbeständiger Weichmacher mit Hydrophobierung),
5— 8 g/l Velustrol PA/*Hoechst* (Polyäthylen-Emulsion).

Von der *CIBA* werden für unterschiedliche Artikel die in Tab. 14 angegebenen Rezeptvorschläge gemacht. Inzwischen haben eine Reihe von anderen Firmen ähnliche Vorschläge veröffentlicht.

Da für die PP-Ausrüstung hauptsächlich gefärbte Textilien eingesetzt werden, wurden von den Farbstoffherstellern die Produkte ausgesucht, welche zur Vorfärbung geeignet sind. Es handelt sich dabei für den Zelluloseanteil um Direkt-, bzw. Küpenfarbstoffe, für den Polyesteranteil kommen Dispersionsfarbstoffe in Betracht, die auf ihre Licht-, Wasch-, Reib-, Sublimierechtheit und die Nuanceänderung durch die Ausrüstung zu prüfen waren. Über die Brauchbarkeit der einzelnen Produkte stellen die Hersteller ausführliche Informationen zur Verfügung. Ähnliches gilt auch für optische Aufheller bei der Weißwarenausrüstung bzw auch für Produkte, die zur Griffverbesserung usw. mit eingesetzt werden.

Oberflächenausrüstung hochveredelter Textilien

Abgesehen vom Echtprägen von Stückwaren aus Sekundär- und Triazetat bzw. synthetischer Fasern, war es vor der Einführung der Hochveredlung nicht möglich, auf nativen Fasern waschechte Prägeeffekte zu erreichen. Bei Azetat- und Synthesefasern wird mittels beheizter Walzen die Warenoberfläche örtlich angeschmolzen und dabei geprägt. Da die Hochveredlungsharze temperaturhärtend sind, können vor der Auskondensierung verformende Oberflächen-Prägungen vorgenommen werden. Durch die nach der Prägung erfolgende Kondensierung werden die Prägeeffekte weitgehend waschfest und temperaturbeständig fixiert. Man nennt diese Arbeiten auch *Permanentprägung*, wobei das Glätten der Gewebe, allgemein als *Chintzen* bezeichnet, mit zu diesen Ausrüstungen zählt. Nach dem Kondensieren von mit Vorkondensaten behandelten Geweben aus Zellulosefasern ist eine Prägung nicht mehr möglich.

Im Prinzip werden die Gewebe, wie für die Hochveredlung üblich, mit den Vorkondensaten, Katalysatoren, Steifungsmitteln, Weichmachern (Additive) geklotzt, wobei man bei Zellwolle mit Abquetscheffekten von 80—90%, bei Baumwolle mit 60—70% arbeiten sollte und anschließend bei 80—90 °C getrocknet. Es ist unbedingt darauf zu achten, daß die Restfeuchtigkeit bei Zellwolle nicht unter 10%, bei Baumwolle nicht unter 9% absinkt, um eine zu starke Beeinträchtigung der Elastizität der Ware während der Prägung zu vermeiden und dadurch eine möglichst hohe Erhaltung der Reiß- und Scheuerfestigkeit zu garantieren. Anschließend wird geprägt oder gechintzt und kondensiert.

Bei der Prägung gelten für das Foulardieren und Zwischentrocknen gleiche Bedingungen wie bei den konventionellen Verfahren. Für Zellwolle werden meist Carbamidharze, vornehmlich Melamin-Formaldehyde und für Baumwolle Produkte der harzarmen Ausrüstung eingesetzt. Für Zellwolle werden die Produktmengen um 20—30% erhöht.

Seidenfinish durch Schreinern oder Riffeln. Es handelt sich dabei um eine Mikroprägung, welche nur der Erhöhung des Glanzes der Ware dient und das keine eigentlichen Prägeeffekte im üblichen Sinne ergibt. Man schreinert bei Baumwollwaren (Renforcé oder Popeline) auf die man 60—120 g/l eines Vorkondensates und den üblichen Zusätzen foulardiert und getrocknet hat, bei Temperaturen von 160—200 °C, wobei niedrige Vorkondensatmengen höhere Riffeltemperaturen benötigen. Auch die Restfeuchtigkeit soll bei hohen Riffeltemperaturen höher gewählt werden. Der Walzendruck liegt bei einer Walzenbreite von 120 cm bei 15—25 t. Anschließend wird bei 140—150 °C kondensiert und evtl. nachgewaschen. Zellwollartikel verlangen normalerweise die gleiche Arbeitsweise, jedoch sollte man nicht über 180 °C riffeln und unbedingt eine Nachwäsche vornehmen. Als Richtlinien können gelten, daß durch eine Erhöhung der Riffeltemperatur und Restfeuchtigkeit der Glanz und dessen Permanenz verbessert wird, jedoch der Griff härter und spröder wird. (Siehe auch Seidenfinish-Kalander S. 193.)

Chintz durch Friktionsbehandlung. Diese Effekte kommen hauptsächlich auf dichtgeschlagenen Baumwollgeweben in Betracht, welche man vorher sengt. Die Anwendungsmengen und Foulardierung gleicht weitgehend der für das Schreinern üblichen Arbeitsweise. Da man, um einen erhöhten Glanz zu erreichen, meist mehrmals chintzt, sollte man nur auf Restfeuchtigkeitsmengen von 12—16% trocknen. Man arbeitet mit einem Walzendruck von 50—100 kg/cm und Temperaturen von 150—200 °C bei einer Warengeschwindigkeit von 5 bis 15 m/min. Anschließend wird, wie auch nach dem Schreinern, die Ware gekühlt und kondensiert. Eine Nachwäsche empfiehlt sich auch hier.

Tiefprägung. Bei dieser Arbeitsweise werden in das mit Vorkondensaten foulardierte und getrocknete Gewebe die verschiedensten Muster geprägt. Man spricht allgemein bei diesen Arbeiten von einer Tiefprägung zum Unterschied zum Schreinern als Mikroprägung. Der erste auf dem Markt in größerem Maße erschienene Artikel war *Everglace* der Fa. *J. Bancroft & Sons, Co.* bzw. die *Calpretaausrüstung* der Fa. *Calico-Printers Assoziation.* Heute ist lediglich der Name der beiden Ausrüstungen in Deutschland geschützt und nicht das Verfahren, so daß jeder Ausrüster ohne Lizenzgebühr sowohl Chintz- als auch andere Prägeeffekte herstellen kann.

Wichtig ist bei Tiefprägungen, daß die Waren, und das gilt auch für Zellwolle, einen zusätzlichen Reißfestigkeitsabfall von mindestens 15% erleidet. Um diesen Abfall zu verringern, sollten neben den Vorkondensaten und Katalysatoren unbedingt Additive eingesetzt werden und die Restfeuchtigkeit nicht unter 15% nach dem Trocknen absinken. Der Walzendruck und die Temperatur richten sich nach dem Muster und der Art des Kunstharzes. Ansonsten ist die Arbeitsweise die gleiche wie beim Schreinern. Es soll hier noch erwähnt werden, daß bei Tiefprägungen die Möglichkeit besteht, durch ein Farbwerk vor der Prägefuge das erhöhte Muster mittels einer Übertragungswalze anzufärben und dadurch mit der Tiefprägung eine Anfärbung der Warenvertiefungen zu erhalten bzw. durch ein nachgeschaltetes Farbwerk die erhöht gebliebenen Warenteile direkt anzufärben. Für diese Art des „Druckes" eignen sich hauptsächlich Pigmentfarbstoffe, deren Binder durch das anschließende Kondensieren auch die Fixierung des Farbstoffes besorgen. Spezialkalander mit Farbwerken baut *Dornbusch* (S. 189) u. a.

Da es oft schwierig ist, hochveredelte Textilien egal umzufärben, ist zur Entfernung der Hochveredelung ein *Abziehen* notwendig. Es haben sich dafür Behandlungen im Vollbad (Jigger oder Haspelkufe) mit

3—5 ml/l Salzsäure konz. oder
10 ml/l Ameisensäure 85%ig,
1—2 g/l eines nichtionischen Waschmittels

bewährt. Es wird während 30—60 Min. bei max. 95 °C gearbeitet und anschließend gut heiß und kalt gespült. Das Ablösen der Harze wird durch Zusatz von anorganischen, kondensierten Phosphaten z. B. 2—5 g/l Calgon T/*Benckiser* u. a. gefördert. Einige Firmen haben auch spezielle Harzentferner (z. B. *Rotta*) auf dem Markt.

19. Merzerisieren

Obwohl es heute keinesfalls notwendig ist, Baumwolle durch Merzerisieren mit höherem Glanz zu versehen, da eine ausreichende Zahl von regenerierten Zellulose- bzw. synthetischen Fasern mit unterschiedlichem Glanz auf dem Markt sind, wird Baumwolle weiterhin häufig merzerisiert, da die angegebenen Fasern wegen ihrer im Gebrauch nicht ausreichenden Strapazierfähigkeit — das gilt vor allem für regenerierte Fasern in Kochwaschartikeln — bzw. ihres hydrophoben Charakters, wie es bei synthetischen Fasern der Fall ist, für Artikel wie Hemden- und Blusenpopeline, Bettbezugstoff, Taschentücher usw. nicht eingesetzt werden sollten.

Beim Merzerisieren handelt es sich um eine Behandlung der Baumwolle mit Natronlauge von 28—32 °Bé (21—26% NaOH) in der Kälte (8—15 °C) während 60—90 Sek. in gestrecktem Zustand. Dabei wird der ovale, nierenförmige Querschnitt gerundet, das Lumen verkleinert bzw. verschwindet es vollkommen. Die korkzieherartigen Windungen werden aufgedreht, wodurch sich eine schlauchförmige Faser ergibt, welche das Licht besser und gerichteter reflektiert (Abb. 395). Durch Merzerisieren treten folgende Veränderungen der Fasereigenschaften der Baumwolle auf:

Glanzerhöhung (bis auf das 5fache),
Zunahme der Reißfestigkeit (10—40%),
Abnahme der Bruchdehnung (20—30%),
Verbesserung der Licht- und Wetterbeständigkeit der Faser,
erhöhte Feuchtigkeits- und damit Farbstoffaufnahme und
erhöhte Faserquellung im Wasser.

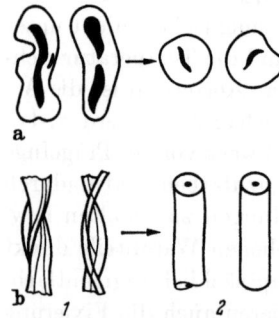

Abb. 395 a u. b. Veränderung der Baumwolle durch Merzerisieren
a *1* Querschnitte unmerzerisierter Baumwolle; a *2* Querschnitte merzerisierter Baumwolle; b *1* Längsansicht unmerzerisierter Baumwolle; b *2* Längsaufsicht merzerisierter Baumwolle

Wenn auch die Merzerisation eine Reihe von Vorteilen zeigt, muß gesagt werden, daß sie wegen der Erniedrigung der Bruchdehnung und damit auch Abnahme der elastischen Dehnung und teilweise Abnahme der Scheuerfestigkeit, die ebenfalls mit der elastischen Dehnung herabgesetzt wird, nicht immer eine Steigerung des Gebrauchswertes der Baumwolle darstellt. Ferner ist zu berücksichtigen, daß die Baumwolle bei der Merzerisation nur einen Teil der eingesetzten Lauge „selektiv" bindet und wegen der in den meisten Ländern gültigen „Gesetze zur Reinhaltung des Wassers" eine kostspielige Entfernung der Laugenreste aus den Abwässern erfordert und damit das Merzerisieren teuer ist, und sich nur für hochqualifizierte Baumwollwaren lohnt.

Trotz der anderen Verbesserungen ist der Hauptzweck des Merzerisierens hauptsächlich die Glanzerhöhung, die nur teilweise von den technologischen Bedingungen der Behandlung abhängt. Grundsätzlich sollten möglichst langstapelige und von Natur aus glänzende Fasern für zu merzerisierende Artikel verarbeitet werden, wie sie einige Sorten amerikanischer und ägyptischer Baumwollen darstellen. Baumwolle wird als Garn in Strangform und als Gewebe merzerisiert. Da die Garnmerzerisation hauptsächlich in der Färberei[1] vorgenommen wird, bleibt sie hier unberücksichtigt. In Ausnahmefällen werden auch Mischtextilien aus Baumwolle mit Viskose- oder Cuprozellwolle merzerisiert. Da die hohe Natronlaugenkonzentration die regenerierten Zellulosefasern schädigen, ist es vorteilhaft, die Natronlauge bis zu 50% durch die teure Kalilauge zu ersetzen. Eine Merzerisation von Mischungen aus Baumwolle mit synthetischen Fasern — es kommen hauptsächlich Polyester- und Triazetatfasern in Betracht — ist jedoch ohne Schädigung des synthetischen Faseranteils möglich, wenn nach der Merzerisation die Lauge nicht sofort mit kochendem, sondern Kaltwasser entfernt wird. Kochende Laugen führen bei Polyester- und Triazetatfasern zum teilweisen Abschälen der Außenschichten der Faser (S-Finish). Mischungen mit Sekundärazetat können jedoch nicht merzerisiert werden.

Soll durch eine Laugenbehandlung keine Glanzerhöhung erreicht werden, sondern nur die Farbstoffaufnahmefähigkeit und Reißfestigkeit erhöht werden, genügt eine Laugenbehandlung mit 18—25 °Bé NaOH, die als *Laugieren* bezeichnet wird. Zum Laugieren von Geweben muß nicht unbedingt eine Merzerisiermaschine eingesetzt werden, da eine Spannung der Stückwaren unterbleibt. Meist werden die Gewebe nur mit Lauge foulardiert und mit mäßiger Spannung aufgerollt, in dieser Form ausgequollen und anschließend auf Breitwaschmaschinen gewaschen und die Lauge durch Neutralisation entfernt. Auf diese Art werden auch flachgewirkte Simplextrikotagen aus Baumwolle laugiert, wobei hauptsächlich eine Verdichtung der Ware und hohe Elastizität erstrebt wird, die bei der Verarbeitung dieser Waren für Handschuhe notwendig ist.

Als *spannungslose Merzerisation* (slack-mercerising) wird auch das Laugieren von Baumwollgeweben verstanden, welche eine hohe Elastizität zeigen und als *Baumwollstretch* bezeichnet werden. Für diesen Spezialartikel werden, wenn es sich um die Erzeugung von Kett- oder Schußstretch handelt, meist Kettenmerzerisiermaschinen verwendet. Soll der Stretch in beiden Richtungen erzeugt werden, werden die Gewebe spannungslos mit Lauge foulardiert und über längere Zeit abgelegt und anschließend gewaschen und neutralisiert. Zur Herstellung von elastischen Geweben (*Schußstretch*) aus Baumwolle wurde von *Benteler* die kettenlose Merzerisiermaschine so verändert, daß die Weichgummiwalzen nicht auf den angetriebenen Unterwalzen aufliegen, sondern pneumatisch abgehoben laufen und damit der Ware ohne besonderen Längszug das Schrumpfen in Kettrichtung möglich ist. Dabei wird mit 36 °Bé-Natronlauge, einer Behandlungstemperatur von 26 °C, die höchste Elastizität (bis zu 40%) in 110 Sek. Einwirkungszeit erreicht. Der zu erzielende Stretch ist jedoch auch von der Garndrehung, der Webeinstellung und der Faserqualität abhängig.

---

[1] BERNARD: Praxis des Bleichens und Färbens von Textilien. Berlin/Heidelberg/New York: Springer 1966.

Von der Festigkeitserhöhung durch Laugieren bzw. Merzerisieren wird auch bei der Hochveredlung (S. 340) Gebrauch gemacht, um die dort auftretende Festigkeitsabnahme teilweise zu kompensieren.

Durch Merzerisieren und Laugieren tritt (wenn ohne Spannung gearbeitet wird) eine Schrumpfung der Faser bis 30% innerhalb von max. 50 Sek. ein. Es ist deshalb notwendig, in dieser kurzen Zeit eine möglichst gründliche Durchnetzung bei Temperaturen bis max. 20 °C zu erreichen. Als unbedingte Voraussetzung gilt deshalb eine möglichst saubere Ware, die keine Schlichte oder andere Rückstände enthält, welche die Saugfähigkeit (Kapillarität) der Faser behindert, zu behandeln. Auf Grund der Vorbehandlung unterscheidet man deshalb die

Merzerisation vorbehandelter Ware und die Trockenmerzerisation.

Die günstigste *Vorbehandlung von Baumwollgeweben* besteht in der Entschlichtung, Beuche und Vortrocknung. Dabei zeigt Baumwolle die beste Saugfähigkeit (Hydrophilität) und es wird in kürzesten Merzerisierzeiten der beste Glanz und die geringste Verschmutzung der Merzerisierlauge erreicht. Auch die Laugenkühlung benötigt geringere Energie als bei der Trockenmerzerisation. Man hat aus Preisgründen versucht einige Vorarbeiten wegzulassen, um eine Verbilligung zu erreichen. So wird häufig die Ware nur entschlichtet und trocken oder mit möglichst hohem Abquetscheffekt merzerisiert. Wird nur entschlichtet, ist es unbedingt notwendig, die nachstehend beschriebenen Merzerisiernetzmittel zu verwenden, deren Verwendung auch bei gründlicher Vorbehandlung der Ware von Vorteil ist. Werden die Gewebe nach dem Naß-in-Naß-Verfahren merzerisiert, müssen die bereits beim Foulardieren nach dieser Methode angeführten Bedingungen (S. 259) bezüglich des AE_1 und AE_2, des Flottenaustausches, der Nachsatzverstärkung und der Anlieferung gleichmäßig feuchter Ware berücksichtigt werden.

Bei der *Trockenmerzerisation* werden die Gewebe ohne jede Vorbehandlung merzerisiert. Dabei ist die Verwendung höherer Mengen von Merzerisiernetzern unbedingt notwendig, um eine ausreichende Durchnetzung der Ware — vor allem bei dichtgeschlagenen Geweben — zu erreichen. Oft ist es auch nötig, die Produktion der Maschinen zu drosseln, um der Ware, trotz Einsatz von Netzmitteln, genügend Zeit zur Benetzung einzuräumen. Da vor der Merzerisation keine Verunreinigungen entfernt wurden, verschmutzen die Merzerisierlaugen stärker, es tritt eine stärkere Erwärmung ein, was wiederum größere Kühlenergie erfordert um die Merzerisationstemperatur einzuhalten.

Als *Merzerisiernetzmittel* wurden zuerst Produkte verwendet, die 75—90% *Rohkresol* (Methylphenol) enthielten. Diese Netzer sind heute kaum mehr im Gebrauch, da sie in sehr hohen Mengen (10—15 g/l) eingesetzt werden müssen, der Ware, auch bei ausreichender Nachwäsche, einen unangenehmen Geruch geben und Kresol ein Abwassergift ist. *Kresolfreie Netzmittel* sind meist flüssige oder pastenförmige Produkte, die sich oft nur in den Merzerisierlaugen opalisierend lösen, sich jedoch beim Entlaugen vollkommen ausspülen lassen. Es handelt sich dabei um hochsulfonierte Öle, Alkylsulfate, die meist noch spezielle Lösungsmittel enthalten. Die Produkte können in der Regel auch als Laugiernetzer verwendet werden, einige Firmen haben dafür jedoch auch spezielle Netzmittel auf dem Markt.

Kresolfreie Netzmittel sind u. a.:

Bura-Netzer OG	*Baur*	Mercerol QW	*Sandoz*
Eumercin ML, S, SF	*Pfersee*	Mercirane SC	*Francolor*
Floranit 24/34	*Fettchemie*	Neopyridit V	*Rudolf*
Inferol OKM	*Böhme*	Newalol MS	*Zschimmer*
Invadin MET	*CIBA*	Promercin S	*Protex*
Leophen BN	*BASF*	Sultafon MBW, MA	*Stockhausen*
Mercerisin-Marken	*Quehl* }	Vivazit	*R. Baumheier*

Die Produkte werden in Mengen von 5—10 g/l den Merzerisierlaugen zugesetzt.

Merzerisierflecken treten dann auf, wenn die Baumwolle örtlich unterschiedliche Benetzung und damit Quellung, Glanz und beim anschließenden Färben eine sehr unterschiedliche Farbstoffaufnahmefähigkeit zeigt, die sich auch durch eine Nachmerzerisation nur unvollkommen verbessern läßt. Es ist deshalb risikoloser, wenn nach der Färbung merzerisiert wird. Es ist jedoch notwendig, daß zum Vorfärben *merzerisierechte Farbstoffe* eingesetzt werden, die sich hauptsächlich aus der Reihe der Küpen-, Leukoküpenester- und anderer, hochechter Farbstoffklassen rekrutieren. Direktfarbstoffe sind nicht brauchbar. Der Warengriff kann durch die Temperatur beim Entlaugen beeinflußt werden. Der weichste Griff wird durch Entlaugen bei 80—100°C (Heißwasser- oder Dampfentlauger) erreicht.

Ätznatron wird entweder als 38—40 °Bé-Lauge geliefert oder auch als NaOH-fest in Eisenfässern eingegossen. Für die Merzerisation wird im ersten Fall mit Kaltwasser auf die notwendige Dichte verdünnt bzw. festes Ätznatron in *speziellen Laugenlösern* gelöst, in dem die Fässer gelocht in geschlossenen Kesseln mit Kaltwasser überflutet werden. In allen Fällen ist es notwendig mit Schutzbrillen und Schutzhandschuhen zu arbeiten, um gefährliche Verätzungen zu vermeiden. Zur Reinigung der Merzerisierlauge werden Filter oder Separatoren verwendet und für die Kühlung besondere Kühlmaschinen eingesetzt. Diese Zusatzeinrichtungen und auch die heute notwendigen Laugenrückgewinnungsanlagen werden von den Merzerisiermaschinenherstellern selbst geliefert oder Lieferanten nachgewiesen.

Merzerisieranlagen für Gewebe

Die maschinellen Einrichtungen für die Gewebemerzerisation unterscheiden sich hauptsächlich in der Art der Warenführung bzw. auch in der Produktion. Sie werden eingeteilt in

Merzerisiermaschinen mit Ketten,
kettenlose Merzerisiermaschinen und
Merzerisier-Foulards für Kleinpartien.

Bei den **Merzerisiermaschinen mit Kettenführung** handelt es sich im Prinzip um Maschinen, die wie Planrahmentrockner arbeiten und in dem die Ware in breitem Zustand von Spannketten gehalten, merzerisiert bzw. stabilisiert wird (Abb. 396, 397). Die Stückware wird vom Stapel oder der Kaule über Breithalter faltenfrei den *Laugenfoulards* zugeführt und, wenn mit 3-Walzenfoulards gearbeitet wird, zweimal getaucht (laugiert). Die schrumpfende Ware passiert nun eine Reihe von Spannwalzen, welche durch steigende Umdrehung die Ware in Kettrichtung strecken und damit den Schrumpf in dieser Richtung ausgleichen

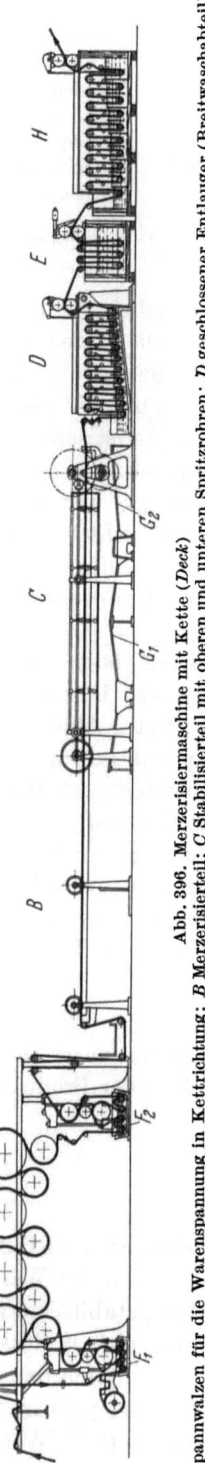

Abb. 396. Merzerisiermaschine mit Kette (Deck)
A Spannwalzen für die Warenspannung in Kettrichtung; B Merzerisierteil; C Stabilisierteil mit oberen und unteren Spritzrohren; D geschlossener Entlauger (Breitwaschabteil); E Rollenkufe für die Neutralisation; F_1 und F_2 3-Walzen-Laugierfoulards; G_1 und G_2 Auffangbecken für die Ablauge; H Breitwaschabteil

bzw. auch ein Überstrecken bis max. 10% möglich machen. In Schußrichtung kann die Ware frei schrumpfen. Nun läuft die Warenbahn direkt in die Spannmaschine oder wird nochmals mit Lauge foulardiert und dann erst in den *Merzerisierteil* eingeführt. Im Merzerisierteil wird die Ware bei möglichst guter Kettspannung in Schußrichtung über die Spannkette auf die ursprüngliche Breite oder auch darüber hinaus gestreckt. Die Behandlung muß mindestens 50 Sek. dauern. Im *Stabilisierteil* der Maschine wird der Ware unter Spannung über Spritzrohre so viel Wasser zugeführt, daß sie diesen Teil mit einer Laugenkonzentration von 6 °Bé verläßt. Bleibt die Laugenkonzentration höher, neigt die Ware beim nachfolgenden Entlaugen zum Schrumpfen und der Glanz wird vermindert. Nach dem Stabilisierteil wird in breitem Zustand meist mit Heißwasser oder/und Dampf möglichst alle Lauge entfernt, wozu sich Breitwaschmaschinen in geschlossener Bauart — meist im Gegenstromprinzip arbeitend — besonders eignen. Nun kann entweder aufgerollt oder in weiteren Breitwaschabteilen die restliche Lauge durch Zusatz von Säure neutralisiert und anschließend wieder in Breitwaschmaschinen gewaschen werden.

Die im Stabilisierteil ablaufende Lauge wird aufgefangen und meist durch Eindampfen, Filtern und Kühlen wieder für die Merzerisation zurückgewonnen. Das ist auch mit der Ablauge aus dem Entlauger möglich, wenn diese Ablauge nicht direkt als Beuchlauge eingesetzt wird. Die Produktion der einzelnen Anlagen richtet sich nach der Länge des Merzerisier- (Laugier-) und Stabilisierteils, in dem die Ware mindestens 60 Sek. verbleiben muß. Dadurch ergeben sich Durchlaufgeschwindigkeiten von 10—125 m/min.

Die Vorteile der Kettenmerzerisiermaschine gegenüber der kettenlosen Konstruktion bestehen darin, daß die Gewebespannungen in beiden Warenrichtungen nacheinander eingestellt und damit differenzierter gehalten werden können, vor allem gilt das für die Schußspannung, die meist über Taster- bzw. auch Nadelkluppen erreicht wird. Da die Ware in den Spannfeldern ohne Quetschdruck läuft, ist der Warengriff fülliger und weicher. Da mehrere Bahnen übereinander nicht merzerisiert werden können, kann sich auch kein unangenehmer Moireeffekt einstellen. Nachteilig ist die Möglichkeit der stärkeren Überspannung der Ware als bei der kettenlosen Konstruktion, was zu Reißfestigkeitsverlusten und u. U. zum Abreißen der Warenkanten im Spannfeld führen kann. Zur Herstellung von Stretchgeweben aus Baumwolle, bei denen entweder die Elastizität der Ware in Kett- oder Schußrichtung ver-

Abb. 397. Merzerisiermaschine mit Kette (*Amdés/Dungler*)

langt wird, werden hauptsächlich Maschinen mit Kette verwendet, da über die entlasteten Spannwalzen die Ware ohne Spannung in Kettrichtung und im Spannfeld in Schußrichtung frei ausschrumpfen kann.

Bei **kettenlosen Merzerisiermaschinen** wird der Warenbahn über Spezialausbreiter (Abb. 398) eine gewisse Breitenspannung gegeben und damit ein faltenfreier Warenlauf gesichert. Im Merzerisier- und Stabilisierteil, teilweise auch im Entlauger, wird die Warenbahn zwischen angetriebenen Stahlunterwalzen und aufliegenden, nicht angetriebenen Weichgummiwalzen geführt (Abb. 399, 400). Im Merzerisierteil wird die Merzerisierlauge entweder zwischen die oberen Gummiwalzen gesprüht oder mit den unteren Stahlführungswalzen in die Lauge getaucht. Im Stabilisierteil kann die Ware ebenfalls nach beiden Prinzipien mit Wasser behandelt werden. Zum Entlaugen verwendet man Breitwaschmaschinen in gedeckter Bauweise, um auch mit kochendem Wasser oder Dampf arbeiten zu können. Zum Neutralisieren und Spülen dienen mehrere Breitwaschabteile. Mit Zwischen- und Endquetschwerken wird erreicht, daß nur wenig Lauge in die folgenden Abteile gebracht, bzw. die Ware weitgehend entwässert wird.

Die Warenspannung in Kettrichtung wird durch Verstellung des Warenantriebs über die Stahlwalzen erreicht, die kontrolliert mit steigender Tourenzahl angetrieben werden. Dadurch wird die Warenspannung verstärkt und die Weichgummiwalzen stärker an die Unterwalzen gepreßt. Dieser Preßdruck verhindert, daß die Warenbahn stärker als notwendig in Schußrichtung einschrumpft. Um auch die letzte Möglichkeit der Warenschrumpfung in Kettrichtung nach dem Stabilisierteil auszuschalten, wird die Ware nochmals über ein Überstreckwerk gespannt. Die Warendurchlaufgeschwindigkeit richtet sich nach der Länge des Merzerisierteils, dem sich die Größe der folgenden Abteile bzw. auch deren An-

II. Die chemischen Appreturarbeiten

Abb. 400. Kettenlose Merzerisiermaschine (*Benninger*)

Abb. 398. Wareneinlaß mit Mycook-Ausbreitern für eine breite bzw. zwei schmale Gewebebahnen für die kettenlose Merzerisiermaschine (*Dornier-Haubold*)

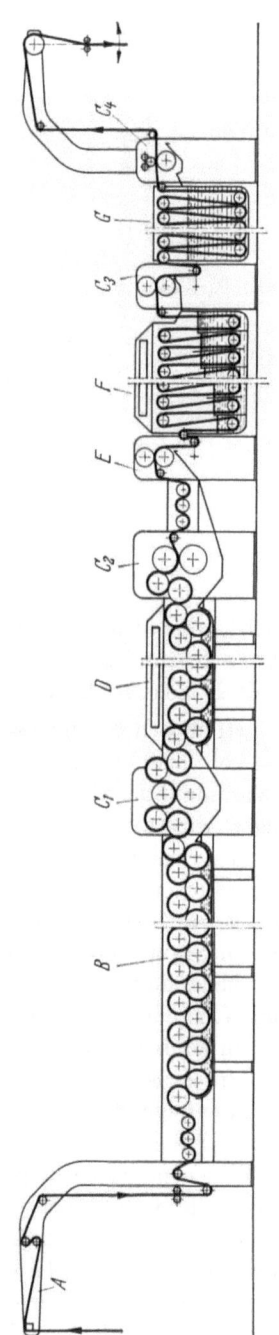

Abb. 399. Warenlaufschema in der kettenlosen Merzerisiermaschine (*Goller*)
A Gestell für den Wareneinlauf und die Ausbreiter; B Merzerisierteil; $C_1 C_2 C_3 C_4$ Zwischen- bzw. Endquetschwerke; D Stabilisierteil; E Überstreckwerk; F Entlaugerabteile; G Breitwaschabteile für die Neutralisation und das Spülen

zahl anpassen müssen. Auch hier gilt es, der Ware möglichst 60 Sek. Zeit zur Laugenbenetzung zu geben. Bei gut saugfähiger Ware ist es möglich, die Merzerisierzeit auf 30 Sek. zu ermäßigen und dann mit bis 125 m/min zu merzerisieren. Die Hersteller der Konstruktionen haben mehrere Maschinentypen auf dem Markt, die sich in ihrer Länge und damit in ihrem Ausstoß unterscheiden. Die Merzerisierlauge wird ständig umgepumpt, über Filter gereinigt bzw. in Kühlmaschinen gekühlt. Die Ablauge eingedampft und über die Kühlung dem Merzerisierteil wieder zugeführt.

Die Vorteile der kettenlosen Merzerisiermaschinen bestehen in der „natürlichen" Schrumpfung der Ware in Schußrichtung. Damit ist ein Überspannen unmöglich. Das bedeutet besondere Warenschonung. Allerdings ist eine gesteuerte Dimensionseinstellung in Schußrichtung nur in gewissem Maße möglich. Die Konstruktionen müssen, wenn verschieden breite Waren hintereinander behandelt werden, nicht verstellt werden. Ferner ist es möglich, bei entsprechenden Arbeitsbreiten zwei Bahnen nebeneinander (Abb. 401) bzw. auch vier schmale Bahnen neben- und übereinander gleichzeitig zu merzerisieren. Auch die Behandlung von zwei breiten Bahnen übereinander ist möglich. Wird mehrbahnig gearbeitet, ist es notwendig, die einzelnen Bahnen im Einlauf für sich auszubreiten. Die beschriebenen Vorteile haben dazu geführt, daß kettenlose Merzerisiermaschinen vor allem auf dem Kontinent häufiger eingesetzt werden.

Abb. 401. Kettenlose Merzerisiermaschine (*Kleinewefers*) mit zwei Gewebebahnen. Ansicht gegen den Wareneinlauf

Merzerisiermaschinen werden u. a. von folgenden Firmen gebaut:

Amdés[1]	Comerio-Ercole[1]	Gerber	Mather-Platt[1]
Artos[1]	Deck[1]	Goller	Metalmeccanica[1]
Benninger	Dornier-Haubold	INVEST	Morrison[1]
Benteler	Erckens	Kleinewefers	Stork
Butterworth[1]	Farmer-Norton[1]	Marshall[1]	

Für Betriebe mit geringem Anfall von Baumwollgeweben, welche merzerisiert werden müssen, lohnt sich die Anschaffung einer Merzerisiermaschine nicht. Für diese Fälle wurden spezielle *Merzerisierfoulards* geschaffen, die eine Tages-

---

[1] Die Firmen bauen nur, oder auch Maschinen mit Kette.

378　II. Die chemischen Appreturarbeiten

produktion von 2000—3000 m zulassen. Bei der Konstruktion von *Dornier-Haubold* (Abb. 402) wird dabei in drei Arbeitstakten gearbeitet (Abb. 403). Im 1. Takt wird die Ware, ähnlich wie bei der kettenlosen Merzerisiermaschine über Spannwalzen, welche in die Lauge tauchen, mit vorgewählter Spannung, auf die Oberwalze des Foulards unter Druck aufgedockt. Dort wird so lange verweilt, bis auch die letzten Warenmeter mindestens 60 Sek. behandelt wurden. Nun werden die Spannwalzen im 2. Arbeitstakt ausgeschwenkt, die Lauge in den Kühler oder Vorratsbehälter zurückgepumpt und die Ware von der oberen auf die untere Foulardwalze umgedockt. Dabei wird mit Wasser von 60 °C besprüht und damit der Glanz stabilisiert. Im 3. Arbeitstakt wird die Ware auf eine wechselbare Warenkaule gewickelt, um auf Jiggern, Breitwaschmaschinen neutralisiert und gespült zu werden. Der Merzerisierfoulard wird mit Niveauregler ausgestattet, um die Laugenhöhe konstant zu halten. Normalerweise können 600—700 m Ware gleichzeitig behandelt werden.

Abb. 402.　Merzerisier-Foulard　(*Dornier-Haubold*)
während des Laugierens

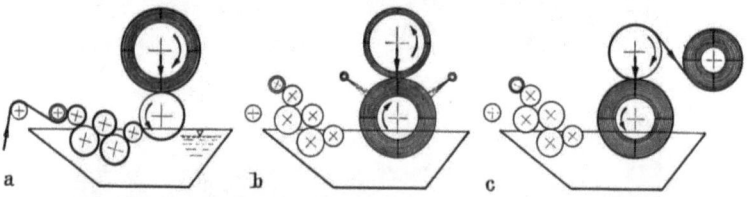

Abb. 403 a bis c. Arbeitsweise auf dem Merzerisier-Foulard (*Dornier-Haubold*)
a) Merzerisieren (Laugieren) über das Breitstreckwerk und Aufdocken; b) Stabilisieren und Entlaugen durch Umdocken; c) Ausdocken der merzerisierten und stabilisierten Warenbahn

20. Appreturverluste

Sehr oft wird, besonders bei Wollgeweben, der Verlust in der Appretur beanstandet. Die Verluste sind je nach Art der Ware sehr verschieden. Vor allem spielen die Verunreinigungen aus der Weberei und besonders die Schmelzemengen der Ware, die das Garn bereits aus der Spinnerei mitbringt, eine große Rolle.

Daneben entstehen vor allem bei der Wollausrüstung besonders merkbare Verluste in der Rauherei und Schererei. Es sollen nachstehend einige Zahlen aus der Wollausrüstung genannt werden, die an Tuchen beobachtet wurden, welche nach der Appretur die normale Feuchtigkeit aufwiesen und nicht durch unsachgemäße, zu schnelle Ausrüstung von dieser befreit wurden. In letzter Zeit läßt sich leider das Gegenteil durch das schnelle Arbeitstempo in der Ausrüstung feststellen.

    4— 6% bei Kammgarn-Kahl-Appretur
    6— 8% bei Kammgarn-Melton-Appretur
    8—10% bei Kammgarn-Strich-Appretur
 10—12% bei Streichgarnen normaler Ausrüstung
 14—16% bei Strichloden
 18—20% bei Streichgarnvelouren
 22—26% bei Streichgarndurchrauher (Foulés)

Es handelt sich bei diesen Zahlen nur um Anhaltswerte, die vor allem auf Grund der Materialzusammensetzung nach oben und unten variabel sind. Es wurde festgestellt, daß z. B. eine mittlere Kammgarnausrüstung, wenn sie überstürzt ausgeführt wurde, bis zu 11% Verluste bringt, die auch nur durch besondere Befeuchtungsmaschinen auf 8% verringert werden konnten, während dieselbe Ausrüstung unter Normalbedingungen und öfterem Ruhen der Ware mit 6% ohne besondere Befeuchtung ausgeführt werden konnte.

Die Verluste bei der Ausrüstung von Zellulosetextilien liegen vor allem in der Ausrüstung wesentlich niedriger und können durch geringe Beschwerung wieder ausgeglichen werden. Dagegen treten bei diesen Waren besonders in der Bleicherei und Färberei Verluste ein, welche je nach Beschaffenheit des Rohmaterials bis zu 25% ansteigen können, bei Zellwolle und Reyon sollten sie höchstens 6—8% betragen, auch wenn das Entschlichten mit eingerechnet wird.

Schrifttum

BECK: Streichen und Beschichten, 1955. — BERGMANN: Handbuch der Appretur, 1928. — CHWALA: Textilhilfsmittel, 1939. — DESIRENS: Die neuesten Fortschritte auf dem Gebiet der chemischen Technologie der Textilfasern, 1946/66. — Das Deutsche Wollengewerbe, Die Appretur und seine Nebenzweige, 1925. — Deutscher Färberkalender, 1950/65. — FIERZ-DAVID: Abriß der chemischen Technologie der Textilfasern, 1948. — FISCHER-BOBSIEN: Lexikon der gesamten Textilveredlung, 1960/66. — FOURNÉ: Die Textiltrocknung, 1954. — FROTSCHER: Chemie und physikalische Chemie der Textilhilfsmittel, 1954/55. — GRÜNERT: Maschinen und Technologie der Naßveredlung, 1955. — HALL: Textile Bleaching, Dyeing and Finishing-Machinery, 1926. — HALLER: Der Kolorist, 1939. — HEERMANN: Enzyklopädie der textilchemischen Technologie, 1930. — HEERMANN-AGSTER: Färberei und textilchemische Untersuchungen, Berlin/Göttingen/Heidelberg: Springer 1956. — HÜNLICH-KEIMER: Neue Textilwarenkunde, 1961. — I. T. S. Textile Guide, 1966. — LINDNER: Textilhilfsmittel und deren Rohstoffe, 1963. — MARSH: An Introduction to textile finishing, 1947. — MELZER: Handbuch der Naßveredlung, 1956. — OST-RASSOW: Chemische Technologie, 1950. — RATH: Lehrbuch der Textilchemie, Berlin/Göttingen/Heidelberg: Springer 1963. — SCHAEFFER: Handbuch der Färberei und anderer Prozesse der Textilveredlung, 1953. — SCHICKETANZ: Der Wollstoffappretur, 1957. — SCHMIDLIN: Vorbehandlung und Färben von synthetischen Faserstoffen, 1958. — Textilhilfsmittel, Verband der Textilhilfsmittel-, Lederhilfsmittel- und Gerbstoffindustrie. — ULBRICHT: Handbuch der Untersuchung der Textilfasern, 1954/55. — VALKO: Kolloidchemische Grundlagen der Textilveredung, 1939. — WEBER-GASSER: Praxis der Färberei, Berlin/Göttingen/Heidelberg: Springer 1954.

Textilzeitschriften und periodisch erscheinende Veröffentlichungen des In- und Ausandes.

Musterkarten, Anwendungsvorschriften und Veröffentlichungen deutscher, englischer, französischer, schweizerischer, italienischer und amerikanischer Faser-, Textilhilfsmittel-, Farbstoff- und Textilmaschinenhersteller.

Lieferanten von Appreturmaschinen

Abkürzungen:	*Anschriften:*
Alltex	Alltex & Alltex, Renaix (Ronse) Belgien
Amdés	Amdés, Thann (Ht-Rhin) Frankreich
Améliorair	Améliorair, Paris 8e/Frankreich
Arbach	Arbach, Maschinenfabrik G. Grözinger, 741 Reutlingen
Arlington	Arlington Machine Works, Arlington 74 Mass./USA
Artos	Artos-Maschinenbau, Dr.-Ing. Meier-Windhorst, 2 Hamburg 33, Schwalbenplatz 18
Autenrieth	C. Autenrieth, 7109 Roigheim
Bailey	J. Bailey Ltd., Slaithwaite nr. Huddersfield/England
Bates	Bates Textile Machine Co. Ltd., Leicester/England
Baumann	H. F. Baumann GmbH., 726 Calw.
Becherini	F. Becherini, Prato/Italien
Bellini	L. Bellini & Co. s. r. l. Bollate-Mailand/Italien
Bellmann	E. Bellmann GmbH., 58 Hagen-Haspe
Béné	Béné & Cie., Villeurbanne (Rhone) Frankreich
Benninger	Maschinenfabrik Benninger AG., 9240 Uzwil/Schweiz
Benteler*	Benteler-Werke AG. 48 Bielefeld
Bieger	Bieger KG., 6235 Okriftel
Biella-Shrunk	Biella Shrunk-Process, Biella-Italien
Birch	Birch Bros. Inc., Sommerville 43 Mass./USA
Böttcher	F. Böttcher 5 Köln-Braunsfeld.
Böwe	Böhler & Weber KG., 89 Augsburg
Briem	Briem, Hengeler & Cronemeyer KG., 415 Krefeld
Brinkord	C. Brinkord, 4811 Sende-Hannover

Abkürzungen:	*Anschriften:*
Broadbent	T. Broadbent & Sons Ltd., Huddersfield-Yorksh./England
Butterworth	Butterworth Manufacturing Co., Bethayres Pa./USA
Clerc	Clerc-Renaud & Cie., Villeurbanne (Rhone) Frankreich
Comerio-Ercole	E. Comerio S. p. A., Busto/Arsizio — Varese/Italien
Comet	Comet, Costruzioni Meccaniche Tessili, Prato/Italien
Cook	Cook & Co., Ltd., Manchester 2/England
Crosta	M. Crosta, Busto Arsizio — Varese/Italien
Curtis	Curtis & Marble Machine Co., Worcester 3 Mass./USA
Dalglish	J. Dalglish & Sons Ltd., Thornliebank-Glasgow/England
Deck	Ets. A. Deck, Mulhouse/Frankreich
Dohle	Gebr. Dohle, 518 Eschweiler/Rhld.
Dornbusch	Dornbusch & Co., 415 Krefeld
Dornier-Haubold	Lindauer Dornier Werke GmbH.. 899 Lindau/B.
Drabert	Drabert, Kettling & Braun, 495 Minden
Dungler	Dungler & Scheidecker Réunis, Thann/Frankreich
Durrant	G. Durrant & Sons Ltd., Stockport/England
Ehemann	K. Ehemann GmbH., 287 Delmenhorst
ELITEX	ELITEX-Kovo, Prag 1/Tschechoslowakei
Ellerwerke	Ellerwerke, 2 Hamburg
Erhardt	Erhardt & Leimer, 89 Augsburg 2
Famatex	Famatex GmbH., 7014 Stuttgart-Kornwestheim
Farmer-Norton	Sir James Farmer Norton & Co., Ltd., Salford 3 — Lancash./England

---

* jetzt: Kleinewefers

Abkürzungen:	Anschriften:	Abkürzungen:	Anschriften:
Fiedler	G. Fiedler, 7125 Kirchheim	Jawetex	Jawetex AG., 9400 Rohrschach SG./Schweiz
Fleissner	Fleissner GmbH. & Co., 6073 Egelsbach	Julien	L. Julien SA., Verviers/Belgien
Foxwell	D. Foxwell & Son Ltd., Cheadle — Ches./England	Kiefer	E. Kiefer GmbH., 7031 Gärtringen
Frieseke	Frieseke & Hoepfner GmbH., 852 Erlangen-Bruck	Kleinewefers	J. Kleinewefers Söhne, 415 Krefeld
Gerber	Gerber & Co. GmbH., 415 Krefeld	Kolb	Kolb & Co., 56 Wuppertal-Oberbarmen
Gessner	D. Gessner & Co., Worcester 3 Mass./USA	Krantz	H. Krantz, 51 Aachen
Gmöhling	W. Gmöhling & Co. KG., 8501 Stadeln	Küsters	E. Küsters, 415 Krefeld
Goller	M. Goller, 8676 Schwarzenbach/Saale	Lamperti	Lamperti, Officina Meccanica, Busto Arsizio — Varese/Italien
Graf	Graf & Cie. AG., 8640 Rapperswil SG/Schweiz	Lassner	O. & E. Lassner 643 Bad Hersfeld
Grimsley	Grimsley & Co. Ltd., Leicester/England	Libbrecht	A. Libbrecht & Fils, Roubaix (Nord) Frankreich
Haas	Friedrich Haas GmbH. & Co., 563 Remscheid-Lennep	Liedl	F. Liedl, 8 München 2
Hattersley	G. Hattersley & Sons Ltd., Keighley/England	Lohmann	P. Lohmann, 588 Lüdenscheid
Heberlein	Heberlein & Cie. KG., 9630 Wattwil SG/Schweiz	Maag	Gebr. Maag AG., 8700 Küsnacht ZH/Schweiz
Hechtenberg	H. Hechtenberg KG., 516 Düren/Rhld.	Magnatex	Magnatex, M. Hauck, 75 Karlsruhe, Bahnhofstr. 11
Héliot	M. Héliot SA., La Chapelle Saint Luc (Aube) Frankreich	Mahlo	Dr.-Ing. Heinz Mahlo, 8424 Saal/Donau
Hemmer	L. P. Hemmer, 51 Aachen	Marangoni	Marangoni & C., s. r. l. Mailand/Italien
Hennecke	K. Hennecke, 5201 Birlinghoven-Köln	Marshall	Marshall & Williams Corp., Providence 5 RI./USA
Hergert	H. Hergert, 6 Frankfurt/M., Flinschstr. 59	Mather-Platt	Mather & Platt Ltd., Manchester 10/England
Heusch	S. Heusch 51 Aachen	Meccanotessile	Meccanotessile s. p. A. di Fontana & Lanfranconi, Como/Italien
Hoffman	Hoffman Maschinen GmbH., 5 Köln-Mülheim		
Honegger	Honnegger & Co., 8630 Rüti/Schweiz	Menschner	J. Menschner, 4052 Dülken/Rhld.
Hunt	Hunt & Moscrop Ltd., Middleton — Man./England	Menzel	K. Menzel, 4814 Windelsbleiche b. Bielefeld
Hunter	J. Hunter Machine Co., North-Adams Mass./USA	Metalar	Metalar s. p. r. l., Mont-Saint Amand, Gand/Belgien
ILMA	ILMA, Industria Lavorazioni Metalli/Antiacidi s. a. s., Schio — Vicenza/Italien	Metalexport	Metalexport, Warschau, Postfach 442, Polen
		Metalmeccanica	Metalmeccanica S. P. A., Busto Arsizio-Varese/Ital.
Indurial-Dryer	Industrial Dryer Corp., Stamford Conn./USA	Mettler	F. Mettlers Söhne AG., 6415 Arth SZ/Schweiz
Industrial-Heat	Industrial Heat Eng. Co., Greenville SC./USA	Mezzera	Mezzera S. p. A., Mailand-Precotto/Italien
INVEST	INVEST-Export, 108 Berlin, Taubenstr. 7—9	Minetti	Minetti s. a. s., Pieve a Nievole-Pistoia/Italien
Isotex	Isotex, Vicenza/Italien		
Jahreis	P. Jahreis KG., 732 Göppingen	Moers	G. Moers, 51 Aachen, Hanbrucherstr. 74

Abkürzungen:	Anschriften:	Abkürzungen:	Anschriften:
Monforts	A. Monforts, 405 Mönchengladbach	Rigby	Rigby & Mellor Ltd., Bury-Lancash./England
Monti	Monti, Thiene-Vicenza/Italien	Riggs	Riggs & Lombard Inc., Lowell Mass./USA
Morrison	Morrison Machine Co., Paterson 3 NJ./USA	Riley	T. W. Riley Ltd., Rochdale-Lancash./England
Mortamet	J. Mortamet, Villeurbanne (Rhone) Frankreich	Rimoldi	V. Rimoldi & C., S. p. A., Mailand/Italien
Mortensen	P. Mortensen AS., Hilleroed/Dänemark	Rodney	Rodney Hunt Machine Co., Orange Mass./USA
Mount-Hope	Mount Hope Machinery Co., Taunton Mass./USA	Rousselet	Rousselet SA., Annonay (Ardéche) Frankreich
Müller, Franz	Franz Müller, 405 Mönchengladbach	SACM	Société Alsacianne de Constructions Mécaniques, Mulhouse/Frankreich
Müller-Eßlingen	Fritz Müller, 73 Eßlingen	Sanderson	Sanderson & Co. Ltd., Todmorden — Lancash./England
National-Drying	National Drying Machinery Co. Inc., Philadelphia 33 Pa./USA	Schiffers	W. Schiffers GmbH., 51 Aachen
Novakust	Novakust-Gerätebau, Hempel & Co., 844 Straubing	Schilde	B. Schilde AG., 643 Bad Hersfeld
Obermaier	Obermaier & Cie., 673 Neustadt	Schlenter	J. Schlenter & Cie., 51 Aachen
Olbrich	H. Olbrich KG., 429 Bocholt	Schlumpf	J. Schlumpf & Fils, Hollain/Belgien
Omez	Officine Meccaniche, Bergamo/Italien	Scholaert	A. C. Scholaert, Tourcoing/Frankreich
Osthoff	W. Osthoff KG., 56 Wuppertal-Elberfeld	Scholl	Scholl AG. 4800 Zofingen/Schweiz
Parks	Parks & Woolson Machine Co., Springfield (siehe Riggs)	Schwäb. Hüttenwerke	Schwäb. Hüttenwerke GmbH., 7923 Königsbronn
Pegg	S. Pegg & Son Ltd., Leicester/England	Seelmann	G. A. Seelmann & Söhne, 7261 Oberhaugstedt
Perkins	B. F. Perkins & Son Inc., Holyoke Mass./USA	Sellers	Sellers & Co. Ltd., Huddersfield/England
Pesch	H. Pesch, 415 Krefeld, Hülserstr. 295	Seydel	Seydel-Wooley & Co., Atlanta 18 Ga./USA
Peter	K. Peter AG., 4410 Liestal/Schweiz	Sistig	L. Sistig KG., 415 Krefeld
Peters	Carl Peters, 51 Aachen	Smith	F. Smith & Co. Ltd., Rochdale — Lancash./England
Pozzi	Leopoldo Pozzi S. p. A., Agliate di Carate Brianza-Mailand/Italien	Sperotto	G. Sperrotto, Schio/Italien
		Stahlkontor	Stahlkontor Weser Leuze KG., 325 Hameln
Proctor-Schwartz	Proctor & Schwartz Inc., Philadelphia 20 Pa./USA	Steinemann	U. Steinemann AG., 9015 St. Gallen-Winkeln/Schweiz
Rabofsky	K. Rabosfky GmbH., 1 Berlin SW 61	Stork	Gebr. Stork & Co's, NV., Boxmeer/Holland
Raming	G. Raming & Sohn, Wien XVIII, Martinstr. 40	Tattersall	Tattersal & Holdsworth's, Enschede/Holland
Ramisch	Dr. Ramisch & Co., 415 Krefeld	Then	R. Then GmbH. 7172 Schwäbisch-Hall
Rason	Rason Ltd., Leyton-London/England	Thibeau	A. Thibeau & Cie. SA., Tourcoing (Nord) Frankreich
Raxhon	Ats. Raxhon, Theux-les-Verviers/Belgien	Timmer	J. Timmer, 422 Coesfeld

Lieferanten von Textilhilfsmitteln

Abkürzungen:	Anschriften:	Abkürzungen:	Anschriften:
Tomlinsons	Tomlinsons Ltd., Rochdale – Lancash./England	Welker	P. Welker 6734 Lambrecht
Tonneau	V. Tonneau, Roubaix (Nord) Frankreich	West-Point	West Point Foundry & Machine Co., West Point Ga./USA
Trockentechnik	K. Brückner Trockentechnik KG., 725 Leonberg	Whiteley	E. G. Whiteley Ltd., Morley Yorks./England
Turbo	Turbo Machine Co., Lansdale Pa./USA	Wittler	H. Wittler & Co., 4812 Brackwede
Turner	E. Turner & Co. Ltd., Salford 5 – Lancash./England	Wolters	P. Wolters GmbH. & Co., 402 Mettmann
Van-Vlaanderen	Van Vlaanderen Machine Co., Paterson 3 NJ./USA	Woonsocket	Woonsocket Napping Machinery Co., Woonsocket Ri./USA
Verduin	J. Verduin Machine Corp., Paterson NJ./USA	Zanon	E. Zanon, Schio – Vicenza/Italien
Vits	Vits GmbH., 4018 Langenfeld	Zöllig	Zöllig Maschinenbau, 9323 Steinach SG./Schweiz
Vollenweider	S. Vollenweider AG., 8810 Horgen ZH/Schweiz		

Lieferanten von Textilhilfsmitteln

Abkürzungen:	Anschriften:	Abkürzungen:	Anschriften:
Aachen	Aachener Chem. Werke, Hubert Etschenberg KG., 51 Aachen, Postfach 8	Cassella	Cassella Farbwerke Mainkur AG., 6 Frankfurt/M. – Fechenheim, Hanauer Landstr. 526
Albert	Chemische Werke Albert, 6202 Wiesbaden-Biebrich Postfach 9–101	CECA	Ceca Alginates Maton SA., Paris/Frankreich
Avebe	AVEBE G. A., Veendam/Holland, Postweg 13	CIBA	Ciba AG, CH 4000 Basel/Schweiz
BASF	Badische Anilin- & Sodafabrik AG., 67 Ludwigshafen/Rhein	Degussa	Degussa, 6 Frankfurt/M. 1, Postfach 3993
Baumheier, H.	Hermann Baumheier oHG., 8901 Foret üb. Augsburg	Diamalt	Diamalt AG., 8 München 13, Postfach 140
Baumheier, R.	Chem. Fabrik R. Baumheier KG., 6731 Weidenthal/Pfalz	Dupont	E. I. Du Pont de Nemours & Co., Wilmington Del./USA
Baur	Baur, Gaebel & Cie., Chem. Fabrik, 5 Köln-Radertal, Postfach 191	Düren	Chem. Fabrik Düren GmbH., 516 Düren/Rh., Postfach 594
Bayer	Farbenfabriken Bayer AG., 509 Leverkusen-Bayerwerk	Ferment	Schweizerische Ferment AG., CH 4000 Basel/Schweiz, Mühlhauser Str. 70
Benckiser	Joh. A. Benckiser GmbH., 67 Ludwigshafen/Rhein	Fettchemie*	Böhme Fettchemie GmbH., 4 Düsseldorf 1, Postfach 1121
Böhme	Dr. Th. Böhme KG., Chem. Fabrik, 8192 Gartenberg/Obb., Postfach 180	Flockenhaus	H. Flockenhaus, 64 Fulda, Postfach 144
Budenheim	Chem. Fabrik Budenheim, 6501 Budenheim/Rhein	Francolor	Compagnie Francaise de Matieres Colorantes SA., Paris/Frankreich
		Geigy	I. R. Geifgy AG., CH 4000 Basel/Schweiz

* jetzt: Henkel & Cie., 4 Düsseldorf

Lieferanten von Textilhilfsmitteln

Abkürzungen:	Anschriften:
Geissler	Geissler KG., Chem. Fabrik, 7418 Metzingen, Römerstraße 10
Giulini	Gebr. Giulini GmbH., 67 Ludwigshafen/Rhein
Grünau	Chem. Fabrik Grünau GmbH., 7818 Illertissen
Heyden	Chem. Fabrik von Heyden & Co., 8 München
Hoechst	Farbwerke Hoechst AG., 623 Frankfurt/M. — Höchst
ICI	Imperial Chemical Industries Ltd., Manchester 9/England
Kempen	Elektrochemische Fabrik Kempen GmbH., 4152 Kempen/Ndrh.
Maizena	Deutsche Maizena-Werke GmbH., 2 Hamburg 1, Spaldingstr. 218
Permachem	Perma Chem Corp., West Palm Beach Flo./USA
Pfersee	Chem. Fabrik Pfersee GmbH., 89 Augsburg 8
Quehl	Dr. Quehl & Co., GmbH., 672 Speyer/Rh., Landwehrstraße 1
Protex	Manufacture de Produits Chimiques, Protex-Paris VII/Frankreich
Rapidase	Société Rapidase, Seclin/Frankreich
Raschig	Dr. Raschig GmbH., 67 Ludwigshafen/Rhein
Reichhold	Reichhold-Chemie GmbH., 2 Hamburg-Wandsbeck

Abkürzungen:	Anschriften:
Röhm	Röhm & Haas GmbH., 61 Darmstadt
Rotta	Chem. Fabrik Th. Rotta, 68 Mannheim, Industriestraße 39
Rudolf	Rudolf & Co., KG., Chem. Fabrik, 8192 Geretsried/Obb.
Sandoz	Sandoz AG., CH 4000 Basel/Schweiz
Sanitized	Sanitized-Handels- u. Verwertungs GmbH. 7858 Weil-Baden
Schill	Schill & Seilacher, Chem. Fabrik, 703 Böblingen, Schöneicher First
Scholten	Scholten's Chem. Fabrieken NV., Foxhol/Holland
Shell	Shell International Petroleum Comp., London SE-1/England
Sichel	Sichel-Werke GmbH., 3 Hannover-Linden 1
Stockhausen	Chem. Fabrik Stockhausen & Cie., 415 Krefeld, Bäckerpfad 25
Tübingen	Chem. Fabrik Tübingen GmbH., 74 Tübingen, Bismarckstr. 102
Vondelingenplaat	Chem. Fabrieken Vondelingenplaat NV., Rotterdam/Holland, Postbox 120
Weserland	Weserland KG., Dr. Brandt, Dr. Strahl & Co., 3 Hannover-Hainholz
Zschimmer & Schwarz	Chem. Fabrik, 542 Oberlahnstein/Rh.

Die vorstehend angegebenen Firmen unterhalten im In- und Ausland weitere Betriebsstätten bzw. Verkaufskontore, die aus Platzgründen unberücksichtigt bleiben müssen.

Appreturmittel und Spezialverfahren (Markennamen) [1]

Acegen-Marken (Aachen) 47
Acrisin 6022, F 16, FS 017 (Röhm) 348
Acrymul-Marken (Protex) 277
Acryptol CU, DA, (Francolor) 315, 317
Acryptoperle N (Francolor) 317
Actigelase (Rapidase) 34
ACW S 406 (Aachen) 46
Adalin 1167 (Fettchemie) 288
Adipon HD (Fettchemie) 45
Adulcinol 63, C, LS 5, A, B (Zschimmer) 284, 286
Adurin (Böhme) 274
Aflafin-Marken (Quehl) 325
Aflamman-Marken (Quehl) 317, 324, 325
Afrotin C, N 82, P, OG (Schill) 315, 316, 317
Akaustan A (BASF) 323
Aknittin (Weserland) 348
Aktivin (Heyden) 35, 272
Alkanol-Marken (Dupont) 46
Al-Ron (Protex) 277
Altriform CFD (Zschimmer) 329
Alvapuron-Marken (Düren) 45
Amin 0 (Geigy) 290
Amisol (Scholten) 273
Ang-ra 330 (Rotta) 244, 305
Anipur (Fettchemie) 273
Anthydrin-Marken (Zschimmer) 331
Antibac 166, 349, 775, FE, PO, 437 (Weserland) 315, 316, 317
Antifungin (R. Baumheier) 316
Antimuccin AN, PNT, WB (Sandoz) 315, 316
Antimussol WL (Sandoz) 293
Antischaummittel M (Zschimmer) 293
Antispumin K (Stockhausen) 293
Antistatin SM, TT (BASF) 290
Antistatikum AZ (Zschimmer) 290
Antistatikum V 3009, V 3020, DV (Rotta) 290, 292
Aperlan (Grünau) 331
Aphrogen AS (Francolor) 293
Appretan EM, EMK, EMC, MB, MBF, HN (Hoechst) 277
Appretur-Flerhenol (Zschimmer) 283
Apranal H 50, H 88, H 100, H 200 (Röhm) 331, 332, 334

Appreturmittel CV, D, WW, LT (Baur) 277
Appreturmittel SF (BASF) 294
Appreturöl R 582 (Fettchemie) 283
Appreturwachs (Fettchemie) 287
Aquamollin BCS (Cassella) 50
Aquaperle (Francolor) 331
Aquaphobol HC, LV, SM, VD, SCR (Protex) 331, 333
Arbyl (Grünau) 47
Arbylen (Grünau) 47
Aridex WP, L (Dupont) 331
Arigal C, PMP (CIBA) 316, 318, 319, 320, 321, 336
Arigal-Verfahren (CIBA) 318
Arkostat C, AC, P, (Hoechst) 291, 292
Arlypon (Grünau) 45
Arristan 30, 50, 100, F, G, GW, PO, LU (Tübingen) 277, 280
Arristol MH 15 (Tübingen) 349
Aspumit TM, A (Quehl) 293
Astol A (ICI) 38
ATB-Appretur-Marken (Böhme) 277
ATB-Siroset-Konzentrat NS, NC (Böhme) 303
Ateban B (Böhme) 46
Atebin-Marken (Böhme) 277
Atefix (Böhme) 280
Avcoset-Verfahren (Cyanamid) 356
Aversin T (Fettchemie) 331
Avimalt (Diamalt) 280
Avimerpin (Kempen) 287
Avirol DAH, DKM, HT (Fettchemie) 44, 279, 283
Avitex NA (Dupont) 286
Aviton T, SR (Dupont) 284
Avistat AZ (Tübingen) 290
Avivagemittel S (Cassella) 283
Avivan ANL, AKS, B, NK (Pfersee) 282, 284, 287
Avolan IW (Bayer) 310

Bactolase-Marken (Ferment/Schill) 34
Bancare-Verfahren (Bancroft) 356
Basolan DC (BASF) 311
Basolan DC-Verfahren (BASF) 311

---

[1] Die Markenbezeichnnungen sind den gleichzeitig genannten Lieferanten warenzeichenrechtlich geschützt.

Basopal NA (BASF) 46
Beckamin (Reichhold) 348
Beckaminol (Reichhold) 352
Bedafin-Marken (ICI) 277
Belfasin 615 (Fettchemie) 286, 287
Bell-cure (Kanegafuchi) 366
Bel-o-fast-Verfahren (Deering) 357
Betamin 28, AC, STL, NJ (Böhme) 286, 287
Biavin (Tübingen) 291
Biolase-Marken (Hoechst) 34
Blankit-Marken (BASF) 48
Blankophor-Marken (Bayer) 297
Brillant-Avirol DL 142,168 (Fettchemie) 284
Brillant-Mullopol (Baur) 283
Buragum (Baur) 280
Buar-Mattierung F, FTI, SU (Baur) 295
Bura-Netzer A, OG (Baur) 44, 373
Buranop (Baur) 277
Burapret H, M, C (Baur) 348, 349, 350
Burasil K (Baur) 294
Buraven AN, ST, D, NI (Baur) 286, 287
Buravon BG (Baur) 283
Burlington PCR (Burlington) 366

Calaroc A, UFB, M, EU (ICI) 348, 349, 350, 352
Calatac ASY, MMP (ICI) 277, 294
Calgon-Marken (Benckiser) 50, 67, 90, 294, 336
Calpreta-Ausrüstung (Calico-Printers) 369
Cantaril V, W (Quehl) 280
Carbacet (Böhme) 82
Carbolan (Zschimmer) 82
Cassapret DN (Cassella) 295
Cassastat WF (Cassella) 292
Cassurit MLP, MKF, HML, MT, MLS, RI, GC, BFR (Cassella) 349, 352, 367
Cecalginat-Marken (CECA) 274
Cefacoll S, R, SR (Zschimmer) 277
Cehatan C (Tübingen) 348
Cekit AP, OM (Stockhausen) 283
Cellappret 278, 279
Cellofas (ICI) 275
Cellotil (Zschimmer) 275
Cerafil S 50, SB (Böhme) 284
Ceranin P, PW, S, W, T, VR, F, HCS, PN, RW, SG (Sandoz) 282, 283, 284, 286, 287, 291
Cerat AE, PN (Böhme) 282, 287
Cerol WB, T, TFS, Z (Sandoz) 288, 331, 332, 333, 360
Chloregal D (Geigy) 308, 310, 311
Chloregal-Verfahren (Geigy) 311
CHT-Entschäumer (Tübingen) 293
Cirrasol SB, XL, AC, ACN, AD, OD, HA, GM, PR, PN, FP, SF, HA, SF, NAS, Z (ICI) 284, 286, 287, 288, 291, 292

Collappret HN (Quehl) 274
Combatex-Marken (CIBA) 277
Condensol A (BASF) 346
Contraqua L 70, L 80, D 34, EN (Quehl) 328, 331
Convidol T (Tübingen) 282
Coptal BN, BNA (Francolor) 44
Cottavin T (Zschimmer) 283
Cottonova 341
Cottosint (Fettchemie) 273
Cyclanon-Marken (BASF) 38, 35

Dan Press (Dan River) 366
Defindol (Fettchemie) 292
Degomma DK, T, AB (Röhm) 34
Delustran WP (Sandoz) 295
Depicol 54 (Zschimmer) 38
Detapol (Tübingen) 38
Devoltec FN (Protex) 291
Diadavin-Marken (Bayer) 38
Diaferman A, WS (Diamalt) 34
Diagum AP, NS (Diamalt) 274
Diamonine AF, B (Francolor) 348
Diappret (Diamalt) 273
Diastafor spez., 1600 (Diamalt) 34, 272
Dicrylan WG, C, PE (CIBA) 277, 294, 350, 367
Diffusil AH (Böhme) 340
Dipsanil V (ICI) 331
Diseron OF, DO (Rudolf) 45, 46
Dispersogen AZ (Hoechst) 310
Dispersol A (ICI) 47
Dissopyrin W, G, 89, CHL (H. Baumheier) 46, 47
Dralusoft, NI (R. Baumheier) 274, 291
Drapin K, KS, OG, L, WG (Aachen) 38
Drylofix S 400 (Protex) 336
Dryol S (Protex) 336
Drysol-Verfahren 307
Dulceta EP (Francolor) 288
Dupanol-Marken (Dupont) 45
Durable-pres (DP)-Verfahren 365
Duraset (Chicopee) 366
Durifon PN (Düren) 288
Durozell 582, AP 52, KN (Zschimmer) 348
Dylan-Verfahren (Precision) 312

E 605 (Bayer) 300
Echt-Buraven (Baur) 286
Edunine AC, SD, OS (Francolor) 286, 287
Effektol WU, DO, H (Böhme) 38
Effin PBO (Pfersee) 338
Elastik D 14 (Rotta) 288
Elastofix A, B, 9560, M, RAH, TR, RF, 9540 (Böhme) 348, 349, 352
Elexieröl KM (Baur) 283
Elfugin SG, UW (Sandoz) 291

Emulphor P (BASF) 287
Entschäumer HJ (Hoechst) 293
Entschäumer SI 30 (Geissler) 293
Entschäumer W 622 (Fettchemie) 293
Entschäumer WE (Baur) 293
Enzylase-Marken (Diamalt) 34
Eriopon AT, H, W (Geigy) 46
Erkantol BX, RN (Bayer) 38, 82
Erlapon S, STM (Tübingen) 283, 284
Estarfin CL, BE, FL, N, ZR (Stockhausen) 328, 331, 333
Etapuron N, K 33, S 50 (Düren) 284, 286, 287
Etadurin P, V, M, V 500, M 53, V 321 (Düren) 348, 352
Et — B, 303
Etingal A, S (BASF) 293
Eulan U 33, WA, BLS (Bayer) 300
Eumerzin ML, S, SF (Pfersee) 373
Evaset-Verfahren 220
Everglaze-Ausrüstung 189, 369

Farnex (Scholten) 273
F — Donator 64 (Rotta) 356
Felosan-Marken (Tübingen) 38
Feran BO, BP, HH, WW, KBE, SSF (Rudolf) 277, 288, 294
Fewa (Fettchemie) 44
Fibramoll F (Cassella) 284
Fibrocol RT (Sichel) 275
Finish KB, EN, VK, LCR, WFS, NSW (Sandoz) 283, 293, 348
Finistrol B (Quehl) 282
Fixan N (Rotta) 294
Fixapret AH, BU, PH, TN, CP, CPN, 140 (BASF) 346, 348, 352, 354, 367
Flacavon R, PS (Schill) 323
Flammentin-Marken B, R (Quehl) 323, 324, 325
Flammschutz AD (Rotta) 323
Flerhenol M (Zschimmer) 283
Flexin D (Fettchemie) 294
Flexofix S 100 (Stockhausen) 294
Floranit 24/36 (Fettchemie) 373
Flovan FD, PF, G 1500 (Pfersee) 323, 324
Fluidol-Marken (Fettchemie) 47
Fluolite-Marken (ICI) 297
Form D-, W-Verfahren 356
Foryl AD, F, D, S (Fettchemie) 47
Freney-Lipson-Process 365
Fuji-Cure (Fuji) 366
Fumexol 2, AS (CIBA) 293
Fungicid G (CIBA) 315
Fungitex B (CIBA) 316

Gadalan T 70, T 71, FF (Quehl) 336, 354
Ganalok-Verfahren (General) 357

Gardinol-Marken (Fettchemie) 44, 45
Geifix (Geissler) 348
Geipal-Marken 999, WF, 25 (Geissler) 38, 46, 47
Geipolan FA, ST (Geissler) 284, 287
Geipon T, K (Geissler) 283, 286
Gellatex TO (Protex) 274
Gelosan (Geissler) 45
Genopur FAS, W, M, CR (Hoechst) 46, 47
Germocid (BASF) 316, 322
Gesarol (Geigy) 299
Gisapol NO 59 (Rotta) 47
Glazamin M (Francolor) 349
Gommex ST (Protex) 274
Gravidol NBS, N 2, N 3 (Rotta) 280
Griffan (R. Baumheier) 277
Gummagon B (Zschimmer) 280
Gumminat-Marken (Pfersee) 274

Hariset-Verfahren 307
Harzentferner (Rotta) 370
Hexatren-Marken (Giulini) 50
Horsil-Marken (Fettchemie) 275
Hortol SL (Fettchemie) 275
Hostalux-Marken (Hoechst) 297
Hostapal HL, DL, BV, W, CV (Hoechst) 38, 46, 47, 82
Hostaphat-Marken (Hoechst) 291
Hostapon A-, T-Marken (Hoechst) 46
Hostapur CX (Hoechst) 47
Humectol-Marken (Cassella) 44
Hydroflamm-Marken (Protex) 324
Hydrophobierung Z, Si (Baur) 332, 335
Hydrophobol BWF, WD, WF, L 1300 (Pfersee) 331, 332, 333

IPP-(Interfacial-Polymerisation) 313
I gepal (IG-Farben) 46
Igepon T, A (IG-Farben) 45
Imperiazon-Marken (R. Baumheier) 47
Imerol-Marken (Sandoz) 38
Immacula-Verfahren (Proban) 302
Imprägnierung W, C (Baur) 331, 332
Imprägnol TWE, TRK, CR, CS, M, flammfest (Pfersee) 325, 328, 331
Impranil-Grund FBK (Bayer) 324
Impravin HC 60 (Tübingen) 286, 291
Indanthrenblau GPT (BASF) 296
Inferol OKM (Böhme) 373
Invadin AR, BL, JFC, MET (CIBA) 44, 82, 308, 317, 373
Invertit 50
Irgafinish WT (Geigy) 283
Irgafomal SE, TP (Geigy) 293
Irgalon BT, NA, AA (Geigy) 283
Irgamin PC, AL, P, SFC, E (Geigy) 286, 287
Irgapyrol DMW (Geigy) 323

IWS-Finish 4, 5, 6, -Flächenfixierung (IWS) 303, 304, 305

Jokalin LT (Baur) 38, 45
Jokopal-Marken (Baur) 47

Katalysator DHK, ZA (Rudolf) 336
Katalysator K 3, K 4, MC (Rotta) 354, 357
Katalysator RB (CIBA) 367
Katamin RK (Zschimmer) 287
Kaurit KF, KFN, W (BASF) 348
Knittex TC, 51, BW, 51 K, CV, MKS, ML, MCV, POM I, OM 60, PX 18, POM II, LE (Pfersee) 348, 349, 356, 357, 358, 367
Knittex-everfit CR, 1058, LE, CR, PRO, TZ, VM (Pfersee) 324, 338, 352, 356, 357, 358
Knittex-Füllharz-Marken (Pfersee) 350
Knittex-Katalysator MO, J 1 (Pfersee) 339, 356, 357, 358
Kollotex (Avebe) 273
Kondensator Si (Pfersee) 335
Konservan PF-Marken, DD-WL, CP-E, KS-E, CH-E (Pfersee) 315, 316, 317
Kontrafomit (R. Baumheier) 293
Koratron (Koratron) 366
Kufalin (Baur) 283
Kyolox-Marken (Düren) 47

Lamepon (Grünau) 45
Lanamerpin P (Kempen) 47
Lanigan W, R (Hoechst) 90
Lanol W (Quehl) 280
Lavenium EKA, F, MSA (Pfersee) 45, 46, 47
Laventin KB, WR (BASF) 38
Lavotan LB, NN, AST (Tübingen) 46, 47
Leomin F, S, K, DD, KWS, KP, WG, PE (Hoechst) 284, 286, 287, 291
Leonil ART, -Marken, DB (Hoechst) 46, 47, 82
Leophen BN (BASF) 367, 373
Leukophor-Marken (Sandoz) 297
Levapon 100, 150 (Bayer) 47
Lewatit-Marken (Bayer) 50
Linapret DK, S, K, TLV (Quehl) 273
Lipon (Röhm) 283
Lissapol D, C, GLN, N, NC, NDP, ND (ICI) 47, 284, 312
Lorinol 555 (Fettchemie) 48
Ludox (Dupont) 294
Lufixan LF (BASF) 291
Lumattin SL (BASF) 295
Lurotex A 25 (BASF) 340
Lustraffin P (Tübingen) 282
Lusynton T-Marken (Bayer) 46
Lyofix DM, CH, NC, ASL, CHN, PR (CIBA) 349, 350, 352

Masquol-Marken (Protex) 50
Measac 303
Medialen-Marken, A (Hoechst) 43, 90
Melafix II, S, CH (CIBA) 308, 309
Melafix-Verfahren (CIBA) 307, 308
Melanol D 15, MM, 114, NO (Rotta) 286, 287
Melloform WW (Shell) 358
Mercerisin-Marken (Quehl) 373
Mercerol QW (Sandoz) 373
Mercirane SC (Francolor) 373
Merpicoll-Marken, QM (Kempen) 277
Merpigum KS, S (Kempen) 277
Merpilan-Marken (Kempen) 46
Merpilit (Kempen) 277
Merpinol W (Kempen) 47
Merpitex S, D, KA, KAL, SW (Kempen) 284, 286, 287
Mersitol 45
Microcide 14 (Protex) 315
Migafar CR, L (CIBA) 287, 288, 367
Migasol P-Marken (CIBA) 331
Migatex-Marken (CIBA) 328
Miltopan-Marken, D 503 (Fettchemie) 46, 292
Mirosan D (Stockhausen) 295
Mitin FF, N (Geigy) 300, 301
Mizellan ZB (Pfersee) 275
Mollan-Marken (Rotta) 280
Monagum AS (Diamalt) 273
Monopolavivage SO 100 (Stockhausen) 283
Monopolbrillantöl (Stockhausen) 283
Monopolöl FSA (Stockhausen) 283
Monopolseife (Stockhausen) 43
Mortisan-P-Marken, CN, CO-2 O (Pfersee) 315, 317
Moussex S 30 (Protex) 293
Mul-Ron-Marken (Protex) 277
Mytex-Marken (Schill) 322

Negafel-Verfahren 307
Nekal BX (BASF) 44, 82
Nekanil-Marken, O, C, LN (BASF) 47, 287, 310, 311
Neogon L (Zschimmer) 280
Neopyridit V (Rudolf) 373
Netumid HSP, S, HS (Zschimmer) 288, 294, 332, 336
Newalol HS (Zschimmer) 373
Nikrulan HM, CLF (Cassella) 308, 309, 310
Nikrulan-Verfahren (Cassella) 309, 310
Nonapal NI (Baur) 47
Nonax 975, 1166 (Fettchemie) 292
Nopyron H-Marken (Hoechst) 325
Noappret-Marken, LD (Tübingen) 273
Noredux-Marken (Fettchemie) 273
Novario (Nino) 366
Novo-Fermasol-Marken (Ferment) 34

Novomerpin-Marken (Kempen) 47
Nylhydrol P (Quehl) 340
Nylomin NI-LU (Baur) 340

ODV-Verfahren (Rotta) 355
Oleonat NE (Pfersee) 82
Olgon-Marken, AS, C (Röhm) 283, 287
Ombrophob C (Sandoz) 333
Ombrophobol TR (Sandoz) 328
Omnipon OC, E 50 (Zschimmer) 45
Omnosol LL (Geigy) 38
Oppanol B (BASF) 277
Opysat P, PA (Pfersee) 293

Pagelli-Marken (Avebe) 273
Paralin N, L (Rotta) 331
Paramerpin, AS (Kempen) 277, 331
Parfinol PL (Protex) 282
Pentafix (R. Baumheier) 277
Pentavit (R. Baumheier) 82
Pentavital (R. Baumheier) 46
Peralfan-Marken (Düren) 38
Perapret F, HV, HVN, PE (BASF) 277, 288, 350
Peregal O (BASF) 310
Perfectamyl-Marken (Avebe) 273
Pergluton MW (R. Baumheier) 284
Perlit AC, A, CN, Salz, SIW, SI-Salz, SI-SW, VE, DW (Bayer) 332, 333, 334, 336
Perloryl G, OL, AN (Francolor) 333
Perloxyl AN, OL (Francolor) 288
Permachem (Permachem) 322
Permanent-Press (PP)-Verfahren *365*, 366, 367
Perminal BX, PP, WA (ICI) 44, 82
Permutit 50
Pernilac P (Vondelingenplaat) 44
Perrustol FD, BAT, SL, UL, KM, UM, UIR, VNB, VH, AST (Rudolf) 282, 283, 286, 287, 291
Persistol, HP (BASF) 332, 334
Persoftal MK, NA, P, O, AC, WKF, BSG, KRS, PCL, WK, PNA, FN (Bayer) 282, 284, 286, 287
Pflanzenextrakt (R. Baumheier) 273
Phobol 300, 500, PS (Pfersee) 286, 288
Phobotex F-Marken, CR, FT, FTS (CIBA) 288, 333, 334, 367
Phosphac-Marken (Protex) 50
P-Kondensator SN, SI, ZK (Pfersee) 336
Plexileim (Röhm) 277
Plexophor HB (Sandoz) 50
Plextol-Marken M1K, 189, 190, 1045, 1381 (Röhm) 294, 288, 350
Plibol 210 (Fettchemie) 347
Pluvion B-Marken, OL (Böhme) 331, 332
Polyafin NJ 200 (Tübingen) 288

Polyfan (Povel) 366
Polyfix F, N (Schill) 291, 294
Polyron-Marken (Albert) 50
Praelanol G, K, S (Stockhausen) 284, 287
Praestabitöl V (Stockhausen) 82, 283
Preska K, SU (Rotta) 347
Preska, Permanent, PAG, SF 56, TK (Rotta) 348, 349, 352
Preska-Reaktant (Rotta) 352
Preskasin DV (Rotta) 356, 357
Preska Universal (Rotta) 352
Preventol PN, GD, C 8 (Bayer) 315, 316, 317
Primatex LM, TA (Francolor) 45, 284
Primenit VS, HWN, HW (Hoechst) 288, 333, 368
Proban-Verfahren (Proban) 326
Produkt CFD 1931 (Zschimmer) 45
Promercin S (Protex) 373
Prosabit WW (Aachen) 45
Protenyl N (Protex) 323
Protepon S (Protex) 38, 47
Protesine KCT, KR, PC (Protex) 348
Protesol-Marken (Protex) 44
Prox S, TR, V, CRD, DR, E, FU, GR, RH, RHI, TIN (Protex) 348, 349, 352
Proxel A (ICI) 316
P-Silicon, W 1485, 63, WXK, 1368 (Pfersee) 335, 336
Purapid-Marken (Zschimmer) 315
Pyrex AM (Zschimmer) 323
Pyrovatex-Base, -Grund (CIBA) 324

Queco (Quehl) 347
Queco Appreturfett (Quehl) 283
Quecodur AE, RI, CR, B, ZF, HA, R, 14, N, HP, SM 60, DM, WM (Quehl) 348, 349, 350, 352
Quecofirm-Marken (Quehl) 277
Quecol R (Quehl) 283
Quecolin A, KRF, G 8, plus, K, A, AK (Quehl) 284, 286, 288
Quecopan 3 W, AS (Quehl) 46
Quecophob KT 9, TR, T 1, TW 7 (Quehl) 317, 334, 336
Quecopol F, FS (Quehl) 45, 46
Quecosol F, FH (Quehl) 38
Quecotex 4 X, 12 X (Quehl) 38
Quellin (Scholten/Sichel) 273
Quesulfan A (Quehl) 284
Quesyntol IM, J (Quehl) 38, 47
Quicoten 341
Quilon (Dupont) 333
Quintex (Herth) 273
Quintolan W (ICI) 333
Quofinal F 4 (Quehl) 354
Quomattan V (Quehl) 295

Rabic-Marken, J (Pfersee) 273, 274
Radopal-Marken (Baur) 38
Raidox SCH (Protex) 273
Raluben T (Raschig) 315
Rapidase (Rapidase) 34
Ramasit I, III, LC, K (BASF) 282, 328, 331
Ratifix-Marken (Sandoz) 277
Reeve-Set (Reeves) 366
Resopan HW (Sandoz) 288
Resolin B, C, NF (Sandoz) 44, 82
Respumit SI (Bayer) 293
Rexamine D, FA, PMA, AKS, AT, GP, OL, PR, CS, HES, HLS, PLS, US, 172 (Protex) 283, 284, 286, 287, 288
Rhenappret-Marken (Quehl) 277
Ribamin OC (R. Baumheier) 286, 291
Ribanat supra, BB (R. Baumheier) 45, 46
Rigidan ZP, HA, RG (Schill) 272, 275, 280
Rigmel-Verfahren 220
Rottafix NT, L 57 (Rotta) 340, 349
Rotal-Super (Rotta) 332
Rotal-Verfahren (Rotta) 334
Rucogen DFL, HL (Rudolf) 38, 47
Rucogumm MTK, FK (Rudolf) 273, 277
Rucon PR, HA, CM, RH, BU (Rudolf) 348, 349, 352
Ruconavivage DN, HT, XA, EF, DT (Rudolf) 286, 287
Rucon-flammfest-Marken (Rudolf) 325
Rucon-hydrophob, CHR, SIT (Rudolf) 333, 334, 336
Rucosal AB, MD (Rudolf) 46
Rustol BE (Rudolf) 316
Rydbohm-Verfahren 220

Sandopan FL, KD, N, TFL, WP (Sandoz) 45, 46
Sandozin NI, WN (Sandoz) 47, 287, 288
Sandozol-Marken (Sandoz) 283
Sanfor-Set (Cluett) 366
Sanitized SPG (Sanitized) 322
Sapamin FL, FLN, OC, KW, PA, PB, WL, WLS, WP, NJ, NP (CIBA) 284, 286, 287, 288, 367
Sapidan-Marken (Böhme) 45
Sapophan 64 (Böhme) 46
Sarpifan BK, BKW, CA, CAW, RFT, EWW (Stockhausen) 277
Satessa (Degussa) 294
Scotchgard-Oleophobol P 68 (Pfersee) 338, 339
Sebosan LS, SN, AS, KB, NGA, SWR, W, K, T (Stockhausen) 286, 287
Seidenfinis BG, OS (Baur) 287
Setaform ZS 1440, LU, U (Zschimmer) 38
Setavin 1590 (Zschimmer) 283
Setavon C, OS (Zschimmer) 286

Setilon KN (Fettchemie) 287
S-Finish 371
Shirlan NR (ICI) 316
Silastan DA (Schill) 44
Silastol CP, R, 1135, 600, W 600, SO, SR, 700 (Schill) 282, 284, 286, 287, 288
Silkofix KH, KHS, N (Quehl) 294
Silkomerpin (Kempen) 348
Silvatol I, SU (CIBA) 38
Simpanol BS (Pfersee) 315
Simpra-Marken (Pfersee) 277
Sincal F (Zschimmer) 45
Sironize-Verfahren (CSIRO) 312
Siroset-Konzentrat N (Merck) 244, 303
Siroset-Konzentrat NS, NC (Böhme) 244, 303
Siroset-Verfahren (Böhme, Merck) 303
Solana DWU, DLAN (Fettchemie) 38
Solpon-Marken (Böhme) 46
Soltex (Degussa) 294
Soluphob-Marken (Hoechst) 328
Solvitose-Marken (Scholten/Sichel) 273
Soromin TS, FB, SF, HS, OK, A, HT, MW, AF, UV, KG, SG (BASF) 283, 284, 286, 287, 291
Spreitan 100, 125 (Fettchemie) 291
Stabiform-Marken, HF, AE, 144 (Fettchemie) 277, 350, 352
Star (Nino) 366
Statexan PAN, A, B, (Bayer) 291
Stetanol SE (H. Baumheier) 293
Stevenson-Verfahren (Precision) 312
Stoddard-Solvent 313
Stokolan NS 9 (Szockhausen) 47, 82
Stokopol NB, WW (Stockhausen) 46, 47
Stokotabletten (Stockhausen) 272
Stokotal E, DX, IWS (Stockhausen) 284, 288
Stralin SM, V (Weserland) 317
Sulfetal W (Zschimmer) 45
Sulfix A (ICI) 357
Sultafon RN, MBW, MA (Stockhausen) 44, 273
Sultafonöl SH (Stockhausen) 218, 283
Sunaptol-Marken (Francolor) 47
Super-Beckamin (Reichhold) 349
Superdex (Scholten/Sichel) 273
Supersol-Marken (Scholten) 273
Supralan-Marken (Zschimmer) 46
Supramattan-Marken (Zschimmer) 295
Supron 1001, SGW (Weserland) 277, 294, 350
Synthamin (Böhme) 47
Synthapal (Böhme) 47
Synthapon (Böhme) 47
Synthappret WA, WSF (Bayer) 277
Syntharesin SF, K (Bayer) 294
Synthemul-Marken (Reichhold) 277, 350

Talfurol A (Böhme) 282
Tallofin FS (Stockhausen) 282
Tallopol CFB, SU, GK (Stockhausen) 284, 291
Tallosan DX, SW (Stockhausen) 279, 283
Talvon-Marken (Zschimmer) 283
Tebestat 4094, 1152 (Böhme) 291
Teb-X-Cell-Verfahren (Tootal) 357
Tenekol AM (Zschimmer) 294
Tensactol A (BASF) 44
Terafin PB, KB, ZWN, DR, IR (Rudolf) 282, 287, 331, 332
Terhyd MA, BFL, EHK (Pfersee) 34
Tero-Finish BW 64, PS 62 (Rotta) 277, 357
Tetralix TR, TRU, HWN, LL, NN (Stockhausen) 38
Texapret A, AM, C, WL, S, K, NA (BASF) 277, 348, 350
Textal P, PLS, PL, KNI (Pfersee) 282, 287
Textilol (Böhme) 283
Textilose-Gummi (Scholten/Sichel) 273
Textilstärke CM 37 (Maizena) 273
Textilwachs W, WL (BASF) 287
Textis PS (Protex) 283
Texylon-Marken (Texylon) 288
Thioset M, 303
Tinopal-Marken (Geigy) 297
Tinopolöl NE, BH (Geigy) 44, 283
Tinovetin B, NR (Geigy) 44, 47
Tissocyl-Marken (Zschimmer) 47
Tonalon G (BASF) 329
Tootapress (Tootal) 366
Toralit A (Cassella) 317
Trilon-Marken (BASF) 50
Triumphöl M (Zschimmer) 283
Trix (Geigy) 299
Trocklin S, SWF (R. Baumheier) 331, 332
Tubingal A, ASM, KV, KWN, HW, WHS, AKN (Tübingen) 284, 286, 287
Turpex AC (Pfersee) 288
Tylose-Marken (Hoechst) 275, 278

Ukadan-Marken, TV, K 13, B (Schill) 277, 294
Ukafix W (Schill) 305

Ultraphor-Marken (BASF) 297
Ultravon AN, CO, W, JF, JU (CIBA) 46, 47, 319, 320
Uniperol W (BASF) 310
Utinal 302 (Fettchemie) 284, 292
Uromat PE (CIBA) 295
Uvitex-Marken (CIBA) 297

Velan PF, NW (ICI) 288, 333, 360
Velustrol PA, HSP, NE, KRP (Hoechst) 282, 288
Vernetzung II W, II D (Rotta) 354
Vibatex-Marken (CIBA) 277
Vinarol-Marken (Hoechst) 277
Vinkol AP, RT (Schill) 283
Viscomatyl U (Böhme) 295
Viscosil R, FA, FAP, FB, FAD, ASB, NJ 88, KE, NPL, ST, K 5, PR, GA, KG (Böhme) 283, 284, 287, 291
Vivazit (R. Baumheier) 373
Viveral-Marken (Hoechst) 34
Vondapon NI, A (Vondelingenplaat) 45, 47

Wallpol-Marken (Reichhold) 277
Waschtreu-Verfahren (Stockhausen) 355
Waxol H, PA (ICI) 282
Weichmacher NO, V 3009, 945 (Zschimmer) 284, 286, 287
Wesopret-Marken (Weserland) 273
Wirkstoff R 52 (Raschig) 322
Wofatit 50
Wollfinish (Baur) 280
Wurlau-Verfahren (Bancroft) 313

X-2-Verfahren (Dan-River) 356

Zelan AP (Dupont) 288, 333, 360
Zelec DX, DP (Dupont) 291
Zelt-Imprägnol-Marken (Pfersee) 317
Zepel B (Dupont) 367
Zerostat AN, C, P (CIBA) 291, 292
Zeset MCE (Dupont) 352
Zetesal E (Zschimmer) 291
Zetesan KS, KT (Schimmer) 45
Zirkomerpin (Kempen) 332

Sachverzeichnis

Die *kursiv* gesetzten Seitenzahlen bezeichnen die Stelle, an der das Stichwort ausführlich behandelt wird.

Abdrehen 199
Abflammen 30
Abflecken 54
Abgearbeitet 145
Abgetrieben 145
Abkauen 165
Abkochanlage 65
Ablauge 377
Abnahmeversuche an Textiltrocknern 136
Abperleffekt 326, 328, *337*
Abquetscheffekt (AE) 22, 257, *258*, *263*, 271, 319, 325, 330, 339, 348, 354
Abreißen 174
Abrichten 174
Absaugen (Absaugmaschine) 83, 101, *102*, 104, 204, 211, 212, 257, 266, 278, 303, 319, 339
Abschleudern 95
Abseite 144
absolute Feuchtigkeit 106
Abtafeln 119, 191
Abziehen 173
Abzugswalze 172
Accelerator 345
Acroleinderivat 358
Acrylsäure 276
Acylierung 360
additiv 349, 352, 358, 368
Adhärierende Feuchtigkeit 96
Adsorption 42
Aeroflex-Walze (Kleinewefers) 53, *54*
Aeronat-Düsenrahmen (Krantz) 111
Affinität 257
Aktivator 34
Aktivbrom 36
Aktivchlor 309, 310, 311
aktiver Schutz 314
Albumin 278
Aldehyd-Hochveredlung 355
Aldrin 299
Alginat 270, *274*

Algizid 318
Alkalilösliche Zellulose 275
Alkalische Walke 88
Alkalische Wäsche 67
Alkylarylsulfonat 44, *46*, 67
Alkyläthylenharnstoff 287
Alkyl-Benzimidazol-Sulfonat 46
Alkylbenzolsulfonat 44
Alkylieren (Alkylierung) 326, 360
Alkylnaphthalinsulfonat *44*, 46
Alkylsulfonat *44*, 67, 282, *283*, 291, 327
Allquist-Wickler (Stahkontor) 23
Alphaamylase 23
Amidieren 360
Amidöl 43
Amin 285
Aminbildung 348
Aminoalkansulfonsäure 45
Aminoamid 285
Aminoäthylierung 318
Aminoester 285
Aminoplast 347
Ammonfluorid 315
Ammoniumthioglykolat 244, 303
Amylopektin 270
Amylose 270
Andreher 3
Anfangsfeuchte 137, 260
Anionaktive Waschmittel 42
Anionaktive Weichmacher 282
Anisotrop 214
Anschmutzbarkeit 302
Anstoßen 71, 87, 88, 89, 95
Anti-chlor 308, 309
—-filzausrüstung *305*, 335
—-rheumatisch 289
—-schaummittel 277, *293*
—-septikum, antiseptisch 33, 274, *315*, 316, 330
—-soiling-Ausrüstung 338

Anti-stat (Mahlo) 289
—-statikum, antistatisch 288, 289, *290*
Appretur-brechen (Appreturbrechmaschine) *230*, 231, 239
—-öl 43, 218
—-verlust 378
—-wachs 329
Aquaroll-Quetschwerk (Küsters) 62, 99, *100*
Arabischgummi 278
Aralkylsulfonat 46
Arkaden 116
Ärmelbrett 304
Atemgift 298
Äther 289
Äthylendiamin-tetra-essigsaures Natrium 50
Äthylenharz 338
Äthylenoxid, (Kondensationsprodukte) *47*, 67, *290*
Atlasbindung 195
Atlas-Muldenpresse (Drabert) 177, 212
Aufbürsten 257, 269
Aufdocken 79, 313
aufgeschlossene Stärke 273
Aufmachen (Aufmachungsmaschine) 2, 250, *252*
Aufnadeln 115, 210
Aufrahmen 285
Aufrakeln 280
Aufsprühen 296, 316
Aufziehkurven von Weichmachern 285
Ausbleichen 323
Ausbluten 67, 68, 78, 87, 340
Ausblühen 323
Ausbuttern 285
Ausfallmuster 269
Ausgangsfeuchte 259
Ausgleichsschwinge 255
Ausnähen 4, 7, 250
Ausrecken 94
Ausrüstungsstraße 212
Austauschfaktor 259

Auszackmaschine 247
Ausziehverfahren 257, 258, 288, 292, 316, 330, 331, 332, 335, 339
Autoklav 22, 196, 202, 270
Avivieren (Avivage) 42, 95, 240, 244, 272, *281*, 291, 333
Axialdruck 190
Azeton 262
Azetylierung 318, 360

Bajonettspirale 166
Bakterien 279, 314
Bakterienamylase 33, *34*, 272
Bakteriostatisch 321
Bakterizid 288, *315*, 316, 318, 336, 341
Ballig 99, 191
Basenaustauscher 49, 50
Bates-K-Fixiermaschine (Bates) 241
Baumwollstretch 371
Baumwollwachs 326
Baumwollwalze 184, 192, 197, 198, 281
Bauschelastizität 281, 301, 346
Bauschen 235
Beetlekalander 183
Befeuchten (Befeuchtungsmaschine) 163, *227*, 228, 229, 305, 379
Begrenzungsblech 267
Belüftungsdüsen 111
Benzimidazol 46
Benzin 30, 289
Benzinseife 48
Benzinvergaser 31
Benzoesäure 315
Beregnen 327
Beregnungsapparat Bundesmann (Erhardt) 337
Beschichten 326, 330
Beschwerungsmittel (Beschwerungsappretur) 271, 273, 275, *279*, 323
Besprühen 257, 269, 303
Betaamylase 33
Betriebswasser 49
Beuchen 38, 39, 346
Bienenwachs 327, 328
Bindungsfehler 7
Bis-(chlormethyl) dimethylbenzol 318
Bittersalz 272, 278, 279
Bläumittel 271, 280, *296*, 353, 358

Blausäure 299
bleibende Härte 49
Bleichlauge 306, 307, 308, 309, 310, 311
Bleichstiefel 35, 52
Bogenverzug 19, 118
Boldern 245, 304, 365, 367
Bombage (Bombieren) 12, 97
Borate 280
Borsäure (Borax) 315, 323, 347
Böwe R (Böwe) 15, 25, 50, 95
Braunstein 312, 313
Brechschienen 231
Breitbleichanlage 35
Breitenmeßgerät (Mohlo) 17
Breitenstreckung 216, 241
Breit-halter *11*, 160, 178, 199, 204, 221, 233, 253, 264
—-halterwalzen (Breitstreckwalzen) 12, *13*, 17, 22, 26, 74, 98, 264
—-säureeinrichtung *83*, 100
—-schleuder 102
—-streckapparat 133, 134
—-streckrahmen *120*, 121, 219, 220, 227, 230
—-waschmaschine 13, 35, 36, 50, *56*, 58, *72*, 266, 332, 349, 357, 365, 374, 378
Brennbock *78*, 79, 212, 332
Brennen *77*, 82
Brennerrampe 125
Brennkammer 84
Brennzeit 326
Britischgummi 272
Brochéfäden 172
Bromitenschlichtung 36
bügelarm-, bügelfrei-Ausrüstung 302, 340, 341, 356
Bügelfalten 302
Bügelpresse 219, 223, 244, 302, 304
Bügeltemperatur 237, 238
Buntspinnen 281
Buntweben 68, 78, 81
Bürsten (Bürstmaschine) 8, 145, 157, *161*, 162, 198, 212, 229
Bürstenwalze 131, 144, 146, 161, 229
Bürstenputzwalze 145
Butangas 30
Butanol 314

Carbamidharze 215, *347*, 348, 351, 352, 359, 368

Carbomatic-System (Julien) *32*, 136
Carboxylmethylzellulose 360
Cascade-Breitwaschmaschine (Kleinewefers) 59
Ceratoniagummi 274, 278
Chaising-Kalander 80, 184, 186, 187, *190*, 198
Changieren (Changierapparat) 146, 149, 157, 175, 176, 196
Chargierung 279
Charmeuse 139, 245
Chassis 258, 260
Chemische Krumpfung 215, 221, 340
Chemische Reinigung 37, 223, 299, 301, 324, 328, 329, 331, 338, 346
Chevellieren 251, 284
Cheviot 209
China clay 272, 278, 279, 280, 330
Chintzen (Chintz-Kalander) 186, 188, *193*, 243, 341, 368, 369
Chlorakzeptor 308, 351
Chloramin 272, 351
Chloressigsäure 237
Chlorieren von Wolle 86, 225, 305, *306*, 307
Chlorierte Kohlenwasserstoffe 37, 46, 262, 314
Chlorierte Phenole 315, 316
Chlor-paraffin 325
—-retention 307, 347, *351*, 353, 359
—-silan 314
—-schädigung 351, 359
—-test 351
—-titration 351
—-wäsche 351, 352
—-wasser 307
Chromieren 317
Chromstearylchlorid 288, *322*
Ciré-Kalander 185, 188, *196*
Clapot *51*, 52, 54, 82
Cluett-Filz- und -Gummibandkrumpfanlage 215
Compactor (Riggs) 220
Continua-Dekatiermaschine (Monforts) 207
Cordgewebe 31, 142, 162, 220
Cottanova-Ausrüstung 341
Craquant 286

C.S.I.R.O. (Commonwealth Scientific and Industrial and Research Organization) 243, 302
Crepe-Gewebe 196
Cuticula 305, 307
Cyanoäthylierung 318, 360
Cyclohexanol 48
Cystin 302

Dahlemer Methode 218, *219*
Dampfbügelpresse 243, 304, 366
Dämpfen 141, 161, *162*, 202, 205, 212, 225, 228, 229, 281, 302, 319
Dampffilm 109
Dämpfhaus 215
Dämpfkasten 31, 199
Dämpf- und Krumpfmaschine 226
Dampfminderventil 178
Dampfschrank 243, 244, 249
Dämpftisch 120, 162
Daumenprobe 91, 160
Decker 30
DDT (Dichlordiphenyltrichloräthylen) 299
Decomat (Monforts) 205, 206
Dehnungsmeßgerät (Mahlo) 17
Dekahydronaphthalin, Dekalin 48
Dekatierautomat 205
Dekatieren (Dekatiermaschine) 23, 134, 160, 178, 196, 199, *201*, 225, 227, 235, 244, 302, 305
Dekatierflecke 201, 203
Denaturieren 299
Desinfektionsmittel 315, 322
Desodorieren (Desodorant) 321, 322
Detachiermittel 37, 38, 66
Diagonalverzug 19, 118, 119
Diagonalwelliné 233
Diagrammschreiber 21
diamantiert 232
Diastase 272
Dichlordiphenyltrichloräthylen (DDT) 299
Dichlorhydrin 237
Dichlorpropanol 355, 357
Dickenmeßgerät (Frieseke) 29
Dieldrin 299
Dimensionsstabilität 237, 341

Dimethylol-äthylenharnstoff (DMEU) 352, 353, 359
— -dihydroxyäthylenharnstoff (DMOHEU) 352, 353, 358
— -polysiloxan (DMPS) 335
— -propylenharnstoff (DMPU) 352, 353, 359
— -triazin (DMTO) 352, 353, 359
dinaphthylmethandisulfosaures Natrium 316
Dinitrophenol 315
Diphenylharnstoff 300
direkte Gas-, Ölheizung 111
Dispergieren, Dispergator, Dispersion 40, 43, 46, 50, 67
Distelkarden 146
Disulfid-Brückenbindung 302, 306
Divinylsulfon 355, *357*
Doppel-Brennbock 79
— -chaising-Kalander 190
— -kettenstich 27
— -muldenpresse 178
— -planrahmen 120, *122*
— -revolvermangel 183
— -Seidenfinishkalander 193
— -tuch 8
— -winkelspirale 166
Doppeltbreit 252
Dosieren (Dosieranlage) 260, 265
Drahtkratzen 161
Drapé 209, 304
Dreisatzrauhstab 143
drip-dry 343
Druck-ausgleich 191
— -dämpfer 239
— -kocher 270, 271
— -rolle 197
— -spindel 263
— -waren 31
Dublieren (Dubliermaschine) 28, 194, 250, *253*
Dunkelstrahler 135
Duplexmaschine 134, 216, 219
Durchrauhen 160
Durchstrahlverfahren 29
Düsenbelüftung 109, 120
Düseneinsprengmaschine 229
Düsenplatte 61, 133
Düsenrahmen 138
Düsenschnellwäscher (Hemmer) 70

Düsentrockner 109, 220
Duvetin 162

Easy-care 301, 314, 341
Echter Moiré 194
Echtprägung 192, 196
Econom-Breitwaschmaschine (Peter) 62
Econom-Foulard (Peter) 265
Egalisieren (Egalisiermittel) 47, 157, 173, 286
Egalisierrahmen 17, *120*, 121, 134, 210, 215, 230, 263
Einbad-Hydrophobierungsmittel 328, *330*
Einbrennen 72, 77, 80, 160
Einfrieren 240, 245
Eingangsfeuchte 259, 260
Eingrabungstest 321
Einlagestoff 134, 220
Einkluppen 113
Einlaufen 201, 213, 214, 216, 346
Einlauffeld (Einlaufapparat) 93, 112, 113, 115, 120, 121
Einlauflippen 93
Einreißfestigkeit (Einreißwert) 326, 345, 346
Einseifabteil (Einseifmaschine) 77, 95
Einspänen (Einspänapparat) 179
Einsprengen (Einsprengmaschine) 141, 182, 186, *229*
Einspringen 213, 219
Einstemmspirale 166
Einwalken 86
Einwaschen 198
Einweichbottich 95
Eisenmeldegerät 27, *178*
Eiweiß 33, 270, 274
Eiweißabbauprodukt 35
Eiweißkondensationsprodukt 45
elastische Walze 181, 189, 198, 199
Electronic-Smoothness-Evaluator (ESE-Tester) 343, 351
Elefantenhaut 218
elektrische Senge 32
Elektroliseur 289
Elektrolyt 41, 46, 49
Elektro-Pendelzentrifuge 101
elektrostatische Aufladung 288

Elmendorf-Wert 326, 345, 351
Emulgator (Emulsion, Emulgieren) 37, 38, 40, 42, 46, 47, 67, 89, 140, 282, 285, 287, 299, 329, 330, 331, 334, 355
Endfeuchte 137
Entchloren 306, 307, 308, 309, 310, 311
Entflammbarkeit 324, 326
Enthärtung 49
Entkletten 39, 81, 85
Entknoten 7
Entlaugen 373
Entschäumer 293
Entschlichten 7, 31, 33, 38, 39, 51, 56, 273, 372, 379
Entspannungsschrumpfung 301, 302
Entwässern 79, 96, 97, 184, 196, 257, 319, 339
Enzym 33, 272, 314
Enzymgift 34
Epichlorhydrin 357
Epoxy-(Epoxyd-)Verbindungen 336, 355, 358
Erdfaulversuch 320
Erdgas 30
Erdnußöl 40
Erschwerung 279
Erweichungsbereich 236, 244
ESE- (Electronic-Smoothness-Evaluator)Tester 343, 351
Esteröl 43
Etagenbügelpresse 134
Etagenrahmen 113, 116, 120, 122, 138, 240
Eulan-Etikett 300
Eulanisieren 300
Expanderwalze 12
Expreß-Breitwaschmaschine (Smith) 75
Extrahieren 69

Face-Fiber-Finisher (Proctor-Schwartz) 163
Fächerdüse 76
Fachgemeinschaft Textilmaschinen 136
Falzstangensteuerung 254
Färbeöl 43
Farbküche 269
Farbstoffaffin 47
Farbwerk 189, 369
Faserquellung (Faserquellwert) 214, 344

Faserschädigung 97
Faserschutzmittel 47
Fäulnisschutz 316, 325
Federdicht 183
Federzuhaltung 113
Fehler-Markier- u. Registrierapparat (Menschner) 5, 6
Fehlermarkierzange 6
Feilenhieb 166
Feinrippwaren 138, 199
Feinwaschmittel 44, 340, 343, 350
Ferrico (Scholaert) 178
Fertigtrikotage, -gewirk 87, 139, 221
Fettalkoholsulfat (Fettalkohol) 44, 67, 283
Fettlöser 37, 47, 48, 300, 328, 331
Fettlöserwaschmittel 262
fettmodifiziert 338
Fettsäure 43, 214
Fettsäurealkylolamin 286
Fettsäurechlorid 45
Fettsäureester 355
Fettsäurekondensationsprodukt 44, 45, 67, 284
Fettwalke 88
Feuchtemeßgerät 20, 21
Feuchtigkeitsspannung 96
Feuchtigkeitszuschlag 105
Feuchtvernetzung 353, 354, 355
Fibe-Foulard (Benninger) 265, 266
Filzfrei-Ausrüstung 225, 305, 318
Filzhosen 199
Filzkalander 90, 133, 134, 138, 141, 181, 196, 199, 200, 207, 216, 217, 219, 220, 227
Filzkrumpfanlage 215, 216, 217
Filzmitläufer 199
Filzschrumpfung 302
Filzschrumpfung 302
Filzvermögen 78, 86, 301, 313, 335
Fingerwalze 15
Finishdekatur 178, 203, 204, 212, 304, 305
Finishen 204
Finishkalander 198
Fischer-Tropsch-Kohlenwasserstoff 45

Fischgeruch 348, 352, 359
Fixativ 298
Fixieren (Fixiermaschine 77, 212, 235
Fixierfalten 79
Fixierfeld 116, 240, 241
Flachbahntrockner 123
Flachbürste 161
Flächenfixierung 235, 244, 302, 304
Flächengewichtsmeßanlage (Frieseke) 29
flammhemmende, flammsichere, flammfeste Ausrüstung 316, 322, 323, 336
Flammschutz 323
Flammzone 32
Flat-memmory-Gewebe 356
Flexroll-Kalanderwalze (Küsters) 184, 185
Flokoné 233
Florfaden 31
Florgewebe 234
Flottenaustausch 264, 265
Flottentrog 258, 260
Flottenturbulenz 259
Flottenwirbler 61
Fluorkarbonat 338
Formaldehyd (Formalisieren, Formaldehydharze) 215, 315, 354, 355, 356
Formbeständigkeit (Formstabilität) 235, 238, 302
Foulard (Foulardieren) 13, 22, 35, 99, 100, 140, 190, 219, 244, 257, 258, 260, 276, 280, 283, 290, 292, 293, 302, 304, 305, 313, 316, 319, 323, 328, 337, 338, 348, 354, 356, 361, 368
Foulé 140, 304, 379
Fraßgift 299
Free-Roll-Karden (Scholaert) 148
Fresco 304
Friktion (Friktionieren, Friktionskalander) 177, 186, 189, 194, 197, 200, 369
Frosten 227
Frottieren 232
Füllharze 358
Füllmittel (Füllappretur) 182, 275, 279, 280, 294, 296, 329, 330
Fully-fashioned 221, 222

Fungizid 288, *315*, 316, 318, 336, 341
Fungostatisch 321
Funkentöter 31
Fuselöl 293
Fußpilz 358

Gardinen 172
Garnkontrakt 105
Garnsengmaschine 30
Gasiermaschine 30
Gassenge *31*, 131
Gaufrierkalander 188
geblasenes Leinöl 328
gedrückter Schnitt 164
Gegenstrichwalze 150, *151*
Gegenstromtrockner 109
Gegenstromwaschmaschine 57, 58
Gehege 143
gekurbelter Stich 27
Gel (Gelieren) 40
Gelatine 274
Gelbstich 30
Gerber 68, 69, 72
Gesamtverband der Deutschen Textilveredlungsindustrie 136
Geschwindigkeitsmethode 137
Gewebebilder 343
Gewebebreitenmesser (Mahlo) 17
Gewebeputzmaschine 8, 164, 166
Gewebesengmaschine *30*, 31
Gewebeschermaschine 8, 164, 166
Gewebetastleisten 9
Gewebetemperatur-Meßgerät (Mahlo) 20
Gewichtsmessung 28
Gezogener Schnitt 164
Gips 281
Glanzausrüstung 161, *163*
Glanzerhöhung 162, 181, 370, 371
Glanzstellen 246
Glättkalander 186, *187*
glatttrocknend 341
Glättungsweichmacher 281
Glaubersalz 279
Gleichlaufregler (Mahlo) 24
Gleichstromtrockner 109
Gleitschwinger-Zentrifuge (Krantz) 101
Glitzern 193

Glyoxal 355, 356
Glyzerin (Glyzerinersatz) 227, 265, 281
Graphit 37
Gravur 198
Grenzflächenaktiv 42, 49
Grenzflächenpolymerisation 313
Grenzflächenspannung 42
Großkaulen (Großkaulenwickler) 10, *22*, 191, 360
Gruppen-Plissee 248
Gummi 270
Gummi-arabicum 274
Gummiband-Krumpfung 216, *217*, 218
Gummituchrakel 267, 268

Haarrisse 262
Haarwurzel 86
Halbdekatur 79
Halbverfilzungsrauhmaschine 155
Halbtrockenverfahren 300
Hammerstauche 71, 73
Hammerwalke 71, 91, *92*, 94
Handlängen-Meßapparat 91
Handspindelpresse 181
Handsprüher 304
Handrahmen 112
Hängeschleifentrockner (Hängetrockner) *126*, 127, 138, 139, 269, 329, 339
Harnstoff (Harnstoff-Formaldehydharze, Harnstoffharze) 276, 278, 280, 305, 333, *347*, 359
Harnstoffphosphat 323
Härtebeständig 46, 49
Härtebildner 44, 47, 49, 90
Härter 346, 348
Hartholzkaule 182
harzarme Hochveredlung *352*, 368
Harzauflage 367
harzfreie Hochveredlung 345, 352, *355*
harzhaltige Hochveredlung 347
Harzsäure 42
Harzseife 293
Haspelkufe 35, 54, 82, 338, 310, 332, 339, 369
Hebelbelastung 263
Heißfixiermaschine (Haas) 242
Heißluftfixierung 240, 243

Heißluftheizung 111
Heißnetzer 43
Heißprägen 295
Heißsiegel-Ausrüstung 269
Heißwasserentlauger 273
Heizöl 30
Heizschuhe 121, 215, 216, 218
Heizspan 180, 181
Helioset-Einrichtung (Héliot) 224
Hellstrahler 135, 136
Heptalin 48
Heptan 339
Hexahydrophenol (Hexalin) 48
Hexamethylendiamin (HMDA) 313
Hilfseinrichtungen *11*, 264
Hitzeverhalten 323
Hochbausch-(HB-)Garn 235
Hochfeuchtemeßgerät (Mahlo) 21
Hochfrequenztrocknung 104, *136*
Hochpolschermaschine 172
Hochstoßlegemaschine (Monforts) 255
hochsulfoniert (hochsulfatiert) 43, 82
Hochveredelt-Gütezeichen 343
Hochveredlung 32, 123, 130, 193, 194, 215, 221, 235, 243, 273, 276, 279, 288, 316, 318, 333, 334, 338, *340*, 372
Hohltisch 8, 166, *167*, 170
Hotflue *123*, 124, 329, 361, 364
Hot-Roll-Fixiermaschine (National, Morrison) 241, 242
HT-Dämpfschrank 250
Hutsteife 276
Hydrieren 44
Hydrofixierung 236
Hydrogenmethylpolysiloxan (HMPS) 335
Hydromotor 171
Hydrophil (hydrophile Ausrüstung) 326, *339*, 372
Hydrophob (Hydrophobieren, Hydrophobierungsmittel) 42, 78, 212, 257, 270, 276, 277, 282, 286, 288, 291, 292, 294, 316,

317, 325, *326*, 332, 338, 340, 349, 353, 358, 360
Hydrophobierungskunststoffe 332
Hydrosolform 40
Hydrozellulose 37, 81, 84, 279
Hygienische Ausrüstung 322
Hygroskopische Feuchtigkeit 96, 105, 227, 323

Indanthren-Warenzeichen 296
imitierter Moiré 194
Imprägnieren (Imprägniermaschine) 35, *257*, 259, *326*, 356
Imprägnierfoulard 219
Iminofunktion 308
Industrienähmaschine 27
Infrarot-Trocknung, -Strahler 104, 124, *135*, 362
Infrarotreflexion 325
Inlett 182
Insektenschutz 318
Insektizid 288, 289, *298*, 318, 339
Intensiva-Breitwaschmaschine (Kleinewefers) 59
Interlockware 138, 199
Intermizellar 96, 214
Internationales Wollsekretariat (IWS) 302
Ionenaustauscher 49, 50
Ionisation 289
Ionogenität 42, 291
Isocyanat 332
Isoionischer Bereich 89
Isopropylalkohol 332
IWS (Internationales Wollsekretariat) 302

Japanwachs 328
J-Box 35, 36
Jersey 87, 89, 139, 199, 209
Jigger 22, 35, 349, 357, 364, 369, 378
Jodkalistärke-Papier 310
Johannisbrotkernmehl 274
Jutewalze 184

Kahlappretur 29, 379
Kahlschur 167
Kalander 13, 24, 28, 29, 99, 141, 177, 181, *184*, 213, 227, 264, 275, 278, 282, 284, 289, 327, 330, 339, 361

Kalanderfilz 134
Kalanderwalzen 185, 190
Kaliseife 90
Kalkseifen 43, 50, 82, 85, 67, 167, 176, 294, 336
Kalk-Soda-Verfahren 49
Kalmuk 203, 204
Kaloriferen 109
Kaltnetzer 36, 43
Kammgarn 8, 71, 212, 379
Kampfer 299
Kantenabtastung 14
Kantendrucken (Kantendruckapparat) 250, *255*
Kantenentroller (Kantenöffner) 14
Kantenkontroll-Apparat (Monforts) 254, *256*
Kantenöffner 14
Kantenschermaschine 255, *256*
Kantenschneider 119, *120*, 241
Kantensteuerung 6, 22
Kantenversteifen *116*, 241, 245
Kaolin 271, 279, 280, 330
Kapillarität 96, 108, 259, 338, 372
Karbonisierrecht 85
Karbonisieren (Karbonisiermaschine) 39, *80*, *84*, 100
Karbonisierflecke 82, 85
Kardenrauhmaschine 142
Kardenreinigen 146
Kardensetzen 143
Kartätschendistel 142
Kartoffelstärke 33, *271*, 278, 330
Kaschieren 269
Kasein 274, 278
Kastenmangel 183
Katalysator 188, 288, 314, 326, 334, 336, 345, *346*, 353, 358, 368
K & B London-Shrunk (Drabert) 212
KD-Dekatur (Biella Shrunk) 202
Keramikbrenner 32, 136, 256
Keratin 298
Kernfilz 89, 90, 93
Kernseife 329, 330
Kesseldekatur *202*, 203
Ketteln 239
Kettenglätte 34

Kettenlose Merzerisiermaschine 373
Kettenmerzerisiermaschine 373, *374*
Kettenstichnaht 27, 184
Kett-fadenbrüche 33
— -fadenwächter 33
— -schlichte 36, 66
— -welliné 233
Kiesfilter 50
Klebebänder 247
Klebestreifen 243
Kleidermotte 298
Klopfen (Klopfstäbe) 161, *162*
Klopfwalke 84
Kluppe 137
Kluppe mit Federzuhaltung 113
Kluppenrahmen 215
Knickwalze 12
Kniespirale 165
Knirschgriff 286
Knitterarmut 276, 334, 340
Knitterbilder 314, 344
Knittererholung 302, 304, 341
Knitterneigung 19, 318, 340
Knitterresistenz 302
Knitterwinkel 335, *342*, 346
Knochenleim 330
Knopfwalzen 231
Kochen (Kochmaschine) 77, *78*
Kochfalten 77
Kolloidal 294
Kolophoniumseife 293
Kombinationswalke 90
Kombinierte Kette 112, *114*
Kompactor (Monforts) 220
Kompensator 191
Komplexbildner 39, 43, 49, 50
Kompression 215
kompressive Krumpfung 214
Kondensationstisch 245
Kondensatorplatte 136
Kondensieren (Kondensiermaschine) 19, 136, 188, 243, 285, 291, 295, 318, 324, 333, 334, 337, 338, 345, 349, 352, 356, *361*
kondensierte Phosphate 43, *50*, 67, 90, 294, 336
Kondensierzone 134
Konditionierfeld 134
Konditionierzuschlag 105

Sachverzeichnis

Konkavspirale 166
Konkavwalze, 118, 119
Konservieren (Konservierungsmittel) 33, 274, *315*, 320, 321, 325
Kontaktgift 299
Kontaktscheiben 13
Kontakttrockner 104, 130
Konticrab (Hemmer) 80
Kontilana (Hemmer) 75, *76*
Kontinue-Breitwaschmaschine (Schiffers) 77
Kontinue-Dämpfer 35
Kontinue-Dekatiermaschine 206
Konturenschärfe 30
Konvektionstrocknung 104, 130
Konvexwalzen 118, 119
Krabben 72, *77*, 196, 201, 210, 212, 225, 235, 258, 302
Krachgriff 286, 290
Krähenfüße 129
Kratzenband (Kratzenbeschlag) 148, 150, 151, *153*
Kratzendraht 150
Kratzenrauhmaschine 132, 142, 143, 144, 146, *150*
Kreppen (Krepponieren, Krepp) 64, 65, 66, 196, 304
Kreppkalander 188, *196*
Kresol 315
kresolfrei 372
Kresotinsäure 315
Kriechgang 9, 10, 172
Kristallwasser 96
Krumpex-Anlage (Krumpex) 221
Krumpfechtheit 77, 78, 201, 214, 220, 221
Krumpfen (Krumpfmaschine) 78, 115, 131, 138, *212*, 213, 214, 216, 219, 221, 225, 228, 235, 341, 361
Krumpfmeßgerät (Mahlo) 17
Krumpfplatte 226
Krumpfschuhe 215
Kühlmaschine 377
Kühlzylinder 208
Kunstharz-Vorkondensate 130, 188, 194, 195, 271, 292, 318, 324, 326, 333, 334
Kunstharzstraße 363

Kunstplissee 248
Kunststoffdispersion (Kunststoffemulsion) 271, 273, 274, *275*, 276, 277, 279, 294, 324, 340, 350
Kunststoffwalze *185*, 196, 199
Kupfer-8-Oxychinolin 317
Kupfernaphthenat 317
Kurbelwalke 91, *92*
Kurzschleifentrockner (Haas) *127*, 128, 138, 139, 225, 228, 361, 363

La-Croix-Walke 94
Lagerverfahren 319
Laminar 109
Lana-Kleinrauhmaschine (Liedl) 161
Langschermaschine *168*, 172
Langschleifentrockner *126*, 127, 129, 138, 228, 361
Largocord-Breitwaschmaschine (Zanon) 75
Latex 277
Lattenbreithalterwalze (Lattenwalze) 12, 51, 75
Laufmaschen 3, 294
Laufwagen-Nähmaschine 28
Laugen-aufdruck (Laugenkrepppartikel) 196
—-foulard 373
—-kühlmaschine 377
—-löser 373
Laugieren 345, 346, 357, 372
Laugiernetzer 372
Laurinsäure 42
Legen (Legemaschine) 23, *255*
Legeschaufel 255
Leibweite 160
Leichtbenzin 328
leichtpflegbar 301
Leim 33, 45, 274, 278, 329, 330
Leinöl (Leinölfirnis) 328
Leisten-aufroller *14*, 74, 98
—-Neutralisiervorrichtung 84
—-taster 15, *114*, 115, 256
—-wächter 116
Leitwalzen 12
Leuchtgas 30
Ligroin 314
Lineardruck 190, 263
Liparylsulfonat 46
Lochdüsen 109

Lochkartensteuerung 76
Lochwalke 92
Loden 66
London-Shrunk (Drabert) 225, *226*
Longitudinal-Schermaschine 168
luft-durchlässig 326, 330
—-kühlung 185
—-pinsel 268
—-rakel 267
Lüster (Lüstrieren) 209, 251, 252, 304

Magnesiumchlorid 278, 279, 281
Magnesiumseife 43, 50
Maisstärke 33, 272, 278
Malzdiastase 33, *34*, 272
Malzen 51
Manchon 94
Mangeln 29, 141, 177, *181*, 186, 278
Mansarde 124
Manschettentest 346
Mark-fix (Menschner) 6
Markierfarben 8
Markierungsfaden 6
Markierzange 6
Markomat (Menschner) 6
Martiusgelb 299
Maschinenplissee 245
Mattieren (Mattierungsmittel) 279, *294*
Mattkalander *185*, 186
MEAC (Monoäthanolamincarbamat) 245, 303, 304, 305
MEAS (Monoäthanolaminsulfit) 245, 303, 304, 305
Mechanische Krumpfverfahren 215
Melaminharze 215, 276, 287, 308, 318, *349*, 359, 368
Melasse 278
Melton 209, 379
Merzerisieren (Merzerisiermaschine) 13, 17, 18, 193, 196, 235, 345, 346, *370*, 373
Merzerisier-echt 373
—-flecke 373
—-foulard 373, *377*
—-netzer 372
—-teil 373
Messen (Meßmaschine) 2, 4, 250, *253*

Metalectron-Rauhmaschine (Scholaert) 148
Metallabreibsel 37, 38, 64
Metallseife 329
Methacrylsäure 276, 294
Methylolstearamid 287
Methylolverbindungen 347, 352
Methyltaurin 45
Methylzellulose 274
Mikroorganismen 314, 317
Mikroprägung 368, 369
Mikrowellen 22
Mineralöl 40, 330
Minimum-iron 301, 341
Mischpolymerisat 276
Mitläufer 202, 203, 205, 207, 209, 210, 228
Mitläuferpapier 243
Mitläufertüll 245
modifizierte Seife 43
Moiré (Moiré-Kalander) 79, 80, 184, 188, *194*, 202, 374
Molettenwalze 247
Molton 204, 206, 207
Monforisiermaschine (Monforts) 134, 212, *219*
Monoäthanolamincarbamat (MEAC) 245, 303, 304, 305
Monoäthanolaminsulfit (MEAS) 245, 303, 304, 305
Monoperschwefelsäure 312
Monsanto-Tafel 343
Mottenraupen 298
Mottenschutzmittel 298, 339
Moutonné 234
Muldenpresse 27, *177*, 181, 204, 227
Muldenprobe 337
Multiflex-Waschmaschine (Kleinewefers) *53*, 59
Musterscheren 176
Mycock-Ausbreiter 376
Mykose 322
Myristinsäure 42
Nach-brennen 322
— -chromieren 317
— -fixieren 239
— -formen 240
— -glimmen 322, 324, 326
— -läufer 210
— -mattieren 294
— -satzflotte (Nachsatzverstärkung) 258, 260, 372

Nadel-fertig 201, 235
— -kluppe 112, *113*, 241, 374
Nadel-leiste 134
— -palmer 134
— -platte 114
— -streifen 39
— -suchvorrichtung 178
Nahtabdruck 100
Nahtschutzrechen 10
Naphthalin 295, 298
Naphthalinsulfonat 82
Naß-appretur 3, 139
— -chlorierung 307
— -dekatur 201, 203, *209*, 210, 211, 212, 258
— -detachiermittel 38
— -fixieren (Naßfixiermaschine) 212, 318
— -in-Naß-Methode 21, 104, 259, 260, 261, 264, 372
— -knittern (Naßknittererholung, Naßknitterwinkel) (NKW) 340, 344, 346, 349, 356, 359
— -reißfestigkeit 97, 214
— -scheuerwert 345
— -vernetzung 345, 353, 354, 356, 359
Natriumbisulfit 302, 306, 307, 309, 310, 311, 312, 313
Natriumbromit 36
Natriumhypochlorit 307, 308, 309, 310, 311, 313
Natriumsiliziumfluorid 315
Natronseife 90
Naturgummi 274
Naturkarden 142, 147
Naturkrumpfung 123, 129
Netzhaspelkufe 84
Netzmittel 40, *43*, 44, 47, 271, 283, 305, 308, 312, 319, 331
Netzwasser 96
neutrale Wäsche 67
Neutralöl 40, 43
Neutralwalke 89
Niagara-Waschmaschine (Mezzera) 54, 55
nichtionogene Waschmittel 47
nichtionogene Weichmacher 286
Niederdruck-Dämpfschrank 250
nitrilo-triessigsaures Natrium 50
Nitrofarbstoff 299
Niveauregler 260, 265

No-iron 341
Nonstop-Gewebeputzmaschine (Monforts) 10
Non-Stop-Rauhverfahren (Drabert) 156
Non-woven-fabrics 269
Noppeisen 7
Noppen 4, 7
Nopplatte 8
Noppstift 7
Nopptinktur 7
Normklima 105
Nullstellung 153

Oberflächenfilz 89, 90, 93 139
Oberflächenschliff 159
Oberflächenveredlung 161, 368
Obermesser (Obermesserspirale) 164, *165*, 166, 170, 173, 176
ölabweisende Ausrüstung 338
Ölbrenner 111
Olefin 46
Olein 38, 40, 67, 89
Oleophobe Ausrüstung 338, 367
ölhydraulisch 23, 172
Olivenöl 40
Ölpumpe 191
Ölsäure 42
Ölsäurechlorid 45
Ölsäuresarkosid 43
Ölseide 328
Öltest 339
Oniumverbindung 360
Optische Aufheller 48, 49, 271, 280, 285, *296*, 339, 349, 353, 358
„Orthomat" (Mahlo) *18*, 19, 117
oszillieren 59
Oxalsäure (Oxalat) 39
Oxäthylierungsprodukte 47, 290
Oxyalkansulfonsäure 45

Packungsdichte 236
Paddelfärbemaschine 95, 310
Pad-Quick-Foulard (Gerber) 264
Pad-Roll-Verfahren 35, 319
Palmer (Palmerausbreiter) 133, *134*, 219, 220
Palmitinsäure 43

Pankreasdiastase (Pankreasprodukte) 33, *34*, 272
Papain 314
Papiergriff 182, 275
Papiermaßband 252
Papierwalze 184, 192, 198
Paradichlorbenzol 298
Paraffin (Paraffinöl) 34, 194, 327, 328, 330, 331, 339
Paraffinemulsion 271, *282*, 286, 331, 332, 333
Parallelplissee 248
Parex-Gewebesenge (Turner) 32
Parfümierung 296
pari 279
Pariser Linie 143
Paroll-System (Gerber) 264
Passat-Etagentrockner (Drabert) 111, 212
Passiver Schutz 314
Peerless-Schermaschine (Vollenweider) 170, 171
Pelzkäfer 298
Pelzmotte 298
Pendelschlagprüfer 345
Pendelzentrifuge 101
Pentachlorphenol 315
Peptisierwirkung 40
Peravin 37
Perchloräthylen (Per) 37, 48, 262, 339
Peripheriewickler 10, *22*, 23, 364
Perlé (Perlratiné) 232
Permanentfalten 302, 304
Permanentplissee 243
Permanentprägen 368
Permanent-Preß-(PP)Ausrüstung 353, *365*
Permanentversteifung 269
Permanentweichmacher 287
Persalze 272
Pfeffer 298
Pfeifenton 279, 280
Pflatschen 140, 257, 265, *266*
Pflegeleicht 301, 341
Phenol 237, 295, 315, 316
Phosphoniumderivat 326
Phosphornitrilchlorid 326
Phosphorsäure (Phosphorsäureester) 290, 293, 324
Phototropie *351*, 352, 359
Photozelle 10
Phthalocyanin 351
Pickup 258
Picot-Walze 140, 267

Pikrinsäure 321
Pilgerschritt 55
Pilling 164, 206, 289, 290, 302
Pilzamylase 33
Pineöl 295
Planrahmen *120*, 138, 240, 373
Plastifizierungsweichmacher 281
Plastikfolie 319
Plast-Kalanderwalze (Kleinewefers) 185
Platinenstreifen 39
Platzer 72
Plexiglasring 103
Plissee (Plissieren, Plissiermaschinen) 235, *243*, 244, 245, *246*, 248, 302
Plüsch 141
Polfaden 140, 234
Polieren, Poliermaschine 158, *162*, 198, 282, 284
Pol-Rotor (Hergert) 162
Pol-scher-Schermaschine (Hergert) 172
Polyacrylat 350
Polyamidderivat 340
Polyamidharzauflage 313, 314
Polyäthylenäther 47
Polyäthylen (Polyäthylenemulsionen) 269, 287, *288*, 353, 358
Polychlormethylen-Verbindung 357
Polyglykolester (Polyglykoläther) 286
Polyglykolacetal 356
Polyharz 292
Polykondensieren (Polykondensation) 214, *276*, 347, 349
Polymerisieren (Polymerisation) 214, *276*, 326, 335, 344
Polymerisierkanal (Polymerisierofen) 366
Polyoxymethylenverbindung 356
Polysacharid 280
Polysiloxan (HMPS) 335
Poly-tex-Schermaschine (Drabert) 172
Polyvinylalkohol 276
Polyvinylazetat 276
Porzellanerde 280
Postboarding 139, 239

Post-cure-Verfahren 365, *366*
Postierapparat 150
Pottingprozeß 209
Prägen (Prägeeffekt) 243, 341, 368
Prallbleche 129
Prägekalander *188*, 189, 192, 193, 195, 196, 198, 199
Präparieren (Präparation) 36, 39, 47, 281, 290
Preboarding 139, 239
Pre-cure-Verfahren 365, *366*
Presetter 239
Pressen 28, 29, 141, *177*, 181, 212, 282, 284, 361
Preßglanzdekatur *203*, 205, 209, 304
Preßkalander 200
Preßspan 160, 179, 181, 203
Preßwalzen 160
Propangas 30
Programmschaltung 75
Progressiv-Plissee 248
Pulsator (Gerber) 59
Pulsoroll-Breitwaschmaschine (Gerber) 59
Pulsotex-Breitwaschmaschine (Gerber) 58
Putzen (Putzmaschine) 7, 9, 145, 155
Pyridin 287, 332
Pyridin-Hydrophobierungsmittel 333

Quadratmetergewicht 87
Quarternär 285, 316
Quecksilberphenyltartrat 315
Quellmittel 236
Quellungsfeuchtigkeit 96
Quellungsweichmacher 281
Quellwert 96, 219, 327, 342, 343, 344, 346
Quer-haupt 191
—-lufttrockner (Querlüfter) *109*, 121, 122, 137
—-schermaschine 168, *173*
—-welliné 233
Quetsch-bilder 190
—-druck 21, 97, 99, 177, 181, 260
—-walze 51, 52, 56, 63, 68, 69, 71, 73, 74, 76, 80, 82, 260
—-werk 30, 53, 54, 56, 57, 77, *97*

Rabo-Plissiermaschine (Rabofsky) 246
Racolan-Kalanderwalze (Ramisch) 185
Radikal-Walke (Hemmer) 93
radioaktive Isotopen 289
Raffelplissee 247, 248
Rakel (Rakelappretur) 257, 266, *267*, 271, 273
Randwinkel 327
Rapid-Bügelpresse (Grimsley) 222
Rapid-iron-Gütezeichen 344
Rapitex-Breitwaschmaschine (Zöllig) 60
Rapportieren (Rapportrad) 192, 193, 247
Rasierwirkung 32
Rasma-Rauhkratzenschleifmaschine (Magnatex) 159
Ratinieren (Ratiniermaschine) 141, *232*
Rauh-besatz (Rauheffekt) 140, 141, 145
— -disteln (Rauhkarden) 143, 149, 150
Rauhen (Rauhmaschine) 24, 81, *139*, *142*, 162, 200, 219
Rauh-fehler (Rauhstreifen) 146, *159*, 160
— -flocken 140
— -kratzen 141, *150*, 151
— -öl 140
— -passage (Rauhstrich) 151, 155
— -spindel 147, 149
— -stab 145
— -trommel (Rauhtambour) 142, 143, 146
— -walzenantrieb 153, 154
Raupenplissee 247, 248
Reaktantharz (Reaktivharz) 215, 276, 324, 345, 346, 350, *352*, 353, 356, 357, 358
Reflexionsspiegel 136
Reinigungsverstärker 95
Reisstärke 33, 271, 278
Reißfestigkeit (Reißfestigkeitsverlust) (RFV) 189, 202, 344, *345*, 354, 355, 359, 370
Reißwolle 81, 87
relative Luftfeuchtigkeit 106
Relax-Antrieb 363
Relaxationsschrumpfung 225, *301*, 314
Reliefmuster 192

Reprise 327
Restfettgehalt 42, 67, 69
Restfeuchtigkeit 20, 96, 97, 107, 108, 243, 259, 319, 330, 348, 357
Restkrumpfung (Restkrumpfwert) 19, 53, 115, 138, 202, *218*, 225, 226, 227, 236, 276, 340, 344, *346*, 361
Revolvermangel 182
Riemchenpalmer 133
riemenlose Rauhmaschine 154
Riet 33
Riffeln (Riffelkalander) 73, 185, *193*, 368, 369
Rillenwalze 231
Ringspeicher-Kondensiermaschine (Artos) 364
Rips 79, 195
Rizinusöl (Rizinolsäure) 43, 283
Rohkresol 372
Rohwollwäsche 39
Röllchentasterkluppe 112, *113*, 114
Rollengestell 97
Rollenkufe 31, *56*, 58, 83
Rollkalander 185, *186*
Rollkarden (Rollkardenrauhmaschine) 142, 143, 144, *146*, 148, 150
Rollkratzen 148
Rollmaschine 254
Rolltex-Wickelmaschine (Zöllig) 22
Rope-o-matic-Strangwaschmaschine (Stork) 54, 55
Rostflecke 39
Rötel (Rötellineal) 174, 175
Rotomat-Breitwaschmaschine (Gerber) 62
Rotor-Breitwaschmaschine (Smith) 61
Rotosplit (Mahlo) 25
Rotowa-Breitwaschmaschine (Heberlein/Kleinewefers) *63*, 102
Roulette 92
RT-Anlage (Fleissner) 242, 363
Rückenappretur 131, 269, 277
Rückwärtsfalten 247
Rührwerk 269, 270
Rundbürsten 144, 173, 178

Rutschfestigkeit 131, 277
Rydboholm-Verfahren 220

Sagostärke 33, 272
Salicylsäure 315, 316
Samt 142
Sanforisieren (Sanfor-Maschine) 121, 134, 212, *215*, 220
Sanfor-plus (Sanfor-plus-Test) *343*, 351, 354
Satin 203, 206
Sattdampf (Sattdampffixierung) 236, 237, *239*, 240, 249
Saugfähigkeit 259, 278, 329, 339, 344, 361, 372
Saugluftfeuchte 212
Saugluftnebelfeuchte 228
Saugschlitzabdeckung 103
Saugtrommeltrockner 20, *124*, 125, 243, 361, 363
Säurespender 194, 349
saure Walke 89
saure Wäsche 67, *68*
Sebacylchlorid 313
Segeltuch 232
Seidenfinishkalander 185, 188, *193*, 197, 198, 368, 369
Seidenglanz 305
Seidengriff 286
Seifdämpfer 66
Seife 34, *42*, 44, 49, 56, 67, 89, 90, 198, 199, 271, 280, 284, 295, 329, 347
Seitenschliff 158, 159
sekundäres Alkylsulfonat 45
selbstglättende Ausrüstung 341
Senegalgummi 274
Sengen 7, 10, *29*, 136, 164, 198, 213, 256
Sengkügelchen 164
Sequestriermittel 50, 67
Serge 193
S-Finish 371
Shrinken (Shrunken) 221, *225*, 228
Siebtrommeltrockner (Saugtrommeltrockner) 125, 242
Sikkativ 328
Silikofluorid 315
Silikon (Silikonöl) 270, *277*, 288, 293, 332, *334*, 335, 336
Silkfinishkalander 188
Simili-Merzerisage (Similisieren, Similikalander) 186, 188, 193, *196*

Sachverzeichnis

Simplex 371
Simplex-Spänapparat (Krantz) 180
Slack-Merzerisation 371
Smooth-drying-Ausrüstung 341
Sochor-Wickler 22
Sonnenplissee 248
Spann-breite 112
—-faden 7
—-feld 374, 375
—-kluppe 113
—-schuß 3
—-rahmentrockner 14, 17, 18, 19, 24, 27, 28, 63, 85, *112*, 115, 130, 133, 136, 137, 139, 141, 210, 211, 213, 220, 225, 240, 241, 244, 245, 256, 304, 305, 319, 354, 361, 364
Spannungsausgleich 124
spannungslose (slack-)Merzerisation 371
Spannungsregler 16
Spanpresse 177, 178, *179*, 203
Sparflamme 31
Speckglanz 177, 184, 189, 201, 204
Speckkäfer 298
Spezialnähmaschine 8, *27*
Spin-dry 343
Spinnkabel 235
Spinnmattierung 295
Spion-Eisensuchgerät (Drabert) 178
Spiralwalze 12, 167, 231
Spitzen 167
Spitztisch 8, *166*, 170
Sporen 314
Spray-Test 337
Sprühappretur 273
Sprühgeräte 38, 228, 303, 304
Sprungelastizität 346
Spülabteil 77
Sublimat 315
Substantiv (Substantivität) 260, 271, 285, 333
Sulfanilid-Derivat 300
Sulfatieren 43, 44, 47, 272, 282, 283, 284
Sulfieren 282, 283, 284
Sulfochlorierung 45
Sulfonamid-Derivat 300
Sulfonieren 283
Sulfurylchlorid 307
Super-Duplo-Putzmaschine (Vollenweider) 8, *9*

Super-Finish (Mortamet) 163
Super-Tri-Rauhmaschine (Fr. Müller) 154
Supraroll-Quetschwerk (Gerber) 61
S-Walze (Schwimmende Walze) 99, 191
Syntex-Schermaschine (Fr. Müller) 171
System Cilander (Menzel) 56

Schattenprofil 343
Schauen (Schaumaschine, Schaustange) *3*, 4, 250
Schaumdämpfer 277
—-kraft 41, 47
—-lamellen 41
—-verhütung 293
—-wäsche 300
Scherautomat 10
Scherbahn 165, 175
Schereffekt 167
Scheren (Schermaschine) 30, 141, 162, *164*, 167, 212, 289
Scherfehler (Scherstreifen) 176
Scherflocken 170
Scherhaare 167
Schermeister (Drabert) 168
Scher-o-mat-Putzmaschine (Menschner) 10
Schertisch 164, *166*, 167, 176
Scherwerkzeug 139, *164*, 167, 173
Schieben (Schiebefestappretur) *293*, 358
Schimmelpilze 33, 274, 279, 314, 318
Schlägerwalzen (Schlägerleisten) 24, 26, 27, 58, 162
Schlauchöffner 15
Schlauchware 199
Schleifbank (Schleifbock) 158, 173, *174*, 175, 176
Schleifentrockner *126*, 129, 130
Schleifen von Rauhkratzen 157
Schleifen von Scherzeugen 173
Schleifgrat 158, 174
Schleifhexe (Heusch) 175
Schleifhobel 170
Schleifscheiben 158
Schlepppräder 263
Schleuder 95, 97, *100*, 327, 337, 343

Schlichte (Schlichten) 33, 198, 213, 272, 274, 276
Schlichtefett 282
Schlingenöffner 10
Schlitzbrenner 31
Schlitzdüsen 109
Schlupf 263
Schmelzen 40, 42, 66, 68, 89, 90, 141, 281, 290
Schmelzklümpchen 30
Schmelzpunkt 238
Schmierfilz (Schmierleder) 168, 169
Schmieröl 36, 38, 40, 66
Schmierungsweichmacher 281
Schmirgeln (Schmirgelmaschine) 8
Schmirgelscheibe 174
schmutz-abweisende Ausrüstung 336, *338*
—-heben 67
—-tragevermögen 41
—-trog 68, 69, 70, 73, 145
—-walke 88
Schneidwickler *24*, 25
Schnellauf-Waschmaschine (Hemmer) 71
Schnelldämpfer 319
Schnellentschlichtung 35
Schnellfixierung 238, 241
Schnell-Legemaschine (Monforts) 255
Schnellwäscher (Hemmer) 71
Schnittwinkel 165
70, 88
Schnittzahl 166
Schreiben 280
Schreinern (Schreinerkalander) 188, *193*, 194, 197, 368, 369
Schrumpffreiausrüstung 305
Schuppenschicht 86, 307
Schurhöhe 170, 171
Schurscher-Maschine (Monforts) 171
Schuß-bande 160
—-fadenkontrollanlage 18
—-fadenrichter 18, 27, *117*
—-rips 194
—-stretch 371
—-welliné 233
Schutzkolloid 41, 45, 330
Schwammeffekt 262
Schwebedüsentrockner 110, *123*, 242, 269, 361
Schwebestoff 49

Schwefelkohlenstoff 299
Schweißgeruch 321
Schwerappretur 329
Schwerbenzin 307, 313
schwerentflammbar 323, 326
Schwerimprägnierung 317, 325, 329, 330
Schwermetall 43, 47, 49, 303, 319
Schwimmende Walze (S-Walze/Küsters) 99, 190
Schwungscheibenbremse (Mount-Hope) 15

Stäbchengerad 199
Stabilisieren (Stabilisator) 34, 212, *235*, 301
Stabilisierteil 374
Stabil-Walzen (Artos) 264
Stabkardenrauhmaschine *142*, 144, 145, 146, 149
Stahlwalze 182
Stampfer 74
Standard-angeschmutzt 42
Standard-geknittert 342, *343*
Standfast-Anlage 243
Stärke (Stärkeäther) 182, 227, 230, 270, 273, 275, 276, 277, 279, 280, 281, 315, 350
Stärkekocher 270
Stärkenachweis 35
Stauben 280
Staubkammer 8, 155, 167
Stauchkanal 71, 92, 93
Stearin (Stearinsäure) 42, 280, 327, 330, 333
Stehfalte 248
Stehplissee 249
Steifappreturen (Steifungsmittel) 134, 182, 229, 230, *269*, 279, 280, 296, 315, 340, 349, 350, 353, 358, 368
Steifleinen 139
Steigwinkel 165
Steigrohr 69
Steppstich 27
Steuertraverse 117
Sticharten 27
Stichpresse 180
Stickstoffbestimmung nach Kjeldahl 320
Stockdämpfer 201, 202, 203
Stockflecke 315
Strahlungsmeßgerät 28
Strahlungspyrometer 20

Strangableger 16, 17
Strangausbreiter *25*, 26, 27
Strangauszieher (Hemmer) 72
Stranggarn-Ausschlagmaschine (Gerber) 251
Stranglos-Waschanlage (Hennecke) 74
Strangquetsche *97*, 98, 104, 266
Strangsäureeinrichtung *82*, 83
Strangwaschmaschine 35, 36, 50, *51*, 56, 57, *69*, 266, 332
Streichgarn 7, 67, 86, 226
Streichholm 11
Streichstab (Streichstange) *11*, 12, 22
Stretch 235, 305, 371, 375
Strichappretur 379
Strich-Gegenstrich-Rauhmaschine 151
Strichkardenstab 143
Strichloden 379
Strichrauhen (Strichrauhmaschine) 141, *142*, 161
Strichveredlungsmaschine 145, *161*
Strichwalzen 146, 150, *151*, 152
Strickstücke 87, 161
Stückbauautoklav 102, 237, 240
Stückfärber 66, 78, 87
Stückkarbonisation 85
Stückkarte 3
Stuhlölflecke 82, 85
Stuhlroh 66, 198
Stürzen 79, 144, 145, 211

Tachometer 116
Talg (Talgsulfonat) 271, *282*, 284
Talkum 271, 272, 275, 281
Tambour 92
Tandem-Walke 94
Tänzerwalze 131
Tapetenmotte 298
Tasterkluppe 114, 115, 134
Tasterrolle 13
Tauchsugger (Hemmer) 73, 74
Tauchweg 259, 339
Tauchzeit 314
Tausendpunkt-Walze 267
Tearing-Tester-Elmendorf 345

Teflon (teflonisieren) 132, 264
Temperatur-Meßgerät 21
Tensitrol-Washer (Rodney) 53
Teppichkäfer 298
Teppichrückenappretur 269, 277
Teppichschermaschine 172, 173
Terpentilöl 295
Tetrachlorkohlenstoff (Tetra) 37, 48, 262, 307
Tetrahydronaphthalin (Tetralin) 48
Tetrakis-hydroxymethyl-phosphoniumchlorid (THPC) 326
Tetramethylentetramin 333
Tetramethyloltriazinon (TMADU) 352
Textilfilter 316
Textometer (Mahlo) 20
Textur (texturieren) 222, 235, 240
Thermofixierecht 245
Thermofixieren 109, 111, 232, 235, 301, 363
Thermofixierungsstarre (Thermosolierungsstarre) 232, 239
Thermo-Frigo-Finish (Comet) 226
Thermoplast (thermoplastisch) 236, 238, 276, 295
Thermosolierungsverfahren (Thermofixierungsverfahren) 124, 136, 232, 241, 263
Thermostat 116
Thermoverweilverfahren (Thermoverweilkammer) 35, 319
Thioglykolat-Nachweis 303
Tiefprägung 369
Titanoxyd 295
Tollmaschine (Tollfalten) 247
Tonerde 328, 330
tote Baumwolle 3
Toxisch 316, 320, 322
Tragant 274, 278
Tragstabkette 364
Transportkette 112
Transversalschermaschine 168
Trassiergestellt 195
Triallylphosphat (BAP) 326
Triazin (TR) 352

Triazinharz 338
Triazinylderivat 308
Triäthanolamin 42
Trichloräthylen(Tri) 37, 48, 262
Tricosat-Anlage (Heliot) 224
Trikotex-Waschmaschine (Bieger) 52
Trikotkalander 94, 181, *199*, 200, 201, 209, 224
Trikotschlauchware 199
Trimethylamin 348
Tri-Rauhmaschine (Fr. Müller) 153, 156
Tris-(1-aziridinyl)phosphinoxyd (APO) 326
Trocken-appretur 3, 228, 276
— -chlorieren 307
— -dekatur 201, 212
— -detachiermittel 37
— -härtung 318
— -hydrophobierung 328
— -in-Naß-Methode 258
— -kammer 84, 112, 125
— -knitterneigung 340
— -knitterwinkel (TKW) 344, 346, 354, 355
— -leistung 129
— -mansarde 124
— -reinigung 37, 214, 223, 301, 302, 328, 331, 333
— -reißfestigkeit 97, 214
— -trommel 215
— -vernetzung 345, 355, 359
— -zeit 106, 107
— -zylinder 31, 125, 130, 133, 134
Trommelfärbemaschine 95
Trommeltrockner 139, 343
Trommelwaschmaschine 218, 219
tropffest, tropfecht 179, 204, 209
Tropfflecke 202, 249
Tropfwasser 96
Tropical 304
Tuchfroster (Sellers) 227
Tuchquetsche 83, *100*, 104, 302, 304
Tuchschermaschine 8, 164, *168*, 231
Tufted-Teppich 163
Tumble-dry 343
Tumbler 96, 139, 343
Turbinator (Benninger) 59, 60
Turbotex-Breitwaschmaschine (Benteler) 58

Turbulenz-Breitwaschmaschine (Gerber) 57
Türkischrotöl 43, 283

Überfetten 280, 285
überlagerter Verzug 13, 118
Übertrocknen 105, 108, 109, 130, 135, 139, 178, 227
Überwendlichnaht 9, 27, 184
Überziehen 4
Ultramarinblau 296
Ultrarotstrahler 194
Ultraschall 59
Ultraviolett (UV) 296
Umdockverfahren 207
Umkehrmaschine 200
Umlufttrockner 109
Umrollen 182, 183
Umspänen 180
unechter Chintz 194
Universal-Ausrüstungsmaschine 163
Universal-Einspänapparat (Krantz) 180
Universal-Kalander 184, 186, 188, 192
Universalnetzer 43
Universal-Preßglanzdekatiermaschine (Drabert) 212
unreife Baumwolle 3
Unterflottenquetschwerk 262
Unterkühlung 299
Untertafler (Trockentechnik) 23
Urethan 314
Urotropin 333

Vakuumdämpfschrank 250
Vakuumkessel 202
Vakuumpumpe 102, 103, 202
VDMA 136
Velour 232, 234, 379
Velourheber 141, 161, *162*, 167, 169, 234
Velourrauhen *141*, 146
Velvet 31, 162, 220
Veräthern 214
Verbundrauhen 156
Verbundschmelze 40
Verchromen 198
Verdampfungstrockner (Rigby) 132
Verdrängungskörper 265
Verestern 214, 334
Verfilzungsbürste 146
Verfilzungsrauhen 142, 143, 149, 155

Vergasen 299
Vergilben 282, 285, 307, 326, 349, 351, 352, 355, 358, 359, 360
Vergrauen 295
Verkratzen 194
Verkühlen 202, 203, 204, 209, 212
Verkleistern 270, 273, 279
Vernähbarkeit 30, 284, 285, 365
Vernetzen 345, 354, 357, 359
verregnet 218
Verrottungsschutz 316, 317, 320
Verseifen (verseifbar) 63, 66, 295
Versteifen 278, 365
Verstrecken 213, 345
Verstreichmaschine 141, 142, 143, *144*, 145, 149, 161
Vertafeln 102
Verweilverfahren 63
Verweilzeit 364
Verweilzone 363
Verwirrungsrauhen 142, 155
Verziehgestell 194
Vibrationskörper 59
Vibrator (Zöllig) 60, 61
Vibrierkeil 60
Vibromatic-Breitwaschmaschine (Stork) 60
Vibrotex-Breitwaschmaschine (Küsters) 62
Vigoureuxdruck 301
Vollbad 240, 257, 258, 271, 282, 285, 290, 293, 295, 330, 332
Volltisch 166, 167
Vollverfilzungsmaschine 155
Vorappretur 7, 10, 30, 164
Vorchlorieren 311
Vordämpfen 239
Voreilung 65, *115*, 137, 138, 210
Vorfixieren 139, 139, 145
Vorkondensate 195, 273, 331, 333, 349, 368
Vorlaufregelung 19
Vorratsaufnadelung 219
Vorratsmulde 83, 219
Vorrauhen 142, 144
Vorsensibilieren 244, 303, *304*, 305
Vortrocknen 96, *97*, 133, 138, 184, 257, 259, 361
Vorwärtsfalten 248

Wachs (Wachsemulsion) 194, 328, 334
Wägemethode 137
Walke (Walken) 40, 43, 49, 65, 66, 71, 78, 86, 140, 142, 225
Walk-echtheit 87
—-einsprung 86, 90, 306
—-fähigkeit 85, 86
—-flocken 91, 94
—-mittel (Walkspeise) 66, 88, *90*, 91, 92
Walkometer (Hemmer) 91
Walk-platzer 94
—-schwielen 91, 94, 160, 212
—-zylinder 94
Walzen-kondensiermaschine 362
—-mangel 182
—-quetsche 94
—-rakel 267
—-streichmaschine 267
Waren-bahnführer *11*, 13, 112, 114, 115
—-docke 319
—-platzer 54
—-schaumaschine *4*, 5
—-speicher 17, 23, 117
—-verdichtung 88
Warmchlorierung 310
Wärmefixierung 236
Wärmehaltungsvermögen 139, 142
Wärmekasten 35
Wärmestrahlen 135
Warmlufttrockner 104
waschaktive Substanz (WAS) 41
Waschbenzin 37
Waschblau 296
Waschfalten (Waschschwielen) 72, 77, 160, 212
Waschmaschinenfest 306, 134

Waschmittel 42
Waschstiefel 53
Waschvorgang 40, 70
wash-and-wear-Ausrüstung 301, 314, 341, 343, 355, 360
Washmaster (Farmer-Norton) 63
wasserabstoßend 323, 326, 327
Wasseraufbereitung 49
Wasseraufnahme 327
wasserdicht 326, 330
Wasserenthärtung 50
Wasserkalander *98*, 99, 104, 184, 196, 197, 266, 271
Wasserkasten 144
wasserlösliche Zellulose 182
Wässern 316, 320
Weberdistel 142
Webfilz 94
Webpelz 234
Webschützen 33
Webstuhlöl 36
Webtrikot 192, 339, 360
Wechselfädenöffner 10, 250, *255*, 256
Weichmacher 42, 43, 47, 176, 182, 229, 257, 258, 271, 273, 275, 276, 279, 280, *281*, 309, 333, 340, 349, 350, 353, 358, 365, 368
Weißgrad 296
Weißpigment 294, 295
Weißware 271, 280, 296, 339, 349
Weiterreißfestigkeit 345
Weizenstärke *271*, 278
Wickelbock 202
Wickeln (Wickelmaschine) *22*, 202, 250
Wilder Moiré 195
Winkelspirale 166
Wirbelplüsch 234

Wirkwarenkalander 199, 200
Woll-cuticula 314
—-druck 305
—-fett 39, 80, 281, 326
—-filz 134
—-forschungsinstitut 302
—-jersey 71, 181
—-krepp 196
—-schmelze 36
—-siegel 302
—-wäsche 47
Wulstbänder 15, 114

X-Säure 312
Xylol 295

Zellulosederivat 270, *274*, 277, 278
Zentrifugalkraft 97
Zentrifuge 63, 82, 95, 97, *100*, 104, 257, 266, 327, 343
Zentrumswickler 16, 22, *23*
Zieher 239
Zirkonsalz 331, 332, 336
Zucker 35, 278, 347
—-nachweis 35
—-säure 39
—-syrup 280
Zweibad-Hydrophobierung 329, 330
Zweisatzrauhstab 143
Zweisträngig 92
Zwickel 266
Zwischentrocknen 260, 271, 313, 324, 325, 329, 330, 335, 361
Zylinder-messer 231
—-trockner 130, 131, 132, 133, 134, 138, 139, 141, 269, 327, 329, 330, 361
—-walke 91, *92*, 93
—-walzenbrechmaschine 231

Industrie-Anzeigen

»Ausrüstung im Lösungsmittel«. Sie von den Vorteilen zu überzeugen, ist nicht schwer,

Tatsachen sprechen.

Sie werden viele „Aber" vorbringen. Wir werden Sie überzeugen. Durch Tatsachen. Da ist der Warenausfall: Von Charge zu Charge gleichmäßig. Oder Griff und Qualität. Und eine Fülle von Verfahrensmöglichkeiten. Wenn Sie dann noch zum Rechenstift greifen, gibt es Ihre „Aber" nicht mehr. Überhaupt werden Sie umdenken, wenn Sie die ersten Muster nach der Böwe-Methode ausrüsten. Nach einer halben Stunde sind sie fertig: trocken und geruchfrei, filzfrei ausgerüstet oder gewalkt oder entschmälzt oder entspannt oder antistatisch gemacht. Jede unserer Anlagen bietet Ihnen diese Möglichkeiten. Wählen können Sie von 4 bis 100 kg Chargenleistung. Bevor Sie wählen sollten Sie sprechen. Mit uns.

Böhler & Weber KG Maschinenfabrik
89 Augsburg 6, Postfach 52

Dr. Ramisch + Co Maschinenbau

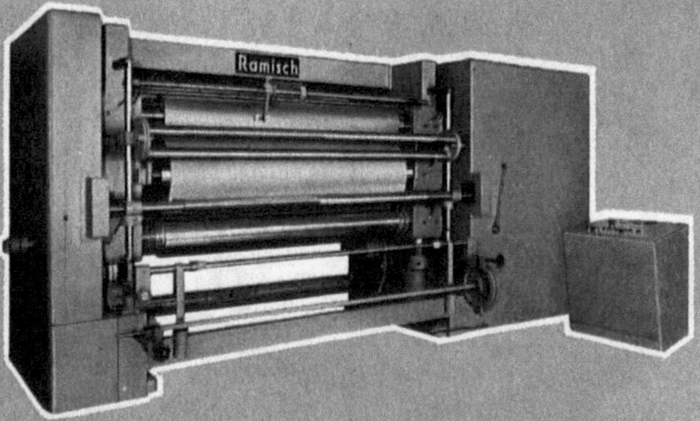

kalander mit besonderer note

3-walziger Seidenfinish-kalander mit 60 000 kg Druckvermögen Type RK 360 H Nr. 3920, mit separat gestelltem Steuerschrank

Seidenfinish-Riffelkalander · Spezialkalander mit stufenlos regelbarer Friktion · Spezialkalander für Hochveredlung · Spezialkalander für Wirkware · Roll-, Glätt- und Mattkalander · Spezial-Chaisingkalander · Abquetsch- und Wasserkalander · Spezialkalander für Simili-Mercerisage · Mangelkalander für Baumwolle, Leinen und Halbleinen · Spezialkalander zur Erzeugung von Hochglanz Spezialkalander für Popelin-Ausrüstung · Spezialkalander für Inlett- und Matratzendrell · Spezialkalander für Seide und Kunstseide · Jutekalander · Spezialkalander für Echt-Moiré · Prägekalander für Seide, Kunstseide, Baumwolle, Zellwolle und Stoffe aus thermoplastischen Fasern · Elastische Kalanderwalzen · Stahlwalzen und Gravuren

415 KREFELD · NEUER WEG 24-40 · POSTFACH 2350 · TEL.-SA-NR.: 28421 · TELEGR. RACO  FERNSCHR.: 08 53770

Textil-
hilfsmittel

Für die gesamte Textilindustrie
führen wir eine große Palette
bewährter Produkte
zum Schlichten, Schmälzen,
Zwirnen, Abkochen, Beuchen,
Waschen, Netzen, Walken,
Färben, Avivieren,

Drucken, Appretieren
und Hochveredeln.

Erfahrene Techniker
stehen Ihnen bei der
Einführung unserer
Erzeugnisse zur Verfügung.

Henkel & Cie GmbH Düsseldorf
Verkauf Chemisch-technische Produkte
Abteilung Böhme Textilhilfsmittel

Henkel

 projektieren und liefern komplette Appretur-Anlagen für Woll- und Wollmischgewebe (Synthetics)

Universal-Preßglanz-Dekatiermaschine „Welt-Dekatur"
für Kammgarn- und Mischgewebe

Finish-Dekatiermaschine „Planet-Automat"
für Damenwaren und Wirkwaren

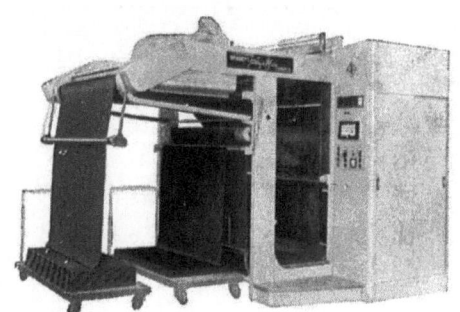

Moderne Universal-Naßdekatieranlage
zur Naßfixierung von Geweben und zur Erzielung einer echten Glanzbildung und Dekatur.

Mit vorgebauter **Breitstreck-, Egalisier- und Aufwickelmaschine**

Konditionier- und Befeuchtungsmaschine „Saugluftfeuchte"
zur Befeuchtung aller Gewebe und Erreichung der zur Griff- und Qualitätsverbesserung und Materialeinsparung erwünschten Feuchtigkeitsgrade.

Kettling & Braun Alleinhersteller / Sole Manufacturers / Constructeur exclusif **Appreturmaschinen** — **DRABERT SÖHNE** Minden (Westf) Germany

Ein neues Kessel-Dekatierverfahren
decoclav® garantiert:

- **permanenten Effekt**
- **brillanten Glanz**
- **voluminösen oder kernigen Griff**

Kessel-Dekatieranlage „decoclav 3"

Wir projektieren und liefern komplette Appreturanlagen

für Woll- und Wollmischgewebe, Trevira, Dralon usw.
Naßdekatieranlagen
Absaugmaschinen
Doppelquerluft-Trockner
Düsentrockner »Passat«, auch mit Fixierfeld
Tuchschermaschinen mit 1 Schneidezeug
Kahlschermaschinen »Poly-tex«
Velour- und Deckenschermaschinen
Vollautomat-Muldenpressen »ATLAS«
Universal-Preßglanz-Dekatiermaschinen »Welt-Dekatur«
Finish-Dekatiermaschinen »PLANET-AUTOMAT«
Kessel-Dekatieranlagen decoclav^R 1+3
doppelt wirksame Gewebe-Krumpfmaschinen »Original K&B London-Shrunk«
Befeuchtungs- und Konditioniermaschinen »Saugluftfeuchte«

für Rauhwaren
NON-STOP Kratzenrauhmaschinen

für Baumwollwaren und Seidenwaren
Absaugmaschinen
Vollautomat-Muldenpressen »ATLAS«
Finish-Dekatiermaschinen »PLANET-AUTOMAT«

für Gardinen
Ausschneidemaschinen mit Kettfadenlüfter zum Abscheren flottierender Fäden

für Filze
Filz-Muldenpressen
Dickenpressen bis 30 mm Filzdicke
Befeuchtungs- und Konditioniermaschinen »Saugluftfeuchte«
doppelt wirksame Gewebe-Krumpfmaschinen »Original K&B London-Shrunk«

für Wirk- und Frottierwaren
Kratzenrauhmaschinen
Schermaschinen
Finish-Dekatiermaschinen »PLANET-AUTOMAT«
Kessel-Dekatieranlagen decoclav^R 1+3
doppelt wirksame Gewebe-Krumpfmaschinen »Original K&B London-Shrunk«

ferner
Kratzenwalzen- und Scherzylinder-Schleifmaschinen
Nadelsuchgerät »Spion«
Gewebegleichrichter
Gewebewickelmaschinen

Kettling & Braun Alleinhersteller / Sole Manufacturers / Constructeur exclusif **DRABERT SÖHNE**
Appreturmaschinen **Minden (Westf) Germany**

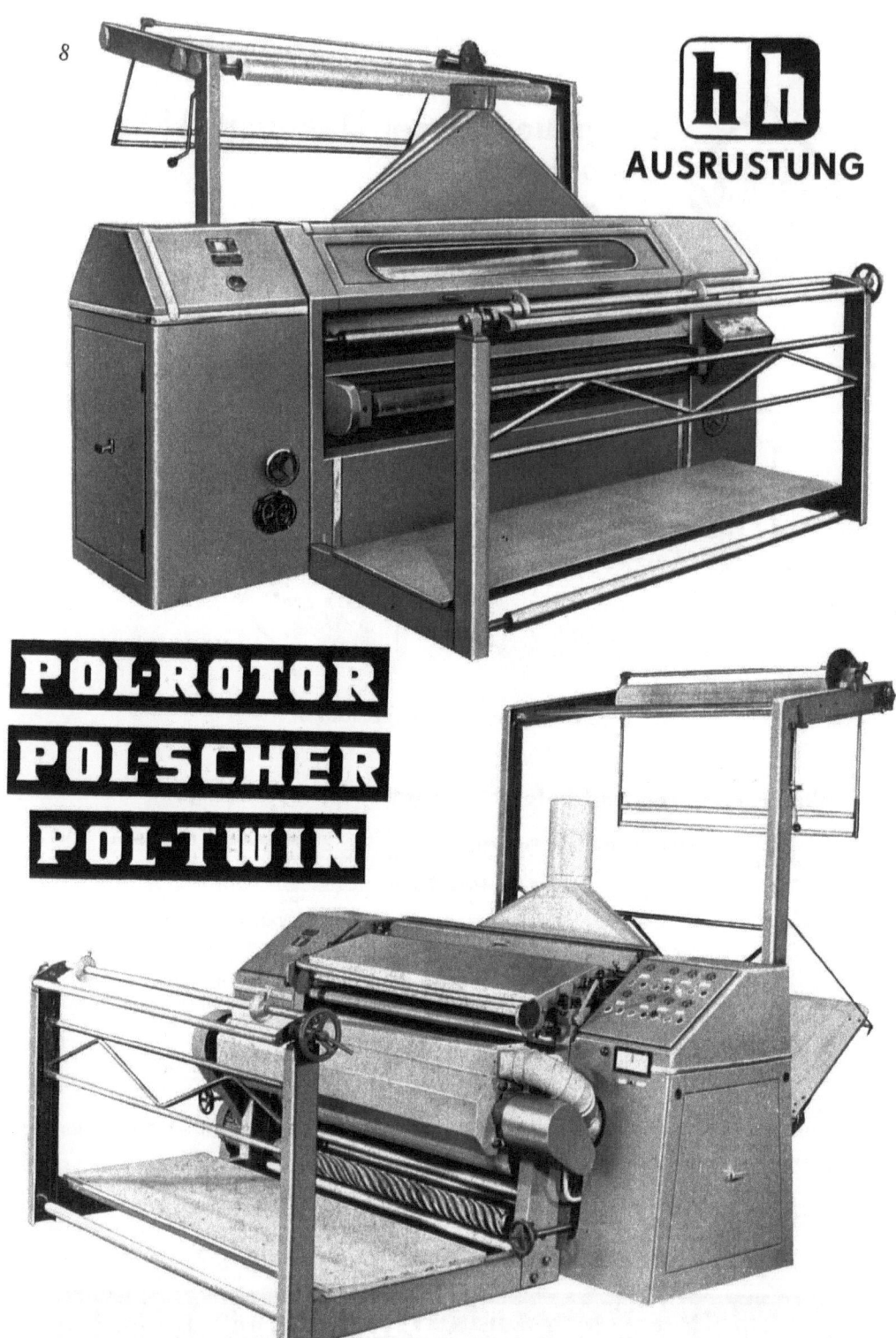

Veredlungsmittel für Textilien

Cassappret® P
Appreturmittel zur Erzielung eines glatten, fließenden Griffs bei der Hochveredlung. Verbessert die Einreißfestigkeit und die Vernähbarkeit.

Cassastat® WF
Antistatikum zur Endavivage von Geweben aus oder mit synthetischen Fasern. Keine Griffbeeinflussung, weitgehend waschbeständig.

Cassurit®-Marken
Hochveredlungsmittel zur Knitterfest-, Bügelfrei- und Krumpffest-Ausrüstung und zur Erzielung permanenter Kalandereffekte auf Geweben aus Zellulosefasern sowie zur Steifausrüstung von Synthetic-Artikeln.

Cassella Farbwerke Mainkur AG · Frankfurt (M)

küsters

FOULARDS MIT „SCHWIMMENDEN WALZEN" BREITBLEICH-UND BREITFÄRBEMASCHINEN

küsters

WASCHMASCHINE VIBROTEX · WASSERKALANDER AQUAROLL · KALANDER RESIFLEX

küsters

EDUARD KÜSTERS MASCHINENFABRIK 415 KREFELD GLADBACHERSTRASSE 457

Textilhilfsmittel HOECHST

Schmälzmittel:
®Leomin SP hochkonz., ®Servital SGW

Entschlichtungsmittel:
®Biolase-Marken, ®Viveral-Marken

Wasch- und Walkmittel:
®Genopur A konz., ®Hostapal-Marken, ®Hostapon-Marken
®Hostapur-Marken, ®Lanigan W, ®Leonil-Marken,
®Medialan A konz.

Für die Bleiche:
Natriumchlorit »HOECHST«, Bleichhilfsmittel

Optische Aufheller:
®Hostalux-Marken

Färberei- und Druckereihilfsmittel:
®Eganal-Marken, ®Emigen-Marken, Leonil-Marken,
®Ofna-pori-Marken, ®Paraperl-Marken,
®Remalan-Salz M Teig, ®Remazol-Salz FD,
®Remol-Marken, ®Solegal-Marken, ®Triagen SM,
®Tylose-Marken

Weichmachungs- und Hydrophobierungsmittel:
Leomin-Marken, ®Primenit-Marken, ®Velustrol-Marken

Appretur- und Schlichtemittel:
®Appretan-Marken, Tylose-Marken, ®Vinarol-Marken

Antistatika:
®Arkostat-Marken, Leomin-Marken

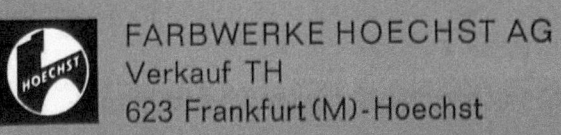

FARBWERKE HOECHST AG
Verkauf TH
623 Frankfurt (M)-Hoechst

TH 103 II

Die Applikationsprodukte der CIBA

Ein Begriff in der Ausrüstung

®**Ultravon-Marken** ®**Invadin-Marken** ®**Silvatol-** ®**Albatex-Marken**	Für das Netzen, Beuchen, Abkochen, Detachieren, Merzerisieren
®**Uvitex-Marken**	Für das optische Aufhellen
®**Albatex-Marken** ®**Albegal** ®**Neovadin-** ®**Univadin-Marken**	Für das Egalisieren und Durchfärben
®**Cibatex-Marken** ®**Lyofix-Marken**	Für die Naßechtheitsverbesserung von Färbungen und Drucken
®**Lyofix-Marken** ®**Phobotex-Marken** ®**Sapamin-Marken**	Für die Hochveredlung Für die permanente, wasserabweisende Ausrüstung

Profitieren Sie von unserem weltumspannenden technischen Service

CIBA - Aktiengesellschaft, Basel (Schweiz)

Die
5 entscheidenden
Punkte der

Artos Kurzzeit-Fixiertechnik

● Schnellste und absolut gleichmässige Aufheizung der Warenbahn

● Richtige Wahl des Behandlungsmediums Wasserdampf oder Luft in Anpassung an Faserart und Materialstruktur

● Richtige Einstellung der kürzestmöglichen, aber doch voll ausreichenden Behandlungszeit

● Führung der Warenbahn bei kontrollierter, niedriger Warenspannung in Kette und Schuss vom Einlauf bis zur Wicklung

● Schnelle und wirksame Kühlung der Warenbahn

Ermittlung optimaler Werte nach Zeit, Temperatur, Medium und Warenspannung auf dem Artos-Labor-Fixiergerät

Ad 12 702

Artos
Dr. Ing. Meier-Windhorst KG
D - 2000 Hamburg 1
Heidenkampsweg 66
Telefon 2 88 11
Telex 021 34 76

WTS

Wir fertigen und liefern für die Textilindustrie
mechanische und elektronische Geräte zur

WARENFÜHRUNG

zum Einsatz an

Wirkwaren und Geweben

Fabrikationsprogramm:

Wareneinführ-Apparate für Spannrahmen mit elektromechanischen und fotoelektronischen Steuerfühlern; Warenbahnführer mit verschiedenen Steuersystemen; Leistenausroller; Schneideeinrichtungen; Eisenmelde-Geräte; Pegelstandsregel-Anlagen; HT-Wickelmaschinen; Bandregel-Anlagen; Textilprüfgeräte; Gravur-Einrichtungen

ERHARDT & LEIMER OHG · AUGSBURG
Postfach 291

Unser
Fertigungsprogramm:

Bandappreturmaschinen
aller Art
Kontinuierliche
Bandfärbeanlagen
Bandkalander
Bandmeßmaschinen
Bandfixiereinrichtungen
Banddruckmaschinen
sowie alle
Hilfsmaschinen
für die Bandveredlung
und Bandwebereien

Maschinen- und Gerätebau G.m.b.H.
Bernkastel-Kues   Wuppertal-Barmen
Tel.: 06531/8280   Tel.: 02121/592003
           Telex: 4721614

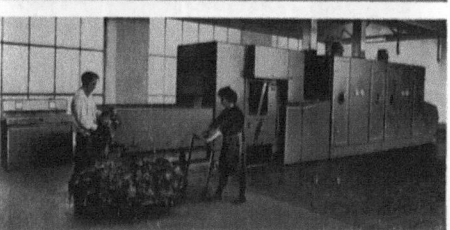

Trocknungs- und Wärmebehandlungsanlagen für kontinuierliche und diskontinuierliche Arbeitsprozesse

Durchlaufanlagen für loses Fasergut, Stränge, nicht breitzuhaltende Warenbahnen, wie beschichtete und unbeschichtete Vliese aller Art, Gewebe, Gewirke, Nadelfilze, Fußbodenbeläge, Faserkabel, Fadenscharen und ähnliche Aufmachungsformen; Anlagen, die diskontinuierlich oder in Taktverfahren arbeiten, zur Aufnahme kompletter Partien und Chargen von Spulen, Strängen, Flocke usw.

Zum Trocknen, Erwärmen, Tempern, Gelieren, Kondensieren, Karbonisieren, Fixieren, Kühlen, Befeuchten

Fragen Sie uns bevor Sie kaufen. Sie können von uns erwarten:

Spezialerfahrungen auf diesem Gebiet seit 1923.

Neuester Stand der Technik, verwirklicht in eigenen, meist unkonventionellen Ideen unter dem Leitmotiv der Wirtschaftlichkeit im gesamten Betriebsrahmen. Unser Team ist jung und unser Werk nicht so groß, daß Spezialanfertigungen zu teuer werden, und Sie lange Lieferzeiten in Kauf nehmen müßten.

Unser ungewöhnlich breites und preiswertes Standardprogramm (Rastermaß-Baukastensystem) mit vielen Baugrößen, Materialträger-, Förder-, Belüftungs- und Beheizungsalternativen erübrigt häufig teure Sonderkonstruktionen; wo jedoch Spezialanfertigungen unerläßlich sind, projektieren und liefern wir ständig für die vielfältigsten Einsatzgebiete.

Wir kümmern uns nicht nur um den trocknungs- und wärmetechnischen Teil, sondern auf Wunsch auch um den Arbeitsablauf vor und hinter unserer Maschine, wo recht hohe Kosten anfallen können.

Auf unseren Versuchseinrichtungen und auf Maschinen unserer Kunden können Sie unverbindlich prüfen, ob die Ihnen vorgeschlagenen Konstruktionen Ihre Wünsche erfüllen. Unsere 26seitige Kundenliste – wir liefern nach 30 Ländern – wird Sie in Ihrem Vertrauen bestärken.

MOHR Maschinen- und Apparatebau-Gesellschaft
7182 Gerabronn/Württ.

Tel. (09752) 311 und 337 · Telex (07) 4321 · Telegrammadresse: mohrtro gerabronn

TEXTIL-CHEMIKALIEN

Netzmittel

Merzerisier-Hilfsmittel

Synthetische Waschmittel

Emulgatoren

Färberei-Chemikalien
- Farbstofflöser
- Egalisier- und Dispergiermittel
- Reserviermittel
- Farbstoffüberträger und Quellmittel
- Fixiermittel zur Echtheitsverbesserung

Optische Aufheller

Appretur-Chemikalien
- Imprägniermittel
- Kunstharzausrüstung
- Weichmacher

Antistatika

Sequestriermittel

Faserschutzmittel

Konservierungsmittel gegen Schimmel und Verrottung

Produkte für wasserabweisende permanente Hochveredlung

SANDOZ AG BASEL/SCHWEIZ

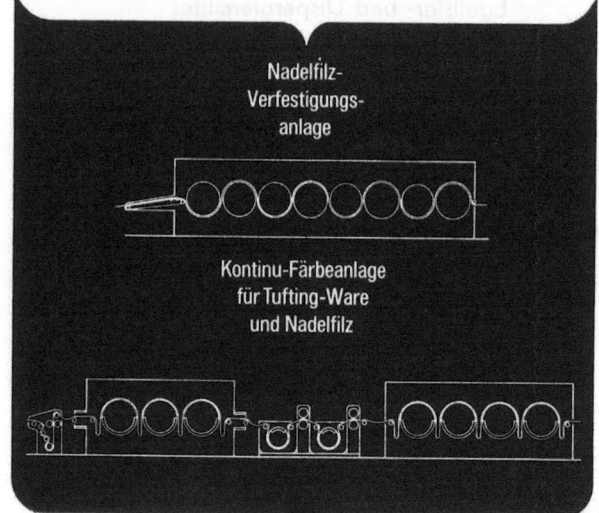

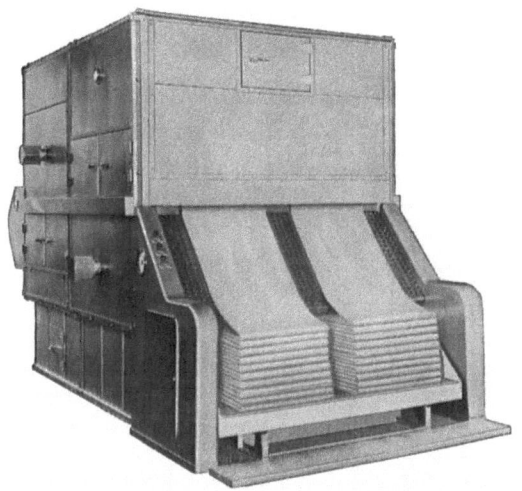

LOCHTROMMEL-TROCKNER

für Textilien aller Art

Hohe Leistung

Geringer Platzbedarf

Einstellbare Schrumpfung

Einfache Wartung

Kostensparende Montage durch Zellenbauweise mit beliebiger Verlängerungsmöglichkeit

Solide Bauweise, betriebssichere Konstruktion

Verlangen Sie unseren Prospekt; wir beraten Sie kostenlos und unverbindlich.

Erich Kiefer

Lufttechnische Anlagen G. m. b. H.

7031 Gärtringen/Wttbg.

Tel.: 07034–611 / Telex: Kiefergärtring 07265733

SPRINGER-VERLAG
BERLIN · HEIDELBERG · NEW YORK

Agster: Färberei- und textilchemische Untersuchungen

Von Professor Dr. Andreas Agster, Staatliches Technikum für Textilindustrie Reutlingen und Deutsche Forschungsinstitute für Textilindustrie der Technischen Hochschule Stuttgart

Zehnte, völlig neubearbeitete und erweiterte Auflage
Mit 51 Abbildungen
VIII, 484 Seiten Gr.-8°
1967. Gebunden
DM 58,—; US $ 14.50

 **Bitte Prospekt anfordern!**

Das ständige Hinzukommen neuer Faserstoffe, Farbstoffe, Textilhilfsmittel und Veredlungsverfahren zieht zwangsläufig auch eine starke Ausweitung des textilchemischen Untersuchungsgebietes nach sich. Diesem Umstand Rechnung tragend wurde eine große Anzahl von Prüfverfahren neu aufgenommen und besonders im Fluß befindliche Arbeitsgebiete (Appretur- und Beschichtungsmittel, Kunststoffappreturen, Faseranalyse, Dünnschichtchromatographie, Färbungen auf synthetischen Faserstoffen u. dergl.) stark erweitert, teilweise völlig neu gefaßt und auf den neuesten Stand der Forschung gebracht. Der universelle Charakter des Buches konnte beibehalten werden. Dem Textilchemiker und Coloristen wird das Buch auch weiterhin ein unentbehrliches Nachschlagewerk sein.

NOVAKUST - Dämpf - Formanlagen

unentbehrlich für die Veredelung modischer Strickware

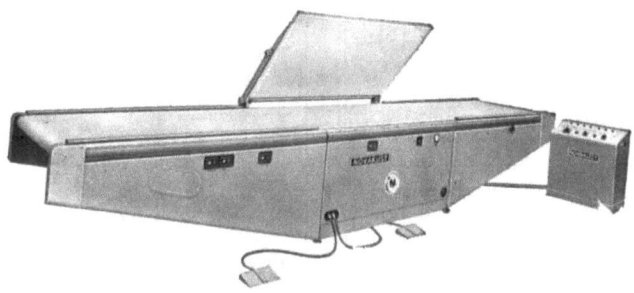

Fließbandanlage als Presse für Teile oder Meterware im Durchlaufbetrieb
(in Arbeitsflächenbreiten von 96, 120, 145, 170 cm lieferbar)

mit „Fixiereinrichtung", Behandlungstemperatur regelbar zwischen 80 und 200 °C.

Energie:
Fremddampf, Öl, Gas, Elektrizität

Dämpf-Formpresse

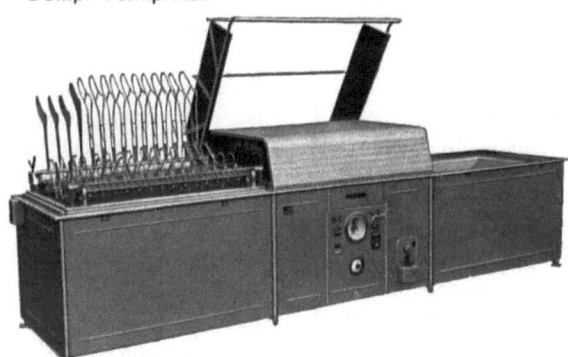

Dämpf-Formofen für Strickstrümpfe, Handschuhe, Strumpfhosen

NOVAKUST-GERÄTEBAU · 844 Straubing

Telefon: 09421/4074   Telex: 065504

Surfactol DH

Anionaktives Netzmittel von außerordentlicher Wirksamkeit. Verwendung heiß oder kalt auf Baumwolle und Wolle. Vorzüglicher Wiedernetzer.

Die Marke Surfactol DH biophil ist biologisch abbaubar.

Surfactol NS

Anionaktives und nichtschäumendes Netzmittel. Vorteilhafte Verwendung bis 40 °C auf Baumwolle und warm oder kalt auf Wolle.

Desatinol KBL

Mattweiß für Druckereizwecke. Ergibt kochechte Matteffekte. Besonders für die Herstellung von Halbtönen unter Farbstoffen praktisch aller Klassen geeignet. Wird mit Dampf oder Trockenhitze fixiert. Sehr weicher Griff.

Universol Durand & Huguenin conc.

Mischung von ausgewählten oberflächenaktiven Substanzen mit synergetischem Effekt. Netz-, Wasch- und Egalisiermittel. Anionaktiv. Hervorragendes Hilfsmittel bei kontinuierlichen Bleichverfahren. Leicht auswaschbar. Auch zum Vorreinigen und Nachseifen geeignet.

Die Marke Universol Durand & Huguenin conc. biophil ist biologisch abbaubar.

Albaclin WL conc.

Außerordentlich wirksames Waschmittel für sämtliche Faserarten. Erübrigt die Verstärkung der Nachsatzbäder in der Foulardfärberei mit Indigosolen. Enthält Schutzmittel für tierische Fasern. Verbessert als Abseifmittel die Reibechtheit bei Naphtholkombinationen. Die Marke Albaclin RT wird bei schwer netzbarem Material oder hinderlicher Schaumbildung im Foulard eingesetzt.

Durand & Huguenin AG

CH 4000 Basel 13

Schweiz

SPRINGER-VERLAG
BERLIN · HEIDELBERG · NEW YORK

Praxis des Bleichens und Färbens von Textilien

Mechanische und chemische Technologie

Von Textil-Ing. **Walter Bernard**, Münchberg/Ofr.

Mit 238 Abbildungen
VIII, 430 Seiten Gr.-8°. 1966
Gebunden DM 78,—; US $ 19.50

Das vorliegende Buch bezweckt die Beschreibung der wichtigsten Arbeitsweisen, die in der Bleicherei und Färberei von Textilien üblich sind. In den letzten Jahren sind auf diesem Gebiet eine Vielzahl von Verfahren bekannt geworden, die, in einem Buch zusammengefaßt, dem Fachmann bisher nicht zugänglich waren. Das gilt vor allem für die Behandlung synthetischer Fasern. Auf die textilchemischen Grundlagen der einzelnen Verfahren wurde nur so weit eingegangen, als es für das Verständnis des Ablaufes der Prozesse notwendig erschien. Auch bei den Apparate- und Maschinenkonstruktionen wurden aus Platzgründen nur jeweils Prototypen eingehender beschrieben und auf ähnliche Konstruktionen anderer Hersteller verwiesen. In gleicher Weise wurde auch bei der Beschreibung der Farbstoffe und Textilveredelungsmittel verfahren.

■ **Bitte Prospekt anfordern!**

Moderne
   Putz-, Nopp- und Ausnähtische
   Vor- und Nachschaumaschinen
   Wickler – Tafler
   Stranggarn-Verpackungsmaschinen
   Garn-Umfüllstationen und Kippgeräte

Lizenz **gmöhling**

Hersteller in Lizenz:

MASCHINENBAU GMBH, 7947 MENGEN/WTT.

Postfach 15 · Telefon 07572/738 · Fernschreiber 7321420 maba

SPRINGER-VERLAG
BERLIN · HEIDELBERG · NEW YORK

Chemiefasern
nach dem Viskoseverfahren

Gemeinsam mit zahlreichen Fachleuten bearbeitet und herausgegeben von Dr. **Kurt Götze**, ehem. Leiter der Chemiefaser-Abteilung der Firma Chemische Fabrik Stockhausen & Cie, Krefeld

Dritte, völlig neugestaltete Auflage. Mit 856 Abbildungen. XL, 1282 Seiten Gr.-8°. 1967. Gebunden DM 248,—; US $ 62.00

Das Werk ist in zwei Bänden gebunden, die nur zusammen abgegeben werden.

Die dritte Auflage dieses Buches wurde völlig neu geschrieben und gegenüber den bisherigen ganz wesentlich erweitert. Das Werk umfaßt das gesamte Gebiet der Herstellung und Eigenschaften der Viskosefasern Reyon und Zellwolle (Spinnfasern), angefangen vom Ausgangsmaterial, den pflanzlichen Zellwänden und der Zellstoff-Technologie über die einzelnen Verfahrensstufen bei der Viskoseherstellung und -verspinnung bis zur textiltechnologischen Fertigstellung der Gespinste. Für jede Verfahrensstufe bringt das Buch eine gründliche Beschreibung der wissenschaftlichen Grundlagen sowie in den technologischen Kapiteln jeweils zahlreiche Beispiele für die derzeitigen technischen Lösungen der einzelnen Prozesse.

Inhaltsübersicht: Band I: Allgemeines. — Die Ausgangsmaterialien. — Die theoretischen Grundlagen des Viskoseverfahrens. — Spezielle Spinnverfahren; Fasereigenschaften; Strukturuntersuchungen.

Band II: Die Technologie des Viskoseverfahrens. — Untersuchungs- und Prüfungsmethoden. — Sachverzeichnis.

■ **Bitte Prospekt anfordern!**

MIX
Papier aus verantwortungsvollen Quellen
Paper from responsible sources
FSC® C105338

If you have any concerns about our products,
you can contact us on
ProductSafety@springernature.com

In case Publisher is established outside the EU,
the EU authorized representative is:
**Springer Nature Customer Service Center GmbH
Europaplatz 3, 69115 Heidelberg, Germany**

Printed by Libri Plureos GmbH
in Hamburg, Germany